南海及邻域海洋地质系列丛书

南海及邻域海底地形地貌

罗伟东　胡小三　周　娇　等　著

科 学 出 版 社

北　京

内 容 简 介

本书以南海海域1∶100万海洋区域地质调查工作所获取的海量实测数据为基础，建立了完善的地貌分类体系和编制了南海及邻域地形地貌系列图，对南海及邻域地形地貌进行了全面总结和凝练。本书资料翔实，内容丰富、科学性强，突出地形地貌的理论性、专业性、系统性和创新性。本书的出版期望可供同行研究提供新的资料和新的研究视角，为我国南海及邻域资源勘探开发、海洋工程建设以及国防安全等提供科学依据。

本书可供从事海洋地质、环境地质、海洋工程和海洋矿产资源勘探开发等专业科技人员及有关高等院校师生参考。

审图号：GS京（2022）1476号

图书在版编目（CIP）数据

南海及邻域海底地形地貌/罗伟东等著.—北京：科学出版社，2023.9

（南海及邻域海洋地质系列丛书）

ISBN 978-7-03-075462-2

Ⅰ.①南… Ⅱ.①罗… Ⅲ.①南海-海域-海底-地形-研究 ②南海-海域-海底地貌-研究 Ⅳ.①P737.2

中国国家版本馆CIP数据核字（2023）第072962号

责任编辑：韦 沁 张梦雪/责任校对：何艳萍

责任印制：赵 博/封面设计：中煤地西安地图制印有限公司

科学出版社 出版

北京东黄城根北街16号

邮政编码：100717

http://www.sciencep.com

北京建宏印刷有限公司印刷

科学出版社发行 各地新华书店经销

*

2023年11月第 一 版 开本：889×1194 1/16

2025年 2 月第三次印刷 印张：19 3/4

字数：480 000

定价：298.00元

（如有印装质量问题，我社负责调换）

作者名单

罗伟东	胡小三	周　娇	伊善堂
李学杰	孙美静	张伙带	祝　嵩
郭丽华	唐江浪	韩艳飞	刘丽强

丛 书 序

华夏文明历史上是由北向南发展的，海洋的开发也不例外。当秦始皇、曹操“东临碣石”的时候，遥远的南海不过是蛮荒之地。虽然秦汉年代在岭南一带就已经设有南海郡，我们真正进入南海水域还是近千年以来的事。阳江岸外的沉船“南海一号”和近来在北部陆坡1500 m深处发现的明代沉船，都见证了南宋和明朝海上丝绸之路的盛况。那时候最强的海军也在中国，15世纪初郑和下西洋的船队雄冠全球。

然而16世纪的“大航海时期”扭转了历史的车轮，到19世纪中国的大陆文明在欧洲海洋文明前败下阵来，沦为半殖民地。20世纪，尽管我国在第二次世界大战之后已经收回了南海诸岛的主权，可最早来探索南海深水的还是西方的船只。20世纪70年代在联合国“国际海洋考察十年（International Decade of Ocean Exploration，IDOE）”的框架下，美国船在南海深水区进行了地球物理和沉积地貌的调查，接着又有多个发达国家的船只来南海考察。截止到十年前，至少有过16个国际航次，在南海200多个站位钻取岩心或者沉积柱状样。我国自己在南海的地质调查，基本上是改革开放以来的事。

我国海洋地质的早期工作，是在建国后以石油勘探为重点发展起来的，同样也是由北向南先在渤海取得突破，到1970年才开始调查南海，然而南海很快就成为我国深海地质的主战场。1976年，在广州成立的南海地质调查指挥部，到1989年改名为广州海洋地质调查局（简称广海局），正式挑起了我国海洋地质、尤其是深海地质基础调查的重担，开启了南海地质的系统工作。

南海1:100万比例尺的区域地质调查，是广海局完成的一件有深远意义的重大业绩。调查范围覆盖了南海全部深水区，在长达20年的时间里，近千人科技人员使用10余艘调查船舶和百余套调查设备，完成了惊人数量的海上工作，包括30多万千米的测深剖面，各长10多万千米的重、磁和地震测量，以及2000多站位的地质取样，史无前例地对一个深水盆地进行全面系统的地质调查。现在摆在你面前的“南海及邻域海洋地质系列丛书”，包括其整套的专著和图件，就是这桩伟大工程的盈枝硕果。

近二十年来，南海经历了学术上的黄金时期。我国“建设海洋强国”，无论深海技术或者深海科学，都以南海作为重点。从载人深潜到深海潜标，从海底地震长期观测到大洋钻探，种种新手段都应用在南海深水。在资源勘探方面，深海油气和天然气水合物都取得了突破；在科学研究方面，“南海深部计划”胜利完成，作为我国最大规模的海洋基础研究，赢得了南海深海科学的主导权。今天的南海，已经在世界边缘海的深海研究中脱颖而出，面临的题目是如何在已有进展的基础上再创辉煌，更上层楼。

多年前我们说过，背靠亚洲面向太平洋的南海，是世界最大的大陆和最大的大洋之间，一个最大的边缘海。经过这些年的研究之后，现在可以说得更加明确：欧亚非大陆是板块运动新一代超级大陆的雏形，西太平洋是古老超级大洋板块运动的终端。介于这两者之间的南海，无论海底下的地质构造，还是海底上的沉积记录，都有可能成为海洋地质新观点的突破口。

就板块学说而言，当年大西洋海底扩张的研究，揭示了超级大陆聚合崩解的旋回，从而撰写了威尔逊旋回的上集；现在西太平洋俯冲带，是两亿年来大洋板片埋葬的坟场，因而也是超级大洋演变历史的档案库。如果以南海为抓手，揭示大洋板块的俯冲历史，那就有可能续写威尔逊旋回的下集。至于深海沉积，那是记录千万年气候变化的史书，而南海深海沉积的质量在西太平洋名列前茅。当今流行的古气候学从第四纪冰期旋回入手，建立了以冰盖演变为基础的米兰科维奇学说，然而二十多年来南海的研究已经发现，地质历史上气候演变的驱动力主要来自低纬而不是高纬过程，从而对传统的学说提出了挑战，亟待作进一步的深入研究实现学术上的突破。

科学突破的基础是材料的积累，“南海及邻域海洋地质系列丛书”所汇总的海量材料，正是为实现这些学术突破准备了基础。当前世界上深海研究程度最高的边缘海有三个：墨西哥湾、日本海和南海。三者相比，南海不仅面积最大、海水最深，而且深部过程的研究后来居上，只有南海的基底经过了大洋钻探，是唯一从裂谷到扩张，都已经取得深海地质证据的边缘海盆。相比之下，墨西哥湾厚逾万米的沉积层，阻挠了基底的钻探；而日本海封闭性太强、底层水温太低，限制了深海沉积的信息量。

总之，科学突破的桅杆已经在南海升出水面，只要我们继续攀登、再上层楼，南海势必将成为边缘海研究的国际典范，成为世界海洋科学的天然实验室，为海洋科学做出全球性的贡献。追今抚昔，回顾我国海洋地质几十年来的历程；鉴往知来，展望南海今后在世界学坛上的前景，笔者行文至此感慨万分。让我们在这里衷心祝贺“南海及邻域海洋地质系列丛书”的出版，祝愿多年来为南海调查做出贡献的同行们更上层楼，再铸辉煌！

中国科学院院士 汪品先

2023年6月8日

前　言

南海是西太平洋最大的一个边缘海，处于印度洋、太平洋和欧亚大陆三大板块的聚合地带，南海海底的地质构造和地形起伏特别复杂。南海海底地形从周边向中央倾斜，依次分布着海岸带、陆（岛）架、陆（岛）坡和深海盆地等地貌单元，地貌类型丰富齐全，是我国研究海底地形地貌理想的海区。复杂的海底地形地貌受地质构造、物源、海洋水动力、气候、生物活动以及近岸频繁的人类活动等多种因素综合作用，其变化过程相当复杂。海底地形地貌信息是海洋科学研究的基础资料，对海洋渔业、海洋资源开发等具有重要意义。

《南海及邻域海底地形地貌》是原国土资源部中国地质调查局实施海洋基础地质调查工程的重要成果之一，是我国首次按照国际标准分幅开展南海管辖海域1:100万海洋地质国情调查，采用世界主流的多波束测深系统、高精度单波束数字测深仪，对南海及邻域的海底地形地貌进行全覆盖勘测，获得准确、可靠、系统的海量实测基础数据，共完成单波束水深数据（37.05万km）和多波束水深数据（43.25万km，覆盖面积约156.2万km2）。该数据是目前国内最系统、最高精度、覆盖面积最大的地形数据，涵盖了南海陆（岛）架重点海域和南部海域陆（岛）坡及深海盆地的绝大部分区域，填补了南海及邻域深海区地形资料的空白。

本书基于“1:100万海洋区域地质调查”的最新资料，特别是在南海及邻域深海区绝大部分海域的地形地貌调查空白区进行全覆盖勘测，结合研究区周边海域最新的相关资料及前人研究成果编制而成。全书突出地形地貌的理论性、专业性、系统性和创新性。按照地形分区、地貌分类的原则，建立了完善的南海及邻域地貌分类体系。首次对南海及邻域海底地形地貌进行了全面归纳总结和深入分析，细分至四级地貌类型，并新识别出大型麻坑群、火山口、深海大型峡谷群等15种地貌类型，系统刻画了各级地形地貌的形态及结构特征。以地形地貌为基础，结合区域构造与沉积特征等多方面因素，初步探讨了南海及邻域地貌成因与演化；重点分析了南海及邻域峡谷、岛礁、麻坑和沙波等典型地貌单元的特征与成因；对在南海周缘陆坡区新发现的大型峡（海）谷（群）得出新认识。并积极推广应用南海及邻域地理实体命名，及时服务社会，对我国海洋管理、海洋主权维护等方面具有重要意义。

基于以上资料和认识，我们还编制了《南海及邻域地形地貌图集》，与本书相配套，图文并茂、通俗易懂，增强了实用性，从而提升了“1:100万海洋区域地质调查”地形地貌调查成果的理论水平和实用价值。

《南海及邻域海底地形地貌》是“南海及邻域海洋地质系列丛书”的组成部分，由罗伟东教授级高工牵头完成。本书共计四章，其中第一章绪论由伊善堂、祝嵩、罗伟东撰写；第二章南海及邻域地形由胡小三负责，罗伟东、伊善堂参加撰写；第三章南海及邻域地貌由罗伟东负责，胡小三、伊善堂、李学杰、张伙带参加撰写；第四章南海及邻域典型海底地貌单元的成因分析由周娇负责，张伙带、罗伟东、胡小三、祝嵩、孙美静、伊善堂参加撰写。全书由罗伟东负责审核统稿。胡小三、周娇、孙美静、郭丽华、唐江浪、韩艳飞、刘丽强负责插图的绘制、文献整理和编辑工作。

本书的出版得到了中国地质调查局基础部、广州海洋地质调查局、青岛海洋地质研究所领导和专家的鼎力支持和帮助，自然资源部第一海洋研究所傅命佐、自然资源部第三海洋研究所郑勇玲高级工程师对本书内容进行了审核并提出了重要的改进意见，***对全书内容进行了细致的审稿，提出了宝贵的修改意见和建议，在此一并谨致以衷心的感谢！

本书力求突出在最新资料的基础上，全面系统加之新发现、新认识来高精度的刻画南海及邻域地形地貌。冀望本书的出版能为同行研究提供新的资料和新的研究视角，同时为高校从事海洋科学学习研究的师生提供参考，为我国南海及邻域资源勘探开发、海洋工程建设以及国防安全等提供科学依据。受限于编者的水平，本书尚存错误和不足之处，敬请读者批评指正。

著　者

2022年12月于广州

目　　录

第 / 一 / 章

绪　论

第一节　海底地形地貌调查研究现状和进展

人类对海洋的认识可以追溯到公元前几千年，但对海底地形地貌的认识和了解不过是近百年的事。因为海底地形地貌被一层厚厚的海水所覆盖，所以最初人们认识海底地貌是通过测量海洋深度来进行的。20世纪20年代之前，主要使用测杆和水花等简单工具逐点测量水深的；20年代后，回声测深仪开始应用；60年代又出现了多波束测探系统；70年代后，侧扫声呐、航空摄影测量、机载激光测深、卫星遥感测深等技术为人们认识海底地貌提供了有力的手段，甚至在大尺度范围内，有人提出用卫星测高资料反演海底地形的理论和方法。现在，人们还可以用人工地震等方法知道海底岩石的结构和沉积物的厚度，特别是海洋地质学理论的发展使人们不但能更深入地了解海底地形地貌的特点，而且对海底地形地貌的形成和发展给予了科学的解释和预测（里弼东，1999）。

一、国外海底地形地貌调查研究现状

海底地形地貌是海洋科学研究的重要部分，从海洋科学的发展轨迹来看，人类研究海洋的历史非常悠久，对海洋的探索最初是为了航行安全而进行的海洋测深活动。根据人类海洋探测手段和探测方法的进步程度，一般将以海底地形地貌为代表的海洋科学研究历程分为三个阶段：史前时期—18世纪末为海洋科学早期探索阶段；19世纪初—20世纪中叶，海洋学雏形初步形成，海洋考察伴有明确的科学考察目的；20世纪中叶至今，海底地形探测技术、回声测深等技术不断完善，综合性海洋科学考察大量开展，海洋科学进入了空前发展阶段。

（一）史前时期—18世纪末

相较于地球科学来说，海洋学的研究起步较晚，但自远古时期开始，人类已经逐步开始了对海洋资源、海洋贸易的探索，对于海底水深地形的需求促进了海洋科学萌芽的形成。

目前所知，最先对海洋进行探索的是古埃及人，约公元前3100年，受制于生存和生存活动的需要，发源于尼罗河三角洲沿岸的古埃及人学会了制造由风力推进的埃及方帆船，至公元前2600年，为了搜集建造金字塔的石材，古埃及人建造了埃及桨帆船，沿地中海东岸进行探险航行，并最终到达了西奈半岛。公元前1100年，腓尼基人依据行星和太阳方位确定航向，经过直布罗陀海峡进入大西洋沿西班牙海岸航行，并发现了加那利群岛。公元前6世纪，腓尼基人通过红海，进行了环非洲航行，打破了“大西洋就是世界尽头、没有人能够通过直布罗陀海峡”的断言。公元前200年，古希腊地理学家埃拉托色尼（Eratosthenes）设计出经纬度系统，首次测量了地球曲率和周长，依托于当时地中海航海地图测量的繁荣，绘制出以经纬度为坐标，以地中海为中心的世界地图，显示了当时希腊人的海洋探索成就。

自公元5～7世纪开始，拜占庭帝国建立了一支强大的海军，拥有战舰1113艘，对海上航行、海洋地形的测精度提出了更高的要求。9～14世纪，欧洲进入了长达600年的中世纪黑暗时期，由于天主教对人民思想的禁锢，造成科技和生产力发展的停滞，海洋科学探索进入低潮期，对海底地貌的认知也基本处于懵懂状态，但此时阿拉伯国家的航海事业却迎来飞速发展的时代，东非、东南亚和印度等地都有阿拉伯人远航探索的身影。15世纪开始，欧洲资本主义逐渐兴起，在政治、经济、宗教等利益因素的驱动和支持下，催生了一大批海洋探险家，海洋航海探险热情高涨，一直持续至17世纪，这段时期被称为“地理大发现”时期，代表人物主要有哥伦布、麦哲伦等，在此期间，由意大利、西班牙、葡萄牙等航海人开始根据航行经验制作早期的航海图及波特兰海图（portolan chart），这种海图主要描绘的是港口和海岸线，哥伦布部下绘制了美洲海图，荷兰地理学家墨卡托（G. Mercator）于1569年创立莫卡托投影，奠定了航海制图的基础。1737年，英国航海家布阿切（Buache）绘制了大西洋边缘海底深度图。18世纪中后期，英国探险学家詹姆斯•库克对于大洋的探险才是真正将世界海洋考察带入了新时代，库克在1768～1779年间，先后四次跨越大洋进行海洋地理考察，包括环南极航行、太平洋及南半球考察，他在航行过程中精确测量了经纬度，取得了大量大洋水深地形、海流、水温等资料。

（二）19世纪初—20世纪中叶

随着航海探险的不断发展，资助航海活动的各国均获得了大量的财富积累，促使航海行动不断由单一海洋探险向更加深入的海洋科学考察发展，这段时间是海洋科学、海洋地貌学等学科起步的重要阶段，随着海洋学研究不断进行深化，逐步独立成一门学科，许多海洋科学理论体系也正是在这段时期完成的。根据海洋科学考察的综合性程度，可以将这个时期分为两个阶段：“挑战者号”考察阶段和“流星号”考察阶段。

“挑战者号”考察阶段特指19世纪初至19世纪70年代，这一阶段的海洋探险已不同于早期对资源及新大陆的探索，而是带有明显的海洋科学考察目的，但整体上还是以单次航行单一考察目的为主，主要由英国、美国科学考察团队为主导。1831年12月底，英国“贝格尔号”扬帆起航，穿越北大西洋到达南美洲，对南美洲东西两岸的地质地形等进行了详细勘查，后沿南半球经澳洲悉尼进入印度洋，最后经非洲南部好望角绕地球一周，于1836年10月初回到英国，著名生物学家达尔文随船航行，根据考察资料，达尔文解释了海底珊瑚地貌生长的成因，这次航行也为其《物种起源》的出版奠定了基础。1839～1843年，苏格兰海军军官詹姆斯•克拉克•罗斯指挥由“黑暗号”和“恐怖号”两艘船组成的科考队对南极海域进行探险，并在17° 29′ W、27° 16′ S处海域测得2425f[①]（约4435 m）的深度，创造了当时深海测深的最深记录。1842～1847年，美国海洋学家马修•方丹•莫里在美国海军天文台和水道测量处任职时，研究了大量海图和航海日志，绘制了第一幅北大西洋深度分布图，为铺设横跨大西洋的海底电缆创造了条件，后期，又陆续绘制了太平洋和印度洋海图，是世界上公认最早的海洋学创始人之一。1872～1876年，英国“挑战者号”考察船进行全球海洋考察，船上配备了当时最先进的调查设备，调查内容由单一学科考察转变为海洋生物学、海洋地质学、海洋物理学等多学科综合考察，本次考察进行了362个站位的水文观测、492个站位的深度测量，133个站位的深水拖网，采集了大量海洋底栖生物、浮游生物及深海沉积物等样品，并绘制了等深线图，为海洋地貌学的发展提供了基础资料参考。此次考察也被各国认为是现代海洋学研究的发端，带动了全球海洋综合考察的热潮。

“流星号”考察阶段特指20世纪初期至20世纪中叶，主要以德国“流星号”海洋综合考察为代表，这段时期，随着回声测深仪等现代电子技术和科学调查方法的突破和应用，极大促进了海底地貌学的发

①英寻，1f=2yd=1.8288m。

展。此后，随着工业基础的发展及战争对海底地形地貌的需求，世界主要海洋强国均组织了自己的海洋调查船，逐步开展了多次大规模海洋地形地貌调查工作。1925～1927年，德国“流星号”考察船在南大西洋经历了27个月的海上调查，首次采用回声探测仪，获得了7万余个海洋深度数据，首次清晰地揭示了大洋海底地形起伏状态，并发现了贯穿大西洋的大型中央海岭，让人们开始意识到海底隐藏着一系列高耸的山系。1947～1948年，瑞典“信天翁号”历时15个月，对大西洋、太平洋和印度洋赤道无风带深海区进行深海观测，这次考察被誉为“近代海洋综合调查的典型”。1949年，苏联建成了世界上第一艘专业海洋调查船“勇士号”，该调查船先后在远东海域、太平洋海域完成多次考察任务，不仅发现了断裂带、海山等海底地貌，并且在马里亚纳海沟发现了世界最深的“挑战者深渊”，约为11034m，同时，本航次还观测了300余个深水点，对太平洋水深图进行了更正。伴随着海洋科考活动的进行，自20世纪初开始，各国海洋科学研究和教学机构如雨后春笋般涌出，此时，美国对海洋探测科技研究的兴趣极高，于1903年在加利福尼亚州成立了斯克利普斯海洋研究所（Scripps Institution of Oceanography，SID），于1930年在马萨诸塞州成立了伍兹霍尔（Woods Hole）海洋研究所，并在多个大学开设了海洋学系，培养了大批量海洋人才。此外，部分海洋学者在充分研究考察资料的基础上，编写了大量专著，如英国海洋学家默里于1912年出版《大洋深处》（与约尔特合著），于1913年出版《海洋》；20世纪初，德国海洋学家安德雷（Andree）研究了德国轮船“埃迪·斯蒂芬”号和“行星”号在欧洲海区所取得的样品，其结果写成了他那部海洋地质学方面的先驱性著述；1948～1950年，谢泼德的《海底地质学》，苏联克列诺娃的《海洋地质学》和奎年的《海洋地质学》先后问世。标志着海洋地质学成为一门独立学科。

（三）20世纪中叶至今

经过近一个世纪的独立海洋科学考察经验积累，各个国家海洋从业人员逐渐意识到海洋地质科学是一门涉及面极其广泛的学科，其复杂性使得任何单一国家均无法独自承担庞大的科研计划，因此，从20世纪中叶开始，许多全球性海洋科学考察往往通过国际合作的方式开展，具有代表性的便是深海钻探项目（Deep Sea Drilling Project，DSDP）→大洋钻探计划（Ocean Drilling Program，ODP）→综合大洋钻探计划（Integrated Ocean Drilling Program，IODP）的转变。

伴随着全球海洋综合性考察的深入，地貌学理论也进入了飞速发展的阶段，特别是20世纪60年代以来，板块学说建立了崭新的海底地貌理念，系统解释了全球海底的地貌特征和海底地貌分布规律；1967～1969年，美国拉蒙特海洋研究所Heezen和Tharp等研究人员首次绘制了太平洋、大西洋和印度洋的三维海底彩色地貌图；1971年，D. L. Inman和C. E. Norstrom等运用板块构造理论对海岸地貌进行了分类，进一步补充了地貌学理论的发展。进入20世纪70年代末、80年代初，随着科学技术的发展，新型海洋观测仪器，如高精度多波束、单道地震、多道地震、测扫声呐、电磁海流计、水下摄像机等不断应用到海洋科学考察之中，海底地貌学进入了空前的发展阶段，近40年来，海洋研究成果呈爆发式增长，远远超越了历史研究成果的总和，大量的科研论文、科研专著面世，包括海洋地貌学在内的现代海洋科学在许多领域均获得突出进展和历史性成果。

二、我国海底地形地貌调查研究进展

我国对海洋的认识时间较早，第一次远洋航行先于欧洲“地理大发现”时代200多年，但由于长期“闭关锁国”政策，直至中华人民共和国成立后，我国海洋水深地形调查才逐渐步入正轨，特别是近70年来，随着对国家海洋地质调查工作的支持和新型探测仪器的使用，我国海底地形地貌调查实现了专业型、系统性和多领域研究转型。

（一）中华人民共和国成立前

我国是世界上利用海洋最早的国家，我们祖先从远古时代开始就不断观察和认识海洋，积累了大量的海洋知识。西汉时期，我国已经开辟了由太平洋至印度洋的航线；宋代时期（公元1000年前后），已出现使用航海标志的记载，如《舆地图》上便存在对海上航线的标注；现存最早的航海图是指明代《海道经》中出现的《海道指南图》，约成书于永乐年间，描述了北起辽河支流、南至宁波府的海上运输航线。1405～1433年，郑和七次下西洋，最远抵达非洲东海岸，那时便已经会利用麻绳铅垂测深，并且绘制了《郑和航海图》，该图明确绘有中外岛屿846个，并分出岛、屿、沙、浅、港、石塘、礁、硖、石、门、洲等地貌类型。1556年，明朝浙江总督胡宗宪为防御倭寇，聘请郑若曾等耗时六年编写了海防军事图籍《筹海图编》，共13卷，典型图件包括《沿海山沙图》《沿海郡县图》《登莱辽海图》等。

（二）中华人民共和国成立—20世纪80年代末

虽然我们的祖先曾经开创过大洋远航的壮举，但受制于历史发展的限制，直到20世纪50年代我国才逐渐开始重视海洋地质调查和海洋地质科研工作。1950年，我国海洋科技力量非常薄弱，专业从事海洋科学的研究人员寥寥无几，部分具有前瞻性的先驱者提出了我国需要建设海洋科学和教育机构、开展海洋科学研究的建议。从1958年起，我国开始实施“中国近海海洋综合调查计划”，历时三年，先后完成渤海、东海和南海近岸海洋的调查工作，并于1960年完成编绘我国第一套海洋图集，该图集涵盖了地形图和海底沉积物分布图等。自20世纪60年代开始，国内相继成立了中国科学院海洋研究所、山东海洋学院（现中国海洋大学）等科研机构以及国家海洋局、海洋物探队等海洋调查机构，并建造了“星火一号”“奋斗一号”等一系列海洋调查船。20世纪60年代中后期至70年代中期，我国海洋地质学、地貌学等调查和研究进展缓慢，主要为海军少数部门根据自身需要对码头、航道及浅海区域进行水深测量。从20世纪70年代中后期开始，我国开始组织实施了一系列大型海洋调查工程，推动了我国近海地形、地貌研究迅速发展。1974～1977年，国家地质总局第一海洋地质调查大队在南黄海西部海域开展了1：50万～1：100万比例尺海洋区域地质调查，完成了水深地形测量约10914 km；1975～1976年，国家海洋局第一海洋研究所对渤海海峡开展了1：10万比例尺磁力、底质和地貌调查；1976年，中国科学院海洋研究所完成了东海大陆架地形调查；1978～1981年，国家海洋局第一海洋研究所对黄海进行了1：100万沉积地貌调查；1977～1981年，原地矿部南海地质调查指挥部（现更名为广州海洋地质调查局）在珠江口盆地北部和南海北部分别开展了1：20万和1：100万比例尺地貌调查；1983年，国家海洋局南海分局在南海中北部海域开展了1：100万比例尺重磁及水深调查；1985年，中国科学院海洋研究所编制了渤黄东海地形图（1：100万）；1987年，国家海洋局第三海洋研究所在福建沿海陆架开展了地质地貌调查；自20世纪70年代开始至1989年，广州海洋地质调查局在南海北部湾盆地、珠江口盆地、南海北部陆坡及台湾海峡等地区开展了综合地球物理调查，获取了大量水深、地形资料，并出版了《南海地质地球物理图集（1：200万）》（包括南海地形图及南海地貌图）。

（三）20世纪90年代初—20世纪末

20世纪90年代开始，我国对管辖及邻近海域海底地形地貌的调查迈入了大踏步的时代，国内入列服役的海洋调查科考船数量不断增加，如“海洋四号”“奋斗四号”“奋斗五号”“探宝号”“科学一号”“极地号”“大洋一号”等。这些调查船普遍装备有高精度导航定位系统、高精度多波束测深仪、浅地层剖面仪、旁侧扫声呐等先进的地球物理探测仪器，在国家逐渐重视海洋探索的支持下，我国海底地形地貌调查逐渐进入有序发展时期。自1991年起，广州海洋地质调查局“奋斗四号”“探宝号”调查船先后开始对南沙群岛及周边海域开展了综合科学考察，主要包括测深、重力、磁力及多道地震探测等地球物理手段。1990～1994年，全国海岛资源综合调查提上日程，共完成了6500余个面积超过500 m^2的岛屿（礁）地形、地貌、工程地质、水文地质等手段综合地质调查。1991～1995年，国家“八五”科技攻关项目开展了1：100万比例尺大陆架及邻近海域勘查和资源评价工作，主要由国家海洋局、地质矿产部、中国科学院等八个系统单位合作，对辽宁近岸至南沙群岛南部整个中国管辖海域进行综合调查，获取了大量地形地貌、海底底质、构造地质等资料。1997年，我国启动首期海洋国家高技术研究发展计划（863计划）重点项目“海底地形地貌与地质构造探测技术”，拉开了自主研究海底地形地貌处理与成图技术研究的序幕，并开发了我国第一套多波束处理软件MBChart。1997～2001年，国家“九五”专项完成了黄海、东海、台湾东部海区及南海等海区的多波束水深测量。

（四）21世纪以来

进入21世纪以来，随着资源和环境问题制约，各国开始不断加强探索海洋的脚步，海洋资源争夺进入白热化阶段。中国拥有近3.2万km长的海岸线和近300万km^2的海域，加强对我国管辖及邻近海域的探索具有极其重要的地缘政治意义。

自2001年开始，在中国地质调查局启动的国土资源大调查项目框架下，我国海洋区域地质调查工作开始逐步推进，先后开展了多个海洋综合地质调查项目。首先开始启动的是南通幅和永署礁幅的试点工作，在此基础上，广州海洋地质调查局和青岛海洋地质研究所先后完成了汕头幅、广州幅、海南岛幅、上海幅、天津幅、大连幅等1：100万海洋区域地质图幅调查，至2008年，我国全面实施对管辖海域1：100万区域地质调查全覆盖，并于2015年全面完成。随后，针对重点海域相继启动了1：25万海洋区域地质调查图幅工作，先后完成福州幅、莆田幅、厦门幅、泉州幅、锦西幅、营口幅等图幅的海洋区域地质调查，获取了大量高精度海底地形地貌数据资料。

从2004年开始，至2009年由国家海洋局承担，全国180余家涉海单位共同参与完成了“我国近海海洋综合调查与评价”专项（908专项），在该专项实施过程中，租用500余艘大小调查船只，搭载了世界上最先进的海底多波束调查仪器和侧扫声呐设备，海上作业2万余天，累计航行约110万n mile，在我国近海管辖及邻近海域进行了超过60万km^2的高精度全覆盖海底地形地貌调查，填补了大量地形资料空白区，并在海湾、河流入海口等重点海域新发现并验证了大量新型地貌单元实体。

2010年以来，伴随着国家“一带一路”倡议实施，中国地质调查局积极投入与沿线国家的海洋地质调查合作中去。“一带一路”沿线国家海洋基础地质调查工作程度普遍偏低，选取部分国家开展合作并适度安排基础地质调查是非常有必要的，这对于我们深入了解整个地球圈层海洋地质科学研究，系统查明地壳区域构造稳定性具有重大意义。2019年，广州海洋地质调查局与缅甸东仰光大学在仰光河口湾开展了海岸带地质环境联合调查，填补了仰光河口湾海岸带基础地质环境工作空白，对河口湾地形变化进行深入剖析，为开展与我国典型河口湾海岸带（如珠江口）海洋环境和海洋灾害对比研究奠定了基础。

目前，我国正在建造大洋钻探船（天然气水合物钻采船），该钻探船船长约180 m，设计排水量约42000 t，配备有最先进的全海深多波束测深仪、遥控潜水器（remote operated vehicle，ROV）等设备，是我国实施深海探测，建设世界领先深海探测创新平台的重要成果之一。

三、我国海底地形地貌的研究内容

海底水深地形数据采集是研究海底地貌特征及分布变化规律的基础，基于70年来各单位海洋地质调查基础数据和资料，国内海洋地质从业者对大规模海底地形数据、声呐资料等进行了深入分析，形成了一系列具有代表性的海洋地质学成果，形式包括但不局限于系列图、论文、图集、报告、专著和会议汇报等。

海底水深测量时保证海上航行的重要工作，广泛应用与国防建设和科学研究领域，最早开展海底水深地形调查的机构是中国人民解放军海军海道测量局。1949年底，海测部队利用小舢板、水铊、六分仪、经纬仪等简易测量工具，先后完成测量并制作了长江口、广州及附近沿海部分海区水深图。1951年，为了国防和航运继续，在旧版海图基础上经过加工改绘，编制了我国第一代海图。1965年，王乃梁等翻译出版了苏联作者列昂节夫的《海岸与海底地貌学》。1975年，第一部《海图编绘规范》修订颁发。1975年，中国科学院南海海洋研究所组织出版了《南海海岸地貌学论文集》。1979～1981年，林美华先后发表了《东海海底地形》和《东海海底地形的特征》，对东海陆架平原、东海海槽及台湾海峡等区域地形形态特征进行了描绘。1982年，地质矿产部海洋地质调查局出版了《南黄海西部海底地貌沉积物图集》。1984年，原地质部南海地质调查指挥部何廉声、陈邦彦主编完成了1：200万比例尺《南海地质地球物理图集》。1985年，中科院海洋研究所海洋地质与环境研究室编写了我国第一部综合性区域海洋地质学专著《渤海地质》，系统阐明了现代渤海海岸与海底地貌，同年出版了1：100万《渤黄东海地形图》。1987年，国家海洋局第二海洋研究所出版了1：100万比例尺《东海海底地形图》和《东海海底地貌图》。1987年，秦蕴珊等综合中国科学院海洋研究所对东海进行的多年海上调查和钻探资料成果，编写了《东海地质》，详细反映了我国东海地质的研究现状；1989年，秦蕴珊又相继出版了《黄海地质》。1988年，林美华主持编制了《东海及其邻近大洋海底地形图》。1988年，陈吉余等出版了《长江河口动力过程和地貌演变》。

至20世纪90年代，随着高等教育的普遍推进，我国海洋地质从业单位和从业人员大幅增多，我国海洋地质、海底地形地貌研究工作取得重要进展，先后涌现出大量高水平、极具参考价值的地形地貌调查成果。刘锡清、孙家淞（1992）利用板块构造地貌分类，编制了《中国海区及邻域地貌图》。1992年，金翔龙主编出版了《东海海洋地质》。1992年，刘光鼎在地质矿产部石油地质海洋地质局系统内部组织编绘的《中国海区及邻域地质地球物理系列图》由地质出版社出版，该系列图是我国第一部中国海全海域系统研究专著，是对20世纪以前我国海洋地质、地球物理工作的全面总结，包括海底地形图、地貌图、地质图等多项成果。1996年，由陈吉余主编的《中国海岸带地貌》由海洋出版社出版，该书对我国海岸带地貌特征及成因进行了详细论述。1997年，鲍才旺等出版了《海底地形地貌海流与多金属结核分布的关系》，详细介绍了“大洋一号”调查船DY85-5航次多波束及多金属结核调查成果，查明了调查区地形地貌轮廓、微地貌特征与结核分布的关系。2000年，龚建明发表了《海底地貌与天然气水合物的关系》，详细剖析了海底滑坡、泥火山、麻坑等特征海底地貌与天然气水合物释放与聚集的关系；同年，由哈尔滨工程大学田探等编著的《声呐技术》，系统叙述了声呐系统的测向、波束形成、测距、测速、定位以及信号发送和接收技术，同时还介绍了声呐系统常用的信号波形成及处理方法。

进入21世纪以来，国务院明确提出“提高基础地质调查程度”，在“实施海洋地质保障工程，开展海洋区域地质调查”思想指导下，以国土资源部中国地质调查局和国家海洋局为牵头单位汇集全国多家海洋地质调查研究机构，相继开展了“海洋地质保障工程”和“我国近海海洋综合调查与评价”专项，调查范围覆盖了我国管辖及邻近海域，基本摸清了我国海域海洋地质基本情况。随着各种高精度多波束测深系统的引进和广泛应用，对中国海附近海域地形数据进行了全面更新，高精度多波束测量数据为海底地形地貌研究提供了充足的资料，涌现出大量优秀的海洋地质、地形地貌成果报告、专著、系列图集、高水平论文等。

自2003年开始，在“海洋地质保障工程”专项框架下，由中国地质调查局主导，广州海洋地质调查局和青岛海洋地质研究所实施，按照国际分幅标准，先完成了“南海1：100万永暑礁幅海洋区域地质调查成果报告”“1：100万南通幅海洋区域地质调查成果报告”两个试点图幅，随后1：100万海洋区域地质调查工作全面铺开，至2015年底，完成包括海南岛幅、中沙幅、天津幅、大连幅、上海幅等全部16个图幅调查成果报告编写和相应图幅的海底地形图、地貌图、地质图、构造图、矿产图等成果图件编制工作，实现了1：100万全覆盖海洋区域地质调查资料，编制了一系列成果集成应用图件，如《1：200万南海地质地球物理图集》《中国海区及其邻域1：100万地质地球物理系列图》等。2002～2004年，中国地质调查局组织编写了《海洋地质地球物理补充调查及矿产资源评价研究论文集》，国家海洋局第一海洋研究所组织编写了《多波束海底地形地貌研究论文集》。2004～2009年，由国家海洋局组织实施的“我国近海海洋综合调查与评价”专项结题，在充分总结最新调查资料的基础上，出版了一系列专著，包括由李家彪主编的《东海区域地质》，由王颖（2012）主编的《中国区域海洋学——海洋地貌学》，由蔡峰主编的《中国近海海洋——海底地形地貌》专著和《中国近海海洋图集—海底地形地貌》。此外，由刘昭蜀等（2002）主编的《南海地质》，由杨子庚主编的《海洋地质学》，由何起祥主编的《中国海洋沉积地质学》，由刘振夏主编的《中国近海潮流沉积沙体》，由刘忠臣等（2005）主编的《中国近海及邻近海域地形地貌》，由刘宪斌译著的《海洋地质学——探索海洋的新领域》，由张训华主编的《中国海洋构造地质学》，由叶银灿主编的《中国海洋灾害地质学》，由张伙带编写的《海底观测新技术》等均是我国海洋地质、海洋地貌工作者多年调查成果集成研究的结晶。

从2011年开始，中国开始向国际海底地名分委会（Sub-Committee on Undersea Feature Names，SCUFN）提交海底地名命名提案，至今为止，已明确我国255个南海海底地理实体的命名。海底地理实体命名意义重大，不仅有利于加强我国对于各类海洋图件的编制和海洋地貌单元的科学命名，同时，基于我国南海复杂的地缘政治环境和部分岛屿（礁）长期被周边国家非法侵占的现状，尽快对我国南海海域海底地理实体进行命名，能够充分体现国家对命名海域的管辖权力，展示我国海洋地质调查成果。目前，我国各海洋地质调查单位均积极主动从事海底地理实体命名工作，在中国大洋矿产资源研究开发协会的统一领导下，广州海洋地质调查局、自然资源部第一海洋研究所、自然资源部第二海洋研究所、国家海洋信息中心等均在海底地理实体命名工作中发挥了至关重要的作用。

四、南海及邻域地形地貌研究成果

以往对南海的地形地貌的调查一般应用侧向扫描声呐（侧扫声呐）、精密回声探测、海底采样等方法，对南海进行了海底地质调查，了解海底地貌和底质类型及砂矿等的分布（郭旭东和冯文科，1978）。2006年以来，借助于我国近海海洋调查专项的实施，南海海底地形地貌得到了全面调查，调查采用多波束测深系统和高精度的测深仪，对南海进行了大比例尺水深地形测量和侧扫声呐测量以及浅地层剖面测量，取得了高质量、高精度的水深数据和高清晰度的声呐影像和浅地层资料，查明了南海海底的基本地貌单元和微地貌形态的分布特征。使得我们对南海海底地形地貌的勘测和研究水平达到了一个更高的高度，对南海海底地形地貌的有许多新的认识，为本书的撰写奠定了良好的基础。

南海有形态多样的大陆架、大陆坡、边缘海盆和海沟，还有成因各异的深海盆地，海底地形复杂多变，地貌类型丰富多样。研究和了解南海海底地形地貌的分布特征，掌握其形成演化规律，为南海海洋科学研究、海洋环境保护、海域综合管理和数字海洋提供最基础的地形地貌数据；为南海海洋资源勘探开发、海上工程建设、海上交通运输和国防建设提供科学依据，是从事南海海洋科学工作者义不容辞的责任。由此，本书主要根据20世纪90年代我国开展的大规模南海海洋调查所获得的资料，尤其是多波束测深资料，以及国内外相关的近期历史资料与研究成果，较全面系统地分析阐述了南海和台湾岛以东海域的海底地形分区、地貌类型、分布特征和形成演化。在编写形式上，是在介绍南海和台湾岛以东海域自然地理，以及南海海底地形地貌调查研究的基础上，将南海和台湾岛以东海域的海底地形和海底地貌分别成章，并且对影响它们演化的控制因素进行简要分析。

1994年以来，广州海洋地质调查局在南海获取了巨量高分辨率多波束水深数据，覆盖了南海近岸重点海域、陆坡和深海盆地的绝大部分区域。精细刻画南海的微地形地貌，在南海新发现一批地貌单元，包括海山、火山口、深海扇、海谷和峡谷群五大类型，并给予暂时命名。

（1）在南海海盆北部新发现两处新海山。海山和海丘的形成主要受火山活动所控制，并分别命名为王祯海山和石申海山。

（2）在南海发现了九个构造完整的火山口。其中南海海盆八个：中北部的蛟龙海丘火山口、祖冲之海丘西火山口和宪北海山西火山口，西南部的长龙海山链火山口和龙门海山火山口，东南部的张继海丘火山口、韩愈海山火山口和张祜海山东火山口；在南海西部陆坡的盆西南海岭发现了皎月海丘南火山口。南海海盆的海山样品测年时代主要为中新世—晚上新世，火山口与南海扩张活动密切相关，主要为中中新世（约15 Ma）以来的岩浆活动形成的。

（3）在西南次海盆（暂定），盆西南海岭东部、盆西海底峡谷前缘新发现了盆西南深海扇（暂定）。初步认为其成因为第四纪冰期期间，海平面下降，陆缘碎屑物经浊流作用通过盆西海底峡谷搬运至南海深海平原堆积而成。深海扇作为一个典型的陆缘碎屑沉积体，物源优、含砂率高、岩性圈闭特征显著，具备良好的潜在油气勘探前景。

（4）在巴拉望岛坡的礼乐斜坡新发现了勇士海谷。该海谷是巴拉望岛坡最重要的物源通道之一。

（5）在神狐海域的一统斜坡上新发现神狐海底峡谷特征区；在东沙群岛东面，澎湖海底峡谷群西南部的陆坡上坡段，新发现了笔架海底峡谷群；在西沙群岛的滨湄滩西缘发现了滨湄峡谷群（暂定）；神狐海底峡谷特征区是水合物分解及其有关滑塌体在海底地貌上的反映，推测为第四纪期间形成。其他峡谷群和海谷的形成是水深、地形、表面水动力冲刷、浊流沉积和断层等综合因素作用的结果。

（6）首次系统查明南海大陆坡及海盆主要地貌单元的数量并命名。其中，大陆坡区域内斜坡6个、峡谷群3个、海山群1个、海隆3个、海槽4个、海岭2个、海台3个、盆地4个、海谷2个和阶地1个；南海海盆有海山链2条、海沟1条、海山44座、海丘47座和海脊3个。

（7）首次圈定了南海北部陆架和陆坡上坡段海底沙波的分布范围、精细刻画了海底沙波的微地貌并分析其特征。本区海底沙波是在现今底流条件下形成的，并非是晚更新世末次冰期残留沉积，主要与水动力条件、陆架底砂、海底地形等因素相关。

第二节　南海自然地理环境

一、位置与形势

南海位于2° 30′ S～23° 30′ N、99° 10′ ～121° 50′ E之间。北部至中国广东、广西、福建、香港和澳门，西部陆地为越南、柬埔寨、泰国、马来西亚、新加坡，南部陆地为马来西亚、文莱、印度尼西亚，东部至台湾岛、菲律宾群岛。南海呈近似菱形，长轴北东–南西，长约3100 km，短轴北西–南东，宽约1200 km。面积约350万km^2。平均水深为1212 m，最大水深为5559 m。位于中南半岛和马来半岛之间的泰国湾面积约25万km^2。位于我国广东、广西、海南和越南之间的北部湾面积约12.9万km^2。

南海通过台湾海峡、吕宋海峡（指台湾岛与吕宋岛之间的总水域）、巴拉巴克海峡、卡里马塔海峡和马六甲海峡等多个通道连接东海、太平洋、苏禄海、爪哇海和印度洋，其中较重要的有八处（表1.1，图1.1）。由于这些海峡大多宽度较窄，水深较浅，只有较宽的吕宋海峡海槛深度超过2000 m，所以南海自身具有很高的封闭性。

表1.1　南海重要通道

海峡	备注
台湾海峡	北通东海，最狭处宽 75 n mile，水深约 70 m
巴士海峡	台湾南部与巴丹群岛之间，水深达 2600 m，为南海东通太平洋最重要的水道
巴林塘海峡	巴士海峡之南，为南海通太平洋水道之一
民都洛海峡	菲律宾的民都洛岛与巴拉望岛之间，东通苏禄海，水深达 450 m
巴拉巴克海峡	巴拉望岛之南，东通苏禄海，水深仅 100 m
卡里马塔海峡	加里曼丹岛西南侧与勿里洞岛间，为南海通爪哇海的重要水道，水深约 40 m
加斯帕海峡	勿里洞岛与邦加岛间，亦为南海通爪哇海通道之一，水深约 40 m
马六甲海峡	马来半岛与苏门答腊岛间，是太平洋和印度洋的咽喉地带

台湾岛以东海域位于台湾岛以东、日本琉球群岛以南、菲律宾东北，属西菲律宾海盆。绝大部分海域水深大于4000 m，最大水深为7881 m，位于琉球海沟。

二、主要入海河流径流量和输沙量

珠江由西江、北江、东江及其他支流构成（图1.1），在广东省广州市南沙区到珠海市斗门区之间注入南海。主要干流和支流河道总长度为11000 km，流域面积达453690 km²。其中，西江全长2214 km，广东省三水以上流域面积为353616 km²；北江全长573 km，流域面积为46710 km²；东江全长562 km，流域面积为27040 km²。珠江水系多年平均径流量为3124亿m³，其中，西江马口站为2380亿m³、北江三水站为395亿m³、东江博罗站为229亿m³、其他支流共120亿m³。汛期为4～10月，径流年变幅达1169亿m³。平均年输沙量为0.834亿t，丰水年为1.5164亿 t（1968年），枯水年为0.1749亿 t（1963年）。

韩江全长470 km，流域面积为30112 km²，在广东省汕头和澄海境内注入南海。平均年径流量为252亿m³，最大年径流量为478亿m³（1983年），最小年径流量为112亿m³。平均年输沙量为760万t，最大年输沙量为1750万t（1983年），最小年输沙量为319万t。汛期为4～9月，占全年的87.3%。

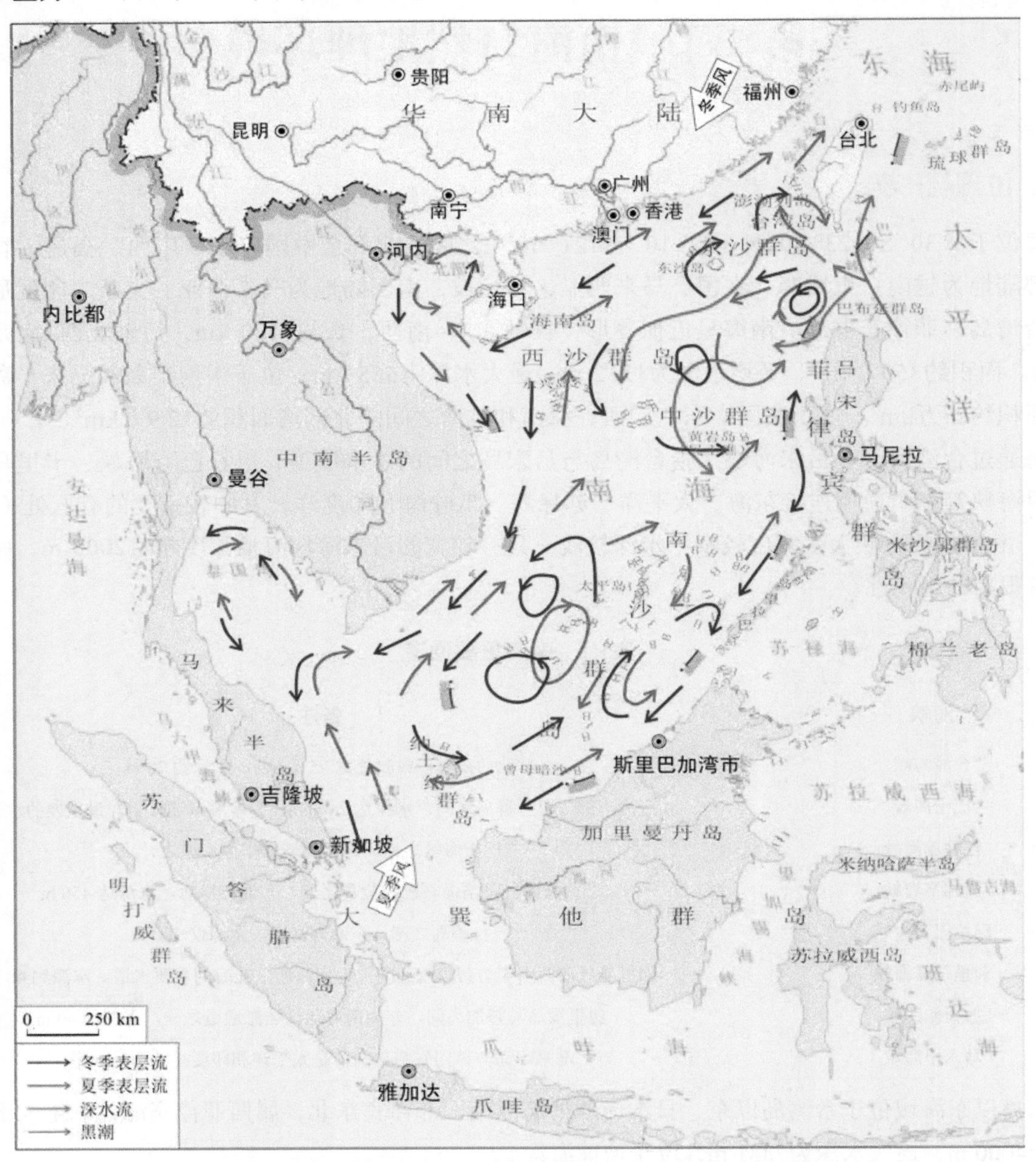

图1.1　南海自然地理环境图（据Liu et al.，2016，修改）

南流江全长287 km，流域面积为9439 km²，在广西壮族自治区北海市合浦县注入南海北部湾。平均年径流量为53.13亿m³，最大年径流量为80.2亿m³，最小年径流量为16.94亿m³。平均年输沙量为118万t。

南渡江全长340 km，流域面积为7176.5 km²，在海南省海口市注入琼州海峡。平均年径流量为61.6亿m³，最大年径流量为92.89亿m³，最小年径流量为30.85亿m³。

红河全长1280 km，在越南北部太平省和南宁省之间注入北部湾。平均年径流量为1230亿m³。平均年输沙量为130万t。

湄公河全长4880 km，流域面积为810000 km²，在越南南部鹅贡和美城之间注入南海。平均年径流量为5100亿m³。平均年输沙量为160万t。

湄南河全长1352 km，流域面积为177500 km²，在泰国曼谷附近注入南海的曼谷湾。平均年径流量为227亿m³。平均年输沙量为12万t。

据不完全统计，流入南海的主要河流年总径流量约为9000亿m³。平均年输沙量为4亿t。

三、风和降水

（一）风

冬季，大部分南海海区盛行东北风，泰国湾以偏东风为主；平均风速为6～11 m/s，存在两个明显的高值中心：吕宋海峡及其西部海域（9～11 m/s）、中南半岛东南海域（即传统的南海大风区，9～10 m/s）。春季，大部分海域盛行东—北东风，北部湾盛行东—南东风，泰国湾盛行东南风；北部海域平均风速为5.5～7.0 m/s，中部海域平均风速为4.0～5.5 m/s，低纬度海域在4.0 m/s以内。夏季，西南季风盛行，南海中南部海域以西南风为主，北部海域以南—南西风为主，泰国湾以偏西风为主；平均风速为5.0～7.5 m/s，南海大风区为高值中心，平均风速在7.0 m/s左右。年平均大风日数为越南近海50 d、西沙群岛附近约40 d、南沙群岛附近40 d以下。唯粤东沿岸靠近台湾海峡的区域，大风日数较多些，有的可达100 d（郑崇伟等，2016）。

台湾岛以东海域年平均风速约为8 m/s，冬季平均风速为9～11 m/s，春季平均风速约为7 m/s，夏季平均风速为5～6 m/s，秋季平均风速为11～12 m/s。冬季北东风占优势，夏季以南至西南风为主。最大风速冬季为26～29 m/s，春季风速为19～23 m/s（刘忠臣等，2005）。

（二）降水

南海年降水量为1000～2000 mm，有明显的区域差异。海区北部有干季和雨季之分；前者为11月至翌年3月，降水较少，可比蒸发量少600 mm；后者为5～10月，降水量超过蒸发量800 mm。海区南部其实并无真正的“干季”，因为那里全年各月的降水量均超过蒸发量，尤其10月至翌年1月，降水量比蒸发量约多750 mm。南沙群岛的年降水量可达2200 mm，年降水日数多达170 d（郑崇伟等，2016）。

台湾岛以东海域降水频率大多在10%～20%，但有较明显的季节变化；年降水量一般大于1000 m，尤其是琉球群岛附近年降水量超过2000 m（刘忠臣等，2005）。

四、海洋水文

（一）温度、盐度

1. 海水温度

大部分南海海区表层月平均都在22℃以上。冬季最低，南海北部沿岸低于18℃，中、南部高于26℃。北纬18°以南海域高于24℃，北纬14°以南海域高于26℃。100 m层大部分海域在20～21℃，台湾岛西南黑潮流经区达23℃以上。200 m层大部分海域为14～15℃，黑潮流域为19℃以上。在116°～121° E、15°～20° N附近100～200 m层有一冷涡，中心比周围低2～4℃。500 m层几乎整个海域在8～9℃。春季，整个海域表层26℃以上。100 m、200 m、500 m分布与冬季相似。在118.5° E、18.5° N附近的冷涡仍存在，但强度减弱、范围缩小。夏季，整个海区表层28.5℃以上，水平温差仅1～2℃。在中沙群岛和西沙群岛之间存在29～30℃的高温区，在109° E、11° N附近50 m层有一强冷涡，中心比周围低2～3℃，100 m层强度减弱，200～500 m层冷涡中心移至109.5° E、9° N附近。秋季，大部分表层水温28℃以下，北部沿岸区24℃以下。在中沙群岛附近有一大于28℃的高温区。50 m层在111° E、13° N附近有一冷涡，中心比周围低2～3℃，100 m层仍较强，500 m仍存在。表层水温年较差北部为7～16℃、中部为3～6℃、南部为2～4℃、北部湾为7～15℃；深层水温年较差为1℃。

台湾岛以东海域海水温度在冬季表层为23～25℃，200 m层18～21℃，400 m层为10～15℃；春季表层为27～28℃，200 m层为17～21℃，800 m层为5～6℃（刘忠臣等，2005）。

2. 海水盐度

南海的盐度整体高于黄渤海、东海，年平均值约为34.0，西边界入海河流多，表层盐度较低，同纬度而言，南海西侧盐度低于东侧。夏季，沿岸表层盐度显著降低；冬季，沿岸低盐水减弱并向岸收缩。中层高盐水在南海北部向上扩展，使得南海北部出现一条高盐带。外海，尤其是南海海盆，主要受太平洋高盐水控制，盐度终年较高，分布均匀。在南海广阔的中、南部海域，盐度分布整体均匀，为32.0～33.6。冬季，太平洋高盐水经过吕宋海峡进入南海，并向西南伸展，此时蒸发大于降水，使得南海海盆盐度升高。夏季，沿岸水范围扩大，南部沿岸水随西南季风漂流向北输送，迫使南海表层水北退，又因此时降水大于蒸发，南海海盆盐度降低（郑崇伟等，2016）。

台湾岛以东海水盐度年平均约为34.5，冬季表层为34.5～34.7，200 m层为34.9～34.95，400 m层为34.0～34.6；春季表层为34.1～34.7，200 m层为34.7～34.9；夏季表层为33.4～34.5，200 m层为34.5～34.9，400 m层为34.5～34.8；秋季表层为34.5～34.7，200 m层为34.6～35.0（刘忠臣等，2005）。

（二）潮汐、潮流

1. 潮汐

南海潮汐类型复杂，日潮、半日潮、混合潮俱全，以不规则日潮和规则日潮为主。不规则日潮分布在东沙群岛、西沙群岛、中沙群岛及南沙群岛之间，规则日潮分布在汕头至汕尾附近、北部湾、穆卡河口、吕宋岛西部；不规则半日潮分布在巴士海峡、台湾海峡南部、珠江口至广州湾、海南岛东北、湄公河口、加里曼丹岛西北。深水区平均潮差一般在50 cm左右。大部分海区的最大潮差为2～3 m，北部湾大部分海区最大可能潮差为3～6 m，湾顶最大潮差在6 m以上，广州湾附近在4 m以上，巴士海峡南北两端最大潮差小于2 m。大潮潮差香港为1.8 m，湛江为3.1 m，海口为2 m，三亚湾为1.4 m，北海为4 m，西沙群岛和南沙群岛为1.2 m，黄岩岛为1.4 m，曼谷湾底为2.7 m，西贡为2.9 m，海防为2.8 m，马尼拉为1.3 m。

台湾岛以东海域的潮振动是太平洋潮波直接进入此海域而形成的，半日分潮在该海域占优势，最大可能潮差约3 m（刘忠臣等，2005）。

2. 潮流

南海潮流类型与潮汐相同，日潮流、半日潮流、混合潮流都有。广东沿岸、海门湾以东为规则半日潮流；海门湾至红海湾、珠江口至广州湾、深水区北部、西沙群岛附近、涠洲岛附近、马来半岛以东、马来西亚与加里曼丹岛之间为不规则半日潮流；大亚湾及香港水域、海南岛东部沿岸、北部湾北部、南海南部深水区为不规则日潮流；北部湾南部、海南岛南部、琼州海峡为规则日潮流。潮流最大可能流速如下：汕头沿岸为100 cm/s，向东增至200 cm/s；海门湾至珠江口外海为50～100 cm/s；珠江口、广州湾为100～150 cm/s；海南岛东部沿岸为50 cm/s以上，其外海为50～100 cm/s；琼州海峡为360 cm/s。北部湾湾口在150 cm/s以上，莺歌海附近达360 cm/s；西沙群岛附近为200～260 cm/s。

台湾岛以东海区潮流类型属不规则半日潮流，其最大可能潮流为50 cm/s左右（刘忠臣等，2005）。

（三）水色、透明度

冬季，南海深水区水色为2号，透明度为25 m以上。台湾海峡西侧、广东及北部湾沿岸水色低于10号，透明度小于5 m。泰国湾口及巽他陆架南部水色为4号左右，透明度为10～15 m。春季，深水区水色为2号，透明度30 m以上。西部沿岸水色8～10号，透明度为5～10 m。泰国湾及巽他陆架南部水色3～5号，透明度为10～20 m。夏季，深水区水色为2号，透明度为25～30 m。台湾海峡西侧及珠江口水色小于10号，透明度小于5 m。北部湾西部沿岸和泰国湾沿岸水色7～9号，透明度小于10 m。巽他陆架水色4号左右，透明度为10 m。秋季，深水区水色为2～3号，透明度为25～30 m。自台湾海峡西侧至北部湾沿岸浅水区水色10号以下，透明度小于5 m。泰国湾和巽他陆架区水色4～5号，透明度为10～20 m。

台湾岛以东海域水色一般为3号左右，季节变化甚小，透明度多数月由北向南递增，其值为20～30 m（刘忠臣等，2005）。

（四）风浪、涌浪

1. 风浪

南海冬季以北东向为主，北部湾北部和南部频率分别为39%～54%、23%～32%。南海北部、中部、南部频率分别为45%～65%、49%～69%、46%～62%；春季南海北部北向浪频率为20%～30%，南向浪频率为20%～25%。北部湾和南海中南部从4月出现西南向和南向浪；夏季以西南向浪为主，频率为25%～50%；秋季从9月开始南海北部出现北东向浪，频率25%，10月扩大到南海中部，11月遍及全部南海。月平均波高，北部湾为0.6～1.6 m，南海北部和巴士海峡为1.2～2.6 m，南海中部和南部分别为1.1～2.7 m、1.0～2.6 m。累年最大波高，北部湾为2.5～5.0 m，南海北部、中部和巴士海峡分别为5.0～5.9 m、4.0～9.0 m、5.0～9.0 m。月平均波周期，北部湾为4.1～6.0 s，南海北部、中部、南部分别为5.7～6.8 s、5.5～7.4 s、5.4～7.4 s，巴士海峡5.9～7.2 s。累年月最大波周期，北部湾为10.0～18.0 s，南海北部、中部、南部分别为15.0～20.0 s、15.0～19.0 s、14.1～19.0 s，巴士海峡为15.0～20.0 s。

冬季台湾岛以东海区东北向浪出现最多，频率在25%～65%；春季，偏南向浪增加，出现频率为20%左右；夏季，偏南向浪出现频率在15%～35%；秋季，东向浪占优势，出现频率为17%～38%。平均浪高以冬季最大为1.7～2.3 m，春季最小为1.0～1.6 m；该海域3～4级浪出现的频率占明显优势，大多数为40%～60%；夏秋季最大浪高可分别达5.7～12.1 m和7.0～17.1 m，主要由强热带风暴所导致；以小于5s的风浪出现最多，四季中出现频率皆为40%～65%（刘忠臣等，2005）。

2. 涌浪

冬季南海北部以北和北东向浪为主，频率大于80%。南海中部以北东向浪为主，频率大于70%。北部湾以北东和东向浪为主，频率为33%～44%；夏季南海盛行南—西南向浪，频率为45%～75%，秋季南海盛行北东向浪，频率为50%～70%。月平均涌高南海北、中部为2 m，南部沿海及泰国湾一般为1 m。月平均涌周期多为7～8 s。

台湾岛以东海域冬季以北东向浪涌出现最多，频率为26%～54%；春季浪向较分散，东向浪出现频率略高，约为20%以下；夏季南向浪出现最多，频率为17%～24%；秋季东北向涌浪最高，频率为30%～53%。秋季浪高1.7～3.2 m，冬季和夏季浪高1.6～2.9 m，春季浪高为1.3～2.1 m。浪涌平均周期在夏秋季分别为5.5～5.4 s和5.1～7.6 s，在冬春季分别为5.1～7.2 s和5.0～6.7 s（刘忠臣等，2005）。

（五）海流

1. 漂流

冬季，在东北季风的影响下，南海海区形成势力强大的西南向漂流，自台湾海峡以西开始，经广东近海、海南岛沿海、中南半岛、巽他陆架区域、卡里马塔海峡和加斯帕海峡流入爪哇海，流速一般为20 cm/s左右，但在越南中部沿海流向偏南，流速最大可达180 cm/s，在越南南部海域和巽他陆架区流向西南，流速最大可达200 cm/s。在南海东部有一支沿吕宋岛西部沿岸北上的补偿流，流速一般为10～20 cm/s。南沙群岛海域为一弱的反时针环流，流速为10 cm/s；夏季，在西南季风作用下，绝大部分南海海区形成反气旋型漂流，流向北东或偏东。中南半岛以南流速为50 cm/s，最大可达200 cm/s。南海东部的偏北向漂流最大流速可达160 cm/s。在西南季风期间，南海漂流的平均流速一般为15～25 cm/s，越南沿海的强流区流速可达40 cm/s。自中南半岛南端至吕宋半岛南端联线以北海域为北东向流，以南海域为未封闭的反气旋式大环流。这个环流的西部为北东向漂流，流速较大，东部为南沙群岛东部、南部的西南向流，流速为20 cm/s。在加里曼丹岛近岸为北东向流，流速为20 cm/s。

2. 暖流

暖流出现在粤东沿岸和广东外海，终年大致沿100 m等深线自西南向东北流动，流轴部分宽约80 n mile，平均流速为10～40 cm/s。该暖流的稳定性、持久性和连续性较弱，具有显著的季节和年际变异（黄企洲等，1992）。其流轴在一年内南北摆动达90 n mile。

3. 黑潮南海分支

黑潮是北太平洋的西部边界流，源于北赤道流在菲律宾东部洋面上分叉后的北向流动分支。在吕宋海峡附近，黑潮主干虽沿着121° E东侧继续北上，但确有分支通过吕宋海峡进入南海，这也就是上文所说的黑潮南海分支。黑潮南海分支位于南海暖流南侧，流量在8～10 Sv。黑潮南海分支是一支比较稳定的偏西向海流（黄企洲等，1992）。表层流幅约70 n mile，夏季最大可达80 n mile。

4. 沿岸流

广东沿岸流分粤东和粤西两支，冬季粤东沿岸流流幅很窄，流向西南，流速为10～30 cm/s，夏季流幅较宽，流向北东；粤西沿岸流，基本上终年自东北流向西南，流幅东窄西宽，流速较小，到海南岛东岸流速增加到20～30 cm/s。冬季越南中部沿岸流向偏南，平均流速为60～100 cm/s；夏季流速减弱，在12° N附近受西南漂流影响转向东北。南海东部沿岸流沿吕宋岛近岸终年向北，春、夏季流速为30 cm/s；秋、冬季为20 cm/s。巴拉望岛和加里曼丹岛沿岸流冬季向南，其他季节向北，流速较小。

5. 水平环流

冬季，整个南海形成了一个由西部西南向漂流和东部北向逆流构成的反时针大环流，其中又包含着四个中尺度环流和一个小环流，它们的中心分别位于119° E、16° N吕宋岛以西，110° E、6° N和115° E、16° N的气旋式环流，以及位于114.5° E、9° N周围海域的反气旋环流。南海北部气旋式环流流速为20～40 cm/s，南海中部气旋式环流流速为20 cm/s。春季南海的表层环流与冬季大致相反，中南半岛南端及南沙群岛出现大型反气旋式环流，东西两翼流速在10～40 cm/s。在越南金兰湾以东海域存在一个较强的气旋式涡旋，秋季越南金兰湾以北的气旋式环流扩大了范围，南沙群岛的环流与夏季相反，形成了一个范围较大的气旋式环流。此外，在吕宋岛以西海域和纳土纳群岛以北海域又出现了若干个气旋和反气旋小环流，流速为15 cm/s，加里曼丹岛沿岸已形成稳定的东北向逆流，最大流速为110 cm/s。

上升流是整个南海北部陆架区夏季的普遍现象，具有南海海盆的空间尺度。引起南海北部陆架区夏季上升流存在的动力因素是盛行的西南季风。该上升流在空间和时间上的分布是不均一的，海南岛东北和闽、粤边界海域是上升流中心区；台湾浅滩周围的上升流呈多元结构，各上升流区海水的理化性质存在着明显差异；在粤东，上升流的影响可达沿海港湾内部，并支配着这些港湾的夏季水文条件。南海除了在其北部陆架区存在着夏季上升流外，夏季在越南东部沿岸和冬季在吕宋岛沿岸均存在着上升流（吴日升和李立，2003）。

五、海底底质

（一）粒度分级

据《海洋调查规范第8部分：海洋地质地球物理调查》（GB/T 12763.8—2007），采用尤登-温德华氏等比制Φ值粒级标准分为四个级别：>2 mm（<-1Φ）为砾级；2～0.063 mm（-1～4Φ）为砂级；0.063～0.004 mm（4～8Φ）为粉砂级；<0.004 mm（>8Φ）为黏土级。

（二）分类命名方案

1. 水深小于3000 m的沉积物分类

含砾碎屑沉积物和不含砾碎屑沉积物（依据1∶100万海洋区域地质调查规范中Folk等1970年提出的分类方案）。对于水深大于3000 m，砂含量大于10%的沉积物仍采用Folk等1970年提出的分类方案。

2. 水深大于3000 m的沉积物分类

远洋黏土和软泥两大类（采用Berger于1974年提出的深海远洋沉积物分类命名方案）。远洋黏土命名规则：$CaCO_3$和硅质生物化石大于1%时参加命名；$CaCO_3$含量为1%～10%，为含钙质黏土；$CaCO_3$含量为10%～30%，为钙质黏土；硅质化石含量为1%～10%，为含硅质黏土；硅质化石含量为10%～30%，为硅质黏土；当$CaCO_3$含量和硅质化石含量均可参加命名时，则采用混合命名，如$CaCO_3$含量为5%，硅质化石为4%，命名为含硅质含钙质黏土。软泥的命名规则是当沉积物中$CaCO_3$含量或硅质化石含量大于30%时参加命名，$CaCO_3$含量大于30%但小于2/3，为钙质软泥；$CaCO_3$含量小于30%但硅质化石含量大于30%，为硅质软泥（藻软泥或放射虫软泥）。

（三）沉积物分布区域

1. 含砾碎屑沉积物

砂质砾（sG）呈块状零星分布于东北部台湾海峡澎湖列岛海域、东沙群岛东北部海域、西部中南半岛沿岸海域以及南海西南部昆仑群岛东南面陆架海域，水深为5～168 m。

砾质砂（gS）主要分布于南部和东南部加里曼丹岛、民都洛岛、巴拉望岛沿岸陆架海域，局部零星分布于中南半岛沿岸、北部湾沿岸、琼州海峡、东沙群岛、台湾浅滩以及珠江口外陆架海域，水深为30～717 m。

泥质砂质砾（msG）局部零星分布于巴士海峡、中南半岛中部沿岸陆架海域，水深为155～531m。

砾质泥质砂（gmS）局部零星分布于巴士海峡、南澳岛东面、东沙群岛东南面和西面、海南岛西北面和东面、安渡滩西面海域，水深为27～2243 m。

泥质砾（gM）局部零星分布于北部湾中部和安渡滩西面海域，水深为36～1692 m。

含砾砂[(g)S]普遍分布于西南部中南半岛以南、南部加里曼丹岛沿岸、东北部台湾海峡和东沙群岛海域，海南岛东北面、珠江口外海域有局部零星分布，水深为24～1198 m。

砾质泥质砂[(g)mS]主要分布于西北部海南岛周围海域，其次为东沙群岛周围、珠江口外万山群岛以南、东北部巴士海峡及以东海域，其余海域只有局部零星分布。水深为24～1867 m。

砾质泥[(g)M]主要分布于北部湾湾口海域，海南岛东面、北部湾、东沙群岛北面、川山群岛南面、盆西海岭北部海域呈块状局部零星分布，水深为22～4137 m。

2. 不含砾碎屑沉积物

砂（S）分布于台湾岛沿岸、台湾海峡、台湾浅滩周围、东沙群岛周围、珠江口外、中南半岛中部沿岸、西南部和南部陆架海域，水深为33～970 m。

粉砂质砂（zS）分布于台湾岛北部沿岸、台湾海峡、东沙群岛周围、珠江口外、琼州海峡、北部湾、中南半岛南部沿岸、黄岩岛东面、南沙群岛、西南部和南部陆架和陆坡海域，水深为25～4136 m。

泥质砂（mS）局部分布于海南岛东面、北部湾、中建岛西南面、南康暗沙东南部、中南半岛东南面海域，水深为49～521 m。

砂质粉砂（sZ）广泛分布于北部湾、海南岛到东沙群岛一线，西沙群岛、中沙群岛、吕宋岛沿岸、南沙群岛、黄岩岛、南海海盆西部海域，其次为东北部珠江口以北沿岸、台湾海峡、中南半岛东南面，其余海域呈块状局部零星分布，水深为18～4741 m。

砂质泥（sM）主要分布于中沙群岛西南面和西沙群岛南面海域，北部湾、巴士海峡、中沙群岛西面、南海海盆以及南部西卫滩、广雅滩、万安滩海域呈块状局部类型分布，水深为49～4529 m。

粉砂（Z）广泛分布于北部湾北部沿岸、北部湾湾口、广东群岛到台湾岛南部一线、台湾海峡北部、福建和广东沿岸、台湾岛沿岸、巴士海峡、巴林塘海峡、马尼拉海沟、马尼拉湾、南沙海槽、纳土纳群岛、南康暗沙海域，雷州半岛到珠江口口外一线、南沙群岛西部、中南半岛中部东面海域局部零星，水深为22～3000 m。

泥（M）广泛分布于西沙群岛以南中南半岛中部以东、南沙群岛西部和南部、南沙海槽海域，其次为西沙群岛东北面、东沙群岛东面和南面海域，其余海域局部零星分布，水深为24～2965 m。

3. 大于3000 m的深海沉积物

含钙质黏土[C(Ca)]分布于南海海盆西南部和南部、马尼拉海沟北端、澎湖海底峡谷群南部和巴士海峡局部零星分布，水深为3170～4640 m。

钙质黏土（CCa）局部零星分布于西沙北海隆、双峰海山和中沙海台（暂定）东北面海域，水深为3083～3648 m。

含硅质黏土[C(Si)]主要分布于中沙群岛东北面和南面，水深为3176～4386 m。

硅质黏土（CSi）分布于笔架海山群（暂定）东南面、中沙群岛南面和东南面、南海海盆北面、马尼拉海沟西面、南海海盆西南部和东南部海域，水深为3362～4318 m。

硅质钙质黏土（CSiCa）分布于南海海盆西南部、东部和西部海域，水深为3020～4338 m。

含硅质钙质黏土[C(Si)Ca]分布于中沙群岛北面海域，礼乐滩西北面海域局部零星分布，水深为3020～4400 m。

含钙质硅质黏土[C(Ca)Si]分布于西南部和西部，南海海盆东部和中部、马尼拉海沟西面、中沙群岛中部海域有局部零星分布，水深为3052～4387 m。

含硅质含钙质黏土[C(SiCa)]主要分布于南海海盆中部、中沙群岛西部和北面、马尼拉海沟西面和西北面海域、南海海盆西南部和西部有局部零星分布，水深为3003～4626 m。

硅质软泥（OSi）局部零星分布于中部海盆中部和西南部，水深为3081～4349 m。

4. 无现代沉积物分布区

无现代沉积物分布区主要位于东沙岛礁、东沙海台（暂定）中北部和笔架斜坡（暂定）最北端。

六、地质构造

（一）构造运动和构造层

南海主体位于东亚大陆边缘构造域之上，北部和西部沿岸及沿海区域占据东亚大陆构造域的边缘地带，东邻西太平洋构造域。它由多个块体、褶皱带、结合带拼合而成，后期经过多次改造，形成了目前极其复杂的构造格局。

新生代以来欧亚、印度–澳大利亚和太平洋三大板块相互作用，在南海表现为早期的走滑逃逸、古南海的俯冲、碰撞和消亡，南海的海底扩张、洋脊跃迁和扩张停止，以及晚新生代菲律宾海板块与欧亚板块碰撞等主要区域构造事件，在这种特定的板块运动构造背景下，形成了南海现今的构造格局。综合分析地震反射不整合面、反射层内部结构、断裂构造、岩浆活动等特征，结合南海三个航次ODP、IODP大洋钻探的成果，南海新生代主要发生七次主要的构造运动，由老至新为神狐运动（北部）–礼乐运动（南部）、珠琼运动（北部）–西卫运动（南部）、南海运动、白云运动、沙巴造山运动、万安运动（或南沙运动）和台湾造山运动，对应区域不整合界面为T_g、T_8、T_7、T_6、T_5、T_3和T_2。神狐运动（礼乐运动）、珠琼运动（西卫运动）主要反映了中生代末至新生代早期的东亚大陆边缘张裂伸展作用；南海运动、白云运动、沙巴运动和万安运动主要对应南海形成演化过程相关的构造事件；台湾造山运动是晚新生代菲律宾海板块与欧亚板块碰撞的结果。

根据地层接触关系、沉积充填类型、地震反射界面和区域性不整合面、构造变形、构造沉降等特征，将南海海区喜马拉雅期构造层进一步划分三个构造亚层，自下而上为下构造亚层、中构造亚层和上构造亚层。南海新生代海底扩张具有由北往南、由东往西渐进式发展的特点，其地质构造格局表现为东西分带和南北分块的特征，喜马拉雅期构造层可分为五个区域：北部地区、西部地区、西南部地区、东南部地区和海盆地区。

（二）断裂构造

南海北部断裂构造：北缘断裂系的方向主要有北东—东北东、北西、东西向三组，北东向—东北东向断裂属张性断裂，控制拗陷和隆起的形成。其中北东向断裂规模宏大，通常延伸几百千米，切割结晶基底，主要包括北东—东北东向的琼北–莲花山断裂、滨海–珠盆北断裂（就是著名的南海滨海断裂，向东北延伸与台湾海峡的福建滨海断裂相连）、澎湖–珠盆南断裂等；北西向断裂多为逆断层或水平走滑断层，形成时间明显较晚，中生代强烈活动，主要包括神狐断裂、珠江口断裂、韩江断裂、九龙江断裂等，北西向断裂通常切割北东向和东北东向断裂，二组断裂的相互叠加使南海北部形成了南北分带、东西分块的构造格局；此外东西向断层一般延伸较短，未形成主要断裂。

南海西部断裂构造：将106°～110° E、20°～2° N附近的莺歌海盆地东缘1号断裂、中建断裂、万安断裂、卢帕尔断裂和廷贾断裂及两侧伴生构造作为统一的南海西缘断裂系统（western marginal fault zone，WMFZ）。南海西缘走滑断裂系统是红河断裂进入南海后的延伸部分，即在红河入口处沿莺歌海盆地河内凹陷（20° 40′～19° N）延伸，与莺歌海盆地东部1号断裂相接，并向南顺北南向中建南海盆和万安盆地（暂定）东西两侧延伸延伸，在8° N、6° N分别与北西走向廷贾断裂和卢帕尔断裂相接。南海西缘断裂带总体呈南北向展布。南海西缘断裂带是叠加强烈走滑运动的走滑-拉张型被动陆缘断裂带，也是南海形成演化过程中具有重要动力学意义的新生代海-陆构造边界和转折区，对亚洲三大动力学体系或构造域（古亚洲、特提斯、环太平洋）均有强烈的响应，是一条岩石圈尺度的深大断裂，展示了长期性、多期性和差异性的活动特点。

南海东部断裂构造：南海东缘为俯冲消减的构造应力形式，发育马尼拉俯冲构造系、恒春-马尼拉海沟断裂带。恒春-马尼拉海沟断裂带为近南北向展布，北起台湾中央山脉的梨山断裂，沿恒春半岛挤压逆冲断裂带，向南至吕宋岛西侧，则分化为由若干条断裂带组成，如吕宋海槽断裂、马尼拉海沟的俯冲断裂等，向南继续延伸到苏禄海的东缘，其主要活动时期在新生代，并且近代仍在活动之中。

南海南部断裂构造：南海南部以新生代后期的挤压活动为主，形成不同性质的断层。断裂方向主要有北东、北西、近南北和东西向四组，大多为走滑断裂，如廷贾断裂等。还有巴拉望-沙巴断裂带，该断裂是南海南部的边界断裂，呈北东走向，倾向南东，延伸长度400 km，是南沙地块与卡加延脊之间的缝合线，可与西南部的南沙海槽对比，它们代表了古南海由西向东逐渐俯冲消亡的过程，在深部结构上，空间和布格重力异常图、空间重力异常向上延拓图和莫霍面深度图上均有明显反映，为北东向线性的梯阶带，该断裂两侧重力异常特征不同，在深部地壳类型与结构也存在差异，是一条大断裂。巴拉望-沙巴断裂带由一系列向北逆冲断层带组成，该带被北西向的断裂所切割。

南海海盆的断层：南海海盆因其基底性质为洋壳，故而单独分区。该洋壳海盆区又分为东部次海盆、西南次海盆和西北次海盆（暂定）。海盆区的断裂系主要是东北东向和近东西向的断裂，展布方向通常为NE75°～90°。

西菲律宾海盆北东向转换断层：位于西菲律宾海盆大致沿123° 30′ E、22° 00′ N至124° 13′ E、23° 00′ N，北东-南西向延伸，将古扩张脊错断平移约8 km，它构成了西菲律宾海盆东、西两盆地边界线（刘忠臣等，2005）。

加瓜海脊东侧断裂：沿加瓜海脊东侧断陷盆地向北北东向延伸，直达琉球岛弧，断裂两侧沉积厚度落差达800 m，其北段为西表岛盆地和南澳盆地的分界线，南段为台湾东部碰撞带与西菲律宾海盆区分界线（刘忠臣等，2005）。

加瓜海脊断裂：沿加瓜海脊偏东侧向北北西延伸到琉球岛弧，将西侧的琉球海沟向北平移了近15 km。北段构成了东南南澳盆地与南澳盆地的界线。断裂具有右旋走滑性质。

加瓜海脊西侧断裂：北北西向延伸直达琉球岛弧，断裂西侧比东侧洋壳向北位移了约30 km，北段是希望盆地与南澳盆地的界线（刘忠臣等，2005）。

第 / 二 / 章

南海及邻域地形

南海是西太平洋最大的边缘海之一，为中国近海面积最大、平均水深最深的海区，面积近350万km^2，平均水深为1212 m，其中中国管辖海域总面积约210万km^2，目前已知最深点位于马尼拉海沟南端，约5377 m。南海平面上呈菱形分布，东北–西南向延伸，南北跨越约2000 km，东西横跨约1000 km，北靠中国华南大陆，东邻菲律宾群岛，南接加里曼丹岛和苏门答腊岛，西接马来半岛和中南半岛。东北部经台湾海峡与东海相通，经巴士海峡与太平洋相连；东南部经民都洛海峡、巴拉巴克海峡与苏禄海相通；南部经卡里马塔海峡、加斯帕海峡与爪哇海相邻；西南经马六甲海峡与印度洋相连，是一个东北–西南走向的半封闭海。

南海海底地形自岸向海盆中心呈阶梯状下降，水深逐渐增大，由外向内由浅到深依次为陆（岛）架、陆（岛）坡、深海盆地地形单元，其中，陆（岛）架较大，总面积约177.2万km^2，约占南海总面积的50.62%。南海陆（岛）架整体宽度具有南部、西北部和北部宽，东部和西南部陆（岛）架窄的特点。就水深而言，陆（岛）架的水深范围各区域差异较大，但是大多数南海陆架水深一般在100～250 m，总体上地形平坦，地貌上以陆架平原为主，其上发育有水下浅滩、水下三角洲、侵蚀洼地、台地和阶地等。南海陆（岛）坡总面积约126.7万km^2，约占南海总面积的36.21%，南海陆（岛）坡地形高差起伏较大，水深范围大致在200～3800 m，是南海地形变化最复杂区域，其上发育有陆坡斜坡、陆坡盆地、陆坡阶地、海隆、高地、海台、海岭、海盆、海槽、海谷、洼地、峡谷群等次一级的地貌单元。深海盆地位于南海中部，总面积约46.1万km^2，约占南海总面积的13.17%，水深范围大致在3400～4500 m，平面上呈北东–南西向展布，并大致以南北向的中南海山及往北的延长线为为界，南海海盆由可分为西北次海盆、西南次海盆和东部次海盆。南海深海盆地以深海平原为主，其上发育海山、海山群、海山链、海沟、海脊等地貌单元，深海平原水深大致在4000～4500 m，地形开阔平坦，是整个南海地形最平坦的区域，平均坡度小于0.01°（图2.1）。

台湾岛东部海域主要是指西菲律宾海的一部分，位于日本琉球群岛以南、菲律宾东北，地理位置特殊，属于欧亚板块和菲律宾海板块碰撞带，水深变化大、地形复杂多变，台西南岛架的地形趋势自东北向西南方向缓慢倾斜下降，台东岛架和吕宋岛架的整体地形趋势自西向东缓慢倾斜下降，岛架地形平坦。岛坡地形起伏大、复杂多变。台西南岛坡的地形趋势与台西南岛架基本一致，坡度增大；台东岛坡和吕宋东岛坡整体地形自西南东迅速倾斜下降；琉球岛坡的地形变化趋势则为自北向南急速变深，高差巨大。花东深海平原整体地形平坦，水深自西南向东北变深；西菲律宾深海平原地形崎岖，复杂多变，整体地形趋势为自西南向东北缓慢倾斜下降。台湾岛东部海域海底地形总体呈北陡南缓、西浅东深的特征。

第一节 南海地形

南海海域面积大、水深变化大、地形复杂多变（图2.1），根据南海各区域水深等深线变化特征，本书分为陆（岛）架地形、陆（岛）坡地形、深海盆地三大部分介绍其特征，其中南海陆（岛）架又分为南海北部陆架、南海西部陆架、北部湾陆架、巽他陆架和南海东南岛架；南海陆（岛）坡分为南海北部陆坡、南海西部陆坡、南沙陆坡和南海东部岛坡；南海及邻域主要深海盆地为南海海盆，其大致以南北向的中南海山及往北的延长线为界，可分为西北次海盆、西南次海盆和东部次海盆。

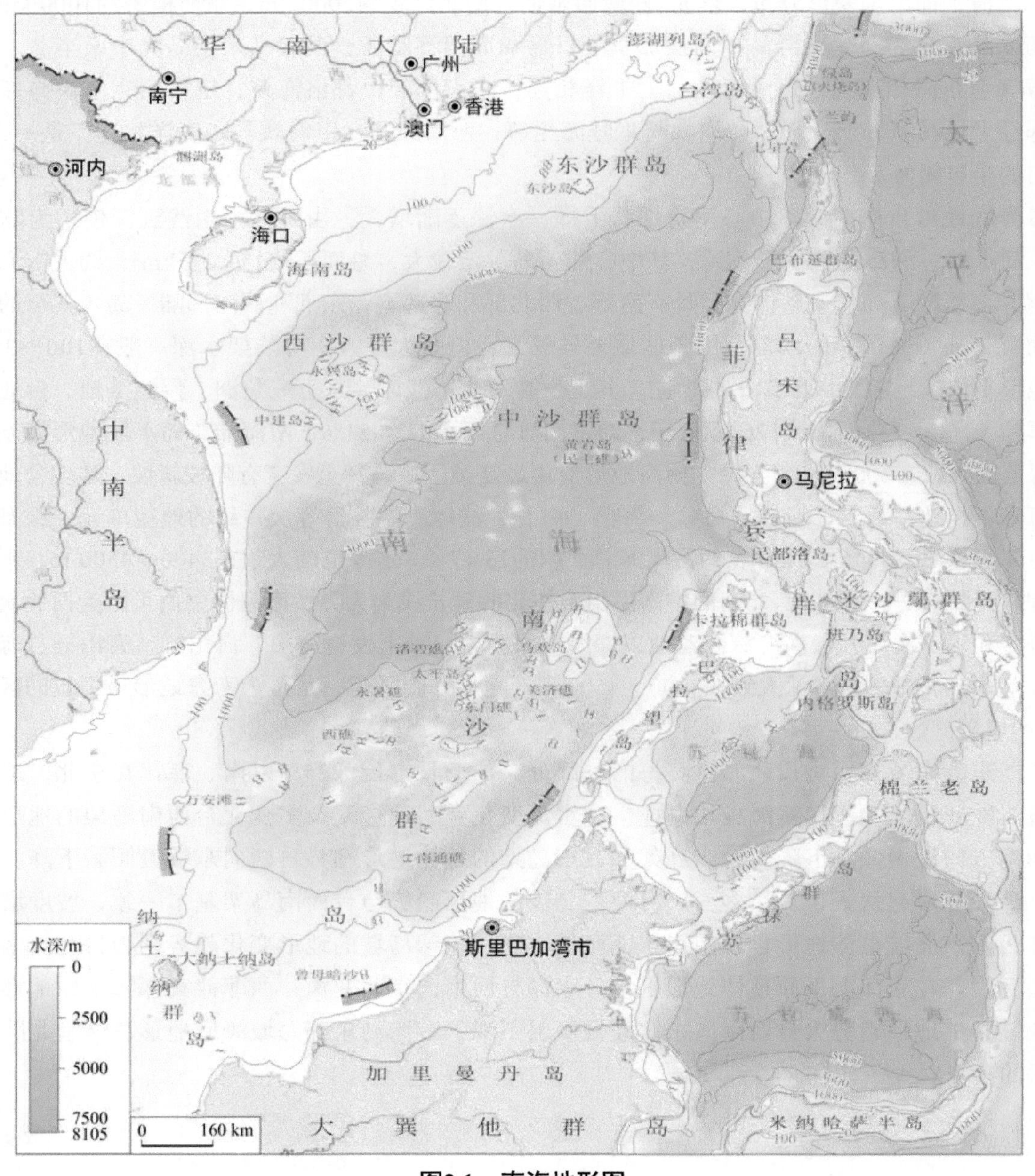

图2.1　南海地形图

一、地形分区及特征

（一）陆（岛）架地形

大陆架的概念起源于地质学，是大陆向海洋的自然延伸，是陆地的一部分。它是环绕大陆的浅海地带，简称陆架，又称大陆浅滩、陆棚，是大陆边缘的一个重要地貌单元。其范围自海岸线（多指低潮线）开始以极缓的坡度延至海底坡度显著增加的陆架坡折处（图2.2），是覆盖现代海洋沉积的大陆直接延续部分，与大陆坡之间无截然的分界线。陆架坡折的水深变化在20～550 m，平均约130 m。有人将200 m等深线当作陆架的下限（特别是陆架坡折不明显的地区）。陆架平均坡度为0° 07′，平均宽度为75 km，总面积为2710万km²，占全球面积的5.3%，约占海洋总面积的7.5%。

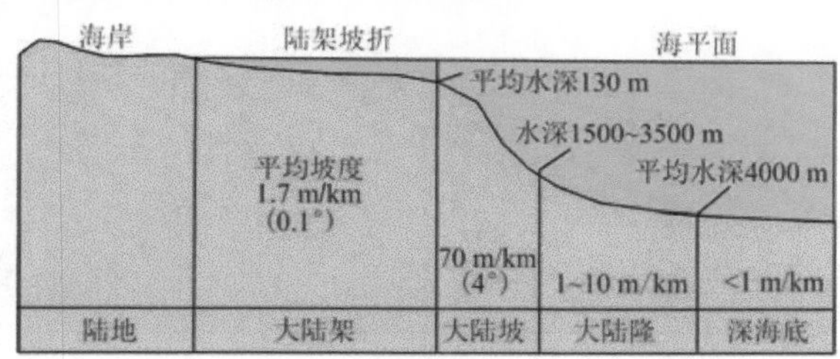

图2.2　大陆架、大陆坡示意图

陆架可分为邻近海岸的内陆架和远离海岸的外陆架，两者之间并无明确的界限。有时可按陆架中间水深的等深线来划分，也有按沉积物性质划分的。一般认为，内陆架属于沿岸如海河流泥沙堆积台地的前沿斜坡区，地形坡度相对较大，外陆架的海底地形十分平缓的倾斜，一直延伸到陆架外缘，内陆架的坡度大于外陆架。大多数岛屿也被类似的平缓浅海区所环绕，一般宽度较小，称为岛架。

几乎所有大陆岸外均有陆架发育，但各地陆架的宽度相差悬殊，约在数千米至1500 km。濒临海沟的大陆架（属活动大陆边缘）较窄，如太平洋西缘。沿年轻的大陆边缘（如红海两缘）、与转换断层有关的剪切型大陆架边缘（如几内亚湾北缘），陆架也较窄。构造上稳定的大西洋型大陆边缘，陆架一般较宽，如南、北美洲东缘。北冰洋周缘陆架极宽，欧亚大陆北缘陆架最宽达1500 km。岛弧后边缘海的大陆架大多较宽，南海南部巽他陆架（面积为1850 km²）是世界上最宽的陆架；渤海和黄海完全属于陆架；东海大陆架向东南延至冲绳海槽西北侧斜坡顶部，长江口外陆架最宽处达560 km；南海大陆架以北缘和南缘较宽；北部大陆架在珠江口外最宽，达330 km。

南海大陆（岛）架主要分布在北、西、南三面，周围按地理位置、陆架宽度的不同，分布着成因类型不同的四组大陆架。其中，南海北部大陆架呈北东-南西向展布，地形平坦而宽广，水深大多在200 m之内，海底平坦，坡度大多小于0.07°，偶尔可见到小的起伏与阶梯状地形。东部和西部大陆架呈近南北向展布，狭窄而多变。整体上，南部大陆架宽度最宽，北部次之，西部和东部狭窄。

1. 南海北部陆架

南海北部陆架位于南海的北部，北靠华南大陆，西起北部湾，东至台湾海峡与东海分界线，全长1425 km，南部过渡至南海北部陆坡。南海北部陆架等深线较平直，且走向大致上平行大陆海岸线。陆架总面积约22.1万km²，地形平坦，平均坡度为0.06°，坡折线水深为120～300 m。南海北部陆架在华南大陆海岸线向海延伸宽度为190～310 km，自西向东宽度逐渐减小，平均宽度为260 km，是世界上最宽阔的大陆架之一（图2.3）。由于板块运动、地质构造、海平面变化、现代海水动力作用之差异，南海北部陆架的海底发育有沙波、水下浅滩、水下三角洲等地貌单元。此外，在地理位置上，南海北部陆架以雷州湾、海南岛为界，主体为广东陆架地形区，地形走势及水深等值线走向见图2.3。

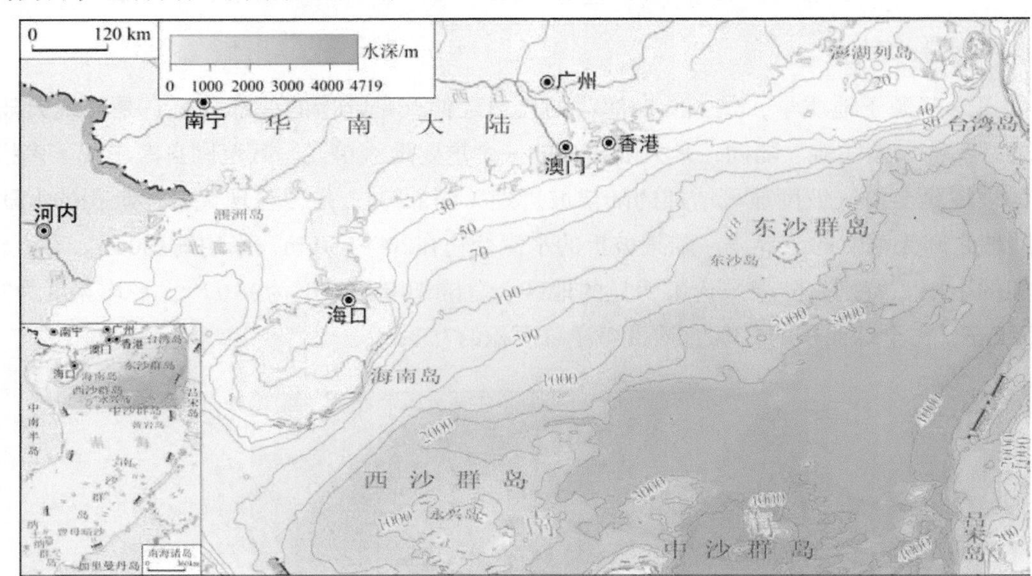

图2.3　南海北部陆架地形图

广东陆架地形区西起雷州湾、海南岛东岸，东至台湾岛以南海域。整体上，自西向东，陆架逐渐变窄，雷州湾、吴川岸外陆架宽为310 km，到广东东北石碑山岸外，陆架宽度仅为135 km。陆架水深值变化不一，外缘深度在140～250 m，相差较大。总体上，广东陆架地形非常平坦，水深由近岸向远海逐渐加深，平均坡度为0.06°左右（图2.3）。以珠江口为界，广东陆架东西两侧地形坡度稍有差异。珠江口及其以西海域地形稍缓，坡度为0.03°～0.07°，平均坡度小于0.06°；珠江口以东海域地形稍陡，坡度为0.05°～0.08°，平均坡度大于0.06°。

广东陆架20 m以浅海域为近岸区域，区内岛屿港湾，地形稍微复杂，地势稍有起伏，各处水深变化较大，等深线曲折多变，岛礁港湾周围等值线密布分布；广东陆架20 m以深海域地形变化相对简单，地势平坦，区内岛礁稀少，等深线排列有序。

广东陆架自水下岸坡以外至水深50 m左右为传统上的内陆架平原，海底地势平缓，水深等值线走势与海岸近似平行，平均坡度为0.05°～0.07°，无隆起或洼地等地形起伏的单元发育。外陆架最浅水深50 m左右，最大水深在140～350 m，整体上自西北向东南方向缓缓倾斜变深，大部分海域发育三级到四级水下阶地，其中以珠江口外80～100 m一段阶地规模最大，该阶地东西长300 km，南北宽30～80 km（冯文科和鲍才胜，1982）。阶地的存在使外陆架呈起伏状态。在珠江口和韩江口海域，两水系携带的陆源碎屑物质在陆架形成面积巨大的现代水下三角洲。

广东陆架水深80～250 m的区域发育大量的沙波，沙波的物质组成为以细砂和中砂为主的砂质沉积物，它们总体上沿着大陆架和大陆坡转折线呈北东向或北东东向条带状延伸，受到水动力条件影响，南海北部多形成波高小于1 m的小型沙波，波高在1～2 m的中型沙波和波高在2 m以上的大型沙波，其波形一般以不对称居多，缓坡向北西，陡坡向南东。此外，大型沙波或者沙丘和沙垄的翼部发育有密集的小沙波，形成复合沙波体，波脊线或者沙垄的延伸方向基本上呈北东向或者北东东向。台湾浅滩是南海北部面积最大的浅滩，其位于台湾海峡西南部，主要由沙丘和少量沙垄组成，地形变化复杂、沙丘密布、沟谷相间，是个特大型的浅滩，其分布范围为117°10′～119°20′E、22°30′～23°32′N。整个浅滩大致由40 m等深线所包围，长轴为北东东向，长约190 km，北西向宽约105 km，总面积约8800 km²。浅滩中部沙丘的相对高差较大，平均为15.7 m，自中心向边缘高差逐渐减小，平均仅6 m左右。

广东陆架地形区100 m水深以浅的海域为近岸陆架地形区，根据海底地势和地形特征的变化，又可细分为近岸河口地形区、沿岸岛礁地形区、平坦陆架地形区、海峡地形区和半岛及海岛地形区。其中，海峡地形区以琼州海峡为主；半岛及海岛地形区进一步分为雷州半岛东部近岸地形区、雷州半岛西部近岸地形区和环海南岛近岸地形区。

1）近岸河口地形区

A.珠江河口区

珠江是中国境内第三长河流，河口水域宽广、地形复杂多变，各河口、河口湾或湾外水动力条件及泥沙运动不同，其沉积作用和沉积特征也具备差异性。

从珠江河口区地形图可以看出（图2.4），内伶仃洋海底地形起伏剧烈、浅滩与礁石分布密集，总体水深处于60 m以浅，平均水深约20 m，其中西北部与东侧边缘处最浅，不足5 m，而东南部局部水深最深达60 m。珠江口内河口区水深虽然变化剧烈，总体趋势由西北向东南加深，其中有三条较为明显的海底冲刷水道。其中两条沿着北北西–南南东方向延伸，与河口主水流方向平行，另外一条与这两条相交，沿北东向延伸，使得两条水道以此相连同。内伶仃洋还发育多处出露的岛礁，内外河口之间以香港大屿山、横琴岛等众多岛屿相隔。由于珠江水系输送的陆源碎屑物质量大，水下三角洲长期向外延伸加积，珠江口陆架宽度较大，坡度较缓，区内近陆一侧岛屿、礁石及冲刷槽广泛分布。

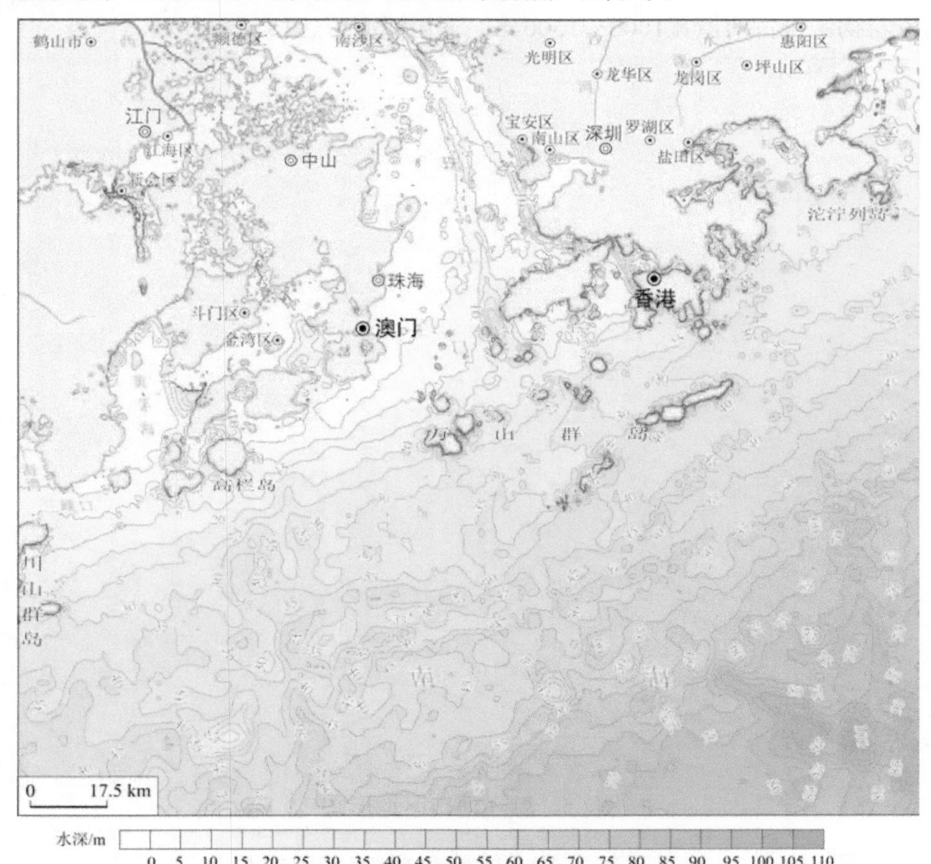

图2.4　珠江河口区地形图

珠江口西南部为河口区，西北面是西江主干水流出海口门–磨刀门。区内海底地形比较平坦，总体特征是自西北向东南、由近岸向外海逐渐加深，等深线基本平行于岸线，呈北东、南西走向，最浅处在大横琴沿岸，水深0.3 m，最深处在东南端，水深近45 m。大西水道，是广州、深圳、珠海、澳门及珠江流域众多城市航道出海的主要通道。磨刀门入海口附近，水深0～5 m等深线范围的区域为磨刀门口门区。魔刀门入海输沙量居八大口门之首，大量的泥沙随流而下，造成口门淤积，浅滩发育。在该区域磨刀门水道深槽沿着北部的磨刀门人工岛堤向下延伸并向西偏转，两侧是0.2～1.8 m的水下浅滩，深槽末端逐渐变浅，演变为“弓”形向海的水下拦门沙。

B.韩江河口区

韩江河口位于粤东，河口水下三角洲地形发育，大致以40 m和50 m等深线为界，成为一个向东南方向凸出的扇形三角洲，它是陆地河口三角洲向海自然延伸的部分。水深25 m以浅为现代韩江水下三角洲，纵长约30 km，横宽约57 km，坡度为0.3°～0.4°（图2.5）。在近岸地带有数条北东–南西向的水下沙堤分布。该三角洲的上部主要为细砂，下伏非海相的老黏土层，并有透镜体砂质沉积物分布。在南澳岛附近20 m的水深处，有大量牡蛎被埋藏在数米厚的现代沉积物之下，表明该区经历了沉溺的过程。水深25～50 m为韩江古三角洲，是晚更新世末次冰期海退或海面上升时，韩江水系携带大量泥沙在此堆积而成，虽然后期不断改造，但仍有三角洲的形态特征。其表层沉积物主要为含砾的细砂和粗中砂。其上有较多的古浅滩和古沙堤分布，长条形的古沙堤北东向延伸，长10～20 km、宽5 km左右，高于周围海底2～5 m。在该古三角洲的前缘有大面积的沙波分布区。韩江水下古三角洲有三条主要埋藏古河道分布，据浅层剖面探测资料揭示，古河道宽1000～1500 m，下切深度可达15 m左右。

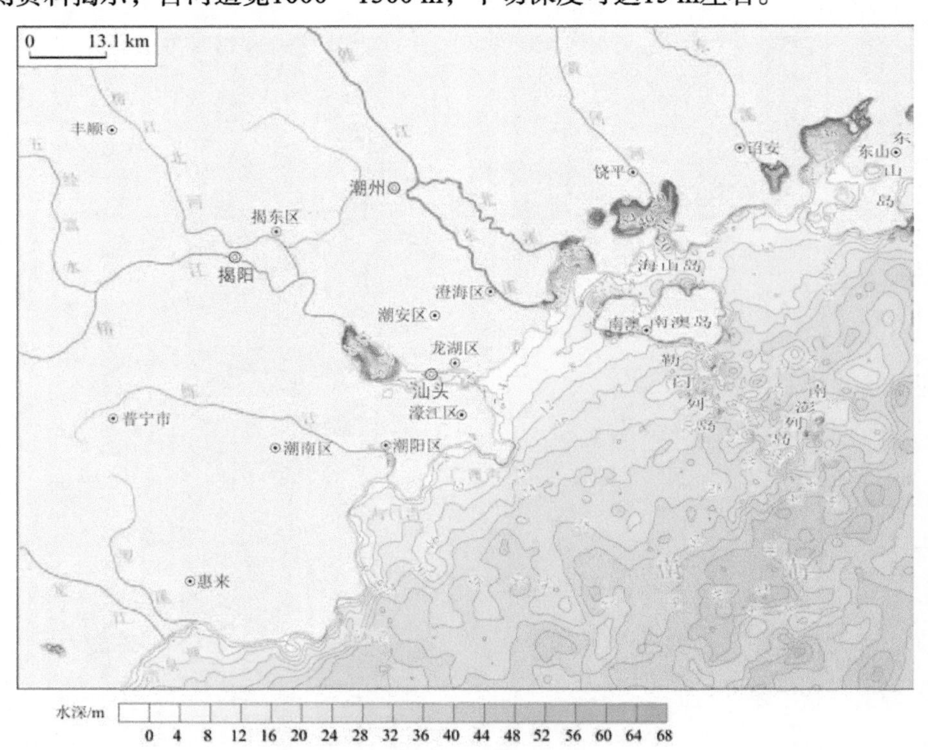

图2.5 韩江河口区地形图

2）沿岸岛礁地形区

近岸浅水与岛礁区在整个广东沿岸区均有分布，平行海岸线，呈条带状分布，南北跨度不等，一般分布于20 m以浅海域，海底地形变化较大，区内岛礁发育，使得局部海底地形变化剧烈，等深线围绕岛礁密布，形成多个大小不一的闭合圈。地形坡度从南至北变化较大，向南有逐渐变小的趋势。在不考虑岛屿附近水深变化的情况下，整个珠江口以东地形区水深由近岸向远岸递增，西北侧水深在5～10 m，东南侧水深一般不超过20 m，该区南部岛礁区最大水深超过25 m。珠江口以西近岸浅水与岛礁区在整个研究区也均有出露，平行海岸线，呈条带状展布，南北跨度不等。

A.珠江口以东沿岸岛礁区

珠江口以东区域，相对珠江口外河口区岛礁较少，岸线及等深线走势规则。该区岛礁主要分布于香港岛、龟领岛、莱屿岛之间的海域，主要集中于大鹏湾、大亚湾、红海湾三个海湾之中。水深基本处于25 m以浅海域，岛礁周围地形变化大、等深线密集，湾内地形平缓，坡度一般在0.01°。

B.珠江河口外岛礁区

珠江河口外岛礁区指的是珠江口内内伶仃洋外，出了大屿山—横琴岛一线的区域。外河口区北部岛屿分布广泛，其间发育冲刷槽，海底地形复杂多变。其中在大屿山和屯门之间的马湾航道，南丫岛与香港岛东博瞭海峡，香港岛与九龙之间的维多利亚港，以及香港岛与螺洲岛、螺洲与蒲台岛之间均发育水深较深的冲刷槽。在蒲台群岛之间发育的潮流冲刷槽，水深最深处可达65 m；冲刷槽的形态与分布受到构造控制，槽沟的宽度受岛间距的影响和潮波能量的控制。

磨刀门入海口附近，水深0～5 m的等深线范围内，大量的泥沙径流而下，造成口门淤积，浅滩发育。在该区磨刀门水道深槽沿着北部的磨刀门人工岛堤向下延伸并且向西偏转，两侧是0.2～1.8 m的水下浅滩，深槽末端逐渐变浅，演变为呈弓形向海突出的水下拦门沙，自水道深槽至拦门沙顶部平均坡度为0.3°。横琴岛南部近岸海域水深在1 m以内，向南逐渐加深，5m等深线在横琴岛南岸向海4～7 km。自横琴岛南部沿岸至5 m等深线平均坡度为0.04°。

横琴岛以南，5～30 m等深线范围内有万山群岛的完善列岛、缢洲列岛、三门列岛等群岛，是珠江口海岛主要集中地，水深由岛的近岸向远岸递增。其中，万山群岛是该区面积最大的群岛，以北水深在10 m以浅，以南水深大于20 m，岛屿之间的水深在10～25 m。缢洲列岛西北侧水深在14～20 m，东南侧水深一般都不超过20 m。三门列岛以北水深为22～24 m，以南水深为25～27 m。白沥岛和东澳岛之间存在一个直径约4 km的水下洼地，洼地西侧坡缓，平均坡度为0.07°，东侧较陡，平均坡度为0.18°，洼地周围水深15～16 m，中央水深20 m，最大高差达5 m。该区东南端分布有佳蓬列岛，列岛以北水深25～29 m，以南水深35～40 m，最深达44.8 m，为区内最大水深。

C.珠江口以西黄茅海沿岸岛礁区

珠江入海口以西黄茅海沿岸岛礁区，由于珠江带来的丰富的沉积物，底质多为泥沙，海湾多为砂质海岸。由于受到河流入海流水以及海流海浪的冲蚀作用，海岛南侧岬角多陡峭，水深较深，等深线密集，北侧靠近岸线，冲蚀作用较弱，地形变化缓慢，坡度一般为0.3°。该区岛礁多成串状，从陆向海多成大岛、小岛、礁石、暗礁的趋势，走向一般为南北向或者北东–南西向。

黄茅海近岸区小岛多处于10 m等深线以内，等深线变化复杂，海岛南侧等深线密集，由于受潮流、海浪冲刷，地形较陡。地形从西北向东南水深逐渐变深，等深线呈北东东走向，坡度为0.057°，平均水深约20 m，该区西侧有多处礁石小岛出露，如小襟岛、三杯酒岛等。

D.阳江–湛江沿岸岛礁区

阳江–湛江沿岸岛礁区的近岸岛屿较珠江口以东区域多，地形坡度从南到北变化较大，有向南逐渐减小的趋势。岛礁主要分布于10～15 m水深范围，海底起伏不平，岬湾相见展布，海底平均坡度约0.057°。等深线围绕岛屿呈现大小不等的闭合圈，岛屿见水流通道内冲刷作用较强，水深变化剧烈，特别是位于本区上川岛和下川岛之间海域，海底地形变化剧烈。

3）平坦陆架地形区

整体而言，广东沿岸大陆架由北向南逐渐增大，水深变化范围为0～60 m，等深线走向大体与岸平行。珠江口以东沿岸区域20～80 m均为平坦陆架区，坡度一般为0.01°；珠江口外河口区水深30 m以深为三角洲水下堆积平原，平均坡度为0.015°；珠江口以西阳江–湛江沿岸15 m以深区域全部为平坦陆架区，平均坡度为0.03°。总体上，广东沿岸20 m以深地形特点为水深缓慢由北向南逐渐增大，等深线规则近平行排列，是典型的南海北部陆架的地形特征。

4）海峡地形区

南海北部陆架比较有代表性的海峡主要为琼州海峡，也包括部分台湾海峡，本书重点对琼州海峡展开叙述。

琼州海峡（图2.6）是中国三大海峡之一，介于雷州半岛和海南岛之间的狭长潮流通道，跨越109°42′～110°41′E、19°52′～20°16′N，海峡的大致走向为北东北–西南西方向，其东西两端的口门分别为南海北部海域和北部海域。该海峡东西长约80 km，南北平均宽约30 km，平均水深约44 m，水域面积为2300 km²，海峡全部位于大陆架上，海底地形洲高中低，为北东–南西向狭长矩形盆地，中央水深为80～100 m，东西两口地势平坦，水深较浅，海峡区海流较强，夏季西南季风盛行，海流自西向东流动，流速大，其他的季节由西向东流动，流速小。海峡的东口以北岸的盐井角和南岸的海南角（木栏头）之间的断面为界，西口以北岸的灯楼角（滘尾角）和南岸的临高角之间的断面为界，东西长约80 km，南北宽20～40 km，最窄处约18 km，总体上，琼州海峡的中部地段较窄，东西两侧逐渐向东、西口门方向拓宽，海峡南北两岸岸线呈锯齿状，岬角、海湾相间。海峡内潮流流速可达257～514 cm/s，因冲刷强烈，海峡遭受切割，水深与地形变化复杂，海底起伏不平，向东西口门两端水深逐渐变浅，并发育有指延伸的槽、滩相间排列地形。琼州海峡槽底最大水深超过120 m，大于50 m深水槽贯穿整个海峡，50 m深槽宽度达8～11 km。海峡中段0～50 m水深范围内坡度为0.25°～0.5°。

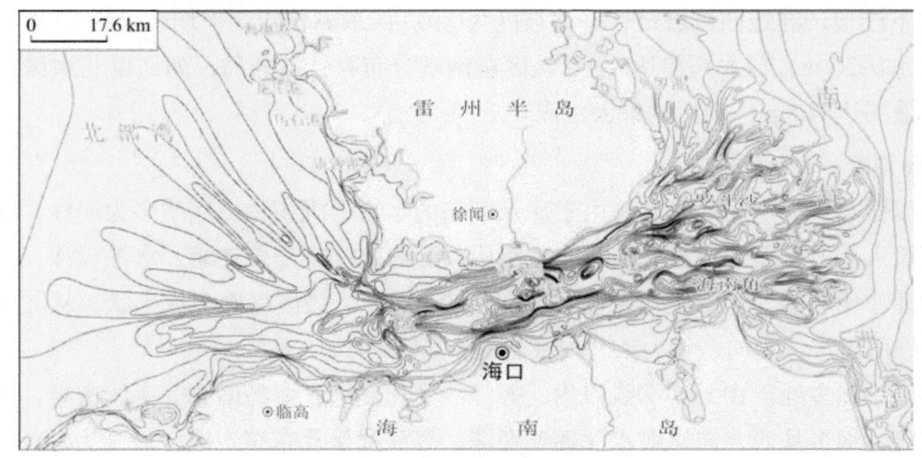

图2.6　琼州海峡地形图

A.琼州海峡东口门地形区

琼州海峡的东口门由六个浅滩和五个水道组成（金波等，1982），自西向东、自南向北的浅滩分布有西南浅滩、海南头浅滩、南方浅滩、西方浅滩、北方浅滩和西北浅滩，琼州海峡的东口门发育有四条水道，自北至南依次为外罗门水道、北水道、中水道和南水道（图2.7）。

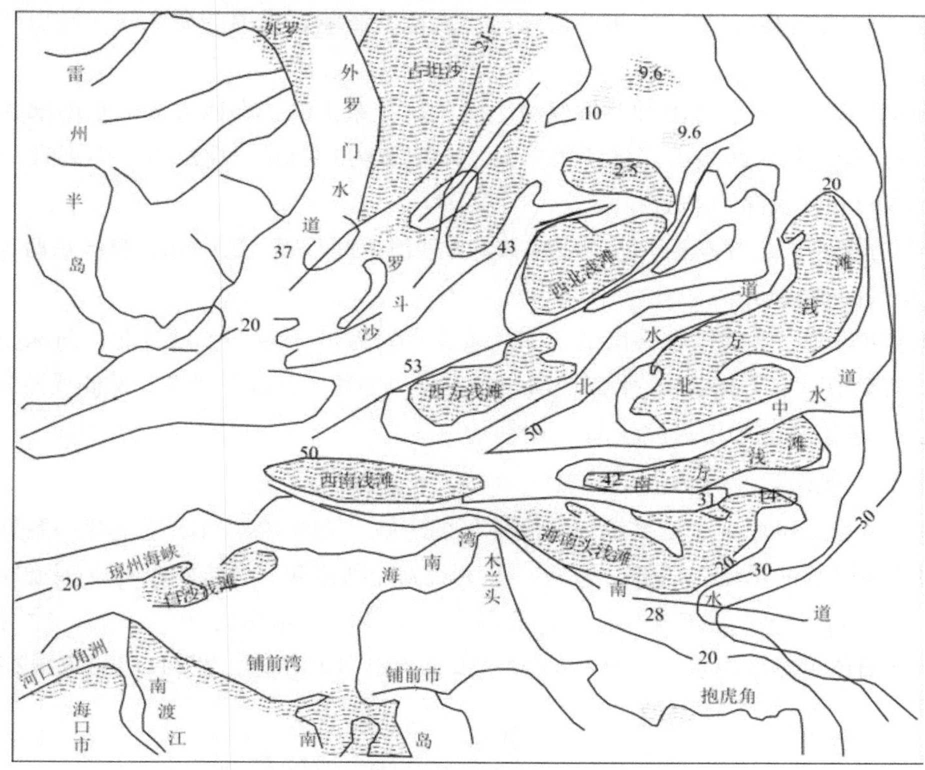

图2.7　琼州海峡东口地貌图（据金波等，1982）

西南浅滩位于海南湾湾口北侧约6 km处，长约12 km，呈条带状分布，近东西走向，浅滩的最浅处水深约3.7 m，最深处约6.6 m。浅滩从中心到四周水深逐渐变深，浅滩周围的等深线近似平行，而在浅滩的南部水深变化比较剧烈。浅滩的北部、东北部发育有两个深槽，北部深槽左窄右宽，长约10.6 km、宽0.75～2.3 km，水深为53～67 m；东北部深槽长约7.2 km、宽约4.4 km，水深为52～66 km。

海南头浅滩位于海南湾湾口东部约2 km，走向为北西西—南西西，浅滩由四个部分组成，最右侧为主体，长约20 km、宽0.75～3.8 km，主体浅滩上发育有两个互独立的5 m以浅的浅滩，此浅滩上发育三块沙洲，低潮时出露水面，主体浅滩东北侧还发育三块面积不等的浅滩，其中中间浅滩面积略大。

南方浅滩位于海南头浅滩东北侧，西南浅滩东侧，由两个独立的条带状浅滩组成，长度分别约为12 km、8.3 km，宽度均约为1.1 km，其中左侧浅滩水深为1.4～5.8 m，右侧浅滩水深为3.3～6.6 m。南方浅滩和海南头浅滩中间发育三个深潭，深潭自西向东逐渐变浅，最西侧水深约44 m，最东侧水深约36 m，中间水深约34 m。

西方浅滩位于西南浅滩东北部，琼州海峡东口门中轴线上，距西南浅滩东端约7.5 km，长度约11.3 km、宽度为1.5～3.6 km，近东西走向，水深为1～9.6 m，平均水深约6 m，浅滩中部水深较浅，水深为1～3.3 m。

北方浅滩位于西方浅滩东部，南方浅滩东北部，平面上呈不规则条带状分布，走向为南西–北东向，长度约22.5 km、宽度为0.75～4.2 km。浅滩的左中部位水深较浅，水深为0.5～4.8 m，浅滩最深处约9.8 m。浅滩西北部有一深潭，水深为33～39 m，深滩西部有沙波发育。

西北浅滩位于西方浅滩东北部，长度约11 km、宽度为1.6～7.8 km；平面形态不规则，西南端窄、东南部宽。浅滩西南侧岛中部水深较浅，为0～4.4 m，全区最深的地方水深约9 m，平均水深约6 m，浅滩的西北侧和东南侧水深变化剧烈，其余地方水深变化缓慢。

外罗门水道位于雷州半岛的东部，该水道为一近岸浅水水道，狭窄弯曲，自外罗门水道北进口灯浮至6号灯浮，水道全长约38 km，由于受琼州海峡海流海潮的影响，水道的海底泥沙淤积严重，最浅处约5 m。

北水道位于西方浅滩、西北浅滩和北方浅滩之间，呈北东走向，在西方浅滩东南部并入中水道，水道水深为8～45 m，自东北向西南由深到浅再变深，水道宽约3.9 km。在水道的中部有一浅滩，长度约3.3 km，宽度约0.75 km，水深约8 m。

中水道位于西方浅滩、北方浅滩、西南浅滩和南方浅滩之间，宽约2.1 km，整体东西走向，水道水深为18～62 m，平均水深约42 m。

南水道穿越西南浅滩、普前湾和海南湾中间水域，水深为17～49 m，具有北、西深而南、东浅的特点，宽约3 km。海南角以西部分较深，水深在24～49 m；海南角东南部分受左右两侧浅滩影响而变窄，而中间部分水深较深，左右两侧地形坡度较大，呈V型。

B.琼州海峡西口门地形区

琼州海峡西口门受琼州海峡潮波系统和海底地形的影响，在海峡西口附近发育一系列向西北方向延伸的滩、槽相间的辐射状的潮流三角洲，包括一条主潮流冲刷槽和三条指状延伸支潮流冲刷槽，与潮流沙脊相间分布，水深向口外逐渐变浅，长度自北向南逐渐变短，水深为20～35 m，冲刷槽槽口水深为35～45 m。主冲刷槽位于海南岛近岸，水深为20～50 m，走向为258°，宽约11 km（图2.8）。

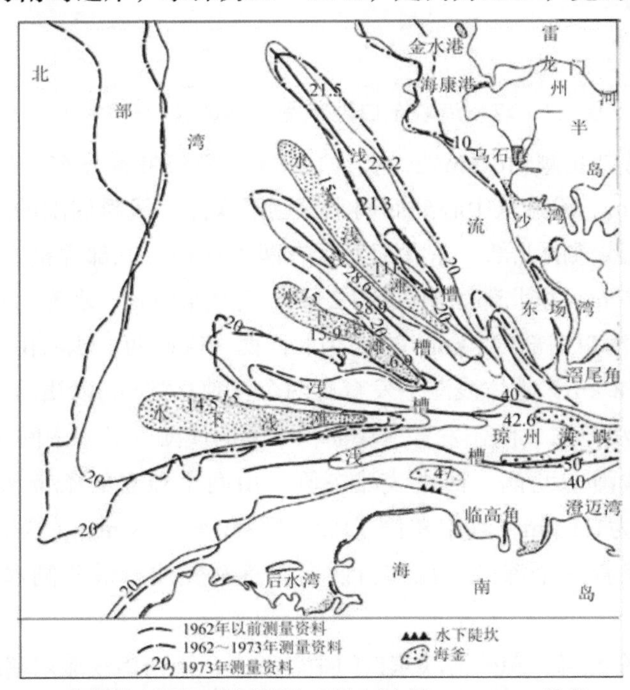

图2.8　琼州海峡西口地貌图（据金波等，1982；单位：m）

为了更详细地了解琼州海峡西口的海底地形变化，在琼州海峡的西口增加一个水深测量加密调查区（多波束测深和单波束测深），从加密区的海底地形图（图2.9）可以看出，该区域内，水深变化范围为8～44 m，最小水深和最大水深均位于南部，加密区中北部等深线走势呈现北西–南东向，南部等深线呈近东西向和南西–北东向，整个滩槽相间的地形格局分布明显，三处密集的等深线显示有三条浅槽的存在，这三条槽沟的大致水深分别为20 m、26 m和40 m；地形图上的三处凸起显示该处为水下沙脊，这三处沙脊的顶部水深为10～14 m，浅槽两侧的地形为北缓南陡，北部浅槽两侧地形坡度约0.3°，南部浅槽地形坡度约0.5°。

5）半岛及海岛地形区

南海北部面积较大的半岛和海岛主要为雷州半岛和环海南岛，根据雷州半岛和环海南岛周围海域海底地形特点可分雷州半岛东部近岸地形区、雷州半岛西部近岸地形区和环海南岛近岸地形区分别阐述。

A.雷州半岛东部近岸地形区

雷州半岛东部近岸地形区水深为0～68 m，其北部地势较南部地势要陡，东部较西部要平坦，25 m以浅地势平坦，平均坡度为0.03°。地势整体上自西北向东南方向缓慢倾斜变深，有浅滩发育。

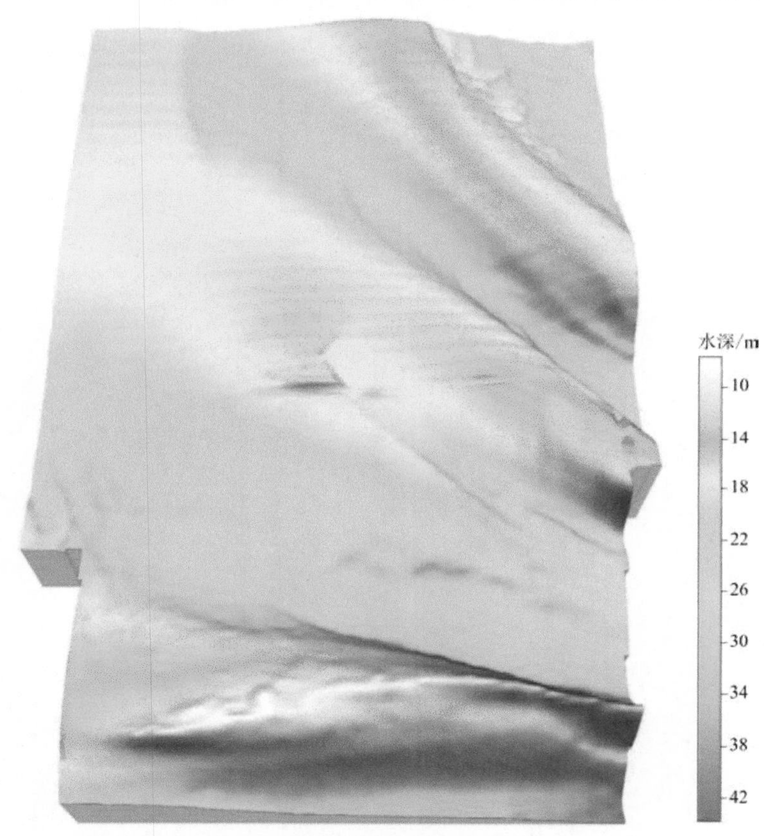

图2.9　琼州海峡西口水深测量加密区海底地形图

B.雷州半岛西部近岸地形区

雷州半岛西部近岸地形区水深为0～65 m，北部比较平坦，平均坡度为0.02°，东南部相对陡峭，平均坡度约0.086°，等深线走势基本与岸平行。

C.环海南岛近岸地形区

环海南岛近岸地形区总体地形东深西浅，东陡西缓，东部坡度为0.1°～0.2°，西部坡度为0.07°～0.1°，琼州海峡区域由于潮流海流影响，地形起伏，水深变化较大，海南岛周围整体等深线走向与海岸线一致，反映出水下地形是陆地地形的延伸部分。

2. 北部湾陆架

北部湾位于中国南海的西北陆架上，是一个西、北、东三面环陆的半封闭新形浅水海湾，也是南海最大的海湾，南北弧形长轴约480 km，宽（对岸线）约300 km，面积接近13万km²（图2.10）。它东临雷州半岛和海南岛，北临广西壮族自治区，西临越南，东面通过琼州海峡与南海相连，南与南海相通。北部湾沿岸岸线曲折，港湾主要分布于北岸，较大的港湾有流沙湾、安铺港、铁山港、北海港、钦州湾、防城港、珍珠港和下龙湾等，湾内较大的岛屿有吉婆岛、拜子龙群岛、涠洲岛、斜阳岛和白龙尾岛。北部湾周边入海河流较多，西部越南沿岸有红河、蓝江等，北部和东部主要有南流江、钦江、茅岭江、大风江、九洲江等，南流江每年输入北部湾的泥沙有109万t左右，红河年输沙量约1.3亿t，红河三角洲每年仍以50～100 m的速度向海外伸展，这些河流携带来丰富的泥沙入海对本区的地貌类型演化也起着重要的作用。

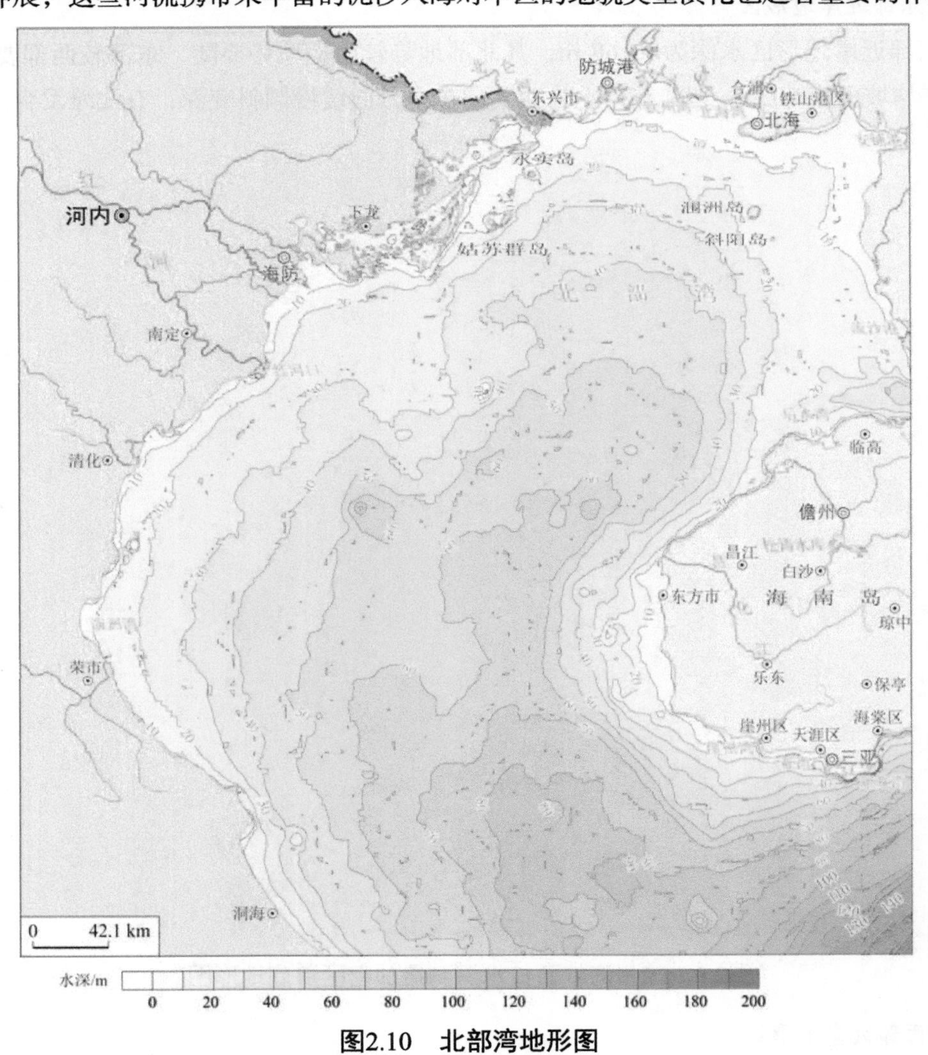

图2.10　北部湾地形图

北部湾陆架三面被陆地环绕，是个半封闭新月形的浅水湾，水深自北、东、西三面向中部和东南侧增大，中部水深约60 m。陆架海底地形平坦，海底地形受到海岸线的制约明显，等深线顺岸线排列，平行于岸线整体上自岸向中部和湾口缓慢倾斜，平均坡度为0.017°～0.034°，向深部缓缓倾斜。北部等深线走势为北东–南西向，南部转为北西–南东向，东北部自岸边至20 m等深线海域，海底极其平坦，坡度约0.02°，西北部海底宽阔平坦，坡度仅为0.017°。

北部湾近岸地区水下岸坡发育，在琼西、琼南、越南东北部水下岸坡的坡度相对较大。北部湾北部和中部海底地形平坦，南部湾口坡度较北部大。在红河河口区域，等深线向东南方向凸出，其中20～40 m水深区域坡度特缓，仅为0.01°～0.02°，而水深40～50 m区域，坡度可达0.057°，显示出红河口水下三角洲地貌明显发育特征。北部湾陆架中部水深大约50 m海域，海底地形先对复杂，等深线部规则弯曲，浅滩、沟谷综合交错，海底地形也变化较大，相对高差可达5～10 m。

3. 南海西部陆架

南海西部陆架（图2.11）为中南半岛岸外浅水海底区域，北起北部湾南端，南至越南湄公河口区域。地形依中南半岛在平面上呈条带状分布，南北方向上距离约1000 km，为一两端宽中间窄的陆架，从越南海岸线向陆架坡折线的纵向延伸长度为40～300 km，陆架总面积约6.6万km²。陆架坡折线水深约250 m，陆架内平均水深为112 m。地形整体上非常平坦，自西向东缓慢倾斜下降，近岸带地形相对较陡，平均坡度为0.39°，离岸较远地地带较平缓，平均坡度约为0.2°，陆架外缘水深在200～350 m，南北两端较浅，中部陆架斜坡一带外缘水深最大，近岸水深小于40 m的海底有水下岸坡发育。

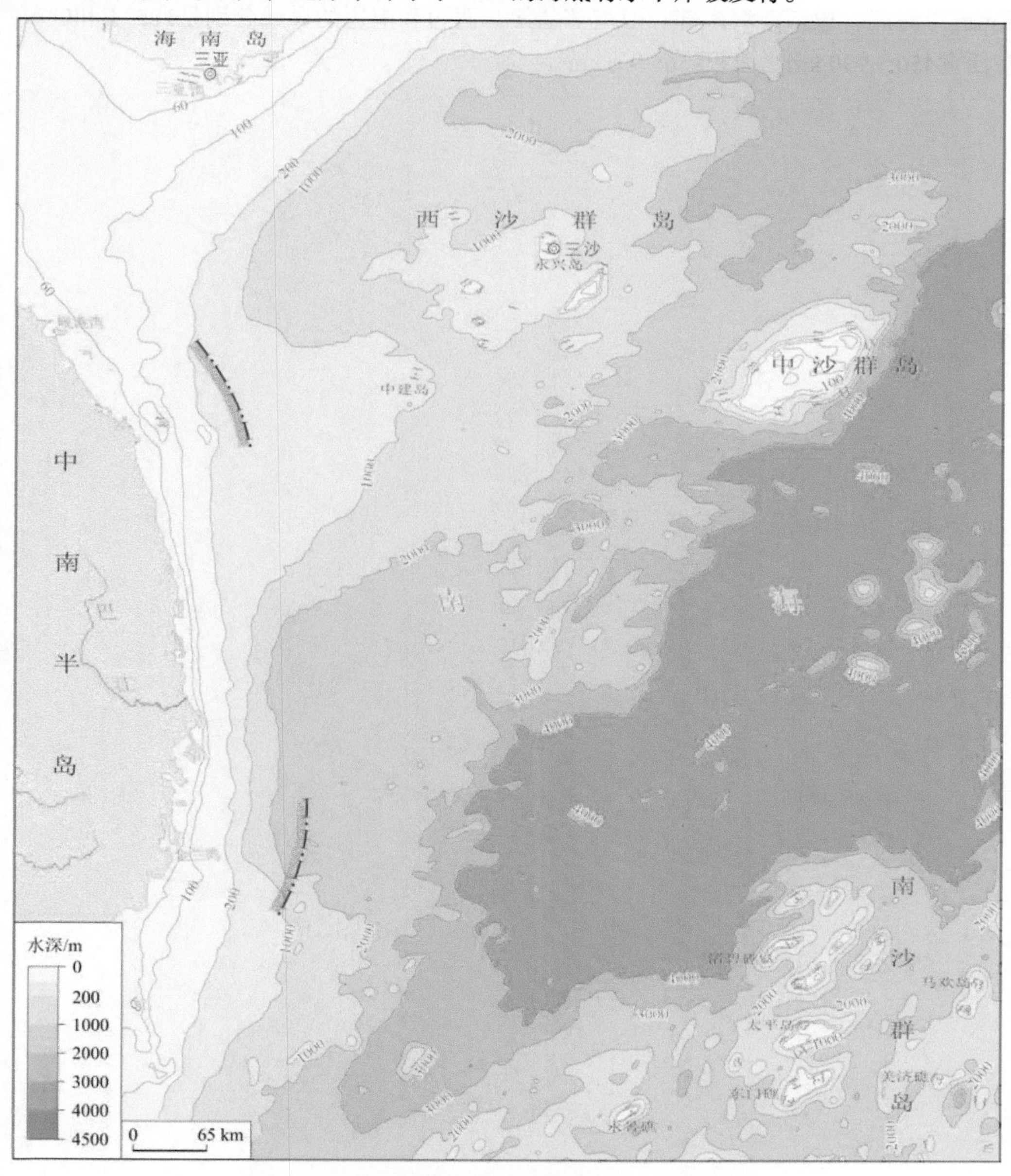

图2.11　南海西部陆架、南海西部陆坡地形图

南海西部陆架位于近岸水深0～100 m、宽度10～20 km的范围内，由于受潮流影响，形成地形相对复杂的陆架平原，地形坡度在0.4°～0.6°，起伏相对较大。另外，在南部西部陆架北部的小岛屿附近，

有大量浅滩分布。这些浅滩面积较小，为1～2 km²，水深为10～30 m。水深范围为100～300 m的远岸海域地形更为开阔平坦，其中北段和南段平均坡度近为0.06°，中段相对较狭窄，地形较陡，平均坡度为0.1°。远岸海域也发育一些大型的水下浅滩。西部陆架中部外缘、相对陆架平原坡度陡峭的区域，陆架坡折线深达300～350 m。形成一段地形较陡的狭长区域，为一陆架斜坡地形。斜坡长近200 km、宽20～45 km，最宽处的地形高差为210 m。

4. 巽他陆架

巽他陆架（图2.12）位于南海南部，是世界上少用的两级地区以外最为宽广的陆架，号称“亚洲浅滩”，也是南海最宽广的大陆架，以中南半岛、西马来西亚和北加里曼丹岛为界，北起湄公河口，东至加里曼丹岛西北近岸海区，包括南海南部和西南部陆架，西边和南边的界线分别是105° E和0° N，南北长约1030 km、东西宽450～990 km，面积约65.9万km²。

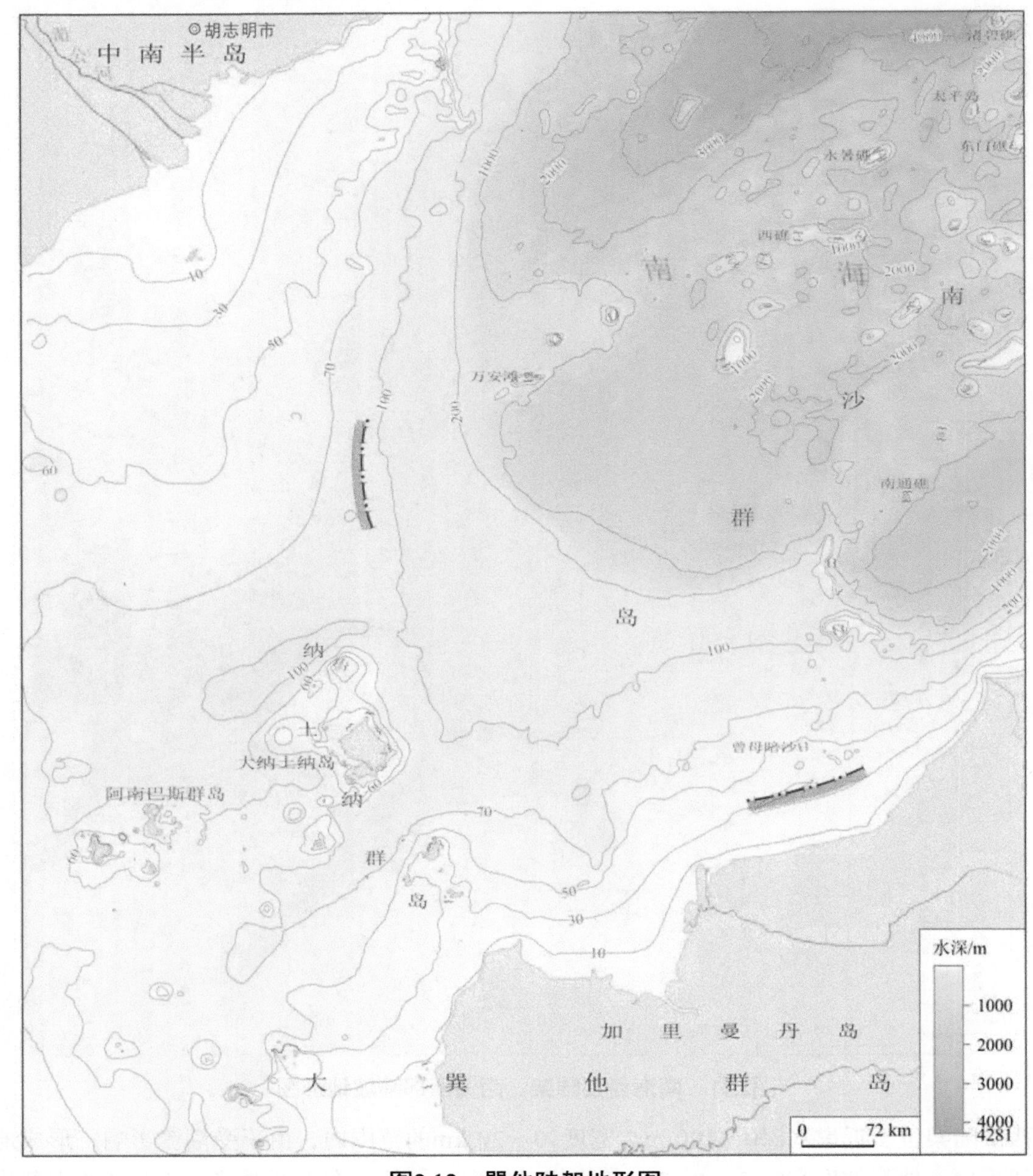

图2.12　巽他陆架地形图

巽他陆架地势平坦，水深较浅，陆架坡折线水深为170～250 m，平均坡度为0.02°，在北部自北而南缓缓倾斜，在南部自南而北缓缓倾斜。湄公河搬运到巽他陆架的大量泥沙堆积在陆架盆地中，形成互相叠置、自深到浅左旋状的扇形地。巽他陆架分布着非常壮观的树枝状海谷，最长为750 m，陆架西部有一长条状、南北走向的洼地，相抵高差为40 m左右，陆架上发育有20～40 m、50～70 m、100～120 m的阶地。纳土纳群岛附近海域，地形较复杂，等深线呈不规则弯曲，岛屿、浅滩、沟谷和洼地甚多，主要有北纳土纳群岛和亚南巴斯群岛等。群岛之间分布着大小不同、形态各异的槽谷，尤其是在北纳土纳群岛南北两侧的槽谷最为发育，比周围海底低20～30 m。巽他陆架东南端水深10～50 m，分布着曾母、八仙、立地、亚西北、亚西南等10个浅滩和暗沙，统称为曾母暗沙。在曾母暗沙北侧有南康暗沙和北康暗沙。南康暗沙由7个礁滩和暗沙组成；北康暗沙系由14个大小不等的礁、滩和暗沙组成。

5. 南海东南岛架

南海东南岛架（图2.13）是沿着加里曼丹岛、巴拉望岛、民都洛岛和吕宋岛等的浅海区域，岛架宽度狭窄，平面形状呈长条形，南段走向为东北向，北段走向为近北南向，等深线走势基本平行海岸线。

南海东南岛架的吕宋岛架呈狭窄的条带状北南向分布，岛架外缘坡折线水深约100 m，部分地段仅为50 m，岛架的宽度为1.6～13.5 km，地形较陡，坡度变化在0.1°～0.7°。

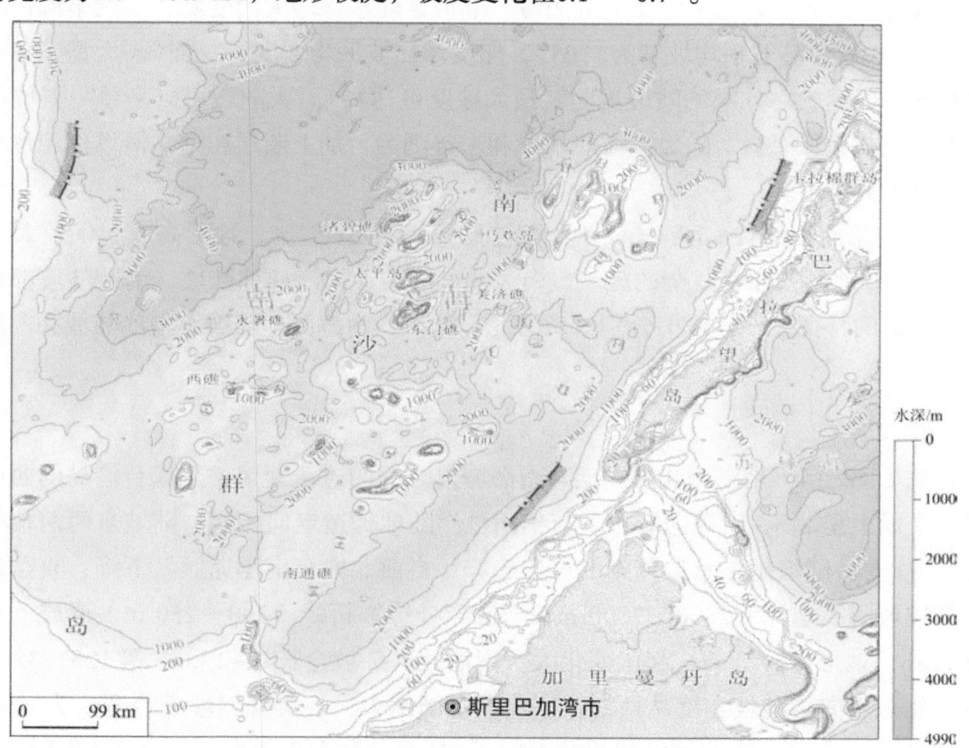

图2.13　南海东南岛架和南沙陆坡地形图

南海东南岛架上岛礁滩非常发育，如萨腊森浅滩、纳闽岛、加亚岛、蒙加隆岛、曼塔纳尼群岛、巴兰邦岸岛和邦吉岛等；平均水深约60 m，平均坡度约0.1°；坡折线水深为165～250 m，但在部分海区仅有20 m，巴拉望附近向岛坡之间的过渡地形比较陡峭。

巴拉望岛西北侧岛架等深线平行于岛屿，呈北东走向，分布范围较窄，西北侧东北向长约415 km，从巴拉望岛西海岸线向海延伸长度约50 km，面积为23万 km²。该岛架坡折线水深主要为165～250 m，部分海区坡折线水深仅有20余米，平均水深为50 m，岛架地形整体上向西北倾斜，平均坡度为0.1°，深线稀疏且间距相差不大，地形平坦，岛架向岛坡之间的过渡比较陡峭。

巴拉望岛东南侧岛架曲折而狭长，岛架向苏禄海盆之间的过渡非常陡峭，岛架地形整体上向东南倾斜。巴拉望岛架东南侧岛架长约370 km，从巴拉望岛东海岸线向还延伸长度为1～40 km，坡折线曲折多变，发育岛架堆积侵蚀平原，其上分布着莫尤内浅滩、维克菲尔德浅滩等一系列的浅滩地形。

本区岛架外缘水深为150～200 m，海底地形急剧向吕宋海槽和巴拉望海槽过渡。物探和测深资料表明，岛架外缘受南北向吕宋西断裂带和位于巴拉望岛架西北缘的卡拉棉断裂带所控制。另外，由于菲律宾群岛的物质来源较少，这就决定了本区岛架窄而陡的形态特征，表现出断阶型的岛架性质。

（二）陆（岛）坡地形

大陆坡为大陆架向海一侧，从陆架外缘较陡地下降到深海底的斜坡区域，简称陆坡。它连接陆架与深海平原，地形高差起伏大，是地貌反差最大的一个斜坡。它展布于所有大陆周缘，为全球性海底地形单元。大陆坡上界水深多在100～200 m，下界往往是渐变的，多在1500～3500 m水深处，但在邻近海沟地带，陆坡下延至更深处。大陆坡宽度为20～100 km，总面积计2870万km²，占全球面积的5.6%。

大陆坡坡度多为3°～6°，1800 m深度以上的平均坡度为4° 17′。在大西洋型大陆边缘，陆坡常随水深增大而变缓，下延为大陆隆；在太平洋型大陆边缘，陆坡常随水深增大而变陡，下延至海沟。太平洋陆坡平均坡度为5° 20′，大西洋陆坡平均坡度为3° 05′，印度洋陆坡平均坡度为2° 55′。大型三角洲外侧的坡度最小，平均仅1.3°。珊瑚礁岛外缘的陆坡最陡，最大坡度可达45°。大陆坡可以是单一斜坡，也可呈台阶状，形成深海平坦面或边缘海台。陆坡被海底峡谷和沟谷刻蚀，加上断层崖壁、滑塌作用形成的陡坎及底辟隆起等，其坡形十分崎岖。

南海陆（岛）坡总面积约126.7万km²，约占南海总面积的36.21%，地形高差起伏较大，水深大致在200～3800 m，是南海地形变化最复杂的区域。南海北部陆坡、南海西部陆坡、南沙陆坡都很宽广，这是南海陆坡地貌最显著的特征之一。本书分别对南海北部陆坡、南海西部陆坡、南沙陆坡和南海东部岛坡四部分进行介绍。

1. 南海北部陆坡

南海北部陆坡（图2.14）是南海北部陆架与南海海盆之间的过渡地带，东起台湾岛的西南端，西至西沙海槽的西口，平面上呈北东-南西向展布，与华南沿岸陆地构造走向相同。陆坡东西两端稍宽广而中段稍窄，面积约24万km²。陆坡地形承接陆架的地形趋势，自西北向东南迅速倾斜下降，直至地形较为平坦的深海盆地，陆坡坡脚线水深为2800～3800 m，与陆架外缘坡折线（200～250 m）形成巨大的高差，最大水深差达3600 m，地形十分复杂，起伏变化大。南海北部陆坡全长1242 km、宽125～320 km，陆坡的平面形态整体呈北东走向。陆坡宽度从西南往东北向渐渐增大，在尖峰斜坡处最宽，为320 km，再往东北方向又渐渐缩窄。南海北部陆坡总面积约22万km²，从西北往东南方向，水深逐渐增大，坡度从0.1°增加到2.5°，再逐渐减小到0.4°。南海北部陆坡的西南段地形起伏小，仅见小型沙丘，其相对高差为50～100 m；中段地形起伏较大，发育的海丘相对高差为150～200 m；东段地形起伏增大，发育有海丘、海底峡谷等复杂的地貌单元。南海北部陆坡陆源物质丰富，陆坡斜坡为主体，局部因受断裂构造控制，发育有陆坡斜坡、深水阶地、大陆隆、海槽、海山等次一级地貌单元。

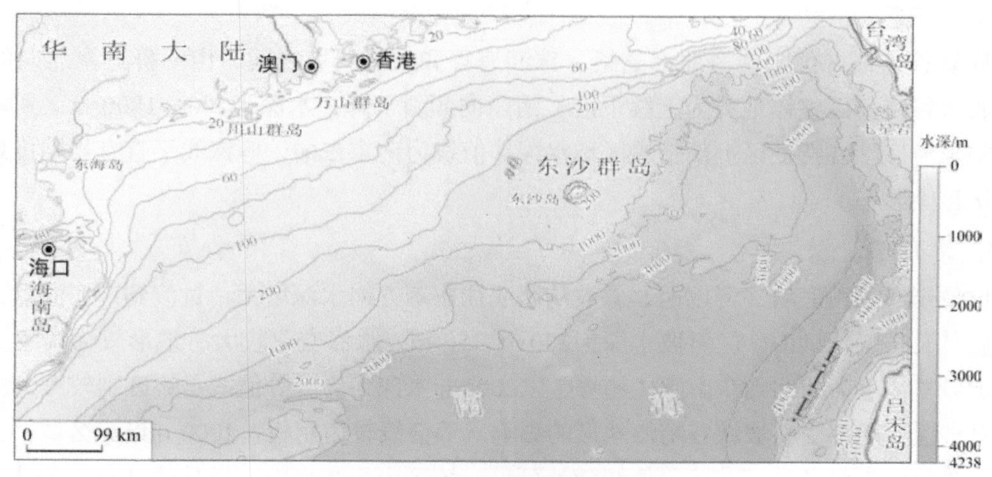

图2.14　南海北部陆坡地形图

南海北部陆坡从东往西包含10个次级地形单元：澎湖海底峡谷群、东沙台地（暂定）、东沙斜坡、笔架海山群、神狐海底峡谷特征区、尖峰斜坡、珠江海谷、一统斜坡、一统海底峡谷群、西沙海槽。

1）澎湖海底峡谷群

澎湖海底峡谷群位于南海北部陆坡东北部，台湾浅滩和澎湖列岛以南，东侧为恒春海脊，西侧为东沙斜坡，南侧过渡到南海海盆，水深为300～3528 m，整体上水深从北往南增大，局部水深变化较大，地势较陡峭，平均地形坡度大约为4°，布局坡度大于10°，水深等值线走势从西南往西北比较曲折，特别是在峡谷两侧，波状等值线尤为密集分布。澎湖海底峡谷群地形切割强烈，形成众多海底峡谷。海底峡谷群地形向东南方向下降，峡谷宽度约4500 m，峡谷之间相隔1.5～24.6 km，水深高差约350 m。

2）东沙台地

东沙台地位于东沙斜坡和笔架海底峡谷群以西、神狐海底峡谷特征区以东的区域，西北部为平缓的陆架地形，东南侧为陡峭的斜坡，整体地形走势相比斜坡而言要平缓，水深为0～1612 m，坡度为0.2°～15°，变化较大。台地西南侧水深等值线走势比较平直，方向为南西–北东向，东沙台地中间为地势较高的南卫滩、北卫滩、东沙环礁和东沙岛等正地形，周围正负地形不规则间隔分布，等深线走势比较杂乱，部分等深线围绕岛屿四周呈密集不规则圈闭状，到台地东北侧，等深线走向变为北北东向，等深线走势呈不规则波状曲折排列。

3）东沙斜坡

东沙斜坡位于东沙台地东南侧，澎湖海底峡谷群、尖峰斜坡和笔架海山群之间的区域，整体地势为从西北往东南方向倾斜，水深为845～3500 m，西北侧地势要陡，平均坡度为2.3°，东南侧地势比较平衡，平均坡度为0.25°。等深线整体走势为近北南向，西北侧为笔架海底峡谷群分布区，等深线密集分布，走势波状起伏，比较杂乱；东南侧等深线相对平直、规则，局部地区由于小海丘的分布，等深线呈不规则封闭状。

4）笔架海山群

笔架海山群位于笔架斜坡北侧，紧挨着南海海盆，整体水深超过2500 m，由数座长条形的海山的分布，正负地形不规则间隔出现，海山两侧地势较陡，布局超过35°，其余区域地势平缓，平均坡度为1.2°，水深等值线走势无规律，比较杂乱，海山四周等深线密集分布圈闭状。

5）神狐海底峡谷特征区

神狐海底峡谷特征区位于南海北部陆架、珠江海谷和尖峰斜坡之间，由一群近南北向的正负地形组成。神狐海底峡谷特征区整体地势为上缓下陡，南东向倾斜下降，水深为200～1800 m，到峡谷底部水深为1800 m。神狐海底峡谷特征区上部平缓区域水深等值线为南东东向，等深线平直有规则排列，陡峭区域等深线为锯状起伏形态。

6）尖峰斜坡

尖峰斜坡位于澎湖海底峡谷群以西，斜坡从西北往东南方向水深增大，过渡到南海海盆，地势逐渐变缓，地形坡度从1.6°变化到0.2°。斜坡水深为200～3750 m，水深变化较大，地形较为崎岖。斜坡北段的水深等值线走势整体上为西北到东南倾伏趋势，以2000 m水深为界，等值线走势区别较大，2000 m以浅区域等值线相对平缓，局部受斜坡峡谷崎岖地形的影响，等值线较为密集，2000 m以深区域，正负地形不规则相间分布，等值线走势杂乱，波状等值线随处可见，该区由于小海山、海丘的分布，局部等值线围绕小海山、海丘呈封闭状。

7）珠江海谷

珠江海谷位于一统斜坡、神狐海底峡谷特征区和尖峰斜坡之间，是一条深切地形的凹谷，为负地形，海谷自西北向东南方向水深逐渐加大，从200 m变化到3610 m，平均水深为1894 m。海谷中间水深最深，相对两侧斜坡高差为300～500 m。海谷谷底从西北向东南方向，坡度逐渐变大，从0.3°变化到0.7°。

8）一统斜坡

一统斜坡位于西沙海槽东北侧，南海北部陆架南部。整体向东南方向倾斜，水深为200～3084 m。斜坡自西北朝东南方向水深逐渐加大，坡度也逐渐变大，从0.3°增大到0.6°。该区水深等值线走向为北东向，等值线近似平行排列，局部由于小凸起和小峡谷的影响，等深线有波状或者锯齿状起伏。

9）一统海底峡谷群

一统海底峡谷群位于一统斜坡以南，由一群东南向的正负地形组成。水深为1190～3650 m，地形沿着倾斜方向水深逐渐增大，并逐渐过渡到南海海盆，地形坡度也逐渐从1°增大到4°。该区整体等深线走势以114°25′E为界线，界线以西为北东向，界线为近东西向，等深线波状起伏，近似平行。

10）西沙海槽

西沙海槽为一为地形低陷、长条带状展布的槽状负地形，水深为850～3482 m，海槽两侧地势陡峭，坡度变化大，从2°变化到10°，海槽中间地势平缓，自西南向东北地形缓缓倾斜，水深逐渐加大，坡度为0.2°～0.3°。西沙海槽不同位置水深等值线走向不同，海槽西北侧为北东向，海槽东北侧为近东西向，海槽西南侧为槽底区域，等深线走势为南东向，整体上等深线呈平行排列，局部密集分布。

2.南海西部陆坡

南海西部陆坡（图2.11）位于南海西部陆架和南海海盆之间，北与南海北部陆坡相邻，南与南沙陆坡相接，水深为180～4280 m，陆坡坡脚线水深为3400～4300 m，地形趋势基本一致，自西向东倾斜下降，直到地形较为平坦的深海盆地。南海西部陆坡自陆架外缘（180～360 m）迅速下降，在3800～4280 m水深段进入深海平原区域，海底地形突变平缓。与地形平坦的深海平原对比，陆坡地形高差巨大，发育的地貌类型繁多。陆坡北部坡脚线水深较浅、南部坡脚线水深较大。陆坡整体上水深变化大，地形复杂。陆坡的平面形态为北宽南窄，北部宽度约620 km、南部宽度约195 km，南北长度约970 km，总面积约38万km^2，呈倒梯形。陆坡水深从西往东增大，地形起伏较大，复杂多变，在此复杂的多变的陆坡地形内，可分成陆坡斜坡、陆坡海槽、陆坡盆地、陆坡深水阶地、陆坡海岭、陆坡海台、海山–海丘–海岭等次级地貌单元。

南海西部陆坡不同区域其地形变化有较大差异，整体上，以陆坡斜坡、陆坡盆地和陆坡海岭为主要地形。陆坡斜坡主要发育在西部陆坡的北段，整体地形趋势以中建阶地为过渡，向阶地的北、东和南向倾斜下降，其西部、北部、东部和南部分别发育有中建西斜坡（暂定）、中建北斜坡（暂定）、中建南斜坡、中建斜坡（暂定）和日照峡谷群（暂定），地形除中建北斜坡自西南向东北倾斜下降，其他斜坡的地形趋势为自西向东（或东南）倾斜下降，日照峡谷群整体地形自西北向东南倾斜下降，融入中建南海盆。陆坡盆地主要指中建南海盆，位于西部陆坡南部，其南部中段被南海西部陆架、日照峡谷群、中建斜坡、盆西海岭、盆西南海岭和万安斜坡（暂定）包围。中建南海盆从西向东水深逐渐加深，从200 m逐渐加深到2957 m。南海西部陆坡的东南部主要为陆坡海岭地形，自北向南分别是盆西海岭和盆西南海岭，海岭东部与深海盆地相接，地形复杂，由众多海山、海丘及山间盆地呈带状排列构成，区域内峰谷相间。盆西海岭水深为296～4350 m，地形连绵起伏；盆西南海岭水深变化大，水深为410～4170 m，地形多变。南海西部陆坡最大宽度为490 km，水深最大高差达到4100 m，地形复杂，不同水深段发育形态各异的海山、海丘、海谷和海底峡谷等地貌类型。

南海西部陆坡包含11个次级地貌单元，分别为永乐海隆、西沙海隆、中建阶地、中建南斜坡、中沙海槽、中沙北海隆、中沙南海盆、盆西海岭、盆西南海岭、中建南海盆、盆西海底峡谷。

1）永乐海隆

永乐海隆位于西沙群岛东北部，西沙海槽以南，平面形态大致呈四方形，长约113 km、宽约85 km。水深为1431～3578 m，自海隆西南向东北方向水深逐渐加大，最终与南海海盆相接。海隆上发育有一个小型海台、三个海山和一个海谷，海山峰顶水深为分别为1452 m、285 m、1431 m；海谷呈西北–东南走向，长约107 km、宽4～17 km，切割深度约100 m。

2）西沙海隆

西沙海隆位于西沙群岛以东，中沙海槽西北，水深为160～3400 m。自西南向东北方向，海隆水深逐渐加大，坡度也逐渐变大。海隆上地形高差变化大，发育多类次级地理实体，如海山、海谷、海台和海穴等。海隆平面形态不规则，东北向长约245 km、西南向宽约61 km，区域面积约1.7万km^2。

3）中建阶地

中建阶地位于南海西部陆架以东，西沙群岛西南，是南海西部陆坡上呈阶梯状分布的地理实体，由地形平坦的二级阶梯面构成，阶梯之间相对高差约300 m。阶地水深为200～1387 m，从西往东水深逐渐加深，坡度为0.3°。阶地上发育大量海谷和麻坑等小型地理实体。平面形态上，南北长约229 km、东西宽约195 km，总面积约4万km^2。

在中建阶地上发育有两个小型海台。北面的海台面积约424 km^2，海台顶面平坦，水深约530 m，海台周围水深约980 m。南面的海台长约17 km、宽约9.5 km，面积约165 km^2，海台顶面平坦，水深约657 m，局部出露海面成为中建岛，海台周围水深约930 m。

4）中建南斜坡

中建南斜坡位于南海西部陆坡的中部，西北侧连接中建阶地和西沙群岛，东南侧连接中沙海槽和盆西海岭，西南侧连接中建阶地和中建南海盆。斜坡水深为200～3700 m，平均坡度约0.4°。斜坡大致呈长条状，东北向长410 km、西北向宽36～120 km，面积约3.95万km^2。斜坡的西南部小型海谷发育，海谷自南海西部陆架和中建阶地向斜坡延展，切割斜坡坡面。

5）中沙海槽

中沙海槽位于西沙群岛和中沙群岛之间，地形低陷且呈长条带状，北东–南西走向，长约223 km、宽约29 km，总面积约0.6万km²。中沙海槽槽底平原水深从西南往东北逐渐加大，水深为2680～3440 m，槽底平原地形平坦，坡度小于0.3°。

6）中沙北海隆

中沙北海隆位于中沙群岛以北，平面形态不规则，长约167 km、宽约137 km，总面积约1.4万km²。中沙北海隆水深为470～4060 m，由众多海山、海丘及山间盆地呈带状排列构成，区域内峰谷相间。海山走向总体呈东北–西南向排列，长23～80 km，山顶水深为500～2000 m，高差为660～2100 m。

7）中沙南海盆

中沙南海盆位于南海西部陆坡中部，中沙群岛和盆西海岭之间。海盆周围被高地形环绕，周缘水深为3180～3840 m，盆内水深较大，平均水深为3774 m，地形平坦，平均坡度小于0.1°。海盆从西南方往东北方蜿蜒延伸，总长度约128 km、宽度为5.2～44 km，总面积约1880 km²。

8）盆西海岭

盆西海岭位于南海西部陆坡，南海海盆以西是南海最为壮观的海岭，由众多海山、海丘及山间盆地呈带状排列构成，地形连续绵起伏，水深为296～4325 m。海岭平面形态近似椭圆形，长约273 km、宽约167 km，总面积约4.3万km²。盆西海岭的海山总体上呈北北东方向排列，海山之间构成了两个长形条海谷。

9）盆西南海岭

盆西南海岭位于南海西部陆坡，东临南海海盆，西接中建南海盆，北面以盆西海底峡谷相隔于盆西海岭。盆西南海岭也是由众多海山、海丘及山间盆地呈带状排列构成，水深为410～4170 m，平面形态呈北东向长条形，长约444 km、宽约83 km，总面积约3.9万km²。

10）中建南海盆

中建南海盆位于南海西部陆坡，被南海西部陆架、中建阶地和盆西南海岭包围，平均水深为2190 m，比四周地形低1200～2000 m。海盆底平面形态不规则，南北向长约257 km、东西向宽78～217 km，面积约3.7万km²。海盆地形从西向东倾斜，水深从200 m迅速增大到2957 m，地形也逐渐平缓。海盆的东北部发育有一座海山，山顶水深为1029 m，山麓水深为2650～2820 m。

11）盆西海底峡谷

盆西海底峡谷位于南海西部陆坡，发源于中建南海盆北部2860 m水深段，直至南海海盆，成为盆西海岭和盆西南海岭分界线。海谷从西北方向往东南方向延伸，长约160 km、宽2～5 km。

3. 南沙陆坡

南沙陆坡（图2.13）位于南海南部，西起巽他陆架外缘，东至马尼拉海沟南端，平面形态上大致呈东北向延伸，长约1300 km、宽200～630 km，西南部宽、东北部窄，面积约57.4万km²。南沙陆坡水深为250～4400 m，其中大部分海域水深大于1000 m。南沙陆坡地形崎岖不平，坡度变化明显，分布着多座岛屿、沙洲、暗沙、暗礁和暗滩，构成南沙群岛。

南沙陆坡按照水深的分布范围可以划分为上、中、下陆坡三段，上陆坡坡度为1.8°～5.2°，平均约为3.1°。下陆坡是陆坡外缘往深海转折处的斜坡，水深由2000 m开始，往下直落深达3500～4000 m的西南海盆，其坡度比上陆坡陡，坡度为3.2°～7.8°。中陆坡又称南沙台阶，有的学者又称之为“南沙海底高原”，其水深大部分在1500～2000 m，高出深海盆地2000～2500 m。其上地形变化复杂，可分为海台、陆坡盆地、海槽、海谷、海山、海丘群、水下礁盘等。

南沙陆坡有众多的海台分布，主要有礼乐海台（暂定）、安渡海台（暂定）、南薇海台（暂定）、广雅海台（暂定）等。这些海台多为淹没的大环礁，其中以礼乐海台面积最大，总体呈北北东向延伸，长143 km、宽62 km，面积为7000 km^2。礁缘断断续续有水深18～27 m的斑没礁坪展布，中部为水深70～90 m的礁湖，其中不均匀地发育了点礁，点礁顶部水深为15～60 m（钟晋梁等，1996）。其次为广雅海台，它是由六个不同形状的小海台组成。

南沙群岛的岛礁星罗棋布，有出露水面的岛屿、沙洲，有位于水面上下的环礁、台礁，有淹没上下的暗沙、暗礁和暗滩。现已命名的有近200座，它们如繁星般散布在南沙海域，因此古人就有“万里石塘”之称。其中，已定名的岛屿有11个，总面积为1.591 km^2，面积最大的太平岛约0.431 km^2，面积大于0.1 km^{2}的岛屿还有中业岛、西月岛、南威岛、北子岛和南子岛等；海拔最高的鸿庥岛为6.2 m。沙洲有13个，其中以敦谦沙洲最大，面积为0.05 km^2，海拔为4.5 m。

南沙陆坡的次级地形单元共五个，分别为广雅斜坡、南沙海槽、礼乐斜坡、礼乐西海槽、南薇海盆。

1）广雅斜坡

广雅斜坡位于广雅滩以北，分隔南沙陆坡与南海西部陆坡，呈长条状自巽他陆架延伸至南海海盆，长约344 km、宽约60 km，最大宽度约175 km，区域面积约为2.5万km^2。广雅斜坡水深为165～3968 m，从西南往东北方向水深逐渐加大，但地形较为平缓。斜坡的不同水深段发育数个规模不一的海山。

2）南沙海槽

南沙海槽位于南沙陆坡的东南部，是一长条状陆坡海槽，沿东北向展布，长约569 km、宽约145 km，面积约8.4万km^2。海槽东南侧槽坡平面宽约50 km，自南海东南岛架外缘坡折处向西北倾斜下降，坡度为1.5°～3°；海槽西北侧槽坡平面宽16～50 km，向东南倾斜，坡度为2.3°～6.3°，地形略陡于东南侧槽坡。槽底平原水深在2850～2930 m，宽40～50 km，地形非常平坦，坡度小于0.2°。槽底中部矗立一座近东西走向的海山，峰顶水深为1870 m，山体高差为1030 m。

3）礼乐斜坡

礼乐斜坡位于礼乐滩东北，水深为200～3900 m，地形沿东北向延伸，长250～300 km、宽200～250 km，面积约为6.6万km^2。斜坡地形从东南往西北方向倾斜，坡度约为1°。斜坡上还散布有海山、海丘和海脊。

4）礼乐西海槽

礼乐西海槽位于南沙陆坡北部，礼乐滩以西，北接南海海盆。海槽近南北向延伸，地势自南向北下降，长140 km，顶部宽约34 km、谷口部宽约110 km，面积约0.78万km^2。海谷起始点水深为2500 m、终结点水深为4300 m，高差为1800 m，坡度约为0.8°。

5）南薇海盆

南薇海盆位于南沙陆坡的西南部，其西南方向连接巽他陆架，水深为250～2048 m，平均水深约1318 m，地势自西南往东北方向倾斜，750 m以浅海域平均地形坡度为4.2°，750 m以深海域地形变得非常平缓，海底地形坡度约0.4°，海盆四周矗立着几座海山和海丘。

4. 南海东部岛坡

南海东部岛坡（图2.15）位于澎湖海槽（暂定）以南至菲律宾的民都洛岛西缘（包括巴拉望岛），平面形态呈狭长的条带状，近南北向展布，长约1100 km、宽50～180km，面积约13.9万km²。最宽处是在台湾岛西南岛坡，宽度为100～110 km，坡度达2° 45′ 。其次是北吕宋岛西北部，岛坡宽80～90 km，坡度达4° ～5°，岛坡呈南北向展布，构造复杂，坡度陡，地形起伏变化大。

岛坡上部以高差较大且两侧坡度较陡的长条状海脊为特征。台南海脊是台湾山脉的海底延续，北段为近南北向，南段呈北西–南东向，长约573 km，一般水深为1300～1800 m。北吕宋海脊是吕宋岛中科迪勒山山脉的水下延续，长约480 km，脊峰水深较浅，部分脊峰出露水面成岛，宽度自北向南逐渐增大。

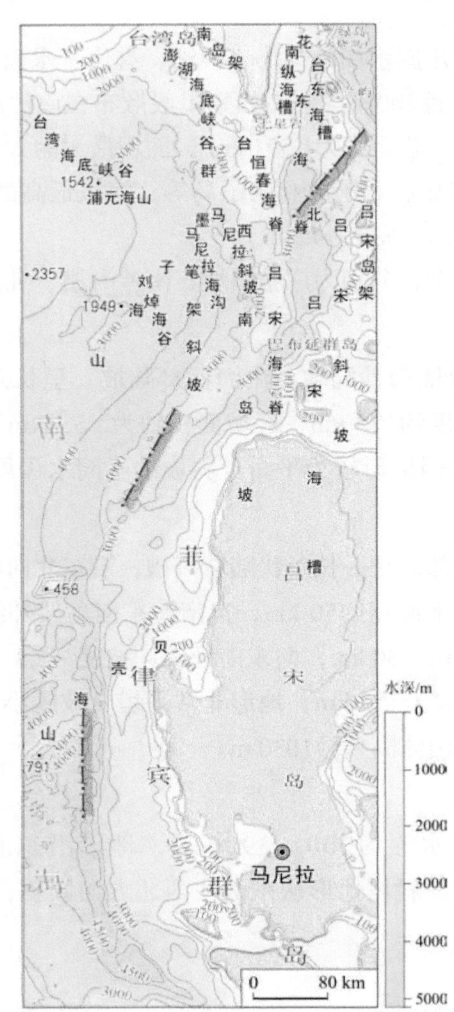

图2.15　南海东部岛坡地形图

岛坡中部以近南北向展布、隆洼相间的海槽为主体。北吕宋海槽（暂定）自台湾岛东南蜿蜒向南延伸，长达620 km、宽20～30 km，水深为3300～3750 m。西吕宋海槽长约225 km、宽约50 km，水深为2000～2500 m，槽底平坦，有厚4000 m的沉积物，其形态不如北吕宋海槽那样典型。

岛坡下部以断阶型陆坡陡坡和低洼的海沟为主体。海沟分布在南海东部深海盆地与岛坡交接地带，为一条长条形近南北向分布的负地形。全长约1000 km。以管事平顶海山为界北段沟底较为宽浅；南段沟底窄而深，即为马尼拉海沟，水深为4000～5000 m，最深处位于海沟的东南端，沟底宽3～8 km。

（三）深海盆地

南海海域主要的深海盆地为南海海盆。南海海盆位于南海中部，水深为3400～5400 m，平面形态上呈北东–南西向菱形展布，东北向长约1480 km、西北向宽约800 km，面积约55.11万km²。

海盆四周为地形复杂多变的陆坡和岛坡，盆地中深海平原地形相对平坦开阔，平均坡度小于0.1°，但发育有多座高耸的海山和低矮的海丘组成的海山群（链），以及地形洼陷的盆地和海沟。盆地中海山群（链）有东西向展布的珍贝–黄岩海山链、近似南北向展布的中南海山群和东北向平行展布的长龙海山链、飞龙海山链等。总体上，南海海盆的次级地形单元共有五个，分别为珍贝–黄岩海山链、长龙海山链、飞龙海山链、双龙海盆（暂定）和马尼拉海沟。南海海盆大致以南北向的中南海山及往北的延长线为界，可分为西北次海盆、西南次海盆和东部次海盆。

1. 东部次海盆

东部次海盆是南海海盆的主体，面积约22.3万km²。以珍贝海山和黄岩海山（暂定）为界，分为南部海盆和北部海盆两部分。东部次海盆具有大洋型地壳结构，基底层顶面起伏不平，沉积层厚2～3 km，其下部随基底起伏，上部产状水平，使海盆形成大片坦荡的深海平原。在沉积物覆盖不多的地方有隆起的海山和海丘，是由于火山岩盘上拱造成的。

东部次海盆南部海盆地形自南向北微微倾斜，其水深为4000～4400 m。南部海盆地形广阔平坦，平原面积约占80%以上，平均坡度为0.1°。分布众多海山，大型的海山有中南海山、大珍珠海山等。

东部次海盆北部海盆自北部大陆坡脚水深3400～3600 m向南水深逐渐加大，到珍贝海山和黄岩海山坡脚，水深达4200 m左右，以广阔平坦的平原地形为主体（图2.16）。海底自北向南微微倾斜，平均坡度为0° 04′～0° 06′。在广阔平坦的深海平原上有五条雄伟的东西向的链状海山分布，即珍贝–黄岩海山链、涨中海山、宪南海山、宪北海山、玳瑁海山等。南部海盆自南向被微微倾斜，其水深范围为4000～4400 m。海底广阔平坦，平原面积约占80%以上，平均坡度为0° 02′～0° 07′。该区也有东西向链状海丘分布，不仅数量比北部海盆少且高度也较低，主要有黄岩海山南链状海丘、中南海山东链状海丘等。

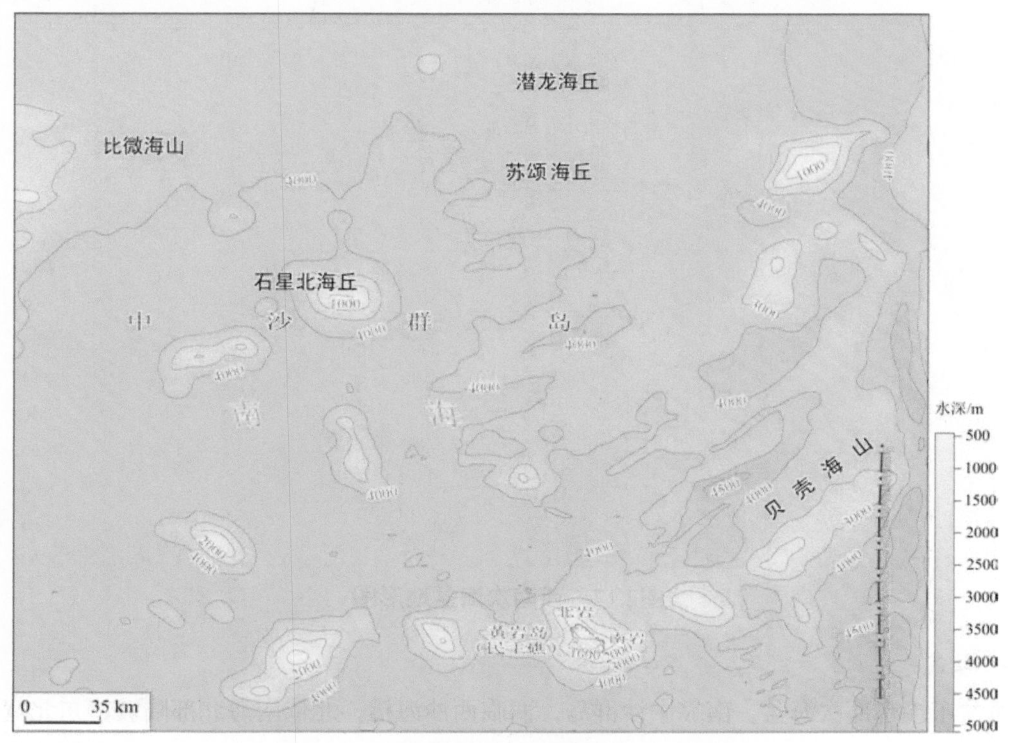

图2.16　东部次海盆（北部海盆）地形图

2. 西南次海盆

西南次海盆长轴为北东向（53°），长约525 km，面积约15.1万km²，东北部最宽（342 km），向西南宽度逐渐变窄。海盆与陆坡交接处水深为4000～4200 m。海盆以平原地形为主体，但在海盆中部分布着与海盆长轴平行的舟状洼地，其水深为4400 m左右，因而盆底平原从东北和西南两侧微微向中部舟状洼地倾斜，其平均坡度为0° 02′～0° 12′。海盆中有数条北东向线状海山、链状海山–海丘分布，以南侧的三条线状、链状海山最为壮观（图2.17）。

长龙海山链由一系列东北向线状海山、海丘构成一个长245 km的海山链，长234 km、宽约20 km，最大高差为888 m。其中位于中部的长龙海山链规模最大，山体高差近900 m。飞龙海山链大体与长龙海山链平行，两者之间被双龙海盆相隔。飞龙海山链由多个海山、海丘构成，长约325 km，峰顶水深为3700 m，山体高差约700 m。

双龙海盆夹持在长龙海山链和飞龙海山链之间，呈长条块状东北向展布，长约185 km。海盆边缘水深为4200～4400 m，中部水深超过4500 m，海盆内地形平缓，分布多个海山、海丘。西部的海山峰顶水深为3000 m，山体高差约1460 m。东部的海山峰顶水深为2970 m，山体高差约1488 m。

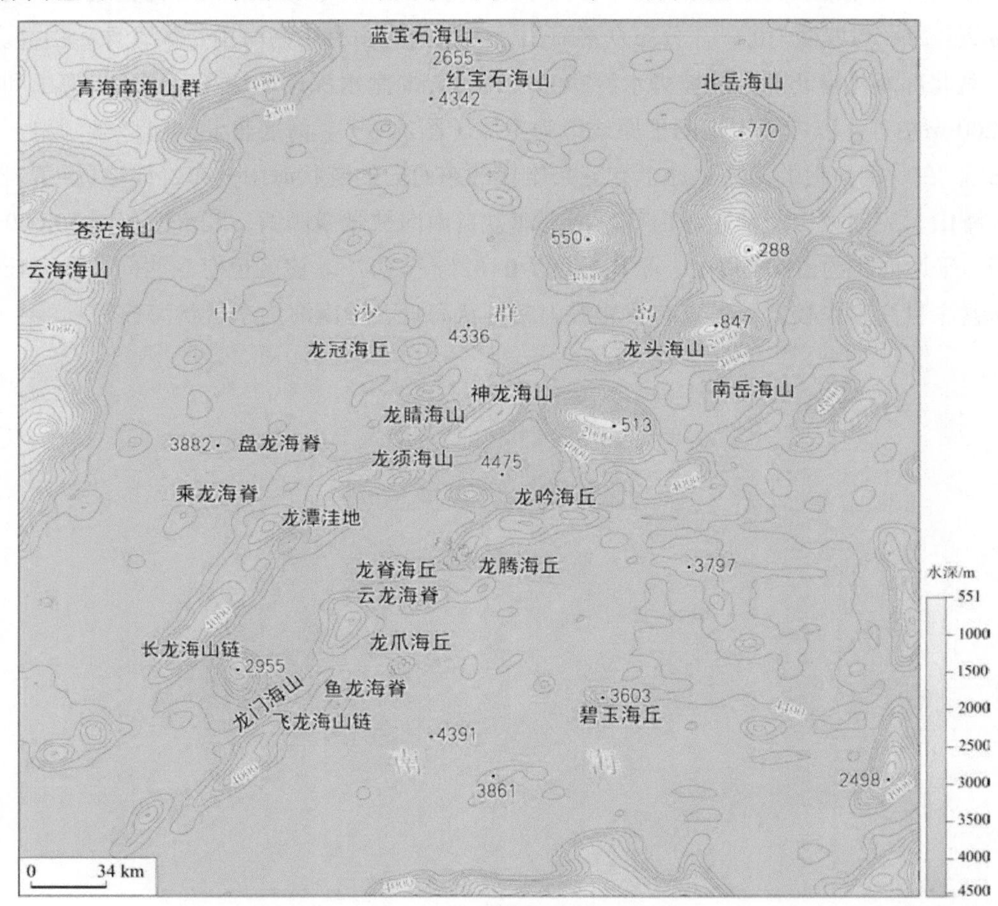

图2.17 西南次海盆地形图

3. 西北次海盆

西北次海盆东接东部次海盆，南靠中沙群岛，西临西沙海槽，北依南海北部陆坡，东北宽、西南窄，是南海三个次海盆中面积最小的一个，面积约3.6万km²。长约200 km、宽约130 km，地形受南海北部陆坡和南海西部陆坡地形制约，等深线大致呈南北向且向西呈弧形突出，地势自西向东方向倾斜下降，平均坡度为0.11°。海盆分布有双峰海山、双峰东海山（暂定）、双峰西海丘群。

4. 马尼拉海沟

马尼拉海沟（图2.15）为南海海盆与南海东部岛坡相接地带为一条长条形近南北向展布的负地形，长约1000 km，沟底窄而深。马尼拉海沟与西侧的南海海盆相对高差达800～1000 m，海沟底部分布有多处深达5000 m的洼地。有一些海山-海丘出现于海沟之中或附近，使海沟变窄甚至相隔成几段，其中海沟中段，尚有东西向的线状海丘脊横截。海沟底部宽度不一，宽处大于20 km、窄处不到5 km，一般超过10 km，大体上南部较北部宽一些。海沟沟底叠置着不少南北向的细窄纵谷，表明沟底并不平整。海沟东西两坡也不对称，东坡陡峻，为吕宋岛和巴拉望岛岛坡下部；西坡和缓，渐变为深海平原，界线不明显。

二、典型地形剖面特征

南海典型地面剖面总共选取了12条，其中南海北部四条，南海西部、南部和东部各两条，过海盆的长剖面两条，具体位置见图2.1。下面分别介绍这12条典型剖面。

表2.1　南海典型地形剖面位置

剖面	起点经度（E）	起点纬度（N）	终点经度（E）	终点纬度（N）	剖面方位	长度/km
A–A′	117°52′ 17.9924″	23°41′ 52.5423″	120°22′ 25.0304″	19°33′ 06.5937″	150°05′ 45.4″	527.07
B–B′	115°52′ 26.6589″	22°42′ 39.7662″	117°22′ 58.5010″	19°06′ 19.4062″	158°15′ 39.9″	428.94
C–C′	114°16′ 53.6078″	21°50′ 57.3420″	115°54′ 06.7371″	18°32′ 13.7394″	154°55′ 30.9″	403.88
D–D′	112°00′ 00.0000″	21°00′ 00.0000″	113°52′ 36.1775″	17°14′ 29.7707″	154°17′ 46.3″	460.49
E–E′	109°03′ 47.5001″	15°15′ 38.8087″	114°13′ 19.1545″	15°03′ 29.6676″	91°38′ 17.7″	554.86
F–F′	109°29′ 07.7356″	13°14′ 55.0534″	113°23′ 54.9336″	13°41′ 55.3671″	82°50′ 36.8″	426.6
G–G′	111°59′ 14.6737″	10°59′ 05.3358″	115°42′ 17.8141″	6°09′ 22.7237″	142°14′26.6″	672.73
H–H′	117°48′ 44.2725″	9°11′ 16.2604″	115°01′ 10.3637″	11°59′ 27.5444″	135°08′ 50.0″	435.34
I–I′	114°05′ 07.9866″	14°48′ 42.5045″	119°52′ 37.7698″	15°23′ 52.1227″	83°18′ 14.5″	625.93
J–J′	114°23′ 51.3168″	18°31′ 24.8041″	120°18′ 05.3050″	16°45′ 06.1159″	106°28′ 11.9″	706.18
K–K′	121°27′ 10.5780″	24°23′ 38.0715″	109°04′ 16.4629″	5°00′ 02.8047″	213°40′ 45.7″	2565.8
L–L′	106°26′ 32.7470″	20°04′ 14.1244″	120°13′ 21.1530″	12°35′ 03.1546″	117°16′ 37.1″	1688.2

1. 剖面*A–A′*

剖面*A–A′*位于南海东北部（图2.18），走向为北西-南东向，起始于福建沿海莱屿列岛附近（117° 52′17.9924″E、23° 41′52.5423″N），水深缓缓变深，经过台湾浅滩，水深迅速加大，往东北方向经过澎湖海底峡谷群、台湾海底峡谷、东部次海盆至南海东部岛坡的马尼拉斜坡（120° 22′ 25.0304″ E、19° 33′ 6.5937″ N），全长约527 km。该剖面最浅处约15.5 m，最深处约4172 m，穿越了陆架浅滩、陆坡峡谷、深海盆地、岛架斜坡，直观地反映了该海域的地形特征。

该剖面起始点水深38.6 m，地形以平均坡度（0.36°）向中部深水倾斜，其中近188 km处剖面前半部分主要经过台湾浅滩，台湾浅滩是个特大型的浅滩，其主要由水下沙丘和纵横交错的沟谷组成，地形较为平缓，平均坡度在0.1° 内，水深在150 m内；剖面的188～304 km处经过澎湖海底峡谷群，地形上陡下缓，上段平均坡度为2.3°，下段平均坡度为0.7°，地形急剧下降，水深从500 m下降到3000 m；距剖面起始端304～314 km处经过台湾海底峡谷，其内部深度约115 m，左右两侧的坡度约2.3°；剖面的后半段沿笔架斜坡进入东部次海盆，盆地水深达到4174.5 m，随后剖面沿着南海东部岛坡的马尼拉斜坡急剧上升，最大坡度达到24.82°，终点水深约3380 m。

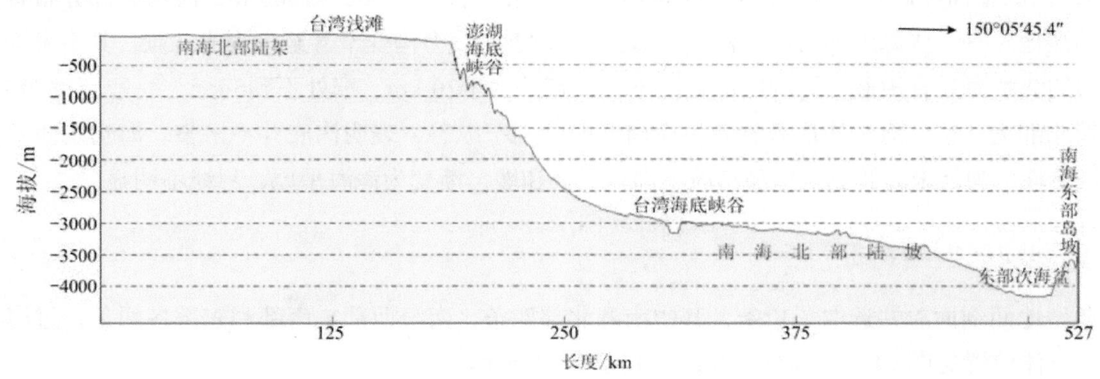

图2.18　南海北部典型地形剖面（剖面A–A'）

2. 剖面B–B'

剖面B–B' 起始于广东汕尾市碣石镇近岸（115° 52′ 26.6589″ E、22° 42′ 39.7662″ N）（图2.19），沿着北西–南东向深水延伸，穿过东沙海台，水深迅速变大，跨过横琴海山（暂定），地形迅速变陡直至东部次海盆（117° 22′ 58.5010″ E、19° 06′ 19.4062″ N），全长429 km，穿越了陆架侵蚀–堆积平原、陆架堆积平原、陆坡海台、陆坡斜坡、海山–海丘和深海盆地，基本上穿越了此海域复杂多变的地形单元。

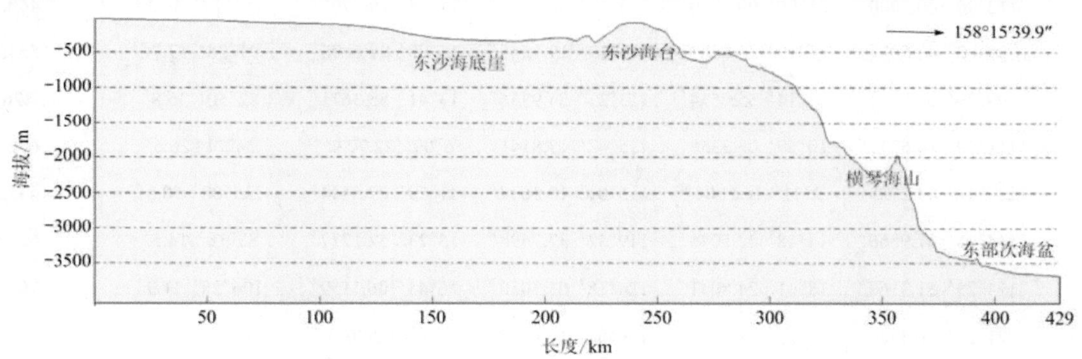

图2.19　南海北部典型地形剖面（剖面B–B'）

剖面起始点水深较浅，约19.8 m，自起始点开始，向东南延伸114 km，水深逐渐增大到110 m，这是平坦的陆架平原在剖面上的反映。南海北部陆架在110 m以浅海域，地形非常平坦，平均坡度为0.05°。剖面自123～151 km，横跨东沙海底崖，地形的平均坡度为0.27°。剖面东南向226～260 km跨越东沙海台，海台平面形态呈圆形，直径约30 km，面积约730 km²。海台顶面水深65～110 m，地形相对平坦，起伏较小；海台台坡底部水深为 250～530 m，地形较为陡峭，海台高差约450 m。剖面过东沙海台后，坡度开始变陡，平均坡度为1.8°，穿过横琴海山，坡度进一步变大，达到6°。剖面的最后一段为深海盆地的平原地形，地形平缓地自西北向东南倾斜，水深为3500～3688 m，平均坡度为0.35°。

在此剖面上，上陆坡和下陆坡的界线非常显著，两者的地形特征也有较大的差别。上陆坡水深为200～1000 m，平原距离为120 km，平均坡度为0.1°。上陆坡地形明显陡峭于陆架平原，但是与下陆坡相比，有显得较为平缓。下陆坡自剖面295 km处开始，从剖面上分析，下陆坡地形明显增大了向下倾斜变深的趋势，自1000 m水深段延伸40 km至2200 km水深段，平均坡度为2.0°。

3. 剖面$C-C'$

剖面$C-C'$位于南海北部靠近中心的位置（图2.20），起始于珠江口（114° 16′ 53.6078″ E、21° 50′ 57.3420″ N），横切海底地形至西北次海盆地北缘（115° 54′ 6.7371″ E、18° 32′ 13.7394″ N），北西–南东向，长404 km。穿越陆架平原、陆架斜坡和深海盆地，直观的反映了该海域的地形特征。

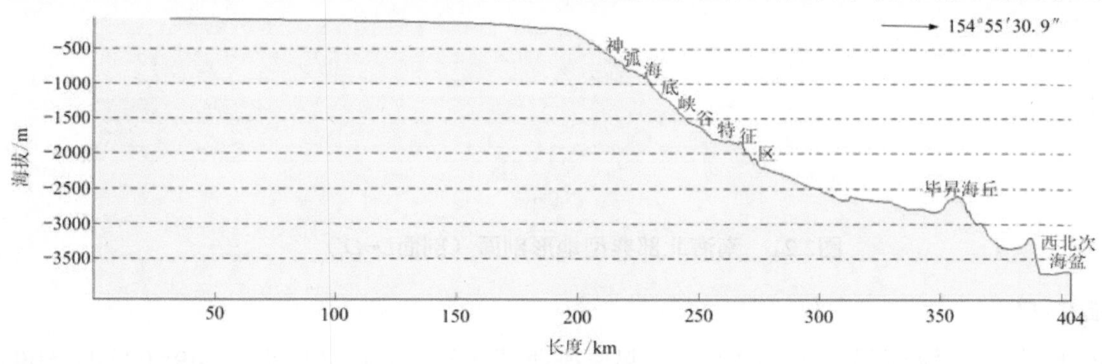

图2.20　南海北部典型地形剖面（剖面$C-C'$）

剖面起始于万山群岛附近，水深约45 m，向东南延伸150 km，水深增大为120 m，此段为平坦的陆架平原地形。该剖面120 m以浅的海域，地形非常平坦，平均坡度为0.03°。剖面的210～252 km处穿越神狐海底峡谷特征区，水深从500 m增加到1500 m，下降平均坡度为1.7°。神狐海底峡谷特征区位于东沙台地西南部，由一群近南北向的峡谷组成。峡谷特征区起源于陆架坡折线附近，沿着东偏南方向倾斜下降，水深逐渐加大，到峡谷底部水深为1800 m。每条峡谷宽度约2820 m，峡谷之间相距约4200 m，峡谷顶底水深高差约280 m。在平面形态上，神狐海底峡谷特征区东西向长190 km，南北向最大宽度为80 km，面积约0.76万km^2。随着继续东南向的延伸，剖面经过珠江海谷、毕昇海丘、柳永海丘，其后到达西北次海盆边缘，其中珠江海谷具有上陡下缓的特点，上段平均坡度为1.8°，下端平均坡度为0.8°。剖面的最后一段为西北次海盆（390～404 km）的平原地形，水深变化为3700～3730 m，平均坡度为0.08°。

4. 剖面$D-D'$

剖面$D-D'$位于南海北部（图2.21），起始于距离广东阳江海陵岛38 km处（112° 00′ 0.0000″ E、21° 00′ 0.0000″ N），横切南海北部海底地形至西南次海盆（113° 52′ 36.1775″ E、17° 14′ 29.7707″ N），近北西–南东向，长460 km。跨越陆架平原陆架平原、陆坡斜坡、海槽、海隆和深海盆地。基本贯穿了次海域内的复杂多变的地形单元。

该剖面起始点水深约48 m，距离此点200 km为平坦的陆架平原地区，水深均在200 m以浅，地形平缓，平均坡度为0.04°。该剖面上陆坡坡度较为平缓，下陆坡较为陡峭，500 m以浅，平均坡度为0.5°，地形缓慢下降，500 m以深，坡度变得陡峭，平均坡度为1.6°，地形迅速下降，水深迅速增大，在水平距离85 km内，水深从500 m迅速达到西沙海槽槽底的3077 m，从剖面上看，海槽纵切面呈V型，两侧槽坡地形陡峭，坡度达到5°。剖面穿过西沙海槽后，穿越永乐海隆，海隆的水深变化为1800～2000 m，顶部崎岖不平，海隆上面有多座海山–海丘分布，本剖面穿越其中的珊瑚海山、甘泉海山（暂定）、南珊瑚海山（暂定）。随后，地形以平均坡度10°的坡度迅速下降，水深从2066 m下降到3316 m，横向跨越仅仅10 km。剖面的最后一段是西北次海盆（429～460 km）的平原地形，水深变化为3400～3460 m，平均坡度为0.07°，地形平坦。

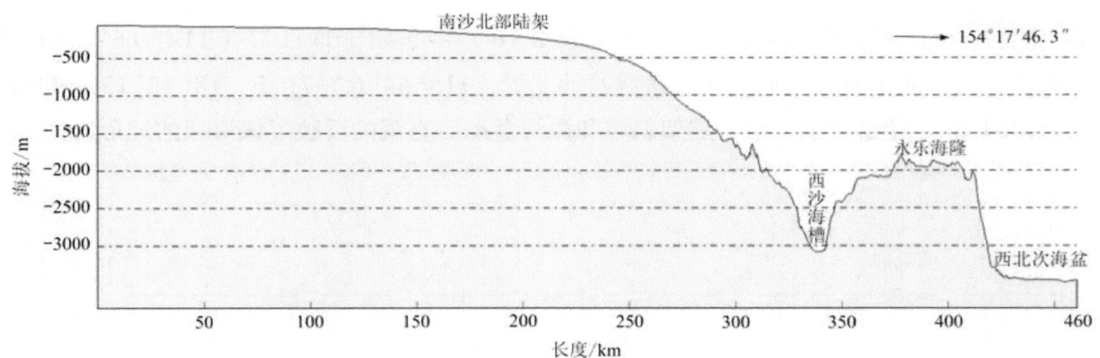

图2.21　南海北部典型地形剖面（剖面D-D'）

5. 剖面E-E'

剖面E-E'位于南海西部（图2.22），西起南海西部陆架广东群岛附近（109° 03′ 47.5001″ E、15° 15′ 38.8087″ N），东至西海次海盆边缘（114° 13′ 19.1545″ E、15° 03′ 29.6676″ N），全长555 km，水深相对高差约4175 m，近东西向延伸。贯穿的地貌单元包括陆架堆积平原、陆坡阶地、海山–海丘、深海盆地等，基本上穿过了次海域内多种复杂多变的地貌单元。

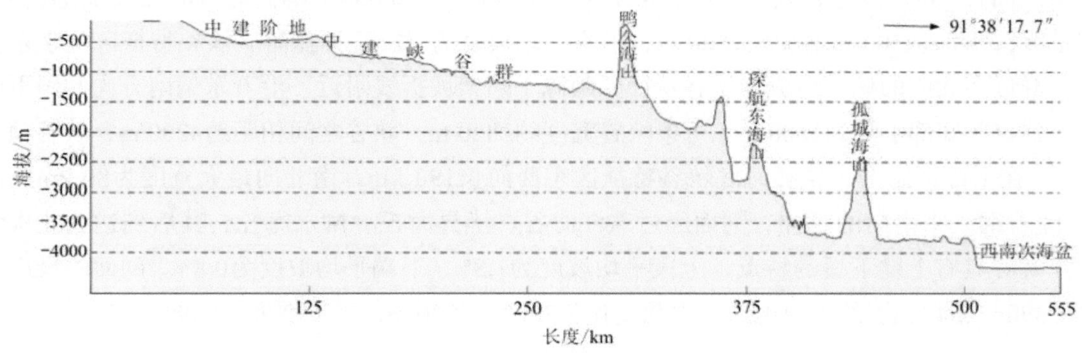

图2.22　南海西部典型地形剖面（剖面E-E'）

该剖面起于大陆架堆积平原中部地带100 m水深段，平均坡度为0.2°，向东延伸55 km后，地形坡度开始变陡，平均坡度为0.7°，进入了西部陆坡中建阶地区域，从剖面上可以看出，西部陆架宽度较窄，而中建阶地横向跨度较宽，约135 km，阶地上有峡谷群，且海台发育，剖面经过了其中的中建峡谷群（暂定），在剖面的152～222 km处，可以看到多处明显的地形切割，起伏不平。从剖面上分析，中建阶地的东面有四座海山分布，分别为鸭公海山（暂定）、琛航东海山（暂定）、羌笛海山和孤城海山。这四座海山坡度较陡，平均坡度均超过10°，局部最大坡度能达到90°，其中鸭公海山山顶水深约1422 m，坡麓水深约224 m；琛航东海山山顶水深约1454 m，坡麓水深约1899 m；羌笛海山山顶水深约2257 m，坡麓水深约2795 m；孤城海山山顶水深约2472 m，坡麓水深约3756 m。这四座海山随着陆坡斜坡的水深增大，坡麓所处位置的水深也在增大。地形剖面上可以看出，孤城海山所处位置为一盆地的中央，地貌上为中沙南海盆，中沙南海盆位于南海西部陆坡的中部，中沙海台和盆西海岭之间。海盆周围被高地形环绕，周缘水深3180～3840 m，盆内水深较大，平均水深为3774 m，地形平坦，平均坡度小于0.1°。海盆从西南方往东北方蜿蜒延伸，总长度约128 km、宽度为5.2～44 km，在中部最窄，在东部最宽，海盆总面积约3000 km²。地形剖面的最后一段水深大于4000 m，为西南次海盆一部分，地势平坦。

6. 剖面*F–F′*

剖面*F–F′*位于南海西部（图2.23），起始于南海西部陆架（109°29′07.7356″E、13°14′55.0534″N），终止于西南次海盆边缘（113°23′54.9336″E、13°41′55.3671″N），全长427 km，水深相对高差约4178 m，近东西向延伸。贯穿的地貌单元包括陆架堆积平原、陆坡斜坡、峡谷、海山–海丘、深海盆地等，基本上穿过了此海域内多种复杂多变的地貌单元。

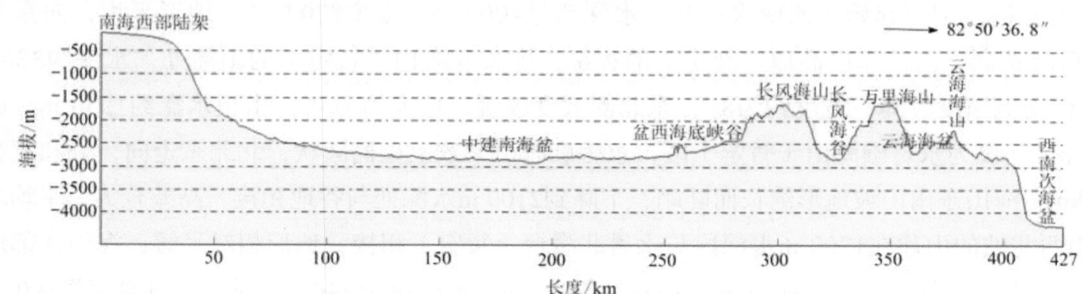

图2.23　南海西部典型地形剖面（剖面*F–F′*）

从剖面上可以看出，该剖面所处位置陆架较窄，起始点水深约116 m，向东延伸24 km，就达到陆架坡折线地段，水深约200 m，下降平均坡度约0.15°。陆架堆积平原地形平坦、水深变化小的特征充分体现在这一段剖面上。从陆架坡折线开始，地形剖面进入到陡峭的陆坡斜坡段，水深自290 m迅速下降到1675 m，形成落差1385 m、坡度4.8°的陆坡斜坡。

自陆坡斜坡的坡脚开始，剖面开始进入陆坡盆地即中建南海盆，中建南海盆平均水深为2190 m，比四周地形低1200～2000 m。平面形态上，海盆南北长约257 km、东西宽78～217 km，在北边最宽，南边渐窄。海盆面积约3.7万km²。海盆从西向东，水深逐渐加深，从200 m逐渐加深到2957 m；坡度从西向东逐渐减小，从4°逐渐减小到0.1°。从剖面图可以看出，盆西海底峡谷切割中建南海盆，随后地形剖面进入到崎岖不平的盆西海岭区域，盆西海岭上有众多海山海谷山间盆地分布，剖面穿越了其中的长风海山、长风海谷、万里海山、云海海盆（暂定）、云海海山，其中长风海山山顶水深约2431 m，坡麓水深约1670 m，海山的东侧坡度相对西侧要陡峭，坡顶有多个小海盆分布，长风海谷谷底水深约2832 m，谷顶水深约1690 m；万里海山界于长风海谷和云海海盆之间，长风海谷的谷底和云海海盆的盆地边缘即为万里海山两侧的山麓，海山的山顶的水深约1670 m；云海海山位于云海海盆的东侧，山顶水深约2211 m，剖面在经过了云海海山之后，地形迅速下降，在距离云海海山山顶东侧28 km处，水深从山顶水深从1670 m迅速下降到4200 m以上，进入深海盆地，下降坡度约为12°。剖面的最后一小段为深海盆地，是西南次海盆的一部分，水深超过4200，坡度约为0.6°。

7. 剖面*G–G′*

剖面*G–G′*位于南海南部（图2.24），起始点位于西南次海盆边缘（111°59′14.6737″E、10°59′05.3358″N），终止点位于南海东南岛架（115°42′17.8141″E、6°09′22.7237″N），走向为南西–北东向，剖面长度为673 km，水深相对高度差为4047 m，贯穿了深海盆地、海山–海丘、岛礁、海底高原、海槽、岛架等地貌单元，准确地反映了此海域内复杂多变的地形特征。

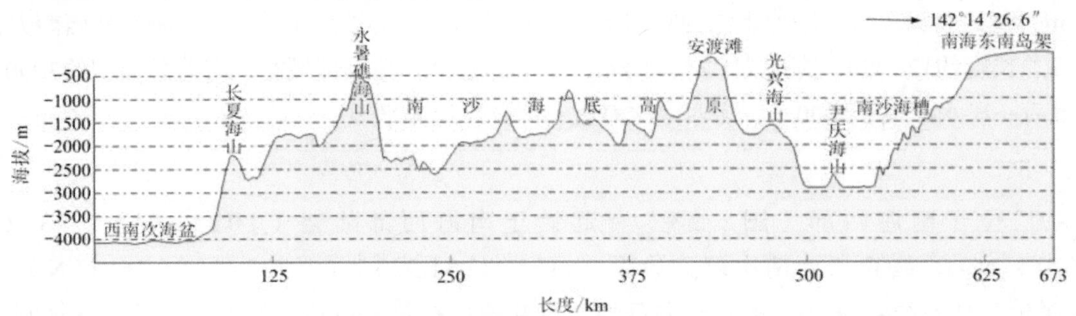

图2.24　南海南部典型地形剖面（剖面*G*–*G*′）

从剖面上分析，剖面起始于西南次海盆，水深超过4000 m，坡度约0.02°，地形平坦，向东北方向延伸83 km后就达到了南沙海底高原（暂定）的边缘，即长夏海山（暂定）的山麓处，水深约3809 m，长夏海山的西南侧坡度较陡，坡度约为8°，东北侧坡度较缓，坡度约为4°，山顶水深约1950 m。剖面的165～203 km区间段为永暑礁海山（暂定）区，永暑礁海山大致上呈椭圆状，北北东走向，长和宽分别为70 km和20 km；海山东南山坡地形绵长而陡峭，下降到2100 m水深处与谷地相接，高差较大，平均坡度为10.5°；海山西北坡的山麓在1700 m水深段与永暑北海台（暂定）相接，地形相对平缓；海山顶部形成的环礁面积较大，呈长椭圆状。整个礁盘宽约7 km，长22 km，水深14.6～40 m，涨潮时礁盘沉没在0.5～1 m水深以下，退潮时只露出少许礁石；剖面所穿越的永暑礁海山西南侧平均坡度约4.2°，东北侧平均坡度约8.4°。永暑礁和安渡滩之间的地形崎岖不平，有多座海山、海丘和山间盆地分布，安渡滩是一个平坦的海台台面，海台台面形态呈长形，走向为东北向。海台台面东北向长约74.0 km，西北向宽约25.7 km，海台台面面积约955 km²。海台台面中间坡度小，约为0.2°，往陡坡方向坡度逐渐增大到2°。从剖面上看，在安渡滩和东南岛架之间是南沙海槽，光兴海山（暂定）位于安渡滩东北侧地形迅速下降的途中，过了光兴海山，水深迅速增大，南沙海槽是南沙陆坡发育的一个巨大的负地形单元，呈长条形北东向延伸，水深为1500～2900 m，此剖面可以清晰地反映其槽坡陡峭、槽底平坦的基本地形特征。在南沙海槽的中间，可见一海山树立，为尹庆海山，海山平面形态呈长形，走向为近东西向。海山东西向长约28.4 km，南北向宽约16.4 km，面积约368 km²。海山峰顶水深为1605 m（峰顶位置07° 15.3′ N，114° 56.6′ E），山麓水深约2917 m，海山最大高差为1312 m。海山东侧和西侧上斜坡坡度约为3°，下斜坡坡度约为10°；北侧和南侧斜坡坡度为11°。剖面的最后一段为东南岛架，水深在200 m以浅，平均坡度约为0.1°，地形平坦。

8. 剖面*H*–*H*′

剖面*H*–*H*′位于南海南部（图2.25），起始点位于南海永乐海山（暂定）北侧山麓（117° 48′ 44.2725″ E、9° 11′ 16.2604″ N），终止点位于南海东南岛架（115° 01′ 10.3637″ E、11° 59′ 27.5444″ N），走向为南西–北东向，剖面长度为435 km，水深相对高度差为4393 m，贯穿了深海盆地、海山–海丘、海槽、山间盆地、海滩、岛架等地貌单元，准确地反映了此海域内复杂多变的地形特征。

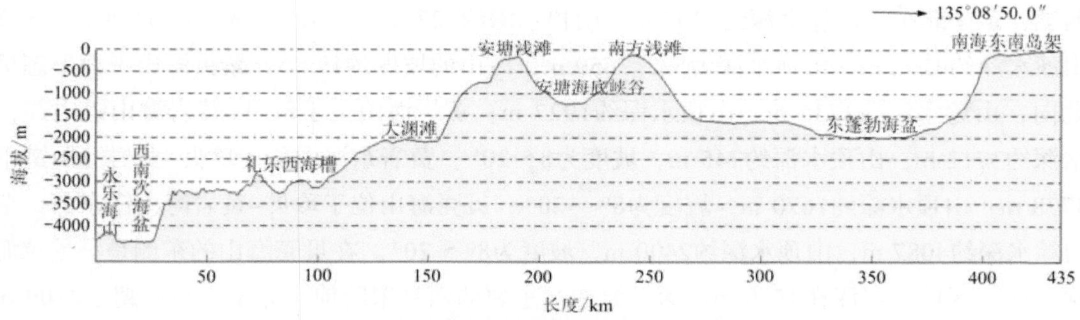

图2.25　南海南部典型地形剖面（剖面*H–H'*）

剖面起始点位于永乐海山北麓段，水深约4355 m，永乐海山山顶水深约4156 m，海山的东南侧为西南次海盆，水深在4350以深，平均坡度约0.04°，地形非常平坦。剖面在跨过了海盆之后就了来到南沙陆坡，地势迅速上升，平均坡度为6.5°。从剖面上分析，南沙陆坡上有海山、海丘、峡谷、浅滩、盆地分布，地形种类繁多。距剖面起始点58～110 km为礼乐西海槽，海槽的槽底崎岖不平，槽底的水深在3000 m以深，礼乐西海槽以2.4°坡度向礼乐滩延伸。大渊滩位于礼乐滩的西部，地形平坦，礼乐滩的西南方向发育安塘滩，南面发育南方浅滩，两者之间是安塘海底峡谷，安塘海底峡谷谷底水深约1225 m，两侧坡度约3.3°。剖面在越过了礼乐滩之后来到了东蓬勃海盆（暂定），该海盆底部地形平坦，海盆连接南海东南岛架的陆坡地形坡度分两部分，靠近海盆的部分陆坡坡度较缓，约1.2°，紧挨南海东南岛架部分的陆坡坡度较陡，坡度约5.2°。剖面的最后一部分为南海东南岛架，所处的水深较浅，均在120 m以浅，从剖面上看南海东南岛架较窄，宽约28 km。

9. 剖面*I–I'*

剖面*I–I'*位于南海东部（图2.26），南海东部地形自东向西倾斜，这些地形单元基本上为南北向走向。剖面起始点位于西南次海盆（114° 05′ 07.9866″ E、14° 48′ 42.5045″ N），终止点位于南海东南岛架的吕宋斜坡（119° 52′ 37.7698″ E、15° 23′ 52.1227″ N），走向为北东东向，剖面长度为626 km，水深相对高度差为4160 m，自西向东穿越了深海平原、海山–海丘、马尼拉海沟、陆坡斜坡、陆坡阶地等南海东部主要的地形单元，较好地反映了该海域的地形特征。

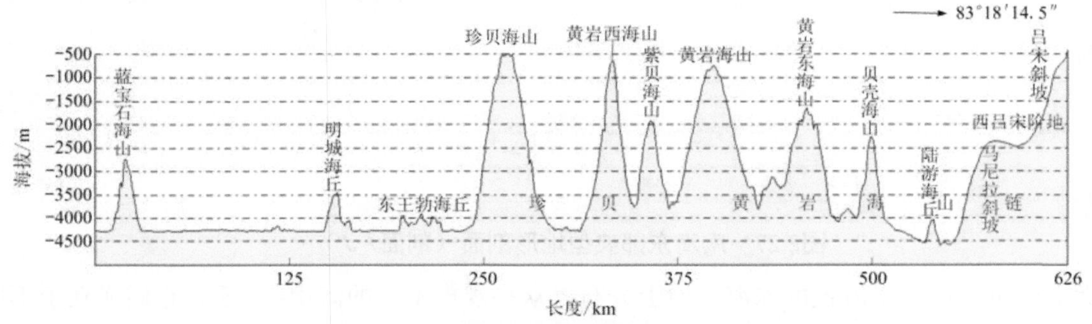

图2.26　南海南部典型地形剖面（剖面*I–I'*）

剖面起始点位于西南次海盆西部蓝宝石海山以西约10 km处，水深约4274 m，向东延伸11 km，就到了蓝宝石海山的山麓处，水深约4260 m，该海山的山顶水深约1743 m，两侧坡度较大，约10.5°。从剖面上可以看出，在剖面的中部分布着明城海丘（暂定）、东王勃海丘（暂定）和珍贝–黄岩海山链，珍贝–黄岩海山链是珍贝海山、黄岩西海山、紫贝海山、黄岩海山、黄岩东海山和贝壳海山六个大小不一的海山呈长条链状排列组成，北东东向展布，长约375 km，宽40～90 km，面积约2万km²，其中珍贝海山位于珍贝–黄岩海山链西端，走向北东，山麓水深约4307 m，山顶水深约527 m，海山边坡陡峭，坡度为8°～20°；黄岩西海山山麓水深约4252 m，山顶水深为527～659 m，海山的坡度约17.8°；紫贝海山平面形态呈长形，走向为西北向，山麓水深约3735 m，山顶水深约1927 m；黄岩海山位于珍贝–黄岩海山链中部，东西走向，山麓水深约3712 m，山顶水深约745 m，坡度为8～20°；黄岩东海山位于珍贝–黄岩海山链中部，山麓水深约3778 m，山顶水深约1670 m，坡度为8°～20°；贝壳海山位于珍贝–黄岩海山链东部，东临马尼拉海沟，山麓水深约4087 m，山顶水深约2400 m，坡度为8°～20°。在贝壳海山的东侧是马尼拉海沟，是本剖面水深最深的区域，水深在4500 m以深，海沟与东邻的西吕宋阶地（暂定）高差超过2300 m，东坡陡峻，与西侧的深海平原相对高差巨大，西坡和缓，平均坡度小于2°，渐变为深海平原，甚至界线不明显，因此表现为不对称的V型或U型横剖面，有少量海山、海丘出现于海沟之中或附近，使海沟变窄甚至相隔成几段，如剖面中的陆游海丘。剖面的最后一段是南海东部岛坡，剖面上可看到马尼拉斜坡、西吕宋阶地和吕宋斜坡，其中马尼拉斜坡平面形态呈长条状，近南北向展布，斜坡西部与马尼拉海沟相接，水深为4100～4200 m，东部与西吕宋阶地相连，水深为2000～2500 m。斜坡高差为1600～2200 m，坡度为2.5°～7.1°；西吕宋阶地系南海东部岛坡一部分，平面形态也呈长条状，南北向展布，整体地形自西向东倾斜下降。西吕宋阶地东部与吕宋斜坡相接，西临马尼拉斜坡，是南海东部岛坡上呈阶梯状分布的大型地貌单元，大部分的阶地面水深在2300～2500 m，地形开阔且平坦，坡度小于0.05°；吕宋斜坡是剖面的最后一段，水深自海岸迅速下降，平均坡度约为5°，海底地形过渡到地形相对平缓的西吕宋阶地。

10.剖面*J–J'*

剖面*J–J'* 位于南海东部（图2.27），南海东部地形自东向西倾斜，这些地形单元基本上为南北向走向。剖面起始点位于西北次海盆（114° 23′ 51.3168″ E、18° 31′ 24.8041″ N），终止点位于南海东南岛架的吕宋斜坡（120° 18′ 5.3050″ E、16° 45′ 6.1159″ N），走向为西南–北东向，剖面长度为657 km，水深相对高度差为4113 m，自西向东穿越了深海平原、海山、海丘、马尼拉海沟、陆坡斜坡、陆坡阶地等南海东部主要的地形单元，较好地反映了该海域的地形特征。

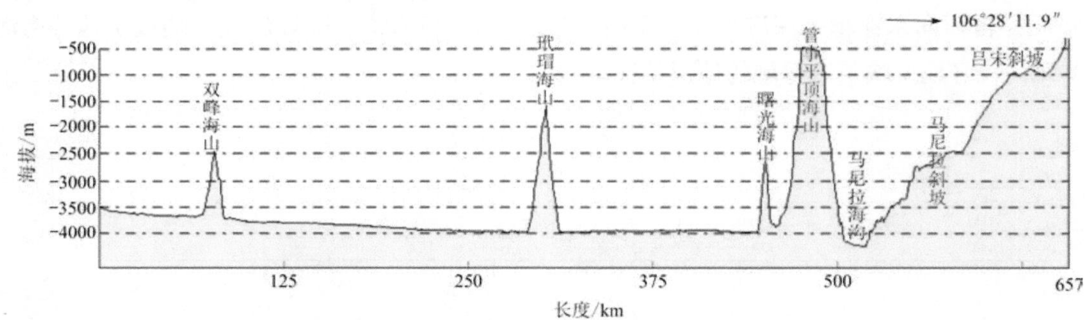

图2.27　南海东部典型地形剖面（剖面*J–J'*）

从剖面上分析，西北次海盆的深海平原上分布着众多规模不一的海山–海丘，它们孤立于不同的水深段，如双峰海山、玳瑁海山、曙光海山、管事平顶海山（暂定）。该剖面起始点位于西北次海盆南西北侧，水深约3499 m，向东延伸68 km，就到了双峰海山的山麓处，水深约3668 m，该海山的山顶水深约2471 m，两侧坡度较大，约为9.6°。玳瑁海山在双峰海山西南侧220 km，其山麓水深约3950 m，山顶水深约1626，坡度较陡峭，为10°～15°，曙光海山在玳瑁海山西南侧145 km，坡度为15°～20°，管事平顶海山和曙光海山的山麓相邻，其坡度陡峭，坡度为9°～18°，山顶地形平坦，地形坡度在0.6°～1°，山顶平台边缘水深为500～900 m。海山的东部山坡即为马尼拉海沟的沟坡，整条剖面水深最深的位置在马尼拉海沟，约4239 m。剖面的最后一段为南海东部岛坡，地貌上可分为马尼拉斜坡和吕宋斜坡两个单元，整体地形陡峭，平均坡度为0.8°～5°，在剖面最后的131 km范围内，水深迅速从马尼拉海沟的4239 m上升到129 m，地形变化剧烈。

11. 剖面*K–K′*

剖面*K–K′*从北到南穿越整个南海，起始于台湾中央山脉（121° 27′ 10.5780″ E、24° 23′ 38.0715″ N）（图2.28），终止点位于巽他陆架（109° 04′ 16.4629″ E、5° 00′ 02.8047″ N），跨越陆地和海洋，全长2566 km，剖面的走向以黄岩海山为界分为两部分，自东北向西南穿越了中央山脉、深海平原、海山–海丘、陆坡斜坡、陆架等地形单元，横向上地形起伏较大，最大高程差达7386 m。

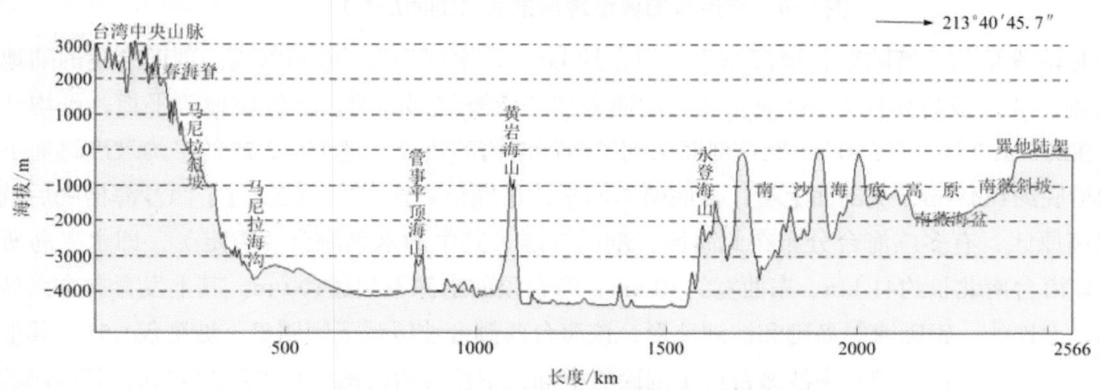

图2.28　南海东部典型地形剖面（剖面*K–K′*）

剖面起始于台湾中央山脉，由一系列山峰组成，62座山峰高度在3000 m以上，其中22座超过3500 m，最高峰为玉山，海拔3952 m。剖面在越过了台湾中央山脉之后就是恒春海脊，恒春海脊位于台湾岛南部恒春半岛以南海域，西部与马尼拉斜坡相连，东接北吕宋海槽，恒春海脊向南连吕宋海脊，呈长条状自北向南延伸，是地形向东、南、西三面倾斜而中间突起的高地，剖面显示的海脊的山麓水深为418～3329 m，平均坡度约1.7°。剖面在越过了恒春海脊之后，地形迅速下降，水深迅速增大，越过马尼拉斜坡来到了马尼拉海沟，剖面显示的海沟底部水深为3600 ~ 3700 m。剖面穿越了马尼拉海沟后就来到了宽广的深海盆地，该剖面穿越了东部次海盆和西南次海盆，从剖面上可以看到，有多座海山分布在深海盆地。剖面在穿越了海盆的永登海山之后就来到了南沙海底高原，可以看得地形起伏较大，最大落差超过1500 m，上面有多座海山–海丘、山间小盆地–峡谷等分布，总体上南沙海底高原所处的水深在3000 m以浅。南沙海底高原的西南侧是南薇海盆，海盆西南侧与南薇斜坡相邻，斜坡的坡度上陡下缓，上段平均坡度为2.8°，下段平均坡度约0.4°。剖面的最后一段为巽他陆架，该部分地形平坦，水深均200 m以浅，平均坡度约0.04°。

12. 剖面*L–L′*

剖面*L–L′*起始于北部湾陆架（106°26′32.7470″E、20°04′14.1244″N），终止于巴拉望岛架（120° 13′ 21.1530″ E、12° 35′ 3.1546″ N）（图2.29），剖面的走向为西北–东南向，全长1688 m，剖面穿越了陆架、海岛、海槽、海台、海盆、陆坡斜坡和岛架等地貌单元，横向上地形起伏较大，最大高程差达7386 m。

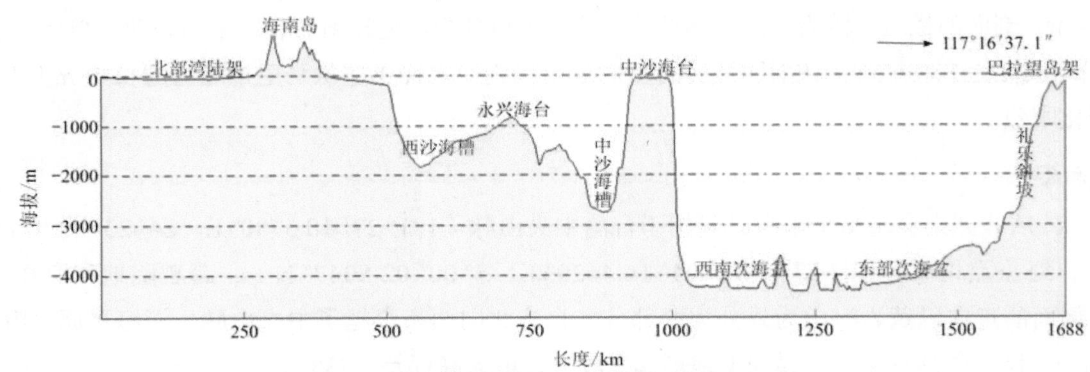

图2.29 南海东部典型地形剖面（剖面L–L'）

剖面的起始段是北部湾陆架，地形非常平坦，约0.01°，水深均在100 m以浅。剖面穿越的陆地是海南岛的西南侧，陆地最高高程为768 m，之后剖面来到了南海北部陆架，该区域地势平坦，平均坡度约0.1°，水深在200 m以浅。在510 km处，剖面来到了西沙海槽的边缘，地形以2.2°的平均坡度迅速下降，西沙海槽的槽底约1847 m，从剖面上看，槽底崎岖不平，槽底呈V型。剖面在经过了西沙海槽之后就来到了西沙海底高原区，有多座海台分布在此高原，剖面穿越了其中的永兴海台（暂定），即永兴岛所在的海底台地，该海台南北长约41 km、东西宽约30 km，海台顶面水深不超过100 m。其上发育有永兴岛、石岛、西沙洲、七连屿、银砾滩等岛礁和沙洲地形，该海台西侧台坡缓缓下倾明显，坡度仅1.5°，其他三面台坡坡度在5°左右。中沙海槽和中沙海台位于剖面的中部，中沙海槽的槽底水深约2707 m，其两侧的地形较陡，平均坡度为2°～4.8°；中沙海台平台平面形态为不规则四边形，水深为50～600 m，整体地形自南西向北东缓慢倾斜下降，坡度约1.6°，地形比较平缓；海台台坡地形陡峭，水深为400～4200 m，坡度在4.9°～14.5°。剖面在越过了中沙海台后，地形迅速下降，剖面来到了深海盆地，该剖面穿越了西南次海盆和东部次海盆，海盆中间有多座海山–海丘分布。礼乐斜坡整体地形南高北低，自西南向东北倾斜，平均坡度约3.3°，上面多处发育有海底峡谷。剖面的最后一部分是巴拉望岛架，巴拉望岛东南侧岛架曲折而狭长，岛架向苏禄海盆之间的过渡非常陡峭，岛架地形整体上向东南倾斜。

第二节 台湾岛以东海域地形

台湾岛东部海域位于中国台湾岛以东、日本琉球群岛以南、菲律宾东北，地理位置特殊，属于欧亚板块和菲律宾海板块碰撞带，是琉球沟弧盆系、吕宋弧系和菲律宾三大构造体系的交接带，跨越了岛架、岛坡和深海盆地三大地貌单元。岛架主要是指台西南岛架、台东岛架及吕宋岛弧上巴坦群岛的岛架，地形平坦；岛坡包括台湾岛坡、吕宋东岛坡和琉球岛坡，地形水深变化大，地貌类型复杂多变，发育的大型地貌单元包括恒春海脊、吕宋海脊、北吕宋海槽、花莲海槛、南澳盆地和绿岛海脊等。该海域的西南角和中东部分别为南海海盆和菲律宾海盆，菲律宾海盆总体上被加瓜海脊一分为二，海脊的西部为花东海盆，地形比较平坦，海底地形趋势为自西南向东北缓慢倾斜下降，水深为1910～6100 m。海脊的东部海域为西菲律宾海盆，海底地形趋势为自西南向东北缓慢倾斜下降，地形走势受到构造活动的影响，海底被西北–东南向的海山–海丘洼地切割，整体水深较深，海底大多数水深大于5000 m，该海域最深处位于琉球海沟，最大水深为6847 m（图2.30、图2.31）。

一、地形分区及特征

（一）岛架地形

台湾岛东部海域内的岛架位于台湾岛西南部的台西南岛架、台东岛架一小部分及吕宋岛弧上巴坦群岛的岛架，台西南岛架大致呈南北向长条状延伸，宽度为5～30 km，水深为0～150 m，坡度约0.1°，自东北向西南方向缓慢倾斜下降，直到地形坡度突变的岛坡。与地形复杂的岛坡地形对比，岛架地形平坦，发育的地貌类型简单，是该海域内地形变化最小的区域。

（二）岛坡地形

台湾岛东部海域内岛坡主要有三个部分：西部的台湾岛坡、西南部的吕宋东岛坡和北部的琉球岛坡。台湾岛坡包括台西南岛坡和台东岛坡。岛坡的总面积约为10.1万km²，水深为100～6500 m，岛坡坡脚线水深为3550～6500 m，与岛架外缘坡折线（100～300 m）形成巨大的高差，发育的地貌类型繁多，是该海域内地形最复杂的区域。

台西南岛坡北接台西南岛架，西连南海东部陆坡，东接恒春海脊和吕宋海脊，整体地形趋势为自北西向南东倾斜下降，平均坡度约1.75°，地形变化剧烈，水深为100～3600 m。

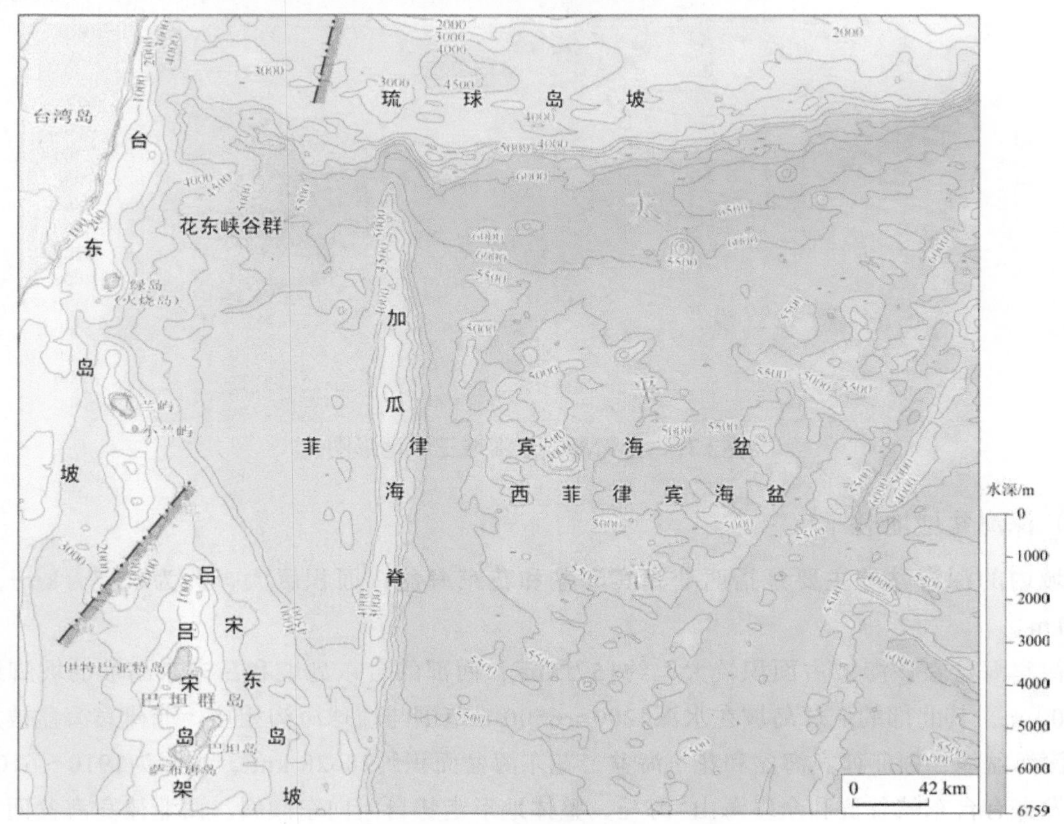

图2.30　台湾岛以东海域地形图

台东岛坡平面形态呈长条形，北窄南宽，南部最大宽度约100 km，水深变化范围为100～4000 m，坡度较陡，为5.5°～6°，地形崎岖，发育有低陷的南纵海槽、台东海槽，凸起的花东海脊和绿岛海脊，还有其他规模不一的峡谷。整体地形趋势为自西向东倾斜下降，在4000～4200 m水深段与深海平原相连。

吕宋东岛坡北与台东岛坡相连，西边与南海，东边为西太平洋，平面形态大致呈不规则四边形，面积约1.3万km²，水深变化范围在0～5000 m，坡度为2.2°～6°，地形起伏大，复杂多变，发育两座大型海山和岛坡东斜坡和众多的峡谷。整体地形走势自西向东倾斜，在水深3500～5000 m与西太平洋深海平原相连。与台东岛坡的地形特征差异较大。

琉球岛坡为琉球群岛的西部延伸，呈长条状近东西展布，为该海域面积最大的岛坡，面积约3.4万km²，水深变化范围为700～6500 m，最大高差达5800 m，坡度为1.5°～6.5°，整体坡度小于台东岛坡，地形复杂多变，由于受到强烈的构造作用和底层流的切割，发育有低陷的盆地、地形相对平坦的琉球阶地、凸起的八重山海脊，地形自北向南倾斜下降，直到琉球海沟，沟谷、海脊纵横交错，形成复杂的岛坡地形。与地形平坦的深海平原地形对比，岛坡地形高差巨大。

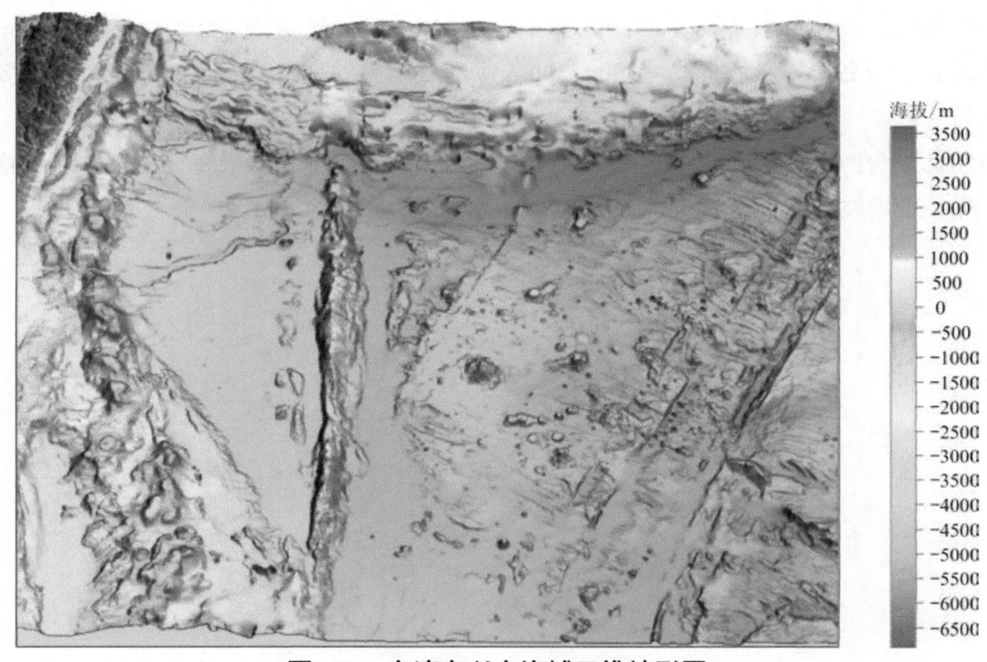

图2.31　台湾岛以东海域三维地形图

（三）深海盆地地形

该海域内的深海盆地主要是指西菲律宾海盆和花东海盆，面积巨大，约为15.5万km²，水深为700～6500 m。

西菲律宾海盆在该海域占面积较大，约15万km²，西部的台东岛坡和吕宋东岛坡的坡脚线范围为3500～5000 m，其北部的琉球岛坡在水深4200～6500 m范围与琉球海沟相接。菲律宾海盆被加瓜海脊分为两个深海盆地：西菲律宾海盆和花东海盆，花东海盆面积约28628 km²，水深为1910～6100 m，地形平坦，发育有台东峡谷群和众多海山–海丘，整体地形走势自西向东倾斜。西菲律宾海盆面积较大，约117796 km²，该海盆地形起伏较大，多为深海海岭、海丘、海山、洼地。整体地形走势自西南向东北倾斜。西菲律宾海盆北侧为琉球海沟，琉球海沟呈近东西向延伸，边缘水深约5900 m，海沟最大水深为6847 m。

该海域内的两个深海盆地差异明显，花东海盆地形平坦，西菲律宾海盆地形崎岖不平，说明两个海盆地貌的形成和演化，受到板块碰撞运动及其构造的控制，海流等外营力作用差别较大，花东盆地和加瓜海脊属于台湾碰撞带构造地貌体系，其地貌结构和西菲律宾海盆明显不同。而且，台湾东部碰撞带的花东盆地与加瓜海脊板块向北俯冲的速度明显高于西菲律宾海板块，两者之间以转换断层或者走滑断层分割。

二、典型地形剖面特征

台湾岛东部海域典型地形剖面共选取了四条，剖面具体位置见图2.31，剖面图见图2.32。

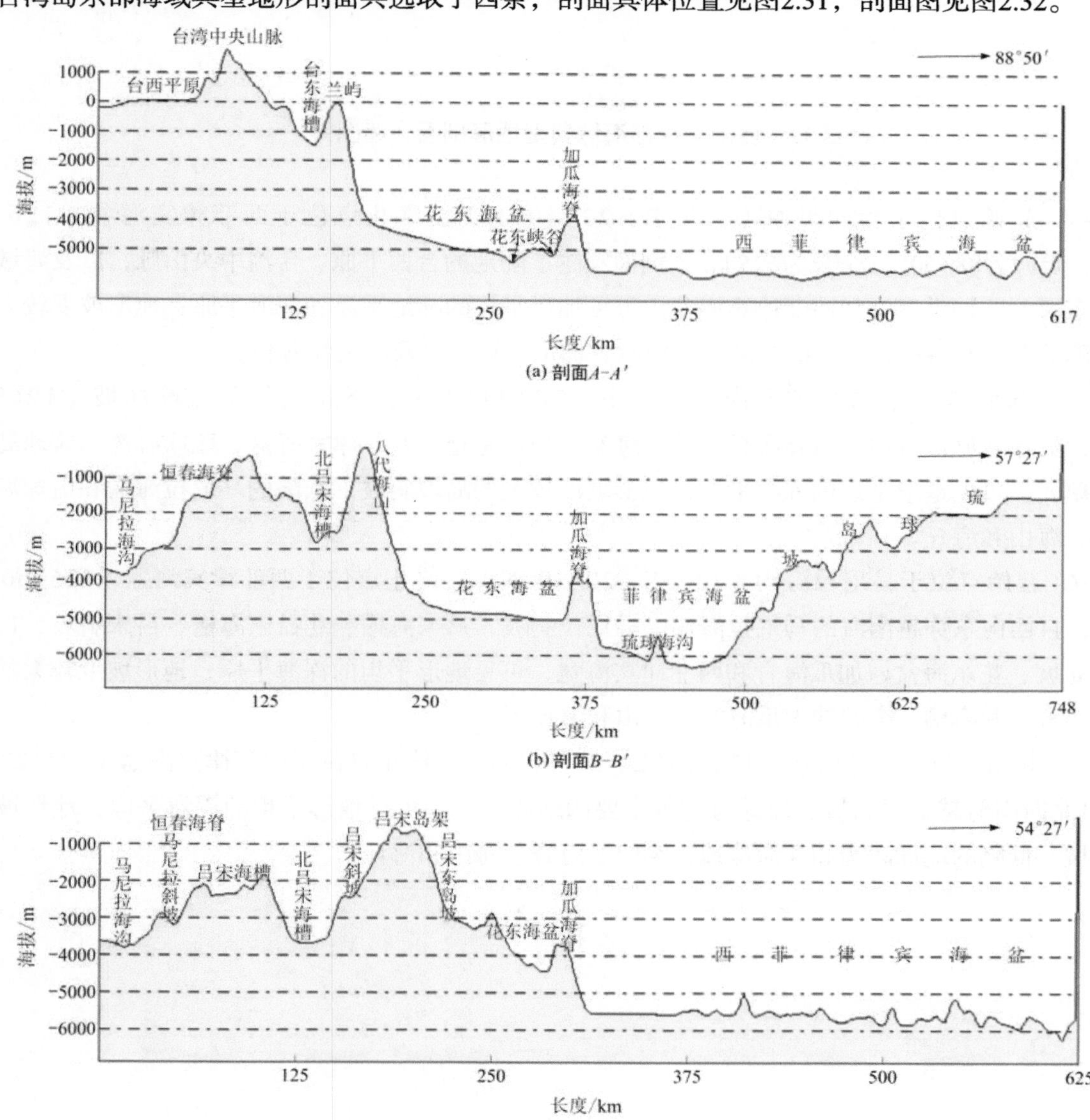

图2.32　台湾岛东部海域典型地形剖面

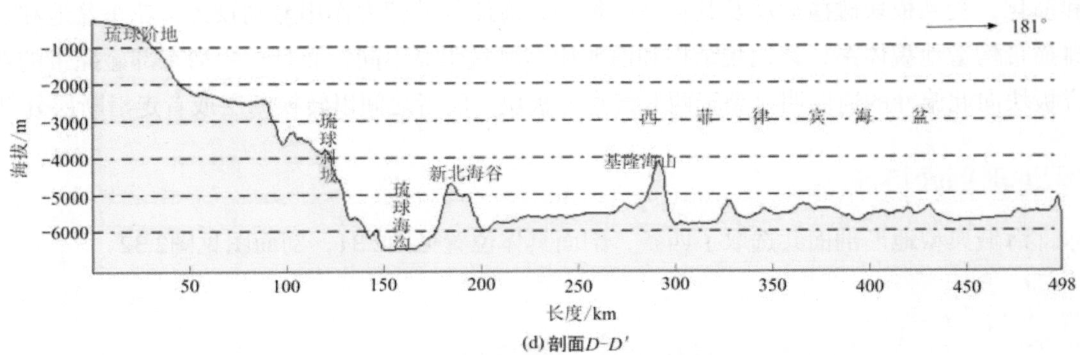

(d) 剖面$D-D'$

图2.32　台湾岛东部海域典型地形剖面（续图）

剖面$A-A'$起始点位于台西平原（120° E、22° 40′ N），终止点位于西菲律宾海盆（126° E、22° 40′ N），走向为88° 50′，全长为625 km，剖面穿越了陆地的台西平原、台湾中央山脉，以及海域的台东海槽、花东海盆、加瓜海脊和西菲律宾海盆，可见地形平坦的陆地平原和深海平原，地形坡度较大的岛坡斜坡，低陷的花东峡谷群，突起的台湾中央山脉、加瓜海脊，以及海山和海丘。

剖面$B-B'$起始点位于马尼拉海沟（120° E、20° 41′ N），终止点位于琉球岛坡（126° E、24° 30′ N），贯穿马尼拉海沟，恒春海脊、花东海盆、加瓜海脊、西菲律宾海盆、琉球海沟和琉球岛坡等主要的地貌单元，可见地形平坦的深海平原，地形坡度较大的岛坡斜坡，低陷的马尼拉海沟和琉球海沟，突起的海脊、海山和海丘。

剖面$C-C'$起始点位于马尼拉海沟（120° E、20° 39′ N），终止点位于西菲律宾海盆（126° 00′ E、20° 39′ N），自西向东穿越南海的马尼拉海沟、马尼拉斜坡、吕宋海槽、北吕宋海槽、吕宋斜坡、吕宋岛架、吕宋东岛坡、花东海盆、加瓜海脊和西菲律宾海盆，可见地形平坦的深海平原，地形坡度较大的岛坡斜坡，低陷的海沟和海槽，突起的加瓜海脊、海山和海丘等。

剖面$D-D'$起始点位于琉球阶地（124° 27′ E、24° 30′ N），终止点位于西菲律宾海盆（124° 22′ E、20° N），自北向南跨越琉球斜坡、琉球海沟等主要的地貌单元，可见地形平坦的深海平原，地形坡度较大的岛坡斜坡，低陷的琉球海沟和深海洼地，突起的海脊、海山和海丘。

第/三/章

南海及邻域地貌

第一节　海底地貌分类原则与分类系统

一、地貌分类原则

地貌即地球表面各种形态的总称。研究地貌包括研究地球表面形态特征及其形成动力，地球表面形态的发生、发展变化及其空间分布规律、堆积地貌的沉积过程等。地貌类型是根据成因形态的差异对地貌特征进行划分的结果，一般把成因、形态和发育过程基本一致的地貌单元归为同一类地貌类型。要研究地貌和制作地貌图件，首要工作是要对地貌进行分类，即将地貌单元按照其内在特征的一致性进行归类。地貌分类必须依据一定的原则，或运用一定的指标、使用一套方法进行系统的划分。主要的分类原则包括地貌形态成因原则、主导因素原则、分类系统的逻辑性原则、分类系统的完备性原则和分量指标定量化原则。目前，国内外大多数地貌学者开展地貌分类工作依照的基本原则为地貌形态成因原则，这也是进行数字地貌图研究所采用的基本原则（裘闪文和李风华，1982）。

海底地貌是海底自然地球环境要素的重要组成部分，当前海底地貌研究主要是通过多波束全覆盖勘测，获得高精度的水深调查资料，结合区域地质、地球物理等相关调查资料和文献，进行综合分析研究。我国海域辽阔，四大海区地貌变化复杂，类型较为齐全，但区域地貌调查和研究工作较为薄弱，尤其是海底地貌分类与制图尚未统一。海底地貌分类大致有三种观点：一是以外营力作用为基础的分类，这种分类原则较统一，逻辑严谨，分级分类层次清晰，其大比例尺编图在地貌学界具有广泛的基础，对海洋工程、海岸带及近海的开发和利用具有重要的使用价值；二是以内营力为基础的分类，按控制地貌的区域地质构造等因素及基本形态特征进行地貌分类，也具有原则统一、层次清晰的特点，能清晰地反映构造对地貌的控制作用，适用小比例尺的地貌分类与制图；三是以板块构造为基础的分类，板块构造学的问世，为地貌的成因机制和分布规律提出了崭新的诠释。多波束测深系统的应用，为海底地形地貌调查和研究提供了新的技术手段，使高精度的海底地形地貌数据量迅速增加，为实现海底地形地貌数据的管理、海底各种地形参数的确定、海底地貌类型的划分和图件的编制，以及重要地形参数快速检索等提供了良好的基础条件。

以中国南海及邻域为一个地貌研究区，区内的海山、海丘、平原等构成了基本的地貌单元，它们由其特定的形态特征和物质组成，构成各个地貌形体。对其按构造特征、成因等构成不同的地貌单元，将之空间排列组合为区域地貌结构。

因地貌形态反映成因和成因控制形态的内在联系，它们相互影响，依照“形态与成因相结合，内营力与外营力相相合，分类和分级相结合”的原则，按地貌主导因素，采取分析组合方法，依照分布规律，先宏观后微观，先群体后个体将本区地貌单元分为四个等级（杨子庚，2004；刘忠臣等，2005）：一级地貌根据大地构造性质、地壳厚度和地貌的形态特征，将研究区地貌划分为大陆地貌和海底地貌；二级地貌是在一级地貌基础上，进一步按形态特征、地质构造和外营力因素等划分的大型地貌，二级地貌分为海岸带地貌、陆（岛）架地貌、陆（岛）坡地貌及深海盆地地貌；三级地貌是在一、二级地貌的基础上，按地貌形态特征、坡度变化、排列组合特征等划分的中型地貌，如岛坡斜坡等；四级地貌则在三级地貌基础上按形态特征进一步细分出来的独立小型地貌实体，如小型海山、小型海丘等。

二、地貌分类系统

根据上述地貌分类原则，将研究区地貌单元划分为四个等级。一级地貌划分为大陆地貌和海底地貌两个地貌单元。二级地貌单元分为海岸带、陆（岛）架、陆（岛）坡、深海盆地地貌。进一步将二级地貌划分为三级地貌，其中海岸带的三级地貌为水下岸坡、海湾堆积平原、水下三角洲和潮流三角洲四类；陆（岛）架的三级地貌为陆（岛）架侵蚀–堆积平原、陆架堆积平原、陆架侵蚀平原、大型水下浅滩、侵蚀台地、陆架阶地、陆架洼地、陆架浅谷和陆（岛）架外缘斜坡等14类；陆（岛）坡的三级地貌分为陆（岛）坡斜坡、陆（岛）坡海脊、岛坡海槛、大型峡谷群、陆（岛）坡阶地和陆（岛）坡盆地等17类；深海盆地的三级地貌分为深海海沟、深海海脊、深海海山群、深海海丘群、深海大型盆地、深海大型峡谷群和深海平原等11类。根据研究区内的微地貌形态，再细分四级地貌单元，如大型海山、大型海丘、小型海山、小型海丘等。此外，本书把面积大于100 km²的海山和海丘定义为大型海山和大型海丘。南部海域具体的地貌分级分类见表3.1，地貌的分布特征见图3.1。

表3.1　南海及邻域地貌单元的分级分类

<table>
<tr><th colspan="2">二级地貌单元</th><th colspan="2">三级地貌单元</th><th>四级地貌单元</th></tr>
<tr><td rowspan="4">海岸带地貌</td><td rowspan="4"></td><td rowspan="4">堆积型地貌</td><td>水下岸坡</td><td rowspan="4">海底沙波
埋藏古河道
水下浅滩</td></tr>
<tr><td>海湾堆积平原</td></tr>
<tr><td>水下三角洲</td></tr>
<tr><td>潮流三角洲</td></tr>
<tr><td rowspan="14">陆（岛）架地貌</td><td rowspan="14">南海北部陆架
北部湾陆架
南海西部陆架
巽他陆架
南海东南岛架</td><td rowspan="2">堆积型地貌</td><td>陆架堆积平原</td><td rowspan="14">陆架浅滩
潮流沙脊
陆架浅谷
埋藏古河道
海底沙波</td></tr>
<tr><td>大型水下浅滩</td></tr>
<tr><td rowspan="3">侵蚀－堆积型地貌</td><td>陆（岛）架侵蚀－堆积平原</td></tr>
<tr><td>岛架斜坡</td></tr>
<tr><td>陆（岛）架外缘斜坡</td></tr>
<tr><td rowspan="5">侵蚀型地貌</td><td>陆架侵蚀平原</td></tr>
<tr><td>侵蚀台地</td></tr>
<tr><td>陆架大型潮流冲刷槽</td></tr>
<tr><td>陆架潮流沙脊群</td></tr>
<tr><td>陆架槽谷群</td></tr>
<tr><td rowspan="4">构造－堆积型地貌</td><td>陆架阶地</td></tr>
<tr><td>古三角洲</td></tr>
<tr><td>陆架洼地</td></tr>
<tr><td>陆架浅谷</td></tr>
</table>

续表

二级地貌单元		三级地貌单元		四级地貌单元
陆（岛）坡地貌	南海北部陆坡 南海西部陆坡 南沙陆坡 南海东部岛坡 台湾东部岛坡	构造型地貌	大型峡谷群	陡崖、麻坑 山脊线、线状海脊、小海脊 小型海山、小型海丘 小型海谷、小型海槽 小型斜坡、海底峡谷 暗沙、暗滩 环礁 潟湖
			陆（岛）坡海槽槽底平原	
			陆（岛）坡盆地	
			陆（岛）坡海脊	
			陆坡海山群	
			大型海山（丘）	
			陆坡海岭	
			陆坡海隆	
			陆坡高地	
			大型麻坑群	
			大型海谷	
			岛坡海槛	
			陆坡山谷	
		构造－堆积型地貌	陆（岛）坡斜坡	
			陆坡陡坡	
			陆（岛）坡阶地	
			陆坡海台	
深海盆地地貌	南海海盆 西菲律宾海盆	构造型地貌	深海海山群	小型海山、小型海丘 小型海谷、线性海脊 深海洼地、海底峡谷 火山口 环礁 潟湖
			深海海丘群	
			深海洼地	
			深海海沟	
			深海大型峡谷群	
			深海海脊	
			深海海山链	
			大型海山	
			大型海丘	
			深海大型盆地	
		堆积型地貌	深海平原	
			深海扇	

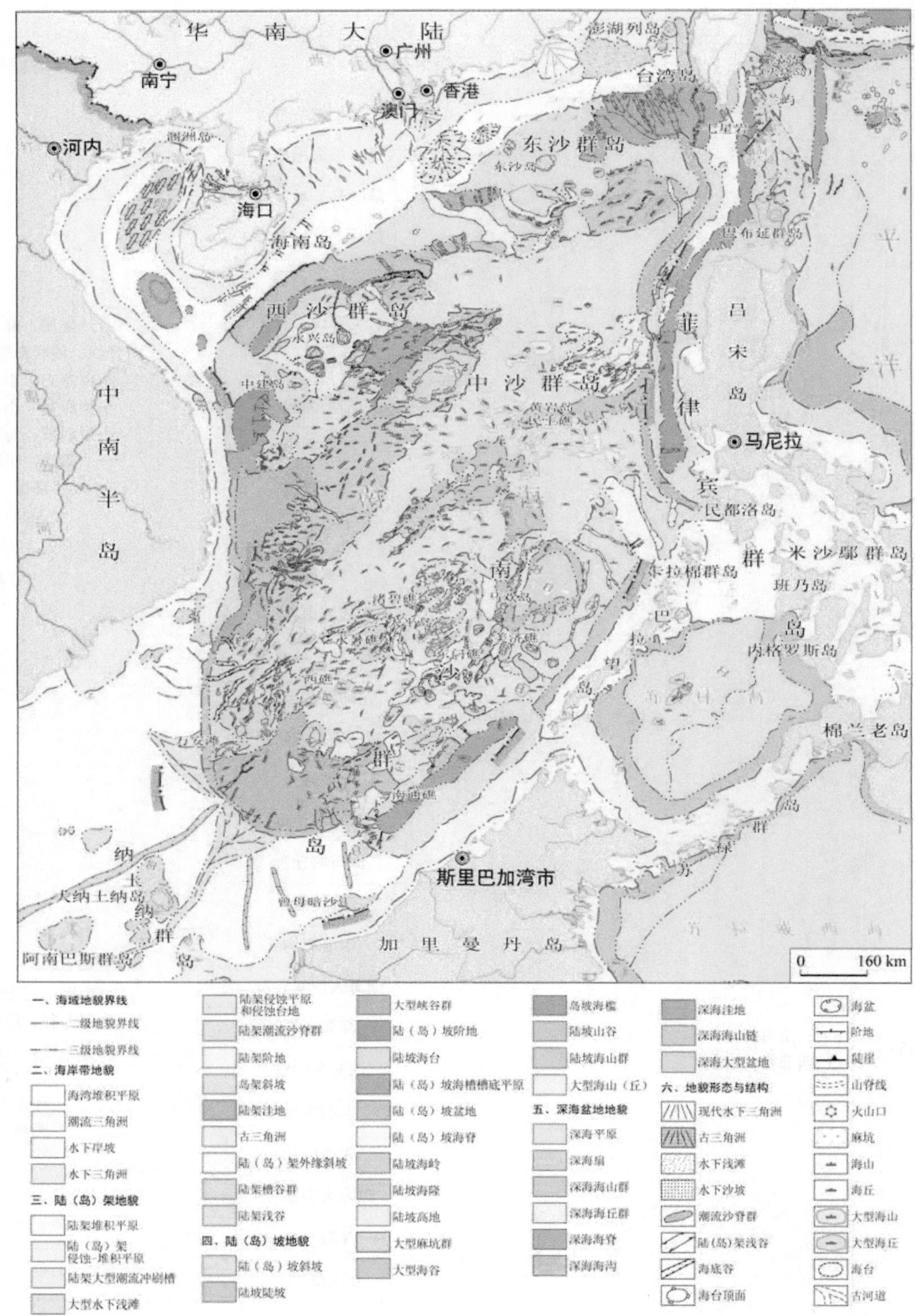

图3.1　南海及邻域地貌图

第二节 南 海 地 貌

南海处于欧亚板块、太平洋板块和印度–澳大利亚板块之间，是东亚陆缘最大的边缘海之一，因处于特提斯洋和环太平洋两个大型汇聚带的交汇处，周边发育了被动、主动和转换型三个主要的大陆边缘类型，总面积约350万km^2，其地质构造复杂，火山、地震频发，在长期的内营力和外营力作用下，形成了复杂多变的海底地貌。

南海海底地形从周边向中央倾斜，依次分布着海岸带、陆（岛）架、陆（岛）坡和深海盆地等地貌单元。海岸带地貌是在各种内外营力作用下发育的各种海蚀和海积地貌类型，其典型地貌单元主要包括水下岸坡、海湾堆积平原、水下三角洲和潮流三角洲等；陆（岛）架则是相邻大陆断裂解体沉陷而成，其三级地貌为陆（岛）架侵蚀–堆积平原、陆架堆积平原、陆架侵蚀平原、大型水下浅滩、侵蚀台地、陆架阶地、陆架洼地、陆架浅谷和陆（岛）架外缘斜坡等；由于地形高差起伏大，陆（岛）坡被看作南海地貌类型最复杂的区域，其次级地貌类型主要有陆（岛）坡斜坡、陆（岛）坡海脊、岛坡海槛、大型峡谷群、陆（岛）坡阶地和陆（岛）坡盆地等；深海盆地地貌中的南海海盆由海底扩张形成，主要呈北东–南西向展布，主要以深海平原地貌为主，发育有深海平原、深海海沟、深海海脊，以及高低悬殊、宏伟壮观的线状海山和链状海山等大洋型地貌。

一、地貌类型及特征

（一）海岸带地貌

海岸带是陆地向海洋过渡并相互作用和影响的空间地带，一般以大风暴潮所影响的最高陆地区域为上限，以波浪影响的最低高程为下限，其自然环境复杂多变，自然资源丰富多样，适宜人类生活，多为人口稠密的经济发达地区（刘忠臣等，2005）。南海周围主要被台湾岛、华南大陆、中南半岛、加里曼丹岛和菲律宾群岛等所环绕，通过对南海周缘海岸带实地调查和搜集资料整理分析，对环南海海岸带地貌类型按地理位置进行分区介绍。

1. 环南海海岸带地貌分区

1）南海北部华南大陆沿岸

南海北部华南大陆沿岸主要包括福建南部沿海至北部湾北部沿海区域，整体地势走向主要分为两个方向：一是福建近岸沿海地势主要呈西北向东南倾斜下降，其海岸线曲折多变、海底地形复杂、岛礁众多；二是南海北部华南近岸沿海地势主要呈自北向南倾斜下降的趋势，其间发育众多小型河流，主要包括韩江、珠江、漠阳江、廉江和钦江等。该区域内海岸带地貌类型较丰富，沿海岸线自东北向西南典型海岸地貌主要包括潮间带的淤泥质潮滩、沙滩、海积–海蚀地貌、水下三角洲、基岩海岸、砂质海岸、泥质海岸和红树林海岸等。

2）中南半岛沿岸

中南半岛是东南亚的一个半岛，陆地以北西–南东向发育的山脉为主，其主体为沿越南与老挝、柬埔寨分别接壤的长山山脉。

越南东岸海岸线大体呈S形，海岸均由石质岬角、海滩和小河口组成，而下龙湾一带灰岩喀斯特地形高度发育，海岸线异常曲折，近岸海域珊瑚礁高度发育，离岸岛屿众多。中南半岛沿岸海岸平原主要位于红河和湄公河下游，发育有红河三角洲和湄公河三角洲，同时，该平原上还发育有小河口、滩脊和沙嘴等次级地貌。

越南沿岸红河三角洲和湄公河三角洲处散布有红树林，但因为海岸资源过度开发，导致红树林覆盖面积日渐减少，目前仅剩25万km^2。

3）加里曼丹岛沿岸

加里曼丹岛西北部和北部面向南海，海岸线曲折多变，沿岸山脉主要为古晋山、卡普阿斯山脉与克罗克山–伊兰山脉，构成了该区向南凸出的弧形山系，克罗克山–伊兰山脉是南海海岸带上的第一高峰。附近山地、丘陵沿岸发育，周边分布有众多的中小河流，河流下游发育有小型平原和红树林沼泽。

加里曼丹岛沿海平原主要为全新世海面上升以来的堆积型地层，全新世海相沉积物可延伸分布至内陆，其沿海平原多为丛林沼泽地，沿岸滩涂分布有红树林。

4）菲律宾群岛沿南海海岸地貌

菲律宾群岛主要由7083个岛屿组成，近岸岛屿多山地、丘陵，大陆架窄而深，海岸基岩高度发育，并伴随有窄小的冲积–海积低地。吕宋岛西北部的山地海岸主要由花岗岩组成，分布有珊瑚岸礁和海滩；吕宋岛西部的山地海岸为基岩港湾海岸，沿岸有岩礁，只在小河口处发育小块平原。马尼拉湾内发育一个较大的三角洲和广阔的潮坪，其南部为火山区，火山区东侧发育一个巨大的“内湖”，为火山喷发堰塞而成。

民都洛岛北岸多是山坡临海的基岩海岸，其西侧是较曲折的基岩港湾海岸，湾头岸礁、海滩和小块沼泽化平原组合，局部岸段发育沙嘴和连岛沙坝，湾岸潮坪有红树林生长。

巴拉望岛为一个呈北东–南西走向的长条形山地、丘陵岛屿，侧翼为下沉的堡礁。海岸为基岩港湾式海岸，湾头堆积白色砂质海滩，岬角区发育岸礁（刘昭蜀等，2002）。

2. 海岸带典型地貌类型

海岸带地区由于物理、化学等风化作用强烈，且伴随着潮汐涨落、波浪侵蚀作用，对滨海地区的地貌格局产生持续的波动塑造，通过采取实地调查、测量及资料收集等手段对环南海海岸带地貌特征进行统一分析整理，南部海域周边典型海岸带及微地貌主要包括基岩海岸、砂质海岸、泥质海岸、红树林海岸、珊瑚礁海岸以及其他典型地貌等。

1）基岩海岸

基岩海岸的特征主要为组成海岸的山地、丘陵直接临海，岸线曲折多弯，曲率较大，岬角（突入海中的尖形半岛）与溺谷湾错综分布，在某些近岸水域形成“大湾套小湾”的形势。福建东部大部分基岩海岸，台湾岛及海南岛周围，珠江口两侧，粤东、粤西和广西沿岸的台地溺谷湾区均发育海蚀平台。

珠江口近岸广泛分布有多个起伏基岩区，如桂山岛附近、大鹏半岛西侧（图3.2）、大亚湾中央列岛等地区，局部分布有沙质海岸。香港、九龙一带岛屿众多，水道纵横，溺谷潮汐水道水流湍急（最大可达4～5节），底质多为粗砂或基岩，形成互相连通的深水槽。

图3.2　深圳大鹏新区西冲基岩海岸和七娘山山坡陡然入海

2）砂质海岸

砂质海岸主要为由砾石（粒径大于2 mm）或砂（粒径0.2～2 mm）组成的海岸，该类型海岸一般离山地较远，沿岸泥沙来源丰富，波浪作用较强，因此沙堤、沙坝、沙丘等普遍发育，使在原有锯齿状海岸骨架上可能镶嵌着各种形式的潟湖。

珠江口大万山岛的浮石湾等部分海岛周围发育砾石海滩，在横琴岛南端的黑角湾等地区发育少量砂砾海滩，而雷州半岛至广西海岸东段由于长期受较强的波浪潮流作用，发育有“大湾套小湾”的鹿角状溺谷海湾。海南岛四周砂质海岸广泛分布，仅在东南部略少。沙滩的出露宽度差异较大，河口附近以及海积平原地区的沙滩出露较宽，而在其他地区出露较窄。文昌东郊的椰林湾内有大量的泥沙输出，并在湾口堆积，海滩宽度超过100 m；而文昌铜鼓岭石头公园西南楼前港附近的沙滩，出露宽度仅为10～20 m，且离岸20～30 m即有大量的礁石出露（图3.3）。

图3.3　文昌东郊椰林湾和楼前港沙滩

3）泥质海岸

泥质海岸又称淤泥质海岸，简称泥岸，是指由小于0.05 mm粒级的粉砂和淤泥组成的海岸，主要分布在泥沙供应丰富而又相对掩蔽的堆积海岸段，如含沙量大的河流下游平原、构造下沉区、岸外有沙洲岛屿掩护的海岸带和有大量淤泥输入的港湾内。

福建东部沿岸普遍潮差大，平均在4 m左右，加之溺谷型半封闭港湾广泛发育，形成良好的屏障，波浪作用力极弱，这些条件都促成潮滩地貌广泛分布于福建沿岸各处，并依据潮滩的物质和动力因素，可分为隐蔽的港湾潮滩和河口型潮滩。

南海北部泥质海岸主要分布在平直的海岸、海湾和河口三角洲地带，以泥质成分为主，含一定砂质成分，珠江三角洲和韩江三角洲等大小三角洲前缘可见连续成片分布。海南岛的泥质海岸较少，仅占全岛的5%左右，主要分布在万宁市的小海、临高县的黄龙港、海口市的东寨港和儋州市的儋州湾与头咀港。

4）红树林海岸

红树林是生长在热带、亚热带泥沙潮间带，以红树科为主的灌木或乔木丛，它具有大量直立于水中的气根，可以减弱波浪强度，阻留潮流携带的淤泥物使之就地沉积，形成一片含大量枯枝残根的淤泥岸。此种海岸以红树林和淤泥质为主，在福建、广东、广西、海南沿岸间断分布，在闽西南旧镇湾、东山湾，粤东大亚湾的澳头湾西侧、红海湾小漠和汕头苏埃湾，广西廉州湾、钦州湾，以及海南岛沿岸等地广泛分布，其中以海南岛沿岸面积最大，约48 km^2，主要分布在海口东寨港、文昌八门湾，以及儋州市的儋州湾和头咀港，主要红树林群落有木榄群落、海莲群落、角果木群落等13类。

5）珊瑚礁海岸

珊瑚礁海岸又称“海洋热带雨林”，一般紧邻海岸发育，高潮时多淹没在海平面以下，低潮时部分出露海面，一般生长在水温20℃以上，具有充足氧气和适宜底质的浅海地区。珊瑚礁是造礁珊瑚所分泌的石灰性物质和遗骸长期聚集而成的石灰质岩礁，类型分为岸礁、堡礁和环礁三种。

南海沿岸地区由于纬度及气候条件适宜，具备珊瑚礁海岸形成的先天性条件，主要分布于南海北部沿岸、海南岛沿海和南海各出露岛周围。南海北部沿岸主要包括福建、广东、广西沿海海岸及小型岛屿和北部湾海域，礁石生长期以全新世以来为主，沉积很薄，一般不超过10 m；海南岛主要分布在西北沿海、东部沿海和南部沿海（图3.4），其中儋州市、昌江县、临高县珊瑚礁海岸展布宽度稳定，一般在1 km左右。东侧的文昌市、琼海市以清澜港为界分为南北两段，北段珊瑚礁海岸发育较为连续，宽度窄（200 m左右）且变化小；南段珊瑚礁海岸断续分布，发育宽度变化大，三亚市附近沿海也有发育岸礁。南海岛区珊瑚礁群主要发育于东沙群岛、西沙群岛、中沙群岛和南沙群岛沿岸，其珊瑚礁生长期主要以古近纪、新近纪以来为主，珊瑚礁沉积较厚，可达千米以上。

图3.4　海南岛八所港口附近的海滩岩（左）和珊瑚礁海岸（右）

6）其他典型地貌

海岸带是陆地河流汇集入海的主要地带，河流由狭窄的河道入海，流速迅速降低，水流携带沉积物能力减弱，加之河口近岸物理化学风化作用强烈，会在海岸及海滩处形成河–海堆积地貌、海湾堆积平原、海积–海蚀地貌等。同时，随着人类社会经济发展，海岸带地区成为主要的活动区，在探索、利用海洋的同时，人类也参与到了海底地貌的演化过程中。码头建设、人工填海、养殖场等人类开发不仅直接改变了海底本来的面貌，而且改变了与之相关的海洋水动力条件，打破了海底的冲淤平衡，从而塑造新的地貌形态。

A.河–海堆积地貌

河–海堆积地貌的主要地貌类型是海滩（图3.5），是在高能条件下，波场物质因波浪作用下形成沿岸纵向和横向输沙过程。目前海滩的定义还不够规范，划分上也不尽相同，一般指海岸线与破浪带之间，主要由波浪作用塑造，而未固结的沉积物组成的海滨（蔡锋等，2008）。主要见于东锣湾、崖州湾和三亚湾的顶部，即基岩岬角之间的开敞式海湾内。

图3.5　海滩照片

B.海湾堆积平原

海湾堆积平原一般为构造成因或海流侵蚀形成。海水淹没山间凹地、河谷或构造洼地，呈三面环陆、一面临海伸入陆地的海底堆积平原。面积自数十平方千米至数万平方千米不等，向外海平缓倾斜（中国海湾志编纂委员会，1999）。湾内通常波能辐散，风浪小，水体相对平静，易于泥沙堆积。有时湾口发育沙嘴和湾口坝。典型海湾堆积平原地貌主要发育在珠江口西侧的广海湾、雷州半岛湛江港附近。海湾水深一般在5～20 m，且长期稳定（图3.5）。

C.海积–海蚀地貌

海积–海蚀地貌主要由倾斜的水下堆积岸坡和起伏的水下堆积岸坡构成。水下侵蚀堆积岸坡是海洋与河流为主导的外营力作用对海底地貌的塑造，为低潮线以下至波浪有限作用域海底的下限地带，相当于1/2波长的水深处，除了港湾口或海峡地区，一般都在30 m以上区域。该区域海底坡度一般较大，沉积物在波浪和潮流等水动力作用下处于活动状态，侵蚀和堆积作用都较为强烈。

水下侵蚀–堆积岸坡地貌属于侵蚀、堆积作用的过渡性岸坡，其中，倾斜的水下堆积岸坡主要分布在近岸10 m等深线和南部30 m等深线以内的区域，与海滩相连，地形过渡比较平缓。近岸海底在波浪作用下易形成近岸海底沙波，如雷州半岛东西海区和台湾浅滩海区。

D.人工地貌

随着经济和科技的发展，人类对海底地形地貌的探测和认识也进一步的提高，在探索、利用海洋的同时，人类也参与到了海底地貌的演化过程中。码头的建设、人工填海、养殖场等人类开发不仅直接改变了海底本来的面貌，而且改变了与之相关的海洋水动力条件，打破了海底的冲淤平衡，从而塑造新的地貌形态。人工地貌主要分布在广东、广西和海南的经济发达地区，如东山湾–柘林湾养殖场、韩江口外码头、靖海港–红海湾养殖场、大亚湾码头、月亮湾风机，以及各处盐田、堤坝等（图3.6）。

图3.6　海南省东方市月亮湾风机人工地貌

（二）陆（岛）架地貌

从大地构造特征分析，陆架是大陆在海面以下自然延伸部分，其始于海岸低潮线，地形向深海方向微微倾斜下降至地形明显转折地带，即坡折线结束。南海北部和南部大陆架呈北东–南西向展布，西部陆架和东南岛架呈南北向的狭窄条带状展布，整体而言，南海陆（岛）架地形较平坦，坡度一般小于0.1°，少部分海底可见小规模地形起伏。

1. 南海北部陆架

南海北部陆架（图3.7）是华南大陆在水下的自然延伸部分，主要由新生代的沉积物组成，属于堆积型地貌。该区内陆架属于大陆型地壳，地壳厚度为30 km，外陆架属于减薄型陆壳，地壳厚度为26 km左右。陆架宽阔而平缓，总体水深等值线变化与华南大陆岸线大致平行，发育大面积大型陆架平原和水下三角洲，空间重力异常呈西低东高，表层沉积物以砂质沉积物为主，南海北部陆架自西侧北部湾向东一直延伸到南海与东海分界线，全长约1400 km、宽约310 km，其地形平坦，平均坡度为0.06°，水深等值线呈北东东向展布，陆架坡折线水深为120～300 m，是世界上最宽阔的陆架之一。南海北部陆架整体上自西北向东南倾斜，坡度为0.035°～0.07°。唯有海南岛东南岛架因受岛屿和断裂活动的影响，陆架宽度显著变窄（约90 km），坡度增大至0.1°以上。南海北部陆架的海底发育有沙波、水下浅滩、水下三角洲、水下岸坡等地貌单元，该地区构造活动发育，水动力作用较强，地貌单元呈间隔发育，以琼州海峡为界，可将南海北部大陆架分为两部分。

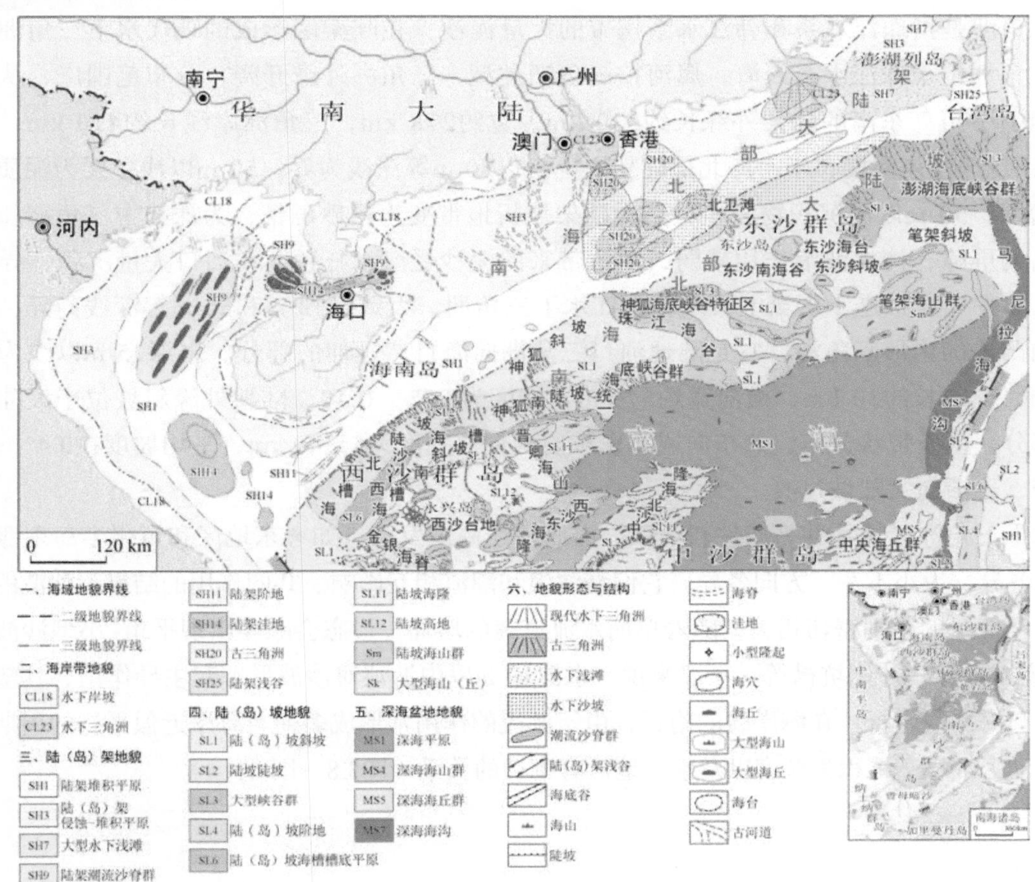

图3.7　南海北部陆架地貌图

1）广东南部沿岸

自琼州海峡、海南岛东岸往东至广东汕尾东部碣石湾陆架宽度变窄。海南岛东南岸外局部陆架宽度可达340 km；至珠江口外部海域，陆架宽度明显减小，达265 km；继续往东在广东汕尾碣石湾外部海域大陆架宽度达到最窄，局部可收窄至144 km。

广东近岸陆架地貌最大的特点为平坦开阔，地形坡度值多介于0.03°～0.05°，发育的次级地貌单元较简单。根据地貌的成因及形态，其典型三级地貌单元包括海湾堆积平原、陆架堆积-侵蚀平原、水下三角洲等。

海湾堆积平原地貌主要发育在珠江口东侧的大亚湾、大鹏湾以及香港一带海岸等海域。海湾水深一般在5～20 m，且长期稳定；海湾堆积平原中还发育有三处埋藏沙脊，其中两处位于大亚湾，一处位于香港龙彭洲南侧。陆架侵蚀-堆积平原主要处于水深30～60 m，呈条带状北东-南西向延伸，北宽南窄，宽度为20～160 km，坡度在0.02°～0.06°。

水下三角洲是指珠江水系和韩江水系携带的大量泥沙，在陆架区形成的现代水下三角洲和古三角洲。珠江三角洲位于珠江水系入海，属河控三角洲类型，三角洲外缘开阔，分布范围广，从红海湾的东南外缘至上下川岛东南的陆架外缘长约330 km、宽约278 km，三角洲岸线长约450 km，面积约为10000 km^2，自珠江东南展布于南海北部陆架之上，以50 m等深线为界，50 m以浅主要为泥质沉积物，并发育沟槽网，50 m以深沉积物较粗，至大陆架坡折地带变为粗砂砾带，为珠江古三角洲。珠江口外发育许多岛屿屏障，湾内波浪作用减弱，河流带来的泥沙受海水托顶，在河口大量沉积，导致三角洲发展很快，每年向海推进十米至上百米。韩江水下三角洲，大致以40 m和50 m等深线为界，成为一个向东南方向凸出的扇形三角洲，它是陆地河口三角洲向海自然延伸的部分。水深25 m以浅为现代韩江水下三角洲，纵向长约30 km、横向宽约57 km，坡度为0.3°～0.4°。陆架外缘斜坡位于大陆架外部地势较陡的部分，呈条带状分布，北东向或北东东向延伸，宽度为5～40 km，平均坡度在0.4°～0.5°，随着深度增加，逐渐向大陆坡过渡。

珠江水下三角洲区域水动力条件较活跃，海底沙波高度发育，如粤东地区和雷州半岛东西海区，各类沙波形态各异、大小不一、方向各异，它们是波浪和潮流相互影响、共同作用的结果。沙波的形态和分布与区域海洋能量的差别密切相关，随着单向水流流速的增加，形态会顺序出现平坦-小型沙波—大型沙波—平坦-逆行沙丘—冲刷坑槽等，一般来说，水深10 m以内波浪对沙波形态起主导作用，其塑造的沙波走向基本上与海岸线平行。在海岸线的附近，由于潮流的作用常形成多列与海岸近似平行的周期性沙波，其发育与水动力环境、沉积物粒度以及水、地形有密切的关系（图3.8～图3.11）。

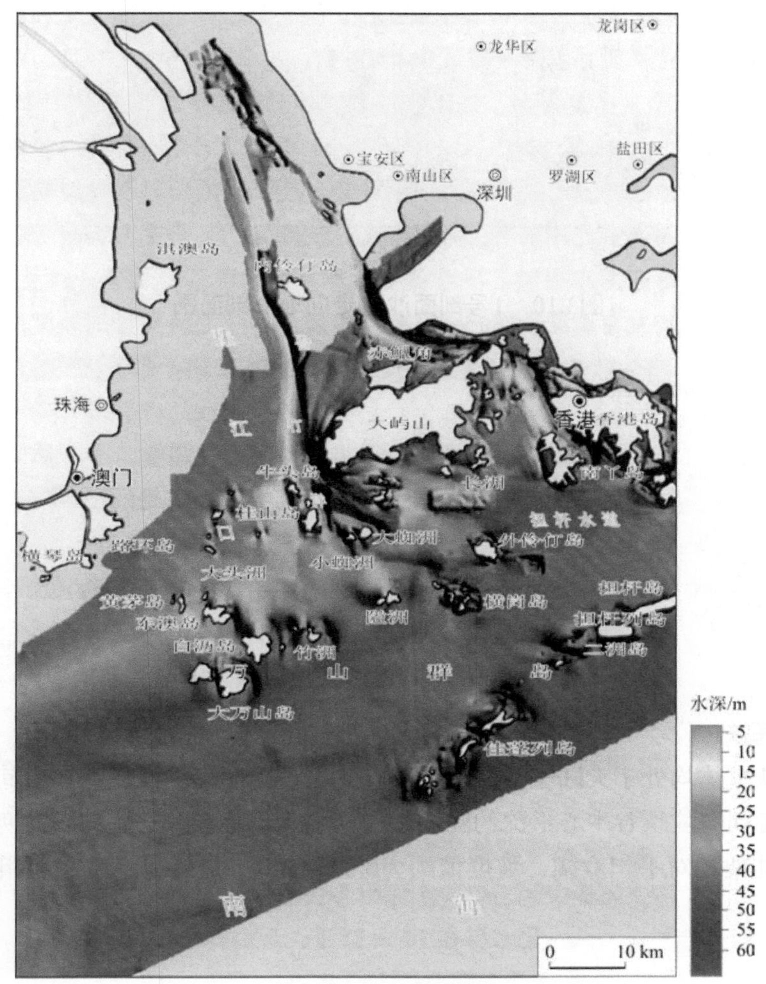

图3.8 珠江口水下三角洲晕渲地形图

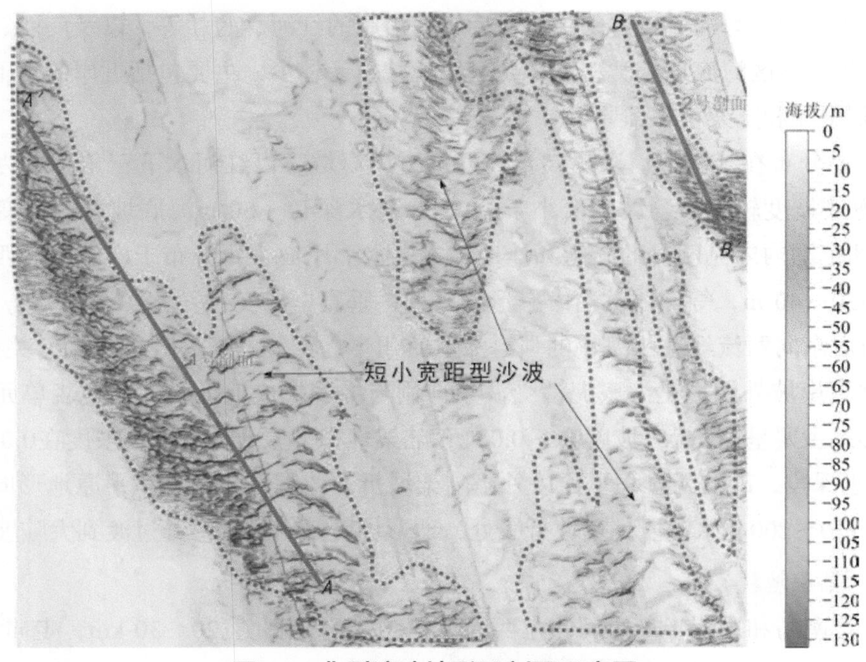

图3.9 典型沙波地形及剖面示意图

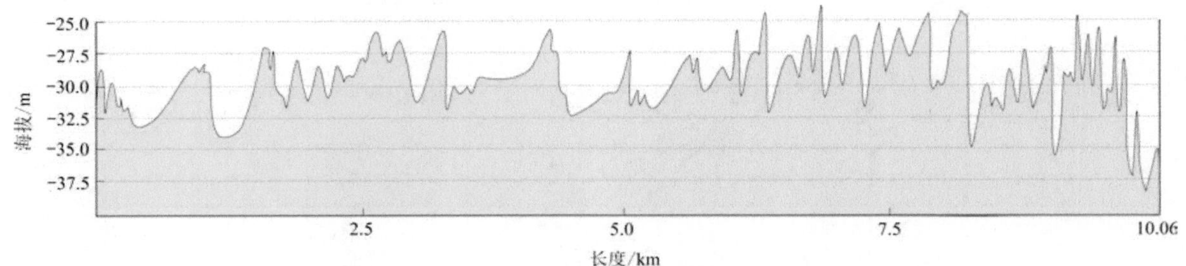

图3.10　1号剖面沙波走向地形剖面图

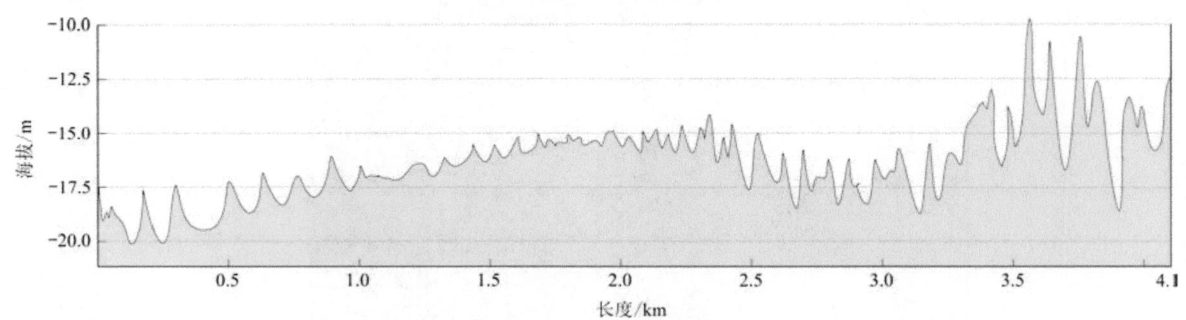

图3.11　2号剖面沙波走向地形剖面图

2）北部湾与琼州海峡

北部湾与琼州海峡整体均处于大陆架上，地形变化均呈现出明显的四周高、中间低的特点，北部湾最深处水深可达70 m，琼州海峡峡谷中心最深约88 m，海峡的中部地段较窄，而东西两侧地段逐渐向东西门口方向变宽。本区域陆架相对平坦宽阔，坡度值约为0.02°，由于内外力地质作用相对较弱，发育的次级地貌单元较简单。

A.北部湾陆架地貌

北部湾海底地貌发育受多种因素影响，河流入海携带陆源物质在控制湾内地貌类型及演化等均起着重要的作用，北部湾周边入海河流较多，主要包括越南沿岸的红河、蓝江等，以及广西、广东沿岸的南流江、钦江、大风江等。该区海底地貌类型简单，三级地貌单元较少，主要包括近岸的水下三角洲、水下岸坡、陆架侵蚀–堆积平原和陆架堆积平原等。

水下三角洲主要分布在红河河口至雷州半岛西侧近岸海域，以红河水下三角洲最为典型，其中水深10～40 m范围内海底坡度较平缓，坡度值小于0.01°，至水深40～60 m海底坡度明显变陡，坡度值约为0.04°，水下三角洲范围内未见明显的隆起和洼地；本区水下岸坡主要分布于广东、广西和海南北侧沿岸海域，最大水深为30～40 m，等深线顺沿海岸形状排列，垂直岸线发育，宽10～60 km，且由西向东宽度逐渐增加，可能与由东向西流经琼州海峡的强海流对雷州半岛西侧的海底侵蚀作用有关；本区陆架侵蚀–堆积平原发育于水下岸坡外围，是海底泥沙受波浪冲刷与堆积形成地形微陡的地貌单元，水深主要处于30～60 m，分布形态主要呈倒C状，坡度0°～0.02°；陆架堆积平原地形平坦，坡度在0.05°～0.09°，主要发育于40～200 m水深段，即陆架堆积平原以外至陆架坡折线范围，陆架堆积平原地形向陆架坡折线方向逐渐倾斜变深，至110～200 m水深段到达坡折线处，地形坡度开始增大，并过渡到大陆坡区。

B.琼州海峡两侧陆架地貌

琼州海峡位于海南岛和雷州半岛之间，东西向长约80 km，南北宽20～30 km，走向大致呈北东东–南西西方向，其陆架地貌发育主要受海峡内部潮流强烈冲刷作用控制。海峡两侧地貌类型主要以海峡中轴线为界呈对称分布，海峡中部为陆架大型潮流冲刷槽，东西两侧呈基本对称，发育两块小型潮流三角洲，部分地区发育海底沙波。

琼州海峡潮流分别受东门口外太平洋潮波系统和西门口外北部湾潮波系统的影响，呈涨潮东流、涨潮西流、落潮东流和落潮西流等四种运动形式。海峡的深度与底床形态有复杂的变化，基本上是一个潮流通道，其大体上组成一个陆架大型潮流冲刷槽和东西两端的两个潮流三角洲，冲刷槽遭受潮流强烈冲刷，槽内地形起伏不定，断断续续的分布着椭圆形的隆起。海底沙波主要分布于琼州海峡中部及其东西出口的潮流沉积体系中，典型的大沙波高度为1～3 m，最大高度为5 m，波长在200～400 m，沙波波脊线走向与潮流方向近垂直，大部分为不对称沙波（图3.12）。

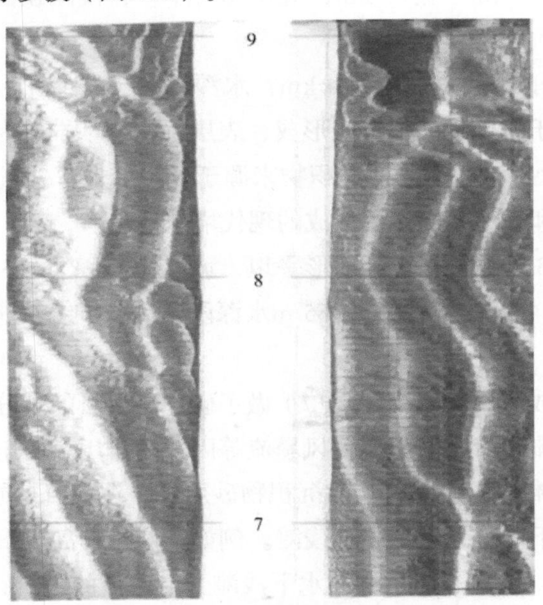

图3.12　琼州海峡中部沙波侧扫声呐影像图

通过遥感等手段解译的琼州海峡陆架地貌具体可分为堆积型（古三角洲平原、堆积平原、堆积台地）、侵蚀–堆积型（侵蚀–堆积平原、侵蚀–堆积台地、潮流沙脊群）和侵蚀型（侵蚀平原、侵蚀洼地、潮流冲刷槽）地貌等，下限水深为130～200 m。利用水深反演成果、海底底质类型分布、多时相遥感影像（密度分割、因子分析等处理后镶嵌在同一底图上）特征、与周围地貌组合关系、地球物理资料等解译出海峡附近浅水微地貌图如图3.13所示。

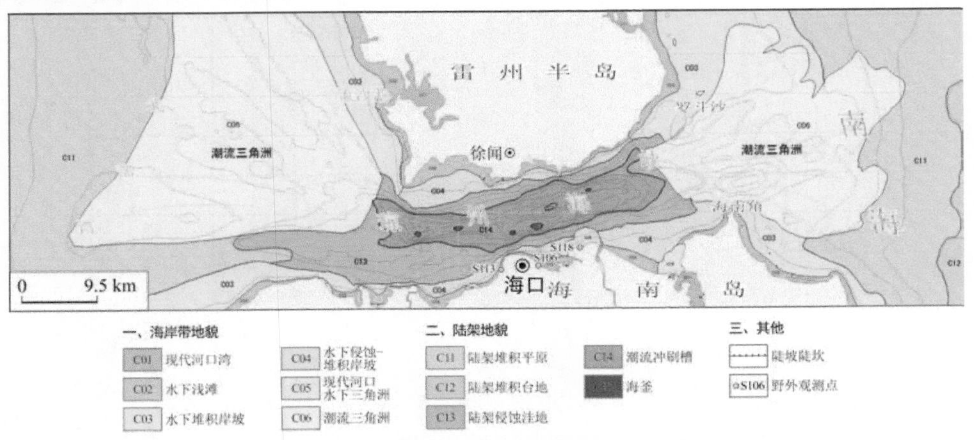

图3.13　琼州海峡浅水微地貌解译图

2.南海西部陆架

南海西部陆架自北部湾南端起至越南湄公河口区域止，西侧依托于中南半岛向南海方向延伸，整体受南海西缘断裂带控制。西部陆架宽度较窄，为40～300 km，陆架坡折线水深为200～350 m。据地貌的成因及形态，其三级地貌单元可分为大型水下浅滩、陆架堆积平原和陆架侵蚀–堆积平原等（图3.14）。

中南半岛中部越南广义省东部约20 km和40 km处分别发育两个大型水下浅滩，暂命名为广东群岛水下浅滩和广东群岛东水下浅滩，广东群岛水下浅滩接近椭圆形，长轴走向为北北西向，长50 km，最宽为24 km，浅滩顶面水深为10～50 m，顶底最大高差为70 m；广东群岛东水下浅滩平面形态亦呈椭圆形，长轴走向为北北西向，长34 km、宽17 km，规模相对小些，浅滩顶面水深为63～176 m，顶底最大高差为130 m。

陆架侵蚀–堆积平原离中南半岛东岸10～40 km，水深为41～365 m，呈条带状南北向延伸，宽度为19～35 km，坡度约0.26°。由于海底受波浪影响形成，表层沉积物基本上为细砂，但在浅滩地带，表面一般为砂砾沉积，这表明陆架侵蚀–堆积平原的沉积物来源于近岸陆地，并且受到波浪底流的强烈冲刷。水下岸坡和大型水下浅滩是波浪和底流共同作用形成的现代堆积地貌。

陆架堆积平原发育于85～365 m水深段，地形平坦，坡度为0.26°～0.35°，规模很小，陆架堆积平原地形向陆架坡折线方向逐渐倾斜变深，至200～365 m水深段到达坡折线，地形坡度开始增大，并逐步过渡到大陆坡区。

关于南海西部陆架地貌的成因，祝嵩等（2017）做了研究：大量的砂分布在南海中西部陆架区，表明陆架水深浅，受到来自陆地河流和海洋沿岸流、风暴流等因素的作用。由于这里的水动力较强，来自陆源的粗颗粒沉积物大多数在这里堆积，因此粗粒的沉积物砂质砾、泥质–砂质砾、砂、砾质砂等沉积物分布于南海中西部陆架，形成了水下岸坡和大型水下浅滩。例如，广东群岛水下浅滩的北北西向展布，与邻近的中南半岛岸线展布方向一致，指示了广东群岛水下浅滩受沿岸流的影响；其边缘与南海西缘断裂带F13北西向分支断层是一致的，指示了广东群岛水下浅滩受断层控制。由于海流的侵蚀、搬运和堆积作用，使得陆架地貌又可以重新塑造，如陆架上的堆积平原，是近岸地带大量沉积物覆盖了崎岖不平的基底，使海底地形渐趋平稳。陆架侵蚀–堆积平原是海底泥沙受波浪冲刷与堆积，而形成地形相对陡峭的地貌单元。

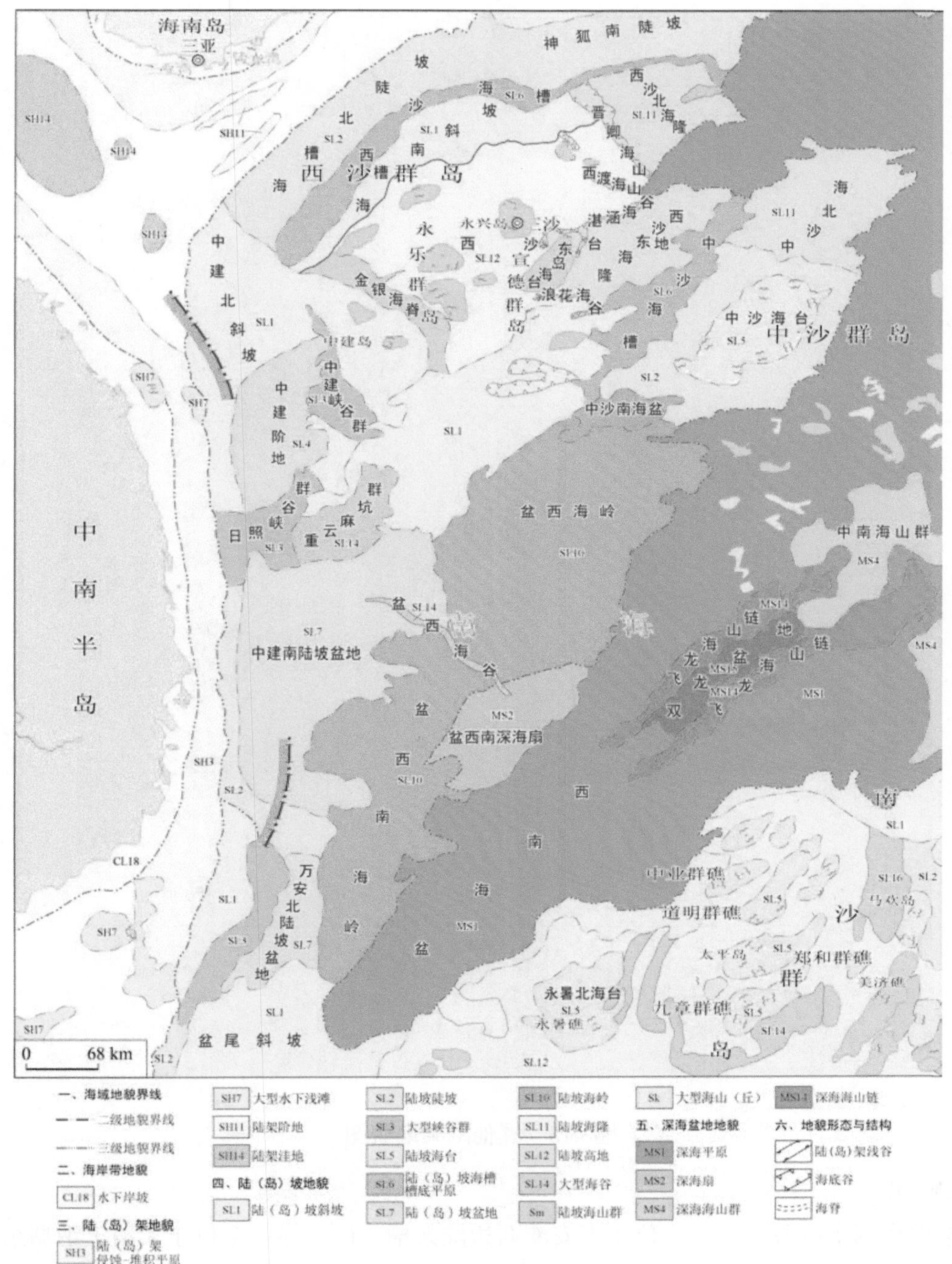

图3.14　南海西部陆架和南海西部陆坡地貌图

3. 巽他陆架

巽他陆架（图3.15）是当今低纬度地区最大的陆架，号称"亚洲大浅滩"，最大的特点为平坦开阔。本书研究区仅包括巽他陆架的一部分，发育的次级地貌单元较简单。根据地貌的成因及形态，其三级地貌单元可分为两类：陆架槽谷区和陆架堆积平原。研究区水深为0～200 m，平均水深为100 m，陆架坡折线水深为170～250 m，除水下岸坡坡度约0.1°以外，其他地方坡度接近0°。

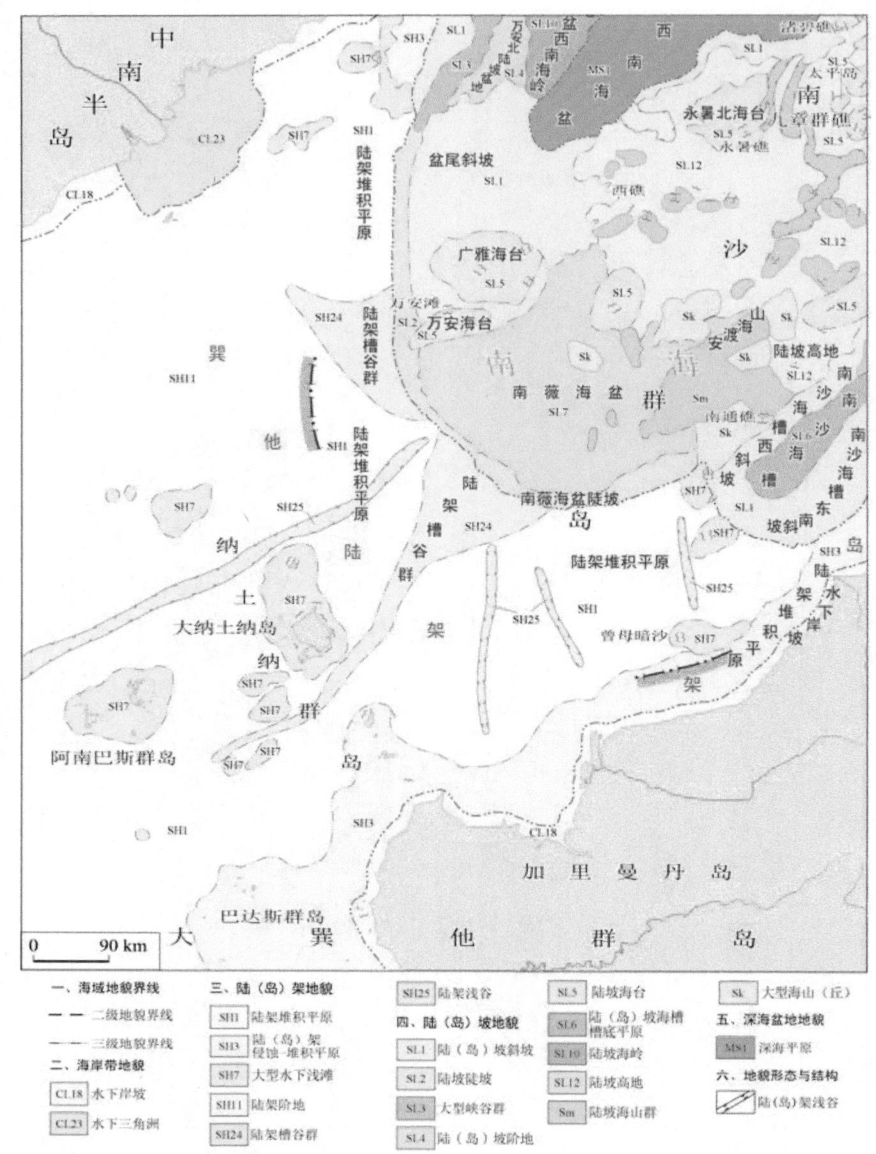

图3.15　巽他陆架地貌图

1）陆架槽谷群

巽他陆架发育两个槽谷群，一个位于万安滩西边陆架槽谷区，另一个位于大纳土纳岛东北陆架槽谷区。万安滩西边陆架槽谷区发育多条槽谷，由大型槽谷和小型槽谷组成树枝状，大型槽谷走向为北西–南东向，小型槽谷走向为南西–北东向和北西–南东向；大纳土纳岛东北陆架槽谷区也是由大型槽谷和小型槽谷组成树枝状，大型和小型槽谷走向均为南西–北东向。

2）陆架堆积平原

巽他陆架堆积平原开阔平坦，水深为50～200 m，海底地形很平坦，平均坡度约0.02°。自陆架坡折线向深海方向缓慢倾斜，至200 m水深段到达坡折线，地形坡度开始增大，过渡到大陆坡，局部地区发育数个小型陆架浅滩，浅滩顶面水深为40～60 m，最大高差可达30 m，由海底水流携带泥沙堆积形成，北康暗沙和南康暗沙等就发育在陆架浅滩上。

3）陆架浅谷

巽他陆架浅谷较为发育，主要呈树枝状展布于海底，走向为北东向、南北向和北北西向，总体上沿着陆架向南沙陆坡倾斜。陆架浅谷宽度为3～5 km，切割深度为20～30 m，可能是更新世时的巽他河系侵蚀切割形成的沟谷，在全新世被大海淹没，逐渐演化为现今的地貌。

4. 加里曼丹岛北部陆架

加里曼丹岛架（图3.16）沿着加里曼丹岛发育，主要包括加里曼丹岛北部的大陆架，水深为0～200 m，大部分区域水深较浅，平均水深为60 m，坡度约0.1°，发育的次级地貌单元较为简单，三级地貌单元主要为陆架堆积平原。

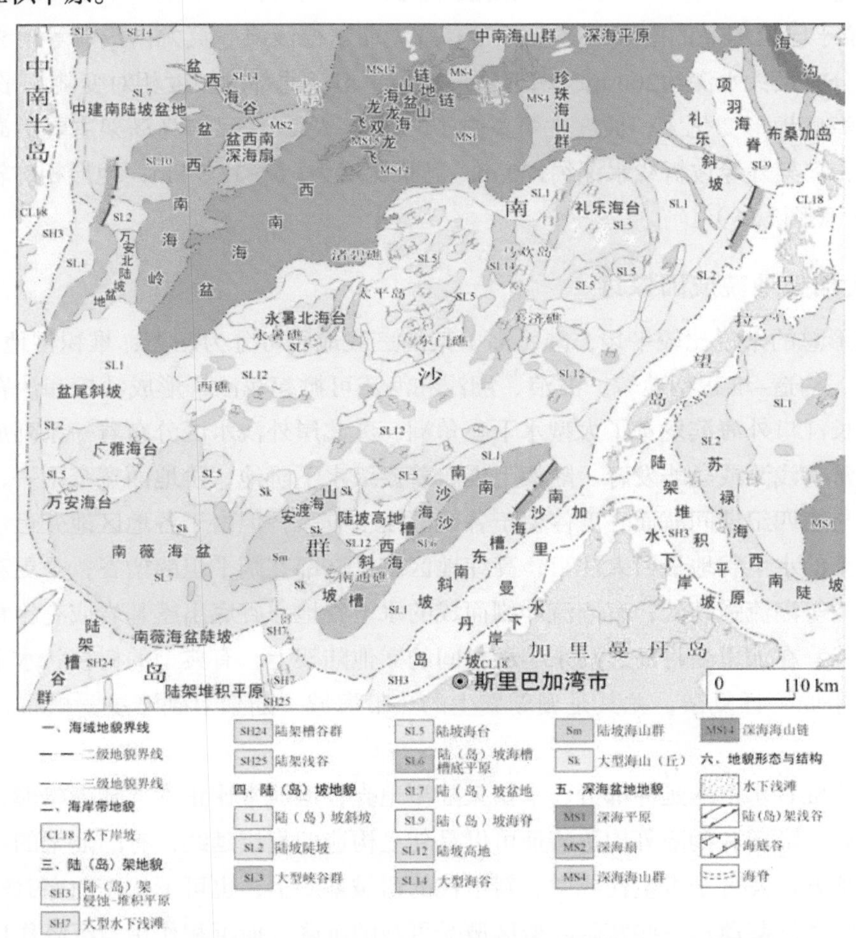

图3.16　加里曼丹岛北部陆架、南海东南岛架和南沙陆坡地貌图

加里曼丹岛架堆积平原开阔平坦，水深为50～200 m，位于加里曼丹岛周缘，海底地形向陆架坡折线方向缓慢倾斜，至200 m水深段到达坡折线，地形坡度开始增大，过渡到大陆坡，局部发育数个小型陆架浅滩。加里曼丹岛西北边的堆积平原往大陆坡方向与南沙海槽相连接，加里曼丹岛东北边的堆积平原往大陆坡方向与苏禄海西南陆坡相连接。发育于加里曼丹岛的河流以及曾母暗沙岛礁带均会为陆架堆积平原提供充足的海洋碎屑物质（包括陆源碎屑及生物碎屑等），这些碎屑物质会充填在古曾母盆地南部，有利于形成平坦的陆架堆积平原，该平原上发育有水下阶地、古河道、古三角洲、海底扇等多种地貌类型。

5. 南海东南岛架

南海东南岛架（图3.16）发育于加里曼丹岛、巴拉望岛西缘浅海。该区域岛屿、浅滩甚多，发育的地貌类型较简单，主要有水下岸坡、陆架侵蚀–堆积平原和大型水下浅滩等。浅滩一般呈椭圆形，规模较小。

6.南海东部岛屿岛架

南海东部岛屿主要指自台湾岛南部经菲律宾吕宋岛和民都洛岛岛群往南延伸至巴拉望岛的区域，该区域海底地貌具有明显的岛缘地貌特征，顺沿岛屿呈南北向长条状分布，表现为窄而陡的特征。其岛架自海岸低潮线向深海方向微微倾斜下降至海底坡折线结束，坡折线水深10～200 m。

巴拉望岛岛架地貌主要由水下岸坡和岛架侵蚀–堆积平原组成，其中水下岸坡环绕巴拉望岛分布，岛架侵蚀–堆积平原位于巴拉望岛的南部，其上分布有威克菲尔德浅滩、莫尤内浅滩等地貌类型。巴拉望岛沿岸海域水下岸坡分布最大水深约200 m，南部地形相当平坦，北部的坡度相对变陡，平均坡度为0.29°。民都洛岛西侧海域海底地形变化大，坡度主要集中于0.17°～7.42°。吕宋岛岛架主要沿岛礁西部呈狭窄的条带状南东向分布，岛架外缘坡折线水深约100 m，岛架宽度为1.6～13.5 km，地形相对较陡，坡度变化主要介于0.63°～1.89°（图3.16）。

（三）南海大陆架地貌成因探讨

南海大陆架地形总的来说比较平坦，陆（岛）架的三级地貌可分为四类：堆积型地貌、侵蚀–堆积型地貌、侵蚀型地貌、构造–堆积型地貌。波浪、潮汐和海流可掀起泥沙，形成沙丘和沙脊。河流将其三角洲推展至陆架上，长江口外海滨发育了大型水下三角洲，苏北岸外浅水区分布着一系列放射状槽沟、沙堤和沙洲。陆架外缘常有浅滩或岛屿发育。陆架上展布着多级水下阶地，阶地面宽窄不一，前后缘为明显的坎坡。阶地的形成与第四纪期间海面一度停留于各级深度上有关，但由于各地区地壳运动的差异，难以作全球性对比。陆架上的水下谷地最引人注目，高纬地区多见底部宽阔平坦的槽谷，是更新世冰蚀作用的产物；海峡附近及岛屿等潮流强劲处，有潮流冲刷而成的水下谷地，谷底出露基岩或有粗粒物质充填；最突出的是沉溺的古河谷，在加里曼丹岛、马来半岛之间的巽他陆架上，有典型的树枝状水下谷地。因此，陆架区的地形像海岸平原一样复杂，尤其是珊瑚繁生的热带海域，陆架上礁滩星罗棋布，冰蚀陆架也极坎坷。

大陆架是相邻大陆在水下的延伸部分，下伏大陆型地壳，但通常比正常的陆壳略薄，尤其是外陆架。陆架区的褶皱、断裂、隆起和拗陷等构造特征可以是陆上构造的直接延续；有的陆架的构造走向则与陆上构造相互平行。陆架既可发育于古生代或中、新生代的褶皱基底上，也可下伏于前寒武纪的稳定地块中。狭窄的陆架一般沉积盖层甚薄；一些宽阔陆架区遭受可观的沉降，而沉积作用与沉降作用同时进行，可形成沉积物巨厚的陆架盆地。中国大陆架有一系列大型沉积盆地，其间为沉积盖层较薄的隆起带隔开，盆地内中、新生代沉积层厚达数千米，乃至上万米。一些陆架未遭受显著的沉降，泥沙物质常越出陆架导致陆缘向外推展，陆架逐渐展宽。由于海蚀作用移走的物质通常远少于河流携带的物质，故多数陆架处于向上堆积或向外推展的过程中。

陆架的形成地形和地质构造特征表明，大陆架是大陆的自然延伸。除上述沉溺河谷、阶地和残留沉积外，许多陆架还采集到潮间带和淡水的泥炭、牡蛎、文蛤、陆上哺乳动物的牙齿和骨骼，足见陆架在不久前尚属海岸平原，15000年冰后期海面上升才沉溺于水下，形成今日所见的浅海陆架环境。

但有的陆架的形成与构造断陷或挠曲有关，原先的海岸平原陷落入海变成大陆架，陆架外侧地块的下挠可形成明显的陆架坡折。另一些陆架的形成则可能与堆积作用有关，尤其当陆架外缘有基底脊、珊瑚礁、盐丘底辟和火山脊等构成边缘堤坝时，沉积物被拦截于陆架内，有利于填积成平坦的陆架。

塑造陆架地形的因素众多，除海面升降、构造运动和沉积作用外，还受到波浪潮流运动、河流和冰川等侵蚀作用，生物活动和骨骼堆积，以及水量变化和沉积负载引起的均衡调整作用等影响，在不同时期和不同地区有不同的主导因素。在低海面时，河流、冰川等营力施加重要影响；随着海面上升，浪潮流活动常起主导作用。鉴于陆架坡折的平均水深（130 m）十分接近于冰川极盛期的低海面，可以推断大部分陆架表面和陆架坡折，主要是第四纪海面频繁升降过程中侵蚀堆积作用的产物。在大部分地质时期，由于缺乏频繁的冰川型海面升降，因而陆架和陆架坡折的发育可能不像现代这么典型。

（四）陆（岛）坡地貌

陆坡是地形平缓的大陆架和深海盆地之间的过渡地带，即处于陆架坡折线和陆坡坡脚线之间，又称大陆斜坡，简称陆坡。1900年，魏格纳（H. Wagner）针对陆架坡折与深海大洋底之间的整个地区而提出。陆坡是大陆边缘的中央部分，一般位于陆壳和洋壳的过渡带上，世界范围内陆坡的面积占海洋总面积的6%，其沉积物堆积量占海洋沉积物总量的40%（Kennett，1982）在地貌上陆坡开始于陆架坡折处，指从大陆架外援向深海倾斜的较陡坡面。上界在陆架坡折，下界往往是渐变的，位于1400～3200 m水深范围内，局部位于更大的水深之中。陆坡坡面由基岩或很厚的沉积岩层构成，包括地层单斜构造面、断层面、基岩侵蚀面、生物礁面及三角洲前积层等几种类型。陆坡地貌主要受构造作用、火山活动及水下重力作用控制，形成各种堆积型、侵蚀型和构造–火山型地貌。

岛坡是岛弧中地形陡峭的海域，分布在岛弧两侧岛架与深海盆地或巨型海槽、巨型海沟之间，即岛架外缘地形由缓变陡的坡折线和岛坡下部地形由陡变慢的坡脚线之间的地带。岛坡亦属于过渡型地壳，地形起伏变化大，是岛弧中地形变化最复杂的海域，宽带比大陆坡窄，但其平均坡度比大陆坡大，约为大陆坡平均坡度的两倍左右。地貌类型以构造型地貌为主，此外还发育堆积型、侵蚀型等外力地貌。

南海陆（岛）坡水深变化在150～3800 m，水深变化大，地形复杂多变，发育多个二级和三级地貌单元，是南海海底水深变化最大、地貌反差最大的一个斜坡。南海陆（岛）坡二级地貌单元按所处的地理位置可分为南海北部陆坡、南海西部陆坡、南沙陆坡和南海东部岛坡，其中南沙陆坡、南海西部陆坡、南海北部陆坡都很宽广，这是南海陆坡地貌最显著的特征之一；南海陆坡物源以南海周围陆源碎屑沉积为主，由于多重因素的影响，南海陆坡不同位置的底质差别较大，南海北部陆坡以粉砂和砂质粉砂为主，南海西部陆坡和南沙陆坡以泥质为主，还有少量砂砾和生物碎屑。陆坡三级地貌单元分为陆（岛）坡斜坡、陆坡陡坡、陆（岛）坡阶地、陆坡海台、大型峡谷群、陆（岛）坡海槽槽底平原、陆（岛）坡盆地、陆（岛）坡海脊、陆坡海山群、陆坡海岭、陆坡海隆、陆坡高地、大型麻坑群、大型海谷、岛坡海槛、陆坡山谷、大型海山（丘）（含线状海山、大型海丘）共17类，见表3.1。

1. 南海北部陆坡

南海北部陆坡（图3.17）东起台湾岛的东南端，西至西沙海槽，是南海北部陆架与南海海盆之间的过渡地带，西接南海西部陆坡，东接南海东部岛坡。陆架外缘坡折线水深为150～250 m，坡脚线水深为2800～3800 m，形成巨大高差，最大高差达3650 m。南海北部陆坡上部和中部陆源物质丰富，以堆积型陆坡斜坡为主体，局部因受断裂构造控制，发育有断褶型陆坡斜坡。而堆积陆坡斜坡，因受不同厚度的新生代沉积层所覆盖，坡度较为平缓，形态也较为单一，其坡度大部分在2°～5°；断褶型陆坡斜坡，主要分布在台湾浅滩之南和东沙群岛以东海域，是区内坡度陡峭，地形变化最复杂的区域，伴有滑坡、崩塌和活动断层。

图3.17　南海北部陆坡地貌图

南海北部陆坡形成于过渡壳陆缘地堑带的基础上，沉积物主要为陆源碎屑沉积，底质以粉砂和砂质粉砂为主，陆坡东部空间重力异常变化平缓，以低幅值正异常为主，负异常仅分布在盆地、凹陷等地势较低区域，陆坡西部空间重力异常整体变化平缓，异常幅值南负北正，区内负异常的最小值区位于西沙海槽。陆坡地形自西北向东南下降，陆坡宽度由西向东渐变宽，范围为60～330 km，地貌形态渐趋复杂，发育陆坡斜坡、陆坡陡坡、陆坡高地、陆坡海台、陆坡海山群、陆坡海槽、海底峡谷等地貌，其中海底峡谷最为发育，自西向东分布着六个规模较大的峡谷群，其中有五个起源于陆架坡折线。

1）陆坡斜坡

陆坡斜坡是由构造内营力和堆积外营力共同作用形成的地貌单元，地形较为平缓，一般往单一方向倾斜。南海北部陆坡的陆坡斜坡自西向东分为三处，分别为西沙海槽东北部的一统斜坡、东沙群岛南部的尖峰斜坡和东沙群岛东部的东沙斜坡。

A.一统斜坡

一统斜坡（图3.18）位于西沙海槽东北部的170～3700 m水深段，是南海北部陆坡一部分，其西北与陆架坡折线相接于170～260 m，南部自西向东分别是西沙海槽、一统海底峡谷群和深海平原，东临珠江海谷。此斜坡平面形态不规则，面积约33780 km²，整体地形自西北向东南倾斜下降。一统斜坡南部为一统海底峡谷群和深海平原，与一统海底峡谷群相接于1400～1700 m水深，在3700 m水深融入深海平原，东部与珠江海谷相接于450～3700 m水深段。斜坡最大高差3320 m，平均坡度为1.0°，整体地形平缓。斜坡呈上缓下陡的地形特征，上坡段水深为350～1600 m，地形平缓，地形坡度为0.5°～1.0°；斜坡下坡段水深为1700～3700 m，高差为800～2000 m，地形坡度为1.3°～2.4°，地形坡度增大（图3.19）。斜坡下坡段发育一海丘，在斜坡850 m水深段发育一统暗沙和数个海底峡谷。

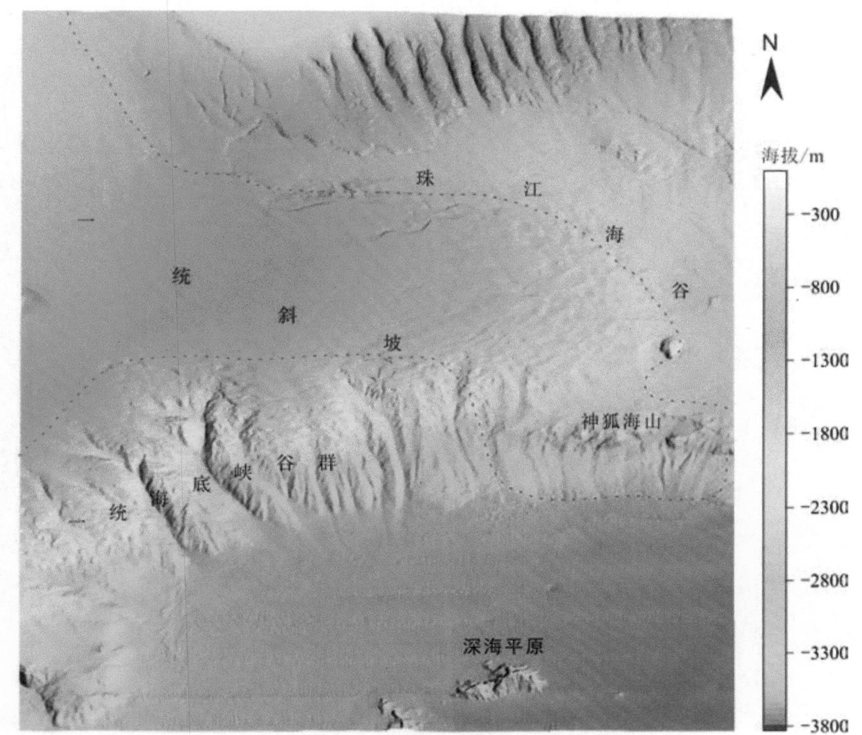

图3.18　一统斜坡晕渲地形图

图中红色虚线为地貌界线，下同

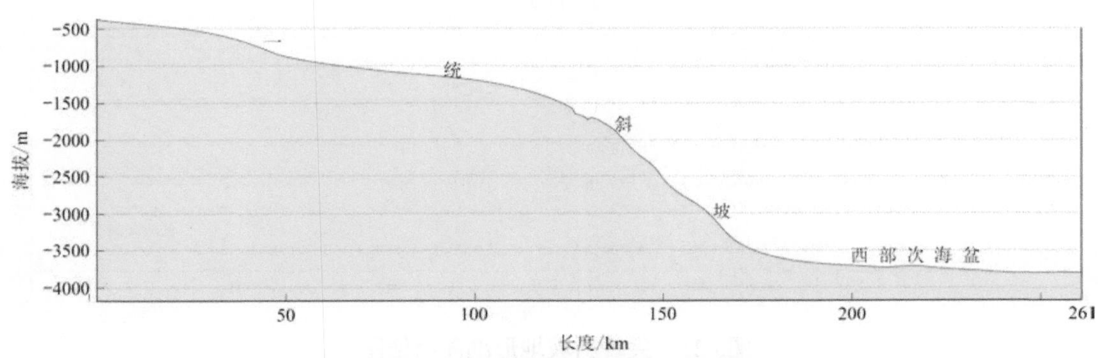

图3.19　一统斜坡地形剖面特征图

B.尖峰斜坡

尖峰斜坡（图3.20）位于东沙群岛南部853～3859 m水深段，属于南海北部陆坡一部分。斜坡西邻珠江海谷和神狐海底峡谷特征区，东靠笔架海山群和东沙斜坡，北接东沙台地，南部临深海平原。斜坡平面形态呈不规则多边形，东北向长达305 km，西北向最大宽达204 km，总面积约3.55万km²。整体地形自西北向东南倾斜下降，坡度也逐渐加大，从0.5°变化到1.8°，最终过渡到南海海盆（图3.21）。斜坡最大高差为3000 m，坡度为0.9°～2.2°，整体地形平缓。斜坡地形复杂多变，发育有尖峰海山（暂定）等七个规模不一的海山、海丘，海山和海丘共同组成尖峰海山群（暂定）。新发现的规模较大的东沙南海谷（暂定）发育在斜坡中部。

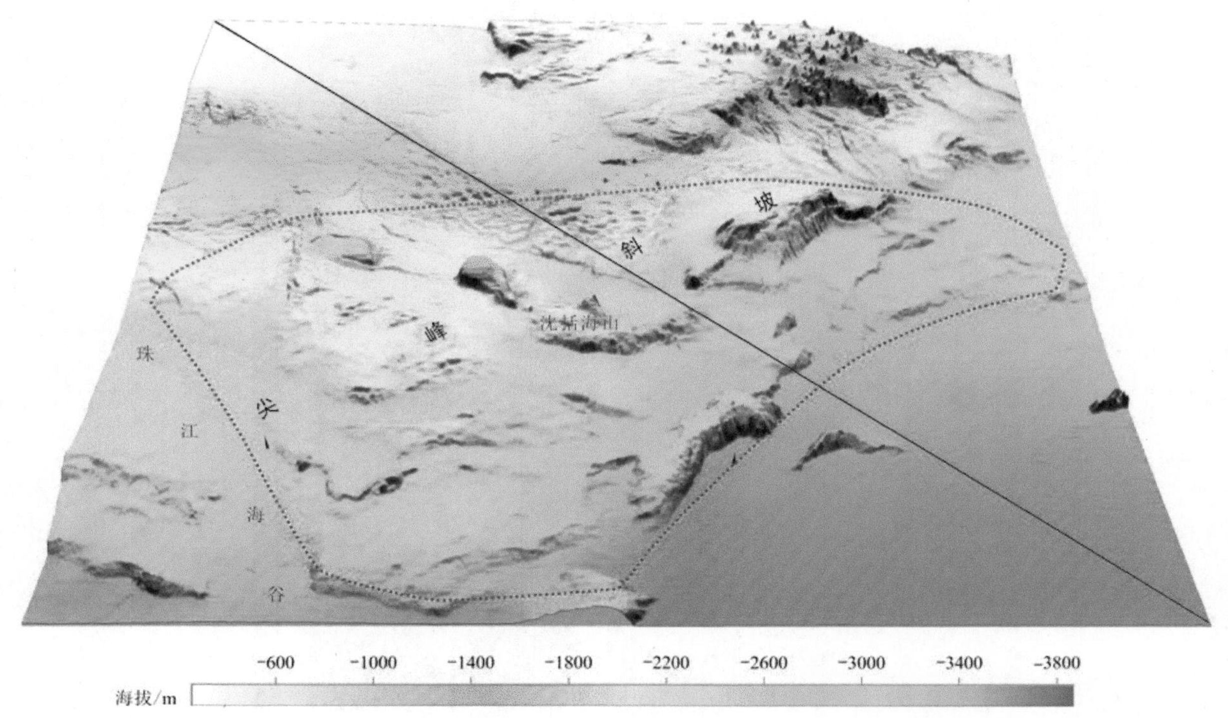

图3.20　尖峰斜坡晕渲地形图

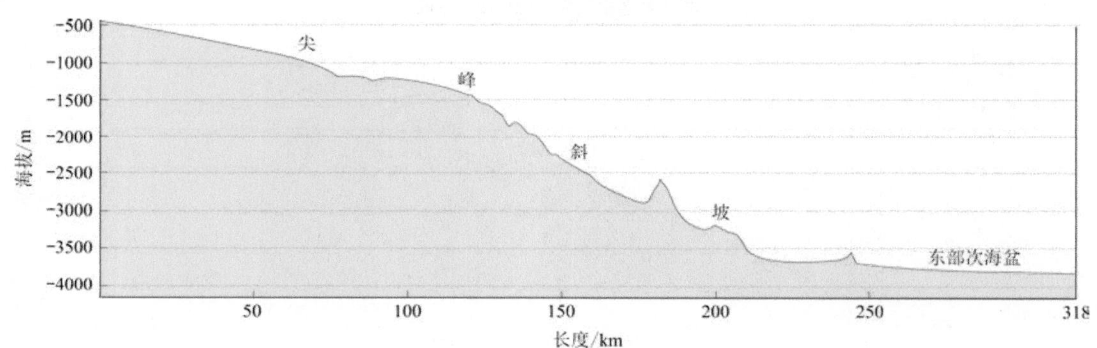

图3.21　尖峰斜坡地形剖面特征图

尖峰斜坡地壳性质为陆壳。在早新生代华南陆缘扩张的背景下，产生一系列平行于东北-西南方向的张性断裂，使得尖峰斜坡从西北向东南方向形成阶梯状断陷。

C.东沙斜坡

东沙斜坡（图3.22）位于马尼拉海沟以西，尖峰斜坡和东沙台地以东，澎湖海底峡谷群和笔架海底峡谷群以南，笔架海山群以北。斜坡平面形态似沿东南走向的长条形，东南方向长约253 km、东北方向宽约143 km，总面积约3.08万km²。斜坡从西北往东南方向水体加深，过渡到南海海盆，坡度逐渐减小，从1.6°变化到0.2°。斜坡水深为1000～3750 m，最大高差为2750 m（图3.23）。

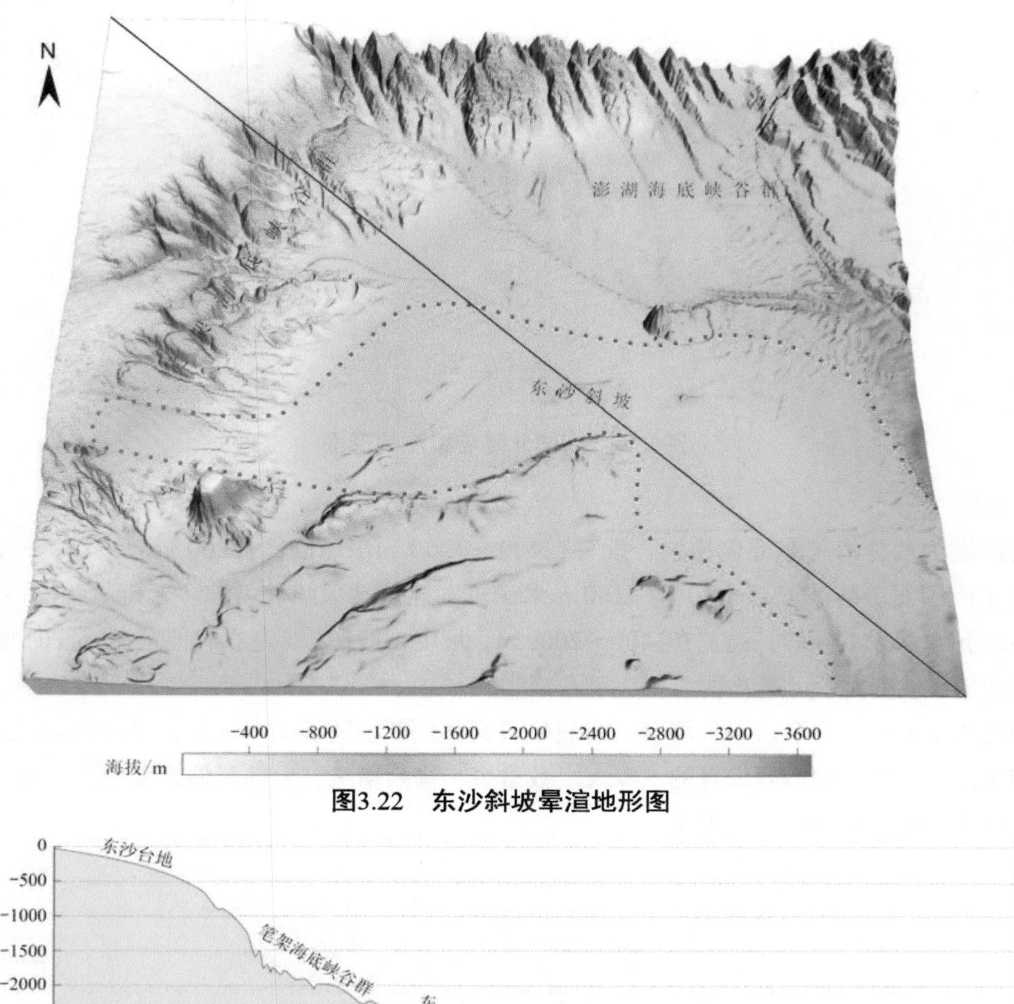

图3.22　东沙斜坡晕渲地形图

图3.23　东沙斜坡地形剖面特征图

2）陆坡陡坡

陆坡陡坡是由构造内营力、侵蚀与堆积的外营力共同作用形成的地貌单元，地形较为陡峭，一般往单一方向倾斜。南海北部陆坡的陆坡陡坡位于西沙海槽的北侧，分别命名为海槽北陡坡（暂定）和神狐南陡坡（暂定）。

A.海槽北陡坡

海槽北陡坡为西沙海槽北侧槽坡，发育在300～2400 m水深段，长达300 km、宽39～68 km，面积约14000 km²，陡坡连接琼东南陆架，自西北向东南侧的西沙海槽槽底倾斜下降，高差为1000～2000 m，坡度为1.2°～2.7°，在陡坡上部即陆架坡折处坡度可达8°，形成陡崖地貌。

陡坡300～1500 m水深段上发育有数量庞大的小型海底峡谷和海脊，海底峡谷大都发源于陆架坡折处，西北–东南走向，密集分布，长7～70 km、宽2～5 km，与峡谷之间的小海脊相间排列。峡谷和海脊大都没有延伸到海槽中。峡谷和海脊的坡壁地形陡峭，坡度在9°～21°。海槽北陡坡三维地形见图3.24。

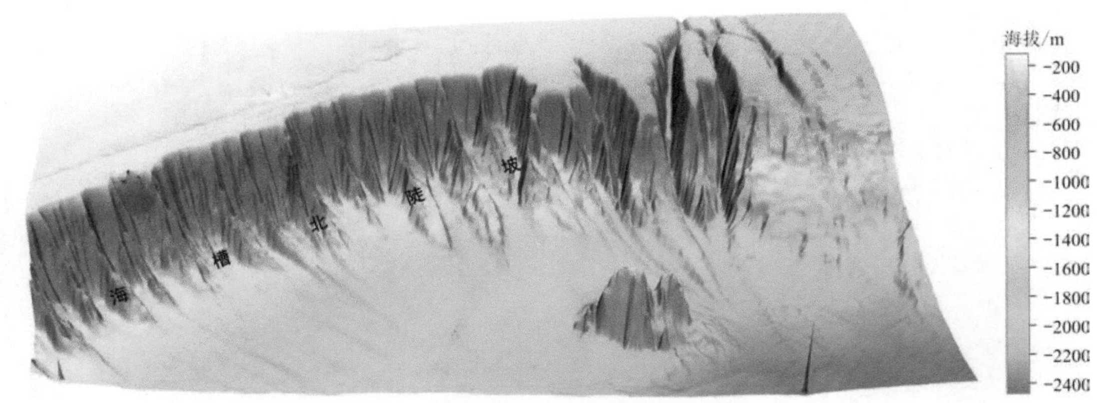

图3.24 海槽北陆坡晕渲地形图

B.神狐南陆坡

神狐南陆坡为西沙海槽东北侧槽坡，发育在400～3200 m水深段，长200 km、宽47～60 km，地形亦为西北向东南倾斜。陆坡上部（400～1200 m水深段）连接神狐陆坡斜坡（暂定），向西沙海槽槽底（2000～3300 m水深段）倾斜，高差在1400～2000 m，坡度一般在1.7°左右，但是在陆坡向槽底平原转折地带，地形陡峭，坡度大，可达7°。

神狐南陆坡上发育有海底峡谷、海脊。海底峡谷大都发源于陆坡的中上部，呈西北-东南走向或部分南北走向切割陆坡。峡谷和海脊发育的水深大、数量少、排列稀疏，大都延伸到海槽，长10～50 km，个别峡谷宽度较宽，可达10 km（图3.25）。

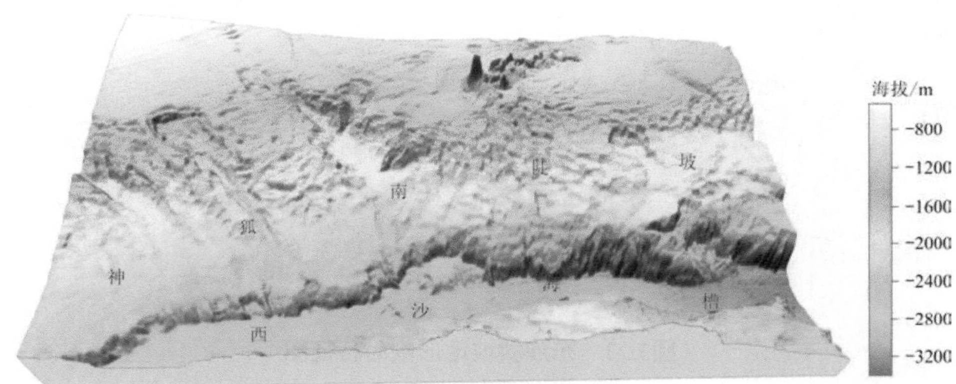

图3.25 神狐南陆坡晕渲地形图

3）陆坡高地

陆坡高地为海底大面积突起，中部相对平缓，四周为陆坡的海底地貌单元。

南海北部陆坡发育的陆坡高地称为东沙台地。东沙台地位于东沙斜坡和笔架海底峡谷群以西、神狐海底峡谷特征区以东。北边是地形平坦的陆架，南边是地形陡峭的尖峰斜坡。东沙台地平面形态呈不规则多边形，东北向长达338 km、西北向最大宽达166 km，总面积约3.74万km²。东沙台地地形比较平缓，水深为0～1612 m，平均水深为452 m。从西北向东南方向水深缓慢增加，坡度约0.2°。以南卫滩和东沙海台西部为界，东沙台地的东北部和西南部地形特征有所不同，整体地形变化趋势是一致的，东北部分为三个台阶缓慢倾斜下降，平均坡度约0.24°，在坡折处发育笔架海底峡谷群；西南部海底相对表面光滑，平均坡度约0.4°，在坡折处发育神狐海底峡谷特征区。

东沙台地上发育有南卫滩、北卫滩、东沙环礁和东沙岛，构成东沙群岛。东沙岛位居东沙环礁的西侧礁盘上。通过多波束全覆盖勘测，首次查明了南卫滩和北卫滩的地形地貌特征。南北卫滩平面形态呈椭圆形，平行排列，长轴约为150°，南卫滩面积小，约为120 km²，北卫滩面积稍大，约为280 km²；南北卫滩都为平顶海丘，南卫滩顶部平台平均水深约68 m，最大高差为300 m，北卫滩顶部平台平均水深约80 m，最大高差为250 m；东沙岛为一碟形沙岛，长约2.8 km、宽约0.7 km，面积约1.8 km²。整个岛屿呈四周高中间低形态。东沙台地晕渲地形图见图3.26。

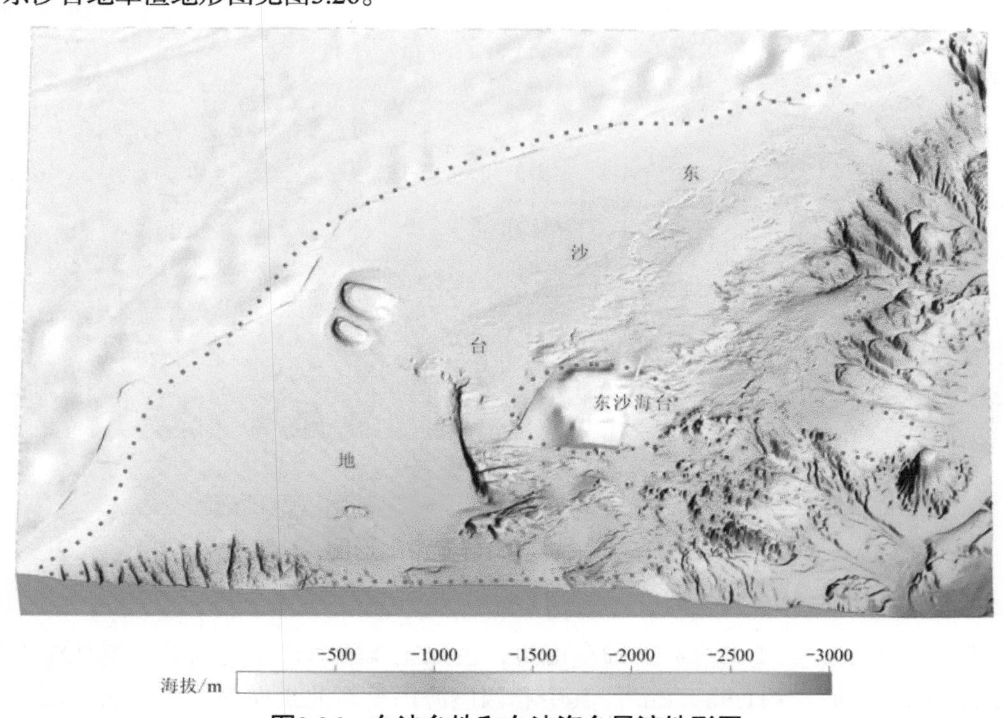

图3.26　东沙台地和东沙海台晕渲地形图

4）陆坡海台

陆坡海台是陆坡中具较大平坦面、周边为斜坡的地貌体。海台通常为陆壳残体，其上覆盖一定厚度的沉积层，台坡地形落差较大。南海北部陆坡发育东沙海台。

东沙海台（图3.26）位于东沙台地中部。海台平面形态呈圆形，直径约30 km，面积约730 km²。海台顶面水深为65～110 m，地形相对平坦，起伏较小；底部水深为 250～530 m，地形较为陡峭，高差约450 m。海台上发育有著名的“东沙岛”。

5）陆坡海山群

南海北部陆坡发育了两个海山群：尖峰海山群和笔架海山群，位于东沙群岛南部和东南部，主要包括的海山是尖峰海山和笔架海丘，笔架海山群位于尖峰海山群东部，其规模较大。

A.尖峰海山群

尖峰海山群（图3.27）位于东沙台地南部，尖峰斜坡内，包括尖峰海山（暂定）、沈括海山、李春海山、杜诗海山、波洑海山、华夏海山（暂定）和美滨海山七个海山。海山群西邻珠江海谷，东接笔架海山群，北靠东沙南海底峡谷，南连深海平原。海山群主要由两道接近垂直链状海山链组成，中部的华夏海山、尖峰海山、沈括海山自西向东排列形成第一道海山链，呈西北-东南向；海山群的李春海山、美滨海山、杜诗海山自北向南排列形成第二道海山，呈北东-南西向；尖峰海山南部的波洑海山相对独立于其他海山。

尖峰海山位于海山群中部，在华夏海山东南面18.5 km处，海山北面山坡即为东沙南海底峡谷的南侧谷坡的一部分。海山平面形态呈椭圆形，长轴为西北-南东向，长25 km、最大宽14.5 km，面积为300 km²。峰顶水深为1390 m，北面山麓水深约2400 m，南面山麓水深约2200 m，山高约1000 m。北坡坡度相对较陡，为8°～20°；东南坡坡度较缓，为4.5°～12°。

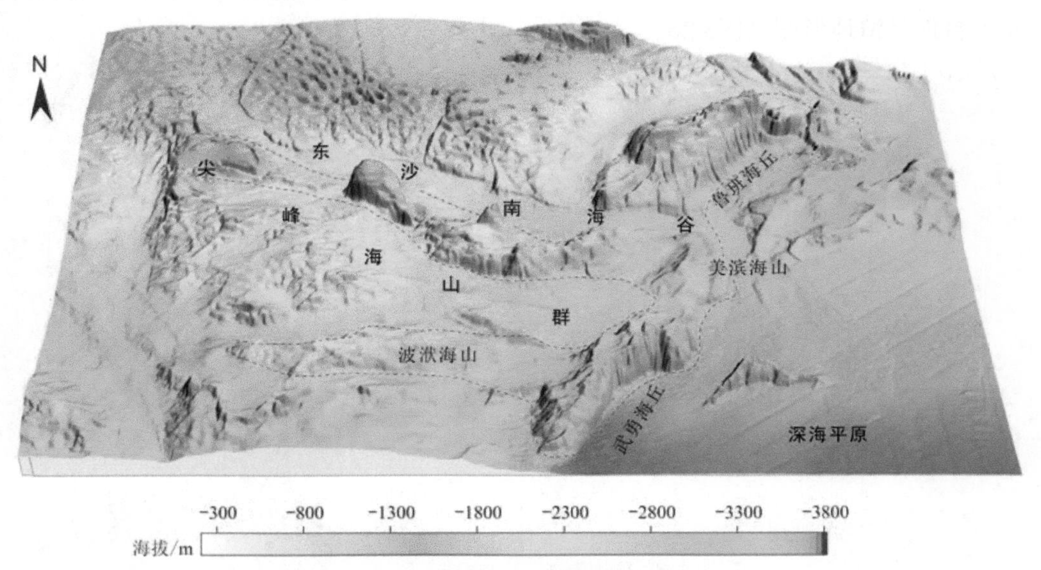

图3.27　尖峰海山群晕渲地形图

B.笔架海山群

笔架海山群（图3.28）位于尖峰斜坡的东南边，由数座线状海山组合而成。笔架海山群区域长约203 km、宽约130 km，面积约1.98万km²。其中有四座海山呈东北走向的线状形态，峰顶水深分别为2003 m、2114 m、1912 m、2897 m，相对应的山麓水深分别为3500 m、3300 m、3360 m和3500 m。笔架海山群南部另发育有一座小型海山，峰顶水深为2848 m。笔架海山群地形剖面特征见图3.29。

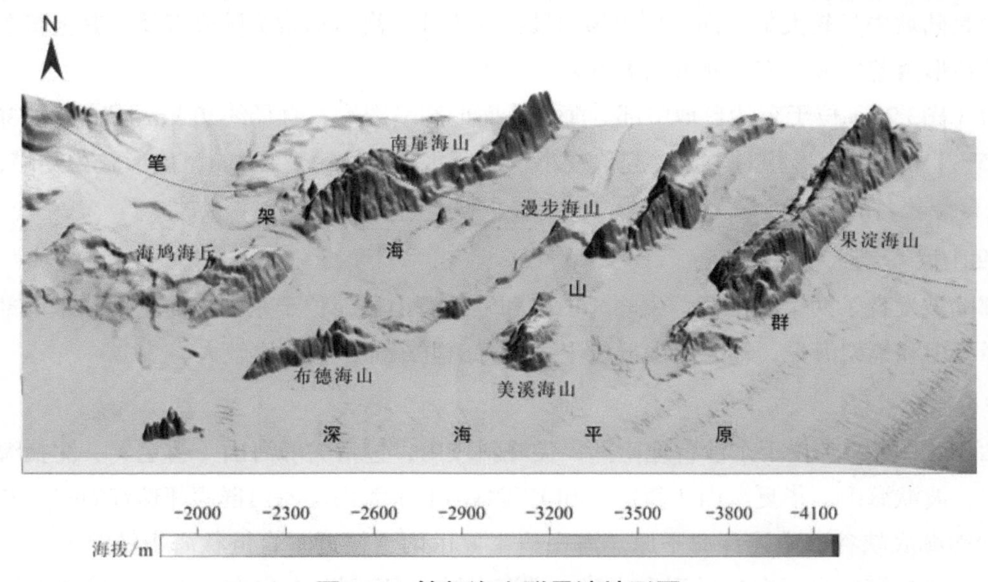

图3.28　笔架海山群晕渲地形图

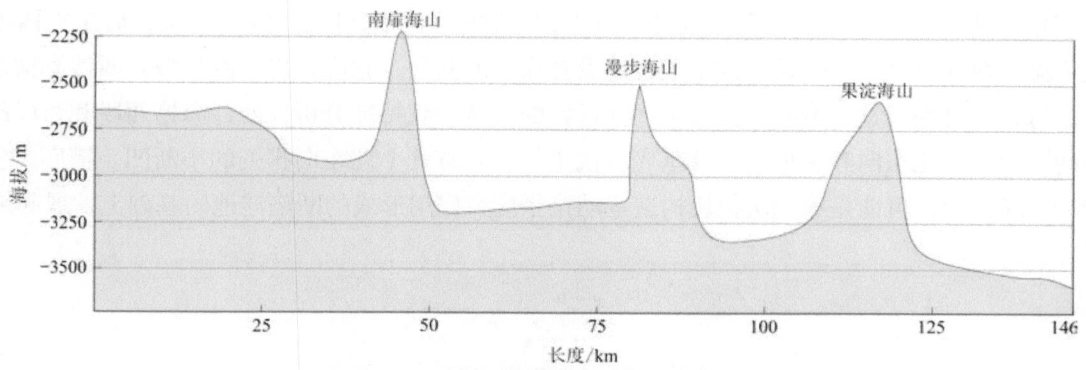

图3.29　笔架海山群地形剖面特征图

东北向断裂构造是控制南海东北部构造格局和地形轮廓的主体断裂。笔架海山群中的主要海山呈线状沿着东北方向平行排列，这可能与该区域东北方向的断裂带有关系。笔架海山群西邻尖峰海山群和尖峰斜坡，北靠东沙斜坡，南边与深海盆地相接，由数座线状海山、海丘组合而成，包括笔架海丘、墨子海山、蔡伦海山、丁缓海山、宋应星海丘和郭守敬海丘等九个海山–海丘，其中墨子海山规模最大。群内的大部分海山–海丘呈北东向的长条状，组成五道北东向的海山链：东部的墨子海山为第一道海山链；蔡伦海山和郭守敬海丘自北向南排列形成第二道海山链；裴秀海丘和徐光启海丘等形成第三道海山链；丁缓海山、宋应星海丘形成第四道海山链；笔架海丘单独形成第五道海山链。

a.笔架海丘

笔架海丘位于笔架海山群西北部，山体走向与其他海山链一致，平面形态呈长条状，规模最大，长94 km、宽6～36.5 km，面积为1980 km²。海丘顶部由三条山脊线组成，主山脊线为北东向其他两条为东西向，水深为2350～2570 m，山峰顶部最浅水深为2350 m，发育在海丘的中北部，山麓水深为2700～3050 m，最大高差为700 m。海丘整体坡度不大，最大坡度为5.6°，出现在主山峰东南向。

b.墨子海山

墨子海山位于笔架海山群最东部，规模巨大，呈北东–南西向展布，平面形态呈细长条状。海山长86 km、宽11～19.5 km，面积为1260 km²，发育有四个山峰，山峰之间的距离分别为13.5 km、27.5 km和8.6 km，自北向南峰顶水深逐渐变深，分别为1970 m、2150 m、2340 m和2620 m，海山顶部平缓。山麓水深为3200～3500 m，最大高差为1280 m。整体上西北缓东南陡，最大坡度出现在主山峰西北部，坡度达到18.9°。

6）陆坡海槽

陆坡海槽为大陆坡上大型的地貌单元，一般地形低陷且呈长条带状，包含陆坡斜坡（或陡坡）和槽底平原两类三级地貌单元。海槽的两侧槽坡地形陡峭而底部平原地形平缓。南海北部陆坡发育西沙海槽。

西沙海槽位于南海西北部，南海北部陆坡西段，环绕在西沙群岛的西面和北面，近东西向延伸，为地形低陷、长条带状展布的槽状地貌单元。海槽长约555 km、宽22～130 km。槽底平原水深为1158～3482 m，自西南向东北地形缓缓倾斜，水深逐渐加大，坡度为0.2°～0.3°，宽度也逐渐变窄，由80 km收窄为20 km。海槽槽底在东部2500 m以深海域，宽度急剧缩小为7～8 km。海槽两侧槽坡地形陡峭，坡度变化大，从2°变化到10°，且有众多沟谷发育。海槽继续向东延伸至3482 m水深段融入深海平原（图3.30）。

西沙海槽的南、北部陆缘的地壳结构差异较大，反映它们原来可能是两个地块，后来沿西沙海槽缝合。由此可见，西沙海槽断裂带是由这条缝合线发育而来的断裂，它应是岩石圈断裂。西沙海槽西段呈北东向展布，海槽的槽底较宽，槽底和槽坡是逐渐过渡的。从地貌特征分析，西沙海槽西段和东段的形成时代有所不同。西段受北东向断裂控制，其基底深浅不一，发育几个北东向排列的小断凹。槽底新生代沉积厚度为3000～5000 m，可能是第一次板块构造运动拉张应力作用形成的断陷洼地的基础上发展起来的。

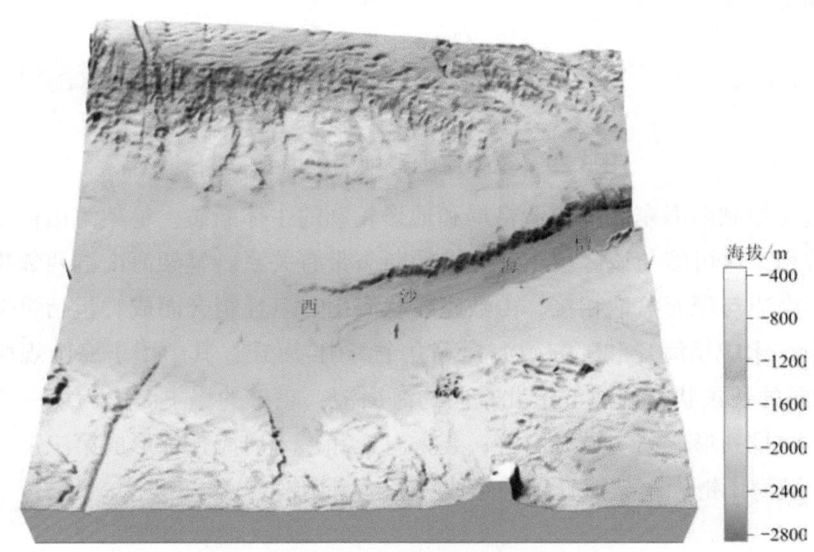

图3.30　西沙海槽东段晕渲地形图

7）南海北部陆坡分类

近年来，关于陆坡的地形地貌的分类方案受到越来越多学者关注，关于陆坡的分类分区，前人做了大量的工作，分类方法较多，按是否达到均衡分为均衡性陆坡和非均衡性陆坡（Hedberg，1970；Ross et al.，1994），Emerg（1980）依据演化阶段可分为初始期陆坡、青年期陆坡、成熟期陆坡和老年期陆坡，Mougenot等（1983）按照沉积特征分为侵蚀性陆坡、礁生长性陆坡和进积型陆坡，Pratson和Coakleg（1996）按照板块背景分为被动陆缘陆坡、活动陆缘陆坡。卓海腾等（2014年）以陆坡剖面形态为依据，采取曲线拟合的方法（图3.31），研究出了南海北部陆坡的地貌形态，识别出了下凹型、平直型、“S”型三种陆坡地貌（图3.32），不同类型的陆坡具有特定地层叠置样式、陆架陆坡迁移轨迹和沉积体系分布特征。分析表明，下凹型陆坡发育在莺–琼陆坡（暂定）西部、珠江–白云陆坡（暂定）中部两个区域，前者主要受控于快速的沉积物供给，后者则受到陆架边缘三角洲进积和海底峡谷侵蚀的联合作用；平直性陆坡常见于莺–琼陆坡东部和东沙陆坡（暂定），前者主控因素为弱的沉积物供给和较快的构造沉降，后者为稳定的地台所控制；“S”型陆坡发育在神弧陆坡区、珠江口盆地的两翼和台湾浅滩陆坡区，其形成明显受到海流和内波等外作用的改造。

对南海北部陆坡分为五个阶段，分别命名为莺–琼陆坡、神狐陆坡（暂定）、珠江–白云陆坡、东沙陆坡和台湾浅滩陆坡（暂定）。莺–琼陆坡位于海南岛南部、北部湾的西南出口、西部毗邻越南陆架，南部则为西沙群岛的北部诸岛屿。受制于这种地貌，该陆坡西部为下凹型陆坡，东部为平直型陆坡，以西沙海槽为界，可将该陆坡分为南翼和北翼两部分，南翼比较宽缓，北翼则具有窄而陡峭的特征（邱燕等，2017 ）。

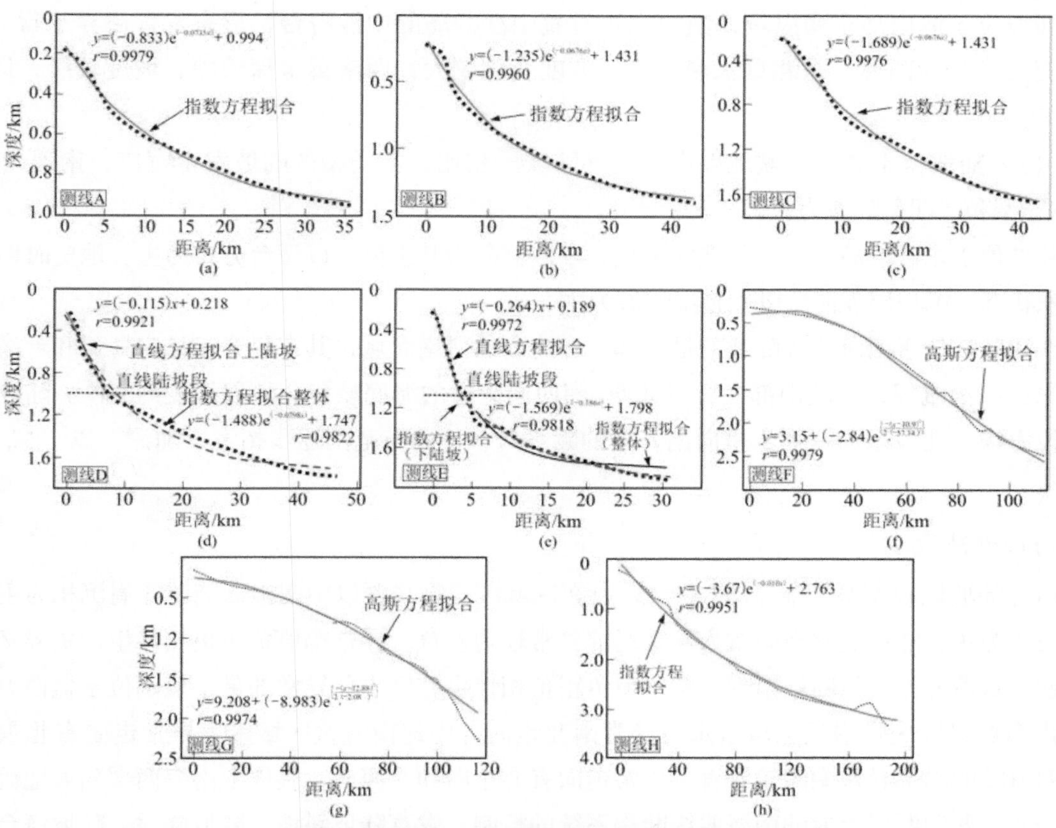

图3.31　南海北部陆坡地貌形态曲线拟合结果图（据卓海涛等，2014）

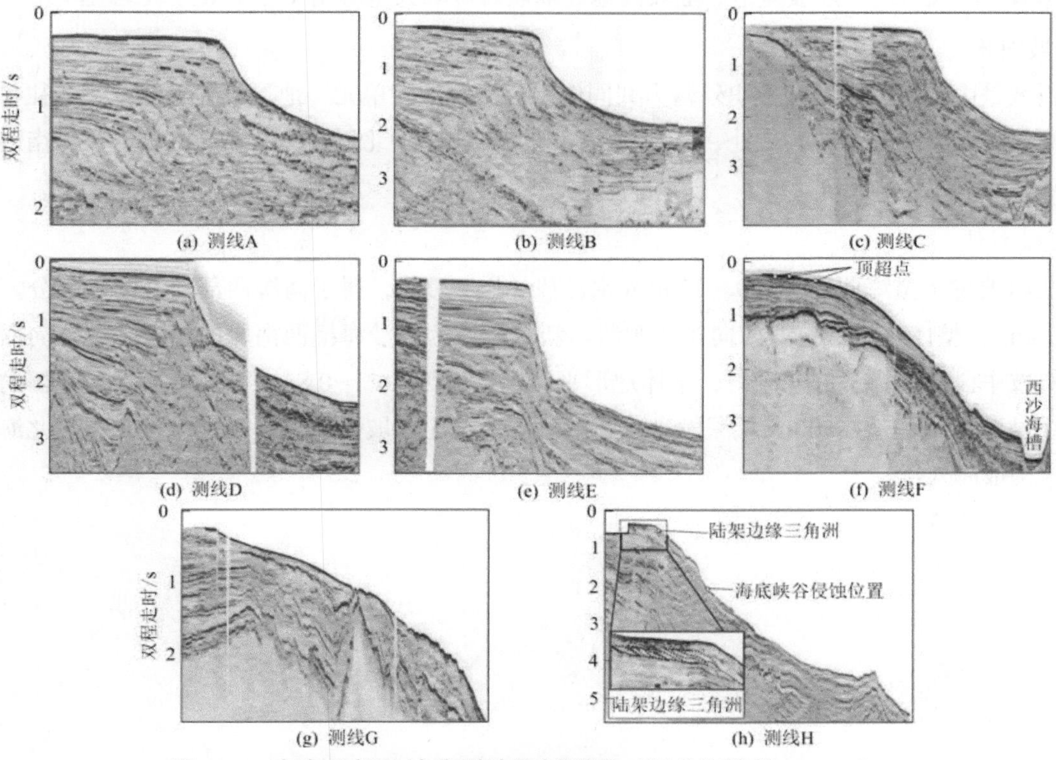

图3.32　南海北部陆坡典型地震剖面图（据卓海涛等，2014）

神狐陆坡位于海南岛东南海域，南边则正对着中沙群岛的中沙海台，形态发育迥异于莺-琼陆坡，根据水深变化可分为两翼，东北翼水深较浅，坡度变化较大，西南翼水深较深，坡度较缓，以“S”型陆坡为主。

珠江-白云陆坡位于珠江口盆地以南。与其陆坡段相比，本类型的陆坡发育宽广，南部与深海盆毗邻。以“S”型和下凹型陆坡为主。

东沙陆坡位于东沙群岛一带，陆坡区平缓，东沙群岛为其主体，以海台分布为主。地史时期多为被剥削或无沉积状态，沉积层极薄。以平直型陆坡为主。

台湾浅滩陆坡位于南海北部陆坡的最东部、台湾岛的西南海域，其东界介于吕宋岛弧和台湾岛之间。东南与马尼拉海沟毗邻，陆坡南部发育以北西-南西向为主的海底峡谷，峡谷坡度约3.4°。陆坡向东南延伸与马尼拉海沟的北段融为一体，呈向南开口的喇叭口状，展布范围逐步拓宽、加深，以“S”型陆坡为主。

2. 南海西部陆坡

南海西部陆坡地貌类型复杂（图3.14），所在区域沉积物来源以中南半岛陆源碎屑沉积为主，底质以粉砂质和泥质为主，陆坡北部空间重力异常局部异常较为发育，异常幅值负正负相伴生，负异常的最小值区位于中沙海台西北面，而陆坡南部异常幅值负正负相伴生，区内负异常的最小值区位于盆西海岭北部，西部邻近南海西缘断裂带附近区域呈重力异常南北走向，中建南海盆区域重力异常走向有北东向和近东西向，盆西海岭的局部异常圈闭较发育，异常走向有北东向和北西向。整体上南海西部陆坡地貌受到北南向、北西—北北西向断层组成的南海西缘断裂系统的控制，发育陆坡斜坡、陆坡陡坡、陆坡海台、陆坡海隆、陆坡海槽、陆坡阶地、陆坡盆地、陆坡高地、陆坡海岭和大型海山（丘）等三级地貌单元。

1）陆坡斜坡

陆坡斜坡是由构造内营力和堆积外营力共同作用形成的地貌单元，地形较为平缓，一般往单一方向倾斜。南海西部陆坡的陆坡斜坡有三处，分别为中建岛北部的中建北斜坡、中建岛南部的中建南斜坡和位于南海西部陆坡南部的广雅斜坡。

A. 中建北斜坡

中建北斜坡位于南海西南部200～1250 m水深段（图3.33），属于南海西部陆坡的一部分。此斜坡面积约19190 km^2，整体上地形自西南向东北倾斜。斜坡北段为西沙海槽西南端的槽坡，地形向西沙海槽缓缓倾斜；斜坡中段地形自南向北倾斜，整体地形平缓，坡度为0.4°～0.8°；斜坡南段地形自西向东倾斜，陆架坡折线过渡不明显，在500 m水深段过渡到中建阶地。此斜坡内发育有小型海谷和中建北海台，以及众多海穴，构成海穴群。

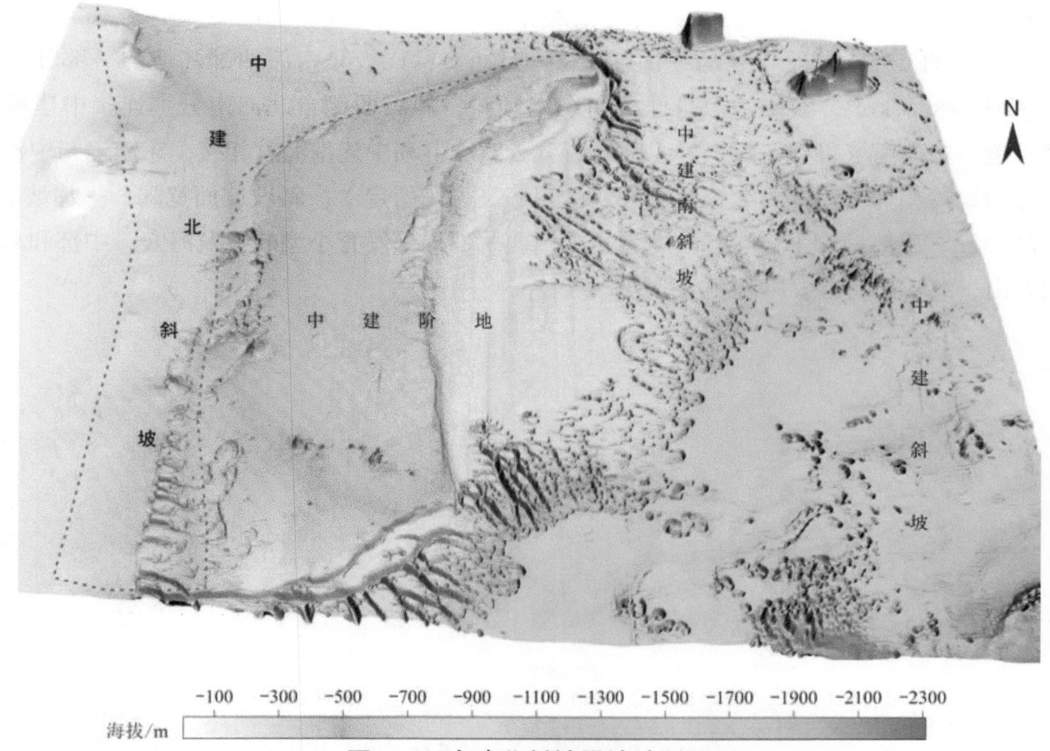

图3.33　中建北斜坡晕渲地形图

a.小型海谷

在中建北斜坡的海穴群中间，发育有近东西向延伸的小型海谷，海谷长67 km、宽3～5 km，高差为50～100 m。在此小海谷南侧另有两个长约15 km次级小海谷。次级小海谷规模相对较小，但切割地形的深度可达200 m。

b.中建北海台西侧海穴群

在中建北海台西侧1000～1300 m水深段内，100多个小型海底凹陷地形呈片状分布，形成海穴群。海穴规模都不大，大都略呈圆形或椭圆形，长2.5～3.5 km，高差为50～70 m（图3.34）。

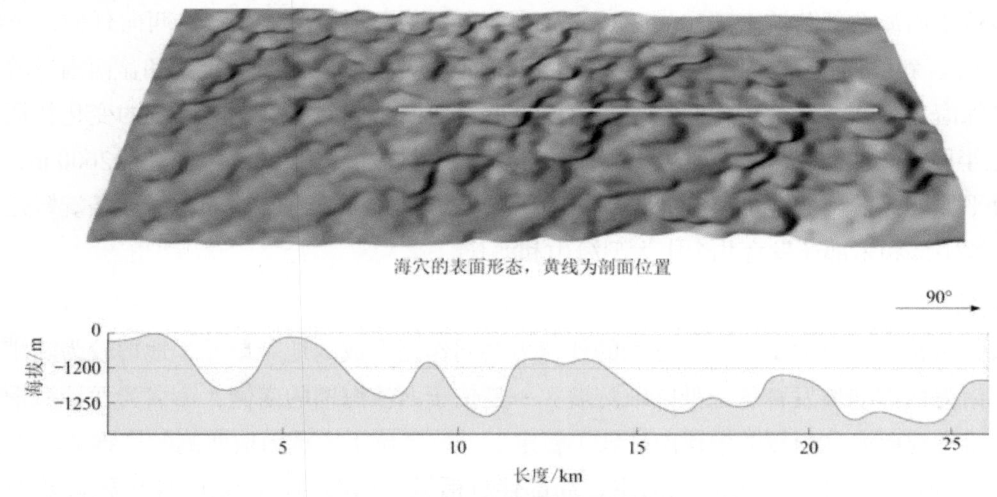

图3.34　海穴晕渲地形与剖面图

B.中建南斜坡

中建南斜坡（图3.35）位于中建岛南部740～2900 m水深段，是南海西部陆坡的一部分，平面形态不规则，面积约32800 km²，整体地形自西北向东南倾斜。斜坡西侧自北向南分别连接中建峡谷群（暂定）、中建阶地、中建南峡谷群（暂定），南部与重云麻坑群和中建南海盆相接，东南侧与中沙海槽、中沙南海盆和盆西海岭相邻，北部为金银海脊和西沙海底高原（暂定）。斜坡坡面宽阔，平均坡度为1.1°，最大高差为2160 m，整体地形平缓。斜坡地形复杂，西北部局部发育小型峡谷及海穴，中部和东部发育了众多中大型海山、海丘、海谷，峰谷相间排列。

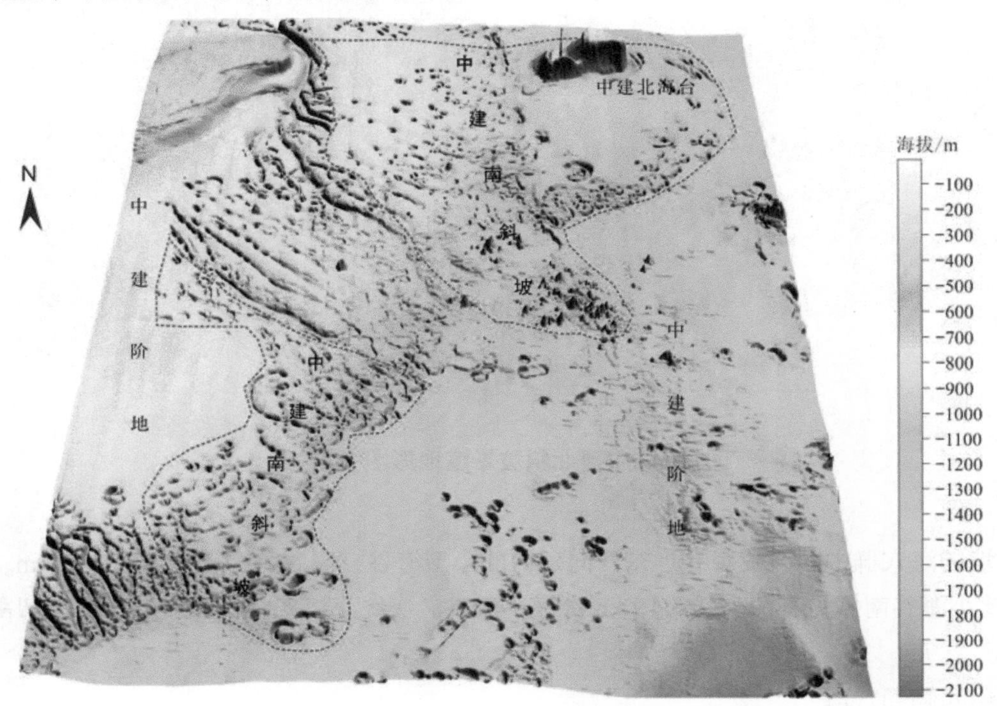

图3.35　中建南斜坡晕渲地形图

C.广雅斜坡

广雅斜坡位于南海西部陆坡南部1000～3600 m水深段，平面形态呈长条状东西向延伸，长约265 km，面积约14260 km²。斜坡西边为广雅陡坡（暂定），北部连接万安峡谷群（暂定）和盆西南海岭，南侧与清远海山链和洪保海丘相邻，东部为深海平原。整体地形自西向东倾斜，呈上陡下缓的变化特征，平均坡度0.7°，斜坡上半段平均坡度1.0°，斜坡中下段地形变缓，平均坡度0.3°，最大高差为2600 m，在约3600 m水深段与深海平原相接。斜坡地形复杂，上中段发育广雅水道群，长约165 km，由数条蜿蜒延伸的水道组成。另外，斜坡中部和东部还发育几个中大型海山和海丘。

2）陆坡陡坡

陆坡陡坡是由构造内营力、侵蚀与堆积的外营力共同作用形成的地貌单元，地形较为陡峭，一般往单一方向倾斜。南海西部陆坡发育了三处陆坡陡坡：一是位于西沙海槽的南侧，命名为西沙海槽南陡坡（暂定）；二是位于中建南海盆西侧的中建南陡坡（暂定）；三是位于广雅斜坡西侧的广雅陡坡（暂定）。

陆坡陡坡在地质构造上以断层作用为主，局部伴有褶皱。南海西部陆坡陡坡呈狭长条带状北南向展布，贯穿整个陆坡区，水深为200～2000 m。陆坡陡坡表面水动力作用非常强烈，多条冲刷沟谷顺地势而下切割斜坡，绵延数十千米，至斜坡下部地形较平缓地带，沟谷或变浅消失，或相交汇合。

A.西沙海槽南陡坡

西沙海槽西南部槽坡水深为1300～2500 m，地形较为陡峭，形成陡坡。此段陡坡长315 km，中部最宽达56 km，东部宽31 km，西部窄为15 km左右，面积约8580 km²。地形整体上自南向北倾斜下降，坡度在0.8°～1°。

此陡坡北部被一条狭长的北边海谷（暂定）切割。陡坡中部有三片小型海底洼陷区，形成海穴群。海穴约有60个，规模不大，大多略呈圆形，直径在2.5 km左右，部分为条带形，长约4.7 km、宽约1.5 km。

B.中建南陡坡

中建南陡坡（暂定）发育于南海西部陆架的坡折线处，位于中建南海盆西侧，北部为日照峡谷群，南部与万安峡谷群相接，此段陡坡长260 km、平均宽46 km，面积约11600 km²。陡坡水深为200～2000 m，地形较为陡峭，地形整体上自西向东倾斜下降，坡度在2.8°～6°。

3）陆坡海台

海台是陆（岛）坡中具较大平坦面、周边为斜坡的地貌体。陆坡海台大都为珊瑚礁体和碳酸岩台地，顶面通常为陆壳残体，台面地形平坦，略有波状起伏，水深一般在500 m以内，其上覆盖一定厚度的沉积层，而周缘台坡则地形陡峭。南海西部陆坡的海台主要发育在陆坡北部的西沙群岛和中沙群岛，包括中沙海台、永兴海台、永乐海台（暂定）、东岛海台（暂定）、赵述海台、北礁海台（暂定）、甘泉海台、玉琢海台（暂定）、中建北海台、浪花海台（暂定）、华光海台（暂定）和盘石海台（暂定）12个海台（图3.36、图3.37），规模最大的是中沙海台。在构造上，西沙群岛、中沙群岛形成地垒式隆起，周围被断裂所围限，形成边缘以陡峭的坡脚降至南海海盆或海槽，落差达3500～4000 m，构成地势相对较高的海台顶面（表3.2）。

表3.2　主要海台地貌特征表

海台名称	中心位置（经纬度）	长/km×宽/km	面积/km²	形态特征
永兴海台	112° 17′ 07″ E、16° 52'18″ N	41×30	940	呈椭圆形，长轴南北向；台面上发育岛礁，西侧坡面较缓，发育岛礁
中建北海台	10° 56′ 18″ E、16° 02′ 46″ N	三边长为23.9×17.5×16.4	224	呈三角形，最长边走向为北西向，海台宽度从东南向西北逐渐变窄。不发育岛礁
北礁海台	111° 26′ 43″ E、17° 04′ 35″ N	35.7×9.2	353	呈椭圆形，长轴北东走向，海台顶面略有起伏，发育环礁
甘泉海台	110° 54′ 38″ E、16° 41′ 28″ N	48.3×14.7	424	海台平面形态类似于纺锤形，中间宽两边窄，海台总体呈北东向；南边坡度较陡；不发育岛礁
盘石海台	111° 46′ 34″ E、16° 03′ 12″ N	13.6×10.3	190	近似四方形，长边东西走向，外围水深在东边和南边较浅，南侧坡面较陡，发育环礁和小沙洲
华光海台	111° 41′ 04″ E、16° 13′ 58″ N	34×14	400	似椭圆，长轴走向北东向，但在中间稍微向凹向东南方向；西侧坡面较陡，发育环礁
玉琢海台	112° 01′ 40″ E、16° 20′ 37″ N	17.7×8.2	147	呈椭圆形，长轴走向为东西方向；东侧和西侧坡面较陡；发育环礁
东岛海台	112° 34′ 17″ E、16° 29′ 15″ N	三边长为60.9×51.2×28.3	1077	近三角形，最长边走向为北东向，海台宽度从北东向向西南边变窄，东侧和北侧坡面较陡；发育环礁
浪花海台	112° 31′ 43″ E、16° 03′ 10″ N	34.8×9.6	315	形态为一拉长的水滴状，总体北东偏东走向，宽度在中部偏西最大，在东北端最小；发育环礁
赵述海台	112° 43′ 17″ E、17° 26′ 59″ N	16×8.4	129	形状略呈弯钩状，钩向北东向，海台整体走向西北向；海台台面平坦，中部有一些小凹坑，东侧和北侧坡面较陡；不发育环礁

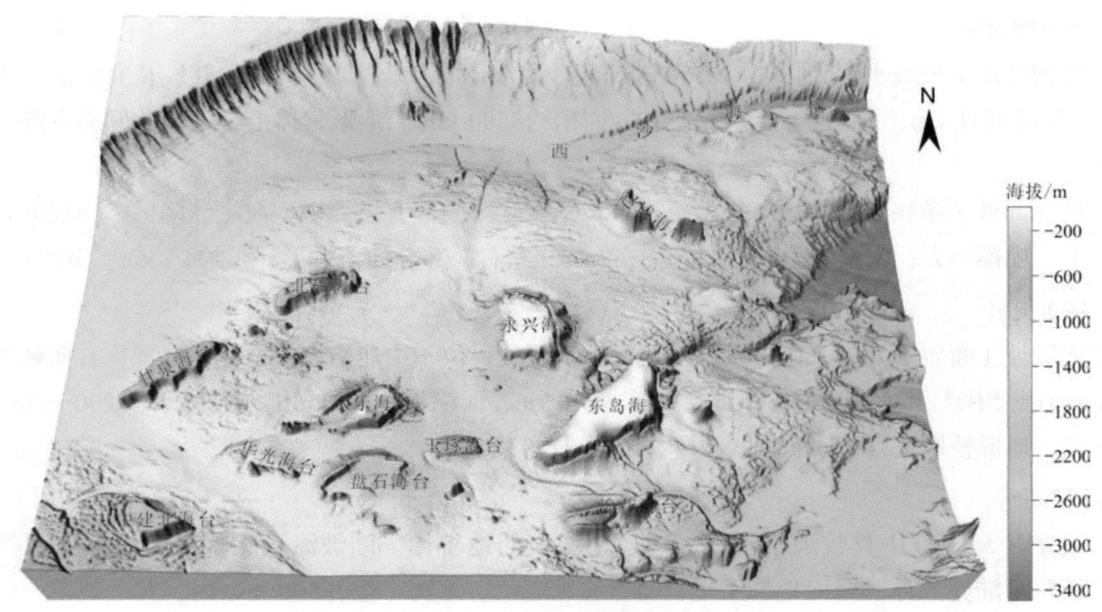

图3.36　陆坡海台晕渲地形图

西沙海底高原上发育多个的地形凸起的次级台地，形成陆坡海台，这些海台顶面由1000 m等深线圈闭，顶面上发育宣德环礁、永乐环礁、东岛环礁、华光环礁、玉琢环礁、盘石礁、浪花礁、北礁八个大型礁体，它们呈截顶锥状，上部出露和接近海面，形成西沙群岛。根据钻探资料，西沙群岛珊瑚礁岩厚约1200 m，属中新世晚期至第四纪。其下有厚约20 m的基岩风化壳。基底岩石为前寒武纪花岗片麻岩等，并有中生代晚期酸性岩浆岩侵入，说明西沙地区在古近纪末才结束陆地状态而沦为浅海，在地块不断下沉中珊瑚礁不断增长发育，厚度达千米。

中沙海台顶面呈近椭圆形，长轴呈北东–南西方向，周边台坡陡坡地形陡峭，受海底断裂活动所控制，地貌界线与北东向大断裂相吻合，海底地形起伏大，形成最大高差为4000 m的大陡崖。陡坡上发育有山峰和沟谷。中沙群岛就是发育在海台台面的一群沙洲、浅滩和暗礁。海台北部和西部均为断裂构造的海槽，因此海台顶面是一个水深较浅的海底断块隆起区。

A.中沙海台

中沙海台（图3.37、图3.38）位于南海中北部，是南海西坡大陆坡的一部分，其北部为中沙北海隆，西部为中沙海槽，南部是中沙南海盆，东部和东南部与深海平原相接，是南海规模最大的海台，平面面积达23500 km²。海台平面形态呈近椭圆形，长轴呈北东–南西向，长约281 km，最大宽度约142 km。海台顶面的平面形态也呈近椭圆形，长轴呈北东–南西向，长轴长约16.5 km，最大宽度约76.5 km，平面面积达8370 km²。海台水深为30～4280 m，海台顶面大致以200～600 m等深线圈闭，海台顶面水深为30～600 m，地形相对平坦，发育南北两级台面，南部台面水深为30～400 m，面积约6360 km²；北部台面水深为240～600 m，南部浅、面积大，北部深、面积小，南部顶面整体地形自中部向四周缓慢倾斜下降，坡度约0.1°，地形平缓；南部顶面整体地形自北向南缓慢倾斜下降，坡度约0.38°。海台台坡地形陡峭，水深为200～4280 m，东南部在4100～4200 m水深段融入深海平原，最大高差达4000 m，坡度在4.1°～13.5°，反映陆坡陡坡地形特征，其中，最大坡度出现在东部台坡上坡段，达到28°，形成陡崖。周缘台坡上发育众多峡谷和海山，切割强烈。海台顶面上发育了中沙大环礁，环礁由20多座暗沙和暗滩组成，它们全都淹没在水下20 m左右。

图3.37　中沙海台晕渲地形图

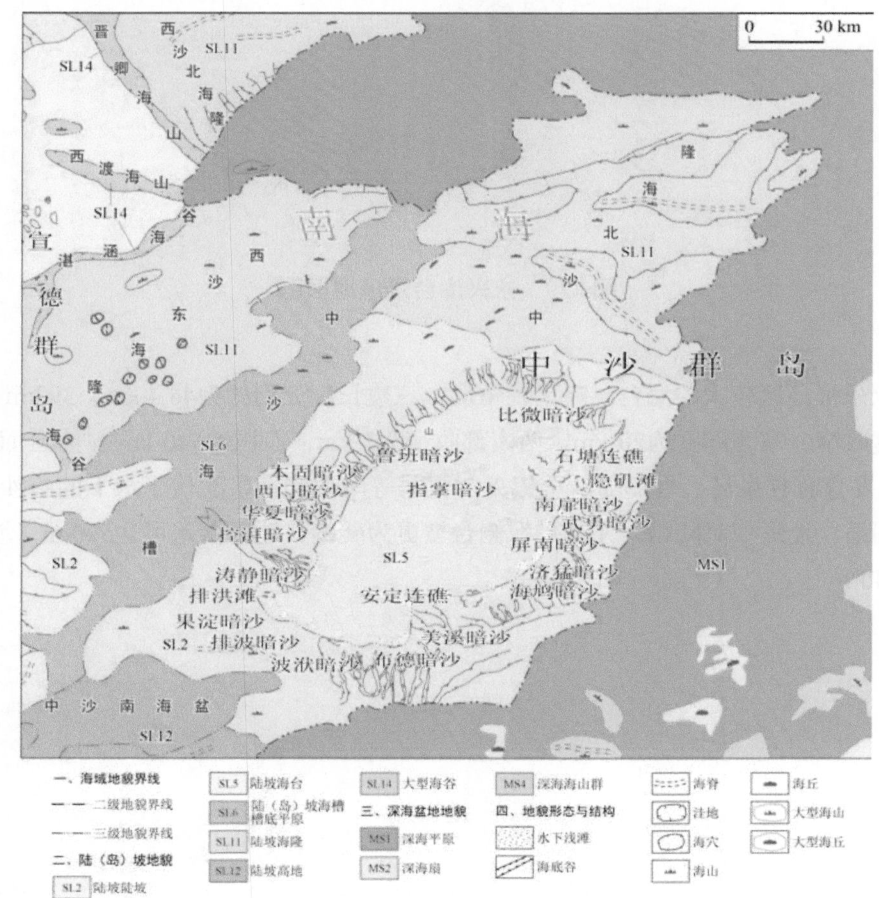

图3.38　中沙海台地貌图

B.永兴海台

永兴海台为宣德群岛区永兴岛所在的海底台地，以800 m等深线为主圈闭而成，大致呈椭圆形，长轴指向南北。南北长约46 km、东西宽约40 km，面积达1462 km²。海台顶面也呈椭圆形，走向与整个海台一致，大致由100 m等深线圈闭而成，面积达1462 km²，海台顶面绝大部分区域水深在45～60 m，整体上中部和北部自东向西部倾斜，东南部银砾滩南边自受其制约，地形自西向东倾斜。其上发育有永兴岛、石岛、西沙洲、七连屿、银砾滩等岛礁和沙洲地形。周缘台坡地形，尤其是西侧台坡缓缓下倾明显，坡度仅1.5°，其他三面台坡坡度在5°左右（图3.39）。

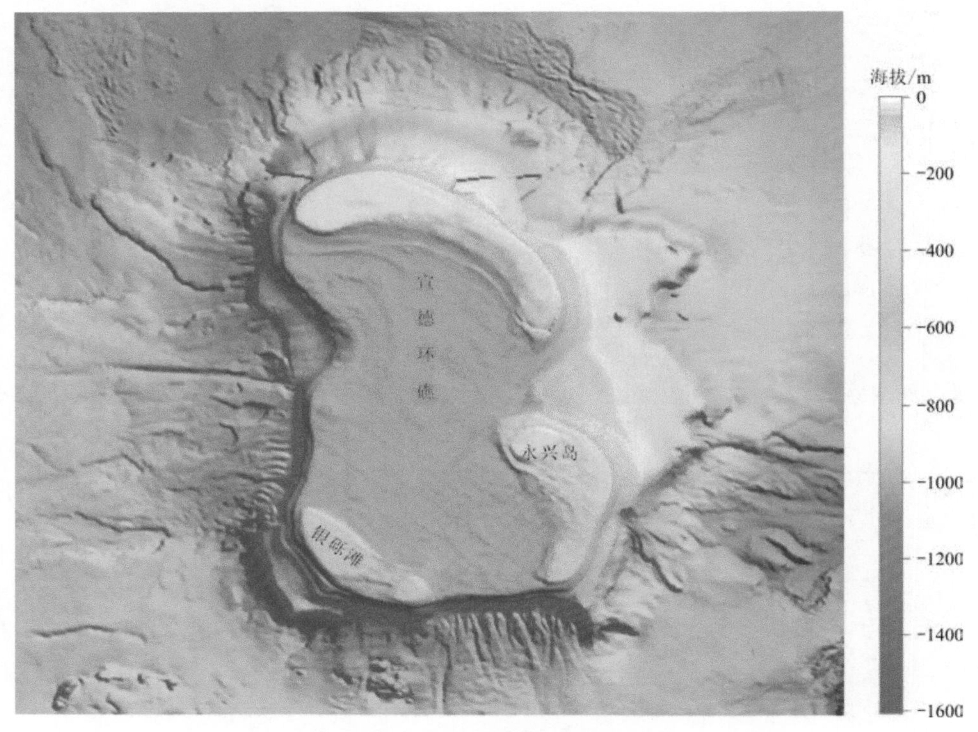

图3.39　永兴海台晕渲地形图

C.永乐海台

永乐海台为永乐群岛区较大的海台，略呈三角形，三边长度分别约为46.4 km、39 km、20.1 km。海台自东北向西南宽度收窄，东北部宽为20 km，西南部收窄为3 km，面积约640 km²。海台面较为平坦，起伏小于100 m，其上发育有甘泉岛、晋卿岛、金银岛、银屿等岛屿和一些隐伏于水下的暗沙、珊瑚礁体。周缘台坡水深增大明显，地形相对陡峭，尤其是南侧台坡更为陡峭，地形落差可达500 m，坡度超过10°，最大可达15°（图3.40）。

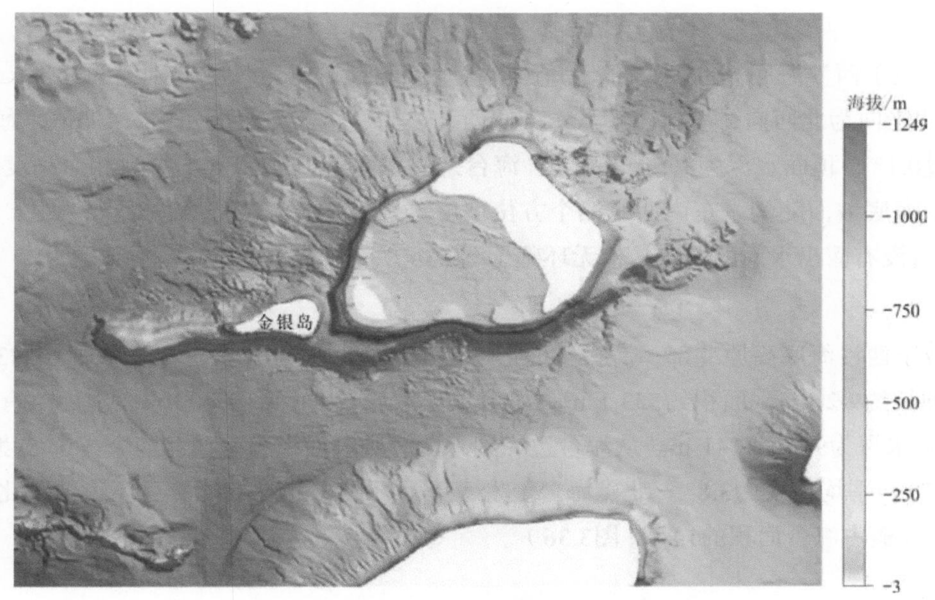

图3.40　永乐海台晕渲地形图

D.东岛海台

东岛海台位于永兴海台的东南方，距离约25.8 km。海台平面形态接近三角形，三边长度分别约为60.9 km、51.2 km、28.3 km，最长边走向为北东向。海台宽度从北东向向西南边变窄。最宽为26.6 km，在西南端最窄，约0.85 km，总面积约1077 km²，是西沙群岛面积最大的海台。海台顶面水深不超过100 m，海台顶平总体上平坦，局部凹凸不平。海台外围水深在东南西北四个方位分别为1134 m、1275 m、966 m、982 m，平均水深为1050 m，海台相对高度为950 m左右。从海台边缘到外围海底坡面的坡度在东南西北四个方位分别为26.6°、6.7°、5.4°、33.6°，说明海台在东边和北边坡面较陡，而在南边和西边坡面较缓。海台发育东岛环礁，环礁上有东岛、高尖石岛、滨湄滩、湛涵滩、北边廊等岛、滩（图3.41）。

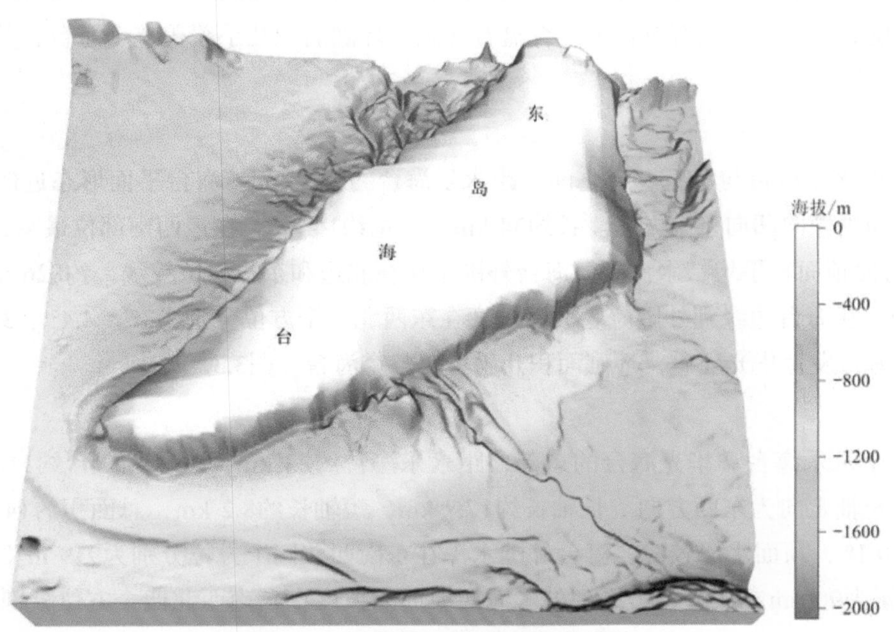

图3.41　东岛海台局部晕渲地形图

E.中建北海台

中建北海台位于西沙海底高原西南部。海台形状呈三角形，三边长度分别约为23.9 km、17.5 km、16.4 km，最长边走向为北西向，海台宽度从东南向西北逐渐变窄。海台面积约224 km²。海台顶面平坦，顶面坡度不超过0.1°，顶面水深为365～450 m。海台外围水深超过3000 m，海台相对高度约2550 m。从海台边缘到外围海底坡面陡峭，东南西北四个方位坡度分别为10.5°、18.4°、8.5°、14.2°，平均坡度为12°。中建北海台没有露出水面的岛屿，也无环礁（图3.36）。

F.北礁海台

北礁海台位于西沙海底高原北部，海台平面形态呈椭圆形，长轴北东走向，长轴长约35.7 km，短轴西南走向，短轴长约9.2 km，面积约353 km²。海台顶面水深较浅，小于100 m，顶面略有起伏，坡度约0.14°。海台外围水深为993～1141 m。从海台边缘到外围海底坡面在东南西北四个方位坡度分别为3.9°、4.2°、4.9°、2.7°，平均坡度为3.8°。北礁海台上发育干豆环礁（北礁）。干豆环礁位于北礁海台的东北部位，环礁面积大概占海台面积的14%（图3.36）。

G.甘泉海台

甘泉海台位于西沙海底高原西部，海台平面形态类似于纺锤形，中间宽两边窄，海台总体走向北东向。长约48.3 km，最宽处约14.7 km、最窄处只有0.2 km，总面积约424 km²。顶面平坦，顶面水深为559～687 m，顶面坡度小于0.08°。海台外围水深在东南西北四个方位分别为989 m、1110 m、1407 m、1344 m，底部平均水深为1200 m，海台相对高度为500 m左右。从海台边缘到外围坡面在东南西北四个方位的坡度分别为18.1°、16.6°、7.3°、7.9°，说明在东南边坡度较陡，在西边和北边坡度较缓。海台上未有岛礁发育（图3.36）。

H.盘石海台

盘石海台位于西沙海底高原南部，距永乐海台约37.8 km。海台平面形态近似四方形，长边约13.6 km、短边约10.3 km，长边东西走向，海台面积约190 km²。海台顶面平坦，水深浅，海台外围水深在东边和南边较浅，约1020 m，西边水深一些，约1152 m。从海台边缘到外围海底坡面较缓，小于2°，而在南边方位坡度较陡，约6.9°。盘石海台上发育盘石环礁，环礁面积几乎覆盖整个海台，并在礁盘北部发育一小沙洲（图3.36）。

I.华光海台

华光海台位于永乐海台与盘石海台之间，距永乐海台约14.9 km。海台平面形态近似椭圆，长轴走向北东向，但在中间稍微向凹向东南方向。长约34 km，最宽约14 km，在最西南部位最窄，约0.3 km，总面积约400 km²。海面顶面较平坦，水深浅，海台外围水深在北边和东边方位较浅，约826 m，而在西边方位较深，约1142 m。从海台边缘到外围海底坡面坡度在东西北三个方位分别为3°、4.4°、3.6°，说明在西边坡面较陡。华光海台发育华光环礁，环礁面积几乎覆盖整个海台（图3.36）。

J.玉琢海台

玉琢海台位于永乐海台和华光海台的东部，距永乐海台约23 km，距华光海台约11.6 km。海台平面形态呈椭圆形，长轴走向为东西方向。长轴长约17.7 km，短轴长约8.2 km，总面积约147 km²。海台顶面平坦，坡度小于0.1°，顶面水深较浅。海台外围水深在东南西北四个方位分别为919 m、941 m、888 m、836 m，平均水深为900 m。从海台边缘到外围海底坡面的坡度在东南西北四个方位分别为20.3°、8.3°、18.7°、6.7°。说明玉琢海台在东边和西边坡面较陡，而在南边和北边坡面较缓。海台发育玉琢礁，面积几乎覆盖整个海台（图3.36）。

K.浪花海台

浪花海台位于东岛海台南边，距离约22.9 km。海台平面形态为一拉长的水滴状，总体北东东走向，宽度在中部偏西最大，在东北端最小。长度约34.8 km、宽度最大为9.6 km，最窄为0.99 km，总面积约315 km²。海台顶面较浅，海台外围海底水深约1400 m。从海台边缘到外围海底的坡面坡度在东南北三个方位分别为16.4°、18.6°、32.2°，说明海台在北边的坡面较陡。海台发育浪花礁，礁体面积几乎覆盖整个海台（图3.36）。

L.赵述海台

赵述海台位于永兴海台东北边，距离约60.9 km（图3.36）。海台形状略呈弯钩状，北东向。海台走向西北向，长约16 km，最宽为8.4 km，东南端最窄，约为1 km，总面积约129 km²。海台顶面平坦，约为0.2°，中部有一些小凹坑，顶面水深约320 m，海台外围海底水深约1350 m，但在北部水深要深一些，约为1492 m。海台相对高度为1000 m。从海台边缘到外围海底的坡面坡度在东南西北四个方位分别为31°、18.7°、15.1°、25.4°，说明海台在东边和北边坡面较陡，在南边和西边坡面较缓。该海台不发育环礁。

4）陆坡海隆

A.永乐海隆

永乐海隆为西沙台地（暂定）东北侧向深海盆地延展的大型海脊（图3.42），位于西沙海槽以南，平面形态大致呈四方形，长约113 km，宽约85 km，海隆水深为1431～3578 m，自海隆西南向东北方向水深逐渐加大，最终与南海海盆相接。海脊上发育有一个小型海台、三个海山和一个海谷。三个海山峰顶水深为分别为1452 m、285 m、1431 m。海谷西北-东南走向，长约107 km、宽4～17 km，切割深度约100 m。

在海隆的南北两翼为地形迅速下倾的陡坡。北翼下部连接西沙海槽，坡度可达9°；南翼下段连接深海盆地，坡度可达12°，形成陡崖。陡崖上发育长条状的线状海脊，垂直陡坡向下延伸。

B.西沙海隆

西沙海隆为西沙台地东部、中沙海槽东北部，水深为160～3400 m，是地形整体向东北倾斜的隆起地貌单元，从西南向东北方向，海隆水深逐渐加大，坡度也逐渐变大。海隆地形高差大，发育多类次级地理实体，如海山、海谷、海台和海穴等。海隆平面形态不规则，东北向长约245 km、西南向宽约61 km（图3.43）。

海隆两侧也皆为地形陡峭的陡崖。北翼连接海谷和深海盆地，坡度在5°～15°；南翼连接中沙海槽，坡度相对较小，为5°左右。

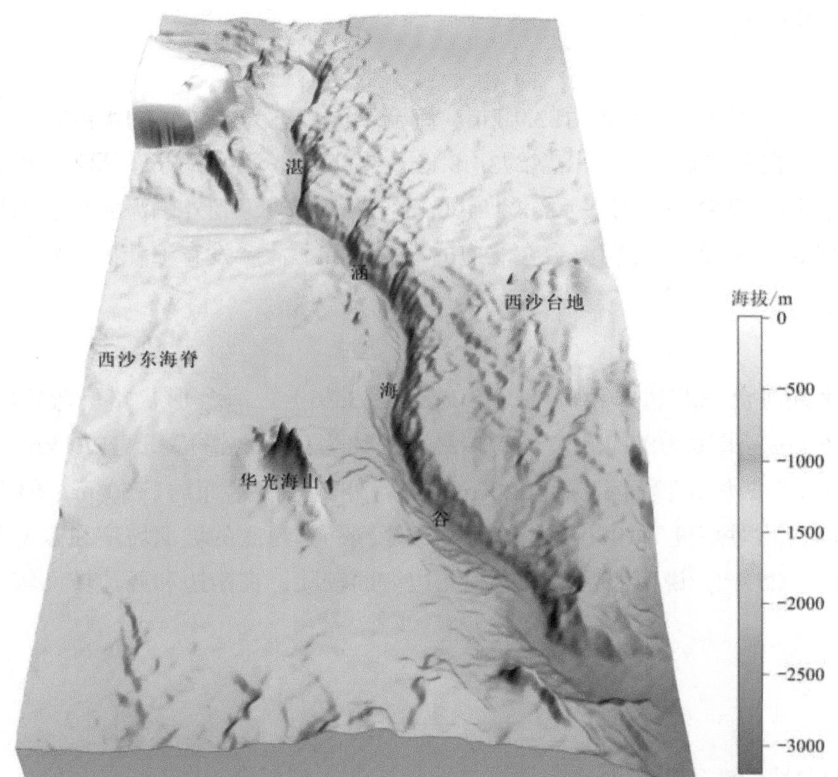

图3.42　永乐海隆与湛涵海谷（暂定）晕渲地形图

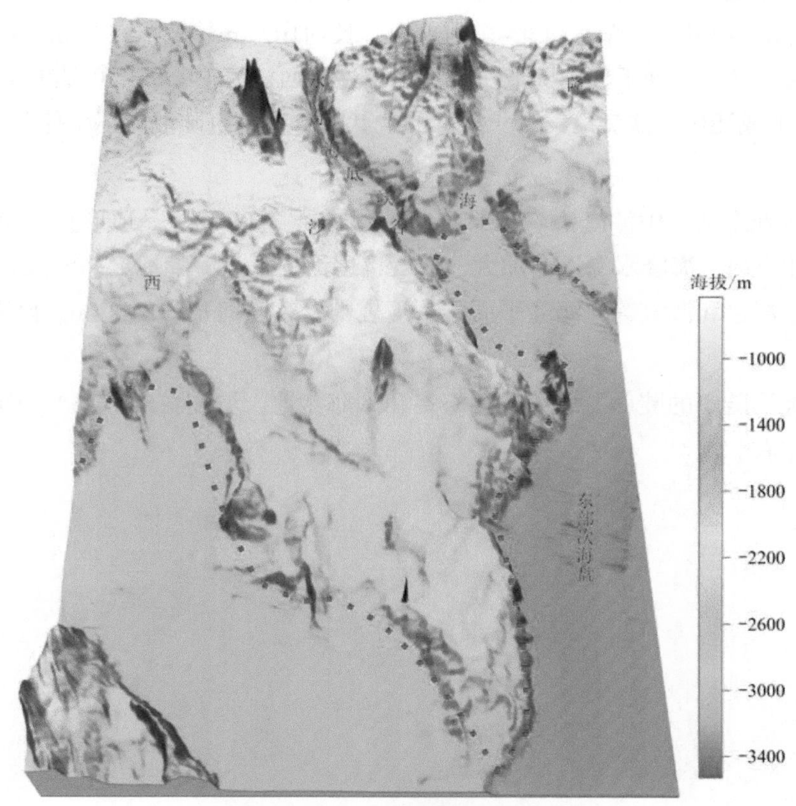

图3.43　西沙海隆晕渲地形图

C.中沙北海隆

中沙北海隆（图3.44）位于南海中北部、中沙海台北部，是南海西部大陆坡的一部分，西南接中沙海槽，东部和北部临深海平原，南与中沙海台相连。海隆平面形态呈菱形，长轴方向为北东–南西走向，长约235 km，短轴近南北走向，长约143 km，海岭面积约15125 km²。海隆由海谷和26个形态各异、高低不一的海山、海丘组成，山峰陡峭，峰谷相间排列，相对高差为150～3210 m，海山坡度在4.2°～31.7°。总体上，海隆东部、西部山脉以北东向延伸为主；中部山脉以近东西向延伸为主；海隆西北面山坡地形平缓，坡度在1.6°～8.7°，东南面山坡地形陡峭，坡度在3.5°～22.7°。海岭北部和东部与深海平原相接，高耸的群山和低缓深海平原之间形成的巨大落差，使海隆更显陡峭。海山山体及其山间谷地地形向海槽和深海平原延伸切割，使海隆东西部地形呈锯齿状，较为凌乱复杂。海隆上的海山、海丘和海谷紧密排列和相间分布，是受北东—东北东向断裂构造所控制，是玄武岩岩浆沿着这些断裂构造喷溢活动的结果。

a.主要海山

中沙北海隆上发育隐矶海山、屏南海山等10座海山，以下就隐矶海山、屏南海山两座海山做详细叙述。

隐矶海山位于海隆东北部，在美滨海山南部3.5 km处，整个海山几乎被海谷所环绕，只有东北角和东南角与深海平原相接。海山规模较大，海山平面形态大致呈三角形，三条边的边长分别为83 km、67 km和37 km，面积约1440 km²。海山南部发育有四个山峰，山体连成线状，山体长64 km，山脊沿东西走向，自西向东，山峰之间的距离分别为14.7 km、9.5 km、11.3 km；峰顶水深分别为640 m、660 m、700 m和630 m，西边的三个海山为尖峰型海山，最东边的是平顶型海山。山麓水深为1850～3200 m，最大高差为2570 m。整体上山坡地形南峭北缓，最大坡度出现在北坡上坡段，达到35.3°。山峰北坡下坡段坡度小，向西面、北面和东面缓慢倾斜下降，坡度范围为2.8°～6.3°。

屏南海山位于海隆东南部，北、西和东三面被海谷环绕，只在东部与深海平原相接、东北部与南扉海脊相邻，是海隆中山峰最高且规模最大的链状海山，平面形态呈长条状，长68.2 km、宽6～21 km，面积为980 km²。海山发育五座山峰，山体连成线状，山脊沿北西走向，自北向南，山峰之间距离分别为12 km、8 km、14.6 km和13.5 km，峰顶水深分别为470 m、505 m、575 m、588 m和1307 m，北部四座是平顶型海山，最南部的是尖峰型海山。平顶型海山自山顶平台边缘开始形成陡峭的斜坡，并呈上陡下缓地形特征。自北向南，海山命名为1、2、3、4、5号海山。1号海山平台平面形态大致呈三角形，面积为7.5 km²；北部山麓水深为2600 m，南部山麓水深为2200～2500 m，最大高差为2130 m；海山南坡坡度为19.4°，北坡坡度为22.3°。2号海山位于1号海山东面，平台平面形态呈椭圆形，面积为13 km²；北面山麓水深为2800 m，南面山麓水深为1750～2500 m，最大高差为2300 m；海山南坡坡度为26.2°，北坡坡度为18.3°。3号海山位于2号海山东南面，平台规模很小，呈椭圆形，山脊沿北北西向，东西面山麓水深为2700～2800 m，最大高差为2250 m；海山东西坡坡度相近，约为22.5°。4号海山位于3号海山东南面，平台平面形态呈长条状，长6.5 km、宽0.4～1.8 km，面积为7 km²；东部山麓水深为3800 m，西面山麓水深为2900 m，最大高差为3218 m；海山东坡坡度为18°，西坡坡度为22°。5号海山位于链状海山最南部，平面形态大致呈四边形，面积为200 km²，西面与4号海山相邻，东、北面与深海平原相接，南面是海谷；东面山麓水深为3950 m，西南面山麓水深为3100 m，最大高差为2643 m；海山地形南北陡东西平缓，北坡坡度为21°，南坡坡度为27°，西坡坡度为18°，东坡坡度为12°。

b.中沙北海谷

中沙北海隆的海山间分布有一个大型海底凹形谷地，命名中沙北海谷（暂定；图3.44）。

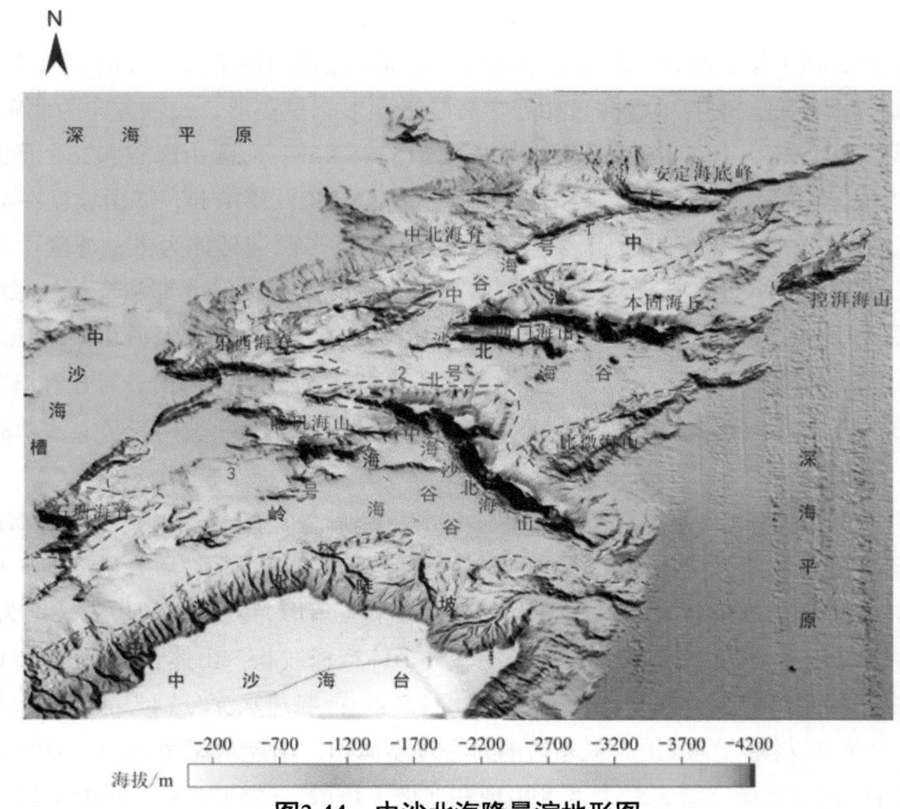

图3.44 中沙北海隆晕渲地形图

中沙北海谷规模巨大，由三条大型海谷组成。1号海谷位于中沙北海隆北部，呈北东–南西向，长103 km、宽5.5～17.6 km，美滨海山、西门海山的山坡组成支谷西北谷坡，东南谷坡为隐矶海山的山坡。谷底最浅处位于海谷中南部，水深为2320 m，地形分别向北东和南西向倾斜下降，北东向落差大，在3800 m水深融入深海平原，坡度南西向地形较缓，与其他两条海谷相接，水深为2700 m；海谷两侧坡度大小不一，最大坡度出现在西北谷坡，可达23.5°。2号海谷位于中沙北海隆中部，呈东西走向，长134 km、宽5.5～36 km，北谷坡为西门海山东南部和隐矶海山的山坡，南谷坡为隐矶海山和南扉海脊的山坡。海谷的中西部（西门海山南部）谷底地势最高，水深约2520 m、宽约6.3 km，向两端延伸，地势逐渐降低，西端连接中沙海槽，平均坡度为2.2°，东端连接深海盆地，谷底宽阔，宽达36 km，平均坡度为0.9°。总体上，2号海谷宽阔而深切，谷坡地形陡峭，最大切割深度可达2400 m，四座海丘发育在谷底。3号海谷规模最大，位于中沙北海隆南部、中沙海台北部。海谷呈圆弧状，西段为北东向，东段为东南向，长150 km、宽7.5～49 km，面积为4060 km²。海谷的北谷坡为西门海山和中沙北海山（暂定）的南部山坡，南谷坡为中沙海台北部台坡，东、西端分别连接深海盆地和中沙海槽。谷底地形复杂，地势高的两个地方，一处位于中沙北海山西段南部2250 m水深处，地势向西和东南倾斜下降；另一处位于中沙海台西北部2280 m水深处，地势向西南和东北面向中沙海槽倾斜下降，在4000 m水深段融入深海盆地。漫步海山、控湃海山和其他八座海丘发育在谷底，海山和海丘呈北东和东西走向。

5）陆坡海槽

陆坡海槽发育在大陆坡上，一般为地形低陷且呈长条带状，包含陆坡斜坡（或陡坡）和槽底平原两类三级地貌单元。海槽的两侧槽坡地形陡峭而底部平原地形平缓。南海西部陆坡主要发育中沙海槽。

中沙海槽位于南海中北部，是南海西部陆坡的一部分，位于西沙海隆和中沙海台之间。海槽由西沙海隆南翼陡坡、中沙海台台坡，以及中沙北海隆的海山–海丘山坡和槽底平原构成（图3.45）。西沙东海脊（暂定）南翼陡坡落差为550 m，坡度为2.5°～6.2°；中沙北海隆四个海山–海丘山坡组成中沙海槽的西南槽坡，坡度范围为4°～20.2°，地形比西北槽坡陡峭。槽底平原自西南3030 m水深段开始向东北延伸倾斜下降，在3450 m水深段融入深海平原，落差为420 m，长64 km、宽13～33 km，地形较为平缓，平均坡度约0.13°。

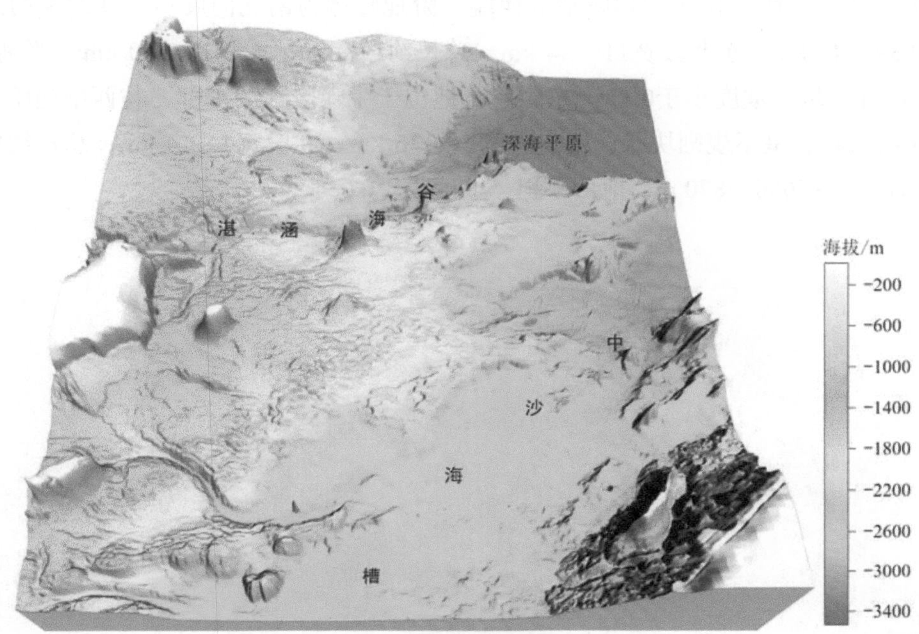

图3.45　中沙海槽晕渲地形图

中沙海槽发育海槽底平原和陆坡斜坡等三级地貌单元。海槽的东南斜坡平均坡度比西北斜坡的平均坡度大。中沙海槽两侧的斜坡地形复杂，既有与海槽平行的陡坎，也有与海槽相垂直的冲刷沟谷。中沙海槽可能是在南海第一次板块构造运动拉张力作用下，莫霍面上隆使同属元古宙的西沙地块和中沙地块分裂开形成断裂槽谷。海槽东北口地壳厚度最薄，只有4.95 km。沿海槽两侧走向发育一系列断裂带，且从两侧向中间断落，槽底平原被后期沉积物充填（图3.46）。

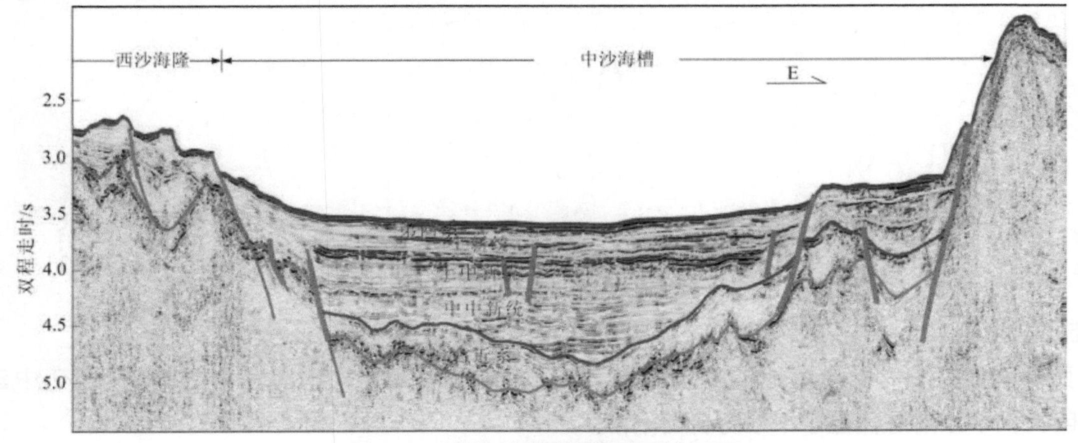

图3.46　中沙海槽地震剖面特征图

6）陆坡阶地

中建阶地（图3.47）位于南海西部150～970 m水深段，系南海西部陆坡一部分。此斜坡平面形态不规则，面积约16450 km²，整体地形自西向东倾斜下降。中建阶地北部与日照峡谷群毗邻，东部与中建峡谷群和中建南斜坡相连，是南海西部陆坡上呈阶梯状分布的大型地貌单元，由地形平坦的二级阶梯面构成，即西中建阶地（暂定）和东中建阶地（暂定），阶地之间相对高差约300 m，东西两侧受断层控制（图3.48）。西中建阶地位于中建阶地的西端，阶地整体为南北向展布，在北端向东北弯曲延伸且收窄，中南部宽39～49 km、东北段宽11～34 km，总长约196 km，面积达6560 km²。阶地面水深在400～630 m，地形开阔且平坦，坡度小于0.1°。东中建阶地位于中建阶地的东部，与西中建阶地隔斜坡相邻。阶地整体为南北向展布，呈不规则块状，中南部宽14～36 km、北段宽4～14 km，总长约128 km，面积达2194 km²。阶地面水深在650～870 m，地形平坦，坡度小于0.05°。

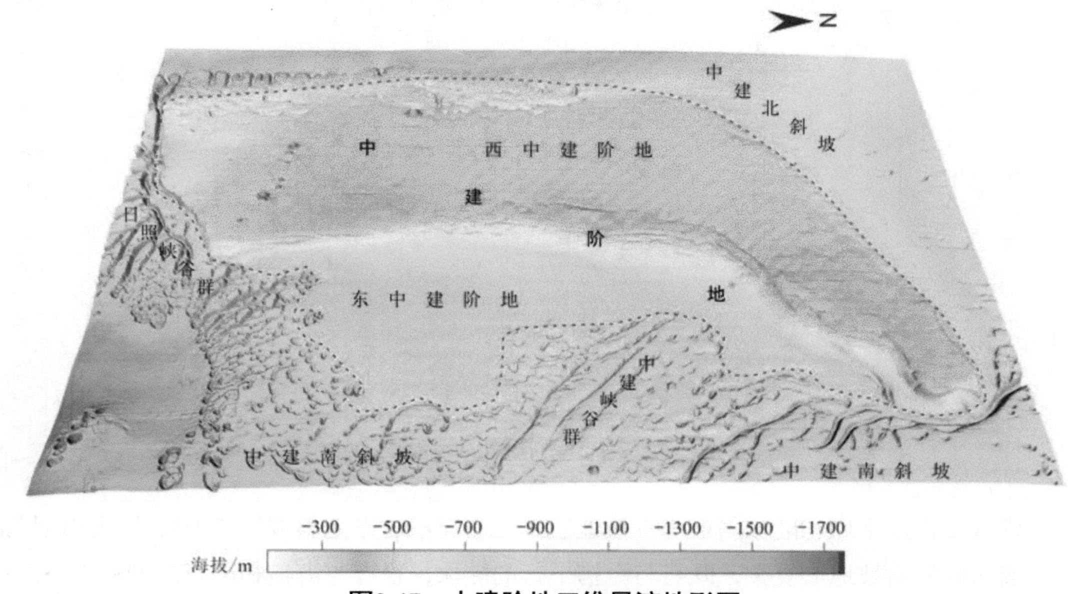

图3.47　中建阶地三维晕渲地形图

图3.48　中建阶地地震剖面特征图

7）陆坡盆地

南海西部陆坡发育有两个盆地：中建南海盆和中沙南海盆。中建南海盆（图3.49）位于中建阶地南部，规模巨大，中沙南海盆位于中沙海台西南部。

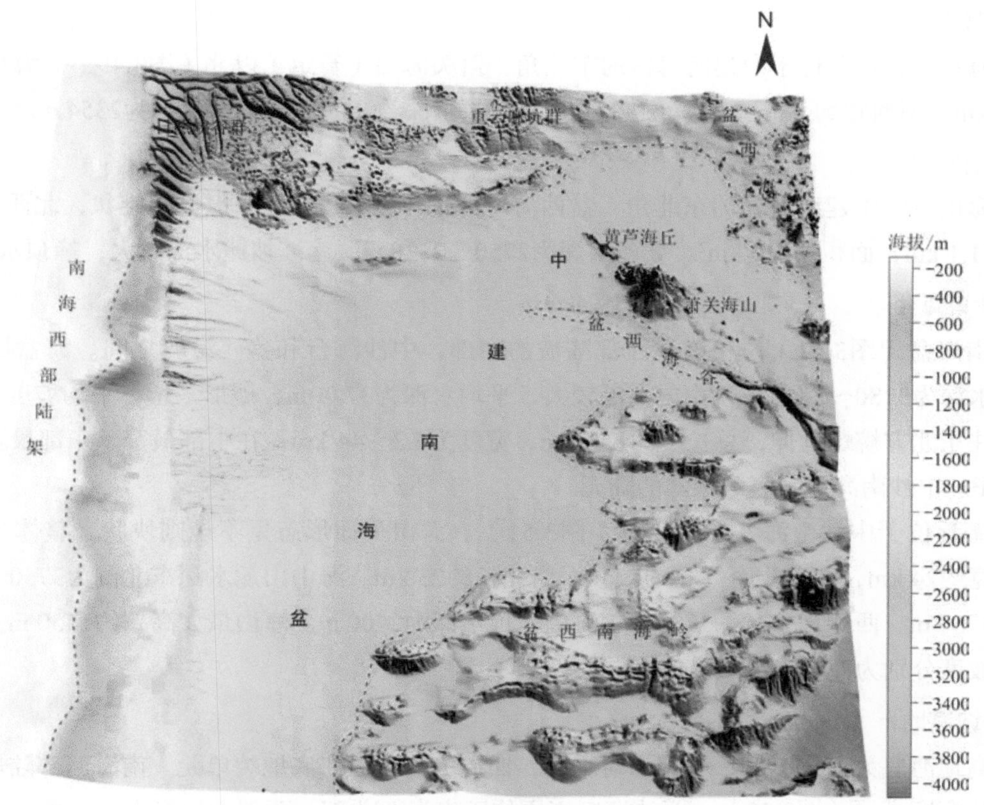

图3.49　中建南海盆晕渲地形图

A.中建南海盆

中建南海盆位于南海西部陆坡，被南海西部陆架、中建阶地和盆西南海岭包围。海盆平均水深为2190 m，比四周地形低1200～2000 m。平面形态上，海盆南北长约257 km，东西宽78～217 km，在北边最宽，南边渐窄。海盆面积约3.7万km²。海盆从西向东，水深逐渐加深，从200 m逐渐加深到2957 m；坡度从西向东逐渐减小，从4° 逐渐减小到0.1° 。

中建南海盆形相对低陷，周围沉积碎屑经海底水流携带至盆地内汇合沉积，形成平坦的平原地貌。晚白垩纪末至新生代早期，南海西部边缘受走滑剪切和海盆拉张等构造活动的制约，自北向南产生了一系列的构造盆地（图3.50）。这也是中建南海盆形成的构造背景。南海西部和西南部也产生了一系列北东向地堑、半地堑，形成了中建南海盆、万安盆地、南薇西海盆（暂定）和北康海盆的雏形。盆地形成初期，物源丰富，盆地内沉积了陆相粗碎屑沉积物（钟广见等，2006）。

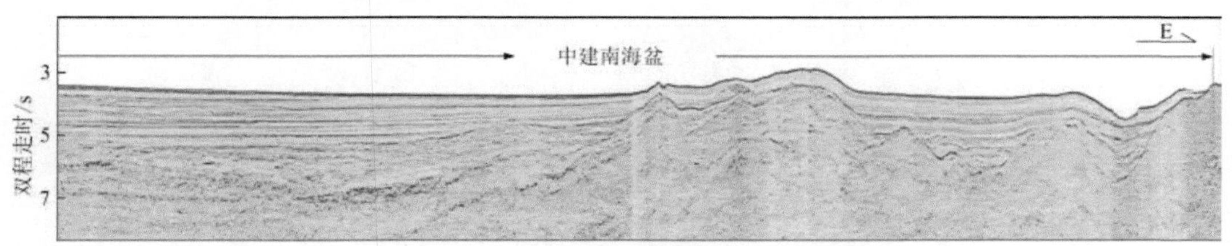

图3.50　中建南海盆震剖面特征图

a.黄芦海丘

黄芦海丘（暂定）位于中建南海盆的东北角，萧关海山（暂定）以北（图3.49）。海丘呈长轴状，南东长约17 km、南西宽约4 km，面积约92.8 km²。坡麓水深约2800 m，峰顶水深为2354 m。

b.萧关海山

萧关海山位于中建南海盆的东北角，盆西海岭北部（图3.49）。海山呈圆锥状，北西长约29.2 k m、北东长约21.1 km，面积约630 km²。坡麓水深为2750～2820 m，南坡坡麓水深较大，峰顶水深为1038 m。

B.中沙南海盆

中沙南海盆（图3.51）位于南海西部陆坡的中部，中沙海台和盆西海岭之间。海盆周围被高地形环绕，周缘水深为3180～3840 m，盆内水深较大，平均水深为3774 m，地形平坦，平均坡度小于0.1°。海盆从西南方往东北方蜿蜒延伸，总长度约128 km、宽度为5.2～44 km，在中部最窄、东部最宽，海盆总面积约3000 km²。中沙南海盆基底为减薄的陆壳。

涛静海丘位于中沙南海盆的中南部（图3.51）。海山平面形态呈不规则块状，整体为南端宽、北边窄，南边宽约24 km，北边收窄，宽约8 km，南北长约23 km。海山山麓水深东北侧为3750～3850 m、南侧为3520～3750 m、西侧为3650～3780 m，海山峰顶水深为2400 m。海山最大高差约1450 m，东北、南、西三面山坡坡度分别为8.7°、10°、11°。

8）陆坡高地

陆坡高地海底大面积突起，中部相对平缓，四周为陆坡的海底地貌单元。南海西部陆坡发育的陆坡高地称为西沙海底高原（图3.52）。西沙海底高原位于南海西北部，西邻金银海脊，东部自北向南分别为永乐海隆、西沙海隆和深海盆地，北邻西沙海槽，南靠中建斜坡和中沙海槽。台地整体地形自北向南缓慢倾斜下降，由1000～2100 m等深线环绕而成的凸起台地，平面形态不规则，长290 km、宽140 km，面积达27130 km²。台面上地形宽阔，相对较为平坦，略有起伏；周缘地形复杂，东部陆坡呈阶梯状下降。西沙海底高原南部起伏的台面上发育有麻坑群，东北侧有小型海丘发育，高差不大。

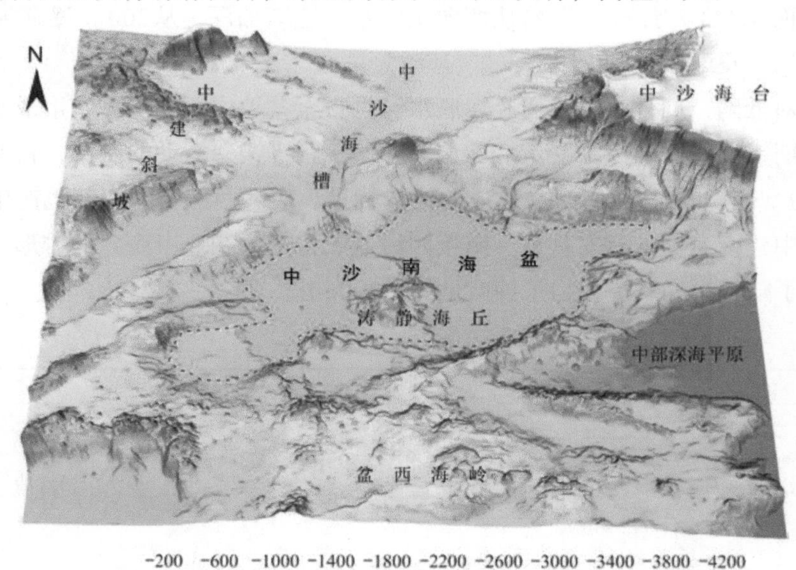

图3.51 中沙南海盆晕渲地形图

西沙海底高原西部起伏的台面上发育有海穴群，海穴呈圆形或椭圆形，规模不大，直径约2.5 km。海穴东侧也有小型海山–海丘发育，为东西走向或南北走向，高差不大。

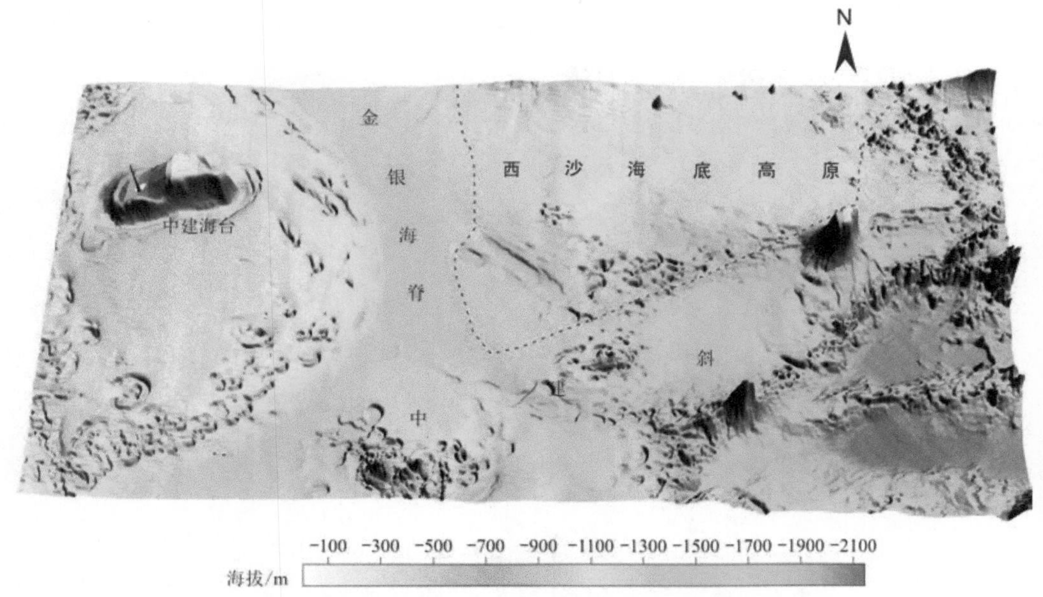

图3.52　西沙海底高原晕渲地形图

9）陆坡海岭

陆坡海岭是由众多的海山、海丘、海谷紧密相间排列，形成山峰连绵起伏、峰谷相间排列的特大型地貌体，也是大陆坡上地形起伏变化最壮观的海域。南海西部陆坡发育有盆西海岭和盆西南海岭等两个大型海岭，均呈东北–西南方向排列，矗立于陆坡边缘，与地形平缓的南海海盆相邻。两个海岭走向的一致性，与南海地壳的应力方向有关。

盆西海岭和盆西南海岭海域的莫霍面深12～20 km，属于过渡性地壳。区内属于正负交替变化的磁场区，正负异常相间排列，呈北东—东北东向条带状分布，推测较大的负异常可能是变质岩系引起的盆西海岭和盆西南海岭的基底和西沙群岛、中沙群岛一样同属于元古宙地块。新生代以来，经历了不同构造运动体制的改造，尤其是在早期以挤压褶皱断裂、后期以拉张断裂为主的作用下，地幔物质上蚀地壳，使之减薄，并沿着张性断裂大量基性和超基性物质上涌和喷发。在后期拉张断裂作用下形成一系列北东向至北北东向的次一级断裂，并成组成带出现，从而形成众多尖而陡的线性山峰，构成南海规模最大、地形变化最为复杂的两条海岭。新近纪以来，盆西海岭和盆西南海岭被沉积物覆盖，除断裂谷沉积厚度较厚以外，山峰上沉积厚度很薄，有的甚至缺失，有的断层切割到海底，反映出该区新生代运动相当活跃。

A.盆西海岭

盆西海岭（图3.53）位于南海西部中段，是南海西部陆坡的一部分，西南接中建斜坡和中建南海盆，东部临南海海盆西南深海平原，北部和南部分别与中沙南海盆和盆西海岭相连。盆西海岭是南海最为壮观的海岭，由众多呈带状排列的海山、海丘及山间盆地构成，峰谷相间，地形连绵起伏，其中分布十多条北东向或者北东东向线状延伸的海山，它们的长度不一，最长可达150 km。水深变化大，水深为296～4325 m，平均水深为2784 m。海岭平面形态似椭圆形，长边东北走向，长约273 km、宽约167 km，区域总面积约4.3万km^2。盆西海岭的海山总体上呈东北偏北平行排列。海山之间构成了两个明显的较宽阔的长条形盆地。两个盆地中心点分别位于（112° 29′ E、14° 38′ N）和（112° 37′ E、13° 53′ N），平均水深分别为3168 m和3145 m，面积分别为645 km^2和1003 km^2。海岭东部与西南深海平原相接，高耸的群山和低缓深海平原之间形成的巨大落差，使海岭更显陡峭。

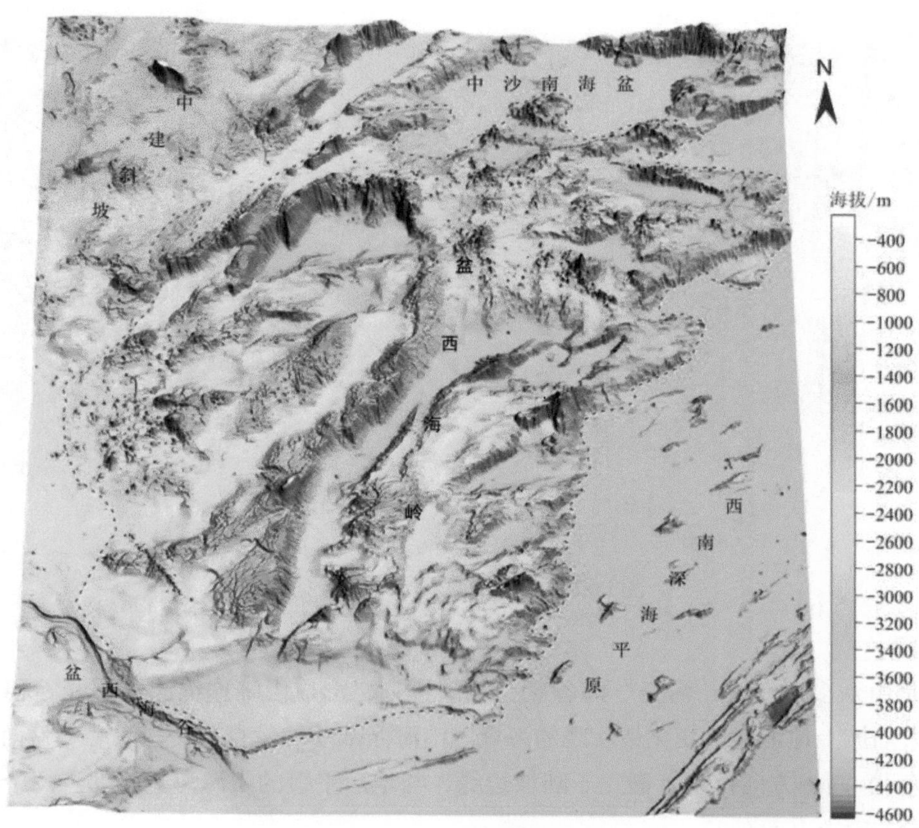

图3.53　盆西海岭晕渲地形图

盆西海岭的形成和构造隆起有密切关系，地震资料表明（图3.54），盆西海岭新生代沉积厚度薄，有的甚至缺失，大量的海山形成披覆型的沉积体，有的断层切割到海底，反映出该区新生代运动活跃。因此，盆西海岭受控于断层、岩浆、构造隆起和浊流等作用（祝嵩等，2017）。

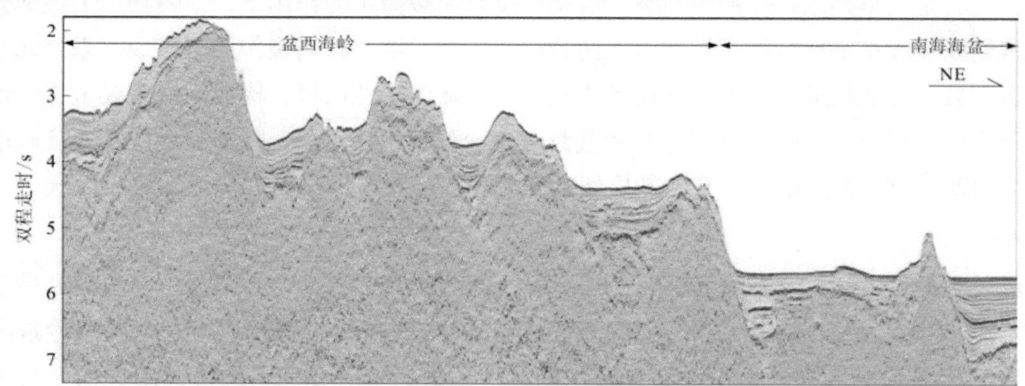

图3.54　盆西海岭地震剖面特征图

B.盆西南海岭

盆西南海岭（图3.55）位于南海西部陆坡，东临南海海盆，西接中建南海盆，北面为盆西海底峡谷，南部与广雅斜坡相邻。盆西南海岭也是由众多海山、海丘及山间盆地呈带状排列构成。区域内水深变化大，水深为1700～4170 m，地形多变。平均水深为2588 m。区域平面形态呈四边形，长轴方向为东北偏北，长115～176 km、宽62～112 km，区域总面积约1.37万km^2，区域平均坡度为4.8°。在盆西南海岭的北半部，海山走向基本呈东西走向；而在南半部，海山虽然也是呈长条形，但不同海山走向变化较大，既有南北走向，也有东北走向。海山之间形成了众多的山间盆地，海山山体及其山间谷地地形向深海平原延伸切割，使海岭东西部地形呈锯齿状，较为复杂。

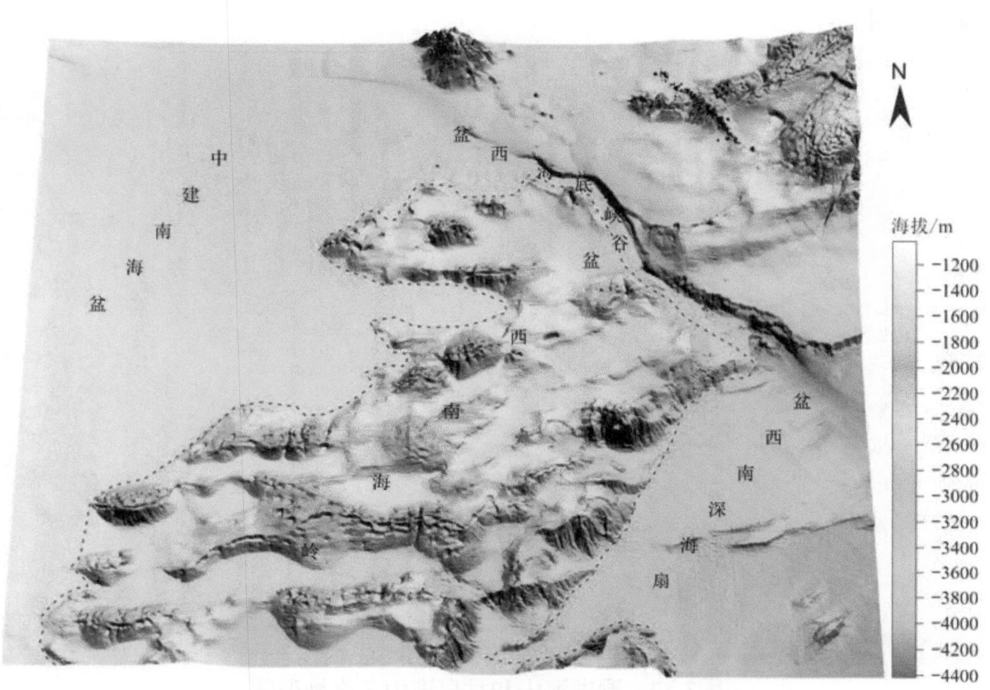

图3.55　盆西南海岭晕渲地形图

同盆西海岭的形成一样，盆西南海岭的形成亦和构造隆起有密切关系，地震资料表明（图3.56），盆西南海岭新生带沉积厚度薄，有的甚至缺失，有的断层切割到海底。因此，盆西南海岭受断层、岩浆、构造隆起和浊流等共同作用。

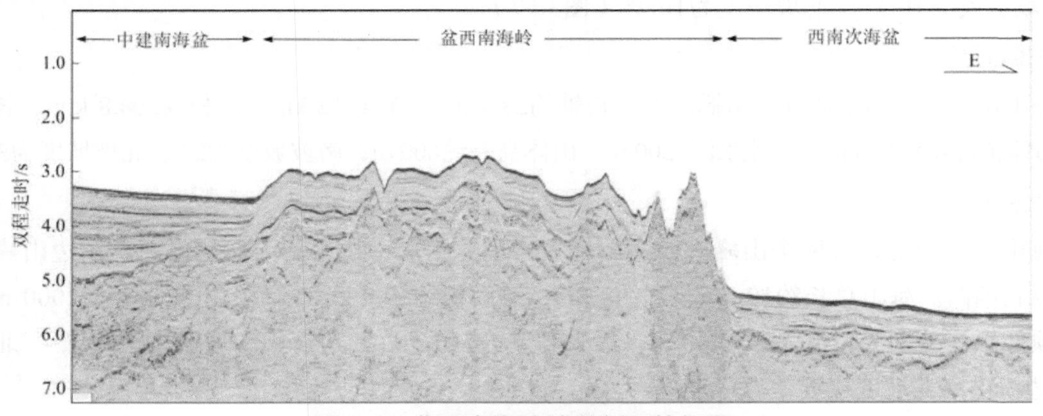

图3.56　盆西南海岭地震剖面特征图

10）大型海山（丘）

大陆坡发育九个大型海山，命名为珊瑚海山、甘泉海山、一统海山（暂定）、琛航海山（暂定）、北岛海山（暂定）、华光海山（暂定）、滨湄海山（暂定）、浪花海山、华夏西海山。

A.珊瑚海山

珊瑚海山规模较大，发育有三座山峰，山体连成线状，山脊沿北东走向，山峰之间距离分别为12.8 km、10.8 km。峰顶水深在1500 m左右，最浅水深为1479 m，山麓水深约2000 m，最大高差800 m。西边山峰南坡坡度为2°、北坡坡度为3.1°；中间山峰南坡坡度为4.3°、北坡坡度为11°；东边山峰南坡坡度为4.3°、北坡坡度为9.4°，总体上坡度较小，山体较缓。珊瑚海山总长约45 km，宽5～14 km，面积为282.7 km²（图3.57）。

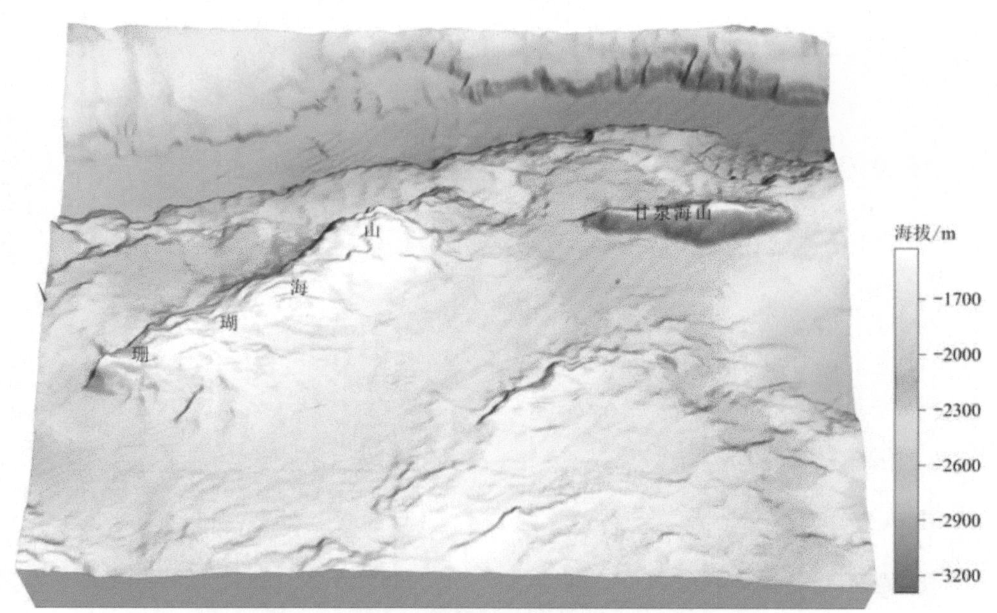

图3.57 珊瑚海山和甘泉海山三维地形图

B.甘泉海山

甘泉海山规模较小，山体呈线状，山脊东西走向，中间山体最宽，东边和西边山体变窄，长约23 km、宽2～5 km，面积约69.9 km²。山顶水深约1500 m，最浅水深为1473 m，山麓水深约2200 m，高差为700 m；南坡坡度为19.3°、北坡坡度为10.2°（图3.57）。

C.一统海山

一统海山位于陡坡的东北部，呈椭圆形，长轴约28 km、短轴约12 km，面积约204.8 km²，长轴沿北东向延伸；山体顶部水深700 m，山麓水深1200 m，山体高差约600 m；南坡坡度为2°、北坡坡度为3.2°。

D.琛航海山

琛航海山海槽底部发育两个山峰。西边山峰大，呈三角形，锐角指向西北偏西；东边山峰小，呈线状，走向西北偏西。海山总长约19 km、宽约8 km，总面积约69.9 km²。海山山麓水深为2000 m，西边和东边海山顶部水深分别为1260 m、1440 m，最大高差为740 m。西边海山南坡坡度为14.7°、北坡坡度为11.8°；东边海山南北坡度接近，为14°。

E.北岛海山

北岛海山位于台地的东部斜坡上。海山平面形态呈长条状，山脊东西走向，山体宽度较均一，长约13 km、宽约4 km，面积约56.2 km²；海山顶部水深为350 m左右，水深最浅为327 m，山麓水深为1200～1500 m，高差达1150 m；坡度约32.6°（图3.58）。

F.华光海山

华光海山位于西沙东海脊的中部。海山山体形态呈椭圆形，山脊走向为北东向，山体宽度变化不大，长约15 km、最大宽4 km，总面积约32 km²；山顶水深约820 m，山麓水深约1700 m，山体高差约900 m；南坡坡度为26°、北坡坡度为30.3°。

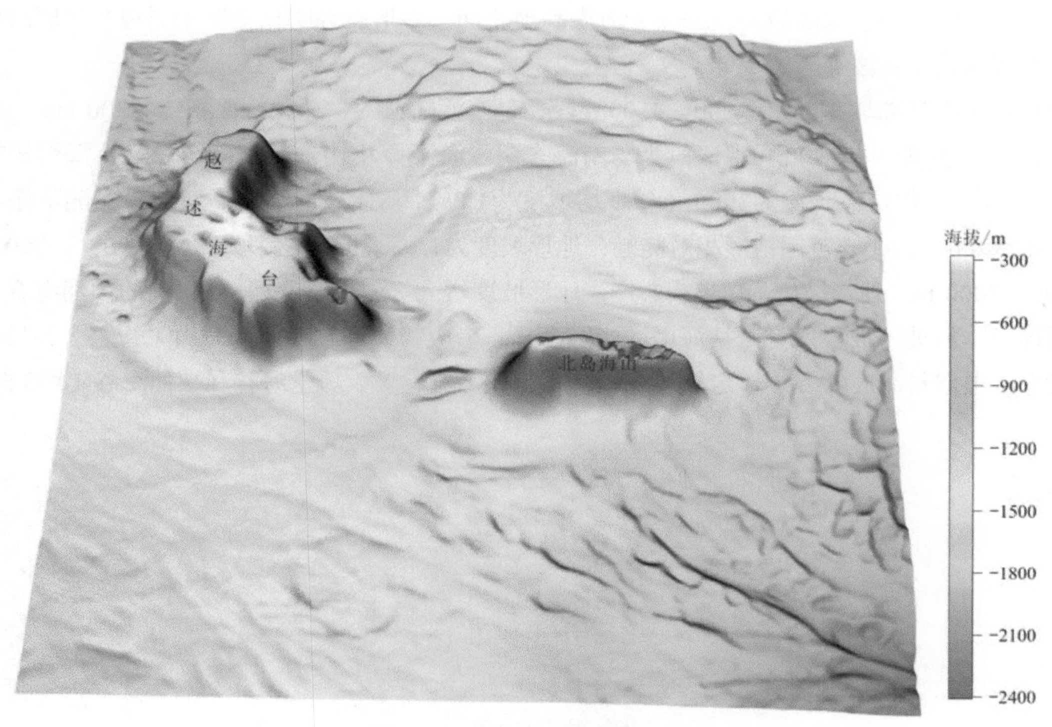

图3.58　北岛海山三维地形图

G.滨湄海山

滨湄海山位于西沙东海脊的西部，在东岛的东南方，离东岛距离约28 km。海山平面形态为水滴形，尖端指向北东向，长约9.5 km、宽约6 km，总面积约29.5 km²；山峰水深约284 km，山麓水深约1000 km，海山高差约716 m；海山顶面平坦，南北坡度接近，为26.6°。

3. 南沙陆坡

南沙陆坡西起巽他陆架外缘，东至马尼拉海沟南端，北东向延伸，长约1300 km，面积约57.4万km²。南沙陆坡大部分海域水深在1000～3500 m，海底地形起伏不平、地貌类型多，有陆坡斜坡、陆坡陡坡、陆坡海脊、陆坡海台、陆坡山谷、陆坡海槽、陆坡盆地、陆坡高地和大型峡谷群等三级地貌单元。南部陆坡最为显著的地貌特征是南沙海底高原，其顶面发育地形起伏的斜坡海台，以及海台顶面上的南沙群岛。南沙海底高原在构造上处于南沙断块构造带上，其周缘多为北东向及东西向的深大断裂切割。北界和西界与南海海盆为断裂相接，水深直落至3800～4000 m深的深海平原，东界与最大水深达3000 m的南沙海槽为断裂接触，使得南沙群岛区形成地垒式的隆起区。海槽东部是绵延220 km的巴拉望山脉，其主峰基纳巴鲁山高达4175 m，峰顶与海岸线水平距离仅为20～30 km，与南沙海槽槽底高差达7300 m。由此可见，南沙海底高原东部的海陆地形反差十分强烈，仅在高原南边因邻接巽他陆架而显得地势略缓（图3.16）。

南沙陆坡区构造运动活跃，海底火山作用强烈，断层分布广泛，发育了大面积的海山–海丘和山间盆地或谷地。这些大小不一、形态各异的海山在不同地带，排列成不同的地貌组合体，使海山–海丘区地貌形态复杂。

1）陆坡斜坡

陆坡斜坡是由构造内营力和堆积外营力共同作用形成的地貌单元，地形较为平缓，一般往单一方向倾斜。南沙陆坡地形较为平缓的陆坡斜坡分布于海底高地之间，地形趋势明显受制于周边的海底高低，主要为南沙陆坡东部的礼乐斜坡等。

礼乐斜坡位于南沙陆坡东部水深200～4100 m段，是南沙陆坡的一部分，面积约48300 km^2，整体地形自南东往北西方向倾斜，在3700 m水深段为与南海东南深海平原相接，其东部与马尼拉海沟相接于水深4000～4100 m段。斜坡最大高差为3900 m，平均坡度为1.0°，整体地形平缓。斜坡呈上陡下缓的地形特征，上坡段水深200～2900 m范围地形相对陡峭，地形坡度为1.1°～1.3°；斜坡下坡段2900～3700 m水深范围高差为800～2000 m，地形坡度为0.5°～1.0°，地形坡度增大。斜坡被北西–南东向的项羽海脊（暂定）分成东西两部分，斜坡下坡段发育张祜海山、张继海丘、韦应物海山和西刘邦海山（暂定），另外，自东向西分别发育了白居易海底峡谷（暂定）、卢纶海底峡谷（暂定）、勇士海谷和神仙海谷（图3.59）。

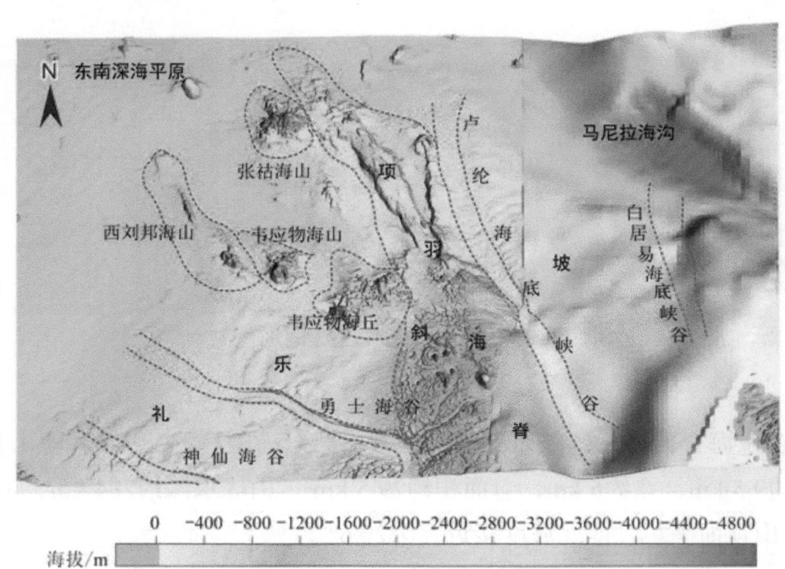

图3.59　礼乐斜坡和项羽海脊晕渲地形图

A.白居易海底峡谷

白居易海底峡谷位于礼乐斜坡东北部，呈北西走向。从东南往西北方向，水深逐渐加深，延伸长度约75.5 km、宽度约12.0 km；海底峡谷起点水深约1500 m，终点约4800 m，向西北方向融入马尼拉海沟，高差约3300 m；坡度约2.66°（图3.59）。

B.卢纶海底峡谷

卢纶海底峡谷位于礼乐斜坡东北部，西临项羽海脊，海底峡谷为北西走向（约339°），自东南往西北方向，水深逐渐加深；延伸长度约100 km、宽度约11.0 km；东南起点水深约2363 m，终点西北侧水深约3500 m，高差约1140 m；坡度约0.8°（图3.60）。

C.勇士海谷

勇士海谷位于礼乐斜坡中部，走向北西偏西（约292°），自东往西水深逐渐加深，蜿蜒延伸长度约146 km。海谷由一条主海谷和两条分支海谷组成，两条分支海谷在2100 m水深段融入主海谷，主海谷平均宽度约5 km；海谷东部起点水深约1100 m、西部终点水深约3700 m，高差约2600 m；海谷平均坡度约0.74°（图3.59、图3.60）。

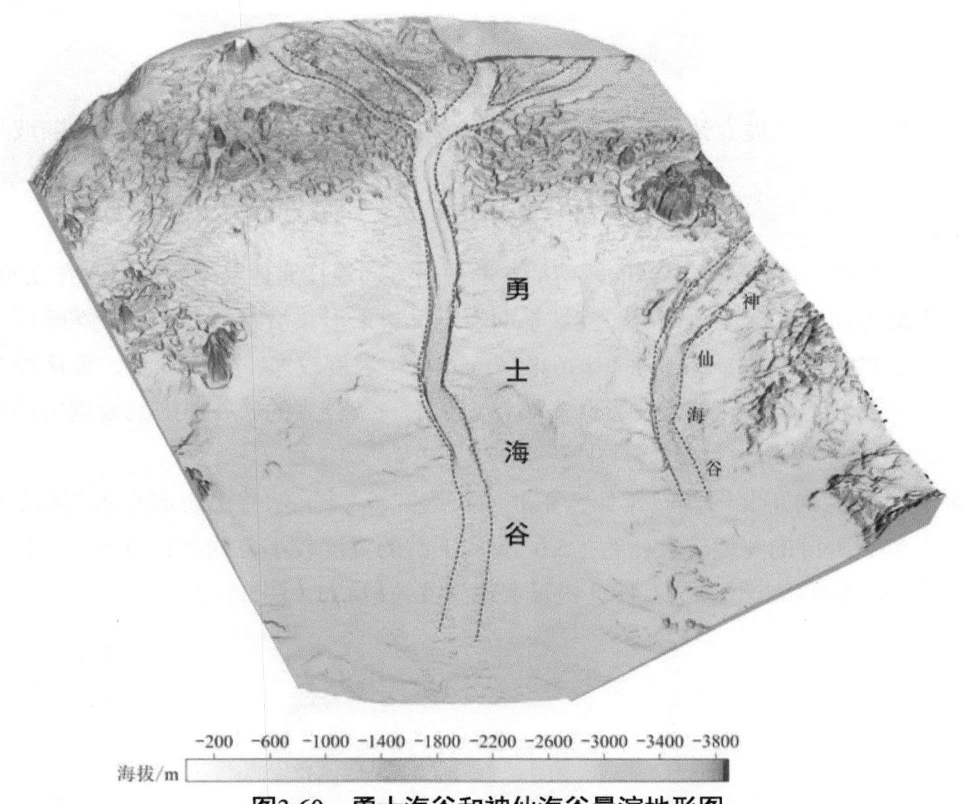

图3.60　勇士海谷和神仙海谷晕渲地形图

D.神仙海谷

神仙海谷位于礼乐斜坡西部，走向为北西偏西（约286°）；从东往西，海谷水深逐渐加深，延伸长度约65 km、宽度约4 km；海谷东侧起点水深约3066 m，终点西部水深约3600 m，高差约534 m；坡度约0.6°（图3.61）。

E.张祜海山

张祜海山位于礼乐斜坡北部，海山平面形态呈椭圆形，走向近南北，但海山山峰走向为东西。海山南北向长约33.5 km、东西向最大宽约21.7 km，面积约581 km²。海山峰顶水深为1579 m（118° 14.0′ E、13° 26.0′ N），山麓水深为2974～3832 m，海山在西侧山麓水深最浅，海山最大高差为2232 m；海山北缘斜坡坡度约18°，南缘斜坡坡度约13°，东缘、西缘斜坡坡度均约11°（图3.59）。

F.韦应物海山

韦应物海山位于于礼乐斜坡北部，海山平面形态狭长，北西走向；北西长约30.4 km，北东向最大宽度约22.2 km，面积约474 km²。海山峰顶（118° 12.1′ E、12° 50.9′ N）水深为1948 m，山麓水深为3020～3633 m，海山从东南往西北方向，山麓水深逐渐加深，海山最大高差为1685 m。海山有两级斜坡，一级斜坡位于山腰以下，坡度较小，约为3°；另一级斜坡位于山腰以上，坡度较大，约为20°（图3.59）。

G.西刘邦海山

西刘邦海山位于于礼乐斜坡北部，海山平面形态狭长，有两个山峰，分别为南山峰和北山峰；海山为北西走向，北西长约61.4 km，北东向最大宽度约17.9 km，面积约850 km²；海山峰顶（118° 02.0′ E、12° 54.0′ N）水深为2550 m，山麓水深约3714 m，海山最大高差为1164 m；海山北山峰坡度约10°、南山峰坡度约15°（图3.59）。

2）陆坡陡坡

从地貌图上俯视，陆坡陡坡大致呈条带状分布于南沙陆坡的周边，即陆坡与陆架、陆坡与深海盆地相接海域。

A.南薇海盆陡坡

南薇海盆陡坡（暂定）位于南薇海盆的西南部，向西南方向连接巽他陆架。陡坡发育在200～1000 m水深段，从西南往东北方向，水深逐渐加深。陡坡平面形态呈长条形，沿着陆架坡折带蜿蜒延伸，陡坡西北向长度约400 km、东北向宽度约12 km，面积约6495 km²。陡坡坡度较大，为1°～8°，西南往东北方向，坡度逐渐减小，过渡到斜坡地带。陡坡上发育众多峡谷，其中一条较大的峡谷对应的地理实体名称为南薇一号峡谷（暂定）。

南薇一号峡谷从西南向东北向倾斜延伸，东北向长约22.6 km。峡谷上游起点水深约250 m；下游终点水深约1110 m。峡谷上游的宽度较大，约为5.0 km；下游的宽度较小，约为1.5 km。峡谷上游的坡度较大，约为4.4°；下游的坡度较小，约为1.4°。峡谷切割深度约174 m（图3.61）。

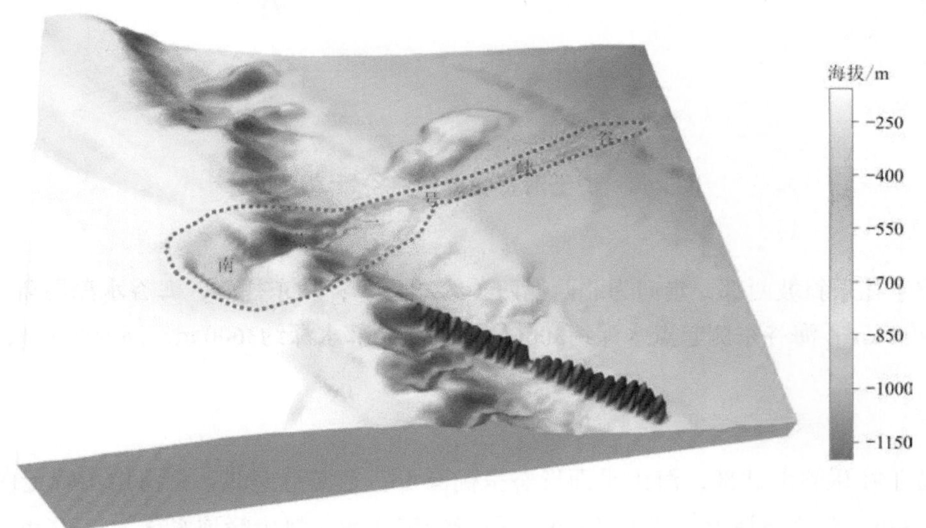

图3.61 南薇一号峡谷三维地形图

B.万安陡坡

万安陡坡（暂定）发育于李准滩、西卫滩和万安滩海台台面周缘。李准滩海台台面周围台坡地形较陡峭，东南陡坡的坡度约15°，其他方位坡度约3°。海台陡坡的坡脚水深为500～1420 m，东北陡坡的坡脚水深较浅、东南陡坡的坡脚水深较深；宽度约7 km，面积约470 km²（图3.62）。

西卫滩海台面周围台坡地形较陡峭，坡度为3.5°～4.5°。海台陡坡的坡脚水深为400～800 m，东边陡坡的坡脚水深较浅、南边陆坡的坡脚水深较深；宽度约8 km，面积约640 km²（图3.62）。

万安滩海台面周围台坡地形较陡峭，坡度为3.5°～4.5°。海台陡坡的坡脚水深为400～1480 m，西北边陡坡的坡脚水深较浅、东南边陡坡的坡脚水深较深；宽度约7 km，面积约1870 km²（图3.62）。

3）陆坡海脊

陆坡海脊多为海底挤压、碰撞或拉张过程中岩石圈裂开而形成的向深海盆地倾斜、延伸的隆起高地。其外形多呈梯形或条块状，其上大都发育有海山–海丘，两侧为坡度较大的陡坡（崖）。南沙陆坡发育有项羽海脊。

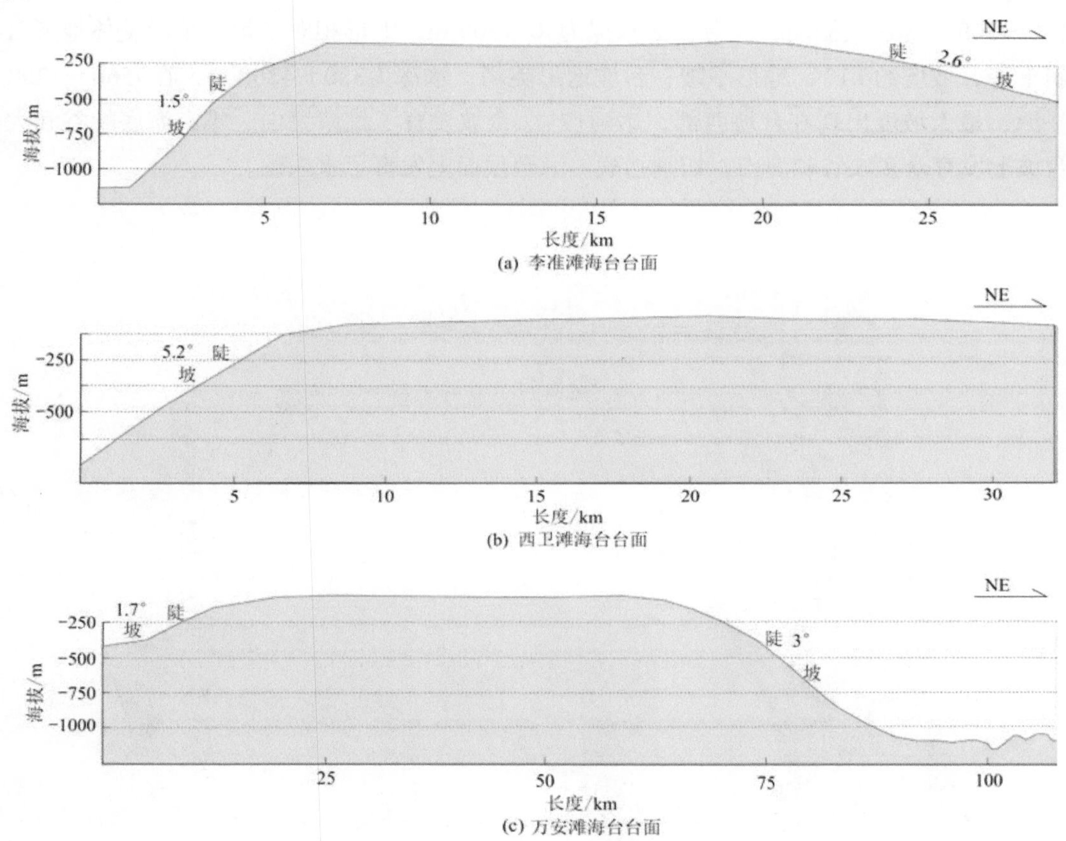

图3.62　海台台面和海台陡坡地形剖面图

项羽海脊为巴拉望岛岛坡的大型海脊，呈近南北向延伸，长约197 km，平均宽度为40 km，整体自南向北，山麓水深逐渐加深。海脊把礼乐斜坡分为东西两部分，海脊西部地形相对复杂，发育海山、海丘和海谷等，东接卢纶海底峡谷。海脊峰顶（118° 56.50′ E、12° 21.45′ N）水深为330 m，山麓水深为2641～3860 m，最大高差为3560 m，海脊东北坡坡度约6°、西南坡坡度约1.5°。

4）陆坡海台

海台是陆（岛）坡中具较大平坦面、周边为斜坡的地貌体。海台通常为陆壳残体，其上覆盖一定厚度的沉积层，台坡地形落差较大，规模较大的海台常发育海底峡谷。南沙陆坡发育众多规模不一海台，主要包括礼乐海台、万安海台（暂定）、广雅海台、安渡海台和南微海台等33个海台。

南沙陆坡发育的海台，主要位于广雅滩、礼乐滩、安渡滩、永暑礁等周围。其中以广雅滩周围最为典型。广雅滩周围发育六个大型的平坦海台顶面，分别位于西卫滩、万安滩、广雅滩、南水洲、中沙洲和北沙洲。六个海台顶面形状不一，大小各异，但都非常平坦，边缘水深约500 m，海台之间被地形深陷的沟谷所分隔。

A.礼乐海台

礼乐海台（图3.63）位于南沙陆坡中北部，其北部与深海平原相接，西部为永乐海槽，南部和东南部是陆坡斜坡，东部与神仙海谷相邻，是南沙陆坡规模最大的海台，面积达22760 km²，海台平面形态呈近椭圆形，长轴呈近南北方向，长约238 km、最大宽约186 km。海台顶面的平面形态也呈近椭圆形，长轴呈近南北方向，长约183 km、最大宽约122 km，平面面积达12160 km²。海台水深为30～4200 m，海台顶面大致以180～500 m等深线圈闭，海台顶面水深为30～500 m，地形相对平坦，顶面整体地形自中部向四周缓慢倾斜下降，坡度约0.1°，地形平缓；台坡地形陡峭，水深为380～4200 m，在3560～4200 m水深段融入深海平原，最大坡度出现在台坡西部，达到17°。台坡发育了雄南海山、雄南海底峡谷和大渊海底峡谷。周缘台坡上发育众多峡谷和海山，切割强烈。海台顶面上发育了永乐礁。

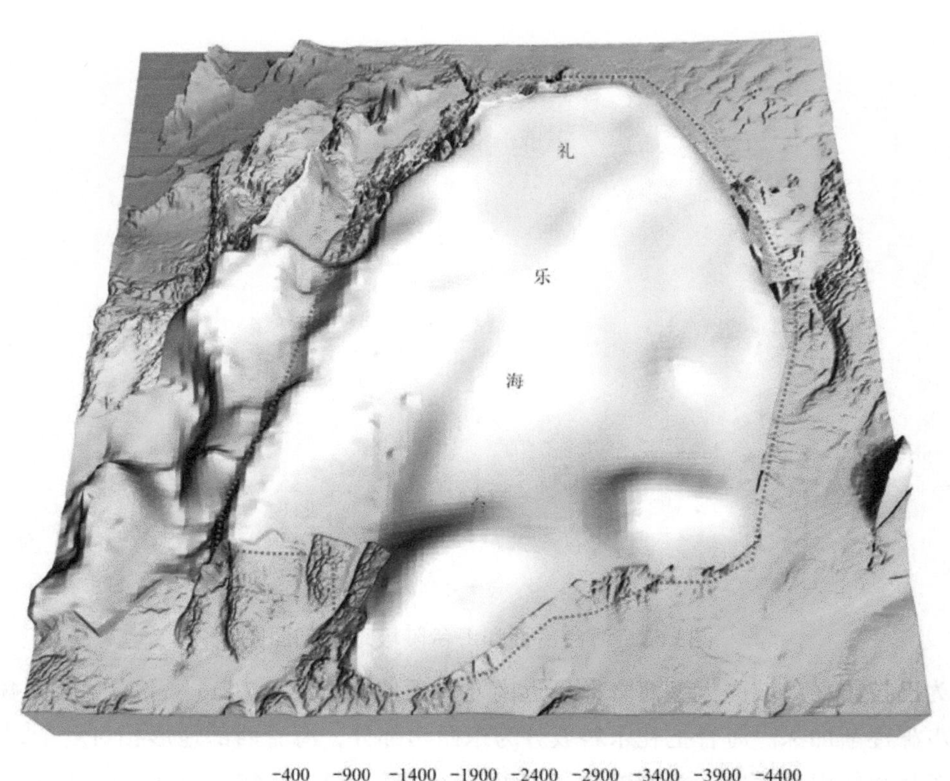

图3.63　礼乐海台晕渲地形图

B.万安海台

万安海台位于南沙陆坡西部，南沙群岛的西部，西邻巽他陆架，东接南薇海盆。面积为21930 km²。万安海台发育多个礁滩，主要有万安滩、西卫滩、李准滩等。在万安海台范围内，发育海台台面、海台陡坡和陆坡斜坡等三级地貌。共识别出三个海台台面地貌和三个陆坡陡坡地貌，分别位于李准滩、西卫滩、万安滩周围（图3.64）。

5）陆坡山谷

南沙陆坡区内隆起的台地、海台、海脊之间分布有一些海底凹形谷地。大型陆坡山谷有八个，命名为北边海谷、银砾海谷（暂定）、晋卿海谷（暂定）、西渡海谷（暂定）、金银海脊、浪花海谷、湛涵海谷、红草海谷等。

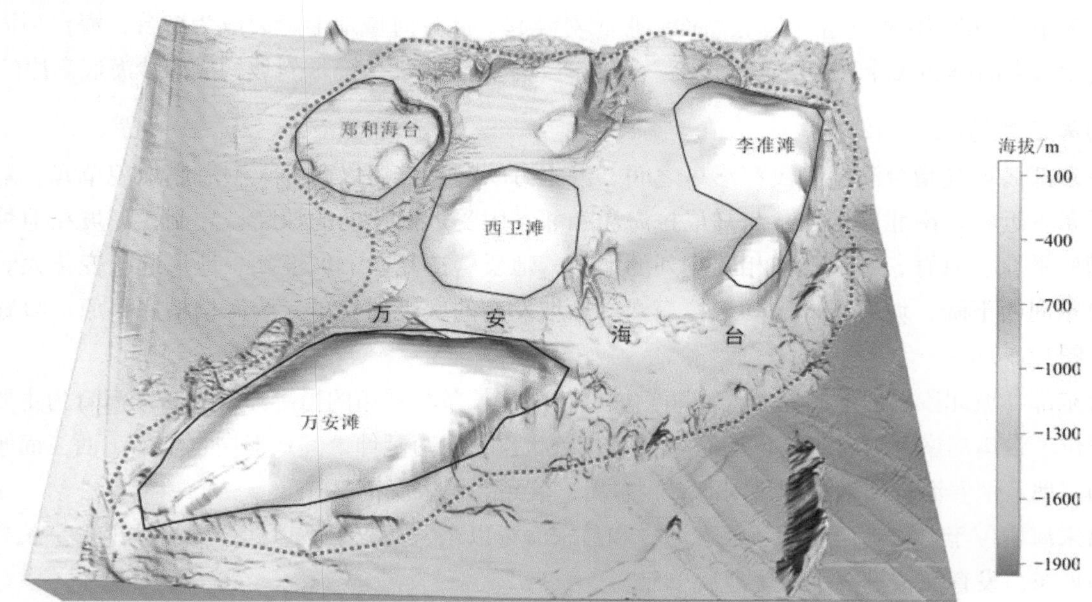

图3.64　万安海台三级地貌单元晕渲地形图

6）陆坡海槽

陆坡海槽为大陆坡上大型的地貌单元，一般地形低陷且呈长条带状，包含陆坡斜坡（或陡坡）和槽底平原两类三级地貌单元。海槽的两侧槽坡地形陡峭而底部平原地形平缓。南沙陆坡发育南沙海槽和礼乐西海槽。

南沙海槽槽底平原地形平坦，坡度小于0.1°，只有局部地区地形坡度约为0.3°。海槽槽底平原呈长形，走向为东北向，东北向长约380.8 km、西北向宽约48.6 km，面积约15226 km²。槽底平原水深约2900 m，发育一小海丘——南乐海丘。

南沙海槽位于南沙海域东南陆坡边缘，介于南沙海底高原与南海东南岛架之间，北东—北北东向展布，全长约570 km，发育地形平坦的槽底平原和陡峭的陆坡陡坡等三级地貌单元。槽底平原水深约2900m，有海山和洼地分布，属消亡海沟型海槽。

7）陆坡盆地

南沙陆坡发育的大型盆地主要为南薇海盆，位于陆坡中西部，规模巨大，是南海规模最大的两个盆地之一，西南接南薇海盆陆坡，其他三面被海台、海丘、海山等高地形环绕，周缘水深为1900～2050 m，盆内平均水深为1950 m，地形平坦，平均坡度小于0.1°。海盆从西南向往东北向蜿蜒延伸，总长度约198 km、宽度约190 km，海盆平面形态不规则，总面积约20000 km²。发育有数个海丘。

8）陆坡高地

陆坡高地海底大面积突起，中部相对平缓，四周为陡坡的海底地貌单元。南沙陆坡发育的陆坡高地称为南沙海底高原，位于南沙陆坡的中部和西部，由西中东三个部分组成，中间以陆坡斜坡相隔，面积巨大，占整个南沙陆坡近一半面积，面积达1.6万km^2。位于南沙陆坡西部的海底高原，呈北东–南西向长条状展布，西邻巽他陆架，东部和东南部与陆坡斜坡相接，北邻广雅斜坡和西南次海盆，南靠南薇海盆陡坡、斜坡和盆地。长546 km、宽250 km，面积达68200 km^2。台地地形复杂，起伏相当大，整体地形大致自中央向四周缓慢倾斜下降，周边环绕水深变化相当大。其上发育有万安海台、南薇海台和尹庆海台（暂定）及众多中小型海山–海丘等。海底高地地形相对隆起，部分海域地形隆起成为海台，海台顶面的珊瑚礁发育成为众多岛礁和浅滩，构成南沙群岛。海底高地、海台顶面、陆坡斜坡构成南沙海底高原的主体。

4. 南海东部岛坡

南海东部岛坡是指台湾岛和民都洛岛之间、巴士海峡和吕宋岛以西的大型海底地貌单元。南海东部岛坡呈长条带近状，南北向延伸，与马尼拉海沟相邻。因受近南北向的深断裂控制，岛坡在地貌上表现出海槽槽底平原、海脊、斜坡陡坡相间排列的形态，地质构造复杂、坡度陡、地形起伏变化大。岛坡总体地形自东向西下降，坡底下即为马尼拉海沟。岛坡发育的次级地貌单元为海槽槽底平原、海脊、斜坡和阶地（图3.65）。

南海东部岛坡北段以地形高差较大而两侧坡度较陡、长条状展布的恒春海脊和吕宋海脊为主要地貌。恒春海脊位于台湾岛南部恒春半岛以南海域，呈长条状自北向南延伸，其地形向东、南、西三面倾斜而中间突起的高地。恒春海脊向南连接吕宋海脊，东翼过渡到北吕宋海槽。

北吕宋海槽位于吕宋岛西北部，恒春海脊和吕宋海脊以东，吕宋斜坡以西，顺岛坡地形呈长条状，为北北东向展布，发育海槽槽底平原等地貌单元。

南海东部岛坡南端发育阶地地貌，平坦开阔，仅南端稍有倾斜，水深由2500 m缓倾至3000 m；北端水深2400 m，较南部稍浅。阶地表现出南宽北窄、南深北浅的特征。同时，在南部宽阶地上，有一条东西向宽5～8 km的峡谷横切其上，长50 km，相对深度为300 m，局部达500 m。此阶地过去曾被称为“西吕宋海槽”，但实际上该地形并非呈槽状，而是陆坡阶地。

岛坡发育陆坡陡坡，位于海脊和阶地西边，迅速过渡到马尼拉海沟。陆坡陡坡和马尼拉海沟构成南海东部岛坡和深海盆地之间的分隔地带。

1）岛坡斜坡

岛坡斜坡是由构造内营力和堆积外营力共同作用形成的地貌单元，地形较为平缓，一般往单一方向倾斜，包括马尼拉斜坡和吕宋斜坡（图3.66、图3.67）。

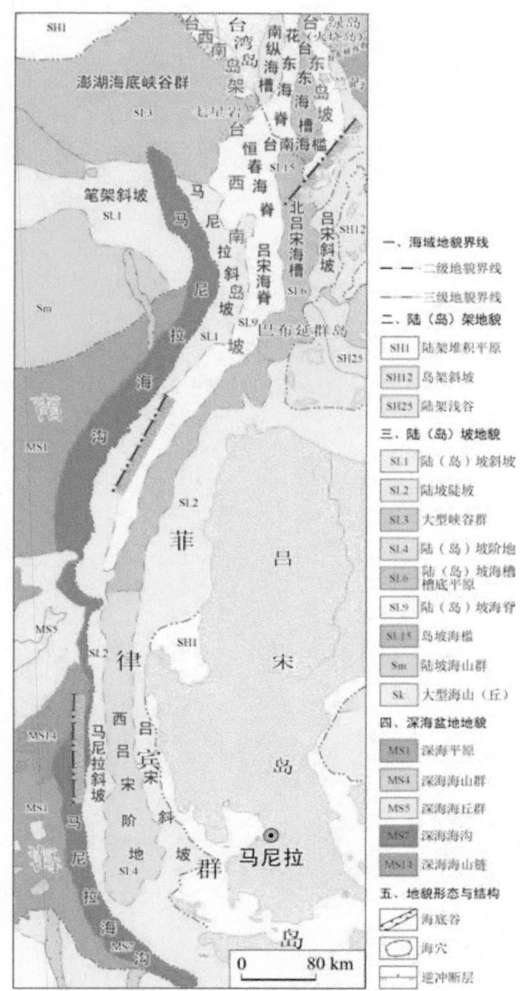

图3.65　南海东部岛坡地貌图

A.马尼拉斜坡

北马尼拉斜坡是吕宋岛的岛坡斜坡，也是马尼拉海沟东侧岛坡的一部分。为方便描述，分成马尼拉斜坡南端和马尼拉斜坡北端分开展开叙述。马尼拉斜坡南端（图3.66）水深为2000～4200 m，平面形态呈长条状，近南北向展布，长约336 km、宽9～24 km，面积约5550 km²，整体地形自东向西倾斜下降。斜坡西部与马尼拉海沟相接，水深为4100～4200 m，东部与西吕宋阶地相连，水深为2000～2500 m。斜坡高差为1600～2200 m，坡度为2.5°～7.1°。马尼拉斜坡北端（图3.67）水深为1400～4260 m，长约390 km、宽14～75 km，面积约11220 km²，整体地形自东南向西北倾斜下降。斜坡西部与马尼拉海沟相接，水深为4100～4260 m，东部自南向北分别与吕宋斜坡、北吕宋海槽和吕宋海脊相连，水深为1400～4260 m。斜坡高差为1300～4600 m，坡度为1.7°～5.7°。马尼拉斜坡北端与北吕宋海脊相邻并列，同样呈北北东向延伸。整体上，斜坡地形相对陡峭，最大坡度为5.7°。就局部地貌而言，斜坡坡脚线一带的斜坡表面地形崎岖不平，毫无平坦特征，被众多凸起的线性海脊和海山–海丘、低陷的山间谷地及山间盆地切割得支离破碎，地貌形态异常复杂。

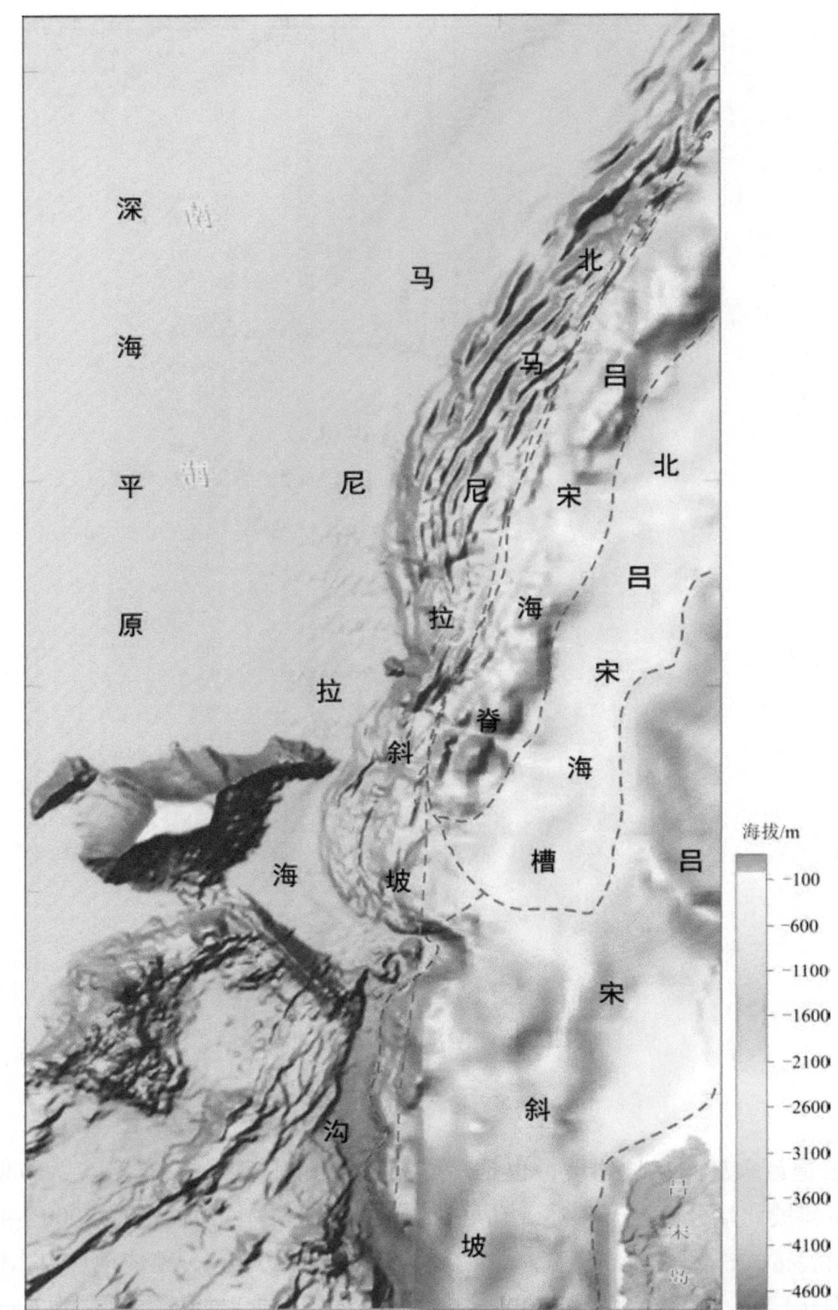

图3.66　吕宋斜坡晕渲地形图

图中洋红虚线西边由多波束数据绘制，东边采用1′×1′全球重力测高数据,陆地数据为SRTM数据

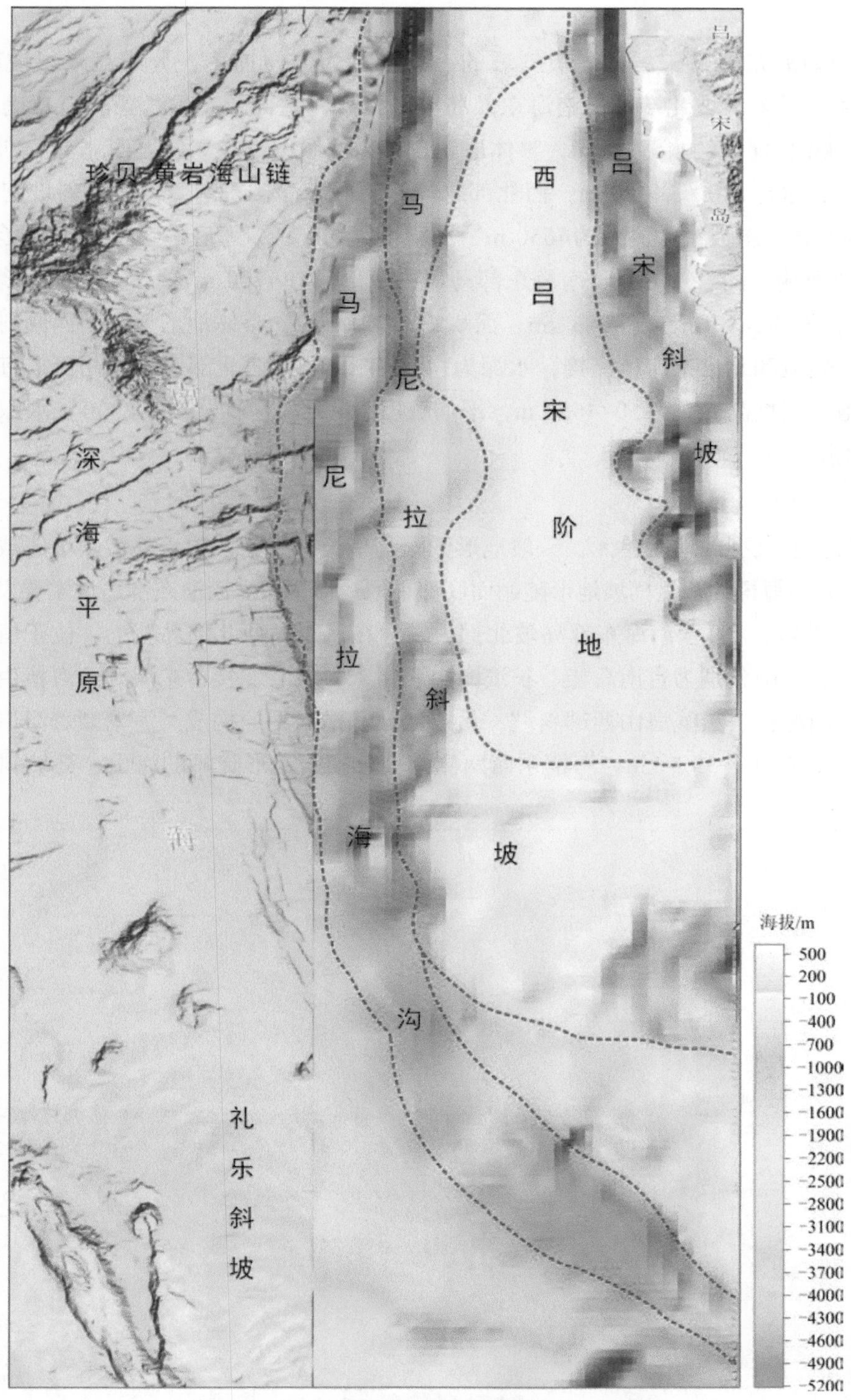

图3.67　马尼拉斜坡和吕宋斜坡晕渲地形图

B.吕宋斜坡

吕宋斜坡位于南海东部吕宋岛的岛坡斜坡的一部分，为方便描述，分成吕宋斜坡南端和吕宋斜坡北端分开展开叙述。吕宋斜坡北端位于南海东部岛坡中北部，平面形态呈长条状，近南北向展布，长约410 km、宽8～85 km，面积约11590 km²，整体地形自东向西倾斜下降。斜坡西北部分别与北马尼拉斜坡和北吕宋海槽相接，水深1400～4700 m，西北部北段为北吕宋海槽东南侧槽坡，斜坡南部水深自海岸迅速下降，从0～2300 m，斜坡最大高差为4650 m，平均坡度约4.2°，海底地形过渡到地形相对平缓的西吕宋阶地。吕宋斜坡南端（图3.67）位于南海东部岛坡中南部50～4700 m水深段，平面形态呈长条状，呈北东-南西向展布，长约388 km、宽8~85 km，面积约11400 km2，整体地形自东向西倾斜下降。斜坡西北部分别与北马尼拉斜坡和北吕宋海槽相接，水深为1400~4700 m，西北部北段为北吕宋海槽东南侧槽坡，东部近吕宋岛陆地。斜坡高差为1350~4650 m，平均坡度为4.5° 。斜坡1120~2700 m水深段发育了两个海山，平面形态不规则。

2）岛坡海槽

岛坡海槽为岛坡上大型的地貌单元，一般地形低陷且呈长条带状，包含岛坡斜坡（或陡坡）和槽底平原两类三级地貌单元。海槽的两侧槽坡地形陡峭而底部平原地形平缓。南海东部岛坡主要发育北吕宋海槽。

北吕宋海槽（图3.68）位于南海东部岛坡北部，发育在吕宋岛西北部岛坡上，位于恒春海脊和吕宋海脊东部，其东部自北向南分别为台南海槛、长滨海山和吕宋斜坡，北接台东海脊。海槽由恒春海脊、吕宋海脊东翼斜坡，台南海槛、长滨海山西部斜坡，吕宋斜坡和槽底平原构成。海槽顺着海岸地形呈北北东向展布，长约312 km、宽20～39.5 km。海槽东西两侧槽坡分别为地形陡峭的海山、岛坡斜坡和岛坡海脊，

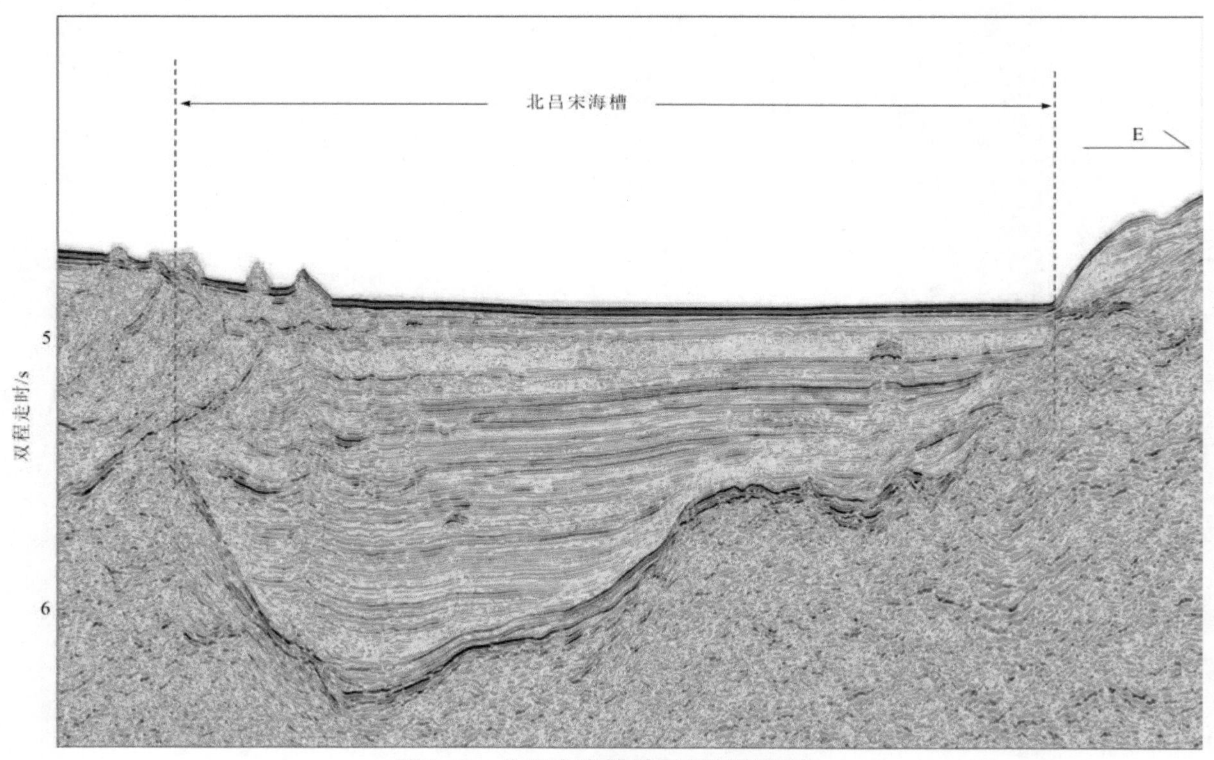

图3.68　北吕宋海槽地震剖面特征图

中间为凹陷的平坦洼地。东侧槽坡最大宽度为28 km，水深从870 m下降到2900 m，坡度为3.2°～13.5°，地形较为陡峭；西侧槽坡宽度为7～14 km，水深在2800～3000 m，坡度为2.2°～5.5°，坡度略小于东部槽坡。槽底平原宽18～30 km，地形比较平坦，最大水深出现在东北部，水深为3270 m。槽底平原局部发育海丘和小型峡谷。

3）岛坡阶地

南海东部岛坡发育了西吕宋阶地（图3.67），位于岛坡南部1700～2500 m水深段。此斜坡平面形态呈长条状，近南北向展布，面积约11000 km²，整体地形自西向东倾斜下降。西吕宋阶地东部与吕宋斜坡相接，西临马尼拉斜坡，是南海东部岛坡上呈阶梯状分布的大型地貌单元，大部分的阶地面水深在2300～2500 m，地形开阔且平坦，坡度小于0.05°。

4）岛坡海脊

岛坡海脊多为海底挤压、碰撞或拉张过程中岩石圈裂开而形成的向深海盆地倾斜、延伸的隆起高地。其外形多呈梯形或条块状，其上大都发育有海山、海丘，两侧为坡度较大的陡崖。南海东部岛坡发育有吕宋海脊和恒春海脊。

A.恒春海脊

恒春海脊（图3.69）为台湾岛南部恒春半岛以南海域，西部与马尼拉斜坡相连，东接北吕宋海槽，恒春海脊向南连吕宋海脊，呈长条状自北向南延伸，向东、南、西三面倾斜而中间突起的高地。海脊南北长约124 km、东西宽约69 km，面积约6460 km²。海脊峰顶（120° 52′ E、21° 10′ N）水深为68 m，山麓水深为418～3329 m，海脊最大高差为3261 m。

B.吕宋海脊

吕宋海脊（图3.69）位于恒春海脊南部，西部为马尼拉斜坡，东连北吕宋海槽，呈近南北向延伸，长约203.6 km、平均宽约40 km，面积约2390 km²。海脊峰顶（120° 56.80′ E、20° 04′ N）水深为1304 m，山麓水深为1611～3560 m，海脊最大高差为2256 m。海脊可分为南北两个部分，北部海脊北宽南窄，最浅处出现在北端，水深为1980 m，大致以2900 m水深圈闭，东部坡度范围为3.4°～6.5°、西部坡度范围为3.1°～4.8°；南部海脊最浅处出现在南端，水深为1950 m，大致以2900 m水深圈闭，东部坡度范围为3.2°～13.5°、西部坡度范围为3.7°～9°。

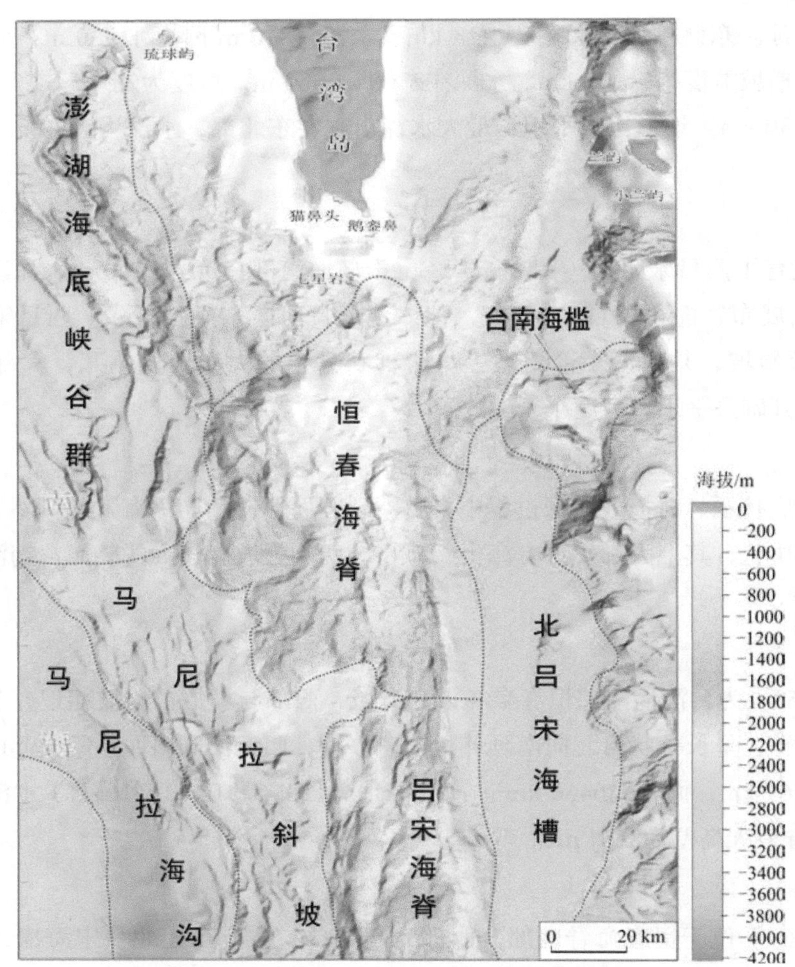

图3.69　恒春海脊和吕宋海脊晕渲地形图

（五）深海盆地地貌

南海中央发育大型深海盆地地貌，称为“南海海盆”，南海海盆是整个南海地壳厚度最薄的区域，其地壳厚度为6～12 km，属于典型的大洋型薄地壳区。南海海盆周边为规模巨大的岩石圈断裂或地壳断裂，将南海海盆围成菱形的洋壳地堑盆地。南海海盆四周被地形复杂多变的陆坡（岛坡）所包围，西沙及中沙海底高原靠近南海海盆的边坡海底。南沙高原的北侧边坡以及马尼拉海沟的东壁等都具有鲜明的断崖地貌特征。南海海盆地形低陷而平缓，水深为3400～4500 m，总体呈北东–南西向菱形展布。它大致以南北向的中南海山群（暂定）及往北的延长线为界，分为东部次海盆、西南次海盆和西北次海盆三个区域，但总体上仍为一个二级地貌单元。南海海盆发育的地貌类型简单，可分为深海平原、深海海山（丘）群、大型海山（丘）、深海海山链、深海大型盆地、深海海沟、深海扇七个三级地貌类型，大部分地区为平缓的深海平原，海山–海丘星罗棋布。

1. 西北次海盆

始新世中期，太平洋板块的运动方向由北北西转向北西西。区域板块运动形成一系列边缘海盆（袁学诚等，1989）。南海北部发生珠琼运动，导致南海第一次扩张（42～35 Ma），扩张方向为北西–南东，产生了西南次海盆和西北次海盆（姚伯初，1998）。西北次海盆是南海三个次海盆中面积最小的一个海盆，长约200 km、宽约130 km，面积约3.6万km²。西北次海盆可以划分为深海平原、大型海山（丘）两个三级地貌单元。

1）深海平原

深海平原地形平坦开阔，其北、西、南三面几乎被地形复杂的陆（岛）坡所环绕，整体地形自南、西、北三个方向往东部次海盆方向缓慢倾斜下降，水深为3200～3800 m。整体地形受南海北部陆坡和南海西部陆坡地形制约，等深线大致呈南北向且向西呈弧形突出，地势自西向东方向倾斜下降，平均坡度为0.1°。

2）大型海山（丘）

西北次海盆的深海平原有两座海山、一个海丘群分布，即双峰海山、双峰东海山（暂定）、双峰西海丘群，其中双峰东海山是多波束调查后新发现的海山。双峰海山（图3.66）位于西北次海盆中部，平面形态呈椭圆形，长轴北东向，长21 km，面积为177 km²，发育了两座山峰，山体连成线状，东边山体宽、西边山体窄，山脊沿北东走向，山峰之间距离分别为8 km，峰顶水深分别为2465 m和3000 m，山麓水深约3550 m，最大高差为1140 m；南坡坡度为6°～22°、北坡坡度为6°～16°，南坡地形陡峭。

双峰西海丘群（图3.70）在双峰海山的西南面8.5 km，规模相对小。主海丘平面形态呈椭圆形，长轴北西向，长13 km，面积85 km²，顶部水深为3050 m，山麓以3600 m等深线圈闭，高差为550 m，山坡地形相对平缓。

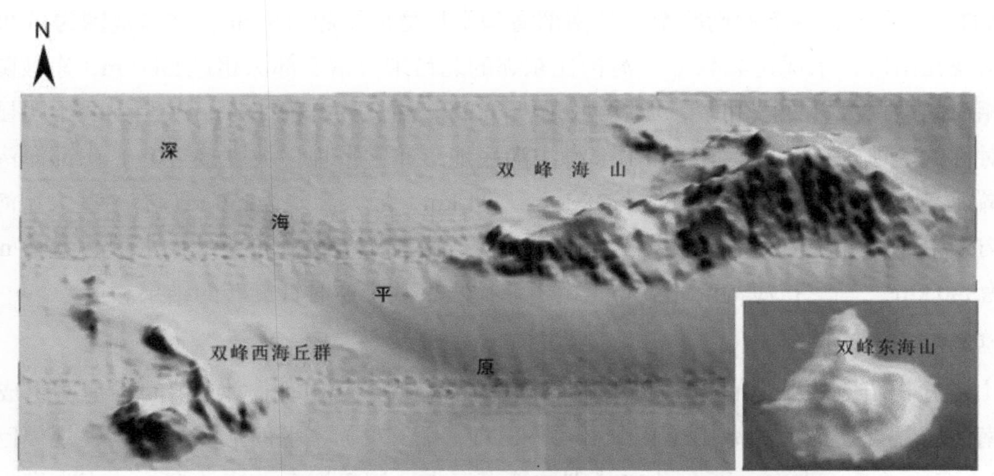

图3.70 双峰海山、双峰东海山和双峰西海丘群晕渲地形图

在双峰海山东面69 km处，距离陆坡坡脚线48 km的深海平原中，新发现一海山，命名为双峰东海山，海山中心位置为115°49′E、18°09′N，规模小于双峰海山。海山大致呈水滴状，尖端指向正北向，顶部水深为2677 m、山麓水深为3800 m，顶底高差为1137 m，面积约44 km²；坡度为11°～20°，北部地形稍平缓，其他方向陡峭，整体海山地形陡峭。

2. 东部次海盆

渐新世末到早中新世，东喜马拉雅构造结和滇西高原快速隆起，南海发生了影响很广的南海运动，即南海第二次扩张，时代为32～17 Ma，扩张方向为南北向，产生了东部次海盆（姚伯初，1998）。东部次海盆是南海海盆的主体，面积约22.3万km²。最宽处约620 km、最长约1000 km，东部次海盆总体上可分为深海平原、深海海沟、深海海山（丘）群、大型海山（丘）、深海海山链五个三级地貌类型。

1）深海平原

深海平原地形平坦开阔，整体地形自西北往东南方向倾斜下降，自北部3400～3500 m等深线一带向东南逐渐平缓下降，在东部的马尼拉海沟沟底处水深增大至4200～4840 m。深海平原在最大距离约600 km内形成1440 m的最大高差，平均坡度为0.1°，地形甚为平坦。整体上，深海平原与陆（岛）坡交界处，受陆（岛）坡制约明显，坡度稍大，中部和南部地形相对平坦。从局部范围看，深海平原东北部的果淀海山与马尼拉海沟间的水深为3500～4200 m，高差为700 m，水平跨度为96 km，是整个深海平原坡度最大的区域，但平均坡度也只有0.4°。中部3800 m等深线以深的平原，跨度约310 km，地形起伏不超过300 m，为整个深海平原最平坦的区域。

深海平原上分布着众多规模不一的海山-海丘，它们分散孤立于不同的水深段，主要集中于南部，西北部也零散分布一些。深海平原一共有12个大型海山（丘），包括已命名的玳瑁海山、石星海山群、宪北海山、宪南海山，以及新命名的屏南海山、石星北海丘、管事海山（暂定）、涛静海丘、排洪海山、指掌海丘和济猛海底峰七个海山。另外，多波束资料表明，深海盆地北部（117.1749° E、18.4479° N）一带地形平坦，不存在大型链状海丘。

2）深海海沟

在东部次海盆与岛坡相接地带，有一条长条形近北南走向的S形展布的负地形，长约1000 km，沟底窄而深，称为马尼拉海沟。其北部向海盆呈弧形凸出，长约390 km、宽2～34 km，整体上宽度北宽南窄，自北部达30 km的平均宽度，逐渐向南收窄，到南部海沟平均宽度不超过8 km；水深范围为4120～4842 m，最大水深值出现在南段，水深达4842 m。海沟比东邻的北吕宋海槽底部深超过2300 m，东坡陡峻，与西侧的深海平原相对高差巨大，西坡和缓，坡度为0.2°～0.9°，渐变为深海平原，甚至界线不明显，因此横剖面表现为不对称的V型。整体上，北部和中部海沟沟底地形非常平坦，坡度接近0°，南部海沟沟底坡度为0.02°，最北端海沟底部发育一线性海丘，长38 km、宽4 km，最大高差为250 m；有一些大型海山（丘）出现于南段海沟之中或附近，使海沟变窄甚至相隔成几段，南段海沟还分布有最大水深达4842 m的洼地，洼地底部面积为340 km^2。马尼拉海沟南北展布是由于菲律宾聚敛带逆时针旋转的结果。

3）深海海山（丘）群

深海海山（丘）群是由成片的规模不一的海山（丘）及与其相间排列的山间谷地所组成。东部次海盆中部发育南海海盆规模最大的海山（丘）群（图3.71、图3.72），平面形态不规则，规模巨大，总面积约12000 km^2。海山（丘）群东、西、北向分别被管事海山、涛静海丘、宪北海山、宪南海山和玳瑁海山等众多海山所环绕，东南向与涛静海丘、指掌海丘和济猛海底峰以山间谷地相接。海山（丘）群大部分海丘呈北东向，与南海北部陆坡和深海平原的部分海山的走向一致。海山（丘）群分为南区和北区，北区海丘发育在3970～4050 m水深段的深海平原上，由五个规模不一且相对独立的海丘组成，呈北东向或者近东西向，最北部的两个海丘呈椭圆状，东部的呈长条状，南部的两个海丘规模较大，形态不规则。海丘顶部水深为3560～3820 m，海丘群最浅处出现在最北部的海丘，水深为3560 m，山麓水深为4020 m，最大高差为460 m。南区规模庞大，海丘发育在3980～4110 m水深段的深海平原上，主要由众多的中大型海丘、线性海丘及其山间谷地相邻排列组成，呈北东向展布，总面积为10800 km^2。自北向南主要组成四道北东向的海丘链，第一道海丘链位于最北部，由两个海丘组成，海丘呈长条状，面积分别为535 km^2、230 km^2，山峰之间的距离为57.5 km，顶部水深分别为3530 m、3560 m，山麓水深约4000 m，最大高差分别为470 m、440 m；第二道海丘链位于第一道海丘链西南部，由一个海丘组成，也呈长条状，长102 km、宽7.5～16 km，面积为1190 km²，顶部水深为3650 m、山麓水深为4000～4110 m，最大高差为460 m；第三道海丘链位于第二道海丘链东部，由三个海丘组成，海丘平面形态呈椭圆状，自西向东面积分别为224 km²、595 km²、325 km²，山峰之间的距离分别为41.5 km、36 km，顶部水深分别为3460 m、3510 m、3500 m，山麓水深为3700～4100 m，最大高差分别为640 m、590 m、580 m。山坡地形相对陡峭；第四道海丘链由一个海丘组成，呈长条状，长71 km、宽8.5～15 km，面积为717 km²，顶部水深为3650 m、山麓水深为3650～4100 m，最大高差为450 m。

海丘链之间以形状规模不一的山间谷地相隔，山间谷地的最大水深出现在第一道海丘链东南部，水深达到4138 m。海丘群内还发育了一些线性海丘，呈北东向散布在海丘群内，长度在30～80 km。另外，海丘群（第四道海丘链）东部还发育两个海丘，以山间谷地相隔。

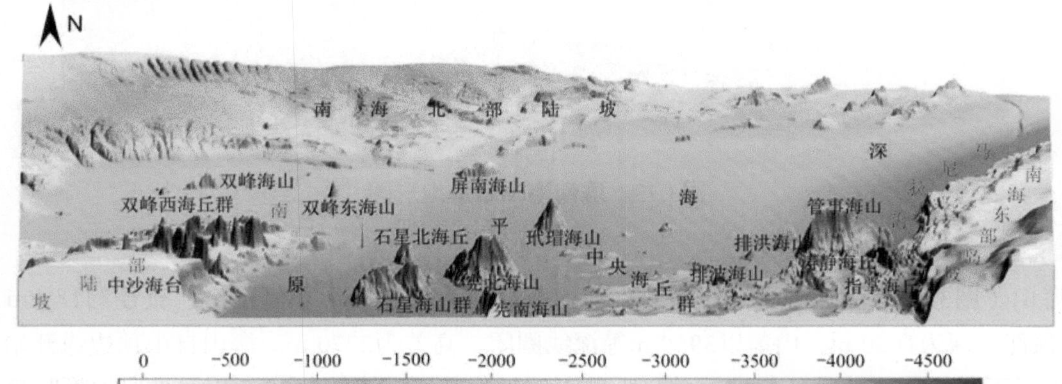

图3.71　深海盆地晕渲地形图

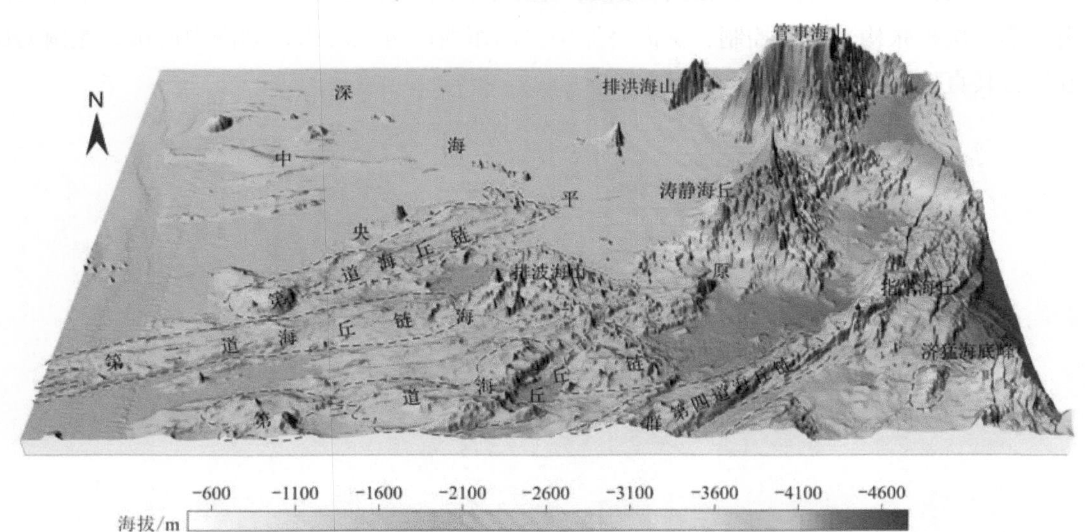

图3.72　深海海山（丘）群晕渲地形图

4）大型海山（丘）

东部次海盆发育多座大型海山（丘），如屏南海山、玳瑁海山、石星海山群、石星北海丘、宪北海山、宪南海山、管事海山、排洪海山、涛静海丘、排波海山、指掌海丘、济猛海底峰、珍贝海山、黄岩西海山、紫贝海山、黄岩海山、黄岩东海山和贝壳海山等。

A.屏南海山

屏南海山为新发现的海山（图3.73），发育在深海平原北部中段。海山平面形态呈7字形，长

53 km、宽5～24.5 km，面积为806 km²，发育有两座山峰，山体互相垂直，主山脊东北向，山峰之间距离为12.5 km，峰顶水深分别为2760 m、3210 m，西北部山麓水深为3600～3700 m、东南部山麓水深约3800 m，最大高差为1040 m。整体上东南部山坡坡度最大，最大坡度约18°，东北部较缓。

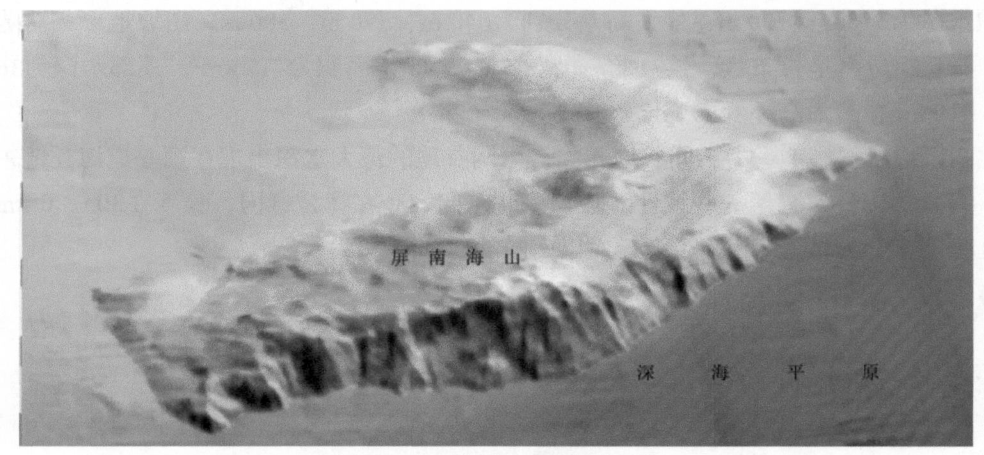

图3.73　屏南海山晕渲地形图

B.玳瑁海山

玳瑁海山（图3.74）位于深海平原中央，海山规模较大，平面形态呈圆形，直径约18 km，面积为308 km²，顶部水深为1680 m，山麓以3950 m等深线圈闭，高差为2270 m。海山自山顶边缘开始，水深迅速增大，地形下降，形成陡峭的斜坡，并呈上陡下缓地形特征。水深2600 m以浅坡段地形陡峭，最大坡度出现在北部，约22.1°，而水深2600 m以深坡段，地形相对平缓，坡度为9.6°～18.6°。整体上海山地形陡峭。受南海第二次扩张构造线的控制，深海平原中央的东西向链状海山，如涨中海山、宪南海山、玳瑁海山的形成都与其直接相关（朱本铎，2005）。

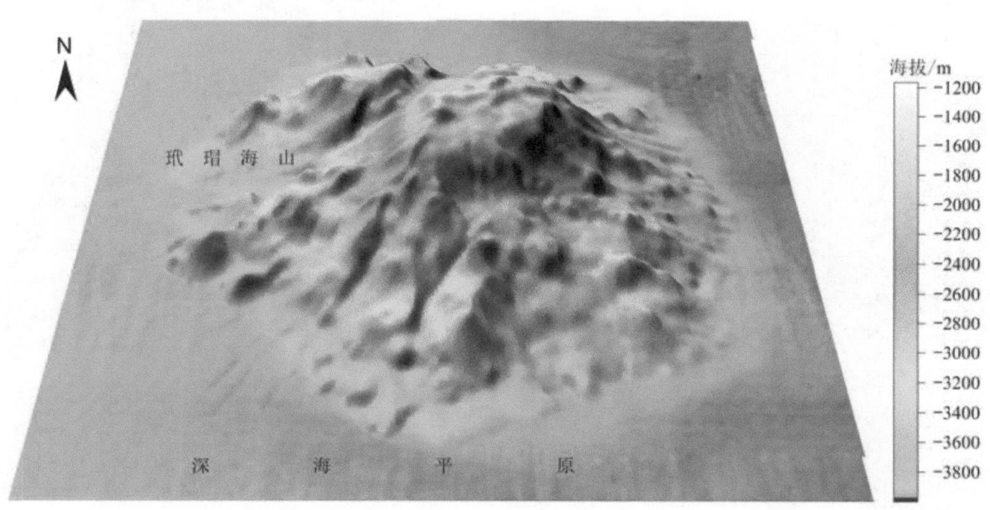

图3.74　玳瑁海山晕渲地形图

C.石星海山群

石星海山群（图3.75）位于中沙海台东面，距离为63 km，平面形态呈长条形，长60 km、宽10～21 km，面积为1015 km²。海山规模巨大，由三座海山组成山体连成线状，山体近东西向，山峰之间距离分别为16.5 km、20.5 km，自东向西峰顶水深分别为1457 m、1600 m、2658 m，山麓以4100 m等深线圈闭，高差分别为2643 m、

2500 m、1442 m。海山坡度为8.7°～20°，地形陡峭，最大坡度出现在东部，坡度达20°。中间的海山规模最大，呈椭圆形，长轴为东西向，长35 km，面积约560 km²，位于海山中心，位置突出。海山山坡坡度为8.7°～17.8°，东面和西南面山坡分别下降到3050 m和3400 m水深段即与山间谷地相接。

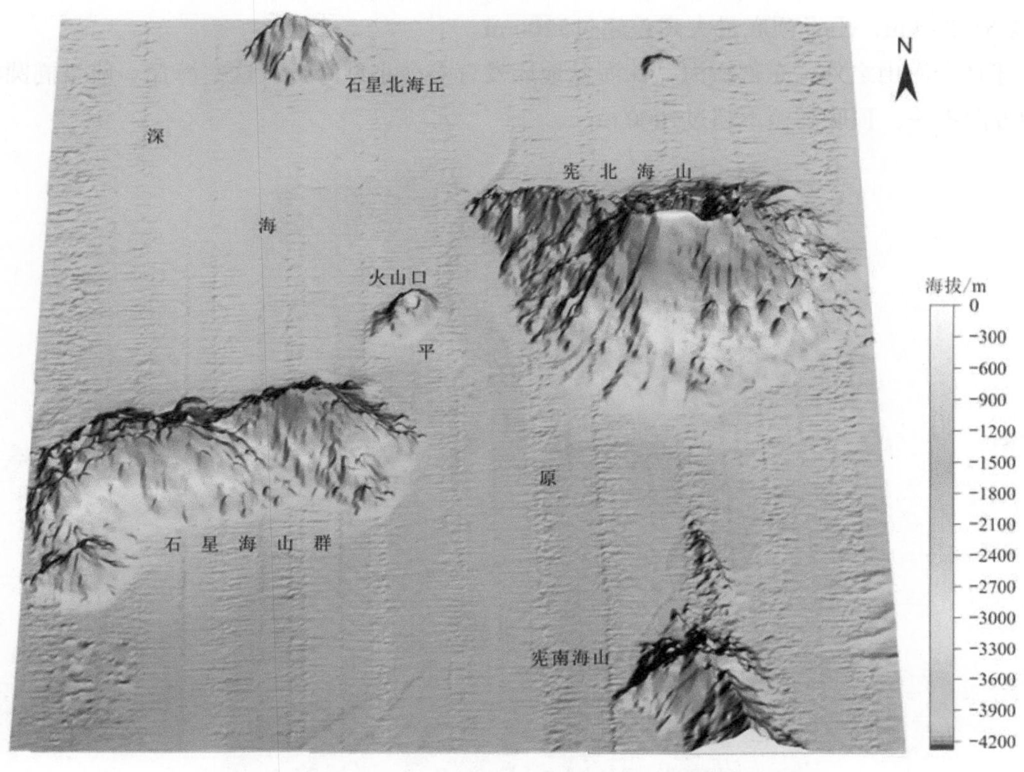

图3.75　宪北海山、宪南海山和石星海山群晕渲地形图

D.宪北海山

宪北海山（图3.75）位于石星海山群东北部20 km，是规模巨大的尖峰型单体海山，海山平面形态呈水滴形，尖端指向西北向，长57 km，面积为1450 km²，顶部水深为215 m、山麓水深为4000 m，高差为3785 m。海山自山顶边缘开始，水深迅速增大，地形下降，形成陡峭的斜坡，并呈上陡下缓地形特征。水深1700 m以浅坡段地形陡峭，最大坡度达25°；而水深1700 m以深坡段，地形相对平缓，坡度为8°～18.2°，整体地形陡峭。海山顶部呈东西向，在海山的西北部发育了一条巨大山脊，垂直贯穿整个山坡，长26.5 km、宽6～25 km，山脊顶底最大高差超过3600 m。

E.宪南海山

宪南海山（图3.75）位于宪北海山南部，距离32 km，平面形态呈五边形，山脊为北东向，面积为276 km²；海山顶部水深为2030 m、山麓水深为4100 m，高差为2070 m；山坡坡度为12°～20°，整体地形陡峭。

F.管事海山和排洪海山

管事海山（图3.76）位于深海盆地东南部，与北吕宋岛相邻，是一平顶型海山，由地形平坦的山顶平台和陡峭的山坡两大地貌单元构成，规模庞大，总面积为1738 km²。海山平台边缘水深为500～900 m，平面形态呈菱形，长轴北东向，长25 km，平台最小水深出现在西南部平台边缘，水深为465 m，地形自西南向东北及平台周围缓慢下降，与边缘最大高差为435 m，地形坡度为0.6°～1°。海山自山顶平台边缘形成陡峭的斜坡，并呈上陡下缓的地形特征，山坡3200 m以浅地形陡峭，坡度为7°～20°，而3200 m以深山坡地形相对平缓，坡度为3.7°～16.5°，山坡山麓水深为3700～4200 m，东北山坡落差最大，达到3500 m。海山东部山坡即为马尼拉海沟的沟坡；海山山坡发育四条巨大的山脊，其中东北向规模最大，长32 km、宽6～25 km，山脊顶底最大高差超过3200 m。

除了上述15个海山之外，东部次海盆深海盆地还发育多个小型海丘，这些海丘一般呈椭圆状、圆状或线状，长轴方向不一，顶底高差不超过1000 m。

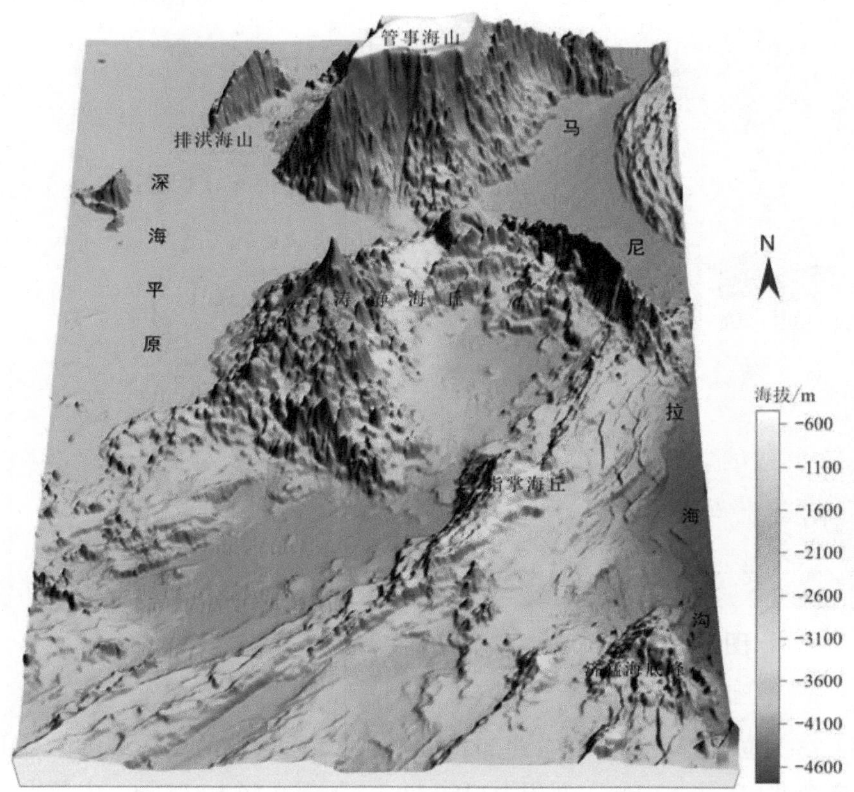

图3.76　东部次海盆海山（丘）晕渲地形图

5）深海海山链

东部次海盆主要发育了一个大型的深海海山链，即珍贝–黄岩海山链（图3.77）。珍贝–黄岩海山链位于南海海盆中部，由黄岩西海山、珍贝海山等六个大小不一的海山呈长条链状排列组成，北东东向展布，长约375 km、宽40～90 km，面积为2万km²。其中的黄岩海山出露于水面形成黄岩岛。黄岩岛为一长15 km、面积约130 km²的大环礁。

珍贝–黄岩海山链上的珍贝海山和黄岩海山岩石的同位素年龄分别为9～10 Ma和7.7 Ma。南海在约16 Ma前停止扩张，因此珍贝–黄岩海山链是东部次海盆扩张停止后火山活动的产物。

珍贝–黄岩海山链自西向东分别发育了珍贝海山、黄岩西海山、紫贝海山、黄岩海山、黄岩东海山和贝壳海山六个大型海山（图3.77、图3.78）。

图3.77　珍贝-黄岩海山链晕渲地形图

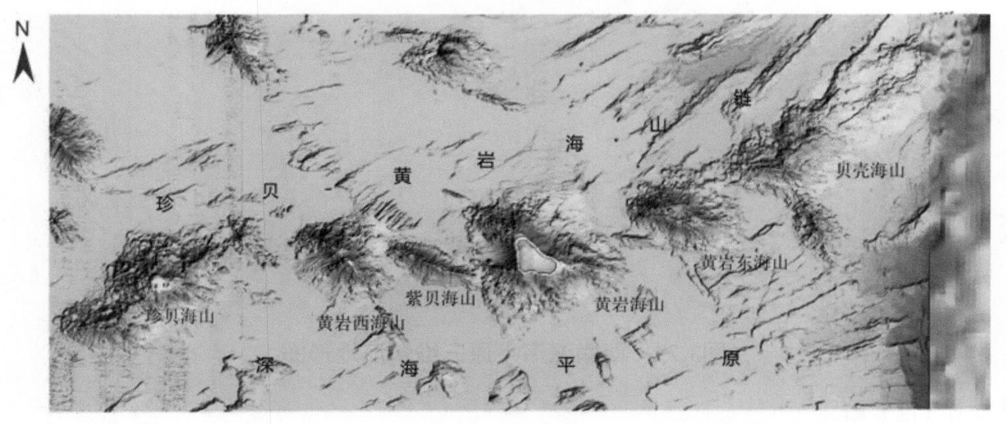

图3.78　珍贝-黄岩海山链四级地貌单元晕渲地形图

A.珍贝海山

珍贝海山位于珍贝-黄岩海山链西端，涨中海山和宪南海山以南，黄岩海山以西。海山走向北东，北东长约80 km、北西宽约45 km，基座总面积为3395 km²。海山由三个北东向排布的山峰组成，自西向东，顶峰坐标分别为116° 21.6′ E、14° 55.3′ N，116° 32.6′ E、15° 04.0′ N，116° 48.2′ E、15° 13.7′ N，其中最高峰为中部山峰，山顶水深约325 m、坡麓水深约4230 m，高差达3905 m。海山边坡陡峭，坡度为8° ～20°（图3.78）。

B.黄岩海山

黄岩海山位于珍贝-黄岩海山链中部，紫贝海山以东，黄岩东海山以西。海山为东西走向，长约115 km，基座总面积为6613 km²。山顶为黄岩岛，坡麓水深约4280 m，高差达4280 m。海山边坡陡峭，坡度为8° ～20°（图3.78）。

3. 西南次海盆

西南次海盆长轴为北东向（53°），长约525 km，东北部最宽处约342 km，面积约15.1万km²，向西南宽度逐渐变窄。西南次海盆总体上可分为深海平原、深海海山（丘）群、大型海山（丘）、深海海山链、深海大型盆地、深海扇六个三级地貌类型。

1）深海平原

西南次海盆的深海平原分布广泛，西北侧与盆西南海岭山麓和盆西南深海扇相接，东南面与长龙海山链、飞龙海山链及双龙海盆相连（图3.79）。深海平原水深约4250 m，地形平坦开阔，地形自陆坡坡脚线向海盆中央（西北向东南）缓慢倾斜下降，自西北部4250～4300 m等深线一带向东南逐渐平缓下降，在东部的海山链和双龙海盆处水深约4350 m，坡度为0.1°～0.3°，东北向坡度接近为0°。南海第一次扩张（42～35 Ma），扩张方向为北西–南东向，东北部较充分，西南部受构造制约，扩张减弱，导致西南深海平原为东北宽而西南窄的喇叭状。

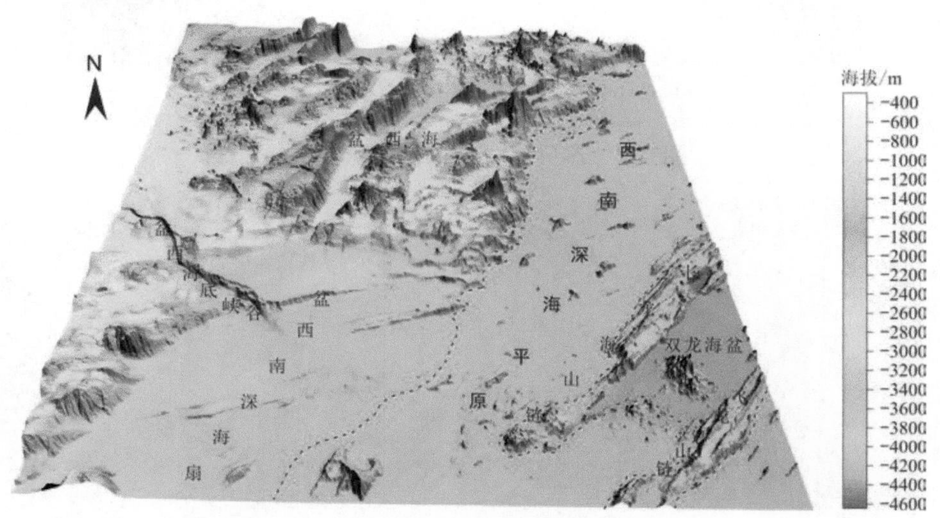

图3.79　西南深海平原三维晕渲地形图

2）深海海山（丘）群

西南次海盆发育的海山群有中南海山群、珍珠海山群（暂定），下面分别进行介绍。

A.中南海山群

中南海山群由五个规模较大的海山（北岳海山、南岳海山、中南海山、龙北海山和龙南海山）和几个小型海山–海丘在4000～4500 m水深段内组成。海山群平面形态不规则，北东长约195 km，北西最宽处约168 km（图3.80～图3.83）。

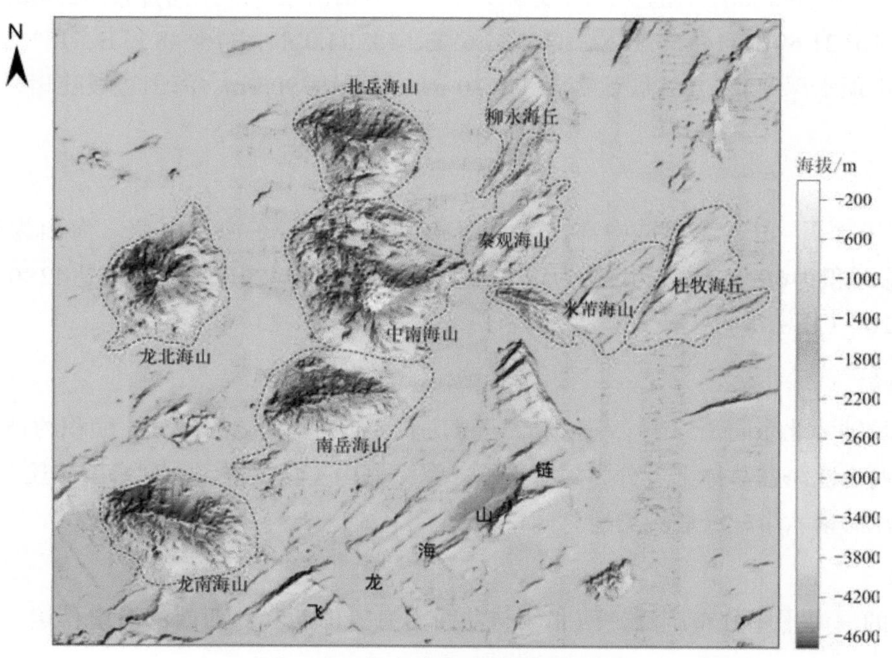

图3.80　中南海山群晕渲地形图

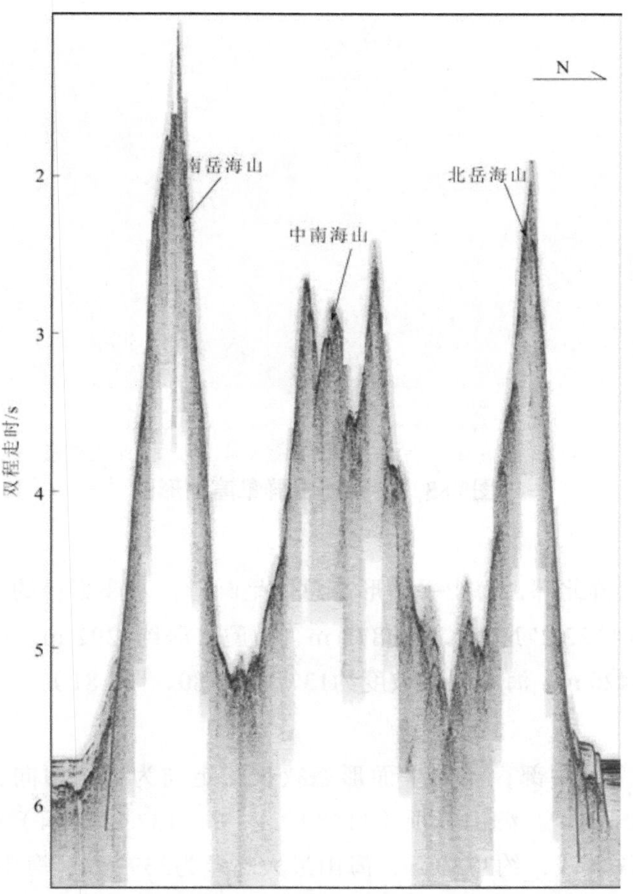

图3.81　中南海山群南岳海山、中南海山和北岳海山地震剖面特征图

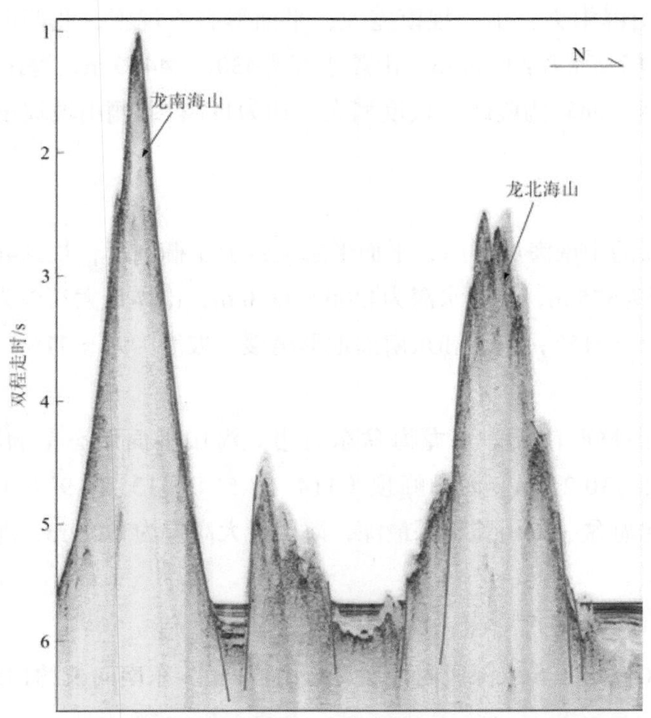

图3.82　中南海山群龙南海山和龙北海山地震剖面特征图

图3.83　中南海山群晕渲地形图

a.北岳海山

北岳海山位于中南海山群北部，海山平面形态总体呈圆形，基座半径约17.0 km，面积约917 km²。海山峰顶（115° 24.0′ E、14° 22.2′ N）水深约872 m、山麓水深约4292 m，海山南边山麓水深较浅，约3425 m，海山最大高差为3420 m。海山斜坡坡度约13°（图3.80、图3.81）。

b.南岳海山

南岳海山位于中南海山群中部，海山平面形态狭长，走向为近东西向，东西长约42.7 km、南北最宽约29.5 km，面积约926 km²。海山峰顶（115° 19.4′ E、13° 42.6′ N）水深为926 m，山麓水深约4318 m，海山北侧山麓水深较浅，约3730 m，海山最大高差为3392 m。海山斜坡坡度约14°（图3.80、图3.81、图3.83）。

c.中南海山

中南海山位于中南海山群中央，山体规模庞大，平面形态不规则，北西向长约53 km、北东向宽约51 km，面积约1900 km²。峰顶水深约300 m，山麓水深为4300～4400 m，海山最大高差为4040 m。海山山坡地带地形在东、南、西三面较为陡峭，坡度稍大，约为11°；北侧山坡坡度稍缓，约为6°（图3.80、图3.81、图3.83）。

d.龙北海山

龙北海山位于南海海盆的中南海山群内，平面形态大致上呈椭圆形，长约46 km、宽约31.2 km，面积约1100 km²。海山峰顶水深为575 m、山麓水深为4200～4350 m，山体最大高差为3908 m。海山山坡在北、西、南三面陡峭，坡度为12°～15°；东北和东南面地形稍缓，坡度为9°～11°（图3.80、图3.82）。

e.龙南海山

龙南海山位于中南海山群西南端。双龙海盆东北边。海山平面形态呈椭圆形，长轴走向为西北偏西，长轴约46.0 km、短轴约30.2 km。海山峰顶（114° 58.5′ E、13° 21.9′ N）水深530 m，山麓水深为4300～4500 m，在靠近双龙海盆一端山麓水深最深，海山最大高差为3908 m；海山山坡地势陡峭，坡度为12～15°（图3.80、图3.82）。

B.珍珠海山群

珍珠海山群发育于3900～4400 m水深段内。珍珠海山群西北–东南向长约133 km，东北–西南北向最大长度约169 km，面积约10250 km²。珍珠海山群发育五个规模较大的海山–海丘和几个小型海丘（图3.84、图3.85）。

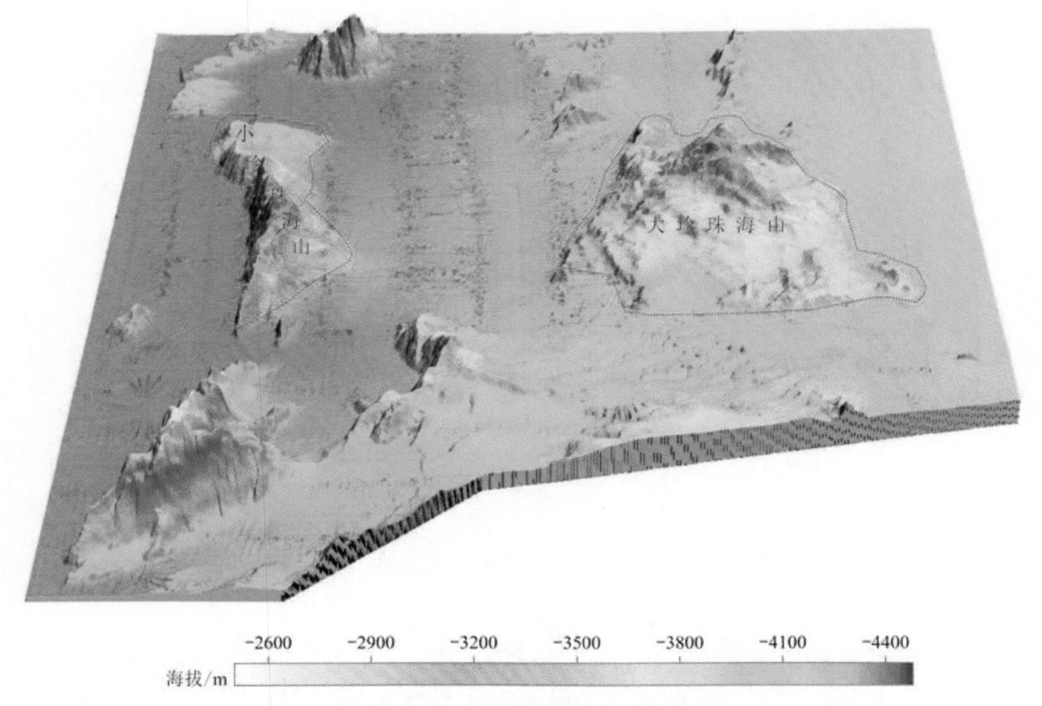

图3.84　珍珠海山群晕渲地形图

a.大珍珠海山

大珍珠海山位于西南深海平原北部，礼乐海台北边。海山平面形态不规则。海山南北向长约61.7 m、东西向宽约57.5 km，面积约2269 km²。海山峰顶（116° 34.02′ E、12° 48.57′ N）水深为3045 m，山麓水深为3997～4322 m，海山南边山麓水深较深，海山最大高差约1277 m。海山北边斜坡坡度较大，约21°，其他方位斜坡坡度约2°（图3.85）。

b.小珍珠海山

小珍珠海山位于西南深海平原北部，玛瑙海山北边。海山平面形态狭长，走向为南北，海山南北向长约58.9 m、东西向宽约19.0 km，面积约987 km²。海山峰顶（115° 58.24′ E、12° 41.76′ N）水深为3052 m、山麓水深为4320～4389 m，东南边山麓水深较深，海山最大高差约1337 m。海山西边斜坡坡度较大，约为19°，东边斜坡坡度约为9°，南边和北边斜坡坡度约为3°（图3.85）。

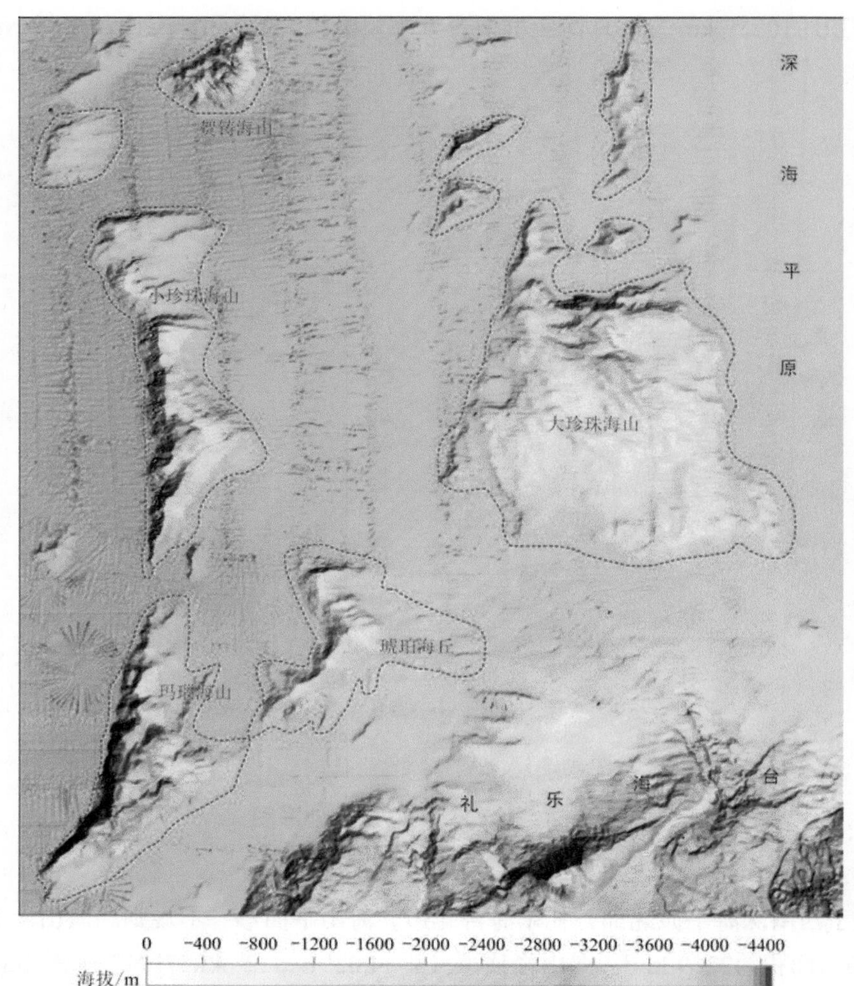

图3.85　珍珠海山群四级地貌单元晕渲地形图

3）大型海山(丘)

众多规模不一的海山、海丘分散孤立于不同的水深段。深海平原一共有19个大型海山、海丘，包括玉佩海山、月光石海丘（暂定）、日光石海丘（暂定）、绿帘石海丘（暂定）、蓝柱石海丘（暂定）、翡翠南海丘（暂定）、翡翠海山（暂定）、青金石海丘（暂定）、石榴石海丘（暂定）、红柱石海丘、方柱石海丘（暂定）、寿山石海丘（暂定）、绿松石海丘（暂定）、芙蓉石海丘、欧泊海丘（暂定）、玉髓海丘、软玉海丘、碧玉海丘和北翡翠海山（暂定）。

玉佩海山位于西南深海平原的西南部，玉盘北海山（暂定）的东北边。海山平面形态呈不规则形，总体为西北走向（图3.86），西北向长约21.6 km、东北向最大宽约21.0 km。海山峰顶（112° 33′ 42″ E、12° 04′ 24″ N）水深为3128 m，山麓水深为4137～4313 m，东南边山麓水深深、东北边山麓水深浅，海山最大高差为1185 m。海山西北斜坡坡度约17°、东南斜坡坡度约27°、西南斜坡坡度约9°、东北斜坡坡度约11°。

图3.86　西南深海平原四级地貌单元三维晕渲地形图

4）深海海山链

西南次海盆上发育了两个深海海山链：长龙海山链和飞龙海山链（图3.88）。

A.长龙海山链

长龙海山链位于南海海盆的西南部（图3.87）。海山链西北部和南部为西南深海平原，东南部为双龙海盆，平面形态呈长形，长轴为东北向，包含有一系列东北向线状海山–海丘，如龙尾海山（暂定）、长龙海山（暂定）、长龙南海山（暂定）、长龙北海山（暂定）、盘龙海山（暂定）、盘龙西海山（暂定）和盘龙南海山（暂定），构成一个长152 km、最大宽约25 km的海山链。海山链的水深为4300～4450 m。

长龙海山位于长龙海山链中部、龙门海山的西北边（图3.87）。海山由东北走向的线状山峰平行排列组成，因此海山平面形态呈长条形，海山长约65.0 km、最大宽约13.8 km。海山峰顶水深3494 m，山麓水深为4125～4456 m，从西北往东南方向，山麓水深逐渐加深，海山最大高差为962 m。海山最高峰西北斜坡坡度约23°、东南斜坡坡度约19°、西南斜坡坡度约9°、东北斜坡坡度约5°。

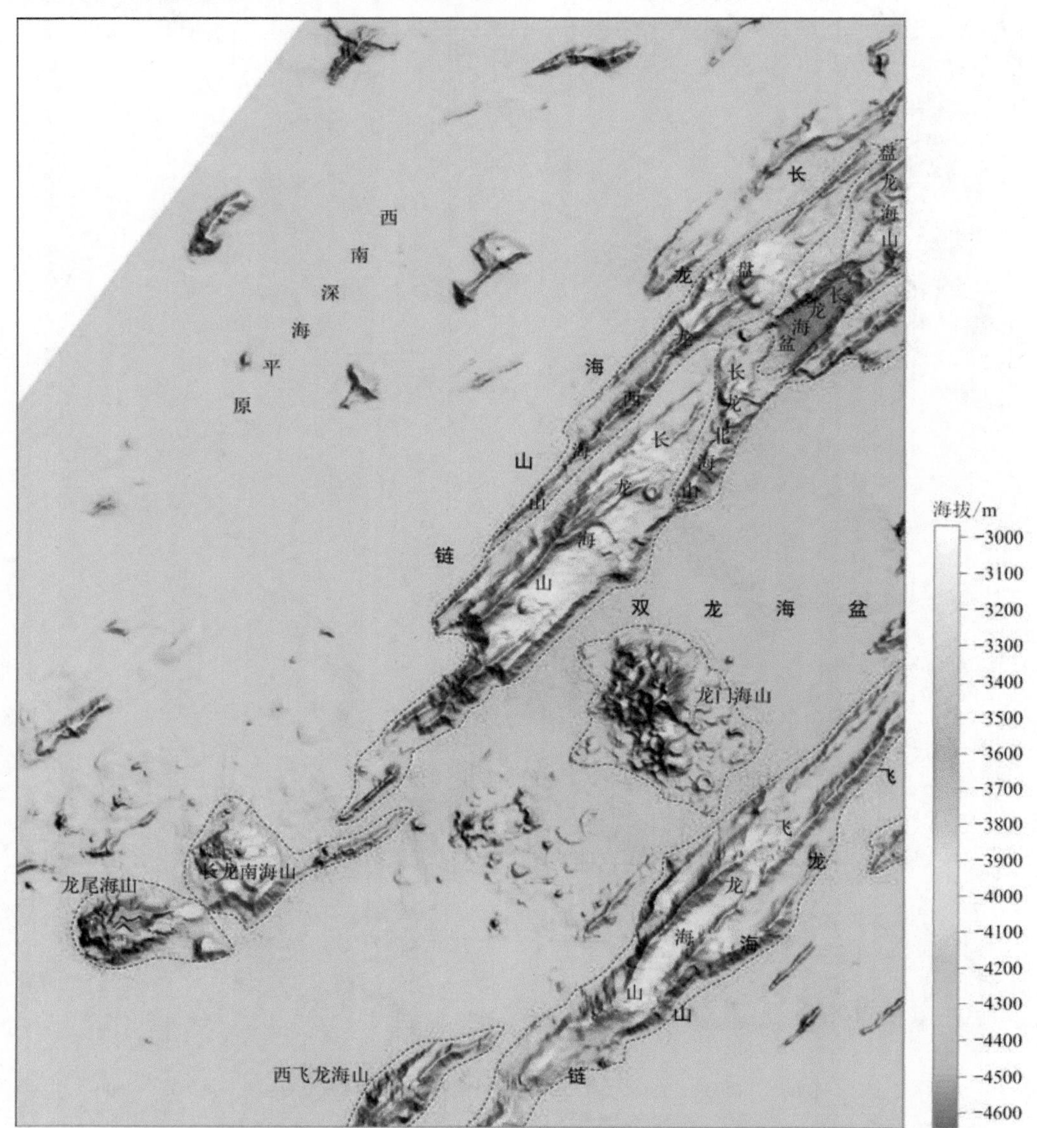

图3.87　长龙海山链、飞龙海山链和双龙海盆四级地貌单元三维晕渲地形图

B.飞龙海山链

飞龙海山链位于南海海盆的西南部。海山链平面形态上呈东北向展布，大体与长龙海山链平行，两者之间双龙海盆相隔。飞龙海山链发育在4300～4500 m水深段内，由三座海山[飞龙海山、西飞龙海山（暂定）和飞龙东海山（暂定）]构成，长约81 km、最大宽约20 km，面积约1277 km²。位于海山链西南端的飞龙海山规模最大。

飞龙海山位于飞龙海山链西南端、龙门海山的南边，除南、北部极小部分外（图3.88）。海山平面形态呈长条形，走向为东北向，东北向长约77.0 km、西北向最大宽约18.7 km；海山峰顶水深为3686 m、海山山麓水深为4253～4458 m，平均山麓水深约4353 m，海山最大高差为772 m。海山西北和东南坡坡度约

11°、西南坡坡度约3°、东北坡坡度约0.6°。

5）深海大型盆地

西南次海盆的深海海盆是指双龙海盆（图3.87），位于西南次海盆2975～4496 m水深段。双龙海盆发育在长龙海山链和飞龙海山链之间，呈长条块状东北向展布，长约88 km、最大宽度为31 km。海盆内龙门海山峰顶水深约2975 m、边缘水深约4400 m，最深处约4496 m，高差约1521 m。

6）深海扇

深海扇分布于陆坡、岛坡的海底峡谷出口末端，一般面积数百至数千平方千米，坡度较缓。西南次海盆的深海扇是指盆西南深海扇（图3.88），位于南海海盆西南部，位于3200～4356 m水深段。盆西南深海扇发育在盆西海底峡谷出口末端，西北靠盆西海岭、盆西海底峡谷和盆西南海岭，东南部临西南深海平原。深海扇平面形态呈长形，呈北东–南西向展布，长约180 km、最大宽约85 km，面积约8846 km²，整体地形自西北向东南缓慢倾斜下降。深海扇自西北部3580～4200 m水深段，向东南部4200～4300 m水深段缓慢倾斜下降，融入西南深海平原，平均高差为100 m，平均坡度为0.18°，整体地形坡度平缓。盆西南深海扇上发育长石海丘（暂定）和玉佩西海丘。

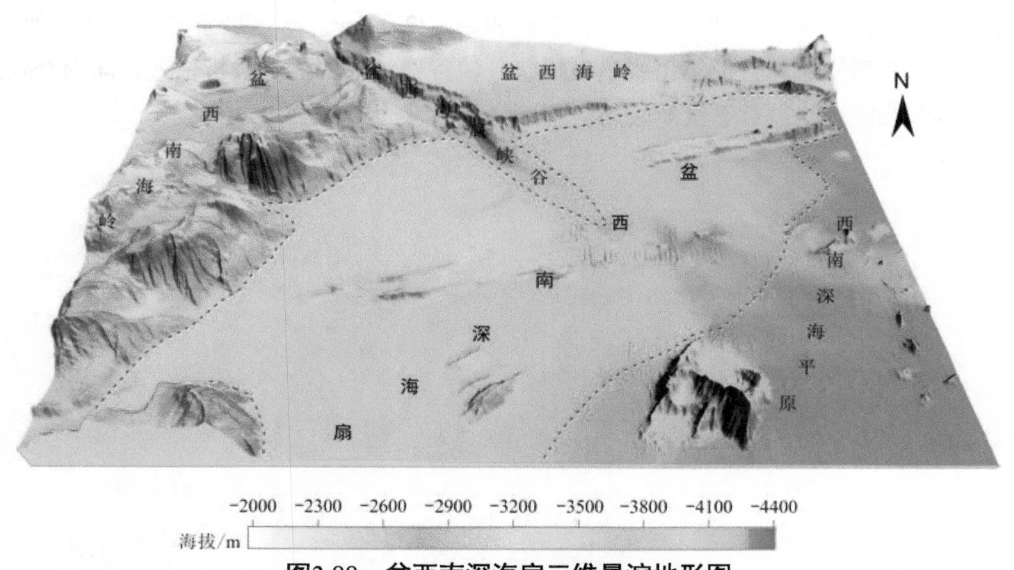

图3.88　盆西南深海扇三维晕渲地形图

二、典型地貌单元的地貌特征

板块作用（内营力）和外营力作用使得南部海域海底出现高低悬殊和崎岖不平的地形地貌景观，海底各种地貌类型及空间分布格局是内营力和外营力长期共同作用的结果。

南海从周边向中央倾斜，依次分布着陆（岛）架、陆（岛）坡、深海盆地等二级地貌。次级地貌类型有水下浅滩、水下沙波、峡谷、麻坑、海台、海山、海槽、海脊、海谷、深海海山链和海底扇等。这些地貌形成的背景和条件是非常复杂的，但不同地貌体的形成和演化都有自己的主导因素，探索地貌体形成和演化的动力，是决定地貌发展的方向和趋势。

对南部海域与构造运动、水动力条件、潜在油气资源密切相关的典型地貌单元，如海底峡谷群、麻坑、岛礁、大型海山（链）、南海北部沙波等地貌体，详细梳理分析其地形地貌特征，是非常有必要且有意义的。

（一）大型海底峡谷（群）

海底峡谷（submarine canyon）是海底窄而深的长条状负地形，常发育在大陆边缘的大陆架中部和坡折带的上陆坡区，其侧壁陡峭，谷壁多发生垮塌，向谷底滑移。海底峡谷的宽度为几千米至十几千米，峡谷壁到谷底的落差可达数百米，延伸长度有数百千米，最后进入深海盆地；峡谷依据剖面形态主要分为V型、U型。海底峡谷作为独特的海底地貌单元，其发育规模、走向、坡度及切割深度等均具有典型地形地貌特征，主要是受它们的形成机制控制。海底峡谷主要呈现出两种地貌特征：一是形式简单，以一条主轴峡谷为主，如台东峡谷、台湾海底峡谷和盆西海底峡谷等；二是呈梳子齿状，多条细小短分支峡谷连片分布，如澎湖海底峡谷群、神狐海底峡谷特征区、一统海底峡谷群及西沙北海底峡谷群等。

南海北部陆坡发育众多大型峡谷群，自东向西有澎湖海底峡谷群、笔架海底峡谷群、神狐海底峡谷特征区、一统海底峡谷群和西沙北海底峡谷群等；南海西部自北向南发育了永乐海底峡谷、日照峡谷群、中建峡谷群和盆西海底峡谷等。下面详细论述各峡谷的地貌特征。

1. 澎湖海底峡谷群

澎湖海底峡谷群（图3.89）位于南海北部陆坡东北部，在台湾浅滩和澎湖列岛以南，东侧为南海东部岛坡，西侧为东沙斜坡，南侧过渡到南海海盆，总面积约3.27万km²。本区域发育数十条北西-南东走向的海底峡谷，它们平行并列排布，且形态主要呈直线状，峡谷群头部在陆架坡折位置，向南经陆坡最后汇入马尼拉海沟。因地形坡度较陡，对下伏地层的切割更强烈。

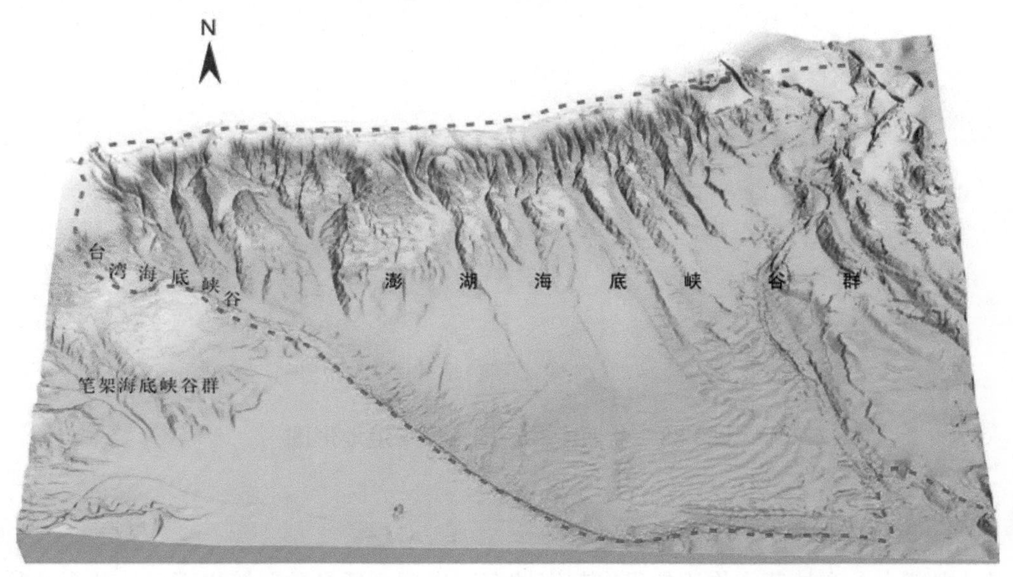

图3.89　澎湖海底峡谷群晕渲地形图

澎湖海底峡谷群中规模最大的峡谷是位于西部的台湾海底峡谷，水深在200～3500 m，长度约为250 km。该峡谷主要分为三段：上段为南北走向，与峡谷群中其他分支峡谷走向一致，主要是顺延斜坡下倾方向延伸，水深为1200～2500 m，呈现明显的V型下切，最大下切深度可达1000 m以上；中段呈近北西-南东走向，延伸方向发生了改变，与东部其他分支呈近45° 相交，水深为2500～3000 m；下段又出现一次转向，呈西东走向，水深为3000～3500 m，地形坡度逐渐减缓，横剖面呈“U”型，下切深度减小为200～300 m，最终汇入马尼拉海沟（徐尚等，2013）。

澎湖海底峡谷群的发育得益于先存陡峭的上陆坡地形，加之北部韩江提供的充足沉积物，顺延斜坡向下搬运，从而产生高能沉积物流，不断冲刷陆坡形成众多沟壑的地貌特征。

2. 笔架海底峡谷群

南海北部陆坡东段新发现了一个大型峡谷群，命名为笔架海底峡谷群。它位于东沙台地东侧，澎湖海底峡谷群西南部。笔架海底峡谷群分布总面积约1.18万km²，是由十条以北西–南东向为主的峡谷组成，众多峡谷呈树形分布，最后汇集到南东走向的主峡谷上，主峡谷长约165 km，水深为900～2760 m。峡谷群起源于东沙群岛东部上陆坡区，沿着斜坡下倾方向往南东方向延伸，并且水深逐渐增大。峡谷宽度分布在1.1～10 km，下切谷深度约700 m。笔架海底峡谷群晕渲地形图见图3.90。

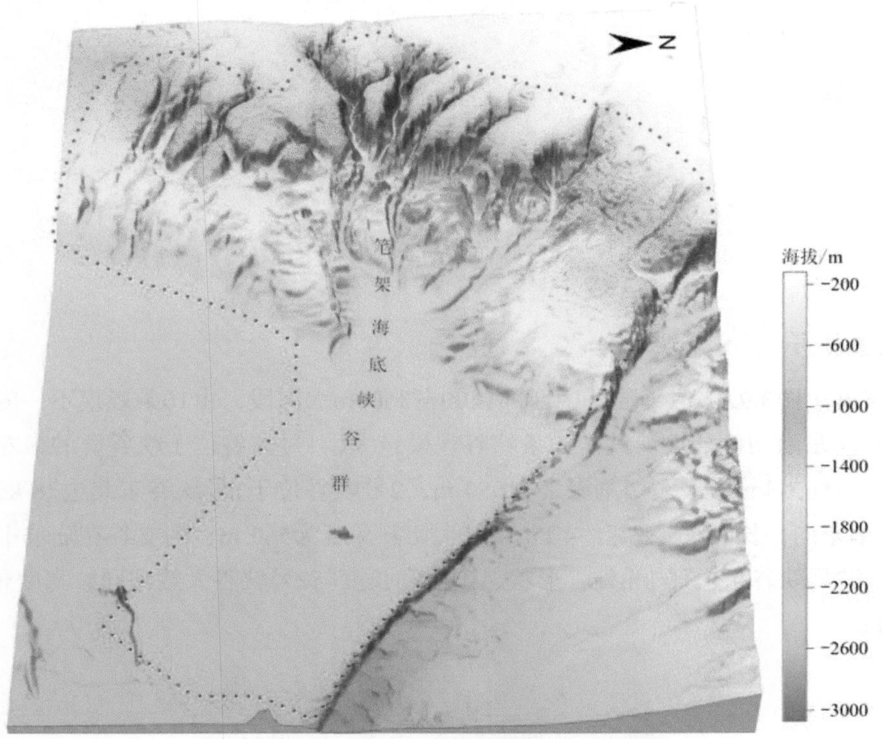

图3.90　笔架海底峡谷群晕渲地形图

3. 神狐海底峡谷特征区

南海北部陆坡中段发育了另一个大型峡谷群，命名为神狐海底峡谷特征区（图3.91）。神狐海底峡谷特征区位于南海北部珠江口盆地的白云凹陷区，属于神狐海域，东部为东沙群岛，西侧为西沙海槽。峡谷特征区水深为600～1800 m，峡谷头部发育于陆架坡折附近。该峡谷群是由17条北北西–南南东走向的海底峡谷组成，它们呈近等间距线状分布；峡谷群东西向长190 km、南北向最大宽80 km，面积约0.76万km²。单支峡谷长30～50 km、宽1～8 km，两侧谷壁较陡峭，坡度可达6.8°，下切最大深度约450 m。西侧的九条峡谷都直接汇入珠江海谷的主水道；而东侧的八条峡谷由于有陆坡区下部两个地形高地的阻隔，水道在两个高地间汇集，并最终汇入珠江海谷的主水道（丁巍伟等，2013）。

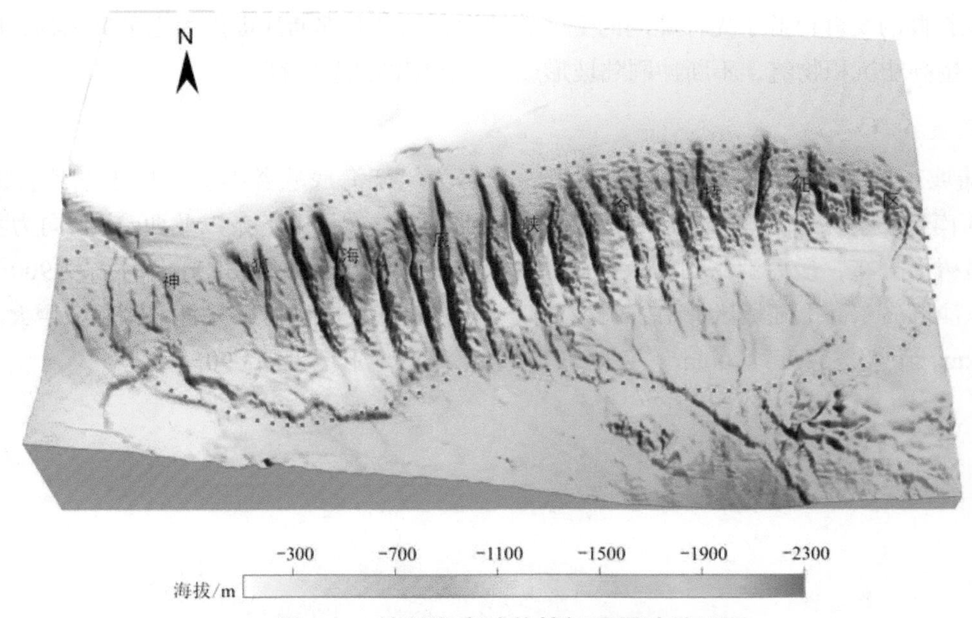

图3.91　神狐海底峡谷特征区晕渲地形图

4. 一统海底峡谷群

一统海底峡谷群（图3.92）位于陆坡中西部1400～3600m水深段，由10条规模不一的相邻峡谷组成。峡谷大致上自西北向东南切割陆坡。其中三条峡谷规模最大，1号峡谷位于峡谷群的最左边，走向为近东西向，长57.6 km、宽6.6 km，最大切割深度为650 m；2号峡谷位于1号峡谷东北边28 km处，大致呈Y字形，走向为北西–南东向，长41 km、宽约4 km，最大切割深度为560 m，两支谷在陆坡中段约2900 m水深交汇；3号峡谷位于2号峡谷东边16 km处，形状、走向和长度与2号峡谷大致相同，宽度稍宽约6.2 km，最大切割深度为800 m。

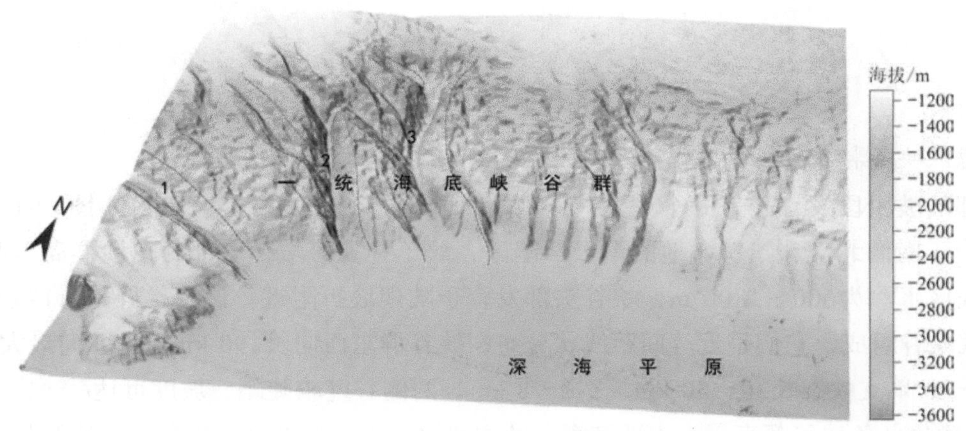

图3.92　一统海底峡谷群晕渲地形图

5. 日照峡谷群

日照峡谷群（图3.93）起源于南海西部陆坡，主体分布在中建南斜坡区，坡度为1°～2°，北部为中建阶地，南侧是中建南海盆中部坳陷深水区，东部为重云麻坑群，水深在240～2460 m。该峡谷群是由一条主干峡谷和九条主要分支峡谷组成，峡谷宽2～15 km，切割深度为100～400 m，整个峡谷群面积为5780 km²。主干峡谷总体沿着近东西方向延伸，全长超过70 km，宽度为1.3～2.2 km，最大切割深度230 m，最后向东进入1064 m水深的东部下斜坡区消失；主干峡谷南侧与多条呈南、南东、南东东方向延展的分支峡谷直接相连，整体呈现出“一主多支的树枝状”展布结构特征，沿着斜坡下倾方向，向南汇入中建南海盆的深水区。峡谷群南边发育了万里海山，周边发育密集的麻坑群。

万里海山位于日照峡谷群之中。海山呈不规则圆锥状，南西方向略长，约9.8 km，北东向略短，约8.9 km，山麓水深为2133 m。坡度北东坡为11°、南西坡为20°、南东坡为11.7°、北西坡为22°。最高峰位于海山中部（110° 11.6′ E、13° 52.9′ N），山顶水深为829.4 m，海山高差约1304 m。

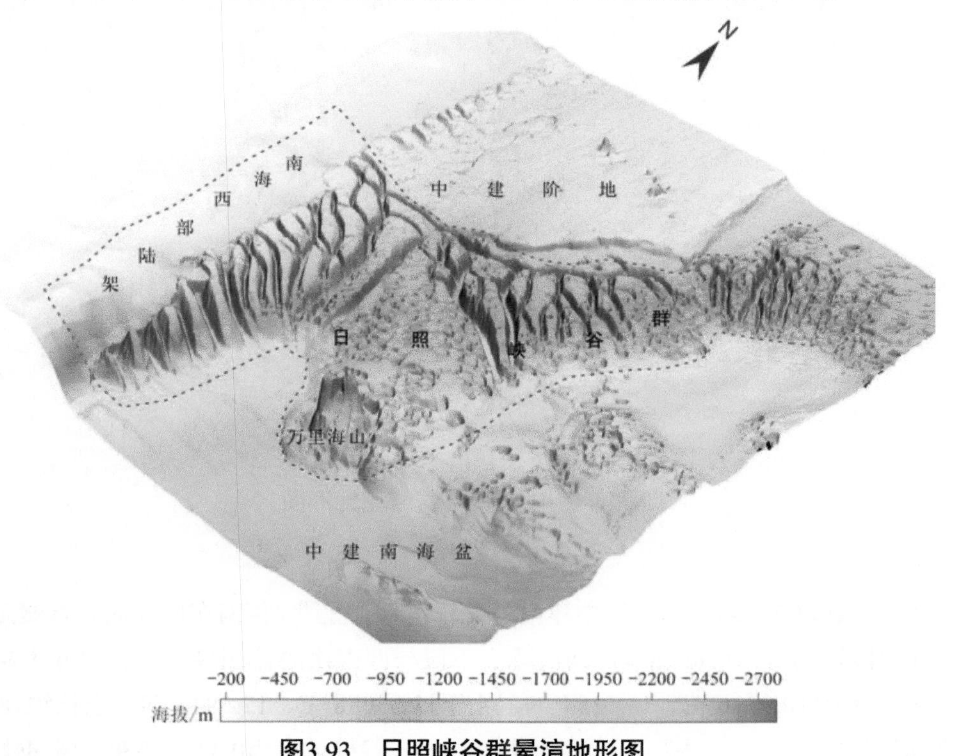

图3.93　日照峡谷群晕渲地形图

6. 中建峡谷群

南海西部陆坡发育了另一个大型峡谷群，命名为中建峡谷群。中建峡谷群（图3.94）位于中建阶地的东部，北连中建北海台，南抵中建南斜坡和中建斜坡，西邻中建斜坡，东接中建南斜坡。峡谷群由众多的小型峡谷构成，南段的峡谷多为东南向倾斜切割阶地，中段的峡谷向西北倾斜下降，北段的峡谷向北、向东倾斜下降。峡谷中段水深约760 m，南北两端谷底的水深分别为1440 m、1290 m。谷群南北长约150 km、宽3.6～40 km，其中，中段最窄、南段最宽，面积达4700 km²。峡谷群的峡谷宽度为0.5～9.4 km，大多数在1 km左右。峡谷群中亦发育有数量巨大的圆形、椭圆形洼地（海穴），构成坑谷密布的特殊地形单元；同时出露海底的泥底辟构造，规模大小不等。

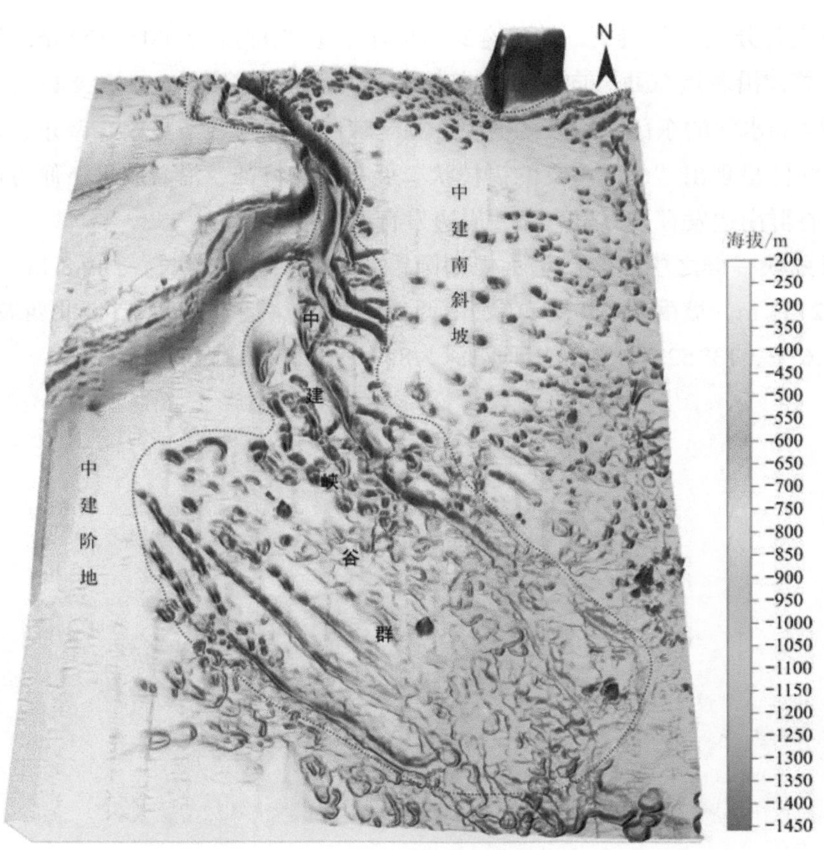

图3.94　中建峡谷群晕渲地形图

7. 盆西海底峡谷

盆西海底峡谷（图3.95）起源于南海中建南海盆东南部，呈北西-南东向蛇曲状蜿蜒延伸，起点水深为2850 m，峡谷中段切割盆西海岭和盆西南海岭，下段与西南次海盆相接，最大水深为4411 m，最大高差达1599 m。峡谷始于110.9716° E、13.5154° N，止于112.3088° E、12.5845° N，全长约188 km，宽1.5～14.5 km，发育面积约1500 km²，最大下切深度为572.3 m，谷壁坡度为0.4° ～20.9° 。根据峡谷的类型结合横切剖面（图3.96、图3.97，表3.3），把盆西海底峡谷由西北向东南分为六段（A～F）。

峡谷B段是整个峡谷宽度最窄、平均谷壁坡度最大的区域；峡谷D段表面也从平滑转为崎岖不平，可能系峡谷两边谷壁高耸海山的陡峭山坡的山体滑坡造成的；峡谷E段是整个峡谷下切深度最大、水深最大、谷底地形坡度最大的区域，也是峡谷表面起伏最大、最复杂的区域，在与深海盆地交接处，存在明显的山体滑坡地形；峡谷C段长度最短，只有5.8 km，且只占峡谷B～D段总长度的8.8%，因此，峡谷B～D段整体以V型谷为主。

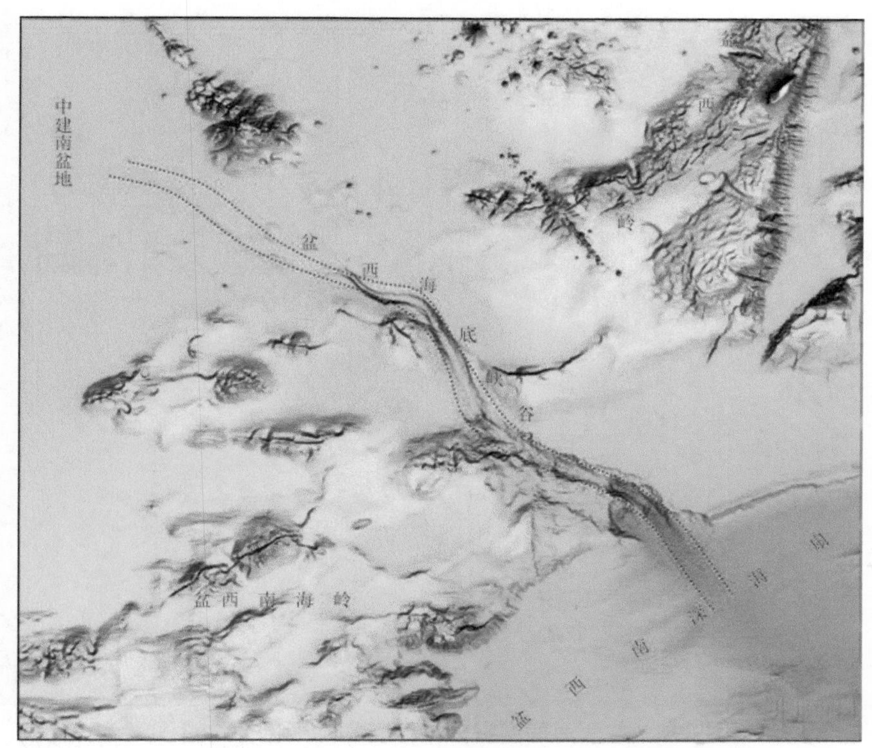

图3.95　盆西海底峡谷晕渲地形图

表3.3　盆西海底峡谷地形剖面主要地形参数特征表

剖面名称	峡谷分段	峡谷类型	长/km	上顶部宽/km	下底部宽/km	下切深度/m	谷底水深/m	古壁坡度/（°）（左，右）
1	A	U 型	63.4	6.8	3.9	52	2817	2.3，0.4
2				8.3	2.4	70	2932	1.2，2.0
3				7.3	2.0	95	2988	2.4，2.2
4	B	V 型	14.5	4.7		157.1	3090	10.6，3.2
5				1.6		239.2	3255	18.6，20.0
6	C	U 型	5.8	2.1	1.2	129.3	3220	11.1，20.2
7	D	V 型	45.2	3.5		457.8	3421	17.4，18.1
8				4.2		221.1	3342	5.9，10.2
9				5.5		368.0	3538	9.2，9.2
10				7.1		470.5	3804	5.7，8.0
11	E	上 U 下 V 型	34.3	12.5		379.9	3943	3.4，7.0
12				12.7		572.3	4382	10.4，12.9
13	F	U 型	24.8	10.9	2.6	142.2	4329	1.6，2.1
14				6.6	2.0	32.2	4255	0.6，1.0

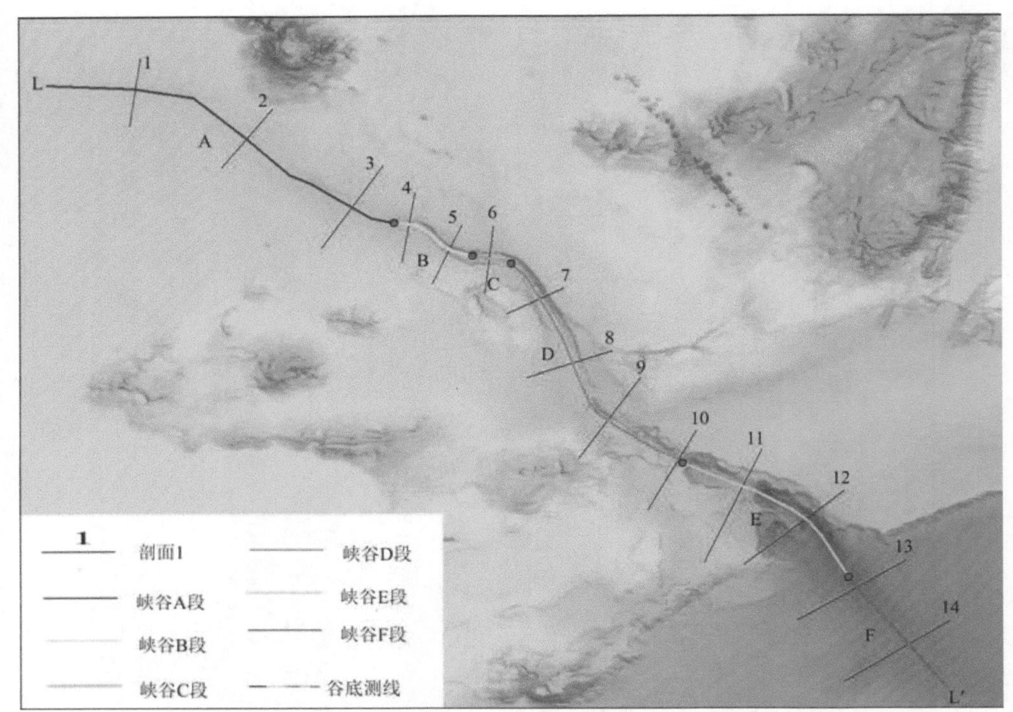

图3.96　盆西海底峡谷分段峡谷和地形剖面位置图

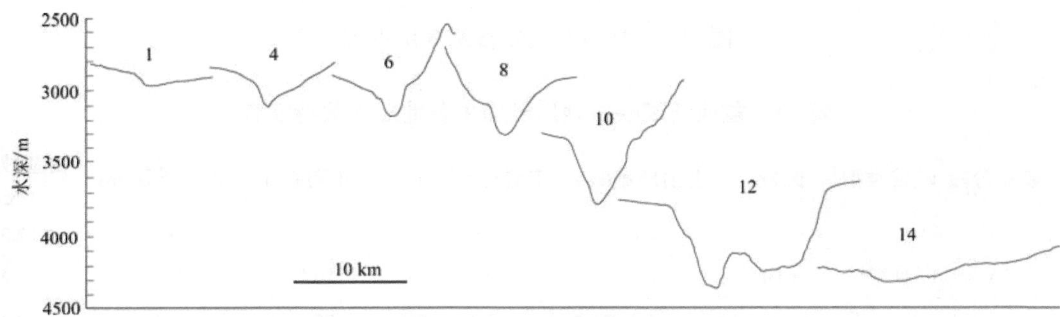

图3.97　盆西海底峡谷典型地形剖面对比图

整体上，盆西海底峡谷呈蛇曲状主轴，不发育支谷，中、下段呈喇叭状向深海盆地延伸，整体较为狭窄，呈两头宽（U型）中间窄（V型）及“分段性”的特征，从西北向东南分为四段峡谷，依次为U型、V型、上U下V型和U型下切谷；峡谷具有长度长、水深落差大、切割深、谷侧壁坡度大的特点。

8. 永乐海底峡谷

永乐海底峡谷位于永兴岛东部，起源于东岛海台北部和永兴海台的东侧（图3.98），大致上自西向东延伸至深海盆地、西沙海隆、西沙海底高原和永乐海隆的分界线。峡谷全长150 km、宽2～4 km，水深为710～3150 m，整体水深变化较大。峡谷剖面形态呈现狭窄而深切的特征，切割深度较大，局部可达500 m。

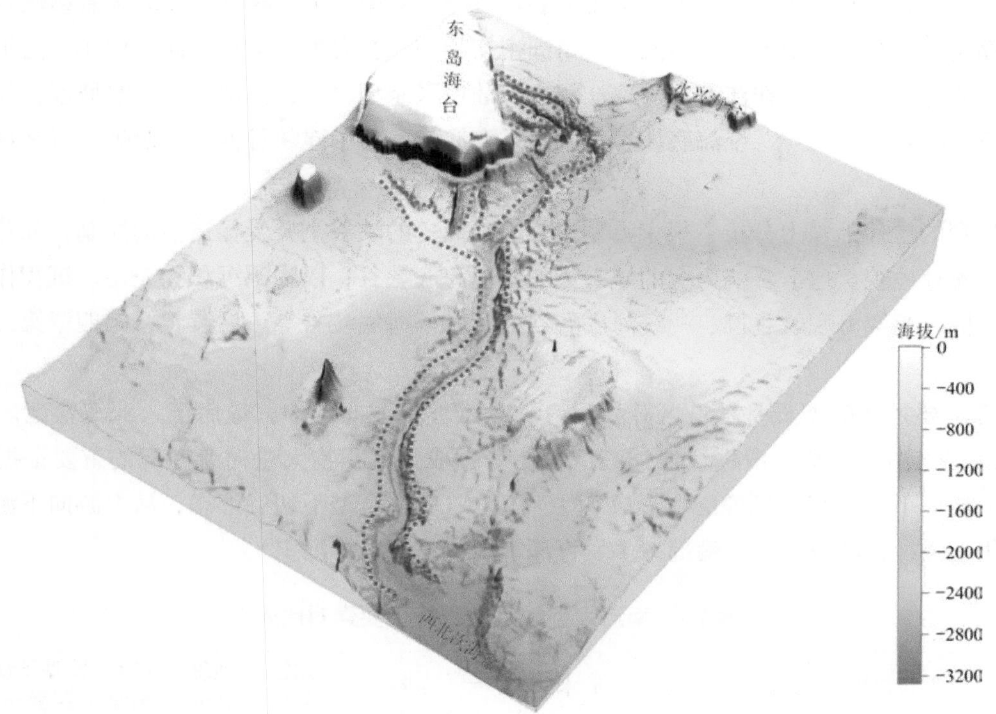

图3.98　永乐海底峡谷三维晕渲地形图

永乐海底峡谷主要分为三段，包括上游段、中游段和下游段。上游段（0～65 km）为北北东走向，峡谷主体逐渐加宽、加深的起始位置，横截面的宽度显示由源头的几百米宽，到峡谷主体宽度为2740 m，水深由710 m逐渐加深到2220 m，坡度较陡、变化较大；中游段（65～120 km）呈北东走向，为主要峡谷区，水深由2220 m逐渐加深到2892 m，坡度平缓、变化较小；下游段（120～150 km）呈北东走向，为峡谷主要沉积区，水深为2892～3150 m，坡度平缓、变化较小（表3.4）。

表3.4　永乐海底峡谷特征参数表

位置	平均坡度/(°)	坡度/(°)	坡度变化率/[(°)/m]	宽深比
上游	1.33	0 ～ 14.4	0 ～ 0.39	<8
中游	0.7	0 ～ 4.73	0 ～ 0.39	8 ～ 13
下游	0.49	0 ～ 5.8	0 ～ 0.22	>13

永乐海底峡谷未切割大陆架，属于陆坡限制型海底峡谷，物源主要来自东岛海台和永兴海台，沉积物以滑动、滑塌、碎屑流、浊流等多种重力流形式搬运到峡谷中，形成了连续的下凹地形。

9. 其他峡谷

南沙陆坡上还发育了六条规模较大的海底峡谷：白居易海底峡谷、卢纶海底峡谷、海马海底峡谷、忠孝海底峡谷、南方海底峡谷和安塘海底峡谷。

综上所述，南海周缘陆坡区广泛发育海底峡谷，包括南海北部陆坡、南海西部陆坡和南沙陆坡等，其中尤以南海北部陆坡和南海西部陆坡分布的海底峡谷规模较大，研究程度亦较南沙陆坡的海底峡谷高许多。

从峡谷发育位置、与水系的联系上，可将海底峡谷分为陆架侵蚀型峡谷和陆坡限制型峡谷。陆架侵蚀型峡谷的头部通常分布于陆架区，与河流、三角洲密切相关，受海平面下降引起下切作用为主要影响，如澎湖海底峡谷群与韩江相连，珠江海谷与珠江相连；陆坡限制型峡谷，头部发育于陆坡区，如笔架海底峡谷群、神狐海底峡谷特征区、一统海底峡谷群、永乐海底峡谷、中建峡谷群、日照峡谷群和盆西海底峡谷等（表3.5）。

从峡谷发育的主控因素上分析，很多大型主轴清晰简单的峡谷主要受构造活动控制，如花东峡谷、珠江口外峡谷；先存地貌负地形影响为主的峡谷，如盆西海底峡谷；以物源沉积物充足、沉积作用强烈，如澎湖海底峡谷群、笔架海底峡谷群、一统海底峡谷群和永乐海底峡谷等。后续将在第四章第二节峡谷成因中详细论述。

海底峡谷主要是从陆架或是陆坡区开始发育，顺延坡降方向延伸，最后汇入深海盆区。峡谷头部多发育陆架边缘三角洲、滑移、滑塌、块体流沉积体等，成为沉积物大量向海搬运的重要证据，如日照峡谷群；峡谷上游—下游深切海底地层，形成V型、U型或UV复合型下切谷形态，从上游向下游下切程度降低，沉积作用增强；在峡谷下游至嘴部，多发育深水扇、浊积扇等沉积。

表3.5　南海大型峡谷地貌特征要素对比表

峡谷名称	发育位置	类型	构成	水深/m	走向	长度/km	宽度/km	海底剖面	海底下切深度/m	主要成因
澎湖海底峡谷群（除台湾海底峡谷）	南海东北部陆坡	陆架侵蚀型峡谷	数十条近直线状峡谷	200~4000	北西－南东向	40~107	1.5~9	V 型、U 型	最大 606	地形陡峭和充足沉积物供给
台湾海底峡谷	南海东北部陆坡	陆架侵蚀型峡谷	多条分支汇聚到一条主峡谷	200~3500	上段南北向、中段北西－南东向、下段东西向	250	1.5~19.5	V 型、U 型	200~608	地形陡峭、充足沉积物供给和断裂活动
笔架海底峡谷群	东沙台地东部陆坡	陆坡限制型峡谷	10 条峡谷组成	900~2760	北西－南东向	165	1.1~10	V 型、U 型	700	充足沉积物供给
神狐海底峡谷特征区	珠江口盆地上陆坡	陆坡限制型峡谷	17 条近等间距线状峡谷组成	600~1800	北北西－南南东走向	30~50	1~8	V 型、U 型	最大 450	地形陡峭和充足沉积物供给
一统海底峡谷群	南海西北部陆坡	陆坡限制型峡谷	九条并排梳状峡谷组成	1400~3600	北西－南东向、北北西－南南东向、南北向	16~57.6	4~6.6	V 型、U 型	最大 800	构造活动
永乐海底峡谷	中建南海盆西部上陆坡	陆坡限制型峡谷	头部多条小型水道汇聚到主峡谷上	710~3150	南南西－北北东向到北东－南西向	150	2~4	U 型、V 型	最大 500	充足碳酸盐岩碎屑物供给
中建峡谷群	中建南海盆西北部陆坡	陆坡限制型峡谷	数十条峡谷	535~1405	北西－南东向	150	0.5~9.4	V 型、U 型	最大 200	先存有利地形条件和充足物源供给
日照峡谷群	中建南海盆西部上陆坡	陆坡限制型峡谷	一条主干峡谷和九条分支峡谷	240~2460	主干峡谷主要为东西向；分支峡谷呈近南北向、北西－南东向	主干 70	2~15	U 型、V 型	100~400	先存有利地形条件和充足物源供给
盆西海底峡谷	中建南海盆东南部	陆坡限制型峡谷	一条主轴峡谷	2850~4411	北西－南东向	188	1.5~14.5	V 型、U 型	最大 572.3	先存负地形成为峡谷发育的先决条件

（二）大型海谷

海底谷又称海谷，南海北部陆坡分布有两个海底凹形谷地，一个位于尖峰斜坡、神狐海底峡谷特征区和一统斜坡之间；另一个位于东沙斜坡内。两个大型海底海谷为珠江海谷和东沙南海谷。

南海西部陆坡的海谷主要发育在西沙海底高原一带，区内隆起的台地、海台、海脊之间分布有一些海底凹形谷地。大型海底谷有七条，暂命名为晋卿海谷、金银海谷、北边海谷、银砾海谷、西渡海谷、浪花海谷、红草海谷等。

南沙陆坡东段也发育了众多海谷和海底峡谷，包括神仙海谷和勇士海谷。

1. 珠江海谷

珠江海谷（图3.99）位于南海北部陆坡中段，海谷西边为一统斜坡，东边为尖峰斜坡和神狐海底峡谷特征区，东南端融入深海平原，长约258 km、宽10～65 km，新资料使我们对海谷的下坡段地形地貌有新的认识。海谷发源于陆坡上部300 m水深处，切过陆坡的中下部，在3600 m水深处与深海盆地相接，高差在3300 m左右。海谷上部和下部走向为北西–南东向，中上部转为近东西向。

图3.99　珠江海谷晕渲地形图

谷底地形从北到南分陡—缓—陡—缓—陡五段，第一段谷底中部水深为360～1200 m，长63 km、宽19～33 km，上窄下宽，地形稍陡峭，谷底坡度约1°，最大切割深度500 m；第二段谷底中部水深为1200～1900 m，长61 km、宽9～32 km，上窄下宽，地形稍平缓，谷底坡度约0.6°，最大切割深度为250 m；第三段谷底中部水深1900～2600 m，长48 km、宽30～35 km，地形坡度增大，谷底坡度约0.9°，最大切割深度为300 m；第四段谷底中部水深为2600～3200 m，长58 km、宽15～75 km，3200 m水深处最窄，整条海谷最宽处在此处，地形相对也平缓，谷底坡度约0.5°，最大切割深度为530 m；第五段谷底中部水深为3200～3600 m，长37 km，地形稍陡峭，谷底坡度约0.8°，最大切割深度为400 m。海谷的切割深度为100～530 m，且随着水深的增加切割深度逐渐增大，两侧谷坡的坡度逐渐变陡。该海谷下部有一条支海谷向东边延伸，长21 km、宽3.5～10 km，支海谷中部谷底地势较高，向两端延伸，地势逐渐降低。海谷上部500～1400 m水深段，谷底发育有几条小型海底峡谷。

2. 东沙南海谷

东沙南海谷发育于东沙斜坡内，此海谷是多波束调查新发现的大型海谷，规模小于珠江海谷。海谷大致呈Y字形，主海谷地形向东南倾斜下降后，最大水深约3550 m。主海谷长154 km、宽6.8～16 km，起点水深为1600 m、终点水深为3550 m，落差大，坡度约0.8°。主海谷两侧坡度较大，为0.9°～18°，高差为50～850 m，南侧谷坡为尖峰海山群中的三个海山–海丘的北部山坡。支海谷整体为北东–南西走向，长92 km、宽5～10 km，切割深度可达500 m，南侧谷坡为鲁班海山的北部山坡；支海谷中部谷底地势较高，向两端延伸，地势逐渐降低，中部谷底水深约2260 m，宽约8.8 km；支海谷西南端向主海谷倾斜，坡度约0.8°，在2800 m水深段与主海谷相接；支海谷东北端向东倾斜下降融入东沙斜坡，坡度约0.7°，东北端北部有几条北西–南东向的小峡谷融入支海谷（图3.27）。

3. 晋卿海谷

晋卿海谷位于永乐海隆和西沙海底高原之间，西北端连接西沙海槽，东南端连接深海盆地。海谷为西北–东南走向，长约107 km。海谷中部谷底地势较高，向两端延伸，地势逐渐降低。中部谷底水深约2000 m，宽约4 km；海谷西北端向西沙海槽倾斜，谷底宽阔，宽达17 km；东南端向深海盆地倾斜，平均坡度为1.5°，谷底收窄为4 km，切割深度为100 m（图3.100）。

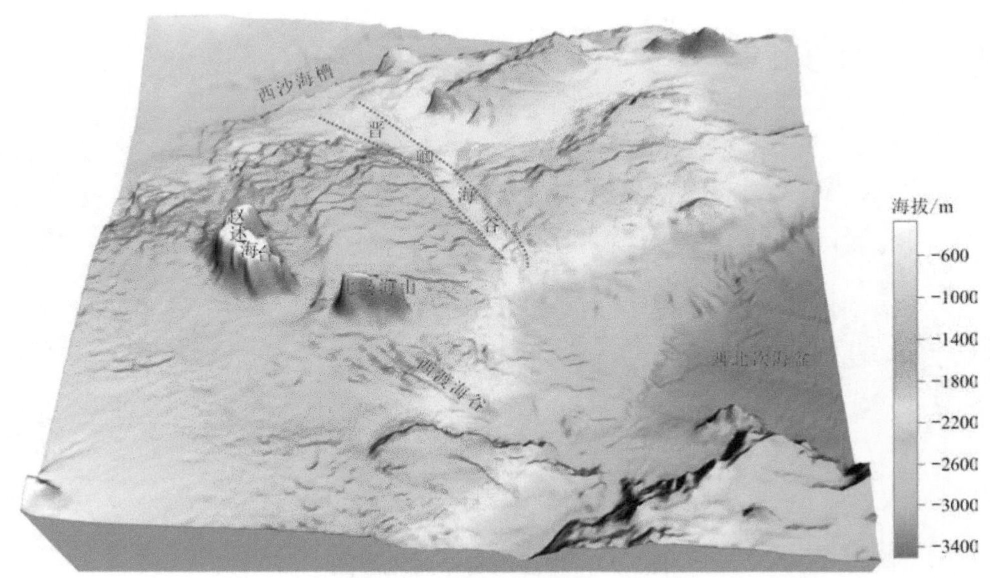

图3.100　晋卿海谷晕渲地形图

4. 金银海谷

金银海谷位于南海西部陆坡，发育于中建北斜坡、中建南斜坡与西沙海底高原之间，地形向西北倾斜下降后融入西沙海槽底部。此海谷长约181 km、宽为17～26 km，面积约4017 km²。海谷起点水深为1230 m，位置为111° 33′ 11″E、15° 52′ 17″N，位于海谷中南端，向南北向缓慢倾斜下降，南部和北部终点水深分别为1277 m、1400 m，落差小，底部地形平缓下降，坡度约0.1°。海谷两侧坡度较大，为0.5°～0.7°，高差为100～200 m。

5. 勇士海谷

勇士海谷位于礼乐斜坡中部。海谷走向北西偏西，约292°。自东往西，海谷水深逐渐加深。海谷蜿蜒延伸长度约146 km。海谷由一条主海谷和两条支海谷组成，两条海谷在2100 m水深段融入主海谷，主海谷平均宽度约5 km。海谷起点水深约700 m、终点水深约3700 m，高差约3000 m，平均坡度约0.74°（图3.60）。

6. 神仙海谷

神仙海谷位于礼乐斜坡西部，海谷走向北西偏西，约286°。从东往西，海谷水深逐渐加深，延伸长约65 km、宽约4 km。海谷起点水深约3066 m、终点水深约3600 m，高差约534 m，海谷坡度约0.6°（图3.60）。

（三）大型麻坑群

麻坑是一种类似泥火山的微地貌形态，海底麻坑代表了有海底流体溢出留下的地貌证据。Hovland和Judd从理论上证实了麻坑由海底溢出的流体形成，在绝大多数情况下，溢出的流体是气体。气体持续从地层溢出可导致沉积物塌陷，进而在海底表面上形成麻坑。

1. 重云麻坑群

重云麻坑群位于日照峡谷群东部、中建南斜坡东南部（图3.101），其南部是中建南海盆，为中建阶地往南向中建南海盆的缓坡过渡带，北东长约123 km、北西宽约56.8 km，坡度一般为1°～2°，麻坑呈片状大面积分布，麻坑大小从500 m到3000 m不等，麻坑深度在50～200 m。坑群边缘水深1282 m，最大水深2736 m。麻坑南部与日照峡谷群相邻处，发育两座大型海谷，呈北西-南东向延伸，是日照峡谷群沉积物的输送通道，其东南端融入中建南海盆。

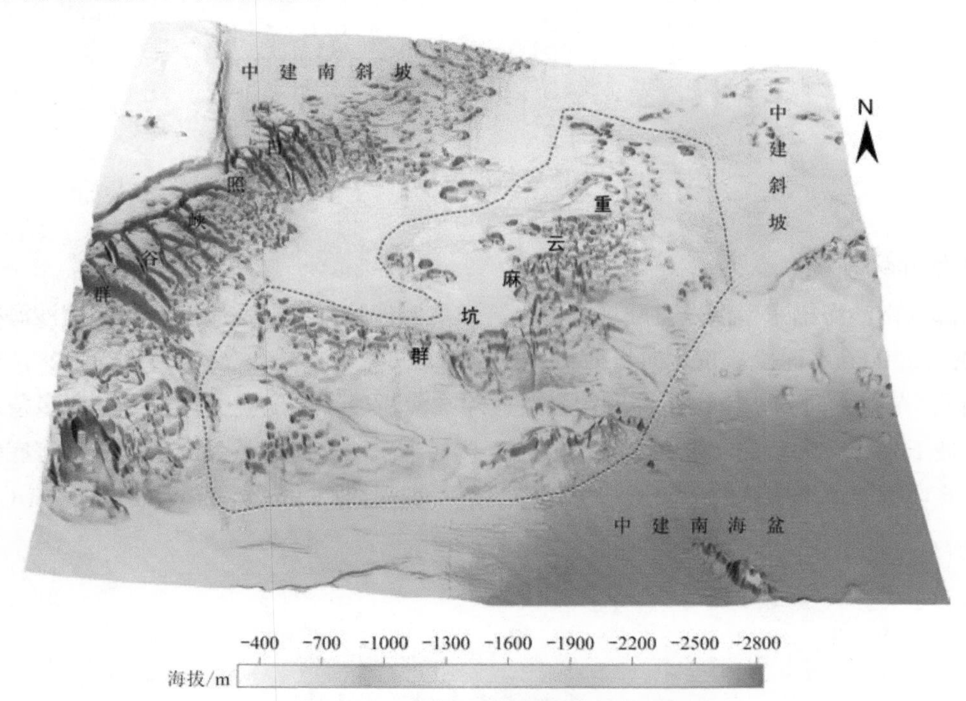

图3.101　重云麻坑群晕渲地形图

2. 中建峡谷麻坑群

中建峡谷麻坑群位于中建峡谷群两侧（图3.102）、中建南斜坡南部，其南部是中建南海盆，为中建阶地往东南向中建南海盆的缓坡过渡带，北东长约150 km、北西宽约66 km，坡度一般为1°～2°，麻坑呈片状大面积分布，麻坑大小从20 m到3000 m不等，麻坑深度在5～200 m。坑群边缘水深为700～1300 m。麻坑西南部与重云麻坑群相邻，中建峡谷群由西北向东南纵贯中建峡谷群麻坑群，呈北西-南东向延伸，是中建峡谷群沉积物的输送通道，其东南端融入中建南海盆。

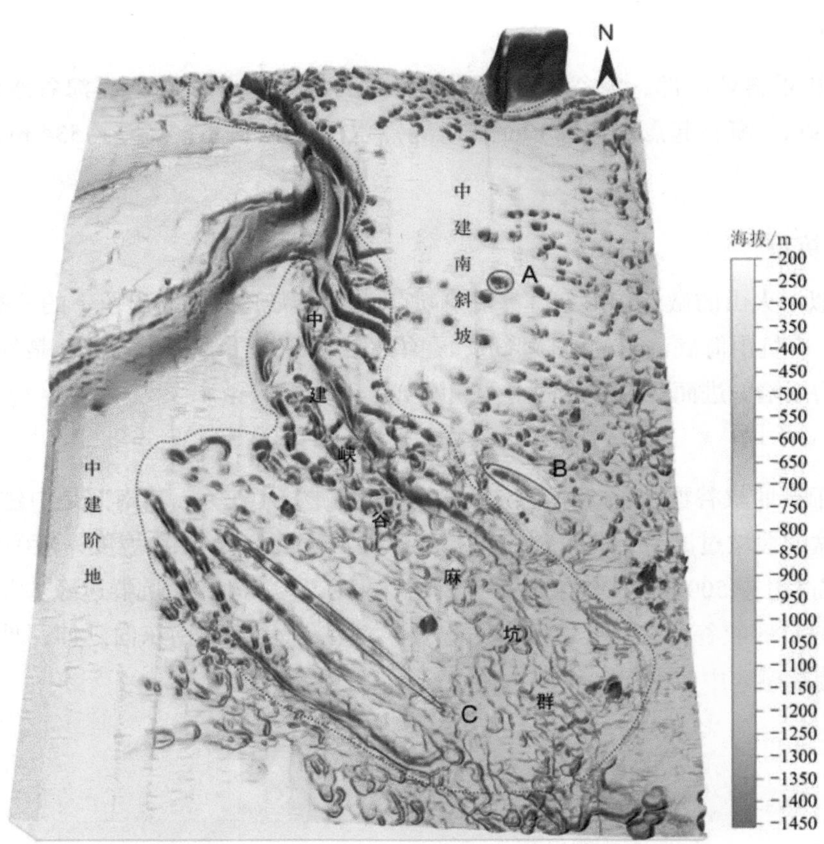

图3.102　中建峡谷群麻坑群晕渲地形图

A~C为麻坑群

3. *南沙海槽麻坑群*

南海西南部的南沙海槽东南侧发育陆坡陡坡，陡坡从巽他陆架向西北倾斜延伸至南沙海槽槽底平原。陡坡发育在200～2800 m水深段。东北向长约450 km、西北向宽约70 km，陡坡坡度约为2°。东南陡坡由于受到强烈的西北-东南方向的挤压作用，发育多条逆冲推覆断裂，在地貌上体现为发育多条东北走向的条形隆起带。陡坡上发育有大量的麻坑和多条小峡谷，包括南乐一号海底峡谷、南乐二号海底峡谷和南乐三号海底峡谷。麻坑群的单个麻坑的平面形态主要为圆形，直径约1.5 km，深度为60～160 m（图3.103）。

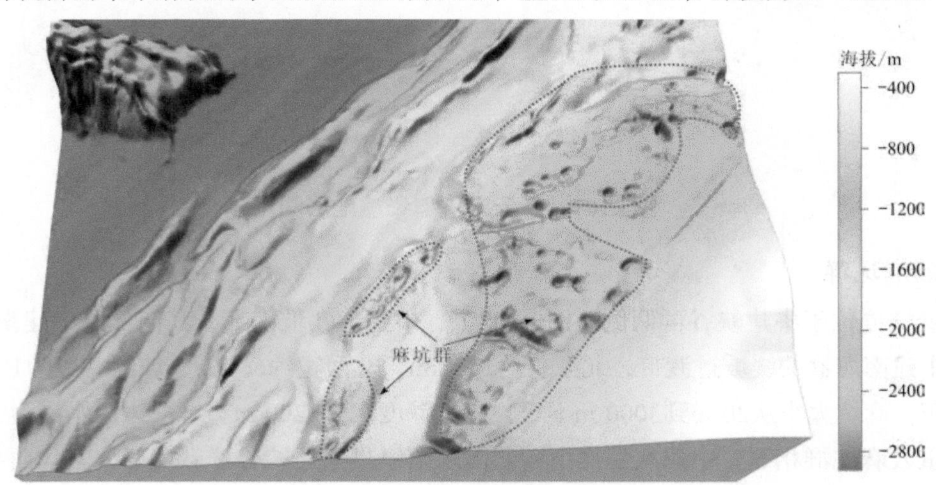

图3.103　南沙海槽麻坑群晕渲地形图

4. 安渡海山麻坑群

南海西南部的安渡海山位于南沙陆坡的中部，南薇滩的东南边，常骏海山的东边。海山平面形态呈长形，走向为东北。海山东北向长约119.4 km、西北向宽约28.8 km，面积约3174 km²。海山峰顶（112° 51.5′ E、7° 23.3′ N）水深为536 m、山麓水深约2269 m，最大高差为1733 m。海山上发育大量的麻坑。单个麻坑的平面形态主要为圆形，直径为1.5～2.3 km，深度为45～130 m（图3.104）。

5. 安波海丘麻坑群

南海西南部的安波海丘（暂定）位于南沙陆坡的北部，南薇滩的东边，奥援海丘（暂定）的南边。海丘平面形态不规则，东北向长约39.6 km、西北向宽约34.3 km，面积约1261 km²。海丘峰顶（112° 35.6′ E、7° 46.3′ N）水深为1076 m、山麓水深约2063 m，最大高差为987 m；坡度为2°～5°。海丘上发育多个麻坑，单个麻坑的平面形态主要为圆形，直径约2 km，深度为69 m（图3.105）。

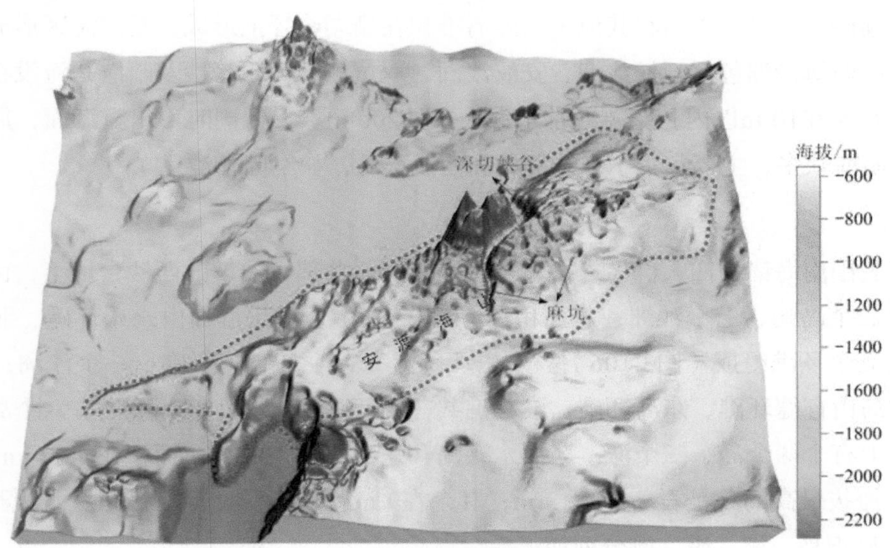

图3.104　安渡海山麻坑群地貌图

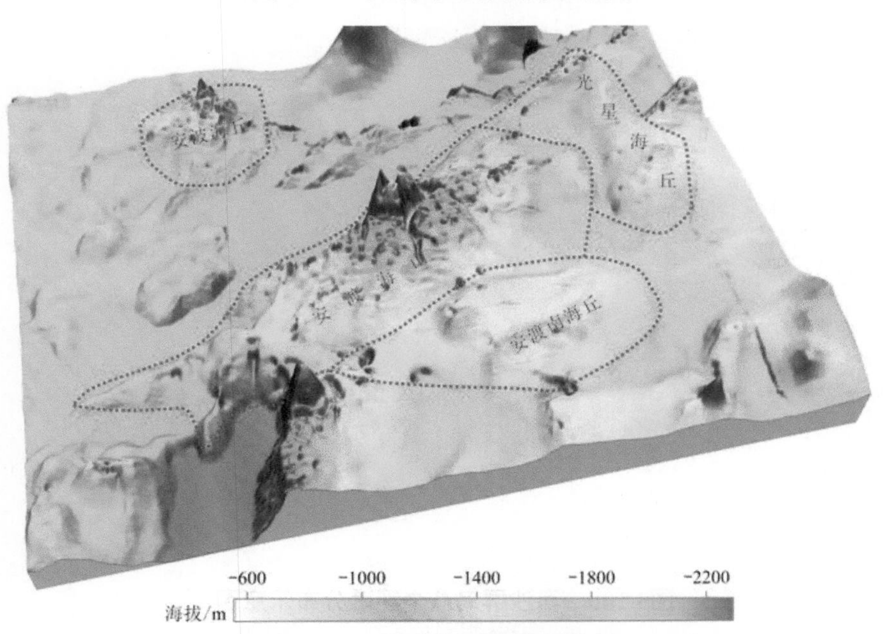

图3.105　安波海丘麻坑地貌图

（四）岛礁

南海海底地形复杂，主要以陆架、陆坡和海盆三个部分呈现环状分布。南海海盆在长期的地壳变化过程中形成深海海盆，南海诸岛是在海盆隆起的台阶上发育的，按其位置和聚集关系分为四个群岛：西沙群岛、中沙群岛、东沙群岛、南沙群岛，包括岛、礁、沙洲、暗沙和暗滩等共计250余个。东沙群岛位于南海北部陆坡的东沙台阶上；西沙群岛和中沙群岛则位于南海西部陆坡的西沙台阶和中沙台阶上；南沙群岛形成于南沙陆坡的南沙台阶上。

各岛屿（礁）按出露形态和出露方式可分为岛、礁、沙洲、暗沙及暗滩等几种类型。岛即岛屿，是高潮时仍出露水面的陆地，南海典型岛屿包括东沙岛、赵述岛、石岛、永兴岛等；礁为生长于海平面附近，高潮时被淹没，低潮时出露的珊瑚礁体，得益于独特的气候条件，这种珊瑚礁体南海广泛发育，典型珊瑚礁群包括宣德环礁、东岛环礁、浪花礁、永乐环礁内的部分礁体，以及永暑礁、华光礁、玉琢礁等；沙洲主要由松散的珊瑚砂砾、贝壳碎屑和其他生物碎屑堆积在珊瑚礁坪上形成，是浅海区形成的沉积地形，低潮时会露出水面，南海沙洲包括筐仔沙洲、安波沙洲、双黄沙洲等；暗沙及暗滩是淹没在水下较浅处的珊瑚礁（暗沙通常水深在10 m以内，暗滩通常水深为20～200 m），低潮时不出露海面，局部覆盖有薄层沙质，南海暗沙及暗滩众多，主要集中于中沙群岛和南沙群岛，如本固暗沙。

1. 西沙群岛

西沙群岛是我国南海诸岛四大群岛之一，发育在南海西北部大陆坡的西沙台地上，由永乐群岛和宣德群岛组成，共有22个岛屿、七个沙洲，总面积约8 km²。其中，永乐群岛由永乐环礁、北礁、华光礁、玉琢礁、盘石屿共五个环礁组成（图3.106）。永乐环礁上有12个岛、一个礁、一个沙洲；盘石屿环礁上有一个岛。宣德群岛由宣德环礁、东岛环礁、浪花礁共三个环礁组成。宣德环礁上有六个岛、六个沙洲、一个滩；东岛环礁上有个两个岛、三个滩。区内永兴岛和东岛是最大的岛，面积在1～2 km²，其他岛洲面积在0.4 km²以下，海拔最高的岛是石岛，为13 m，其余在9 m以下，一般为1～5 m。西沙群岛八个环礁分布见图3.106，按环礁把岛、洲、礁、滩分列如下。

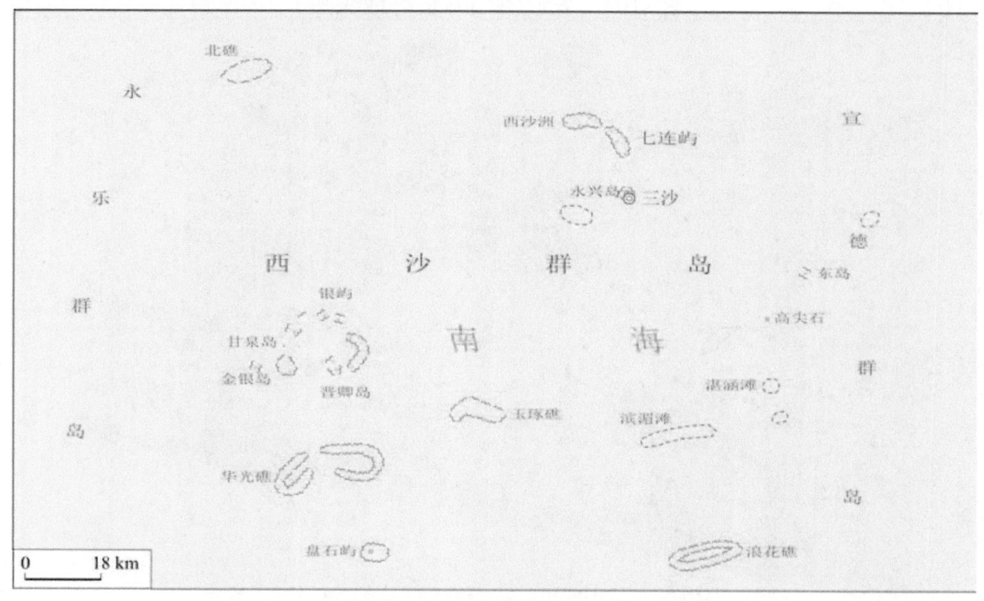

图3.106　西沙群岛八个环礁分布示意图

1）宣德环礁

宣德环礁是一个残缺的环礁，西半边缺失，东半边从七连屿到石岛、永兴岛呈弧形，仍保留着环礁形态。推断断裂和火山活动使西边缺失，而在东部则使石岛突起成为南海诸岛中最高的岛。环礁围绕着的浅湖成一个向西开口的浅水湾，湾内水深小于60 m。

A.石岛

石岛和永兴岛在同一梨形礁盘上，位于永兴岛东北约700 m处。岛周围海蚀岸地形明显。东岸多海蚀洞，并有一些深入岛体的沟槽，其中一条深入达15 m；西岸有大型海蚀洞两个；北岸有海蚀洞两个；有沉积流集中在岛的南端形成沙嘴，现已成为连接永兴岛的公路。石岛只有少数灌木生长，因累累岩石裸露而得名。岛形不规则，最长处约400 m、最窄处不到100 m，面积约0.08 km^2，最高处海拔为13 m，是南海诸岛中地势最高的岛屿，石岛为四边陡峭的台地地形。构成石岛的珊瑚礁有些是由珊瑚砂沉积胶结而成的次生珊瑚礁，珊瑚礁的沉积本来是近水平状态，隆起后未产生变形仍为水平状态，发育成平坦的台地。这些沉积的沙砾层胶结还未坚固，易被波浪冲蚀而形成海蚀崖、海蚀洞等次级地貌类型。由于海浪不停地侵蚀石岛，导致岛屿面积日益变小，濒临消亡。

B.永兴岛

永兴岛位于宣德环礁的东南部，西北距海南岛榆林港337 km。岛东西长约1950 m、南北宽约1350 m，面积约为1.85 km^2，是西沙群岛第一大岛。岛上地势平坦，平均海拔约5 m，以西南沙堤最高，达8.5 m。岛上有厚层普通磷质石灰土和硬盘磷质石灰土，有的硬盘被掘出而发育成耕种磷质石灰土。井水可供洗涤物品，但不宜饮食，但筑有地下水池，水可供食用。岛四周也被沙堤所包围，西南有长约870 m、宽约100 m的大沙堤，最高处海拔为8.3 m。

C.赵述岛

赵述岛呈琵琶状，即椭圆形连一条170 m的沙嘴，东北–西南方向延长。岛长约700 m、宽约450 m，面积约0.22 km^2。四周被沙堤（高4～5 m）包绕，环岛海滩由海滩岩形成，向海倾斜；岛中间低平，宽60～70 m。赵述岛又名树岛，因岛上树多得名，所在礁盘广大，为七连屿中第二大岛。

D.南岛

南岛位于宣德群岛七连屿中部，中岛和北沙洲之间，距中岛约600 m，距北沙洲约670 m，面积约为0.17 km^2。该岛屿岸线以岩滩岸线为主，局部出露砂质海岸线，周边潮滩和浅水区底质类型主要为珊瑚礁滩，呈北西–南东向展布，宽180～500 m，水深5 m以浅区域较平坦，表面多有薄层珊瑚砂覆盖。

E.中岛

中岛位于宣德群岛七连屿中部，南岛和北岛之间，呈椭圆形，面积约0.13 km^2。该岛屿岸线以岩滩岸线为主，周边潮滩和浅水区底质类型主要为珊瑚滩，呈北西–南西向展布，宽130～350 m，水深5 m以浅区域较平坦，表面多有薄层珊瑚砂覆盖。

F.北岛

北岛位于宣德群岛七连屿中部，中岛和北沙洲之间，距中岛约600 m、距北沙洲约670 m，面积约为0.17 km^2。2019年9月21日利用WorldView-2遥感数据对中岛及周边潮滩和浅水区底质类型进行遥感解译，结果显示，该岛岸线以岩滩岸线为主，局部有砂质岸线，周边潮滩和浅水区底质类型主要为珊瑚滩，呈北西–南东向展布，宽180～500 m，水深5 m以浅区域较平坦，表面多有薄层珊瑚砂覆盖。

G.东岛

东岛位于宣德环礁东南部，为西沙群岛第二大岛，西北距永兴岛约46 km，外形呈长方形，西北–东南延伸，长约2 km、宽约1 km，面积约1.6 km^2，渔民俗称“猫兴岛”“巴兴”“巴兴岛”。2020年6月5日利用WorldView-2遥感数据对东岛及周边潮滩和浅水区底质类型进行遥感解译，结果显示，岛上植被覆盖度较高，土体以松软土为主，下伏岩体主要为珊瑚礁灰岩，属较软岩，工程承载力一般，抗打击能力弱。东岛潮滩和浅水底质主要为珊瑚礁滩，礁盘宽108～550 m，岛西南方向礁盘最窄，东、东北方向宽度较大。

2）永乐环礁

永乐环礁在永兴岛西南约74 km处，由金银岛、甘泉岛、珊瑚岛、全富岛、银屿、晋卿岛、琛航岛、广金岛等组成。诸岛成圆形分布包围着浅水洼地。在此硕大的礁盘上还发育许多岛屿初期形成的沙洲，各岛礁间有沟通潟湖和外海的槽谷，形成水道，称为“门”，有羚羊礁等。永乐环礁是南海诸岛中岛屿最多的环礁，也是西沙群岛的主要群岛。

永乐环礁是具有岛、洲、门、礁的典型环礁，环礁由八大块礁体构成，大部分礁盘已生长到海面上，形成众多沙洲、小岛，已定形的沙洲和小岛共有14座。环礁包围的浅水洼地，水深在40 m以内。环礁外，水深激增，礁坡坡度达21°，在水下15～21 m、45～65 m处有水下平台，为海浪侵蚀礁体形成的浪蚀平台。

A.金银岛

海南岛渔民称金银岛为“尾岛”，因为在永乐环礁之外，有如永乐环礁的尾巴。岛的形状像水滴，尖端指向东边，岛长约1275 m、宽约560 m，面积约0.36 km^2，最高处海拔达8 m，四周沙堤比中部要高2 m，中部洼地为干潟湖，有井数口，水可饮用。岛的东端沙堤带广阔，呈尖嘴状向东伸延。

B.珊瑚岛

珊瑚岛因珊瑚多而得名，该岛在永乐环礁西北侧，岛形略方，近椭圆形，长约900 m、宽约450 m，面积约0.31 km^2，最高处海拔约9.1 m。岛周沙堤围绕，中间低平为洼地。沙堤基部亦有海礁岩发育，由于沙堤带广大，尤以南部。岛上主要有厚层普遍磷质石灰土和硬盘磷质石灰土。本岛珊瑚礁环绕，向东北伸展约2.3 km、宽约1.3 km。

C.甘泉岛

甘泉岛位于永乐环礁西部，距珊瑚岛约3.8 km，俗称“圆峙”“圆岛”，因岛上有甘泉井水而著名。2019年7月15日利用WorldView遥感数据对甘泉岛及周边潮滩和浅水区底质类型进行遥感解译，结果显示，该岛岸线以砂质岸线为主，围绕甘泉岛形成了40 m宽的环状沙滩，岛上表层土体以珊瑚碎屑砂、腐质层为主，承载力一般，下伏岩体主要为珊瑚礁灰岩，属较软岩，工程承载力一般；沙滩以珊瑚碎屑砂为主，属中等土，浸水后承载力强。潮滩底质类型以珊瑚岩礁为主，宽50～210 m。甘泉岛整体地势较平坦，表面低洼处堆积有生物碎屑和珊瑚砂，10 m水深线以浅以礁砂混合为主，岛上现有一座淡水井，位于岛南部，历史悠久。

D.银屿

银屿位于石屿门北岸硕大的礁盘，为珊瑚砂组成的小沙洲，长约0.13 km、宽约0.08 km，面积约

0.01 km²，海拔约2 m，高潮时大部分被淹没。本沙洲地形易变，海图上难于标明。银屿所在的礁盘上有一处深坑，坑口面积有如篮球场大小，水深为20 m，水色显蓝黑，退潮时坑口外缘的礁盘可露出，这种深坑是内礁盘外绕珊瑚礁发育快速，而其内部珊瑚礁来不及发育而形成。银屿南部还有一小沙洲存在，组成物质亦以珊瑚砂为主。

E.石屿

石屿位于咸舍屿东约3.7 km处。长约0.06 km、宽约0.03 km，面积约2000 m²，海拔约1 m。地势周高中低，为干潟湖淤塞而成。位于森屏滩上，由沙子、海滩岩和珊瑚礁构成，形态亦为沙堤绕次生小潟湖，大部分为胶结的岩礁。

F.晋卿岛

晋卿岛是永乐环礁东北面弧形礁盘上最南端岛，平面大致呈椭圆形，西北角伸出一尖咀。东北长约800 m、南北宽约300 m，面积约0.2 km²。环岛有海滩岩发育，沙堤高出海面3～5 m。地势周高中低，为风沙淤积潟湖而成。岛的西北方向还有许多高1～3 m的小沙洲。晋卿岛水下礁盘较大，礁盘外缘沟谷系统发育。

G.琛航岛

琛航岛四周被沙堤围绕，是永乐环礁中最大的岛，长约1000 m，阔处达500 m，面积约0.28 km²。湖边砾堤低矮，高2 m。岛的西部成尖咀形，地势周高中低。岛地形中部凹陷且平坦，发育两个浅水洼地，西侧的较大，呈圆形，直径约200 m；东侧的较小，呈长形，长约80 m，两者被低矮的沙堤所分隔。环岛沙堤以东南方为最高大，共有3～8条，且由沙堤渐变为砾堤。沙岛之外礁盘上为一圈次生潟湖，潟湖外为一圈堤滩，堤滩之外，即为礁缘区。岛周礁盘东西长3 km、南北宽1 km，因堤滩的生成而使次生潟湖发育，如北面由沙脊分成一串次生潟湖。

3）东岛环礁

东岛环礁位于宣德环礁东南，是西沙群岛第二大岛。东岛环礁的东北翼，外形呈长方形，西北-东南延伸，长约2 km、宽约1 km，面积约1.6 km²。最高处在沙堤上，约8.5 m，沙堤宽约60 m，全岛平均海拔为4～5 m。岛上覆盖着有机质磷质石灰土，零星分布着硬盘磷质石灰土，潟湖有潜育磷质石灰土。东岛四周沙滩外缘有海滩岩发育。海滩岩被海浪浸蚀后形成高2～3 m的小崖。岛北部海滩岩已上升成海岸阶地，有岩溶地貌发育。岛中部地形低陷，是由四周沙堤围绕的次成潟湖洼地，呈条带状。

4）其他礁滩

西沙群岛除了宣德环礁、永乐环礁和东岛环礁外，还包括中建岛、华光礁、玉琢礁、盘石屿等。这些环礁除盘石屿外，有一个共同的特点，就是没有岛的形成，沙洲地形也很少。

A.中建岛

中建岛位于西沙群岛西南端，是西沙群岛中的第三大岛，长约1.8 km、宽约0.8 km，距金银岛约80 km，俗称“半路”“半路峙”“螺岛”。2019年7月15日利用WorldView-2遥感数据对中建岛及周边潮滩和浅水区底质类型进行遥感解译。结果显示，海岸线以砂质岸线和人工岸线为主，在西侧港口区为人工海岸线码头和防浪堤，岛上表层以珊瑚碎屑砂为主，承载能力一般；下伏岩体主要为珊瑚礁灰岩，承载力一般；潮滩底质以礁砂混合体为主，表面凹凸不平，20 m水深以浅区底质主要为珊瑚砂，局部可见垂直海岸线槽沟。

B.华光礁

华光礁是西沙群岛最大的环礁之一，位于永乐群岛之南，东西长约29.6 km、南北宽约9.3 km，面积约204 km²。南北两侧发育有槽谷水道，南侧大、北侧小。虽为广阔礁盘形成，但仍未有洲、岛发育，只有巨大块状珊瑚礁能高出水面约1 m，退潮时整个礁盘可以出露海面，环礁浅湖水深为50～72 m。

C.玉琢礁

玉琢礁位于华光礁东北方约16.7 km，永乐群岛东南部。环礁有大礁盘发育，有各种块状珊瑚礁体，且有2～3个礁块可露出水面。环礁内浅湖水深在40 m以内。东西向延伸，长约17 km、宽约6.8 km，面积约95 km²。环礁外侧是深海，礁盘上下水深相差上千米。

D.盘石屿

盘石屿位于华光礁东南方向，是距中建岛东北方向约56.5 km的一个环礁。该环礁长约11 km、宽约8 km，面积约80 km²。礁盘发育，退潮时可露出水。西南角有槽谷水道，浅水洼地内有礁头发育，水深约15 m。由于礁盘上已有沙洲发育，故称“屿”，此小沙洲位于礁盘北部，白色低平状，海拔约2.5 m，面积约0.4 km²，台风大潮时常被海水淹没。沙洲上不长草木，但挖沙2尺①，可得淡水，勉强可饮用。

2. 中沙群岛

中沙群岛由中沙大环礁（图3.107）上26座暗沙、暗滩和中沙大环礁外的黄岩岛（民主礁）、一统暗沙和神狐暗沙等六个岛、沙、滩所组成，总共包括了30多个暗沙、暗滩和一个岛屿（表3.6）。中沙群岛环礁边缘隆起较高，但几乎全部隐没于海面之下，距海面10～26 m，其实只有一岛即黄岩岛出露水面，其余隐伏在海中。中沙大环礁潟湖内水深一般为50～100 m。最新多波束资料证明，不存在中南暗沙和宪法暗沙，相应位置水深分别为400 m和4120 m。

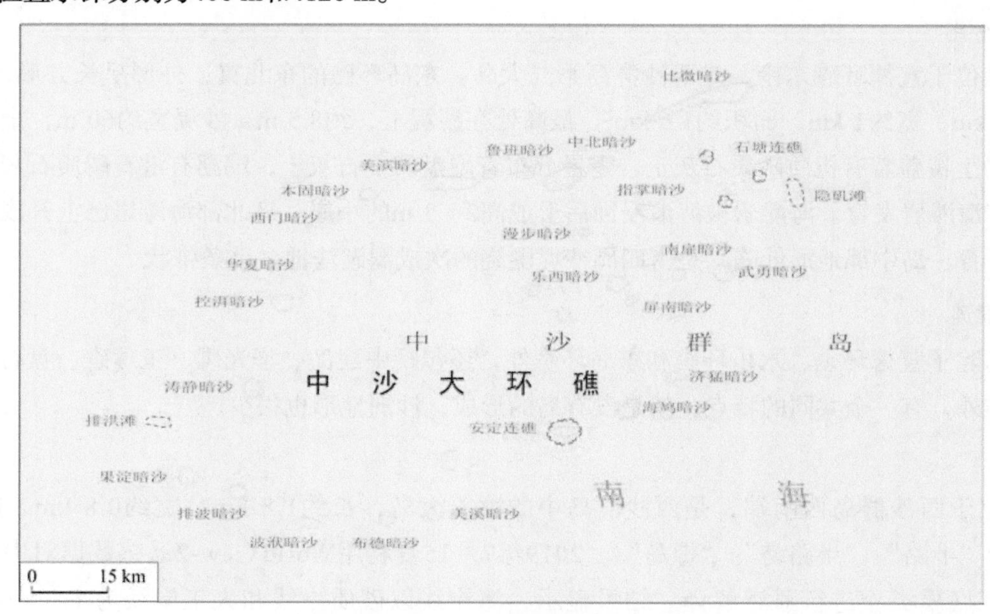

图3.107　中沙大环礁位置示意图

表3.6　中沙大环礁组成及地形地貌特征表

①1尺≈0.33 m。

序号	地名	中心位置（经纬度）	地形地貌特征			
			礁顶长度/km	礁顶宽度/km	最小水深/m	环礁中相对位置及其他特征
1	本固暗沙	16° 00′ E、114° 06′ N	6.5	2.5	12.8	部分出露本图幅，大环礁西北部边缘，呈椭圆形，长轴东西走向
2	美滨暗沙	16° 03′ E、114° 13′ N	8.5	2.5	14.6	大环礁北部边缘，呈长条状，东西走向
3	鲁班暗沙	16° 04′ E、114° 18′ N	2.5	2.4	14.6	大环礁北部边缘，是一东西向长条形暗沙
4	比微暗沙	16° 13′ E、114° 44′ N	15.0	1.5~4.0	11.7	大环礁东北部边缘，是中沙群岛中延伸最长、面积最大的暗沙
5	隐矶滩	16° 03′ E、114° 56′ N	11.5	2.6	18	大环礁东北部边缘，小于 20 m 水深的面积约 10 km^2
6	中北暗沙	16° 06′ E、114° 25′ N	20.0	3.0~5.0	16	大环礁北部边缘，呈长条状，近东西走向
7	石塘连礁	16° 02′ E、114° 46′ N	2.1	1.9	14.5	位于大环礁浅湖内东北部，东与隐矶滩相距超过 7 n mile，由五个暗礁组合而成
8	指掌暗沙	16° 00′ E、114° 39′ N	3.2	2.1	16.4	小部分出露本图幅，位于大环礁浅湖内东部，东与石塘连礁相距 5.3 n mile 多，呈椭圆形，长轴东西走向
9	西门暗沙	15°　58′ E、114° 03′ N	2.5	2.5	16	大环礁北部边缘，呈圆形
10	武勇暗沙	15° 52′ E、114° 47′ N	7.5	3.8	18	大环礁东部边缘，呈椭圆形，长轴北西 - 南东走向
11	济猛暗沙	15° 42′ E、114° 41′ N	4.2	2.0	16	大环礁东部边缘，东北与武勇暗沙相距超过 10 n mile
12	海鸠暗沙	15° 36′ E、114° 28′ N	5.0	2.5	18	大环礁南部边缘，西距安定连礁 2.4 n mile
13	安定连礁	15° 37′ E、114° 24′ N	2.6	1.5	18	大环礁南部边缘，东距海鸠暗沙 2.4 n mile
14	美溪暗沙	15° 27′ E、114° 12′ N	2.8	2.0	16	大环礁南部边缘，东北距安定连礁 15 n mile
15	布德暗沙	15° 27′ E、114° 10′ N	2.9	2.0	16	大环礁南部边缘，东距美滨暗沙 1.3 n mile
16	波洑暗沙	15° 27′ E、114° 00′ N	6.5	2.0	14.5	大环礁南部边缘，东距布德暗沙 8 n mile
17	排波暗沙	15° 29′ E、113° 51′ N	6.5	4.0	14.5	大环礁西南部边缘，东距波洑暗沙 7.5 n mile
18	果淀暗沙	15° 32′ E、113° 46′ N	3.0	2.2	18	大环礁南部边缘，东距排波暗沙 3.5 n mile
19	排洪滩	15° 38′ E、113° 43′ N	5.0	4.0	16	大环礁西部边缘，东南距果淀暗沙 4.3 n mile
20	涛静暗沙	15° 41′ E、113° 54′ N	3.2	3.0	13	大环礁西部边缘，西南距排洪滩 9.7 n mile
21	控湃暗沙	15° 48′ E、113° 54′ N	2.5	1.3	12.8	大环礁西部边缘，南距涛静暗沙 4.8 n mile
22	华夏暗沙	15° 54′ E、113° 58′ N	4.2	2.1	12.8	大环礁西部边缘，南距控湃暗沙 6.4 n mile
23	南扉暗沙	15° 55′ E、114° 38′ N	2.6	2.0	14.6	位于大环礁浅湖内东部，北距指掌暗沙超过 3.5 n mile
24	漫步暗沙	15° 55′ E、114° 29′ N	3.0	2.5	9	位于大环礁浅湖内中部，东距南扉暗沙超过 8.1 n mile
25	乐西暗沙	15° 52′ E、114° 25′ N	2.6	2.1	14.6	位于大环礁浅湖内中部，东距屏南暗沙超过 7.3 n mile
26	屏南暗沙	15° 52′ E、114° 34′ N	3.2	2.0	14.6	位于大环礁浅湖内中部，东北距南扉暗沙超过 3.8 n mile

中沙大环礁（图3.108、图3.109）位于中沙海台之上，是中沙群岛的主要部分，位于113° 40′ ~114° 57′ E 、15° 24′ ~16° 15′ N范围之内，西临水深约2500 m的中沙海槽，东侧以陡崖下降到水深4000 m的中央深海盆，距离西沙群岛的永兴岛约200 km。它是南海诸岛中最大的环礁，发育在陆坡海台上，全为海水淹没，环礁顶部水深10多米，平面形态呈椭圆形，长轴东北向西南延伸，纵长150 km、横宽75 km，面积约7900 km^2。图3.109即是以TM数据增强解译的中沙群岛暗沙解译结果图。在图3.109中不仅处在中沙大环礁外围的大型礁体能分辨边界及礁体内的结构，大环礁湖内细小的礁体暗沙也能识别勾绘。

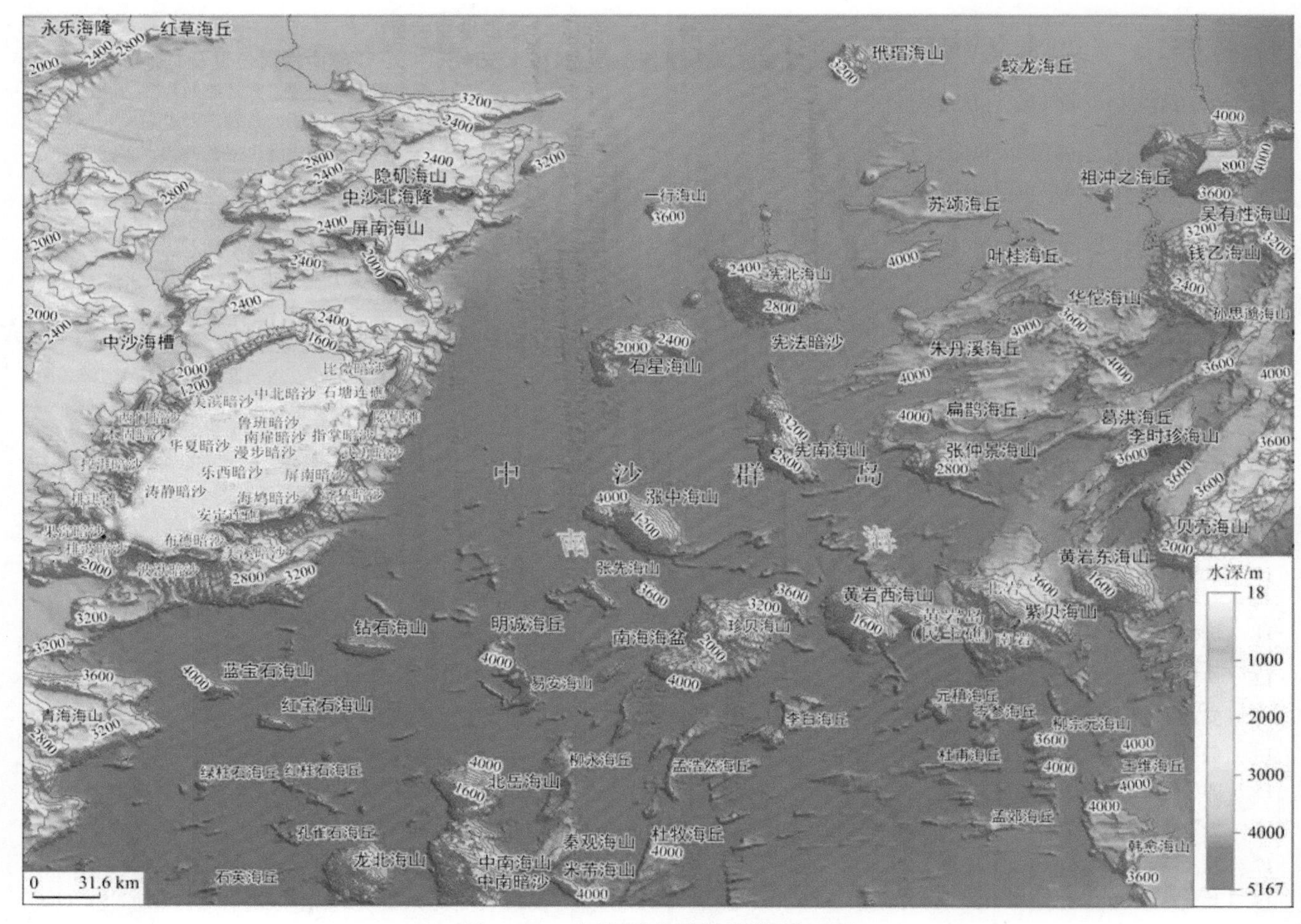

图3.108　中沙群岛暗沙解译结果图

中沙大环礁是在断裂大陆坡上发育起来的，处在南海海盆下沉速度最大的地区，经历了三次下沉，每次下沉后，即形成一级阶地面，最近一次下沉才使环礁被海水淹没。另外，全新世海面不断上升也加速了环礁的沉没。因此，中沙大环礁边缘至中部基本上是由三级阶地所成，即暗沙和暗滩、潟湖边缘过渡台阶、潟湖底部。第一级为暗沙和暗滩，水深在15～25 m，滩面很不平坦，有珊瑚礁块，有枝状鹿角珊瑚丛体，珊瑚礁垅及槽沟、洼地、在低处有白色珊瑚砂沉积；第二级是近潟湖边缘处，地形升起，成为一级50～65 m下缓水下阶地，它是各个暗沙和平坦潟湖底部的过渡地带，亦有珊瑚礁块、珊瑚礁碎屑和珊瑚砂砾等；第三级是中沙环礁潟湖底部，地形大部分平坦，尤以80 m水深区为明显，这个平坦的湖底的底质是珊瑚礁块，上为珊瑚礁碎屑和少量珊瑚砂披覆着。

3. 东沙群岛

东沙群岛水下微地貌图（图3.109）反映了环圈状地物展布的空间特点和环内水域礁盘的分布。呈现为一个大型火山口为基底的形态特征。澎湖列岛是由多个岛屿组成，主次明显，外围小岛沿岸的水下微地貌呈环状镶嵌，而主岛的水下地貌十分明显的遍布于北侧，推测这是由于构造差异性所造成。

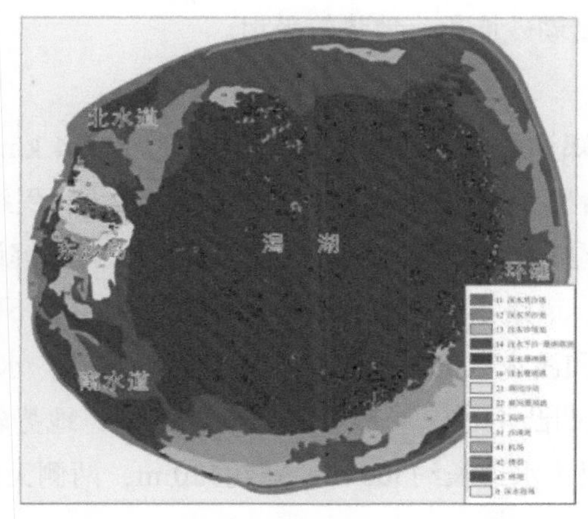

图3.109　东沙群岛水下微地貌图

4. 南沙群岛

南沙群岛是我国南海诸岛四大群岛之一，也是南海诸岛中岛礁最多的群岛。南沙群岛北起雄南礁，南至曾母暗沙，东至海马滩，西到万安滩，行政上隶属海南省三沙市。

1）永暑礁

永暑礁位于南沙群岛中部偏北，东北距大现礁约98 km，东距赤瓜礁约159 km，东南距毕生礁约110 km，南距华阳礁约80 km，为孤立大环礁，呈北东–南西走向，长约26.9 km、宽约7.4 km。2020年5月11日利用WorldView-2遥感数据对永暑礁上典型潮滩、浅水区底质类型等进行遥感解译，结果显示，岸线以人工岸线为主，主要为防浪堤、阻隔墙及码头。岛礁陆域多为吹填区，建设有大片人工建筑物，存在地层沉降隐患；潮滩底质以珊瑚礁岩滩为主，表面凹凸不平，局部地区受风浪影响，生物碎屑和珊瑚砂堆积，使得潮滩表面变得平坦，宽度为10～150 m；海底水深10 m以浅区域为礁砂混合区，受潮流影响，发育垂直岸线的系列冲刷沟槽，礁砂混合区宽度在90～350 m；岛礁东北侧水深20 m以浅区域底质主要为礁砂混合物，地势平坦，可见多处珊瑚砂堆积。

2）赤瓜礁

赤瓜礁位于南沙群岛北部，双子群礁西南缘，北距景宏岛约22 km，东北距琼礁约12 km，西北距鬼喊礁约2 km，渔民俗称“赤瓜线”，礁盘呈马蹄形，长约4.4 km、宽约2.2 km。2019年3月22日利用WorldView-3遥感数据对赤瓜礁上典型潮滩和浅水区底质类型进行遥感解译，结果显示，赤瓜礁海岸线为人工岸线，主体为防浪堤，局部可见珊瑚砂堆积。岛礁陆域多为吹填区，建设有大片人工建筑物，存在地层沉降隐患；下伏岩体为珊瑚礁灰岩，属较软岩，承载力弱。潮滩底质以礁砂混合为主，珊瑚砂和碎屑堆积严重，地势较平坦；浅水区底质以珊瑚砂为主，南北两侧较宽、东西两侧较窄。

3）东门礁

东门礁位于南沙群岛北部，九章群礁北缘中段，东北距安乐礁3.5 km，西距西门礁约3.7 km，渔民俗称“东门”。该岛礁为半封闭型环礁，近似椭圆形，呈南北走向，长约2 km、宽约1.7 km。2020年4月17日利用WorldView-2遥感数据对东门礁上典型潮滩和浅水区底质类型进行遥感解译，结果显示，东门礁海岸线为人工岸线，主体为防浪堤。该岛礁为人工吹填，以素填土为主，具有一定的沉降风险，下伏岩体主要为珊瑚礁灰岩，属较软岩，工程承载力一般。潮滩和浅水底质主要以珊瑚礁滩为主，呈北东–南西向展布，宽300～700 m，表面有薄层珊瑚砂堆积，地势较平坦。

4）南熏礁

南熏礁位于南沙群岛北部、郑和群礁西南缘，东北距太平岛约24 km，东南距鸿庥岛约15 km，西北距渚碧岛约80 km，主要为珊瑚台礁，长约2.02 km、宽约1.28 km，面积约0.18 km²。2019年3月15日利用WorldView-3遥感数据对南熏礁上典型潮滩和浅水区底质类型进行遥感解译，结果显示，赤瓜礁海岸线以人工岸线为主，陆地部分建筑物、道路零星分布，土体以松软土为主，下伏岩体主要为珊瑚礁灰岩，属较软岩，工程承载能力较弱。潮滩和浅水区底质类型分布大致呈环带状，水深主要处于5 m以浅区，外层为珊瑚礁滩，宽350～800 m，表面凹凸不平，局部伴有珊瑚砂堆积，地势较平坦；岛礁东南侧存在一处沙滩，长约230 m、宽10～30 m；码头水道长约500 m、宽约120 m，两侧无防浪堤，珊瑚砂等沉积物随洋流搬运至水道，存在淤积风险。

5）渚碧礁

渚碧礁位于南沙群岛北部、中业群礁西南方，东北距中业岛约28 km，东南距太平岛约68 km，南距南熏礁约81 km，渔民俗称“丑未”。该岛礁为近似鸭梨形的孤立封闭环礁，长约5.9 km、宽约3.5 km，面积约16.5 km²。2020年3月27日利用WorldView-2遥感数据对渚碧礁上典型潮滩和浅水区底质类型进行遥感解译，结果显示，渚碧礁海岸线以人工岸线为主，周围建设有防浪堤和码头。岛礁陆地以吹填土为主，其上建有大片人工建筑物；环礁东部保留完整珊瑚礁滩，在影像上清晰可见，宽约360 m，表面凹凸不平，低潮时水深约2 m以浅，可见部分礁滩出露水面；礁滩外围地势变化剧烈，0～20 m等深线之间仅为70 m，底质以礁砂混合为主。中间潟湖内部风浪小，适合珊瑚砂堆积，潟湖近岸可见条带状珊瑚砂，在西南、西北方向尤为明显。

6）华阳礁

华阳礁位于南沙群岛中部，尹庆群礁东缘，北距永暑礁约74 km，东南距柏礁约93 km，西南距南威岛约106 km。2020年6月5日利用WorldView-2遥感数据对华阳礁上典型潮滩和浅水区底质类型进行遥感解译，结果显示，岛礁岸线由海堤围筑，受人工建筑物影响，西侧淤积较明显。陆地大部分区域为吹填区，其上建有大片建筑。土体类型以素填土为主，沉降明显；下伏岩体主要为珊瑚礁灰岩，承载能力弱；潮滩和浅水区底质主要为珊瑚礁滩，水深主要处于5 m以浅，呈近东西向展布，宽为500～300 m；珊瑚礁滩表面有珊瑚砂堆积，地势平坦。

7）美济礁

美济礁位于南沙群岛东部，俗称“双门”“双沙”，为近似椭圆的孤立封闭环礁，长约9.2 km、宽约6 km，礁内有一长约7 km、宽约4.3 km的不规则椭圆形潟湖。2020年5月4日利用WorldView-2遥感数据对美济礁上典型潮滩和浅水区底质类型进行遥感解译，结果显示，该礁岸线以人工岸线为主，主要为防浪堤和码头。陆地区主要为吹填土区域，其上建有大量建筑物，沉降明显；近岸浅水区底质分布呈环带状，南部出露大片珊瑚礁滩，宽为100～400 m，表面凹凸不平，低潮时水深处于2 m以内。礁盘向潟湖侧有珊瑚砂堆积，最宽达60 m，潟湖北侧珊瑚砂堆积明显。

8）太平岛

太平岛位于南沙群岛北部，郑和群礁西北段，为南沙群岛第一大自然岛，长约1.38 km、宽约0.42 km，俗称“黄山码”“黄山峙”。2019年12月17日利用高景遥感数据对美济礁上典型潮滩和浅水区底质类型进行遥感解译，结果显示，该岛礁岸线以砂质岸线为主，人工岸线主要为岛南侧码头。岛上潮滩宽度为160～500 m，北西–南东向宽度小、南西–北东向宽度大，底质以珊瑚礁滩为主，局部有因生物碎屑和珊瑚砂堆积，形成条带状水下沙滩；水深10 m以浅区域底质以礁砂混合物为主，表面生物碎屑和珊瑚砂堆积覆盖，地势相对平坦。

9）南威岛

南威岛位于尹庆群礁西南方，东北距永暑礁约147 km，华阳礁108 km，呈北东–南西走向，填海后面积达0.38 km²。渔民俗称“鸟仔峙”，在越南称“长沙岛”。2020年6月6日利用WorldView-2遥感数据对南威岛上典型潮滩和浅水区底质类型进行遥感解译，结果显示，岛礁海岸线为人工岸线，主要以防浪堤和港口码头为主，岛东南处有一段砂质海岸线，长度约325 m。潮滩宽度为100～460 m，东南方向较窄，北部宽度大，底质主要以礁砂混合为主，潮滩上凹凸不平，发育有近垂直海岸线的系列冲刷沟槽；水深5 m以浅区底质主要以珊瑚砂为主，其表面较平坦。

10）鸿庥岛

鸿庥岛位于南沙群岛北部、郑和群礁南部，北距太平岛约22 km，西北距渚碧礁约82 km，西距南熏礁约81 km。2020年5月4日利用WorldView-2遥感数据对美济礁上典型潮滩和浅水区底质类型进行遥感解译，结果显示，岛礁海岸线由海堤围筑，北侧岸线呈明显淤积趋势，局部可见珊瑚砂与人工海堤齐平。岛上陆地区域植被覆盖度较高，土体主要以松软土为主，下伏岩体主要为珊瑚礁灰岩，属较软岩，承载能力弱。潮滩和浅水底质主要为珊瑚礁滩，呈东西向展布，宽约200～2000 m，南部珊瑚滩表面凹凸不平，广泛分布珊瑚砂堆积，岛礁北侧发育宽40 m的沙滩。

11）南子岛

南子岛位于南沙群岛北部，双子群礁西缘，东北距北子岛约2.2 km，南距中业岛约44 km，该岛呈北东–南西走向，面积约0.035 km²。2020年5月23日利用WorldView-3遥感数据对南子岛上典型潮滩和浅水区底质类型进行遥感解译，结果显示，该岛岸线以人工岸线为主，西南、东南两侧岸线呈明显淤积趋势，部分区域珊瑚砂沿人工海堤堆积明显。陆地区域植被覆盖程度高，土体类型以松软土为主，下伏岩体主要为珊瑚礁灰岩，承载力较弱。岛礁东北部港池两侧及岛礁南部为人工吹填区，土体以素填土为主。潮滩和浅水区底质类型主要为珊瑚礁滩，呈北东–南西向展布，宽100～600 m，表层主要由珊瑚砂覆盖，东南侧局部区域淤积较严重。

12）景宏岛

景宏岛位于南沙群岛西北部、九章群礁西北部，北距太平岛约55 km，东距东门礁约18 km，南距赤瓜礁约20 km，面积约0.13 km²。渔民俗称“称沟”，在越南称“生存岛”。2020年5月23日利用WorldView-2遥感数据对景宏岛上典型潮滩和浅水区底质类型进行遥感解译，结果显示，该岛岸线以人工岸线和砂质岸线为主，南部区域存在大型港池一处，面积约0.07 km²，入口最窄处约120 m、最宽处约125 m，港池左侧有T字形码头，长约55 m、宽约9 m；陆地土体主要为珊瑚砂，土体类型以细粒土为主，下伏岩体主要为珊瑚礁灰岩，承载力较弱，周缘潮滩和浅水区底质类型分布主要呈扇形。

13）安波沙洲

安波沙洲位于南沙群岛中部，为蝌蚪状孤立沙洲，西北距南威岛约133 km，北侧距华阳礁约107 km，在越南称“安邦岛”，北东–南西走向，长0.24 km、宽0.18 km。2019年11月14日利用WorldView-2遥感数据对安波沙洲及周围典型潮滩和浅水区底质类型进行遥感解译，结果显示，该沙洲陆地四周均构筑有堤坝，北部设置有抗登陆设施，沙波西部、北部、东北部均有简易码头，陆上植被覆盖程度一般，土体类型以松软土为主，下伏岩体主要为珊瑚礁灰岩，属较软岩，承载能力弱。沙洲周围潮滩和浅水区底质类型主要为珊瑚滩，总体呈东西向展布，东西长约1400 m、南北宽约750 m，珊瑚滩东北方向发育狭长状水下暗沙；陆地周边沙滩变动较大，2016年9月影像显示，沙滩大面积分布在东侧，西侧、南侧几乎没有，2019年11月影像显示，沙滩已转移，东部沙滩消失，南部出现大面积沙滩，西部沙滩面积也有所增加。

14）郭谦沙洲

郭谦沙洲位于南沙群岛北部、郑和群礁北缘中部，西距太平岛约13 km，西北距渚碧礁约65 km，西南距南熏礁约33 km，呈北西–南东走向，扩建后面积达0.07 km²。2020年5月9日利用WorldView-2遥感数据对郭谦沙洲及周围典型潮滩和浅水区底质类型进行遥感解译，结果显示，该沙洲人工地貌较多，主要受海堤围筑，东西两侧岸线呈明显淤积趋势，局部可见珊瑚砂与人工海堤齐平。陆地区人工开发程度高，土体类型以松软土为主，下伏岩体主要为珊瑚礁灰岩，承载力较弱；西南侧为大范围人工吹填土区域，周边潮滩和浅水区底质类型主要为珊瑚滩，呈北西–南东向展布，宽400～600 m，表面凹凸不平，局部区域存在珊瑚砂堆积，地势较平，沙洲东北和西北侧为沙滩，属松软性土体，宽15～30 m。

15）染青沙洲

染青沙洲位于南沙群岛中北部、九章群礁东部南侧，西距东门礁约8 km，北距太平岛约62 km，距华阳礁约110 km，渔民俗称“染青峙”，呈北西–南东向枣核状发育，长约0.24 km、宽约0.18 km，扩建后面积约0.022 km²。2018年3月20日利用WorldView-2遥感数据对染青沙洲及周围典型潮滩和浅水区底质类型进行遥感解译，结果显示，海岸线主要为人工海岸线，周围修筑大量防浪堤，礁盘水深较浅，潮滩范围较大；潮滩底质主要为珊瑚砂及礁砂混合物，表面存在大量生物碎屑和珊瑚砂堆积，并在局部区域形成沙滩；岛南侧发育一条长约130 m、宽30 m的沙滩，低潮时出露水面，犹如染青沙洲的尾巴，沙滩形态会发生动态变化；在染青沙洲北侧，珊瑚砂沿阻隔墙堆积形成沙滩，沙滩位置、形态也在不断变化中。

16）弹丸礁

弹丸礁位于南沙群岛中部，安渡滩东南侧，北距光星仔礁约24 km，东北距司令礁约181 km，西北距华阳礁约196 km，渔民俗称“石公厘”。2019年4月25日利用WorldView-2遥感数据对弹丸礁及周围典型潮滩和浅水区底质类型进行遥感解译，结果显示，该礁中部发育潟湖，潟湖北侧修建有码头，岛上植被较少，下伏岩体主要为珊瑚礁灰岩，属较软岩，承载力一般，礁盘周缘被珊瑚礁包围。

17）中业岛

中业岛位于南沙群岛北部、中业群礁中部，北距南子岛约44 km，东距西月岛约81 km，南距南熏礁约93 km。2020年2月13日利用WorldView-2遥感数据对中业岛及周围典型潮滩和浅水区底质类型进行遥感解译，结果显示，该岛礁陆地植被覆盖程度较高，南侧修筑长约1250 m的机场，岛礁陆地表层土体以松软土为主，下伏岩体主要为珊瑚礁灰岩，承载力弱，周边潮滩和浅水区底质类型分布大致呈环带状，外侧发育珊瑚滩，宽250～800 m，表面凹凸不平，等深线5 m以浅区域堆积大量珊瑚砂。

18）北子岛

北子岛位于南沙群岛最北端、双子群礁西北缘，呈纺锤形，北东–南西走向，长约0.83 km，宽约0.25 km。西南距南子岛约2.2 km，距中业岛约44 km，距渚碧礁约70 km，渔民俗称“奈罗上峙”“奈罗线仔”。2020年5月23日利用WorldView-2遥感数据对北子岛及周围典型潮滩和浅水区底质类型进行遥感解译，结果显示，该岛土壤肥沃，植被茂密，岛礁东北侧建有房屋，土体类型主要以松软土为主，周边分布大量珊瑚砂，下伏岩体主要为珊瑚礁灰岩，属较软岩，承载力弱，周边被大量珊瑚礁滩环绕。

19）万安滩

1935年前，该岛名称为“前卫滩”，于1947年和1983年改名称为“万安滩”。万安滩为南沙群岛最西边的一个水下珊瑚礁滩，地理位置为109° 36′ ～109° 57′ E、7° 28′ ～7° 33′ N。该滩平面形态呈新月形，长约63 km、宽约13 km，最小水深为16.4 m。越南将其命名为“bai Tu Chinh”，英法文中称为“前卫滩”（Vanguard Bank）。从遥感影像上能分辨出万安滩的水下暗沙有八处，分布范围较广。

20）南海礁

该礁1935年公布名称为“马立夫礁”，于1947年和1983年改名称为“南海礁”，我国渔民俗称“铜钟”，因其形似钟得名。南海礁位于113° 15′ ～113° 23′ E、7° 56′ ～8° 00′ N范围内，是长约10.2 km、宽约3.3 km的干出礁。高潮时，礁盘上有几个礁石露出水面。

（五）海底沙波

现代海底发育各种海底地形，其中有孤立的，如海底麻坑、泥火山、海底烟囱等，也有片状的，如碳酸盐结壳、细菌席、生物群落等，更多的则是线形的，如海底沙丘、沙脊、沙波、沙纹等。海底沙波主要是海流搬运、堆积海底砂质沉积形成的，沙波陡坡朝向与优势流运动方向一致。南海北部陆架最大的地貌特点是海底沙波十分发育，在陆坡上坡段也有发育，是该区的主要微地貌类型。在海岸线的附近，由于潮流作用常形成多列与海岸近似平行的周期性沙波，其发育与水动力环境、沉积物粒度、水以及地形有密切的关系。根据沙波规模可分为小型沙波、中型沙波和大型沙波，小型沙波波长小于15 m，波高小于0.5 m；中型沙波波长为15～50 m，波高小于2 m；大型沙波波长大于50 m，波高为1.5～7 m。在南海北部范围内，结合单、多波束测深、浅地层剖面和侧扫声呐资料，共发现和圈定了S1～S8共八个沙波区（图3.110）。

沙波发育面积巨大，在陆架和陆坡都有发育，面积约5.5万km^2。根据沙波的形态特征，沙波可以分为“S”型沙波和直线型沙波等微地貌类型，主要圈定了两类沙波区，即“S”型沙波区和直线型沙波区，沙波形态绝大部分都是不对称的。“S”型沙波区主要位于多波束调查区中部，东西部也有发育，由4～7四个小区组成，总面积约1380 km^2，发育的水深为141～368 m；直线型沙波区位于中部和中西部的陆架上，由1、2和3三个小区组成（图3.110），面积约1900 km^2，发育面积最大、分布最广，分布于121～315 m水深范围内。各沙波区特征分述如下。

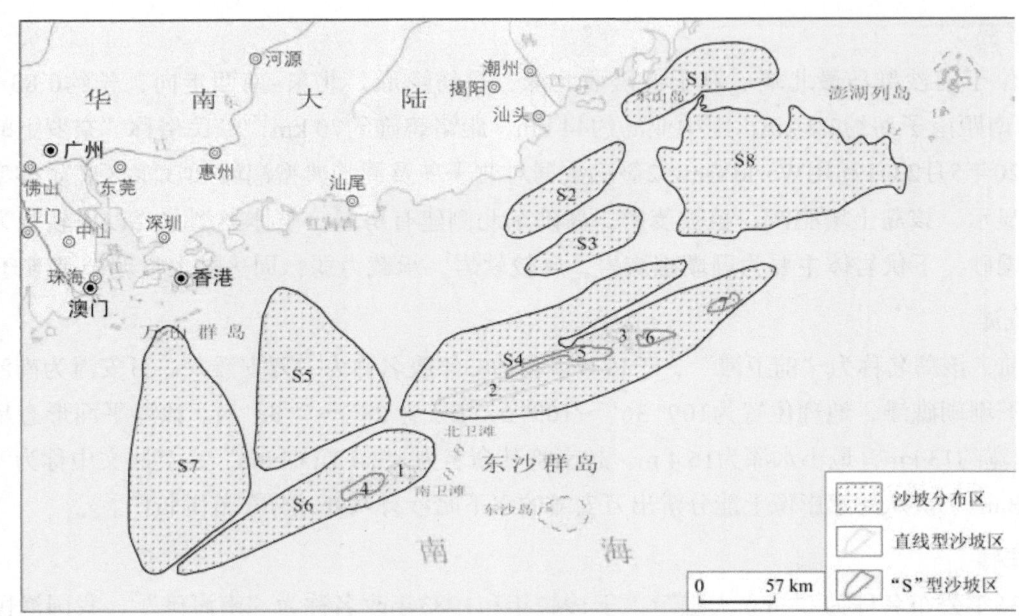

图3.110 南海北部沙波分布范围图

1. S1沙波区

S1沙波区位于陆架东北部，台湾浅滩以北内陆架，水深为30～40 m，长约92 km、宽30～36 km，面积约2887 km²，该区域以小型沙波为主，波长为5～10 m，波高为0.5～1.0 m。

2. S2沙波区

S2沙波区位于韩江古三角洲外缘，水深为45～50 m，长约104 km、宽约26 km，面积约2308 km²。该区域沙波类型较多，小型、中型和大型沙波均有分布，但以大型沙波为主。大型沙波波长为50～200 m，波高约2 m。

3. S3沙波区

S3沙波区位于南海北部陆架，台湾浅滩西南区域，水深为45～50 m，长约90 km、宽12～27 km，面积约1997 km²，该区域以大型沙波和特大型沙波为主，其中特大型沙波波长为200～700 m，波高为2～4 m，波脊线走向为30°～40°。

4. S4沙波区

S4沙波区位于外陆架–上陆坡区，可分为南区和北区两个区，水深变化较大，为100～350 m，长约272 km、宽约55 km，面积约15043 km²，该区域沙波类型较多，小型、中型、大型沙波均有分布，其中北区北部以大型沙波为主，小型沙波波长为10～15 m、波高约0.5 m，大型沙波波长为80～110 m、波高约2.5 m；北区南部的大型沙波，波长约150 m，最大波高可达6 m，波脊线走向为45°～135°；南区也以大型沙波为主，大型沙波波长为103～250 m，最大波高可达13 m，波脊线走向为40°～70°。北区内发育的沙波为直线型为主；南区内发育的沙波主要为“S”型沙波和直线型沙波。北区内沙波特征如图3.111～图3.116所示。

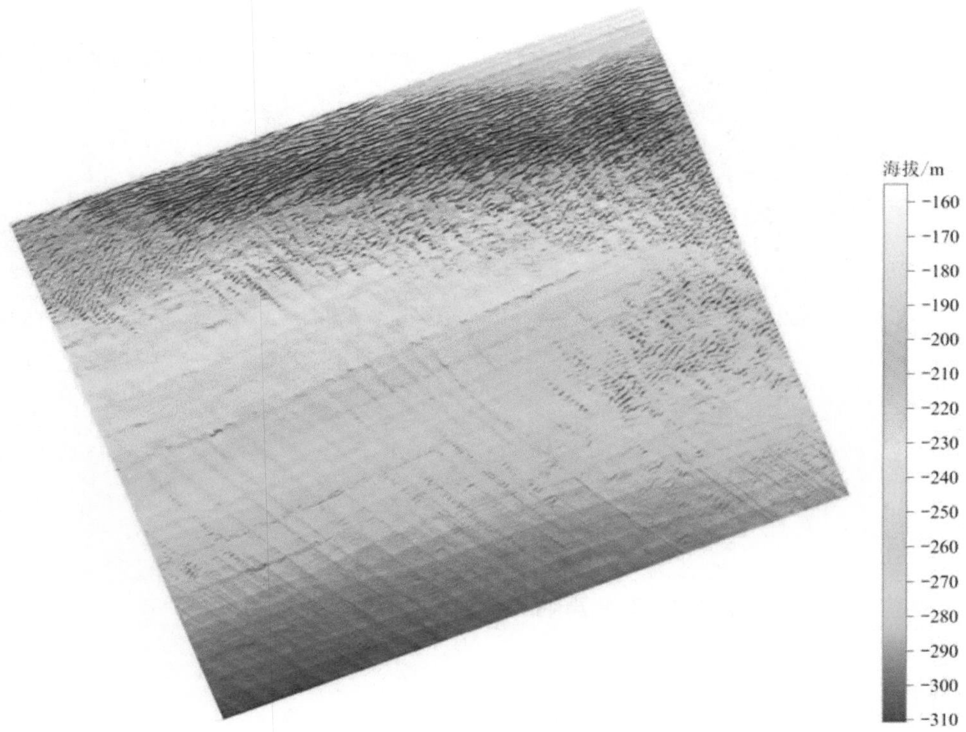

图3.111 典型沙波地形图

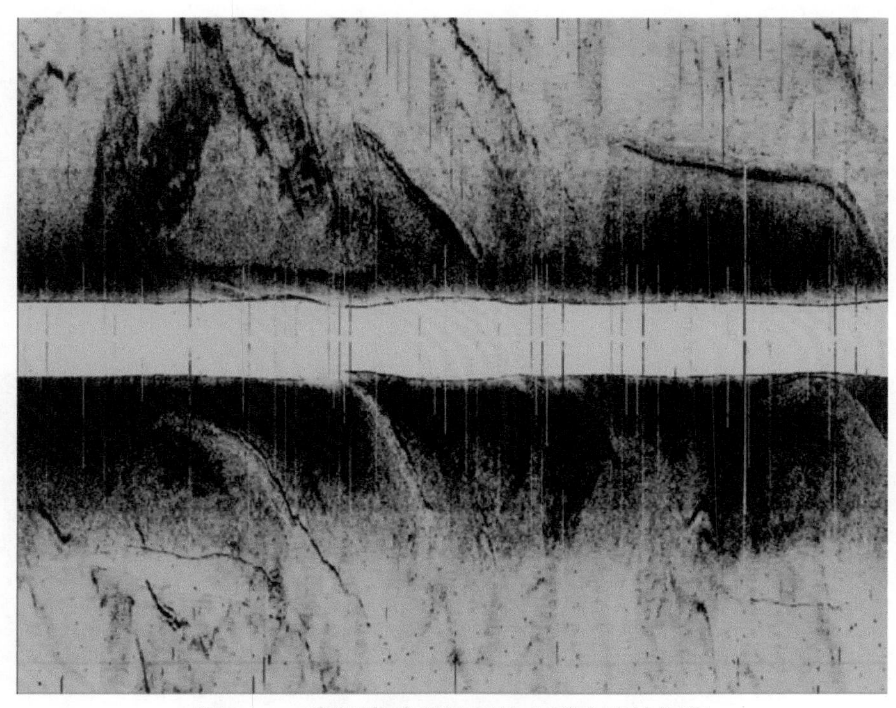

图3.112 旁侧声呐所显示的大型沙波特征图

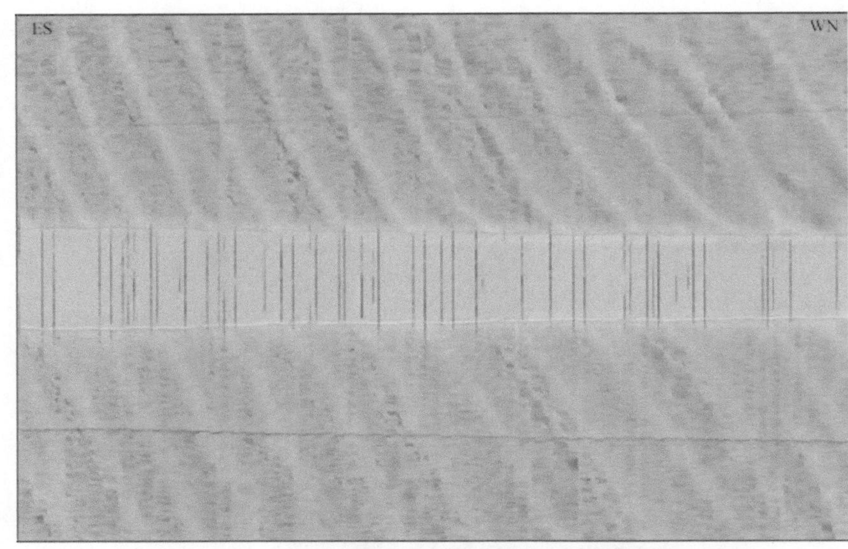

图3.113　旁侧声呐所显示的中型沙波特征图

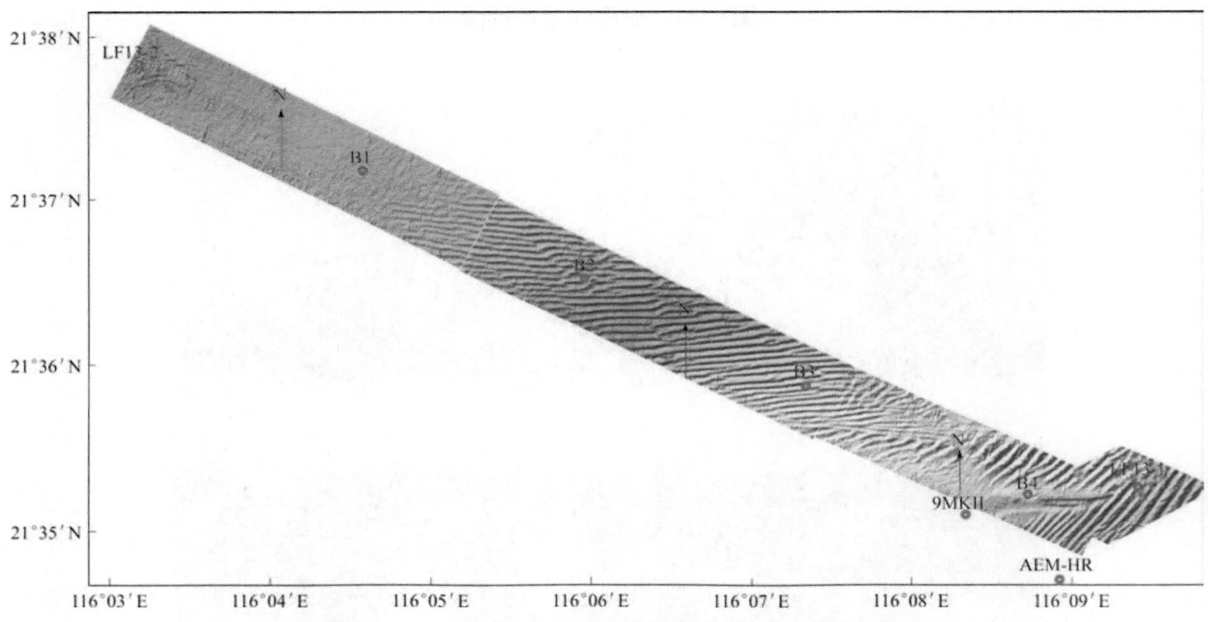

图3.114　多波束测深资料显示的大型沙波特征图

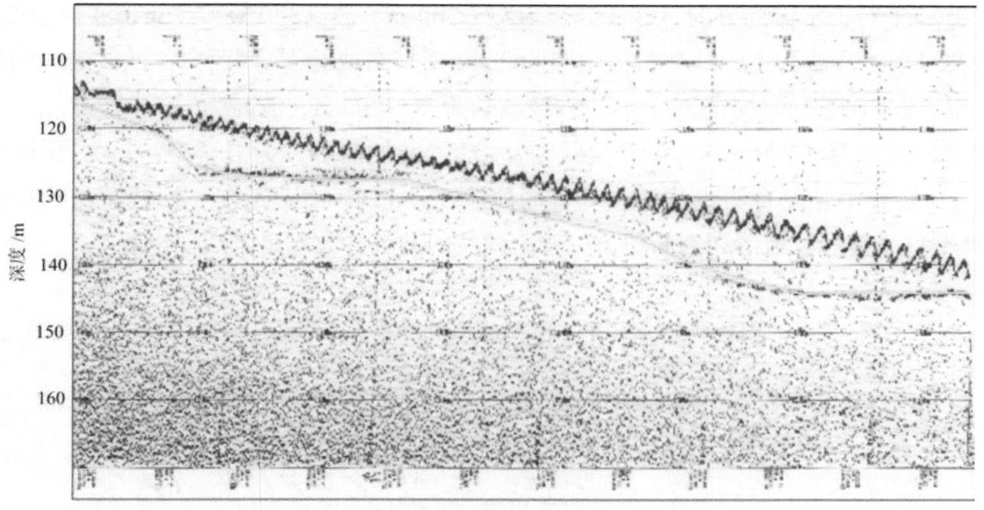

图3.115　浅地层剖面记录显示的沙波特征图

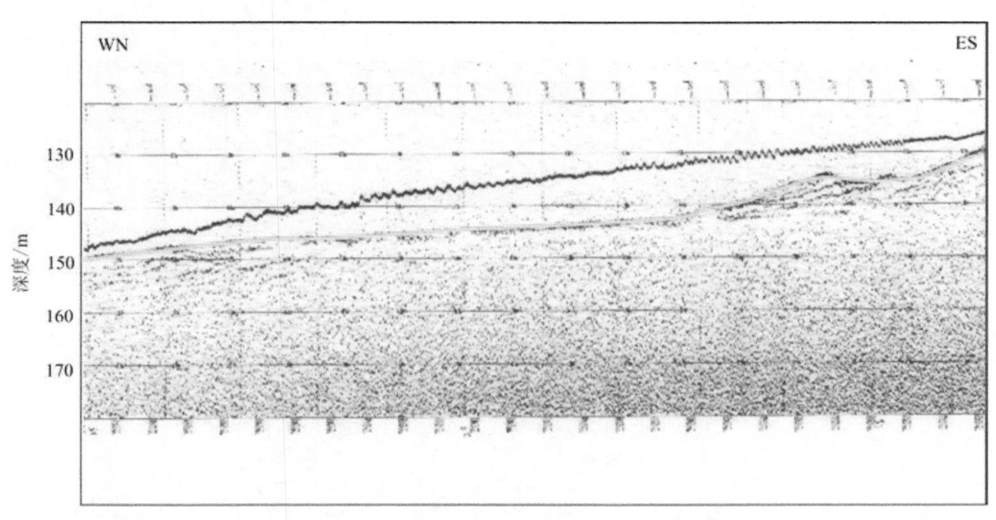

图3.116　浅地层剖面记录显示的沙波特征图

南区的“S”型沙波由5、6、7等三个小区组成（图3.110），总面积约800 km²，发育的水深为141～368 m。该区发育的波沙形态如英文字母“S”。根据沙波发育的规模，分大型“S”型沙波区和小型“S”型沙波区，大型沙波区自西向东由5（东北部）和6两个小区组成，总面积约430 km²，发育的水深为165～368 m，海底地形相对平坦，坡度为0.39°～1.25°。以（特）大型沙波为主，沙波整体走向为北东-南西向，5区沙波走向约70°，C区沙波走向为40°～70°、波长为103～230 m、波高为8～13 m。小型“S”型沙波区由5（东南部）和7两个小区组成，面积约370 km²，发育的水深为141～304 m。海底地形相对平坦，坡度范围为0.15°～0.78°，整体走向以北东-南西向为主。5区东南部的沙波走向约10°、波长为87～208 m、波高为0.8～5.5 m。图3.117典型“S”型沙波地形示意图位于6区；剖面图直观地反映了地形变化和沙波的高低起伏。

南区的直线型沙波区自西向东由2和3两个小区组成（图3.110），总面积约1200 km²，发育面积较大，分布于121～315 m水深范围内；海底地形比较平坦，坡度为0.27°～0.36°。直线型波沙因其脊线形态相对笔直而命名，发育的沙波以大型沙波与中小型沙波相间出现为主，沙波整体走向为北西-南东向，沙波走向为130°～160°，平行于水流的方向，沙波波长为73～300 m、波高为0.3～2.7 m，波长较长。2区中部发育的混合型沙波以小型沙波为主，沙波整体走向为北西-南东向或北东-南西向，沙波走向约120°或30°，部分平行于水流的方向部分垂直水流的方向，沙波波长为73～300 m、波高为0.3～2.7 m。

典型直线型沙波地形（图3.118）位于直线型沙波区2区的西部，为混合型沙波，图中沙波整体走向为北西-南东向，波谷中还发育与主体沙波垂直的沙波，呈北东-南西走向，沙波波长约150 m、波高为0.5～2.1 m。典型直线型沙波地形和剖面图可以看出沙波的波长和波高呈不规律出现。

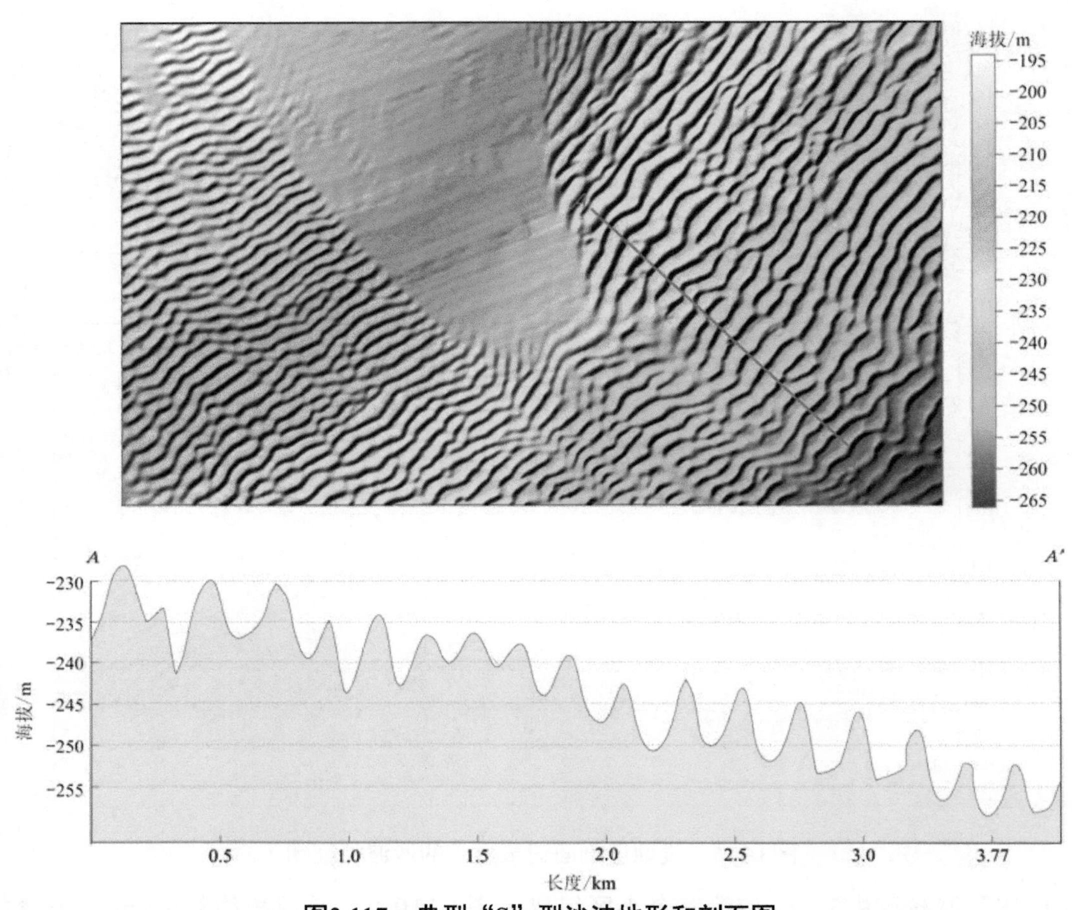

图3.117　典型“S”型沙波地形和剖面图

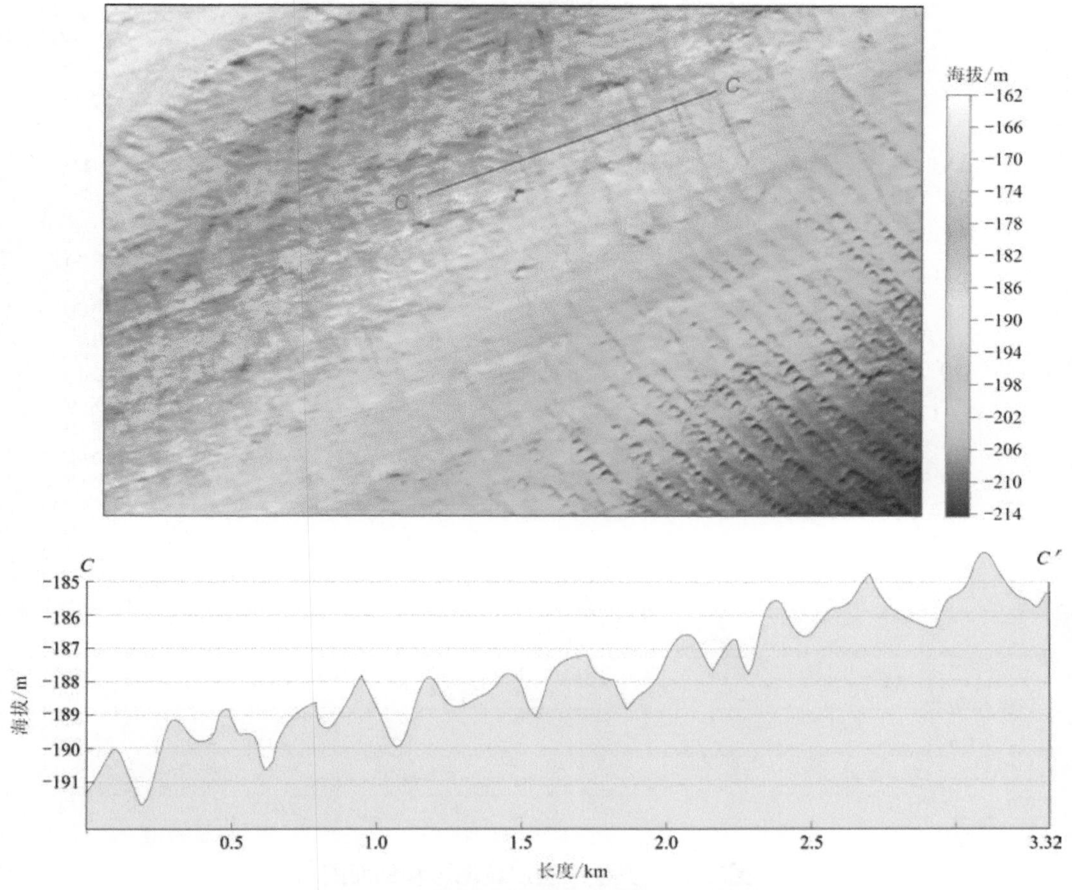

图3.118　典型直线型沙波地形和剖面图

位于直线型沙波区2区的还有如图3.118所示的以大型沙波为主的典型直线型地形和剖面，沙波整体走向为北北西-南南东向，沙波的特征与上述的直线型沙波基本一样，但其波谷没有发育与主沙波相垂直的沙波，其沙波的脊线以直线型为主，偶有树枝型。从剖面图可以看出，沙波的波长和波高相对有规律。

在图3.110中3区的北部，即在陆架坡折线转折处，发育了另一处直线型沙波，面积很小，约100 km²，水深为121～141 m，海底地形非常平坦，坡度为0.07°～0.14°。区内发育的波沙形态是最笔直的，如一条条直线。该区发育的沙波以大型沙波为主，整体走向为北东-南西向，沙波波长为70～137 m、波高为0.4～2 m。图3.119的线型沙波地形和剖面图直观地反映了沙波的高低起伏和如直线的形态特征地形变化。

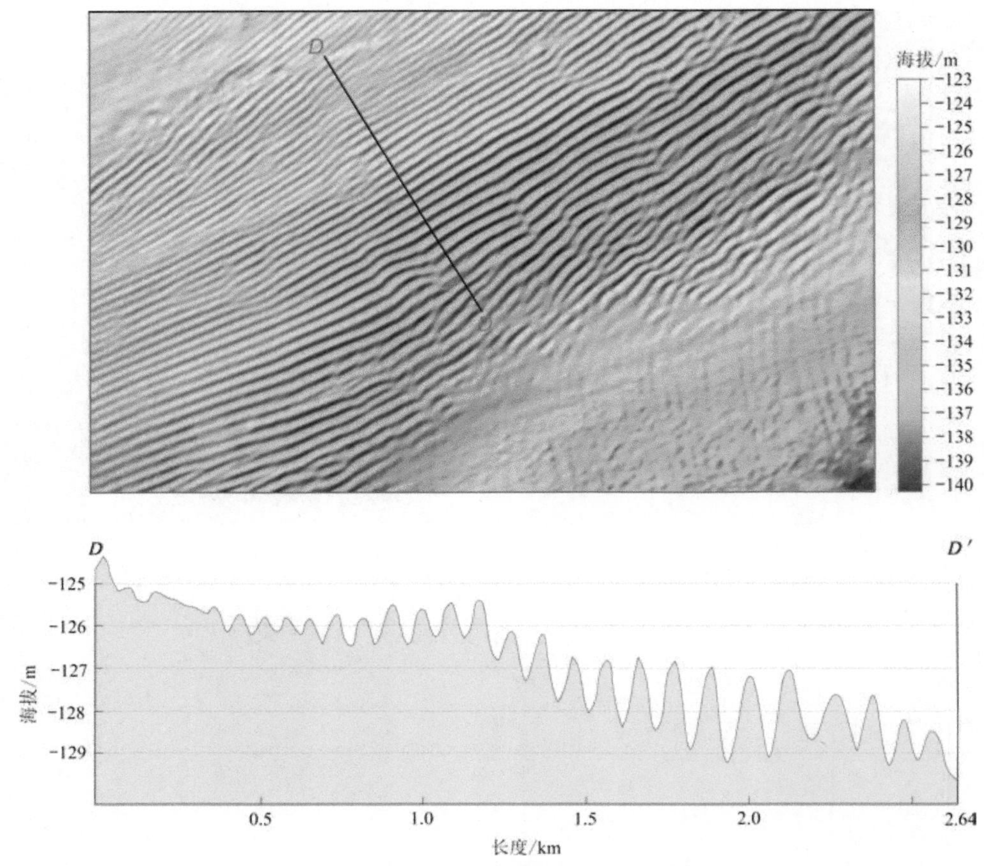

图3.119　典型线型沙波地形和剖面图

5. S5沙波区

S5沙波区位于南海北部外陆架，水深为150～200 m，长约199 km、宽10～100 km，面积约8049 km²，呈扇形分布，该区小型、中型和大型沙波均发育，但以大型沙波为主，波长为200～250 m，波高最大可达10 m。

6. S6沙波区

S6沙波区位于南海北部陆架外缘至上陆坡，水深为120～270 m，长约199 km、宽约36 km，面积约5596 km²。该区域小型沙波、大型沙波均发育，但以大型沙波为主，但沙波形态多变，波脊线有直线型、“S”型、树枝状、蜂窝状。

“S”型沙波发育于“S”型沙波区的4区（图3.110），走向约60°、波长为103～151 m、波高为0.5～3.5 m。图3.117的剖面图直观地反映了沙波的波长和波高的变化规律，剖面图中沙波的波长为125～188 m、波高为0.7～3.8 m。

7. S7沙波区

S7沙波区位于珠江三角洲以北区域，水深为20～120 m，从内陆架到外陆架均发育沙波，长约179 km、宽20～120 km，面积约13900 km²，该区小型、中型、大型沙波均发育，大型沙波为主，同S6沙波区类似，波脊线有直线型、“S”型、树枝状、蜂窝状。

8. S8沙波区

S8沙波区位于台湾浅滩，台湾浅滩是一个构造台地，整体水深较浅，其上发育的沙波规模巨大，其长约175 km、北西向横宽约94 km，总面积约14206 km²，是南海北部内面积最大的沙波区，该区主要以大型沙波发育为主，由水下沙丘和纵横交错的沟谷组成。沙波基本上呈北东-南西向，排列不均、高低不等，但形态基本相似。以浅滩中部沙波发育最好，其平均高度达15.7 m，由此向四周沙波的数量逐渐减少、高度也逐渐变低，沙波两侧细沟发育，期间多沙槽和洼地。

在20世纪70年代，Boggs等对台湾浅滩处的沙波进行了分析，但限于当时的资料，研究多集中在对沙波形态特征的描述。之后，随着科技的发展，采集的资料逐渐增多，杜晓琴等（2008）又对台湾浅滩的研究发现，台湾浅滩处沙波走向为近东西向，大致与落潮流方向垂直。邱燕等（2017）根据沙波的波高、波长、对称性等参数和剖面上的形态特征对其进行分类，划分结果如下。

沙纹（非对称沙波）：沙纹是沙波刚形成早期的产物，因此相对于其他阶段内的沙波，沙纹的规模总体应该偏小。但通过对台湾浅滩处沙波波高、波长数据统计发现，研究区内沙波波高、波长远大于其他区域。组成沙波的沉积物粒度越粗，其规模越易变得更大；在浅水环境中，沙波规模随水深增加而减小。台湾浅滩处沉积物粒度偏粗（中值粒径为0.985 mm），水深较浅，再加上底流速度偏大等因素，最终使得本区域沙波规模总体偏大。结合Ashely的沙波分类方案（表3.7），将波长小于100 m、波高小于5 m的沙波都称为沙纹。对所有地震剖面中符合条件的沙波统计发现，台湾浅滩处沙纹并不多见，已发现的沙纹主要分布在大型沙波之间或者再发育沙波的迎流面上（图3.120）。

表3.7　二维和三维沙丘分类表（据Ashley，1990）

沙波等级	小型	中型	大型	巨型
波长 /m	0.6 ～ 5	5 ～ 10	10 ～ 100	＞ 100
波高 /cm	7.5 ～ 40	40 ～ 75	75 ～ 500	＞ 500

注：波高计算公式 $H=0.0677L^{0.8098}$（Flemming，1988）。

强迁移弱生长沙波（非对称沙波）：此类型沙波最大特点就是在形态上表现出强烈的不对称性，如图3.120（b）中蓝色虚线方框所示，其对称系数多为2～3，从形态上已经可以直接区分出沙波的陡坡面和缓坡面。统计发现，沙波波长在200～400 m，平均波高近6 m，个别可达10 m。虽然本区水动力条件复杂，但仍可根据沙波的陡坡面指向，大致确定当前底流的主水流方向。沿主水流方向，沉积物常被当前底流顺流向搬运并伴随有对迎流一侧的侵蚀；越过波峰后，底流速度减小，沉积物逐渐在较陡的背流面沉积，并且一般情况下较粗粒的沉积物在波峰附近聚集而较细粒沉积物在波谷附近沉积[图3.120（c）]。此时沙波主要表现出顺主水流方向迁移特征，而生长特征相对不明显。

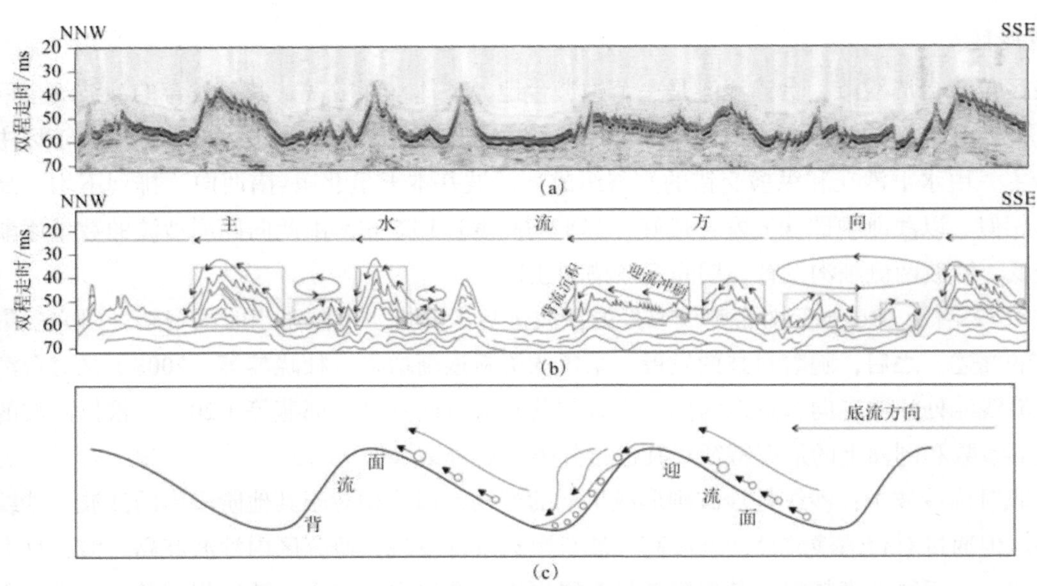

图3.120 非对称沙波地震剖面及其演化模式图

值得注意的是，剖面中显示的强迁移弱生长沙波陡坡面视倾向却为南南东向[图3.120（b）中蓝色虚线方框]，与主水流方向正好相反，这是因为两侧大型沙波的存在[图3.120（b）中红色虚线方框]改变了沙波间水流的结构，环状涡流成为形成、改造沙波的主要水动力。

强生长弱迁移沙波（对称沙波）：研究区内发育有大面积的对称沙波[图3.121（a）]，这些沙波对称系数均接近于1，陡剖面和缓剖面已难以区分，波长在400～1000 m，波高集中在10 m附近，但有的也可达20 m。王文介（2000）在研究种指出，台湾浅滩处的水动力较强，足以启动海底泥沙形成沙波，因此，研究区内的对称沙波也应该受到当前底流改造，属于沙波的生长迁移阶段。高振中等（2008）认为现代潮流是塑造沙波的主要动力，并进一步指出潮流结构可以分为上（距海底18～20 m）、中（距海底10～12 m）、下（距海底2.2～3 m）三层且由上至下平均流速逐渐减小。潮流流速、流向分布特征如图3.121所示，上层和中层潮流流向以南北向分量为主，除了个别北向最大流速外，向南流速和向北流速基本呈对称分布，尤其是中层流速，南北向流速分布极为对称；到了下层，南北向流速显著减小，与东西向流速差别不大，潮流表现出明显的顺时针旋转特征。对称沙波地理位置上正好位于上述潮流影响区域附近。沙波平均波高约10 m，因此认为其主要受到中层水流的影响。前已述及，中层水流以南北向为主且流速分量呈对称分布，这说明向南和向北的水流强度是近于相等的，因此底流对沙波南侧和北侧具有相同程度的改造作用，此时沉积物易于在波峰附近发生堆积，沙波波高显著增加并表现出极为对称的特征。

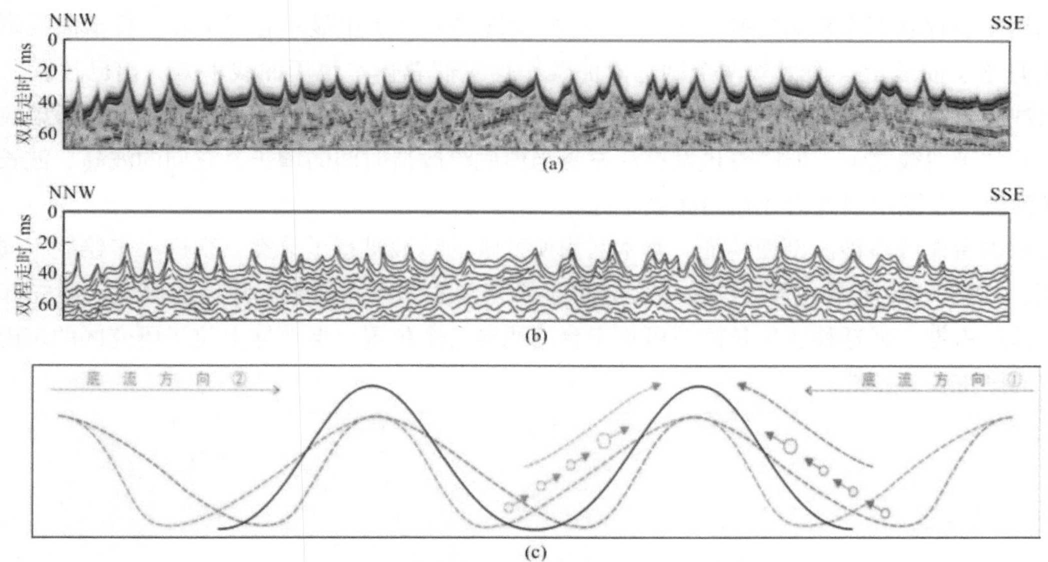

图3.121　对称沙波地震剖面及其演化模式图

再发育沙波（非对称沙波）：再发育沙波是指曾经稳定的沙波（多为残余沙波）由于水动力发生变化而再次活化的沙波，由于它往往是由大小不一的沙波叠合形成，故也称为叠合沙波。在图3.120（a）中可以清楚地识别出五个叠合沙波[图3.120（b）中红色虚线方框]，从规模上它们可以分为两部分：上部的小型沙波（沙纹）和下部的大型沙波。这两部分沙波规模差异巨大，但都表现出极为明显的不对称性。统计发现，上部的小型沙波波高小于2 m，波长在40 m左右，属于前文所说的沙纹；下部的大型沙波波长变化较大，介于800～2000 m，而波高与波长出现反比关系，即波高越高，波长越短，波长分布介于10～20 m。从分布位置上看，这些再发育沙波较为孤立，表现为不同沙波之间间距较大，这与残余沙波的分布特征相似。上部的小型沙波（沙纹）均分布在大型沙波的迎流面上，表明下部残余沙波受到当前水动力改造后再次活化。

将本研究区剖面中的沙波信息数字化处理，作出波高–波长双对数图（图3.122），在标准情况下，波长为L的沙波，其波高为$H=0.0677L^{0.8098}$，结果表明，虽然沙波规模总体偏大，但仍与Flemming曲线拟合较好[图3.122（a）]。

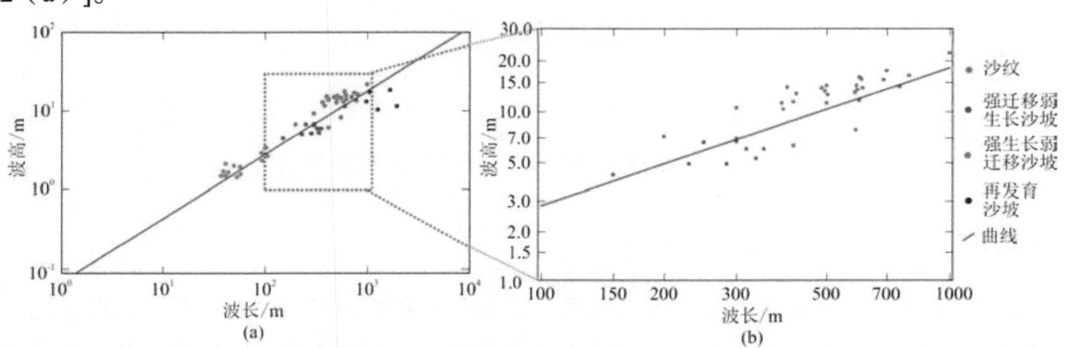

图3.122　台湾浅滩沙波波高、波长关系图

将图3.122（a）中红色虚线方框区域局部放大得到图3.122（b），我们发现强生长弱迁移沙波主要分布于曲线上方，而强迁移弱生长沙波则主要位于曲线下方，这说明与标准沙波的波长、波高相比，强生长弱迁移沙波的波高偏大但波长却相对偏小，而强迁移弱生长沙波则刚好与之相反，波长较长而波高较小，这也进一步说明了这两种沙波分别侧重生长和侧重迁移的特点。因此，除形态特征外，沙波波高、波长关系也可以作为区分强生长弱迁移沙波和强迁移弱生长沙波的一个重要依据。

地震剖面中还存在五个极为特殊的再发育沙波，图3.122（a）中显示有三个沙波位于曲线附近，其中一个甚至正好落于曲线上，而另外两个则远离曲线，但它们总体都位于曲线下方。前已述及，再发育沙波是由残余沙波再活化形成的，与标准沙波相比，其波长显著增长而波高却相对减小（只考虑流水成因沙波），因此其位于曲线之下。但随着再发育沙波受当前底流改造时间的增长，它们的波高、波长又重新开始接近标准沙波，在图中表现为逐渐向曲线靠近。

前文已根据台湾浅滩沙波剖面特征，对本区内所发现的沙波进行了分类，现进一步绘制不同沙波的平面分布特征，如图3.123所示，叠合沙波主要分布于研究区的北部，即靠近陆地的位置，而中部则主要为强生长弱迁移所占据，强迁移弱生长沙波可见于台湾浅滩各个位置，但总体上位于研究区的东南部，再往南及西南方向则主要为沙纹。

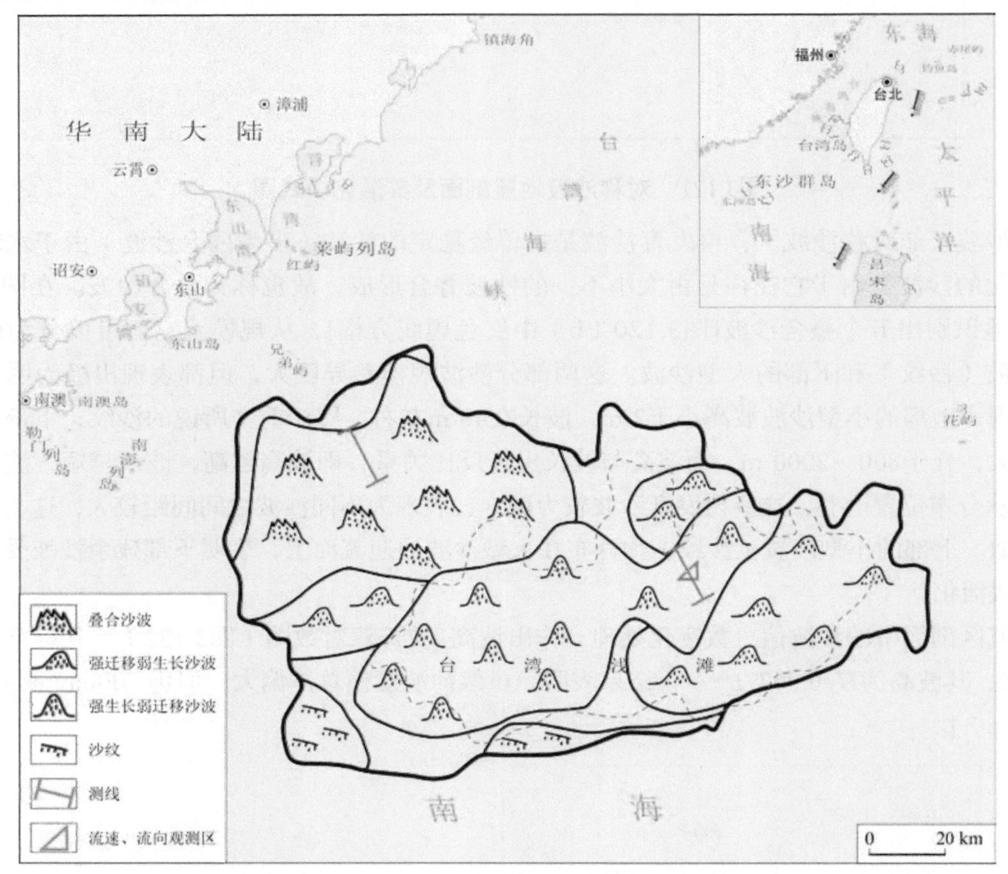

图3.123 台西南陆架区沙波平面分布示意图

三、南海新发现的海底地貌及新认识

通过对南部海域进行单波束、多波束海底地形全覆盖勘测和侧扫声呐调查，基本查明了区内海底地形地貌特征，精细刻画区内的微地形地貌，大大提高了该区原有地形图和地貌图精度，新发现了大量的海底火山口、海丘、海山链、海底峡谷群等地貌单元，对南部海域多海区海底沙波的微地貌特征进行了描述分析，通过将新数据与以往调查和搜集的旧数据进行对比，对旧数据存在的误差进行了修正。

（一）系统划分了南部海域地貌单元

对南部海域的地貌单元进行了系统的分级分类，具体情况见表3.1。

（二）新发现并命名多个结构完整的火山口

在南海海盆和南海西部陆坡新发现了多个形态完整的火山口，如中北部的玳瑁东火山口、管事西火山口和宪北海山西火山口，东南部的张继火山口、韩愈火山口和项羽火山口，西南部的长龙火山口和双龙火山口。南海西部陆坡的盆西南火山口等。南海海盆的海山样品测年时代主要为中新世—晚上新世，火山口与南海扩张活动密切相关，主要为中中新世（约15 Ma）以来的岩浆活动形成的。

1. 玳瑁东火山口

火山口中心位置为117.7512° E、17.5571° N，位于玳瑁海山以东61 km处的火山锥顶端，火山锥呈圆锥状，顶部水深为3294 m，火山口如一只边缘破损的碗，缺口位于南部，深约327m，直径约2 km（图3.124）。

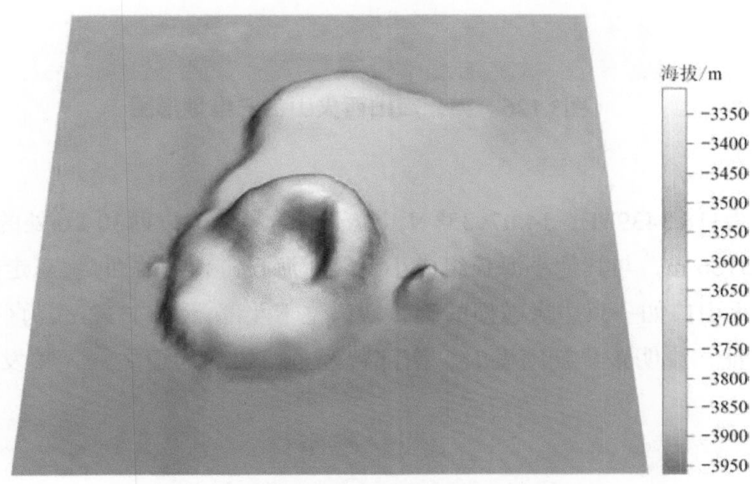

图3.124　玳瑁东火山口三维地形图

2. 管事西火山口

火山口中心位置为118.0086° E、16.8883° N，位于管事海山的西南向58 km处的火山锥顶端，火山锥呈圆锥状，顶部水深为3626 m，与其他小海丘组成小型线状海丘链，呈蝌蚪状，为北西–南东走向，长18.5 km，火山锥位于海丘链东南端。火山口如一只边缘破损的碗，缺口位于南部，深约162m，直径约1.6 km（图3.125）。

图3.125　管事西火山口三维地形图

3. 宪北海山西火山口

火山口中心位置为116.3947° E、16.5826° N，位于宪北海山以西13 km和石星海山群东北向13 km处的火山锥顶端，火山锥呈圆锥状，顶部水深为3225 m，火山口如一只边缘破损的碗，缺口位于南部，深约235m，直径约2.2 km（图3.126）。

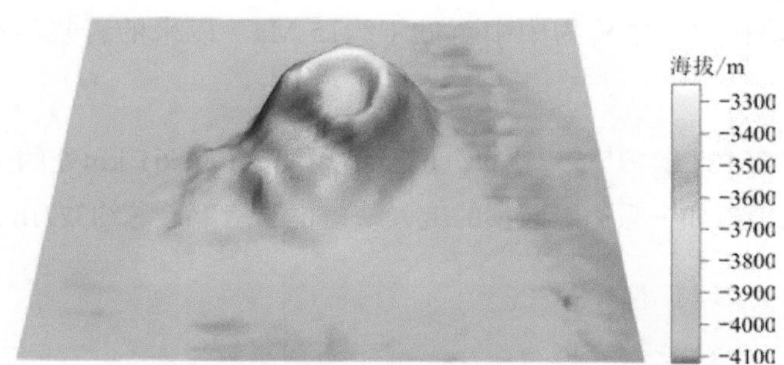

图3.126　宪北海山西火山口三维地形图

4. 韩愈火山口

火山口中心位置为118.3439° E、14.07933° N，位于白居易海山以西30 km处的火山锥顶端，火山锥呈圆锥状，顶部水深为3186 m，与其他小海丘组成小型线状海丘链，为北西–南东走向，长35.5 km，火山锥位于海丘链中北部。火山口如一只边缘破损的碗，缺口位于北部，深约312m，直径约3.97 km。根据火山口南部的沟槽地形特征，说明该早期喷发时，南部曾经是熔岩的通道之一，喷发中后期南部通道才封闭（图3.127）。

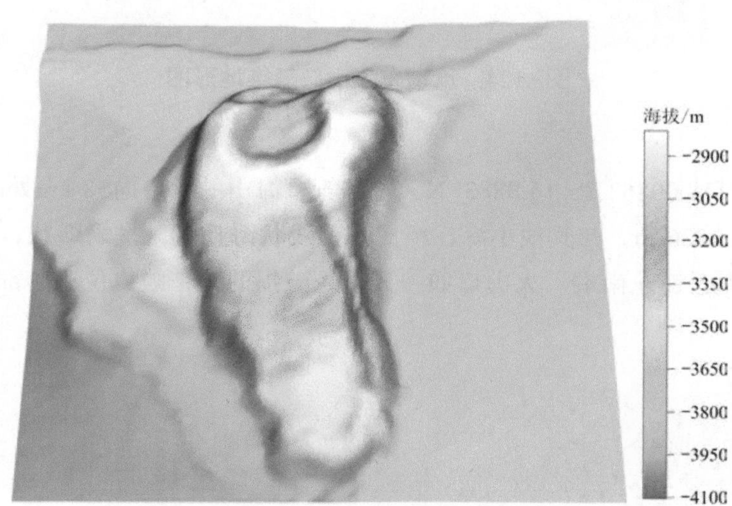

图3.127　韩愈火山口三维地形图

5. 项羽火山口

火山口中心位置为118.7206° E、13.3455° N，位于项羽海脊上，在卢纶海底峡谷西边火山锥顶端，火山锥呈圆锥状，顶部水深为3264 m。火山口如一只边缘破损的碗，缺口位于南部，深约524 m，直径约5.5 km。根据火山口周边的地形特征，说明火山口的发育比海脊早，是先有火山口，然后在火山口上发育了线性海山，并把火山口分为东西两部分（图3.128）。

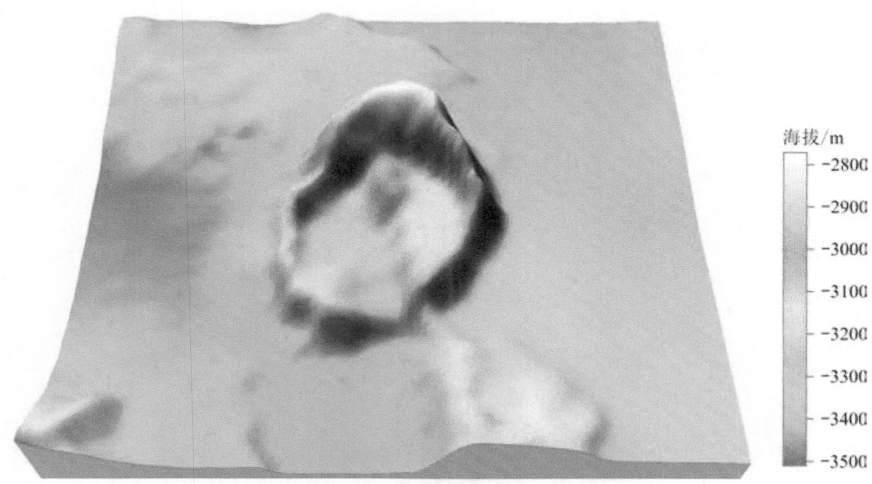

图3.128　项羽火山口三维地形图

6. 张继火山口

火山口中心位置为117.8773° E、13.6056° N，位于张祜海山西北24.7 km处的火山锥顶端，火山锥呈圆锥状，火山锥和火山口规模小于韩愈和项羽两个火山口，顶部水深为3225 m，火山口如一只边缘破损的碗，缺口位于南部，深约50 m，直径约1.57 km（图3.129）。

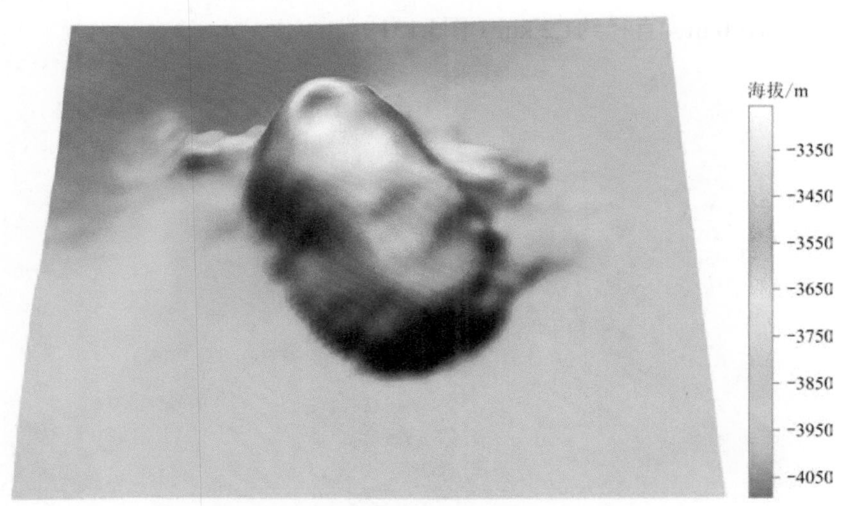

图3.129　张继火山口三维地形图

7. 盆西南火山口

盆西南火山口中心位置为111.4845° E、12.7478° N，位于盆西南海岭的海雪海山（暂定）的火山锥顶端，火山锥呈圆锥状，顶部水深2134 m，火山口如一只边缘破损的碗，缺口位于北部，深约125 m，直径约2.5 km（图3.130）。

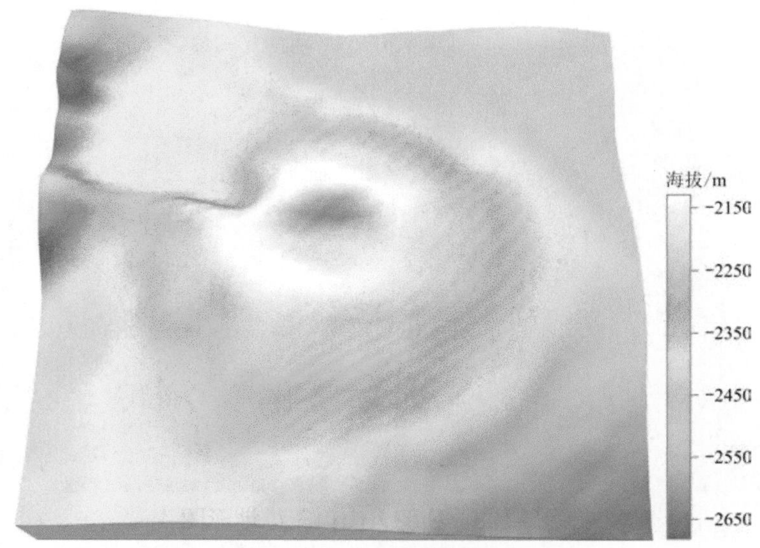

图3.130　盆西南火山口三维地形图

8. 长龙火山口

长龙火山口中心位置为113.7071° E、12.7718° N，位于深海盆地的长龙海山链中的长龙海山山体的火山锥顶端，火山锥呈圆锥状，顶部水深为3868 m，火山锥位于海山链的中南端。火山口如一只边缘破损的碗，缺口位于南部，深约100 m，直径约1.2 km（图3.131）。

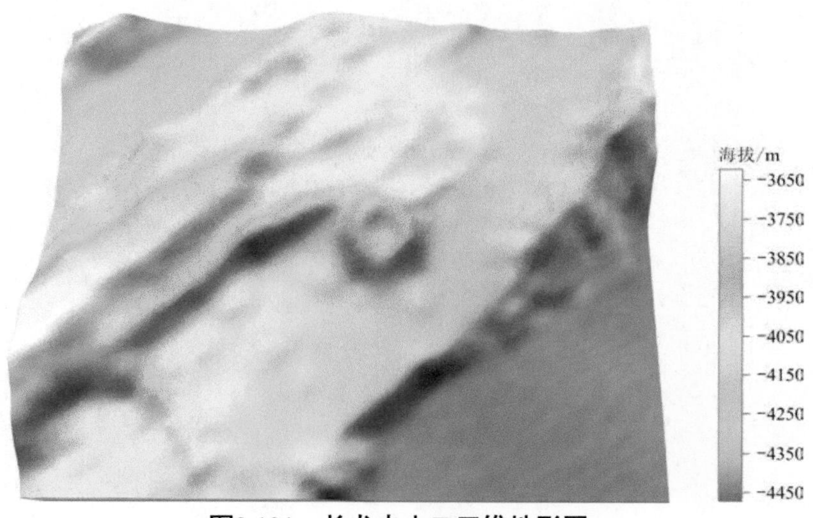

图3.131　长龙火山口三维地形图

9.双龙火山口

双龙火山口中心位置为113.7671° E、12.4190° N，位于双龙海盆中的龙门海山东南向的火山锥顶端，火山锥呈圆锥状，顶部水深为4262 m、边缘水深为4265～4300 m，水深差别不大，不存在明显的缺口，深约95 m，直径约2.4 km。从火山口的周围形态特征表明双龙火山口可能为死火山口（图3.132）。

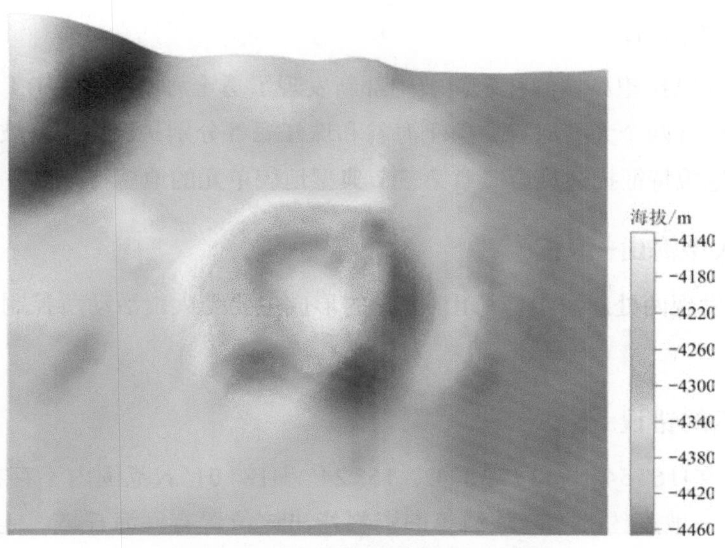

图3.132　双龙火山口三维地形图

（三）首次圈定南海北部陆架和陆坡上坡段海底沙波分布范围

首次圈定了南海北部陆架和陆坡上坡段海底沙波的分布范围、精细刻画了海底沙波的微地貌并分析其特征。海底沙波发育面积巨大，在陆架和陆坡都有发育，面积约5.5万km²。根据沙波的形态特征，区内的沙波可以分为“S”型沙波和直线型沙波等微地貌类型，主要圈定了两类沙波区，即“S”型沙波区和直线型沙波区，发现调查区内的海底沙波形态绝大部分都是不对称的。

（四）新发现并命名深海扇

盆西南深海扇（图3.55）位于南海西部陆坡东南部深海盆地，是一个大型深海扇体，因其位于南海海盆西南部而命名。盆西南深海扇发育在南海西部陆坡的盆西海底峡谷出口末端，其成因主要与盆西海底峡谷和盆西南海岭中的海谷是南海西部陆坡重要的物源通道有关。盆西南深海扇整体地形自西北向东南缓慢倾斜下降，具体地貌特征细见第二章第三节阐述。

（五）新发现的海底峡谷群

在神狐海域的一统斜坡上新发现神狐海底峡谷特征区；在东沙群岛东面，澎湖海底峡谷群西南部的陆坡上坡段，新发现了笔架海底峡谷群；在西沙群岛的滨湄滩西缘发现了滨湄峡谷群；神狐海底峡谷特征区是水合物分解及其有关滑塌体在海底地貌上的反映，推测为第四纪期间形成。其他峡谷群和海谷的形成是水深、地形、表面水动力冲刷、浊流沉积和断层等综合因素作用的结果。

（六）首次查明南卫滩和北卫滩的地形地貌特征

通过多波束全覆盖勘测，首次查明了南卫滩和北卫滩的地形地貌特征；南北卫滩平面形态呈椭圆形，平行排列，长轴约150°，南卫滩面积小，约120 km²，北卫滩面积稍大，约280 km²；南北卫滩都为平顶海丘，南卫滩顶部平台平均水深约68 m，最大高差为300 m，北卫滩顶部平台平均水深约80 m，最大高差为250 m。

（七）新发现的大型海谷

通过水深地形测量在巴拉望岛坡的礼乐斜坡中部新发现了勇士海谷（图3.60），在南海北部陆坡新发现了珠海海谷和东沙南海谷两个大型海谷；勇士海谷和珠江海谷分别是巴拉望岛坡和南海北部陆坡最重要的物源通道之一。具体地貌特征描述见第二章第三节典型地貌单元的地貌特征。

（八）新发现的大型海山–海丘

在南海海盆北部新发现两处新海山。海山–海丘的形成主要受火山活动所控制，并分别命名为王祯海山和石申海山。

（九）纠正旧数据的错误

多波束资料表明，在116° 54′ ～117° 38′ E、15° 24′ ～18° 01′ N范围内不存在海丘链。该位置为深海平原，地形十分平坦，坡度约0.1°。陈洁等旧资料指出该位置有一海丘链，走向为北西–南东向，长110 km、宽5～13 km（图3.133）。

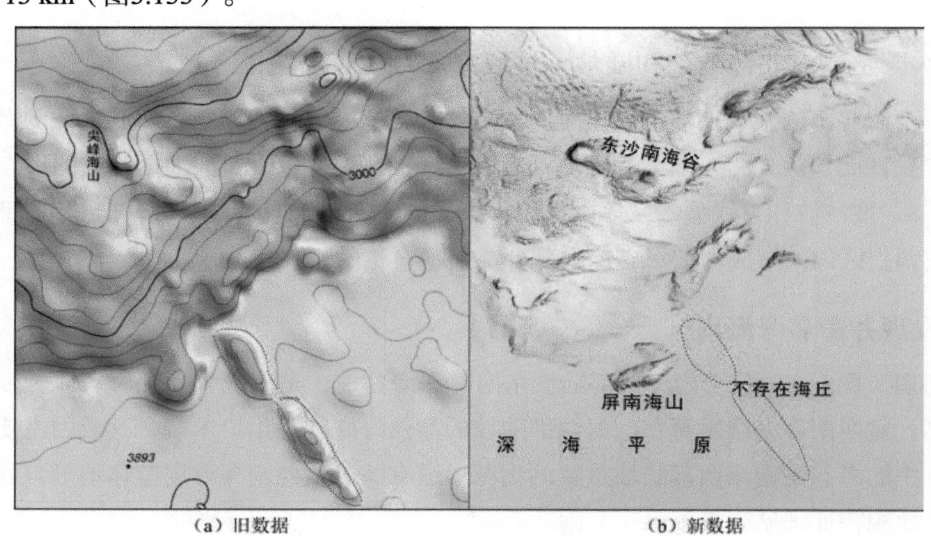

图3.133 深海盆地不存在的海丘位置图

四、典型地貌剖面特征分析

南海地貌单元类型丰富，在典型地貌剖面的选取上不仅要全面反映我国南海海底地貌类型的总体特征和单个地貌体的典型特点，还需要兼顾特殊地貌体的形态特征，同时考虑空间上的分布均匀性并体现最新调查研究成果。共选取10条典型地貌剖面来全面反映我国南海海底地貌特征。

（一）地貌剖面的选择

选取10条典型地貌剖面，其中，南海北部陆架（坡）两条、南海西部陆坡四条、南沙陆坡两条、南海海盆两条（表3.8）。南海陆坡地形坡度大，地形崎岖，形成了复杂多变的海底地貌景观，且陆坡绝大部分区域都有实测多波束全覆盖，新发现地貌也主要集中在这些区域。根据地形剖面线与地貌图和沉积物类型图的交点位置，确定剖面上不同地貌类型单元、沉积物类型的分界点。

表3.8　南海典型地貌剖面位置一览表

剖面	起点		终点	
	东经（E）	北纬（N）	东经（E）	北纬（N）
A-A'	118° 21′ 53.6555″	23° 53′ 59.0172″	119° 15′ 0.9331″	19° 15′ 55.1518″
B-B'	114° 07′ 11.2607″	21° 48′ 12.9384″	116° 14′ 0.7519″	18° 23′ 10.9277″
C-C'	110° 15′ 43.9393″	18° 34′ 48.4644″	114° 27′ 16.0968″	15° 05′ 32.8040″
D-D'	114° 19′ 37.5815″	18° 07′ 2.8364″	109° 17′ 56.0879″	15° 04′ 19.9600″
E-E'	108° 39′ 40.0390″	16° 31′ 2.0940″	113° 34′ 42.4887″	13° 00′ 23.1829″
F-F'	115° 37′ 1.3169″	17° 39′ 51.0182″	109° 22′ 53.3180″	10° 14′ 54.3867″
G-G'	110° 19′ 0.6612″	5° 31′ 20.7722″	112° 55′ 30.1362″	10° 56′ 17.3890″
H-H'	112° 18′ 31.4890″	10° 34′ 30.5960″	115° 30′ 48.0043″	6° 13′ 11.1332″
I-I'	119°41′ 30.0905″	18° 03′ 51.6234″	110° 33′ 21.4613″	9° 30′ 46.3367″
J-J'	115° 11′ 40.7265″	18° 45′ 17.3919″	119° 04′ 19.2726″	13° 18′ 6.1946″

（二）典型地貌剖面的特征

1. 南海北部剖面*A*–*A'*

剖面*A*–*A'* 位于南海东北部（图3.134），北起台湾浅滩北部，南至笔架海山群南部，呈北北西–南南东走向，基本垂直于地形走向，全长521 km，从北向南穿越陆架侵蚀–堆积平原、台湾浅滩、陆架外缘斜坡、澎湖海底峡谷群、笔架斜坡、笔架海山群和深海平原等三级地貌类型。陆架侵蚀–堆积平原和台湾浅滩整体地形平坦，台湾浅滩局部发育海底海波，至陆架外缘斜坡坡度才有所增加，平均坡度为0.02°；陆架海底表层沉积物主要为砾质砂和含砾砂；在水深约190 m的陆架坡折线开始过渡到地形陡峭的澎湖海底峡谷群，平均坡度为2.2°，表层沉积物以粉砂为主；澎湖海底峡谷群的南端为台湾海底峡谷，水深达2860 m；剖面再往南为地形相对平坦的笔架斜坡，表层沉积物变细，以黏土为主，剖面南端经过笔架海山群，平均坡度为0.2°，地形相对崎岖，其中的墨子海山规模较大，海山最浅处水深约2500 m。

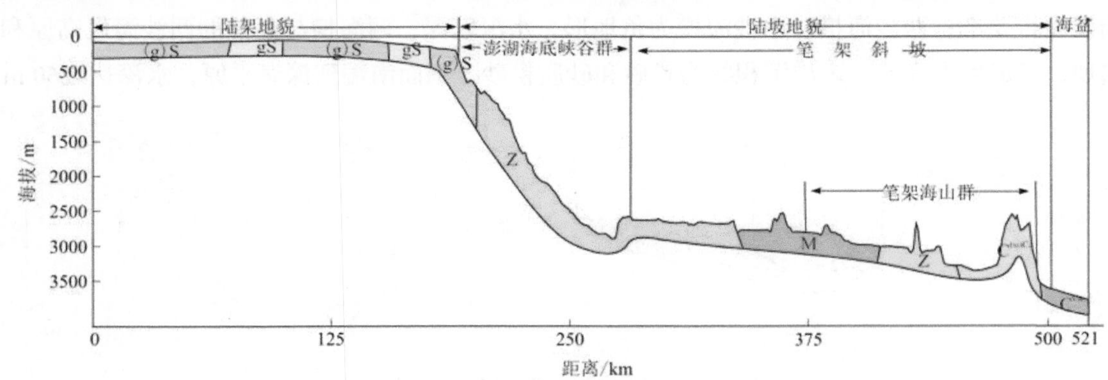

图3.134　南海北部典型地貌*A*–*A'*剖面图

(g)S.含砾砂；gS.砾质砂；Z.粉砂；M.泥；$C^{(si)ca}$.含硅质钙质黏土；C.硅质黏土

2. 南海北部剖面*B*–*B'*

剖面*B*–*B'* 位于南海北部中段（图3.135），北起珠江口北部，南至珠江海谷南部，呈北西–南东走向，基本垂直于地形走向，全长438 km，从北向南穿越古三角洲、陆架侵蚀-堆积平原、陆架堆积平原、神狐海底峡谷特征区、珠江海谷等三级地貌类型。陆架侵蚀-堆积平原和陆架堆积平原整体地形平坦，局部发育海底海波，海底沉积物主要为砂质粉砂和粉砂质砂；在水深约200 m的陆架坡折线开始过渡到地形陡峭的神狐海底峡谷特征区，平均坡度为1.5°，表层沉积物开始逐渐变细；神狐海底峡谷特征区的南端为珠江海谷，平均坡度为0.6°；剖面再往南为地形相对平坦的笔架斜坡，剖面南端到深海平原，地形相对平坦，水深约3750 m，表层沉积物主要为钙质黏土。

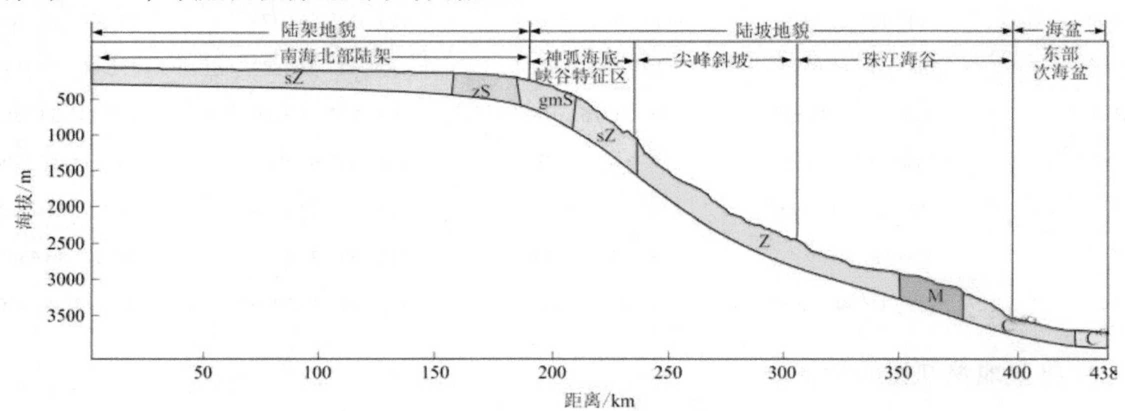

图3.135　南海北部典型地貌*B*-*B*′剖面图

sZ.砂质粉砂；zS.粉砂质砂；gmS.砾质泥质砂；Z.粉砂；M.泥；$C^{(si)Ca}$.含硅质钙质黏土；C^{Ca}.钙质黏土

3. 南海西部剖面*C*-*C*′

剖面*C*-*C*′ 位于南海北部西段与南海西部北段交汇处（图3.136），北起海南岛东南部，南至中沙大环礁南部的深海平原，呈北西-南东走向，全长590 km，从北向南穿越水下岸坡、陆架侵蚀-堆积平原、陆架堆积平原、西沙北陡坡（暂定）、西沙海槽、西沙南陡坡（暂定）、西沙海底高原、永兴海台、东岛海台、西沙东海隆（暂定）、中沙海槽、中沙海台和深海平原等13个三级地貌单元。基本垂直地形走势，横切西沙海槽、中沙海槽及其陡坡；剖面的整体地形自北向南逐渐变深，起伏巨大，水下岸坡、陆架侵蚀-堆积平原、陆架堆积平原整体地形平坦，水深较浅，海底表层沉积物主要为含砾泥和砾质泥质砂，相对南海北部陆架而言要细；西沙海槽、中沙海槽为负地形，水深较深，两海槽与高耸的西沙海底高原和中沙海台相间出现，形成巨大高差，表层沉积物为粉砂和砂质粉砂。剖面南端到深海平原，水深达4260 m。

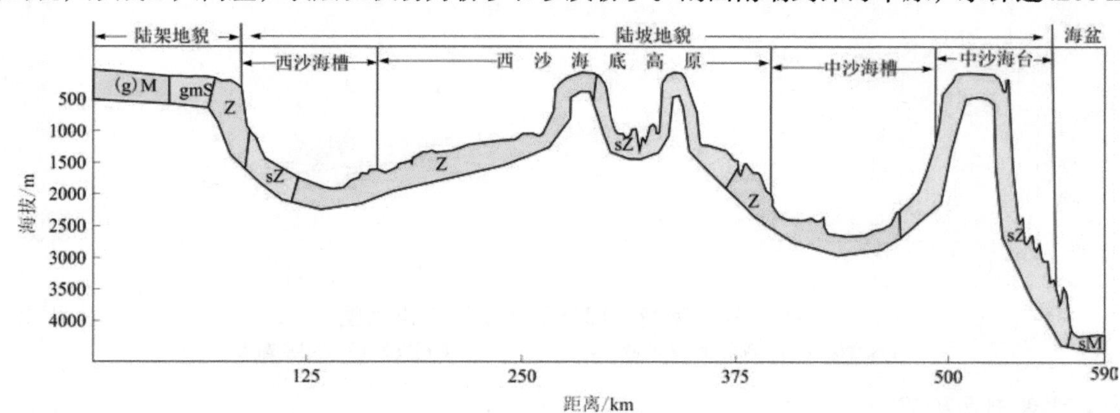

图3.136　南海西部典型地貌*C*-*C*′剖面图

(g)M.含砾泥；gmS.砾质泥质砂；Z.粉砂；sZ.砂质粉砂；sM.砂质泥

4. 南海西部剖面D–D'

剖面D–D'位于南海西部北段，西南起广东群岛附近海域（图3.137），东北至西北次海盆，呈北东–南西走向，全长633.5 km，从西向东穿越陆架侵蚀–堆积平原、陆架大型浅滩、中建北斜坡、中建阶地、中建峡谷群、中建北海台、金银海谷、西沙海底高原、甘泉岛海台、永兴海台、晋卿海谷、西沙北海隆和深海平原等13个三级地貌单元。剖面的整体地形自西向东逐渐变深，起伏巨大，陆架侵蚀–堆积平原、中建阶地整体地形平坦，其他区域地形起伏大。从陆架到海盆，表层沉积物从砂、粉砂逐渐过渡到黏土，逐渐变细；永兴海台以东，地形坡度变大，水深变深，至东部过渡到水深达3500 m的深海平原。

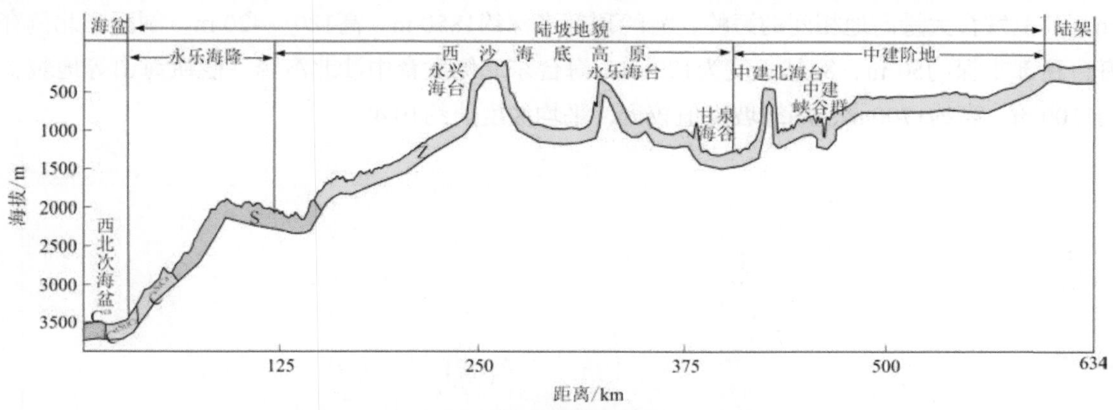

图3.137　南海西部典型地貌D–D'剖面图

S.砂；Z.粉砂；$C^{(Si)Ca}$.含硅质钙质黏土；C^{Ca}.含钙质黏土；C^{SiCa}.硅质钙质黏土

5. 南海西部剖面E–E'

剖面E–E'位于南海西部（图3.138），呈北西–南东走向，西北起自越南岘港东北侧约80 km外海域，东南至南海海盆绿水晶海丘止，全长657 km。从西北向东南依次穿越陆架堆积平原、中建北斜坡、陆架阶地、中建峡谷群、盆西海岭和深海盆地等三级地貌类型。陆架堆积平原地形平坦，自中建北斜坡开始地形逐渐由缓变陡，斜坡平均坡度为1.07°；中间北斜坡下部发育平缓的阶地，在水深约800 m的陆坡之上发育大型峡谷群，剖面东南侧海底发育大量起伏相间的海岭、海谷，包括盆西海岭、长风海谷等，海岭一般高1100 m，顶部水深约2000 m。从浅水到深水，海底表层沉积物逐渐变细，陆架区主要为砂质沉积物，陆坡区主要为泥质沉积物，海盆主要为黏土。

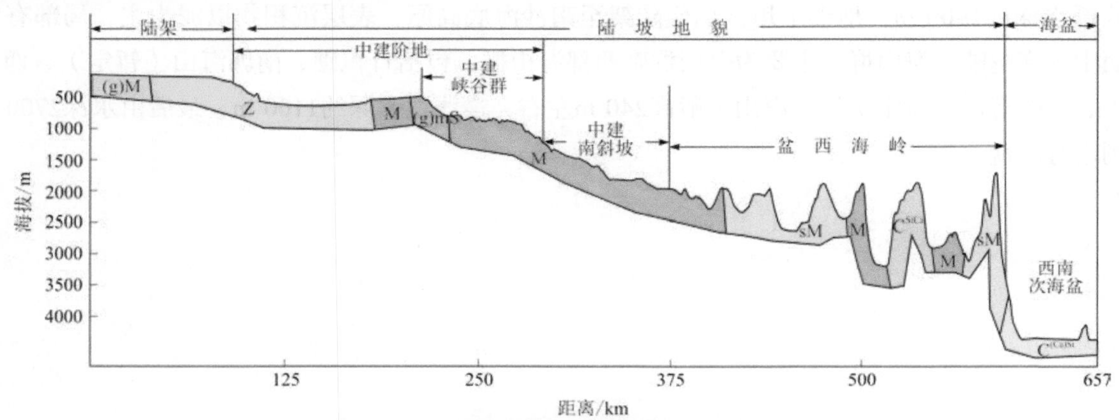

图3.138　南海西部典型地貌E–E'剖面图

(g)M.含砾泥；Z.粉砂；M.泥；(g)mS.含砾泥质砂；sM.砂质泥；C^{SiCa}.硅质钙质黏土；$C^{(Ca)Si}$.含钙质硅质黏土

6. 南海西部剖面*F*–*F*′

剖面*F*–*F*′ 位于南海西部（图3.139），呈南西–北东走向，西南起自越南富贵岛东侧约50 km外海域，东北至中沙海台东北侧约190 km处，全长1061 km。从西南向东北依次穿越陆架堆积平原、陆坡斜坡、陆坡陡坡、陆坡盆地、陆坡海岭、深海海盆、陆坡海台和陆坡海隆等三级地貌类型，陆架区表层沉积物为含砾砂，陆坡盆西海岭和盆西南海岭表层沉积物以砂质泥和泥为主，值得注意的是，盆西海岭和中沙南海盆交接地带有细黏土分布，中沙海台和中沙北海岭以砂质粉砂和粉砂沉积物为主。陆坡斜坡地形坡度较小，平均坡度值约0.43°，由西南向东北自斜坡开始向陡坡过渡，陡坡平均坡度为2.79°；陆坡盆地水深约2600 m，其上发育大量高地相间的海岭，海岭顶部水深约1850 m，高180～420 m。剖面东北侧穿越中沙海台，海台顶部水深约50 m，穿越长度为129 m，海台东北侧发育中沙北海隆、隐矶海山等地貌，海山顶面水深约1100 m，高约1700 m，周缘坡度值较大，平均坡度值约10.4°。

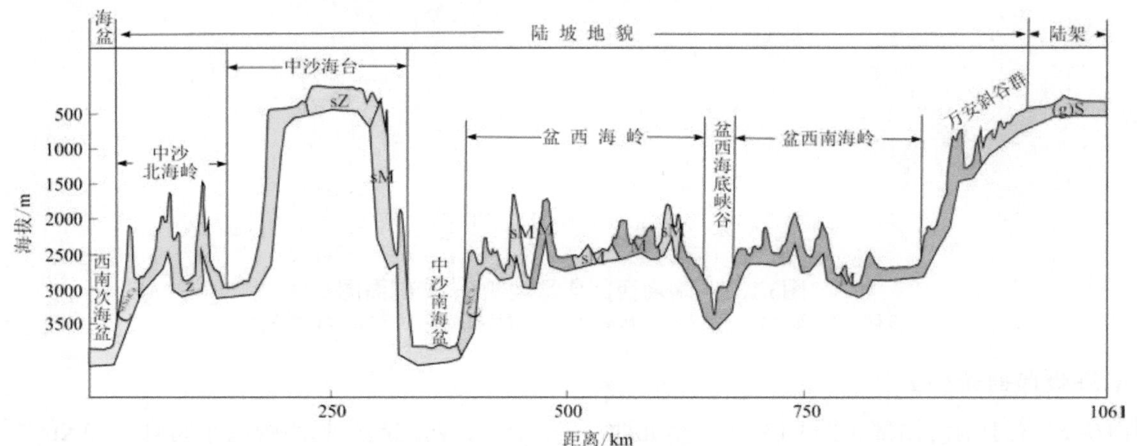

图3.139　南海西部典型地貌*F*–*F*′ 剖面图

$C^{(Si)Ca}$.含硅质钙质黏土；sZ.砂质粉砂；sM.砂质泥；C^{SiCa}.硅质钙质黏土；Z.粉砂；M.泥；(g)S.含砾砂

7. 南沙陆坡剖面*G*–*G*′

剖面*G*–*G*′ 位于南海西南部（图3.140），呈南南西–北北东走向，西南起自南薇海盆陆坡，东北至南海海盆，全长664 km。从西南向东北依次穿越南薇海盆陆坡、南薇海盆、陆坡海山群、陆坡高地和深海海盆等三级地貌类型。海底地形自南薇海盆陆坡起向下自然过渡至南薇海盆底部，平均坡度值约0.66°，南薇海盆底部水深约1900 m，地形平坦。剖面陆架至南沙海底高原，表层沉积物以泥为主，局部有粉砂分布。剖面中部穿越陆坡海山群，主要为尹庆群礁西部海山群，包括日积礁、南郭海山（暂定）、西石海山（暂定）、长屿海山（暂定）等，海山一般高240 m左右，最浅处水深约1100 m，最后由水深2700 m处自然过渡到南海海盆。

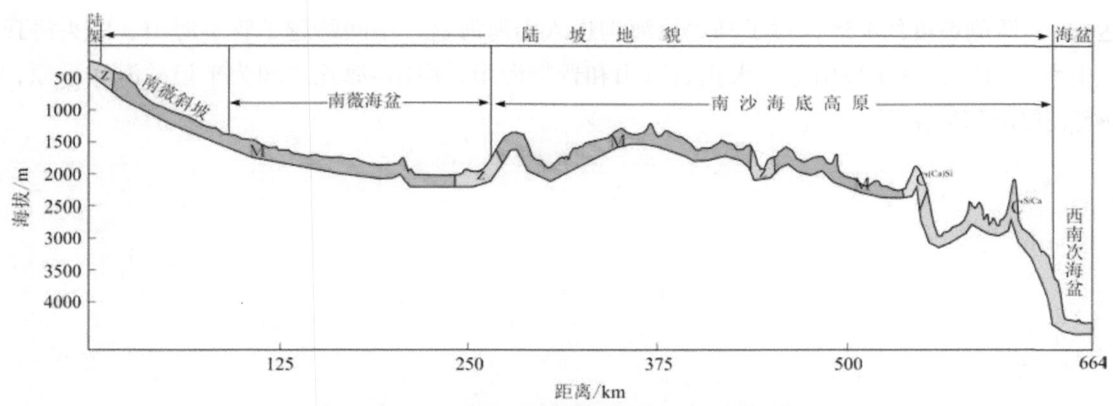

图3.140　南沙陆坡典型地貌*G*–*G*′剖面图

M.泥；Z.粉砂；$C^{(Ca)Si}$.含钙质硅质黏土；C^{SiCa}.硅质钙质黏土

8. 南沙陆坡剖面*H*–*H*′

剖面*H*–*H*′位于南海南部（图3.141），北起西南次海盆青玉海丘附近，南至加里曼丹岛岛架中部，呈北西–南西走向，横跨整个南沙海底高原，全长597 km，从西北到东南穿越了海盆、海山、海台、海丘、安渡滩、南沙海槽和南沙海槽东南斜坡等三级地貌类型。该剖面起始点水深约4000 m，起始点往西南方向延伸20 km，平均坡度约0.5°，水深逐渐变小，20 km之后，地形突然变陡，坡度达7.5°，水深迅速从3700 m下降到2100 m，进入南沙陆坡，跨越海山、海丘、海台等地貌类型，地形起伏较大，永暑北海台西南侧坡度可达14°，剖面自420 km至215 km，剖面横跨南沙海槽，海槽的西北侧陡东南侧缓，西北侧平均坡度约3.6°，东南侧平均坡度约2.6°，槽底地势非常平坦，平均坡度约0.06°，之后跨越南沙海槽东南斜坡到加里曼丹岛陆架，斜坡段平均坡度约1.6°，陆架段平均坡度约0.08°。整条剖面除了两端和中间的南沙海槽槽底，地形走势均崎岖不平，坡度变化较大。剖面西北侧的海盆区，表层沉积物为硅质钙质黏土，剖面中间的南沙海底高原，表层依次沉积泥、粉砂、砂质粉砂，南沙海槽主要为泥质沉积。

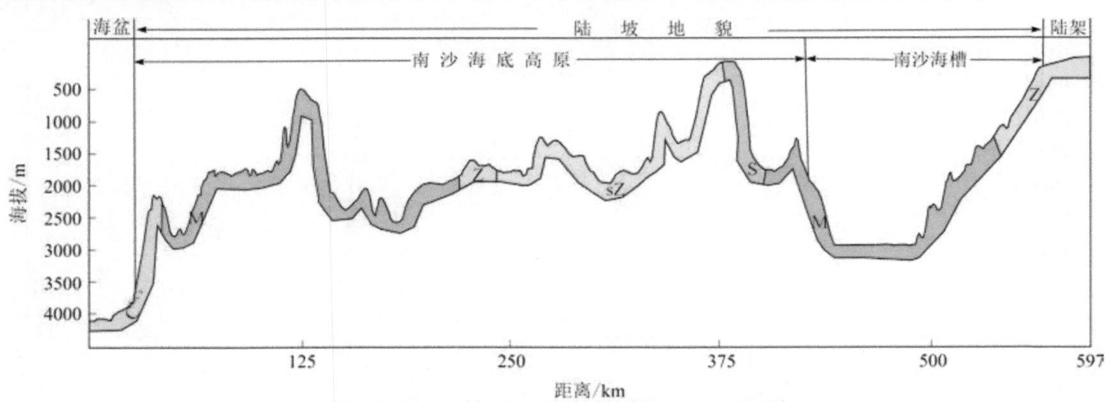

图3.141　南沙陆坡典型地貌*H*–*H*′剖面图

C^{SiCa}.硅质钙质黏土；M.泥；Z.粉砂；sZ.砂质粉砂；S.砂

9. 南海海盆剖面*I*–*I*′

剖面*I*–*I*′位于南海海盆（图3.142），起始点位于南海东南侧的吕宋海脊，终点位于西南次海盆的石屿海山（暂定）和晋卿海山之间，呈南西–北东走向，跨越西南次海盆和东部次海盆，全长1367 km，从西南到东北穿越了海盆、海山、马尼拉海沟、马尼拉斜坡等三级地貌类型。起始点水深位于吕宋海脊，水深约2750 m，整体地势平坦但稍有起伏，至剖面48 km处，水深迅速变大，进入马尼拉海沟，海沟东侧坡度可达10°，西侧坡度约4.5°，过了马尼拉海沟进入南海海盆，中间跨越了管事海山、中央海丘群、张中海山、中南海山群、飞龙海山链、大担石海山和晋卿海山，海山–海丘之间为平坦的海底平原，坡度约0.1°，海底表层沉积物主要为黏土。

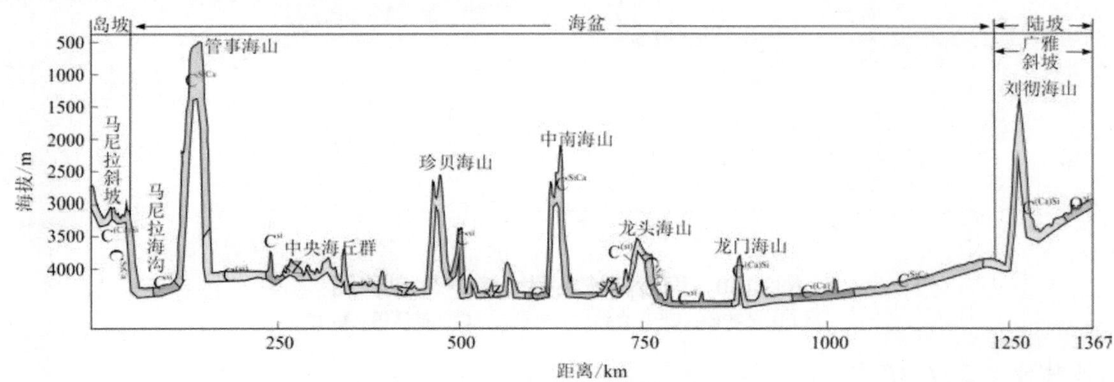

图3.142　南海海盆典型地貌*I*–*I'*剖面图

C^{SiCa}.硅质钙质黏土；C^{si}.硅质黏土；sZ.砂质粉砂；$C^{(si)}$.含硅质黏土；$C^{(Ca)}$.含钙质黏土；$C^{(Ca)Si}$.含钙质硅质黏土；O^{si}.硅质软泥

10. 南海海盆剖面*J*–*J'*

剖面*J*–*J'* 位于南海海盆（图3.143），起始点位于西北次海盆与一统海底峡谷群交汇处，终点位于礼乐斜坡，呈北北西–南南东走向，跨越西北次海盆和东部次海盆，全长732 km，从西北到东南穿越了海盆、海山、海丘、礼乐斜坡等三级地貌类型。起始点位于一统海底峡谷群底部，水深约3650 m，跨越了宪北海山、黄岩岛、南白居易海丘、王伟海丘等海山–海丘，最后来到礼乐斜坡，中间大部分区域为海底平原，海底坡度约0.1°，东南侧的礼乐斜坡坡度稍大，约0.27°。黄岩岛两端表层沉积物迥异，黄岩岛西北侧以黏土为主，黄岩岛东南侧主要分布砂质粉砂。

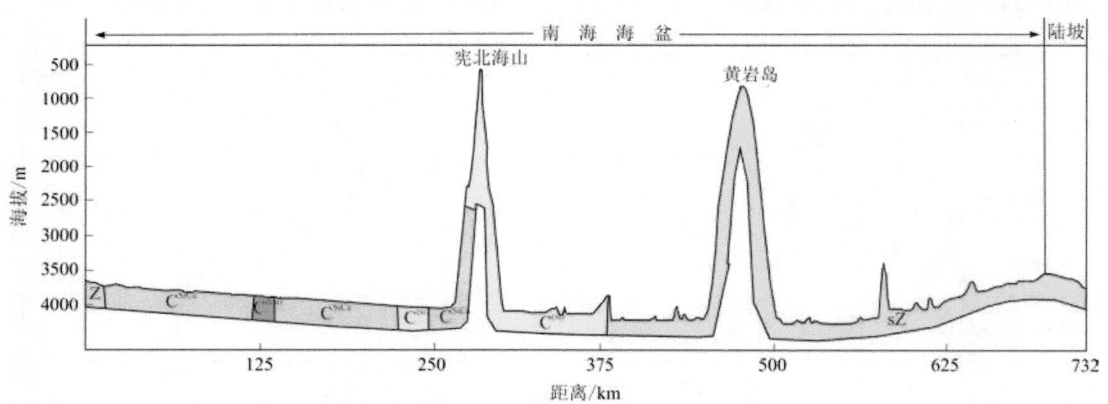

图3.143　南海海盆典型地貌*J*–*J'*剖面图

Z.粉砂；C^{SiCa}.硅质钙质黏土；$C^{(Ca)}$.含钙质黏土；$C^{(si)}$.含硅质黏土；sZ.砂质粉砂

第三节　台湾岛东部海区地貌

台湾岛东部海区主要是指菲律宾海的西北部。海底地貌主要包含岛架、岛坡和深海盆地三种地貌单元。岛架主要为台湾岛东岸的水下岸坡，地形较为平坦；岛坡包括台东岛坡和琉球岛坡两部分，海底水深变化大，地貌类型复杂，发育的大型地貌单元包括琉球斜坡、琉球海沟、加瓜海脊、南纵海脊、花东海脊、绿岛海脊、台东海槽、八重山海脊、耶雅玛海脊、南澳盆地、东南澳盆地、西表岛盆地、琉球阶地、南澳海槛等；深海盆地主要为菲律宾海盆，地形相对平坦，发育的地貌单元相对较多但类型相对简单，有花东深海平原、西菲律宾深海平原、琉球海沟、加瓜海脊和花东峡谷群等。

台湾岛东岸岛架水下岸坡是在近岸海底水流与波浪共同作用下所形成，发育的次级地貌单元较为简单，主要为水下岸坡。台东岛坡紧邻台湾岛东部向外延伸，水深在0～4700 m，面积约20000 km²；琉球岛坡位于花莲县东部，琉球海沟北侧，水深在560～6857 m，面积约33500 km²；深海盆地包括花东海盆和西菲律宾海盆，花东海盆地形水深在1910～6100 m，面积约28628 km²；西菲律宾海盆地形水深在2700～5210 m，面积巨大，约117796 km²；西菲律宾海盆北部与琉球岛坡相接，西部自北向南分别与台东岛坡和吕宋东岛坡相接，岛坡地形陡峭，与盆底平原最大高差超过6000 m，形成高差巨大的斜坡；西菲律宾海盆北部的琉球海沟与琉球岛坡的斜坡之间的交界线，地貌转折相当明显（图3.144）。

一、地貌类型及特征

（一）岛架

从地质构造特征分析，岛架是大陆在海面以下自然延伸部分，其始于海岸低潮线，地形向深海方向微微倾斜下降至地形明显转折地带，即坡折线结束（刘忠臣等，2005）。

台湾岛东岸岛架地形较为平坦，坡折线水深处于40～200 m，发育的次级地貌单元较为简单，主要为水下岸坡。台湾岛东岸岛架水下岸坡是近岸海底水流与波浪共同作用下所形成的，为沉积物覆盖。同时，琉球群岛附近和台湾岛东南部还出露有面积非常小的岛架侵蚀-堆积 平原和岛架外缘斜坡，根据海底底质成分及地形特征可分为砂砾质岛架浅滩和断阶式岛架斜坡，前者主要分布在西表岛-石桓岛-黑岛群岛，水深为25～50 m，由砂砾石沉积组成，可能有珊瑚礁发育；后者主要分布在琉球群岛各岛周围和台湾岛东南部，坡地水深可达200 m，台湾岛东侧陆架较陡，平均坡度值约7.4°，最大坡度值可达26°，西表岛-石桓岛周围岛架斜坡较宽，坡度值为2.4°～3.5°，最大宽度超过20 km，海底底质主要以粗粒的砂和砂砾为主，海底局部有基岩出露。

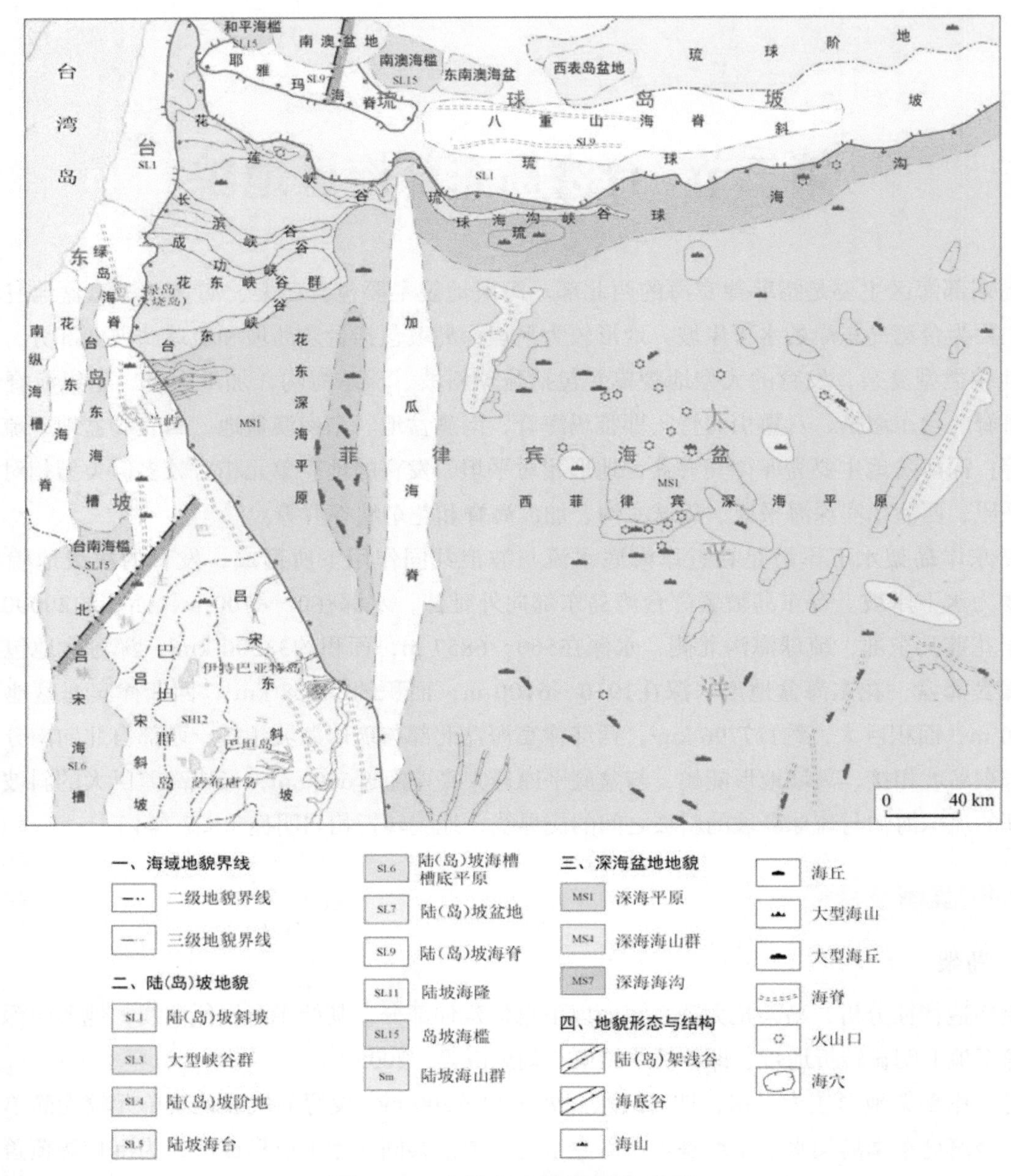

图3.144　台湾岛东部海区地貌图

（二）岛坡

岛坡是地形平缓的岛架和深海盆地之间的过渡地带，即处于岛架坡折线和岛坡坡脚线之间，也是海底地形中水深变化最大、地貌变化最为复杂的海区。台湾岛东部海区岛坡主要包括台东岛坡和琉球岛坡，岛坡地形复杂多变，发育多个三级和四级地貌单元。三级地貌单元包括琉球斜坡、南纵海槽、台东海槽、绿岛海脊、花东海脊、八重山海脊、耶雅玛海脊、南澳盆地、东南澳盆地、西表岛盆地、琉球阶地、南澳海槛等（图3.145）。在三级地貌单元上，又发育大型海山、大型海丘、线性海脊和海底峡谷等多种四级地貌单元。

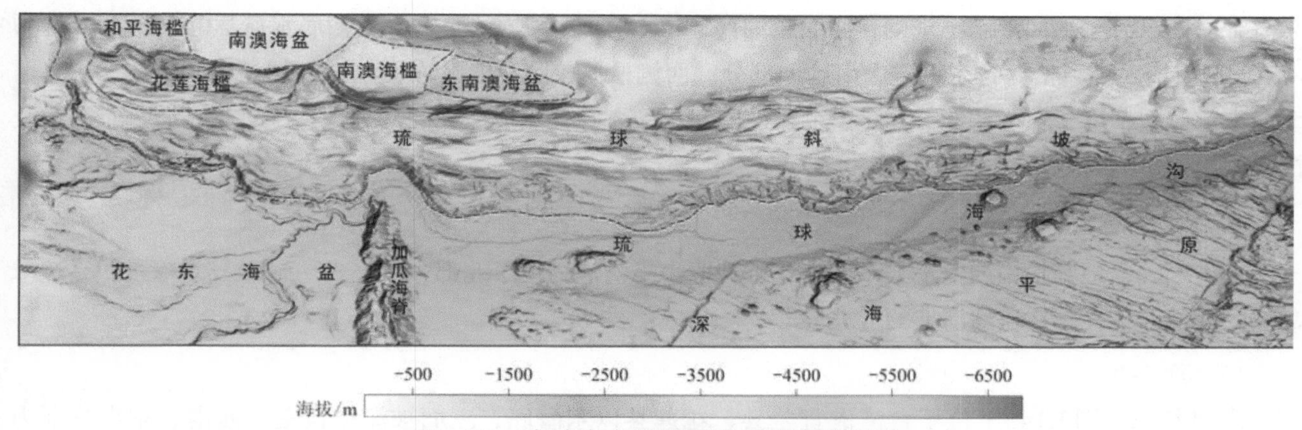

图3.145　台湾岛东部海区岛坡晕渲地形图

1. 岛坡斜坡

岛坡斜坡是由构造内营力和堆积外营力共同作用形成的地貌单元，地形较为平缓，一般往单一方向倾斜。台湾岛东部海区内的岛坡斜坡主要为琉球岛坡上的琉球斜坡。

琉球斜坡位于花莲县东部海区琉球岛坡处，水深为554～3740 m，也是琉球海沟北侧沟坡的一部分，是该海区附近唯一的岛坡斜坡。此斜坡平面形态呈长条状，近东西向展布，长约422 km、宽15～57.7 km，面积约12600 km^2，整体地形自北向南倾斜下降，水深为1934～6776 m，斜坡最大高差达4842 m，坡度为1.6°～7.8°，呈上缓下陡的地形特征。斜坡西南部与花东海盆相接，水深为3000～5800 m，东部在6000～6776 m水深段融入琉球海沟。琉球斜坡的地形复杂，崎岖不平，发育有规模不一的线性海脊、海山和海丘等。

2. 岛坡海脊

岛坡海脊多为海底挤压、碰撞或拉张过程中岩石圈裂开而形成的，向深海盆地倾斜、延伸的隆起高地。其外形多呈梯形或条块状，其上大都发育有海山、海丘，两侧为坡度较大的陡崖。台湾岛东部海区发育的岛坡海脊主要有绿岛海脊和花东海脊，琉球岛坡上发育八重山海脊。岛坡海脊地貌类型及特征详细介绍见后文。

3. 岛坡海槽

岛坡海槽为岛坡上大型的地貌单元，一般地形低陷且呈长条带状，包含岛坡斜坡（或陡坡）和槽底平原两类三级地貌单元。海槽的两侧槽坡地形陡峭而底部平原地形平缓，台湾岛东部海区完整出露了台东海槽和南纵海槽两种地貌单元。

1）台东海槽

台东海槽（图3.146）是台湾岛东南部海域即台东岛坡上发育的海底长条状凹陷，海槽西侧为花东海脊，东侧为绿岛海脊、兰屿海山、八代海山和长滨海山，南部与台南海槛相接。海槽平面形态呈长条状，北窄南宽，南北长约143.5 km、东西宽5～26.5 km，面积约2026 km^2。海槽由周边的海脊和海山的山坡组成，坡度较大，槽底地形变化较大，最大水深出现在中南部，北部槽底地形趋势自台东海岸向南急速下降，南部则相反，沉积物最终在海槽东北部的绿岛海脊和兰屿海山间的台东峡谷汇集，输送到花东海盆。

2）南纵海槽

台湾岛东南部海域上发育的另一海底长条状凹陷，即南纵海槽（图3.146），西临恒春半岛，东连花东海脊。南纵海槽平面形态不规则，南北长约105 km、东西最大宽约44 km，槽底水深达0.8～1.2 km，为“U”型海槽。该海槽是台东纵谷向南延伸部分。西侧槽坡较陡达9°，东侧槽坡较缓。槽底整体地形自西北向东南倾斜下降，坡度约3.8°。海槽东部中段把花东海脊分隔成南北两部分，这也是物源向台东海槽及深海盆地输送的通道。

4. 岛坡断陷盆地

岛坡断陷盆地是指南澳盆地、东南澳盆地和西表岛盆地，位于北部中段3550～4570 m水深段，系琉球岛坡的一部分，发育在琉球岛坡的上坡段。

1）南澳盆地

南澳盆地（图3.145）位于台湾省宜兰县、花莲县以东海底，三面被海槛包围，西南、东南分别为和平海槛、花莲海槛和南澳海槛。南澳盆地平面形态呈椭圆形，长轴52.4 km、短轴24.9 km，面积约1161 km^2。南澳盆地的边缘斜坡水深为2200～3650 m，最大坡度约7°，盆底地形较平坦，高差不超过80 m，平均水深超过3600 m。

2）东南澳盆地

东南澳盆地（图3.145）位于南澳盆地东面，中间被南澳海槛分隔开，南部为琉球斜坡所包围，平面形态呈长条形，面积比南澳盆地小，约431 km^2，水深则变深，平均水深约4570 m，盆地的边缘斜坡水深为460～4500 m，最大坡度出现在北部，约11°，盆底地形较平坦。

3）西表岛盆地

西表岛盆地（图3.145）位于东南澳盆地东面，中间被海丘隔开，东部为琉球阶地，南部为琉球斜坡和八重山海脊，平面形态呈长条形，面积与南澳盆地相近，约987 km^2，水深较浅，平均水深约3270 m，西表岛盆地的边缘斜坡水深为690～3300 m。

5. 岛坡阶地

台湾岛东部海区岛坡阶地是指发育在琉球岛坡上的琉球阶地，位于琉球岛坡东北部，西接西表岛盆地，南部为八重山海脊和琉球斜坡。琉球阶地平面形态呈长条状东西向展布，长156.7 km、最宽44.8 km，面积约4094 km^2，地形相对平坦，整体地形趋势为自东北向西南倾斜下降，平均坡度约0.4°。

6. 岛坡海槛

岛坡海槛为分隔两相邻盆地的海底高地。本海区的岛坡海槛是指发育于琉球岛坡的和平海槛和南澳海槛（图3.146）及发育于台东岛坡的台南海槛（图3.69）。

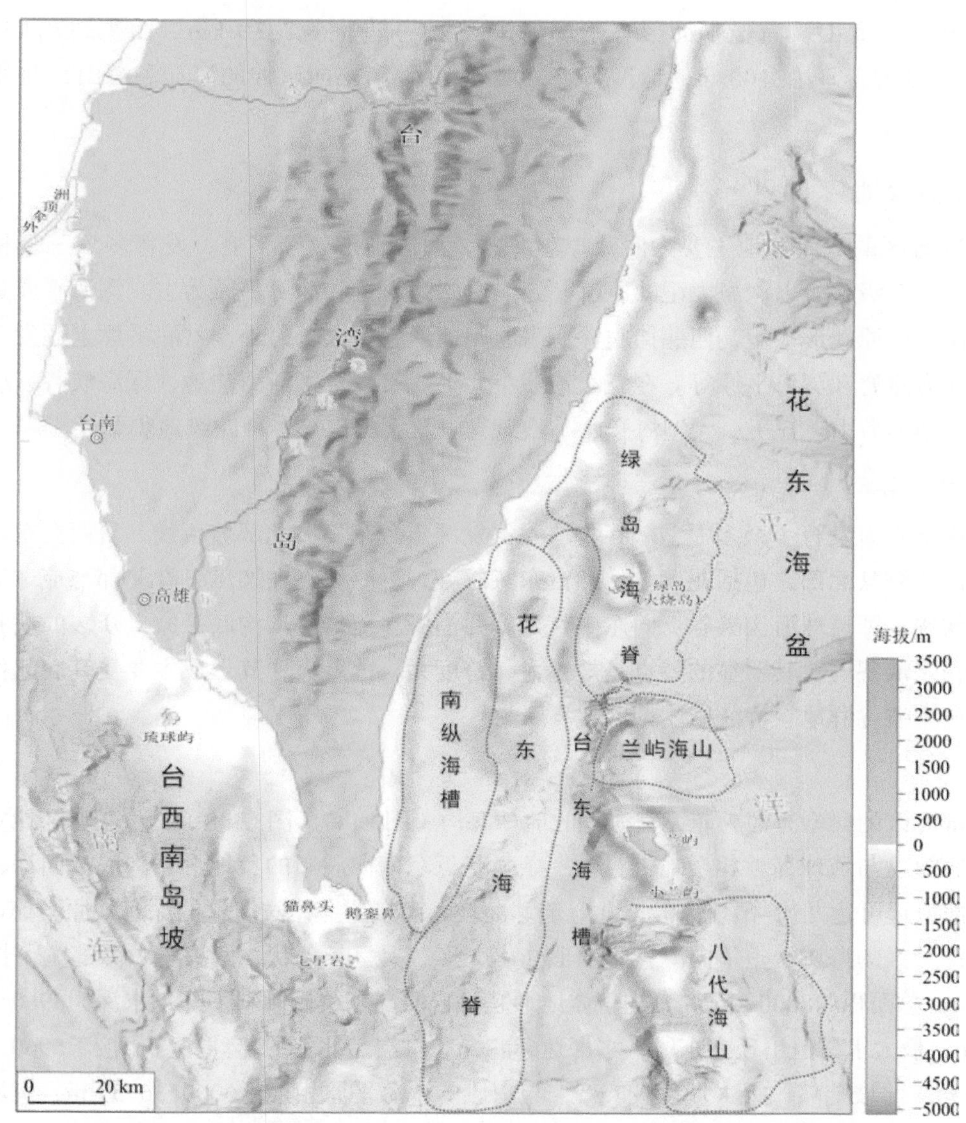

图3.146　南纵海槽、台东海槽、花东海脊和绿岛海脊晕渲地形图

1）和平海槛

和平海槛（图3.145）位于台湾省宜兰县、花莲县以东海底，在南澳盆地的西面，其南面为花莲海槛，为分隔和平盆地与南澳盆地之间的高地，面积较小，约391 km²，出露的海槛与南澳盆地的高差超过800 m。

2）南澳海槛

南澳海槛（图3.145）位于台湾省宜兰县、花莲县以东海底，与和平海槛中间被南澳盆地所隔开，其南北为琉球斜坡，为分隔南澳盆地与东南澳盆地之间的高地，平面形态大致呈椭圆形，面积约743 km²，西侧较平缓，坡度约1.4°，东侧急剧下降，坡度达7.5°，相对高差达1100 m。

3）台南海槛

台南海槛（图3.69）为台湾岛东南海域分隔台东海槽和北吕宋海槽的隆起海底，西接花东海脊，东连八代海山和长滨海山。海槛平面形态不规则，西北-东南向宽约30 km，面积约783 km²，水深为1610～3750 m，最大高差达2100 m，地形崎岖，发育北西-南东向延伸的海丘和海山，北部的海丘上可见火山口。

（三） 深海盆地

台湾岛东部海区的深海盆地主要为西菲律宾海盆，海底地形复杂多变，发育多个三级和四级地貌单元。菲律宾海盆的三级地貌以深海大型峡谷群、海沟、深海海脊和深海平原为主。深海平原是深海盆地区的主体，花东深海平原地形平坦，西菲律宾深海平原则地形起伏大。另外，盆底平原上还发育深海大型峡谷群、海沟、深海海脊和深海平原等。在三级地貌单元上，又发育了深海洼地、深海峡谷、线性海山、大型海山（丘）、小型海山（丘）、大型海脊、小型海脊以及火山口等多种四级地貌单元。

1. 深海大型峡谷群

台湾岛东南部近海发育了众多大型峡谷，峡谷群发源于台东岛坡北部坡折线，自西向东延伸到花东海盆，消失于菲律宾海盆北部，包括花莲峡谷和台东峡谷等，这些峡谷在加瓜海脊北部与琉球岛坡坡脚线间汇集成一条主峡谷，即琉球海沟峡谷，向东一直延伸并消失在琉球海沟沟底平原，众多的峡谷组成一个大型峡谷群——花东峡谷群。其明显的特点是规模大、跨度大，落差大，其形成主要受基底起伏和走滑断裂的控制。花东典型峡谷群地貌特征描述见后文。

2. 海沟

台湾岛东部海区的典型海沟为菲律宾海盆的琉球海沟（图3.147、图3.148），位于西菲律宾海盆底部，发育在西菲律宾海盆与琉球岛坡相接地带，为一条弧状近东南向展布的负地形，沟底窄而深，西部以加瓜海脊为界，东部最远可达九州-帛琉海岭，北靠琉球岛坡，南接西菲律宾海盆的深海平原。琉球海沟是台湾岛东部海区水深最大的海域，整体向海盆呈弧形凸出，形态上呈长条状，两头窄中西部宽，长约337 km、宽7.5～36.5 km，总面积约8000 km²。海沟整体地形趋势自西向东缓慢倾斜下降，水深为5960～6847 m，最大高差为887 m，最大水深值出现在东段，水深达6847 m。海沟与北邻的琉球斜坡相接于5960～6770 m，最大高差达4000 m，北坡陡峻，最大坡度约7.8°，与南侧的深海平原相接于6000～6757 m，南坡和缓，平均坡度小于1.5°，深海平原表面崎岖不平，沟底平原与深海平原界线比较明显，表现为不对称的“U”型横剖面。整体上，海沟沟底平原地形平坦，整体表面光滑，沟底坡度为0.1°，花东峡谷群的主峡谷出现在海沟西部，受其输送过来大量沉积物的影响，沟底平原西部坡度有所增大，约0.18°。另外，海沟内部或边界处发育有多个小型海山、海丘，沟底平原东部部分海山-海丘上发现火山口。

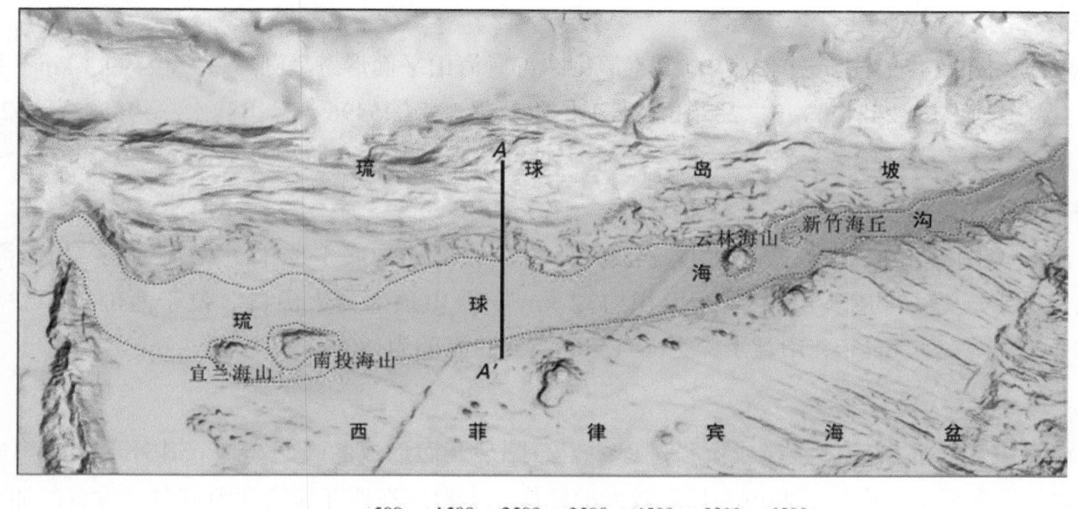

图3.147　琉球海沟晕渲地形图

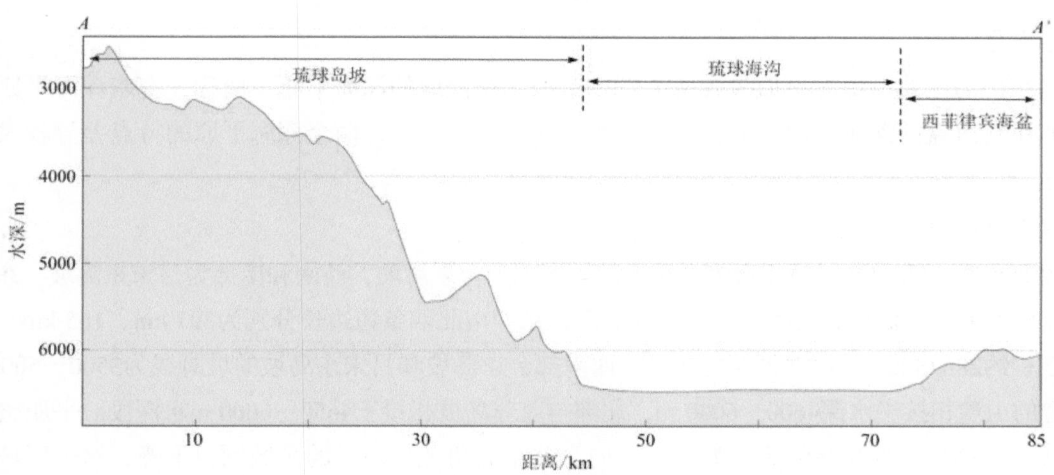

图3.148　琉球海沟地形剖面图

1）宜兰海山

宜兰海山（图3.147）位于沟底平原西侧，花东峡谷群的主峡谷以南，海沟南侧沟坡以北。海山平面形态呈椭圆形，海山山脊走向近东西向，东西长约22.7 km、南北宽约9.9 km，基座面积约232 km²。海山顶峰（123° 25.5′ E、22° 55′ N）位于西部，水深为5167 m，山麓水深为6035～6366 m，高差达1200 m。山坡北陡南缓，最大坡度出现在峰顶北坡约21.3°。

2）南投海山

南投海山（图3.147）位于宜兰海山东部，山麓相连在一起。海山平面形态呈椭圆形，海山山脊走向近东西向，东西长约22.1 km、南北宽约12.9 km，基座面积约244 km²。海山顶峰（123° 38.3′ E、22° 57′ N）位于西部，水深为5127 m，山麓水深为6035～6300 m，高差达1170 m。山坡南北陡东西缓，最大坡度出现在峰顶北坡约18.5°。

3）云林海山

云林海山（图3.147）位于琉球海沟沟底平原中东部，海山平面形态呈圆形，直径约9.3 km，基座面积约70 km²。海山顶部（124° 58.8′ E、23° 12.8′ N）位于西部，水深5496 m，山麓水深约6583～6626 m，高差达1130 m。山坡坡度较陡，为15.5°～26.4°，最大坡度出现在峰顶西坡约26.4°。

4）新竹海丘

新竹海丘（图3.147）规模较小，位于云林海山东北部的沟底平原上，相距约11 km。海山平面形态大致呈圆形，直径约5.8 km，基座面积约32 km²。海山顶部为火山口，位于西部（125° 9.3′ E、23° 17.1′ N），水深为6464 m，山麓水深为6611～6638 m，高差为180 m。

3.深海海脊

深海海脊多为海底挤压、碰撞或拉张过程中岩石圈裂开而形成的隆起高地。其外形多呈梯形或条块状，其上大都发育海山、海丘，两侧为坡度较大的陡崖。本海区在西菲律宾深海海盆上发育的加瓜海脊，是由三座海山排列而成的大型地貌单元，位于西菲律宾海盆中部，西为花东海盆，东为西菲律宾海盆，北与琉球岛坡为邻，南接吕宋岛弧，为花东海盆和西菲律宾海盆的分界线。

4.深海平原

台湾岛东部海区典型深海平原包含两个：一个为花东盆地的深海平原（简称“花东深海平原”），另一个为西菲律宾海盆的深海平原（简称“西菲律宾深海平原”），两个深海平原的特点差异较大，下面分别进行描述。

1）花东深海平原

花东深海平原（图3.149）位于台湾岛东南部，西部为台东岛坡，西南和南部为吕宋东岛坡，东临加瓜海脊，北靠琉球岛坡，平面形态大致呈不规则四边形，东西南北四条边边长分别为297 km、165 km、247 km、132 km，面积约28628 km²。深海平原的西部与西南部台东岛坡和吕宋东岛坡的坡脚线为3500～5000m，东部与加瓜海脊的山麓相接于水深4600～6000 m，北部与琉球岛坡相接于4650～6060 m水深段。平原整体地形相对平坦开阔，整体地形变化趋势为自海盆四周向海盆东北角地势最低的区域倾斜下降，这个区域是整个海盆沉积物输送的唯一通道，即琉球岛坡与加瓜海脊之间的缺口，花东峡谷群的主峡谷即位于此缺口中。平原水深为2472～6096 m，最大高差为3624 m，最大水深值出现在东北角，水深达6096 m，平原的地形坡度北陡南缓，北部平均坡度约1.1°，其他区域约0.3°，是整个海区附近地形最平坦的区域。花东深海平原与岛坡、加瓜海脊交界处，由于受其制约，坡度稍大，中部地形相对平坦；但从局部范围看，平原北部的峡谷群区域是整个深海平原坡度最大的区域。

2）西菲律宾深海平原

西菲律宾深海平原（图3.150、图3.151）位于吕宋岛东部，西部的界线为加瓜海脊，北靠琉球岛坡，平原的西部与加瓜海脊相接于5400～6104 m，北部与琉球海沟相接于6000～6758 m水深段。与花东深海平原地形相对平坦不同，西菲律宾深海平原整体地形起伏较大，变化趋势自西南向东北倾斜下降，水深为2700～6758 m，最大高差为4058 m，最大水深值出现在东北角，水深达6758 m。

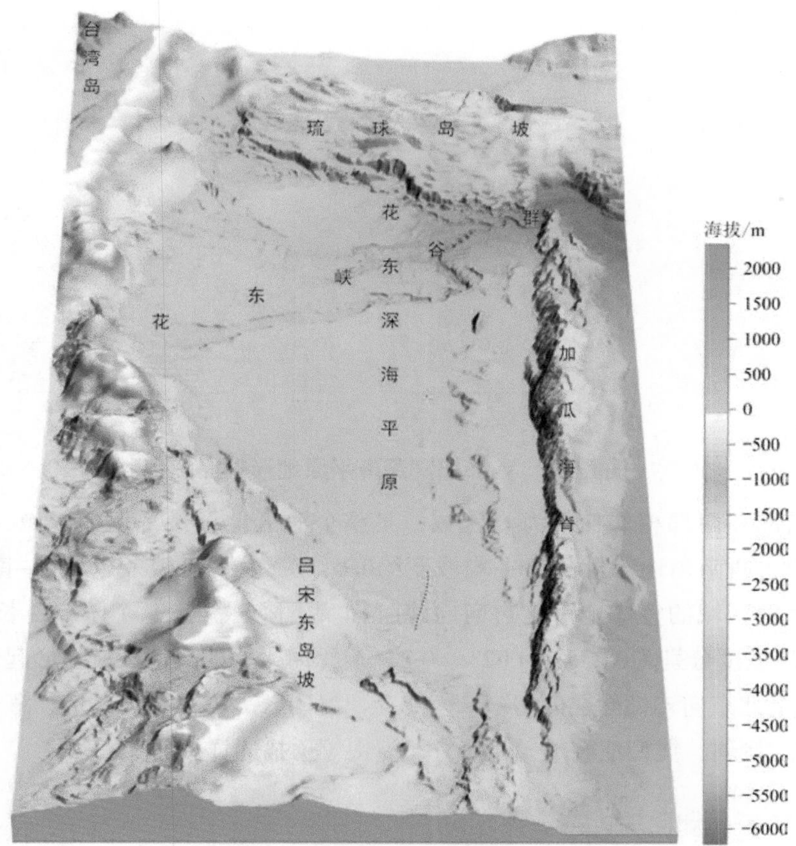

图3.149 花东深海平原晕渲地形图

图3.150 西菲律宾深海平原晕渲地形图

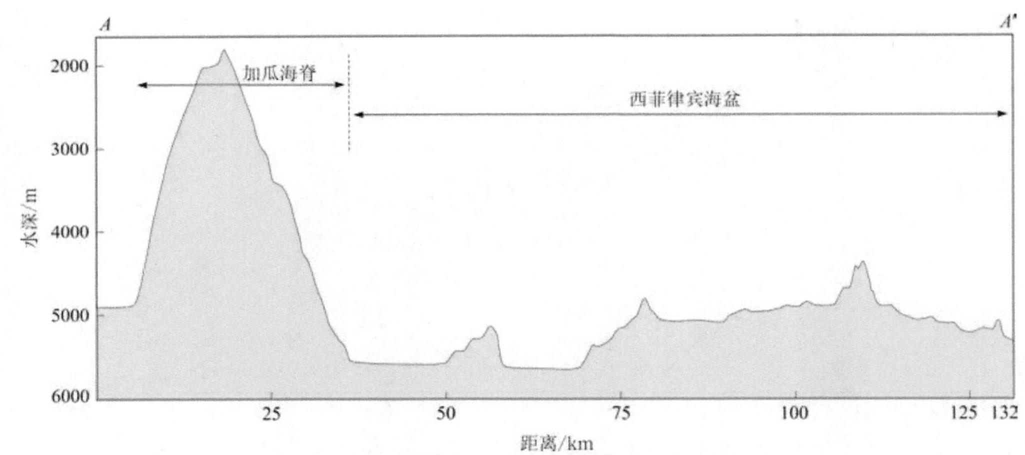

图3.151　西菲律宾深海平原地形剖面图

深海平原的西南部和西部相邻加瓜海脊区域，是整个海区地形最平坦的区域，地形趋势与整个深海平原趋势是一致的，西南角地势最高，平均坡度约0.16°，发育有数条以北东–南西向为主的大型峡谷。西部相邻加瓜海脊区域的整体地形是自南向北阶梯状下降，分为三个阶梯，长度分别为113 km、110 km、84 km，对应坡度分别为0.23°、0.02°、0.24°。深海平原的其他区域地形起伏较大，北西向线状脊槽相间排列，并遭受北东向转换断层的切割，多海丘、海山、火山锥、火山口、海脊、深海洼地。整体地形走势自西南向东北倾斜，典型地貌单元（海脊、海山等）描述详见后文。

二、典型地貌单元的地貌特征

（一）大型峡谷（群）

台湾岛东部海区主要大型海底峡谷群为花东峡谷群，花东峡谷群平面形态呈树形，峡谷的覆盖面积为6142 km^2，此区域整体地形趋势为自西向东倾斜下降，峡谷群发育在500～6441 m水深段，水深的最大高差近6000 m，花东海盆范围内的平均坡度约1.1°，地形切割强烈，最大切割深度约500 m，形成众多V型或U型峡谷，主要由四条大型峡谷汇集而成，自北向南分别为花莲峡谷、北三仙峡谷、南三仙峡谷和台东峡谷，花莲和北三仙峡谷之间的最大距离为41.1 km，北三仙和南三仙峡谷之间的最大距离为13.3 km，南三仙和台东峡谷之间的最大距离为48.8 km。峡谷群最长的峡谷即花东峡谷与琉球海沟峡谷汇集而成，总长度达371.8 km。

1. 花莲峡谷

花莲峡谷（图3.152）为台湾岛东岸花莲东南海域狭长谷地。峡谷总长度为134.2 km，主体为西北–东南走向，在尾部与其他三条峡谷汇成的主通道汇合，构成峡谷群的主峡谷，为UV复合型峡谷，峡谷受台东和琉球岛坡地形影响较大，上部由三条支谷汇合而成，在尾部分成两条支谷，最后在与主峡谷汇集到一起，U型和V型交错出现，宽度为2.4～17.4 km，地形切割较强烈，平均切割深度约250 m，最大切割深度约500 m，北侧谷坡较陡，最大坡度约4.9°。

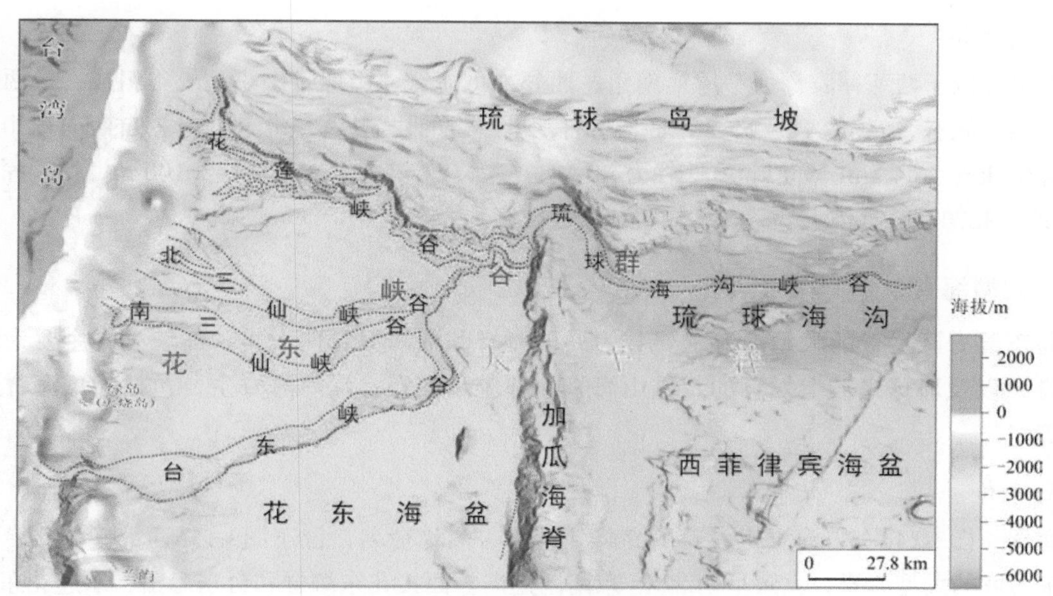

图3.152　花东峡谷群晕渲地形图

2. 北三仙峡谷

北三仙峡谷（图3.152）为台湾岛东部海域自西向东的狭长台地。峡谷总长度为99.2 km，发育在1800～5700 m水深段，主体为近东西走向，起源处由两条支谷组成，在30 km处汇合，在尾部与成功和台东两条峡谷汇合，以U型为主，平面呈上宽下窄的特点，宽度为2.4～9.2 km，地形切割较深，平均切割深度约100 m。

3. 南三仙峡谷

南三仙峡谷（图3.152）总长度为104.2 km，发育在3000～5630 m水深段，走向与北三仙峡谷几乎一致，主体为近东西走向，没有发育支谷，尾部与台东峡谷汇合，以U型峡谷为主，峡谷宽度变化相对较小，宽度为3.9～10.1 km，地形切割较深，平均切割深度小于100 m。

4. 台东峡谷

台东峡谷头部与台湾岛陆上卑南溪相接，自西向东延伸，西连台东海槽，向东从绿岛和兰屿之间穿过，然后经花东海盆最后进入北部琉球海沟（图3.152）。该峡谷总体为南西–北东走向，总长度超过160 km，水深为3000～5760 m，在中游急转为北西走向与南三仙峡谷汇合。台东峡谷平面上呈上游宽、下游窄的特点，宽度较大，一般为6.3～16.7 km。剖面形态表现出上游为U型谷；到中游的UV复合型，地形切割逐渐变强，最大切割深度约500 m，中游两侧谷壁较陡，最大坡度达到22°；下游转为V型谷，宽度变窄，为5.0～8.5 km，切割深度为200～400 m，坡度较陡，最大可达25°。

5. 琉球海沟峡谷

琉球海沟峡谷（图3.152）是指花莲、北三仙、南三仙和台东峡谷汇合后形成的主峡谷，位于峡谷群东部，发育在琉球海沟的沟底平原上，平面形态呈蛇曲状，西宽东窄，最后消失在沟底平原。主峡谷总长度为143.7 km，主体为北西–南东向再转东西向，其走向明显受到琉球斜坡与深海平原和加瓜海脊的制约，宽度为0.6～4.5 km，为UV复合型峡谷，地形切割相对其他支谷有所减弱，切割深度从西部的约160 m，向东部逐渐变浅，在尾部只有约25 m。

6. 加瓜南峡谷

加瓜南峡谷位于西菲律宾深海平原西南角，西邻加瓜海脊，由四条中小型峡谷组成，自西向东分别为1、2、3、4号峡谷，2、3、4号峡谷呈北北东向，最西边的1号峡谷呈北北西向，自西向东相邻峡谷的距离分别为3.5 km、6.4 km、5.0 km。峡谷为 V型峡谷，长17～56.5 km、宽14～100 m，切割深度为14～100 m。高差达3270 m。整体上峡谷坡度较大，最大坡度约6.6°。

（二）大型海脊

台湾岛东部海区发育的大型海脊主要分为岛坡海脊和深海海脊两大类，岛坡海脊主要为绿岛海脊和花东海脊，以及琉球岛坡上发育的八重山海脊和耶雅玛海脊；深海海脊主要包括加瓜海脊及东侧的台北海脊等。

1. 绿岛海脊

绿岛海脊（图3.146）以海脊上发育的岛屿（绿岛）名称命名，位于图3.155西部中段，台湾岛东南部，为台东岛坡的大型海脊，大致呈西北北-东南南走向。西接花东海脊和台东海槽，东连花东海盆，北起于台东岛架，南止于台东峡谷。南北长约76 km、东西宽约46 km，面积约2230 km²。海脊东北坡坡度为8°～14°、西南坡坡度为2.8°～7.8°。绿岛海脊上发育了绿岛（火烧岛）。

2. 花东海脊

台湾岛南部恒春半岛东部海域海底一系列海山海脊，自北而南绵延排列、峰谷相间的地貌单元，其中包括花东海脊（图3.146），台湾岛东南部，为台东岛坡的大型海脊，东西两侧分别为台东海槽和南纵海槽，南部向西与恒春海脊北端相连，海脊中部被南纵海槽所隔开。南北长约68 km、东西宽约15 km。海脊脊部水深浅于400 m，脊底水深达2500 m，为台湾岛东部海岸山脉向南延伸部分。

3. 八重山海脊

八重山海脊位于琉球岛坡上（图3.144），北部与南澳盆地、东南澳盆地和西表岛盆地等弧前盆地相接，南部与琉球斜坡相连，呈长条状东西向延伸，是本区规模最大的大型海脊，海脊东西长约311 km、南北宽约25 km，面积约8011 km²。海脊水深为2400～5266 m，海脊最大高差为2866 m，整体地形趋势与琉球岛坡一致，自北向南倾斜下降。八重山海脊是典型的俯冲带增生楔地貌，由一系列的增生楔组成，地貌上表现为一系列的岛坡海山、海丘及山间谷地，海底峡谷及陡峭的岛坡。

4. 耶雅玛海脊

耶雅玛海脊位于琉球岛坡上，北部与和平海槛和南澳盆地相接，南部与琉球斜坡相连，呈长条状东西向延伸，是本区较大的大型海脊。海脊东西长约118 km、南北宽11～24.5 km，面积约1658 km²。海脊水深为2070～3917 m，海脊最大高差为1847 m，整体地形趋势与琉球岛坡一致，自北向南倾斜下降。耶雅玛海脊是典型的俯冲带增生楔地貌，由一系列的增生楔组成。

5. 加瓜海脊

加瓜海脊由三座海山组成，海山自北向南依次分布加瓜北海山、加瓜中海山和加瓜南海山，海脊形态呈中部宽两边变窄（图3.153、图3.154）。

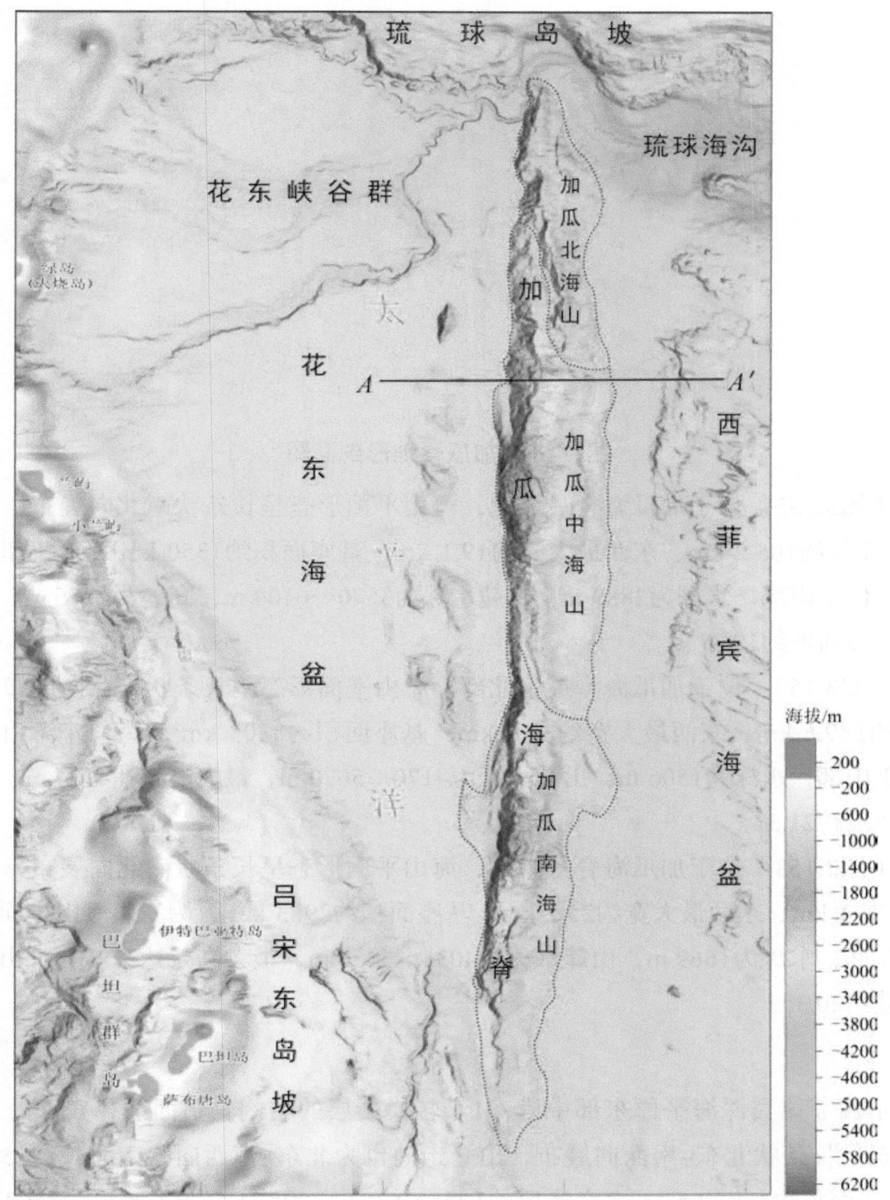

图3.153　加瓜海脊晕渲地形图

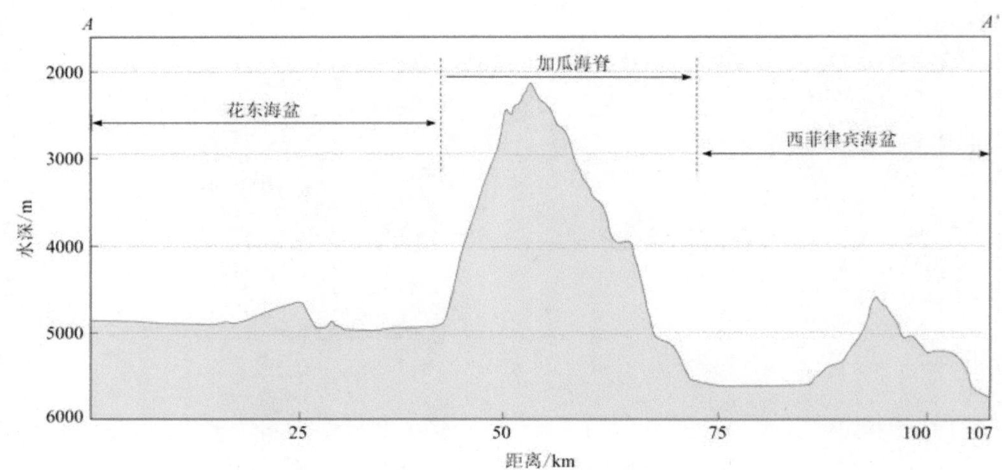

图3.154　加瓜脊地形剖面图

加瓜北海山（图3.153）位于加瓜海脊最北侧，海山平面形态呈长条状南北向展布，海山山脊走向北北西-南南东，南北长约105.2 km、东西最大宽约19.1 km，基座面积约1350 km²，为三座海山中面积最小的一座。海山顶峰位于南部，水深为2880 m，山麓水深为3570～6104 m，高差为2776 m。山坡西陡东缓，最大坡度出现在峰顶西坡约19.3°。

加瓜中海山（图3.153）位于加瓜海脊最中北部，海山平面形态呈长条状南北向展布，海山山脊为南北走向，南北长约189.6 km、东西最大宽约31.6 km，基座面积约3703 km²，为三座海山中面积最大的一座。海山顶峰位于中部，水深为1506 m，山麓水深为4170～5620 m，最大高差达4114 m。山坡西陡东缓，最大坡度出现在西坡约21.3°。

加瓜南海山（图3.153）位于加瓜海脊最南部，海山平面形态呈长条状南北向展布，海山山脊为南北走向，南北长约176.1 km、东西最大宽约25.1 km，基座面积约2983 km²，为三座海山中面积较大的一座。海山顶峰位于中北部，水深为1669 m，山麓水深为4034～5450 m，最大高差达3781 m。山坡西陡东缓，最大坡度出现在西坡约20.3°。

6. 台北海脊

台北海脊位于西菲律宾深海平原东部中段，1号转换断层的右侧，是西菲律宾深海平原上规模最大的海脊，平面形态呈长条状北东-南西向展布，山脊走向也为北东-南西向，南北长约153.2 km、东西最大宽度约45.5 km，面积约3686 km²。海脊峰顶（125° 59.3′ E、22° 31.5′ N）水深为3604 m，山麓水深为5386～6300 m，海脊最大高差为2696 m。山坡东西坡度西北陡、东南缓，西北坡度为4.1°～14.8°、东南坡度为1.0°～11.7°。

（三）大型海山

大型海山主要发育于花东深海平原东部，紧靠加瓜海脊，海山大小和形态不一，周围分布有许多小型火山锥和火山口。

1. 加瓜西海山

加瓜西海山位于花东深海平原南侧，也是花东深海平原上众多规模不一海山、海丘中规模较大的一座海山，平面形态呈长条状南北向展布，海山山脊走向为南北向，南北长约63.2 km、东西最大宽约12 km，基座面积约553 km²。海山顶峰位于南部，水深为3913 m，山麓水深为4626～4927 m，高差为1014 m。山坡东西坡度相近，为5.5°～11.3°。

2. 花莲海山

花莲海山（图3.155）位于花东深海平原西北侧，花莲峡谷以南，北三仙峡谷以北，平面形态呈椭圆状东西向展布，海山山脊走向为东西向，东西长约66 km、南北最大宽约30 km，基座面积约1284 km²。海山顶峰（116° 46.9′ E、15° 54.6′ N）位于中部，水深为3089 m，山麓水深为3600～5416 m，高差达2327 m。南北边坡北陡、南缓，坡度为2.5°～8.2°。

3. 台南海山

台南海山（图3.155）位于台北海脊南部，1号转换断层的右侧，距离为21.7 km，为平原规模较大的一座海山，平面形态呈长条状北东-南西向展布，海山山脊走向为近北西-南东向，垂直转换断层，长约70.7 km、最大宽约18.5 km，基座面积约806 km²。海山顶峰（125° 27.5′ E、21° 08.2′ N）位于中西部，水深为3177 m，山麓水深为5300～5874 m，高差达2697 m。南北边坡坡度相近，主山峰南北地形坡度非常大，最大坡度出现在南峰，达20.1°。

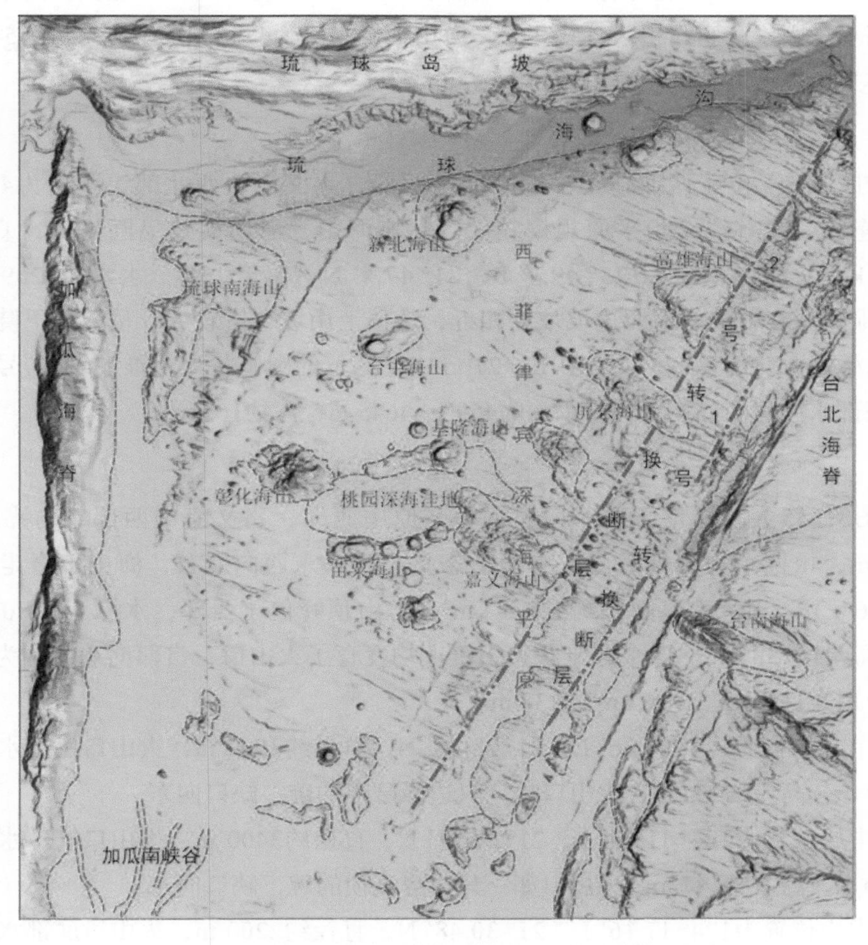

图3.155　西菲律宾深海平原四级地貌晕渲地形图

4. 嘉义海山

嘉义海山（图3.155）位于深海平原中部，2号转换断层的左侧，台北海脊西南部，台南海山的西北部，距离台南海山47.2 km，为平原规模较大的一座海山，平面形态不规则，海山山脊走向与台南海山一致，为北东-南西向，长约55.3 km，最大宽度约21.5 km，基座面积约966 km²。海山顶峰（124° 33.7′ E、21° 29.5′ N）位于西部，水深为4220 m，山麓水深约5300～5910 m，高差达1690 m。整体上海山山坡坡度比台南海山缓，为4.4° ～15.7° 。

5. 屏东海山

屏东海山（图3.155）位于台北海脊西部，距离为22.9 km，横跨2号转换断层，为平原规模较大的一座海山，平面形态呈椭圆形北西-南东向展布，海山山脊走向为北西-南东向，长轴约61.1 km、短轴约22.1 km，基座面积约940.7 km²。海山顶峰（125° 05.7′ E、22° 08.5′ N）位于中西部，水深为4310 m，山麓水深约5080～5870 m，高差达1560 m。南北边坡坡度相近，整体上山坡坡度与嘉义海山相当，为3.3° ～13.6° 。

6. 高雄海山

高雄海山（图3.155）位于台北海脊西部，距离为31 km，2号转换断层的左侧，为平原规模较大的一座海山，平面形态不规则，基座面积约713.7 km²。海山顶峰水深为4738 m、山麓水深为5480～6020 m，高差达1282 m。整体上山坡坡度与屏东海山相当，为3.0° ～11.9° 。

7. 彰化海山

彰化海山（图3.155）位于西菲律宾深海平原中西部，嘉义海山西北部，距离为49.5 km，与台南海山和嘉义海山连成一条直线，为平原规模较大的一座海山，海山大致呈圆锥形，直径约28.3 km，基座面积约740.7 km²。海山顶峰（123° 49.4′ E、21° 47.4′ N）位于中部，水深为2269 m，山麓水深为4900～5539 m，高差达3270 m。南北边坡坡度相近，整体上山坡坡度较大，呈上缓下陡的地形特征，为10.3° ～16.6° 。在海山西北部（123° 44.71′ E、21° 53.25′ N）的圆锥状火山锥上发育7号火山口，直径约1800 m，火山口底部水深为4755 m，周缘水深为4590～4645 m，深约165 m。

8. 苗栗海山

苗粟海山（图3.155）同样位于西菲律宾深海平原中西部，嘉义海山西部，与嘉义海山以一山谷相隔，距离为2 km，由四个火山锥组成，平面形态呈长条状东西向展布，海山山脊走向为近东西向，长约53.7 km、宽6～12 km，基座面积约524.3 km²。海山顶峰位于西部，水深为4380 m，山麓水深为5172～5768 m，高差达1388 m。四个圆锥状火山锥上均发育了火山口，自西向东分别为3～6号火山口，自左向右的距离分别为11.9 km、10.3 km、8.3 km。

3号火山口，中心位置为124° 04.36′ E、21° 28.76′ N，直径约3900 m，火山口底部水深约4736 m，周缘最浅水深约4382 m，高差约354 m。火山口如一只边缘破损的碗，缺口向东。

4号火山口，中心位置为124° 11.45′ E、21° 28.91′ N，直径约3400 m，火山口底部水深约4937 m，周缘最浅水深约4790 m，高差约147 m。火山口如一只边缘破损的碗，缺口向东。

5号火山口，中心位置为124° 17.16′ E、21° 30.48′ N，直径约2200 m，火山口底部水深约4897 m，周缘最浅水深约4796 m，高差约101 m。

6号火山口，中心位置为124° 21.57′ E、21° 32.55′ N，直径约1900 m，火山口底部水深约4994 m，周

缘最浅水深约4820 m，高差约174 m。

9. 基隆海山

基隆海山（图3.155）位于西菲律宾深海平原中部，西部为彰化海山，距离为9.5 km，南部与深海洼地相邻，为平原规模较大的一座海山，海山平面形态像蝌蚪，头向东、尾向西，东西长约47.9 km、南北宽4900～5539 m，基座面积约538.7 km²。海山顶峰（124° 24.24′ E、21° 52.6′ N）位于东部火山锥上，水深为3975 m，山麓水深为5367～5860 m，高差达1885 m。南北边坡坡度相近，整体上山坡坡度较大，为6.3° ～16.9°，东部主山峰整体坡度较大，最大出现在南峰，坡度达16.9° 。

在海山东部的圆锥状火山锥上发育10号火山口，直径约1980 m，火山口底部水深为4145 m，周缘最浅水深为3975 m，高差约170 m。火山口如一只边缘破损的碗，缺口向东北。

10. 台中海山

台中海山（图3.155）位于西菲律宾深海平原中北部，基隆海山北部，距离41.1 km，为平原规模较大的一座海山，海山大致呈椭圆形近东西向展布，长轴约32.3 km、短轴约16.6 km，基座面积约442.7 km²。海山顶峰（124° 07.5′ E、22° 18.9′ N）位于中西部，水深为4237 m，山麓水深为5289～5670 m，高差达1433 m。南北边坡坡度相近，整体上山坡坡度较大，为6.3° ～16.4° 。

11. 新北海山

新北海山（图3.155）位于西菲律宾深海平原北部，台中海山东北部，距离为32.8 km，北邻琉球海沟沟底平原，为平原规模较大的一座海山，海山大致呈圆形，直径约28.5 km，基座面积约506.5 km²。海山顶峰（124° 26.7′ E、22° 50.64′ N）位于中部，水深为4200 m，山麓水深为5798～6490 m，高差达2290 m。整体上山坡坡度较大，呈上陡下缓的地形特征，为8.3° ～16.9° 。

12. 琉球南海山

琉球南海山（图3.155）位于西菲律宾深海平原西北部，西部为加瓜海脊，距离为11.8 km，北部与琉球海沟沟底平原相接，东面发育两深海洼地，为平原规模最大的一座海山，海山平面形态不规则，南北长、东西窄，基座面积约2289.4 km²。海山顶峰位于中南部，水深为4546 m，山麓水深为5280～6145 m，最大高差达1599 m。海山在山顶上大致以5200 m水深发育一山顶平台，平台坡度相对边坡缓，平台上崎岖不平，大部分边坡坡度较大，呈上缓下陡的地形特征，为4.7° ～11.3° 。

三、台湾岛东部海区新发现的海底地貌及新认识

通过多波束海底地形全覆盖勘测，查明了台湾岛东部海区内海底地形地貌特征，精细刻画区内的微地形地貌，大大提高了该区原有地形图和地貌图精度，在地形地貌上有了新发现和认识。

（1）该海域的二级地貌单元为岛架、岛坡和深海盆地。岛架主要为台东岛架，三级地貌单元主要为水下岸坡。岛坡包括台东岛坡和琉球岛坡，岛坡的三级地貌单元包括琉球斜坡、南澳盆地、琉球阶地和台南海槛等。深海盆地的三级地貌包括深海平原、琉球海沟、加瓜海脊和花东峡谷群等。

（2）在菲律宾海盆上发现17个构造完整的火山口（图3.156）：暂时命名为1～17号火山口。其中16号位于花东峡谷中部的海山上；17号位于琉球海沟东部的沟底平原上；其他15个全部位于西菲律宾深海平原，主要集中在深海平原中部和中北部。部分火山口的晕渲地形见图3.157。

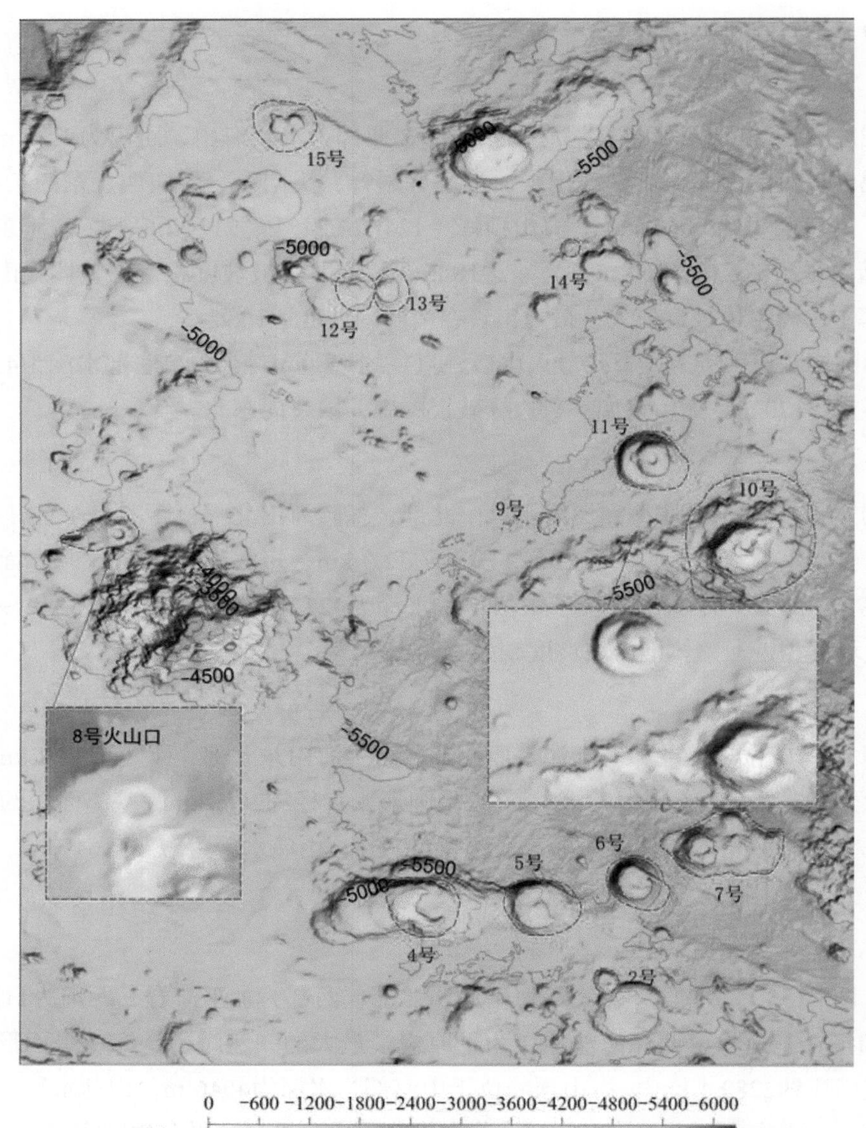

图3.156　台湾岛东部海区新发现火山口（部分）示意图

（3）花东深海平原和西菲律宾深海平原的地形差异非常大，花东深海平原整体地形平坦，而西菲律宾深海平原主体地形崎岖不平，北西向线状脊槽相间排列，并遭受北东向转换断层的切割，说明两个海盆地貌的形成和演化受到板块碰撞运动及其构造的控制，海流等外营力作用差别较大，花东盆地和加瓜海脊属于台湾碰撞带构造地貌体系，其地貌结构和西菲律宾海盆明显不同。而且，台湾东部碰撞带的花东盆地与加瓜海脊板块向北俯冲的速度明显高于西菲律宾海板块，两者之间以转换断层或者走滑断层分割，西菲律宾海盆上北西向线状脊槽相间排列，并遭受北东向转换断层切割的地貌是构造运动的直接反映。

（4）本海区的多波束实测数据与大洋地势数据（2014版）30′网格间距数据做比较，发现三个地方不存在海山或海丘。大洋地势数据（2014版）是由重力测高，单波束和多波束等资料组成，实测数据范围中的地势数据（2014版）不准确，应该是重力测高数据。

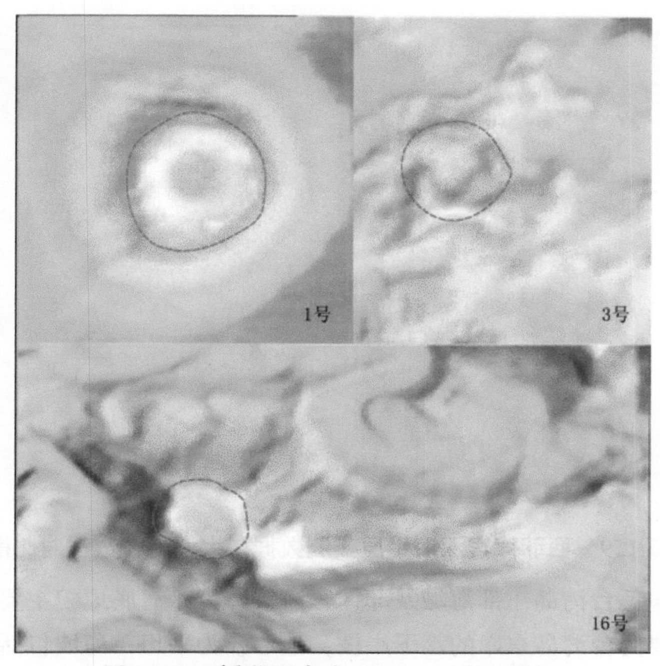

图3.157　新发现火山口（1、3和16号）

前两处为琉球海沟的沟底平原，中心位置A（124° 05′ 7.9″ E、23° 02′ 57.9″ N）和B（124° 02′ 45.7″ E、22° 52′ 10.4″ N）不存在海丘（图3.158）。大洋地势数据显示A处发育一座海丘，大致呈椭圆形近南北向展布，长轴约22.6 km、短轴约11.8 km，基座面积约282.4 km²，山峰水深约5646 m、山麓水深为6332～6438 m，高差达792 m。实测数据显示该处不存在海丘，为沟底平原。第三处为西菲律宾深海平原西南部，加瓜海脊东南部16.1 km，中心位置为123° 25′ 52.81″ E、20° 41′ 45.79″ N，不存在海山（图3.159）。

大洋地势数据显示该处发育一座海丘，大致呈椭圆形近南北向展布，长轴约22.6 km、短轴约11.8 km，基座面积约282.4 km²，山峰水深约5646 m、山麓水深为6332～6438 m，高差达792 m。实测数据显示该处不存在海丘，为沟底平原。

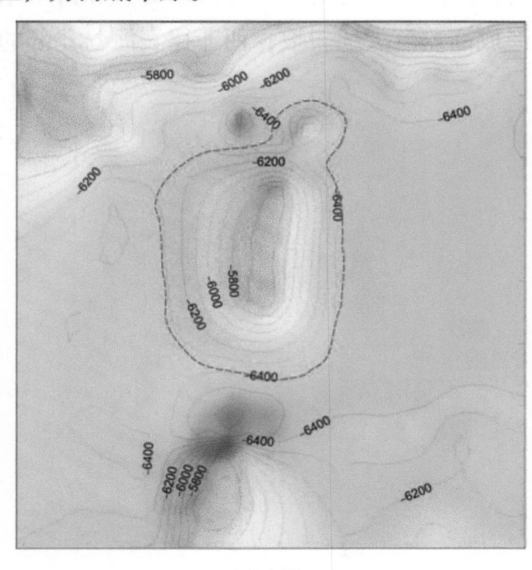

(a) 旧数据

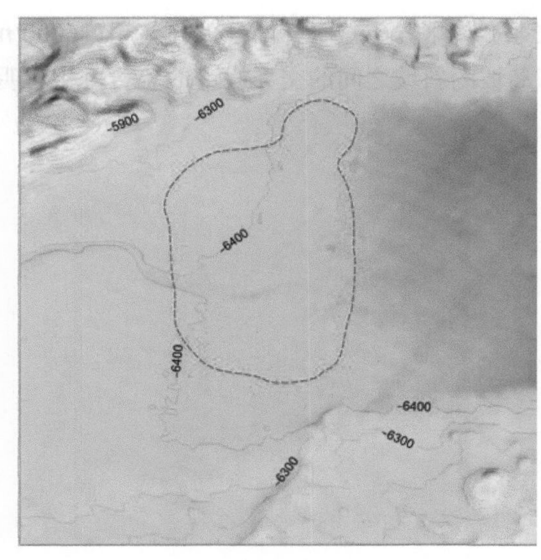

(b) 实测数据

图3.158　琉球海沟实测数据与大洋地势数据对比图

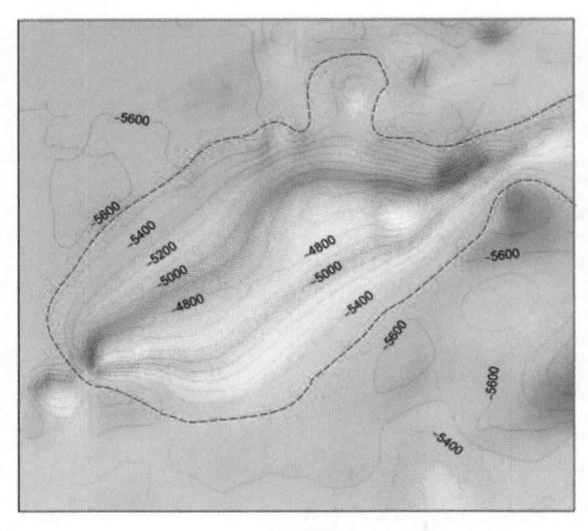

(a) 旧数据

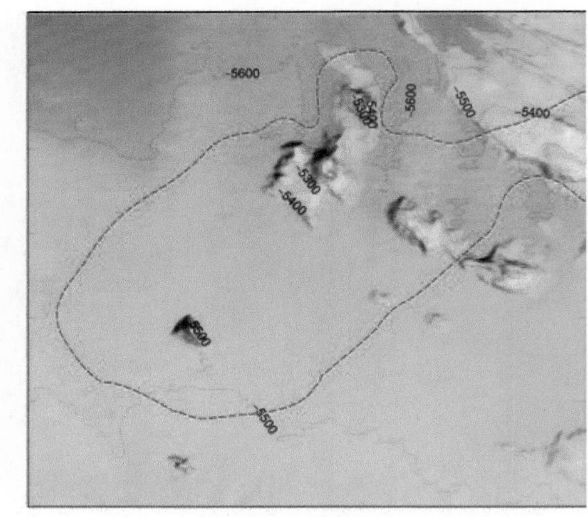

(b) 实测数据

图3.159　西菲律宾深海平原实测数据与大洋地势数据对比图

台湾岛东部海区主要包括台湾岛东部海域及菲律宾海等海区；海底地貌主要包含岛架、岛坡和深海盆地三种地貌单元。岛架主要为台湾岛东岸的水下岸坡，地形较为平坦；岛坡包括台东岛坡和琉球岛坡两部分，海底水深变化大，地貌类型复杂，发育的大型地貌单元包括琉球斜坡、琉球海沟、加瓜海脊、南纵海脊、花东海脊、绿岛海脊、台东海槽、八重山海脊、耶雅玛海脊、南澳盆地、东南澳盆地、西表岛盆地、琉球阶地、南澳海槛等。深海盆地主要为菲律宾海盆，地形相对平坦，发育的地貌单元相对较多但类型相对简单，有花东深海平原、西菲律宾深海平原、琉球海沟、加瓜海脊和花东峡谷群等。

台湾岛东岸岛架水下岸坡是在近岸海底水流与波浪共同作用下所形成，发育的次级地貌单元较为简单，主要为水下岸坡。台东岛坡紧邻台湾岛东部向外延伸，水深在0～4700 m，面积约20000 km²，琉球岛坡位于花莲县东部，琉球海沟北侧，水深在560～6857 m，面积约33500 km²。深海盆地包括花东海盆和西菲律宾海盆，花东海盆水深在1910～6100 m，约28628 km²；西菲律宾海盆水深在2700～5210 m，面积巨大，约117796 km²；西菲律宾海盆北部与琉球岛坡相接，西部自北向南分别与台东岛坡和吕宋东岛坡相接，岛坡地形陡峭，与盆底平原最大高差超过6000 m，形成高差巨大的斜坡；西菲律宾海盆北部的琉球海沟与琉球岛坡的斜坡之间的交界线，地貌转折相当明显。

第 / 四 / 章

南海及邻域典型海底地貌单元的成因分析

地球表面的现代地貌，无论是大陆地貌还是海底地貌，都是地球内、外营力长期作用于地表的结果。内营力指地球内部的各种能量所产生的改变地表形态的内力，如火山作用引发的岩浆侵入和火山喷发，以及地壳运动造成的地表隆起、拗陷和断裂等。外营力指地球表面的自然环境发生变化而产生的外力，如气候作用、生物作用、化学作用等使岩石发生破碎形成沉积物，并在风、河流等作用下汇入海洋形成海洋沉积物，塑造丰富多彩的海底地貌形态。海底地貌是地球系统岩石圈、水圈、生物圈等多圈层相互作用的耦合地带，是近年来海洋地学的研究热点。

南海从周边向中央倾斜，依次分布着陆（岛）架、陆（岛）坡、深海盆地等。陆（岛）架上次级地貌类型有水下浅滩、水下沙波、水下三角洲、麻坑、海底谷和水下阶地等。大陆坡地形崎岖不平，高差起伏大，是南海地形变化最复杂区域，其次级地貌类型有海台、海山、海槽、海脊、海谷、海底扇等。深海盆地以平原地貌为主，并有高低悬殊、宏伟壮观的链状海山和线状海山分布。这些地貌形成的背景和条件是非常复杂的，但不同地貌体的形成和演化都有自己的主导因素，探索地貌体形成和演化的动力，是决定地貌发展的方向和趋势。

南海地貌的成因与南海新生代以来的地质构造演化密切相关。边缘海的扩张方式一直以来都是海洋地质学界研究的热点问题之一，南海作为西太平洋边缘海的重要组成部分，被认为是研究边缘海扩张成因机制的理想地点，但当前的研究主要集中于大洋中脊扩张，对于边缘海扩张的研究一直处于薄弱阶段，且由于受调查精度、调查方式和研究手段等条件制约，对南海海底构造和地貌成因及演化机制等方面的研究仍存在较大的争议和局限性。海底地貌发育的位置、走向、形态、规模等特征均与构造运动息息相关，因此，开展南海全海域海底地形地貌研究，对于辅助构造手段解释南海扩张成因等难点问题意义重大。

多年来，我国在南海及邻域开展了大量的地质、地球物理调查和研究工作。本章基于广州海洋地质调查局实测的单波束测深、多波束测深数据、浅地层剖面、单道地震、多道地震和地质样品资料，综合前人的研究成果，从地球系统科学角度探讨了南海及邻域海底地貌成因，重点探讨了海底麻坑、海底沙波、海底峡谷、大型海山（链）等典型地貌的控制因素和形成过程，为系统认识南海海底地貌的形成演化提供重要参考，以期能为推动南海构造演化研究提供新数据、新思路和新理念。

第一节　南海及邻域海底地貌成因概述

一、南海海底地貌成因

南海是西太平洋最大的一个边缘海，地处印度-澳大利亚、太平洋和欧亚三大板块的聚合地带，北缘是欧亚大陆，东部为吕宋岛、巴拉望岛和台湾岛，西边为中南半岛和马来半岛，南邻加里曼丹岛。南海平面形态呈北东–南西向延伸的不规则菱形，海底地貌纷繁多样，不仅有广阔的大陆架、大陆坡及深海海盆，而且还展布有许多岛、礁、海台、海山、海槽、海沟等地貌单元。

南海海底地貌格局的形成主要受控于构造活动。大量的地质、地球物理调查和研究结果表明，南海是通过陆缘张裂、岩石圈破裂、海底扩张、俯冲消减而生成的边缘海。这一系列的构造活动导致南海形成了从周边向中央依次分布陆（岛）架、陆（岛）坡、深海海盆的周缘浅、中央深的总体地貌格局，如图4.1所示。

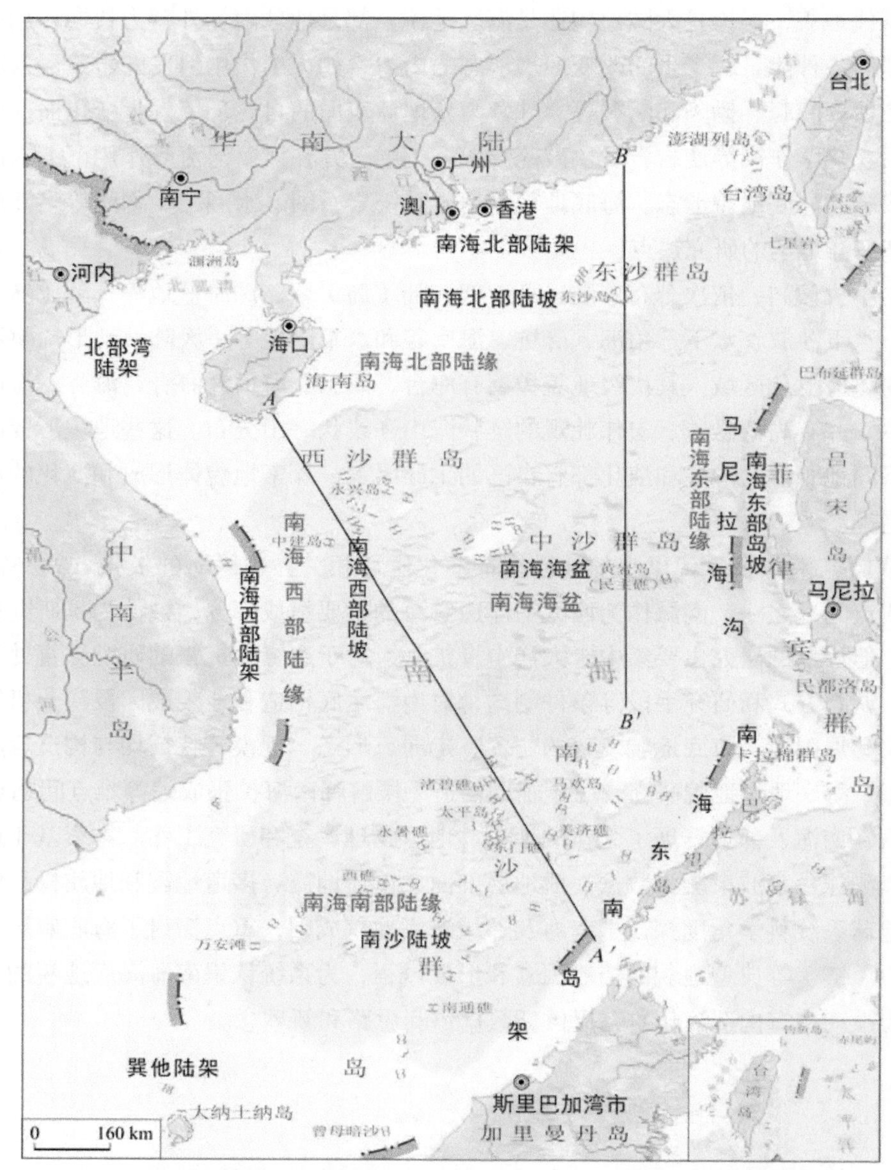

图4.1　南海海底地貌分区（红色字）与地貌成因剖面位置图

南海作为一个大型海盆，在外营力作用下，积聚了大量南海周缘岩石剥蚀搬运而来的陆源碎屑沉积物，同时发育了周缘火山喷发及南海海底火山喷发形成的火山碎屑沉积物，另外还发育了礁灰岩等生物作用形成的沉积体。外营力作用就像海底地貌的雕刻手，将沉积物不均匀地披覆于南海构造活动形成的构造地貌上，形成了各种沉积地貌。在底流和重力流作用下，还在局部形成峡谷等侵蚀地貌，最终造就了现今南海千姿百态的海底地貌。

图4.2为横跨南海陆架、陆坡和深海海盆的大剖面，可以看出，南海地貌受构造活动控制，沉积充填作用在后期的地貌塑造中发挥重要作用。下文将分区简述南海的海底地貌成因：南海北部陆缘、南海西部陆缘、南海南部陆缘、南海东部陆缘和南海海盆。南海北部陆缘包括南海北部陆架、北部湾陆架、南海北部陆坡；南海西部陆缘包括南海西部陆架、南海西部陆坡；南海东部陆缘包括南海东部岛坡；南海南部陆缘包括南海东南岛架、巽他陆架、南沙陆坡。

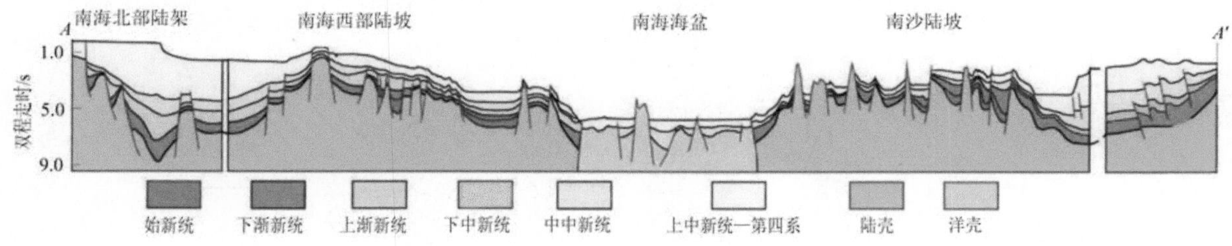

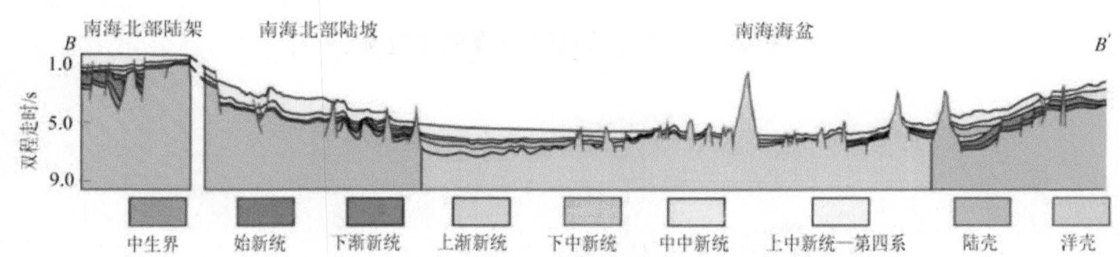

图4.2　南海海底地貌成因剖面（测线位置见图4.1，剖面据张功成等，2018）

（一）南海北部陆缘地貌成因

南海北部陆缘为被动大陆边缘，大陆架和大陆坡宽广，见图4.3。构造作用是控制南海北部陆缘地貌形成演化的重要因素。南海北部陆缘早期构造活跃，陆缘张裂、岩石圈破裂、海底扩张、热沉降等一系列构造活动引起的陆缘伸展过程奠定了南海北部陆缘大陆架-大陆坡-深海海盆的初始“台阶式”的地貌格局。南海北部陆缘的裂谷作用主要发生在古新世至始新世，形成了多个断陷。图4.4为南海北部陆缘中下陆坡区基于地震剖面资料利用回剥法反演的不同时期的盆地形态（廖杰等，2011），从图中可以看出，该处基底隆拗格局和沉降作用控制了地貌的初始格局。海南岛东南海域是南海北部大陆架宽度最窄的地方，图4.5（e）和图4.6（c）为该处陆架坡折带的地震剖面和地层叠置样式，表明该处地貌受构造作用控制明显（王海荣等，2008）：由于该处陆坡区的基底沉降较快，陆架坡折带难以向海推进，沉积物在陆架边缘堆积过陡的情况下，发生失稳滑塌，导致平直的上陆坡地貌形态。

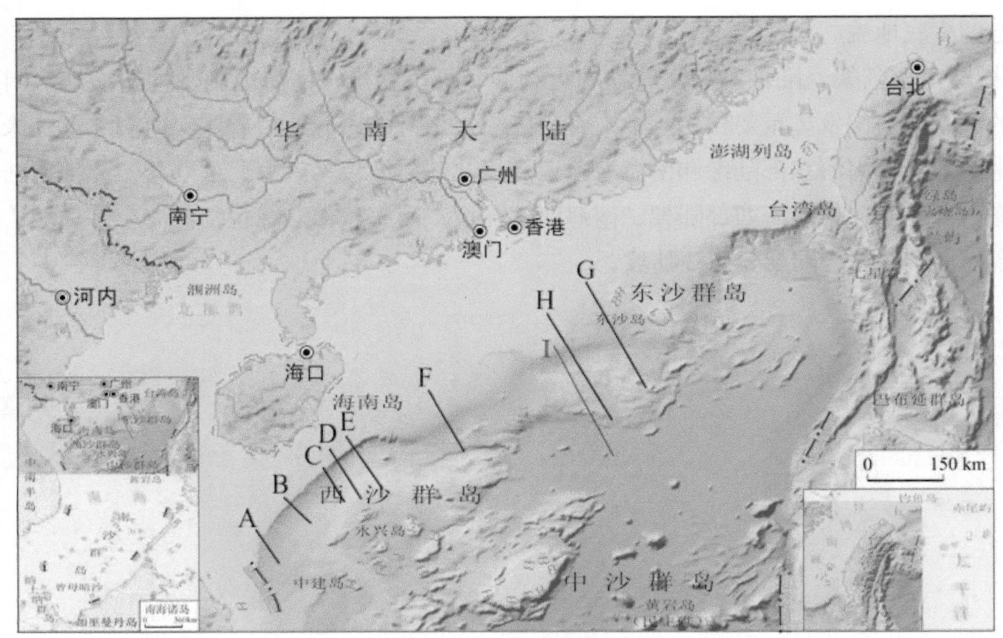

图4.3 南海北部陆缘地震剖面位置

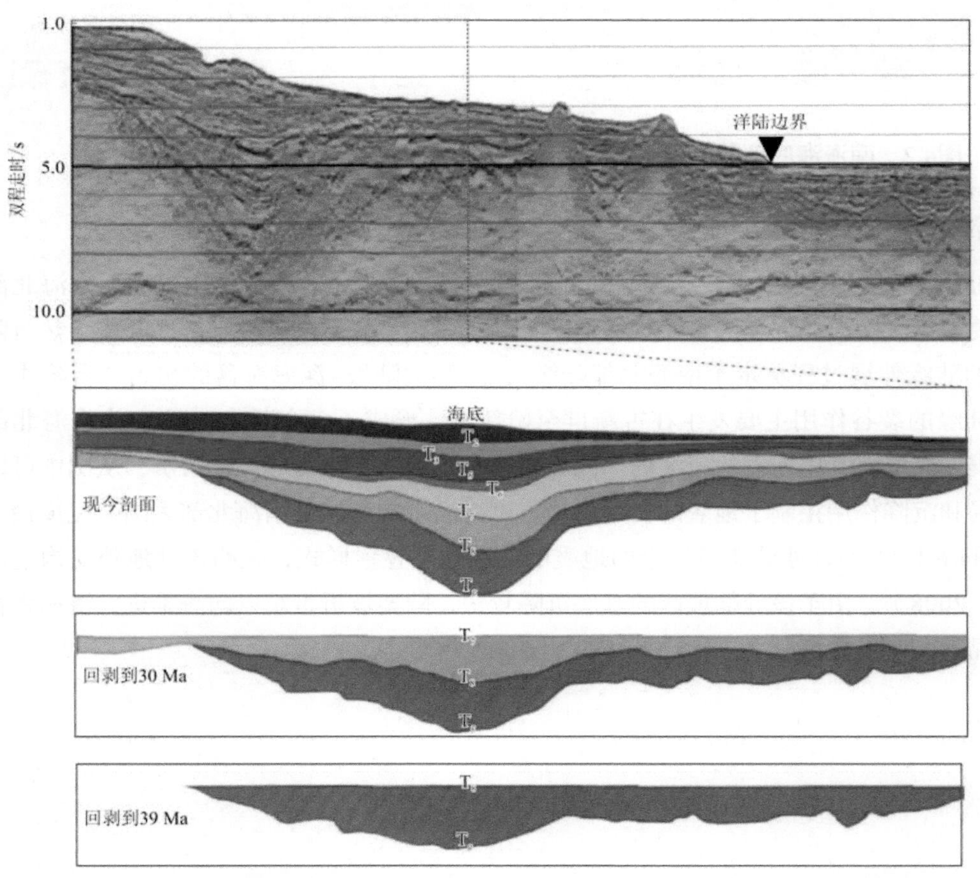

图4.4 南海北部陆缘I测线地震剖面位置图（位置见图4.3；据廖杰等，2011）

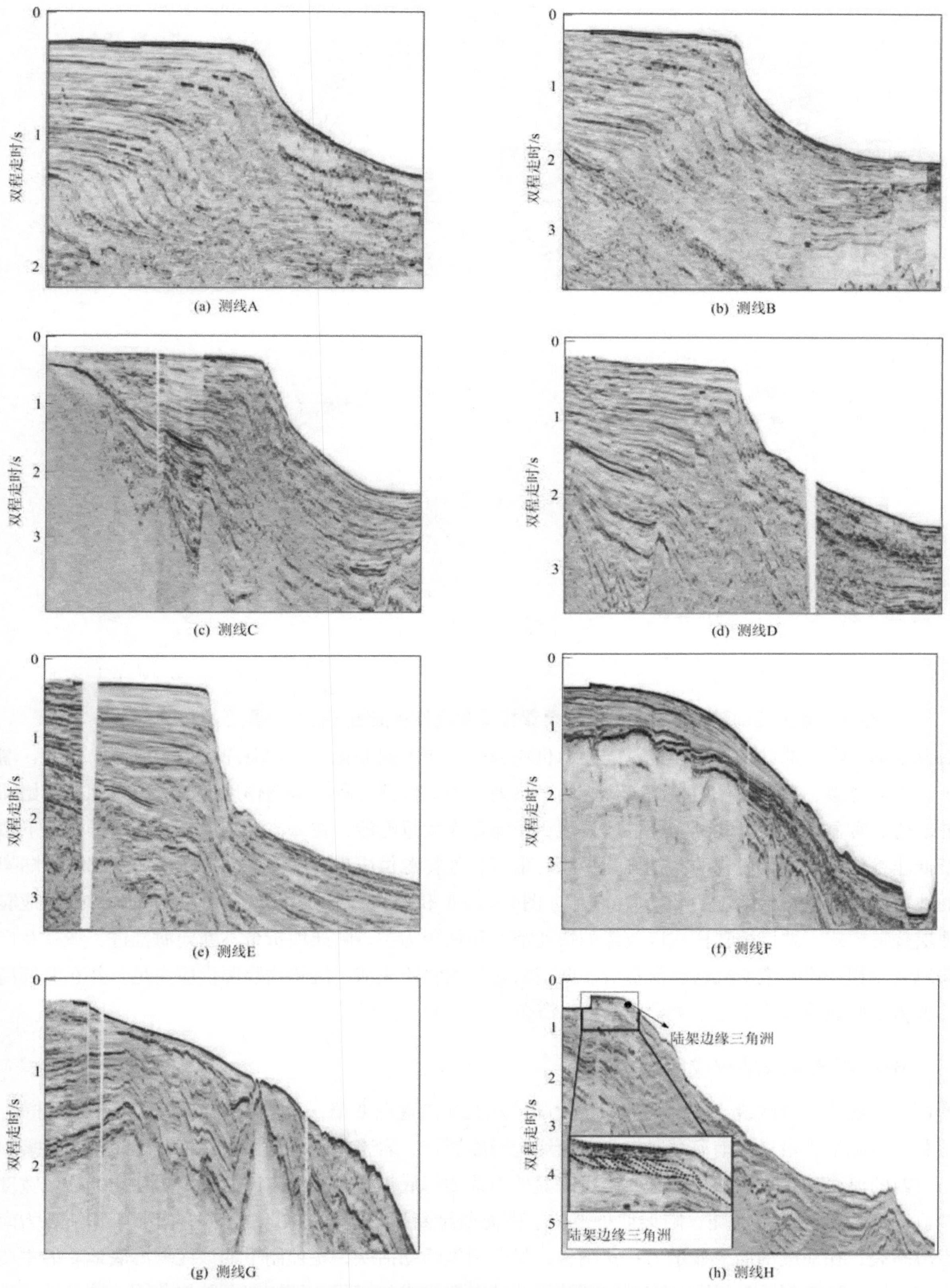

(a) 测线A　(b) 测线B　(c) 测线C　(d) 测线D　(e) 测线E　(f) 测线F　(g) 测线G　(h) 测线H

图4.5　南海北部过陆架坡折带的地震剖面图（A～H测线位置见图4.3；据卓海腾等，2014）

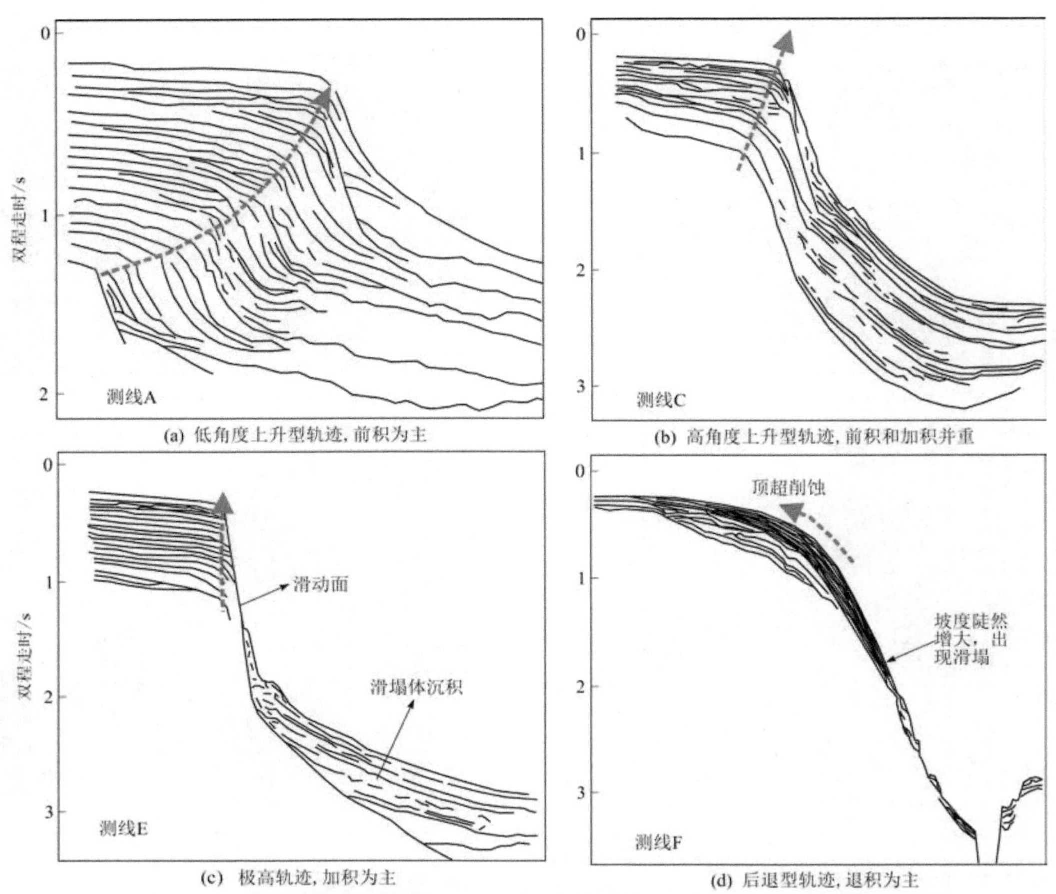

图4.6　南海北部陆架坡折带的地层叠置样式和迁移特征图（据卓海腾等，2014）

南海北部陆缘在后期区域构造稳定，受物源供应程度、海平面变化、物理海洋作用（海流、内波、潮汐流等）、重力滑塌、重力流作用控制，形成的一系列沉积、侵蚀过程对构造作用形成的南海北部初始陆缘形态的改造非常显著。南海北部物源供应充足，河流带来大量泥沙，在海流、潮汐等物理海洋作用下填满大陆架低洼谷地，形成大面积的海相堆积平原。由于各处物源供应程度不一样，导致南海北部陆缘陆架坡折带的地貌演化横向差异大（图4.5、图4.6）。图4.5（a）和图4.6（a）为北部湾海域陆架坡折带的地震剖面和地层叠置样式，地层叠置样式以整体的快速前积和加积为主，陆架坡折带不断向海推进，造就宽广的大陆架地貌。相关研究表明红河径流量大、向南海输送的物质充沛、沉积物物源供应充足，并在北部湾陆架和陆坡的现代地貌塑造中占据主导作用（王海荣等，2008）。

（二）南海西部陆缘地貌成因

南海西部陆缘为走滑陆缘，大陆架狭窄，大陆坡从北至南逐渐变窄，见图4.1。南海西部陆缘大陆架–大陆坡的总体海底地貌格局受南海海底扩张、西缘走滑断裂带、岩浆侵入等构造活动控制作用较为显著。南海从东向西的海底扩张作用，特别是西南次海盆剪刀式的海底扩张，导致南海西部陆缘往南大陆坡宽度不断收窄。南海西部陆架窄而陡，陆架坡折带位于南海西缘断裂附近，如图4.7所示。南海西缘断裂为南海大型走滑断裂，在地震剖面上显示为花状结构，早期断裂活动活跃，是控制早期该区域海底地貌的主要因素。后期南海西缘断裂活动减弱，南海西部陆缘持续向海推进的沉积充填拓宽了陆架范围，陆架坡折带不断向海延伸。大陆坡东部和南部有大规模的岩浆侵入，如图4.8所示，大量的岩浆沿着早期裂陷的深大断裂进入古近系和新近系，部分进入更新的第四系，形成众多的海山和海岭地貌。

在南海西部陆缘的西沙和中沙海域远离陆地，缺乏大型河流陆源碎屑的注入，碳酸盐岩沉积对地貌塑造的影响显著，广泛发育岛礁地貌，形成西沙群岛。经在岛礁钻探证实，该区自中新世以来在西沙地块上发育了大量的碳酸盐岩沉积体系（罗威等，2018）。目前除少量生物礁、滩仍在生长、发育外，大部分被淹没于水下并被后续沉积物所埋藏，形成了海台和岛礁地貌。图4.9为过西沙海域赵述海台的地震剖面，揭示了赵述海台的环礁礁体、礁前斜坡沉积以及海台上发育的喀斯特溶洞地貌（匡增桂等，2014）。

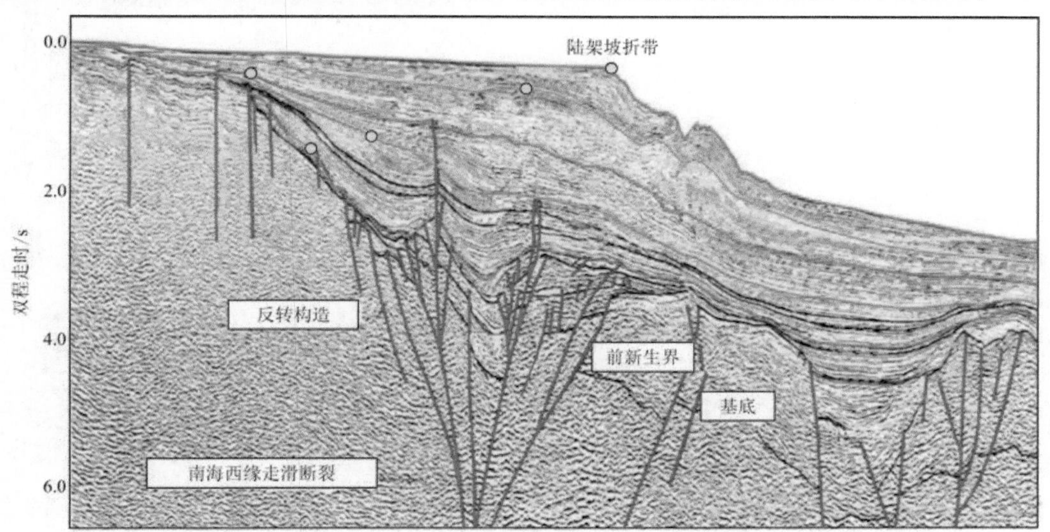

图4.7　南海西缘走滑断裂带花状构造的地震剖面特征图（据Fyhn et al.，2013）

黄色圆点为南海西部陆缘不同地质年代的陆架坡折点

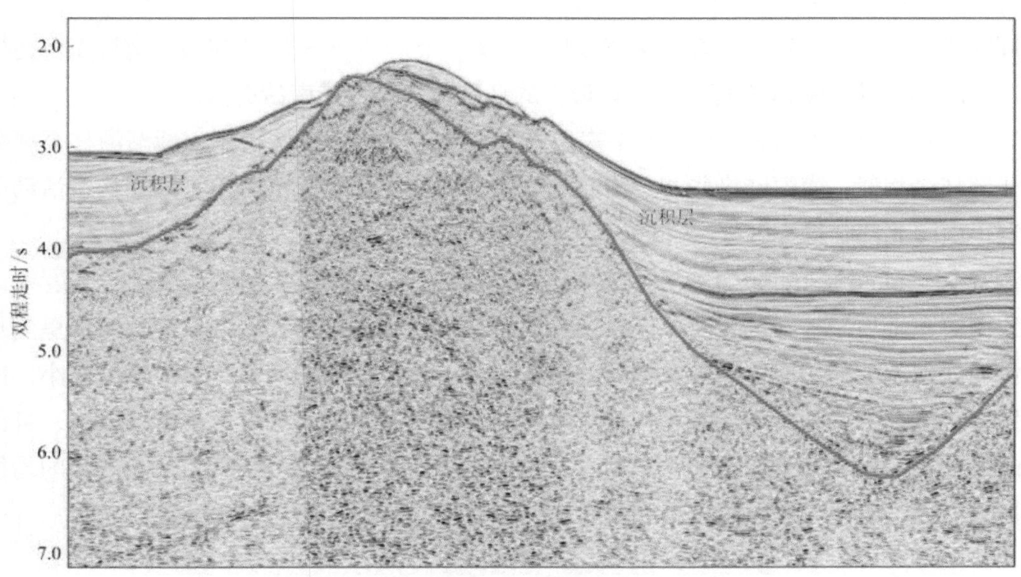

图4.8　南海西部陆缘岩浆侵入形成海山地貌图

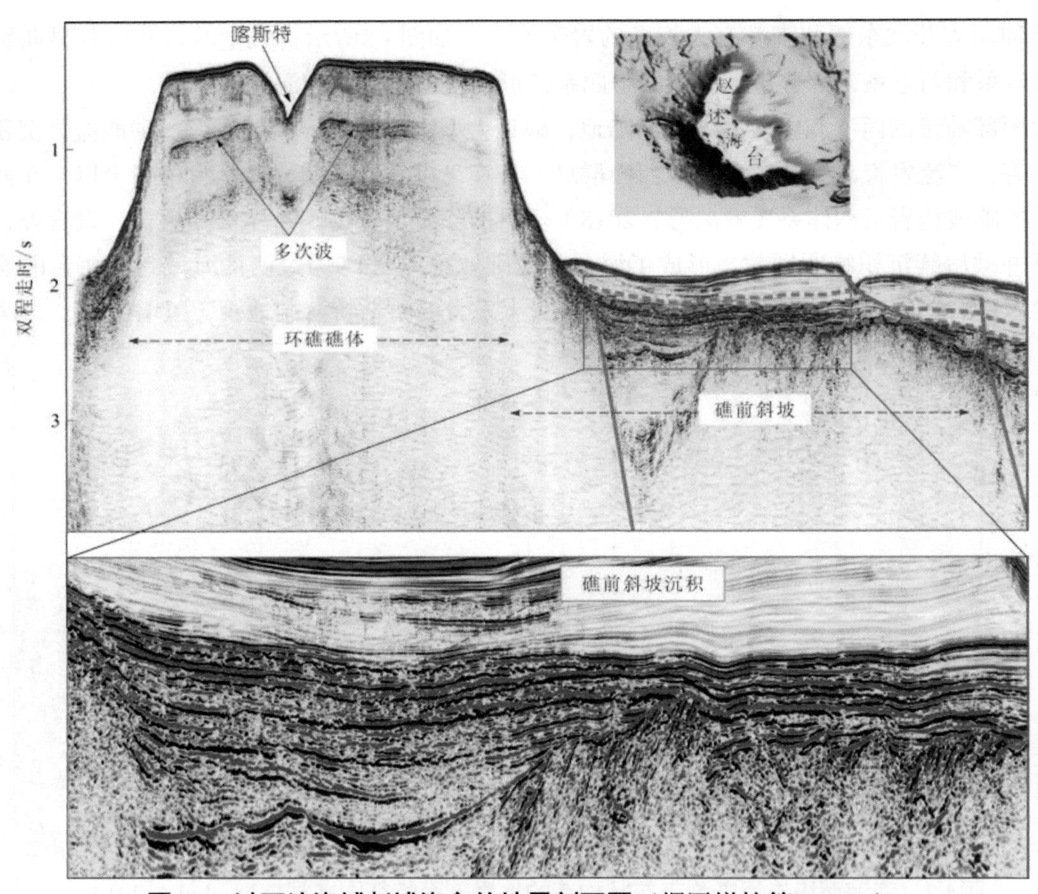

图4.9　过西沙海域赵述海台的地震剖面图（据匡增桂等，2014）

（三）南海南部陆缘地貌成因

南海南部陆缘为碰撞挤压边缘，发育全球极地以外最大的陆架——巽他陆架。南海东南岛架狭窄，南沙陆坡宽广，见图4.1。南沙陆坡发育南海规模最大的岛礁地貌，形成南沙群岛。

根据研究，南海南部陆缘在32 Ma年前本来位于南海北部，由于海底扩张，渐渐漂移至现今位置。因此，与南海北部陆缘相似，南海陆缘张裂、岩石圈破裂、海底扩张、热沉降等一系列构造活动引起的陆缘伸展过程奠定了南海北部陆缘大陆架-大陆坡-深海海盆的初始“台阶式”的地貌格局。

南海东南岛架的陆架坡折带位于南海海槽南缘断裂带附近，断裂带性质为碰撞挤压边界，构造活动强烈，是导致南海东南岛架狭窄的主要原因。南沙海槽是古南海俯冲消亡、南海地块与加里曼丹岛碰撞等一系列构造活动在地貌上的响应。南沙海槽西北侧槽坡由于构造作用不明显，地形坡度较小；但海槽东南侧槽坡由于发育一系列的叠瓦状逆冲断层，地层发生强烈褶皱，致使该槽坡区地形坡度大，且出现同一方向、长条形的海丘和沟谷相间分布的地貌景观。在强烈的构造活动下，由于重力荷载产生的均衡补偿导致地壳弹性下拗，形成了南沙海槽（张汉泉和吴庐山，2005；韩冰等，2015），见图4.10。

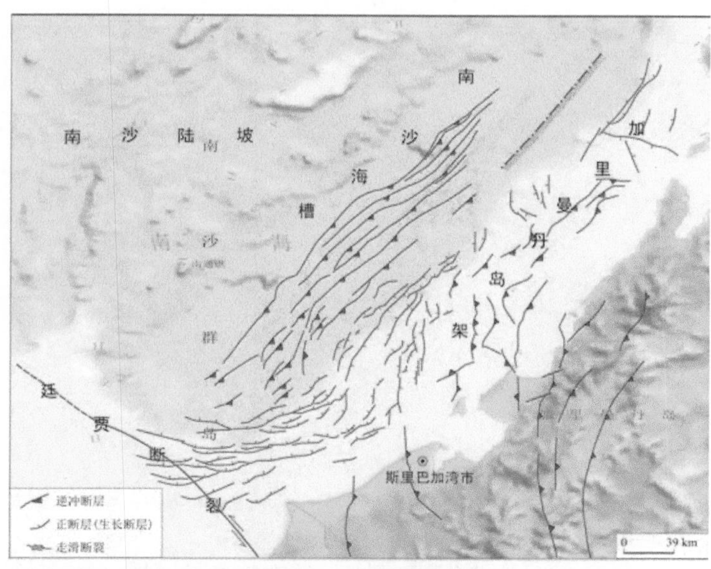

图4.10　南沙海槽地貌与构造纲要图（据韩冰等，2015）

巽他陆架广阔而平坦，平均水深浅，是冰期东亚经历沧海变化的最大浅海区，区域构造稳定，地貌主要受控于沉积物源供应与海平面变化。冰期时巽他陆架出露成陆，发育一系列古河道（图4.11），其规模超越现今的亚马孙热带雨林；间冰期巽他陆架被淹没，陆源碎屑供应充足，古河道被填平，成为世界最宽阔平坦的大陆架之一。由于巽他陆架构造稳定、坡度微小、陆源碎屑物供应充分，特别有利于冰期海平面升降的高分辨率古环境研究。揭开巽他陆架热带雨林之谜（汪品先，2017），是当前国际海洋地学界关注的热点区域。我国科学家已经向国际大洋钻探计划申请巽他陆架钻探，探讨第四纪海平面变化、古气候古环境、碳储汇等科学问题。

南海南部陆缘的南沙群岛地貌主要受碳酸盐岩沉积作用影响。据地震、钻井和区域地质资料，南沙群岛碳酸盐岩台地主要发育于中新世，并在中中新世达到最繁盛时期，主要分布于南沙陆坡的断块高地和边缘斜坡上（吕彩丽，2012）。在南沙陆坡，由于区内小断块之间的差异升降运动，基底断裂体系及其控制作用，使该区出现隆、盆相间的地貌格局。断块活动还形成了一系列构造地貌，如礼乐滩附近发育的断阶地貌、沿断裂还发育的海底谷地貌、因地层掀斜作用形成的海山和海丘地貌（张汉泉和吴庐山，2005）。

（四）南海东部陆缘地貌成因

南海东部陆缘为南海海底向菲律宾群岛俯冲的消亡边缘，大陆架几乎不发育，大陆坡又窄又长，是南海大陆坡宽度最小的陆缘。最突出的地貌特点是该地区发育的马尼拉海沟是南海水深最大的地貌单元，见图4.11。

图4.11 巽他陆架古河道分布图（据Darmadi et al.，2007）

马尼拉海沟是一条近南北向的巨型海底深沟，是一条正在活动的年轻俯冲带，地震与火山活动极为活跃，是南海从陆缘张裂、海底扩张、俯冲消亡的威尔逊旋回的最后一阶段，是典型的构造地貌。据有关记录，1700年以来大于4级的地震主要分布于南海东部陆缘，见图4.12。南海东部陆缘是天然地震的频发区，也是强震易发区，反映了该区构造活动性非常强烈。据不完全统计，历史上中国沿海共发生30余次地震海啸，其中有8～9次为破坏性海啸（黄强等，2019）。美国地质调查局（United States Geological Survey，USGS）在2006年报告中指出，马尼拉海沟是最可能引起特大海啸的潜在海底地震震源。

据研究表明，在15 Ma南海海底扩张结束时，南海洋壳性质的深海海盆区域范围比现在大很多，南海东部陆缘位于比现在位置更东的位置，见图4.13。此时菲律宾群岛始新世前位于比现今更南的位置，受太平洋及澳大利亚板块联合作用，菲律宾群岛随着菲律宾海板块顺时针向北漂移，于晚中新世，也即距今6～5 Ma（Lee et al.，2015）到达现今位置，并自东向西仰冲于南海海盆之上，形成马尼拉海沟，并导致南海洋壳不断俯冲消亡于菲律宾群岛之下，使得南海深海海盆范围不断缩小。基于天然地震层析成像方法生成的速度波动图，展示了南海俯冲板片已经向东俯冲到达海沟以下450 km深度（Wu et al.，2016）。将南海东边已经俯冲到马尼拉海沟之下的洋壳范围展平到地球表面上，俯冲板片沿海沟向东恢复伸展400～500 km（Zhao et al.，2019）。

南海东部陆缘构造活动强烈，陆源碎屑供应充分，在马尼拉海沟上发育了很厚的沉积层，是马尼拉海沟现代地貌的影响因素之一。图4.14为跨越马尼拉海沟北段的两条地震剖面，图上显示了俯冲形成的增生楔、逆冲构造特征和沉积层特征。Lewis和Hayes（1984）认为马尼拉海沟北段发育厚2600 m的浊流沉积，上覆薄层远洋、半远洋沉积，在马尼拉海沟南段则浊流沉积层厚度很薄。Hsiung等（2015）认为台湾造山运动提供了充足物源，陆源碎屑经澎湖海底峡谷群从台湾岛搬运到马尼拉海沟，在海沟北段形成图4.14最上层的楔状沉积层。

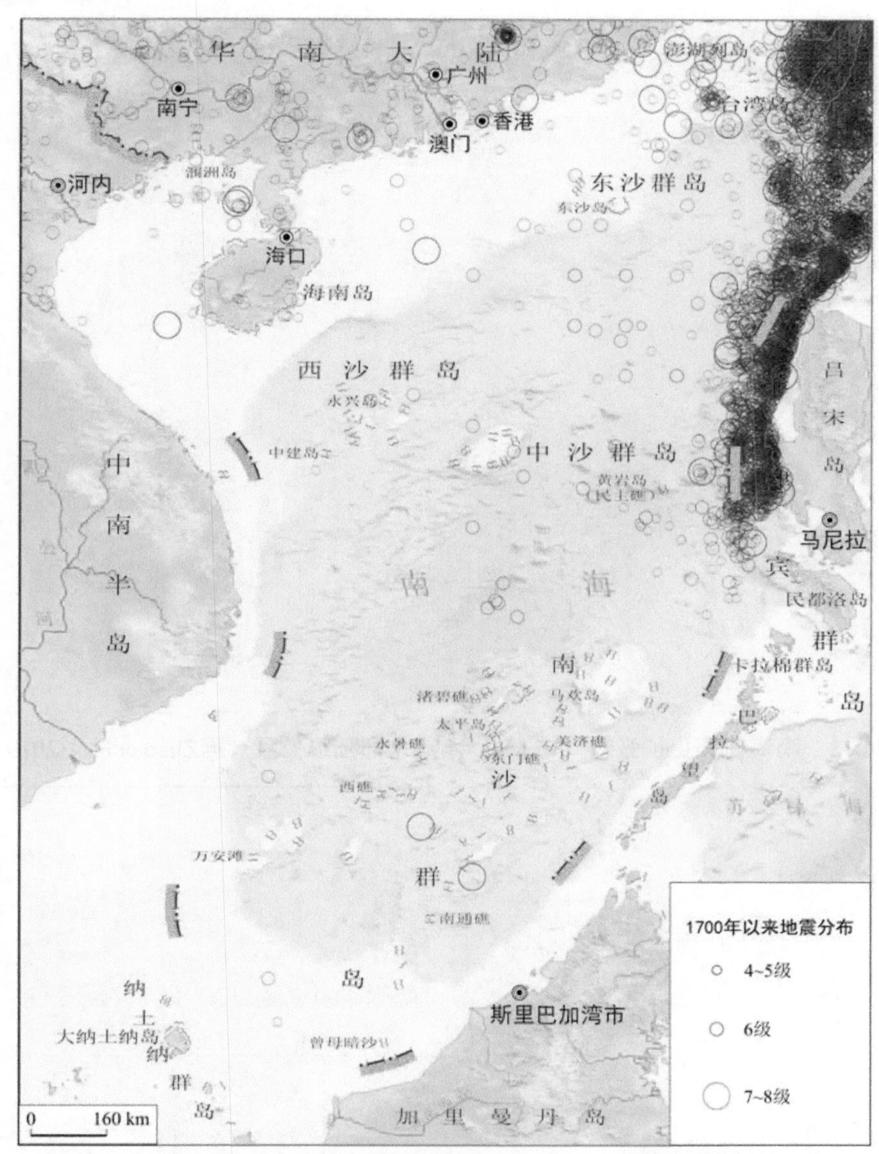

图4.12　1700年以来南海海域4级以上天然地震分布图

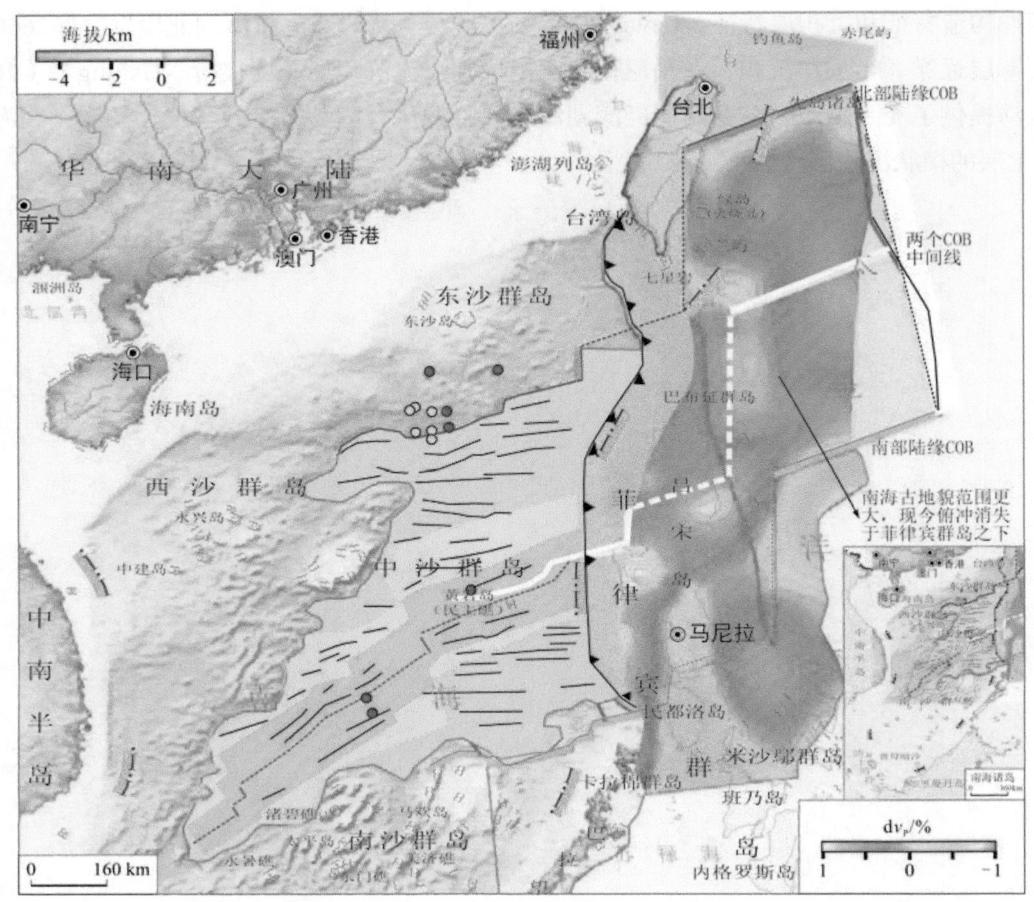

图4.13　南海在停止扩张时（15 Ma）南海东部陆缘位置（据Zhao et al.，2019）

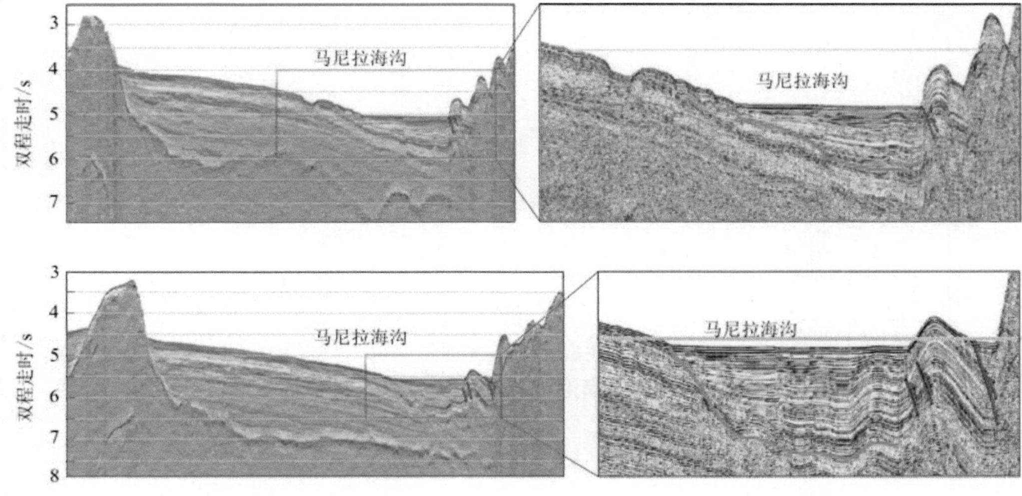

图4.14　马尼拉海沟地震剖面图（据Hsiung et al.，2015）

（五）南海海盆成因

南海海盆位于南海中央，水深大，发育海山、海丘等地貌单元。该区域在32～15 Ma由于海底扩张形成，地壳性质为洋壳（Taylor and Hayes，1980，1983；Briais et al.，1993；Li et al.，2014）。近期研究表明，在海底扩张后，南海海盆西南海域（西南次海盆）形成的初始海底地貌形态复杂多变，既有平坦基底，也有众多的岩浆岩隆起和掀斜断块（丁航航等，2019），见图4.15和图4.16。在后期浊流沉积和半远洋、远洋沉积作用下，逐渐覆盖了初始构造地貌，形成了现今总体平坦的南海海盆海底地貌。

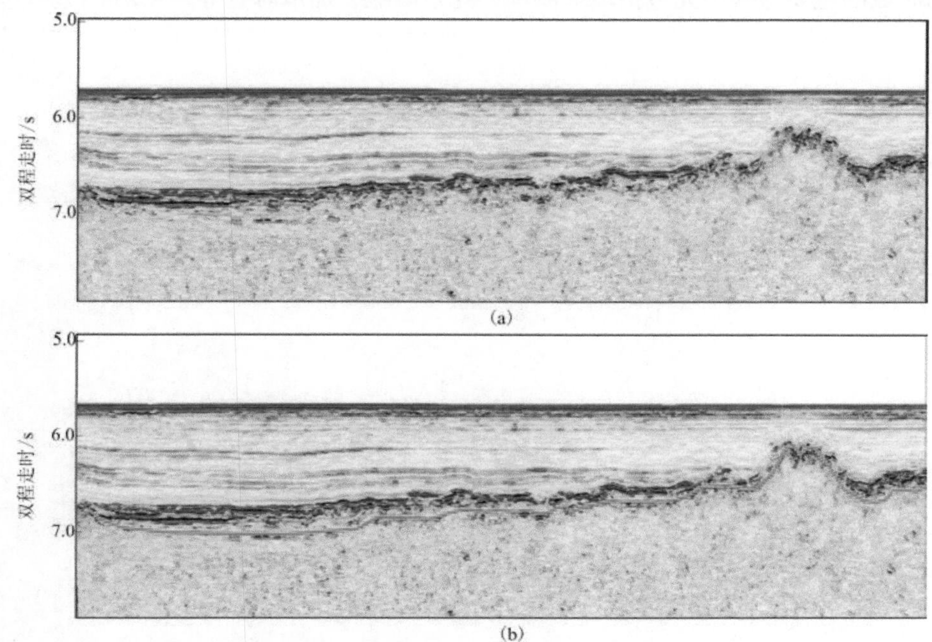

图4.15　揭示西南次海盆平坦基底的地震剖面图（据丁航航等，2019）

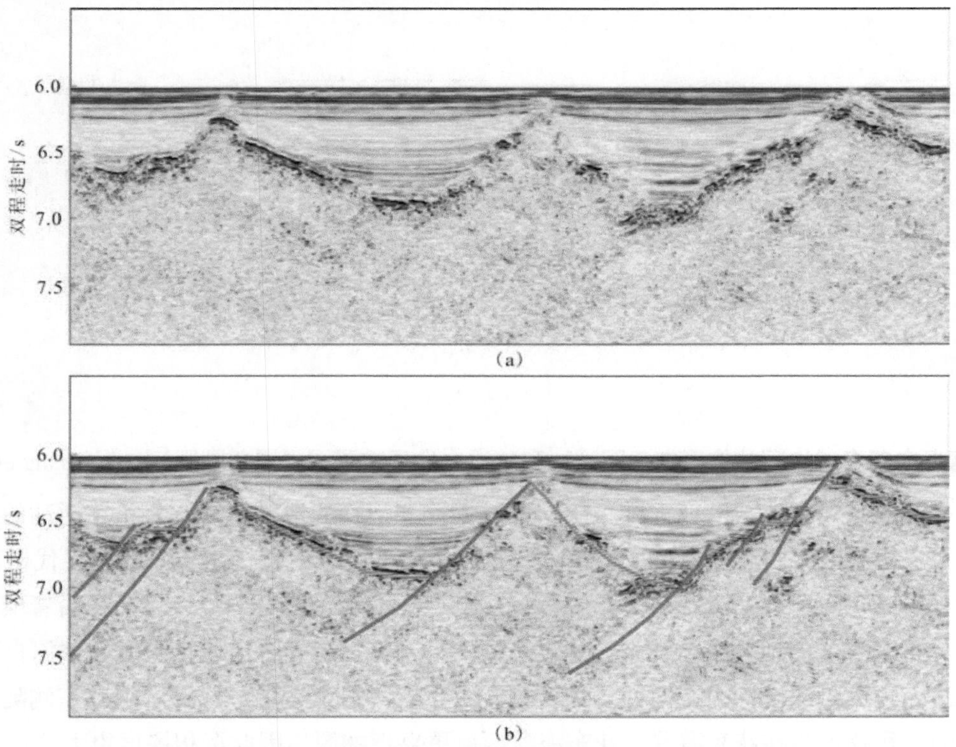

图4.16　揭示西南次海盆掀斜断块基底的地震剖面图（据丁航航等，2019）

二、台湾岛以东海域海底地貌成因

台湾岛东部海域的主要地貌单元包括琉球海沟、花东海盆、加瓜海脊等，见图4.17。

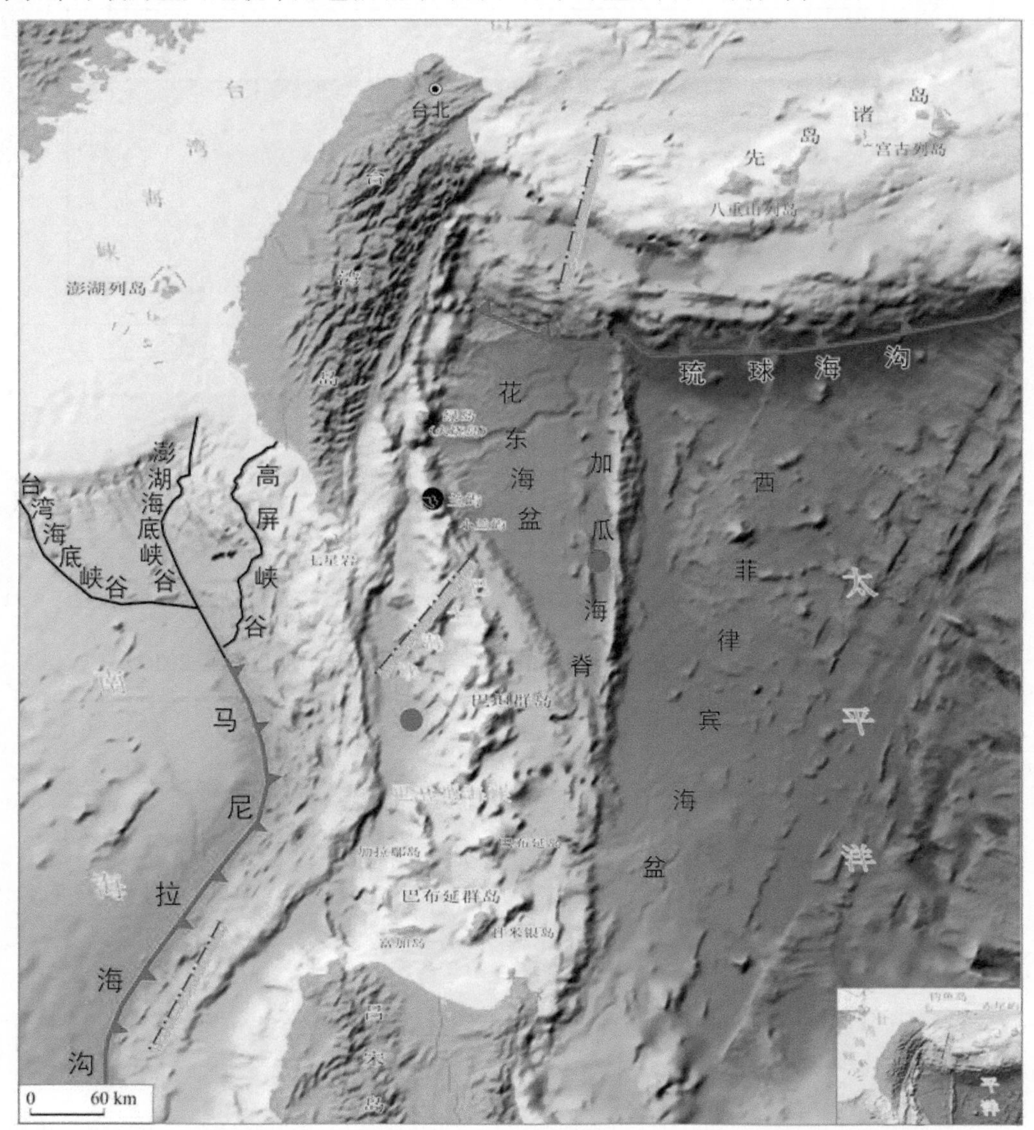

图4.17　台湾岛东部海域拖网站位（红色圆圈）和硅质岩发现位置图（黑色圆圈）（据Huang et al.，2019）

琉球海沟是菲律宾海板块与欧亚大陆板块交汇、俯冲和消亡的地带，是一条正在活动的构造带，构造活动对地貌起主要控制因素。海沟自形成以来，一直处于俯冲下沉，接受了较厚的新生代松散沉积。

花东海盆水深为4000～4500 m，西邻台湾海岸山脉，东以加瓜海脊为界，目前正沿着琉球海沟俯冲于欧亚板块之下。花东海盆的地貌受台湾造山运动影响大。从图4.18可看出，花东海盆水深自西向东增加，而沉积基底（洋壳顶面）深度却由东向西增加，推测由于台湾造山运动形成海岸山脉东侧陡峭的地形，大量被风化剥蚀的沉积物堆积在花东海盆，花东海盆西侧更靠近物源，因此沉积厚度更大。

花东海盆地貌格局形成于什么年代这个问题目前尚未明确。早期观点通过磁异常数据认为花东海盆形成于始新世，是西菲律宾海盆的洋壳的一部分（Hilde and Lee，1984）。后来新的观点认为花东海盆形成于白垩纪，主要依据是在花东海盆拖网获得的辉长岩^{40}Ar–^{39}Ar定年和锆石定年结果均为白垩纪

（Dechamps et al.，2000；Huang et al.，2019），以及在兰屿岛发现的含早白垩世放射虫的红色硅质岩（Yeh and Cheng，2001）。Huang等（2019）重新对吕宋岛弧获得的拖网岩石（位置见图4.17）进行^{40}Ar-^{39}Ar定年，结果为72.0 ± 6.9 Ma；比前人的定年结果（116.2 ± 4.2 Ma和121.2 ± 4.6 Ma）小，认为吕宋岛弧为白垩纪基底，后来由于中新世以来吕宋岛弧火山作用，白垩纪基底经历多期热液蚀变作用，使得其测年结果发生变化。

因此花东海盆形成年代有争议，且年代问题和地壳性质问题对南海的形成演化具有重要的约束作用，也因此成为近年来的关注热点。目前我国科学家正在积极向国际大洋钻探计划申请在花东海盆开展大洋钻探以确定其海盆形成年代。

加瓜海脊位于花东海盆和西菲律宾海盆的交界处，东西两侧具有不同的磁条带方向，在加瓜海脊以东，磁条带为北西-南东向（120°），而在加瓜海脊以西则为近东西向（80°）。刘保华等（2005）推测加瓜海脊是两个不同性质板块的边界。

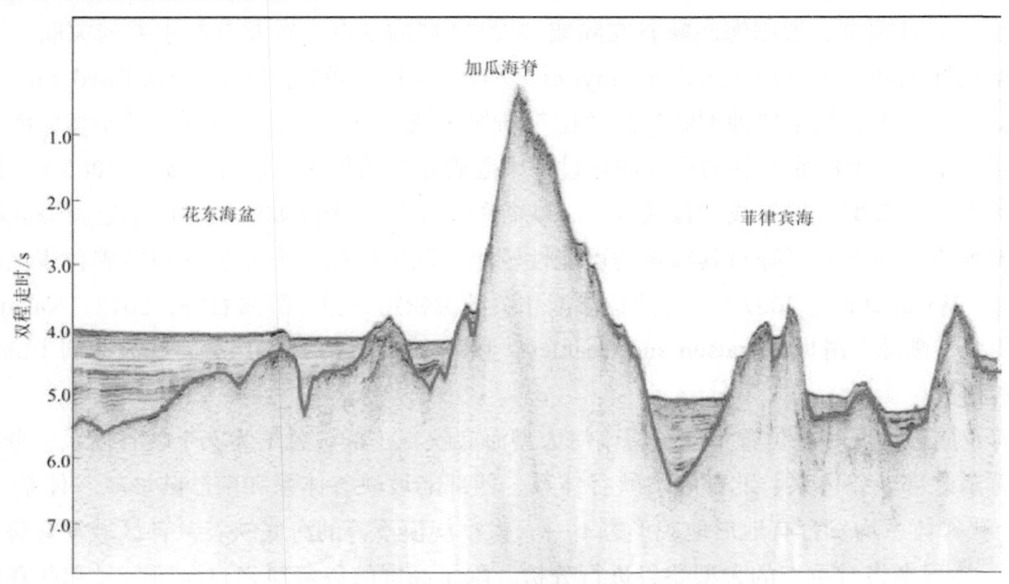

图4.18　台湾岛以东海域东西向地震剖面

第二节　南海及邻域海底峡谷体系的成因分析

峡谷是海底窄而深的长条形负地形，常发育在大陆边缘的大陆架中部和坡折带——上陆坡区，其两坡陡峭，谷壁多岩石，谷底向下倾斜。而且海底峡谷的宽度为几至十几千米，谷底和峡谷壁的起伏可达数百米，通常在峡谷的下游末端发育海底扇。海底峡谷作为特殊海底地貌单元，有着特殊的地质动力背景，是未来深海油气资源的重点勘探区，且我国的东海、南海及台湾岛东部海域都发现有海底峡谷的存在，因此，加强对海底峡谷的地形地貌特征研究、整理以及调查成果的集成意义重大。海底峡谷地形地貌特征具有相似性和异同性，不同海底峡谷形态上基本均表现为“V”型或“U”型，表现为形态的相似性，而由于形成机制和外部环境影响因素不同，不同海底峡谷的发育规模、走向、坡度及切割深度等地形地貌特征均有所不同，通过对不同海底峡谷的地形地貌特征梳理，有利于提高我国对管辖及附近海域海底现状及演化规律的理解和认知，为合理开发利用海洋资源、保障军事海防提供数据支持。

海底峡谷最初于19世纪末被发现，一百多年来的研究发现，海底峡谷不仅是一种典型的海底地貌，而且还是富含各种物质的碎屑流和有机物质从浅水海域沿陆坡向深海运送的重要通道，是某些生物活动的场所和上升流爬升和能量传递的通道，是邻近区域气候和环境演化历史的见证、富砂浊流相关的深海油气储集的场所和海底淡水形成的通道和储水库，因此，通过探讨海底峡谷的形成发育机制和控制因子，对于深入了解和开发海底峡谷的价值意义重大。

按照海底峡谷的水深分布范围、发育区域和是否与河流相连，海底峡谷可以分为三种类型：第一种，开始发育于大陆架，并与河流相连，侵蚀大陆架和大陆坡，碎屑物质往往在海底峡谷的谷口向深海平原的转换区域或深海平原上沉积，从而形成从陆到海的、完整的源–汇系统；第二种，开始发育于大陆架，但不与河流相连；第三种，发育在陡峭的大陆坡上，这类海底峡谷的源头没有侵蚀到大陆架，通常侧壁高度小，并且顺直。根据海底峡谷在陆架–陆坡区域的发育位置及其与水系的关联，可将海底峡谷划分为陆架侵蚀型峡谷（shelf-incising canyons）和陆坡限制型峡谷（slope-confined canyons；Harris and Whiteway，2011）。陆架侵蚀型峡谷通常位于陆架区域，与河流或三角洲关系密切，海平面下降导致的陆架下切作用在这类海底峡谷的形成演化过程中起着重要的作用（Lofi et al.，2005）。陆坡限制型峡谷，也被称为“无头型”峡谷或“盲峡谷”，峡谷的头部终止于陆坡区域，由于这类海底峡谷发育的位置远离陆架坡折，海平面下降对其影响的可能性较小，陆坡限制型海底峡谷的形成和演化多与浊流或块体搬运事件（Wynn et al.，2007）、与流体渗漏相关的沉积物失稳（陈泓君等，2012；Nakajima et al.，2014）、退积型（溯源）滑塌（Pratson and Coakley，1996；He et al.，2014）、底流冲刷（Shanmugam，2003）等因素相关。

根据南海及周边海底峡谷位置不同可将南海大型海底峡谷（群）总结为五个峡谷体系，分别为台东峡谷体系、南海东北部峡谷体系、北部陆坡峡谷体系、西部陆坡峡谷体系和南沙陆坡峡谷体系（表4.1，图4.19），每个峡谷体系均发育有地形地貌形态不一，大小规模不等的海底峡谷，各区域发育海底峡谷统计结果见表4.1。接下来将对重点的大型峡谷进行分析，除了高屏峡谷资料来自海研一号和蓝赛斯号船采集的外，其余均来自广州海洋地质调查局采集的多波束资料、单道地震、多道地震资料。由于南海南部的峡谷没有地震测线覆盖，无法对其内部结构进行分解，在此不进行详细分析。

表4.1　南海及周边海域主要大型海底峡谷统计表

峡谷体系	主要典型峡谷
台东峡谷体系	台东峡谷、南三仙峡谷、北三仙峡谷、花莲峡谷、琉球海沟峡谷
东北部峡谷体系	笔架海底峡谷群、台湾海底峡谷、高屏峡谷、澎湖海底峡谷群
北部陆坡峡谷体系	神狐海底峡谷特征区、珠江海谷、一统海底峡谷群、西沙北海底峡谷群
西部陆坡峡谷体系	永乐海底峡谷、日照峡谷群、盆西海底峡谷
南沙陆坡峡谷体系	勇士海谷、礼乐海谷、神仙海谷、卢纶海底峡谷、白居易海底峡谷

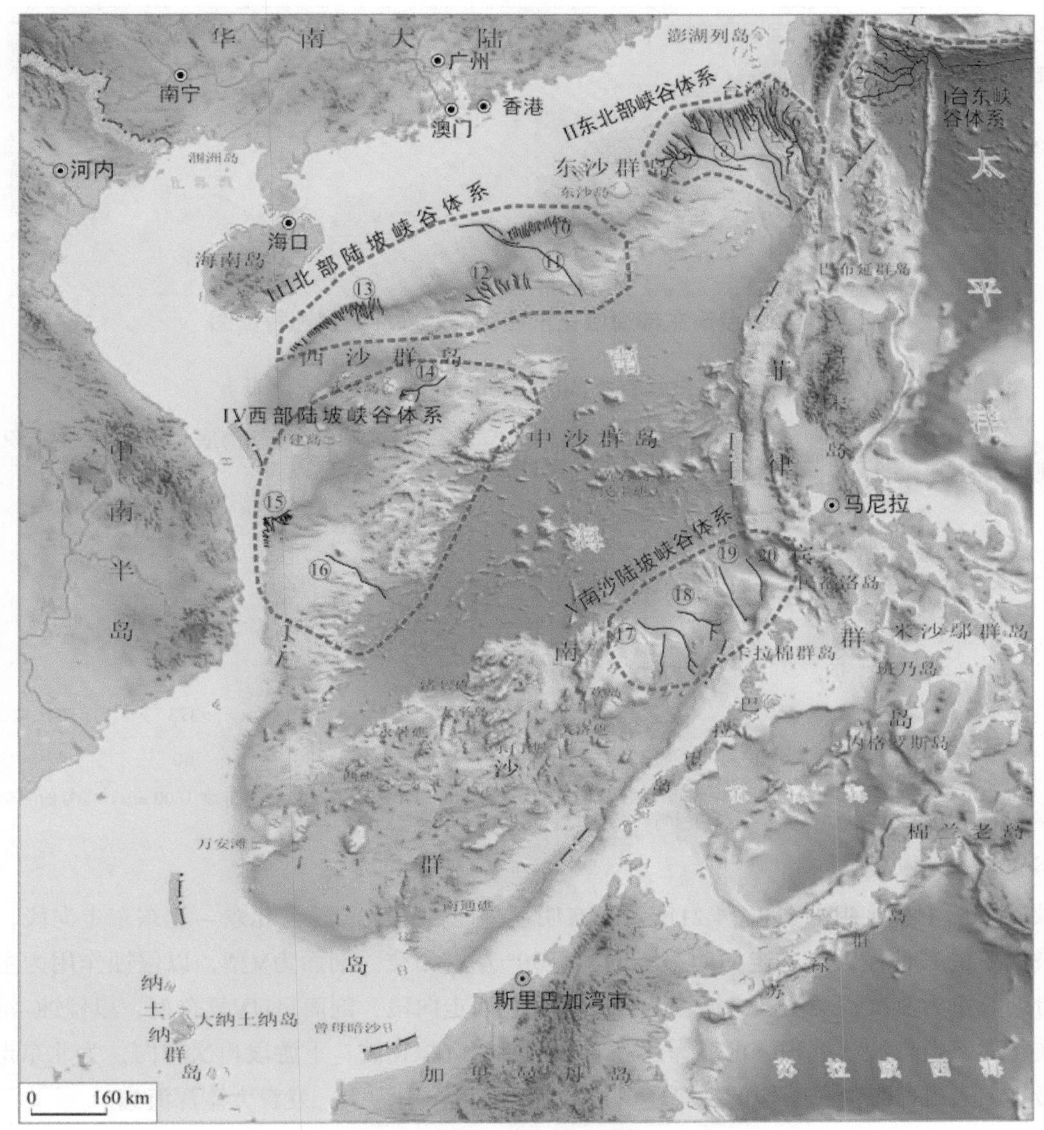

图4.19　南海及周边海域典型峡谷示意图

①台东峡谷；②南三仙峡谷；③北三仙峡谷；④花莲峡谷；⑤琉球海沟峡谷；⑥高屏峡谷；⑦澎湖海底峡谷群；⑧台湾海底峡谷；⑨笔架海底峡谷群；⑩神狐海底峡谷特征区；⑪珠江海谷；⑫一统海底峡谷群；⑬西沙北海底峡谷群；⑭永乐海底峡谷；⑮日照峡谷群；⑯盆西海底峡谷；⑰神仙峡谷；⑱勇士海谷；⑲卢纶海海底峡谷；⑳白居易海底峡谷

一、峡谷内部结构特征及成因

（一）台东峡谷体系

台东峡谷体系由南向东北主要分布着台东峡谷、南三仙峡谷、北三仙峡谷、花莲峡谷以及琉球海沟峡谷等较大的峡谷，其中以台东峡谷规模最大。从花莲峡谷至台东海岸山脉外海陆坡（即台湾岛东部岛坡）坡度较大，平均坡度为5°～7°（刘保华等，2005），水深为1000～4000 m，其上发育众多规模大小不一的海底峡谷（图4.20）。因台东峡谷最发育，周缘伴随沉积特征明显，现对该峡谷体系剖面形态及沉积充填特征等进行分析，自西南向东北方向将台东峡谷体系划分为三个区段（表4.2）：上游段为北东—北东东走向段；中游段为过渡段呈北东—北北西走向；下游段为北东走向段延伸到峡谷嘴部。

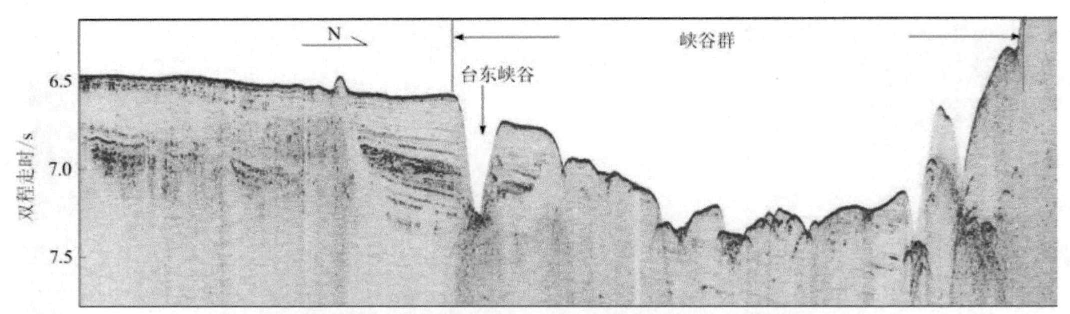

图4.20　台湾东部海域花东峡谷群海底冲刷侵蚀特征图

表4.2　台东峡谷不同区段剖面的峡谷参数统计表

剖面号	剖面方向	剖面与峡谷相交角度/（°）	剖面所处峡谷区段	峡谷剖面	谷顶宽度/km	下切海底		谷底沉积充填厚度	
						双程走时/ms	深度/m	双程走时/ms	厚度/m
①	北西	90	上游段	V 型	9	734	551	312	250
②	南北	90	上游段	V 型	9.1	731	549	300	240
③	南北	90	上游段	V 型	7.3	688	516		
④	东西	45	中游段	UV 复合型	13.5	658	494		
⑤	东西	45	中游段	UV 复合型	8.2	497	373	184	147
⑥	南北	90	下游段	U 型	1.8	80	60	847	847

注：据 Le 等（2010）文献中的地震 P 波传播速度采用数据如下，海水传播速度 1500 m/s，浅部沉积物速度 1600 m/s，⑥号剖面充填沉积较厚速度 2000 m/s，③、④号剖面为单道地震剖面，资料品质限制，谷底沉积充填厚度不确定。

1. 峡谷沉积特征

台东峡谷平面上呈现S型，如图4.21所示具有明显分段性：上游段为北东—北东东走向段，其与沿台湾东部岛坡向下的其他侵蚀沟谷走向明显不同，呈30°左右相交，剖面为V型，以侵蚀作用为主，广泛发育滑动、滑塌等重力流沉积类型；中游段为北东—北北西走向段，剖面呈UV复合型，以侵蚀–沉积过渡作用为主，峡谷翼部发育波状沉积，可能为浊流溢出形成的沉积物波；下游段再次转向，为北东走向段到峡谷嘴部，最终汇入琉球海沟，下切形态呈U型，该段以沉积作用为主，发育大型深海扇。

台东峡谷上游段滑塌构造发育，峡谷两侧的天然堤呈不对称分布，水道外侧陡峭，内侧阶地发育，谷底最深处靠近外侧，重力流侵蚀和垮塌作用强烈。如图4.21②所示南北向延伸的多道地震剖面，横切台东峡谷上游段（北东东走向段），峡谷剖面呈V型，顶截面宽9.1 km，下切海底549 m。上新统是一套透镜状、杂乱–短波状结构、中强振幅的反射沉积体，其内部扭曲变形严重、无成层性的重力流沉积，其下部为平行层状、中–强振幅、连续性较好的深海相沉积。上新统内重力流沉积体侵蚀特征明显，与上覆和下伏地震相呈不整合接触；第四系是一套平行、强振幅、高频、连续性好的反射层，局部发育水道充填沉积体，内部多为前积物平行充填。识别出峡谷及周缘的侵蚀、滑塌沉积、充填特征。峡谷壁主要为中–强振幅、低连续–断续的地震反射特征，沿着斜坡向下滑移，可见明显的阶梯状滑塌现象，滑塌断层清晰可见。两岸不对称，因图4.21②号剖面位于峡谷由北东转向北东东走向转折拐点附近，北侧谷壁处于“凹岸”，受到更强劲水流冲刷，谷壁较陡，地层发生高角度的侵蚀垮塌；南侧谷壁处在“凸岸”一侧，具有多级滑塌构造或冲刷阶地，整体宽缓，周缘地层的滑塌体分布面积大，沉积较厚，呈楔形向峡谷中心推进。峡谷侵蚀底界在重力流沉积层中下部，呈“底凸”状，充填体自下向上总体分为两套不同地震反射特征，下部一期充填为一套具有前积和双向上超结构特征的反射层，厚度约为170 m，推测为重力流沉积充填；上部二期充填表现出平行层状、强振幅、连续性中等-好的反射特征，厚度为70 m左右，为深海浊流沉积。峡谷现今仍以下切侵蚀作用为主，处于“饥饿性”充填阶段。

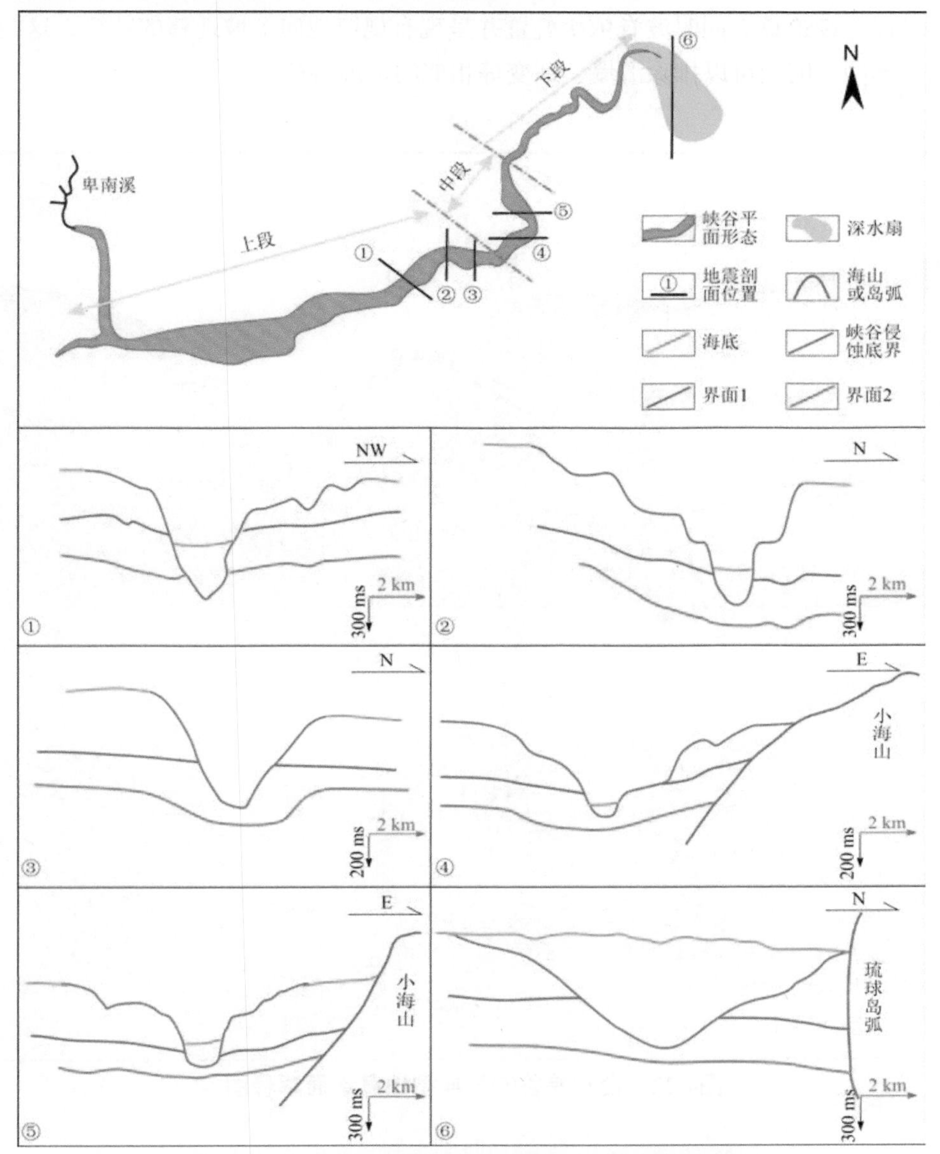

图4.21　台东峡谷平面展布及典型剖面形态特征图

峡谷中游段的侵蚀作用与沉积充填伴生。与峡谷中游段（北北西走向段）斜交的⑤号东西向延伸的多道地震剖面上显示：峡谷剖面呈UV复合型，横截面顶部宽8.2 km，下切海底373 m（图4.22）。在峡谷侧翼可见波状沉积，可能为浊流作用形成的沉积物波（图4.21）。自台东峡谷的高弯曲段漫溢出来的浊流沉积，呈层状充填在小海脊之间的低洼处。沉积物波呈现垂向加积的特征，这可能是小海脊的遮挡使得沉积物波的物源供给和可容纳空间受到限制导致的[图4.23（a）、（b）]。如图4.22地震剖面所示，台东峡谷外弯曲段即剖面东侧的沉积物波域单个波形的波长（L）约1.2 km，波高（H）约25 ms（37.5 m），L/W=32。同时，该处沉积物波的底部见冲刷面，无块体流堆积。隆起边缘的凹槽可能与底流的侵蚀或隆起造成接触地层变形有关。同时在该剖面西侧可以看到与东侧沉积物波完全不同的波状构造即向上坡迁移的沉积物波[图4.23（c）]。该沉积物波域的双程走时在245～320 ms，坡度在0.8°～1.45°变化，单个波形的波长（L）为2～4 km，波高（H）为38～50 ms（57～75 m），L/H=35～57。背流面可见顶超或削蚀反射，呈长而薄的特征；而迎流面表现为斜交和“S”型下超反射，具有短而厚的特征。沉积物波内反射同相轴振幅中等，可以连续追踪。同时波脊依次叠置并呈现有规律地向上坡迁移的特征，这与滑塌体中旋转断层面的产状完全不同，因而可以排除滑塌、蠕变等相似的地形特征。

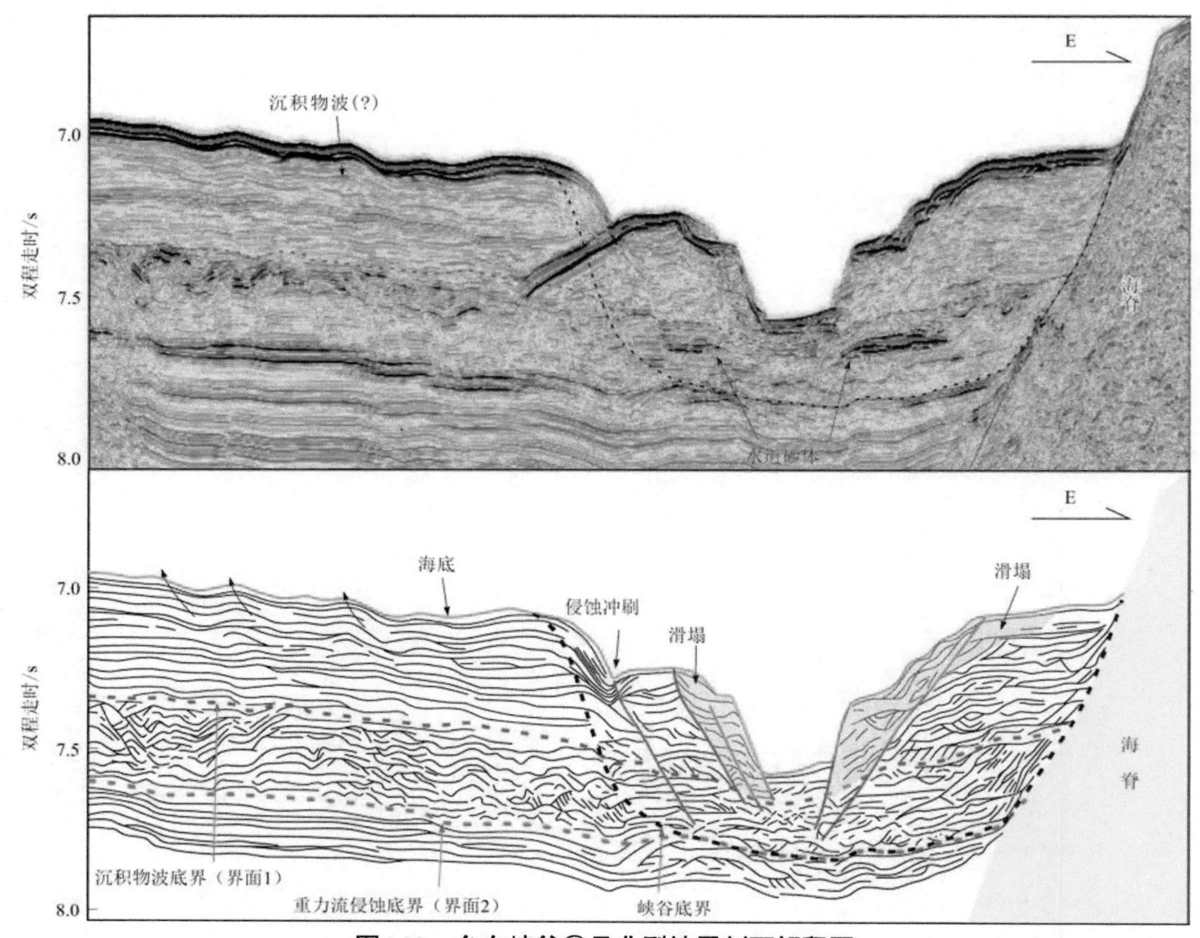

图4.22　台东峡谷⑤号典型地震剖面解释图

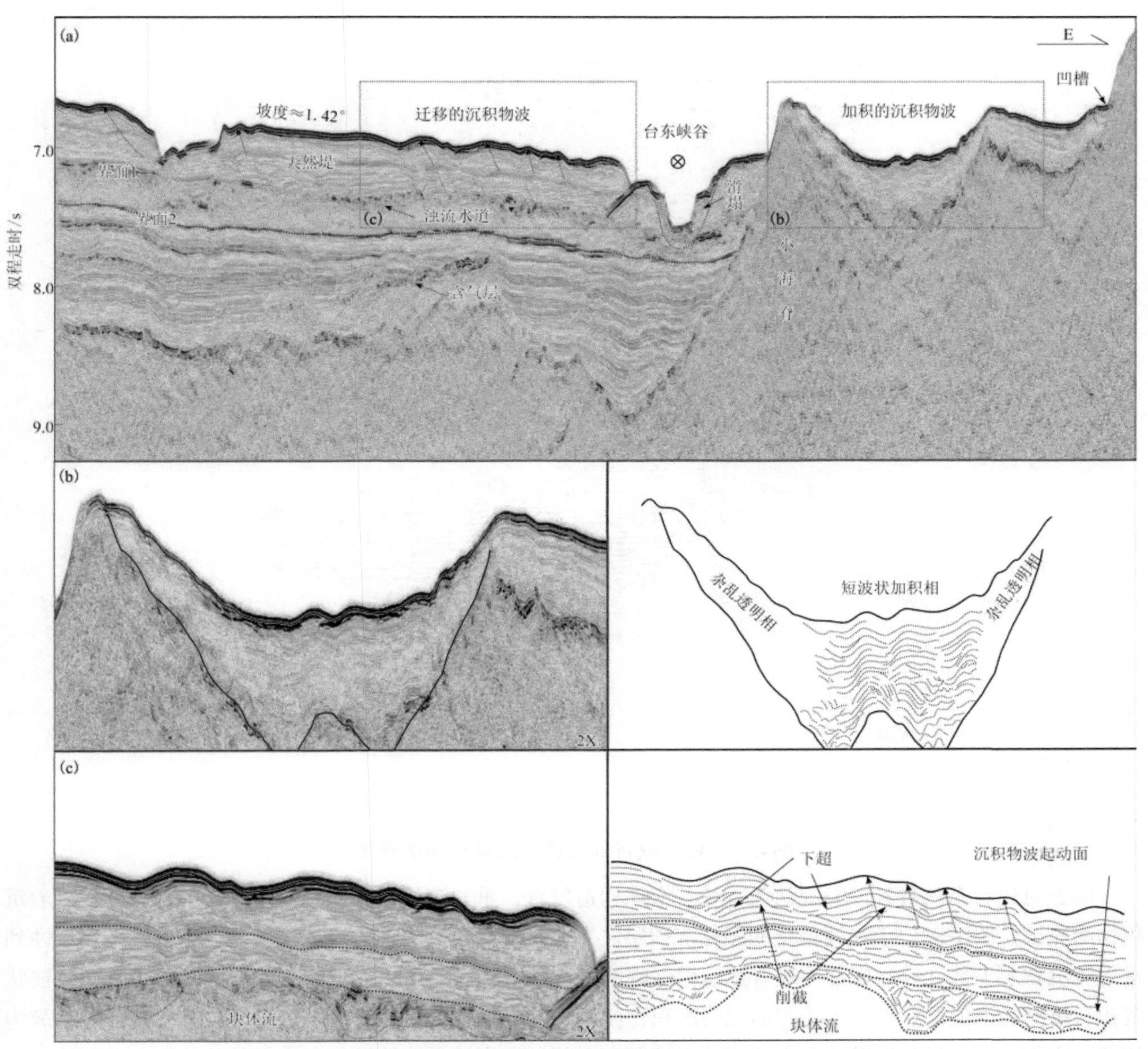

图4.23　多道地震剖面上的沉积物波特征（据刘杰等，2019）

峡谷西侧（内弯曲段）与其东侧（外弯曲段）的沉积物波特征差异

峡谷末端侵蚀深度较大，以沉积物充填为主，来自台湾岛东部的物源，经台东峡谷、秀姑峦峡谷、花莲峡谷等的输送在加瓜脊靠琉球海沟一侧，堆积形成大型深水扇沉积。例如，近乎与峡谷嘴部垂直的⑥号南北向剖面上显示（图4.24），海底有多个较小的冲刷沟，一般侵蚀深度小于60 m。海底向下有一整体呈宽缓的“U”型深水扇沉积，宽度约13.6 km，充填厚度可达800 m。深水扇体由多期水道–堤坝复合体叠置构成，水道–堤坝复合体在剖面上呈透镜状或海鸥翼状形态，其宽度可达2.7 km以上，厚度约185 m（双程走时为185 ms），内部呈侧积结构或双向上超反射充填。在各期水道、水道–堤坝复合体之间可见薄层状平行结构、强振幅、连续性好的反射，解释为水道砂、席状砂沉积。

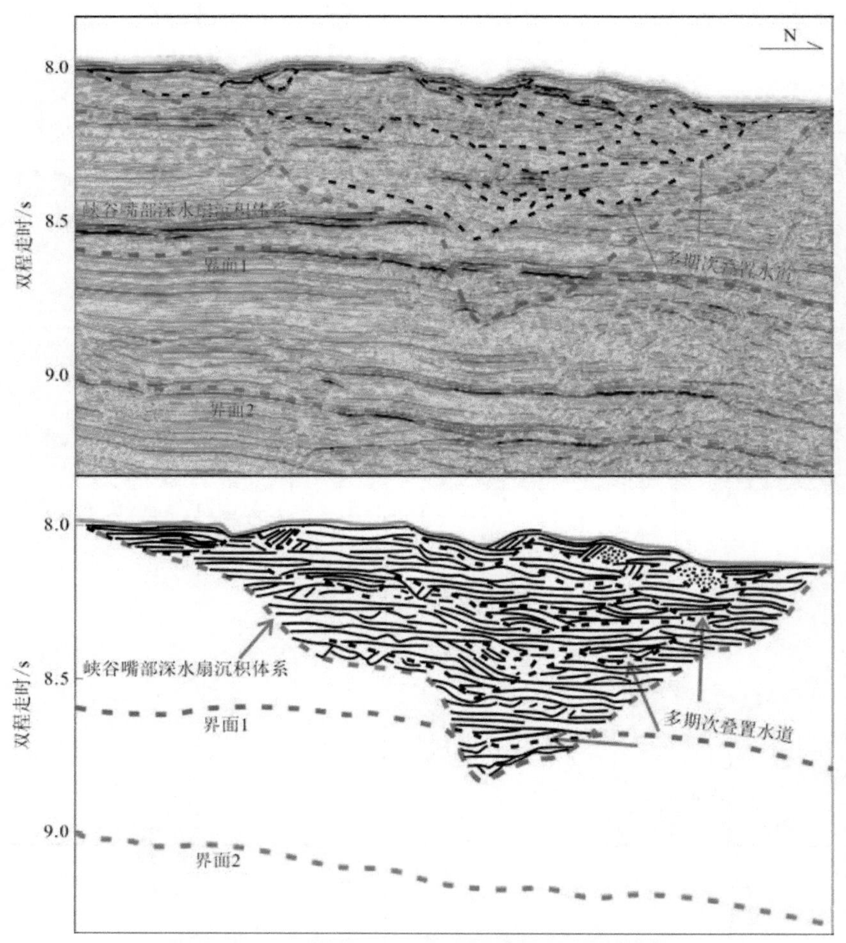

图4.24　台东峡谷⑥号典型地震剖面解释图

综上对比台东峡谷各段特征认为，峡谷滑塌构造发育，重力流侵蚀和垮塌作用非常强烈，并伴随着沉积物的充填。层序S2位于连续稳定的海相沉积层之上，是一套杂乱的重力流沉积层。台东峡谷下切侵蚀到重力流沉积层下部，峡谷底部充填有连续强振幅的水道砂沉积。层序S1靠近峡谷侧翼的部分可见一套波状沉积，推测为浊流沉积物溢出峡谷形成的沉积物波。峡谷上游段到中游段，内部充填100～300 m厚，分为两期：底部一期充填是杂乱的重力流、垮塌沉积；上部二期充填是连续性相对变好的浊流沉积。到峡谷末端，台东峡谷、奇美峡谷、花莲峡谷等汇聚，沉积物输送量及下切侵蚀能力都较大，在琉球海沟附近的峡谷嘴部侵蚀深度可达800 m被沉积物充填，形成大型深水扇沉积体。

2. 峡谷成因

海底峡谷的形成、发育和演化是一个很复杂的过程，通常是构造活动、地形特征差异、物源供给、沉积与侵蚀作用等多种因素共同作用产生的结果（赵月霞等，2009；苏明等，2013）。台东峡谷的成因与构造作用、地形特征和深水沉积作用关系密切。峡谷上游段主要受西高东低的地形特征、构造活动、深水沉积作用的控制，重力流沉积为峡谷的下切侵蚀和充填提供了物质与动力来源；峡谷中游段为过渡段，受加瓜脊带小海脊的阻挡导致峡谷发生转向；台东峡谷下游段因奇美峡谷和花莲峡谷等其他峡谷群输送的大量沉积物汇入，在出加瓜脊末端“喇叭状”地形时，摆脱了侧向约束，其携带碎屑物便卸载沉积下来，形成大型深水扇。

1）构造活动

距今6.5 Ma左右，因菲律宾海板块的吕宋岛弧与欧亚大陆板块的东南边缘发生碰撞，台湾岛开始隆升造山（Huang et al.，2001）。断裂、地震活动和基底起伏等构造因素对台东峡谷的形成和演化起到重要的控制作用（屈继文，2011）。台东峡谷上游段与沿台湾岛东部岛坡向下的其他侵蚀沟谷的走向明显不同，相对台湾岛东部呈南东向的其他峡谷，北东向的台东峡谷上游段在走向上发生了大约30°的一个逆时针的旋转作用。同时古地磁研究表明，自晚上新世以来海岸山脉发生了25°～30°的顺时针旋转（Lee et al.，1991），这个旋转的角度与台东峡谷走向旋转的角度相近似。天然地震数据表明，台东峡谷下方可能存在北东向隐伏断裂或隐没的海脊，它们对海底峡谷的发育及路径产生重要影响。例如，Lehu等（2015）的研究认为台东峡谷上游段呈北东走向的特征与下伏隐伏右移断裂走向一致，显示其发育受到断层的控制作用。因此，可以推测台东峡谷的这种走向变化可能是由于花东盆地在台湾岛顺时针的旋转过程中的反向运动所造成的，台东峡谷的上游段受到下伏断裂或构造脊的控制，先存断裂的活动使得峡谷上游段地层形成薄弱带，容易被剥蚀而形成水道或负地形，为台东峡谷的形成提供了有利的空间。

2）侵蚀-沉积作用

台湾岛东部自北向南发育一系列河川，它们对海底峡谷的形成起到重要作用。在晚中新世以来台湾岛隆升的背景下，台湾岛东部海底地形呈现“北陡南缓、西浅东深”的陡峭地形特征。东部岛坡地区狭窄，平均坡度达5°～7°，几乎直接过渡到花东海盆。显然，较大的地形落差增强了沉积物流侵蚀下伏地层的能力，从而在台湾岛东部岛坡上形成了大量规模不一的沟谷体系，也有利于陆源沉积物由陆架区向海盆长距离输送。同时，充足的沉积物供给也是影响峡谷形成的重要因素。台东峡谷的沉积物输送量为88 mm/a，较北部的三仙峡谷（22 mm/a）及花莲峡谷（31 mm/a）大（Dadson et al.，2003），有足够的沉积物源可以影响峡谷的发育，使得台东峡谷成为台湾岛东部海域规模最大的海底峡谷。大量陆源碎屑物质通过与台东峡谷头部相连的卑南溪等沟谷体系，沿着台湾岛东部岛坡“西高东低”的地势最终注入花东海盆。受先存断裂的活动控制形成的限制型“负地形”，使得来自东部岛坡的陆源碎屑优先在这些部位形成侵蚀性的沉积物流，导致早期水道不断加深加宽。同时台东峡谷下游段捕获了来自台湾岛东部岛坡众多沟谷输送的沉积物，这使得台东峡谷能够延伸的更远，最终汇入琉球海沟形成海底扇。

3）加瓜海脊的遮挡效应

加瓜海脊的存在也会影响峡谷展布和充填特征，这种影响对台东峡谷中游段平面上“大转弯”和下游段沉积特征的控制最为明显。加瓜海脊西侧有大致与其平行的海山链，这些与加瓜海脊相伴生的小海山表现为孤峰状，高出周围海底200～1000 m（刘保华等，2005）。台东峡谷行至花东海盆中东部，受到海山链上一较大海山的遮挡效应，使得重力流携带沉积物的流动方向发生改变，如峡谷上游段为北东东向延伸，受附近一处海山阻隔向北东方向转，到达海山近前，突然转向北北西方向，因此看到在图4.21中游段出现一个“大拐点”。因秀姑峦溪到花莲溪之间的台湾岛东部岛坡区域沟谷体系同样发达，呈现滑塌性陆坡或水道化型陆坡的特征，受到加瓜海脊对西侧峡谷内部充填沉积物的“屏障”作用影响，这些沉积物进入台东峡谷体系后，大部分限制在峡谷之内，没有漫过东侧较高的峡谷陡壁，仅在峡谷较低的西侧部分溢出形成波状沉积（图4.23、图4.24）。峡谷群输送的沉积物在出加瓜脊末端“喇叭状”地形时，摆脱了侧向约束，其携带碎屑物便卸载沉积下来，形成大型深水扇。

（二）南海东北部（台湾岛西南部）峡谷体系

南海东北部峡谷体系由高屏峡谷、澎湖海底峡谷群、台湾海底峡谷和笔架海底峡谷群组成，该峡谷体系内峡谷发育密集，很最壮观，大多近北东（北东）向汇聚，最终向南汇入马尼拉海沟。主要位于东沙群岛和台湾岛之间，横跨南海东北部陆坡与台湾西南陆坡，其北侧为台湾浅滩陆架，东部为台湾西南陆架，南面为南海深海平原，西侧为东沙东部陆坡，水深为200～3400 m。总体上，上陆坡的坡度陡（13°～19°），往深水区坡度逐渐变缓（0.1°～3°）（栾锡武等，2011）。

1. 高屏峡谷

高屏峡谷紧临台湾岛西南侧，属于台西南盆地，在高雄市以南，琉球屿北侧，正对东港，呈北东-南西走向，直接连接陆上的高屏溪，直切狭窄的高屏陆棚及宽广的高屏陆坡，大约在120° E、21° N处汇至马尼拉海沟。垂直传输距离超过4000 m，为单一沉积物源且典型横向输送沉积物直达深海前陆盆地的海底峡谷（黄任意，2006）。

台湾岛西部陆上粗粒沉积物经高屏峡谷搬运至台湾岛西南外海、马尼拉海沟。上半部谷轴近垂直于海岸，沉积物源可从中央山脉一路沿着河流进入峡谷（Chiang and Yu，2006）。沉积物传输主要受到浪、流、潮等水动力作用主导，海底峡谷的地形与附近陆架沿岸流场相互影响，河海系统与峡谷的相互作用影响到由河流注入海洋的陆源沉积物其沉降和运动的过程，以及由外海来的沉积物往峡谷头上运动的过程。

高屏峡谷的位置和走向受与构造活动有关的泥底辟及逆冲断层的影响。由于台湾造山带强烈隆升，大量的沉积物供给、底辟和断裂活动使高屏峡谷出现多次转向（Chiang and Yu，2006）。

2.澎湖海底峡谷群

1）峡谷沉积特征

澎湖海底峡谷群发源于南海东北部陆坡区，为台湾浅滩南部陆坡，径流方向几乎平行于台湾造山带。该峡谷群由多条支流峡谷组成，深切海底形成沟壑纵布的地貌特征，其中规模最大的是位于西侧的台湾海底峡谷（图4.25）。峡谷群向下游斜切高屏斜坡增生楔岩体，支流逐渐汇聚，其主轴径流平行于台湾造山带，大致沿北南向延伸进入马尼拉海沟。前人研究认为，澎湖海底峡谷群、高屏峡谷等的形成与吕宋岛弧-南海北部大陆碰撞发生的时间（晚中新世末期—上新世早期）相当（Chiang and Yu，2006；Yu and Hong，2006；Yu and Huang，2009；丁巍伟等，2010b）。

澎湖海底峡谷群上游以侵蚀作用为主，向下切割陆坡地层，在剖面上表现为 V型、U型的地震反射特征，下伏地层被下凹状反射削截，地震剖面显示，受到水流冲刷及块体搬运引起的侵蚀作用影响，峡谷内部未见现代沉积物充填，表明了在强的水动力条件下产生的强烈的侵蚀作用，并且目前仍处于下切侵蚀状态。峡谷两侧的充填堆积类似于“水道-天然堤”体系中的水道两侧发育的天然堤，以强振幅、中-高连续、中频地震特征为主，外形为丘型。天然堤一般认为是由从峡谷中溢出或剥离出的非限制型浊流形成（Posamentier and Walker，2006），显示出由于水道长时期侵蚀而导致的峡谷两侧的充填堆积。块体的搬运作用和强烈的侵蚀作用造成了澎湖海底峡谷群具有坡度大，地貌复杂的特点。谷内次级沟槽强烈发育（图4.25），下切深度较大（聂鑫等，2017）。

峡谷通常沿岩体或断层发育，在峡谷发生下切侵蚀的同时受到构造活动的影响，在地形上表现为阶梯状（图4.26）。沿海山发育的峡谷，由于海山和沉积物物质组成的差异，相对于坚硬岩体，松软的第四纪沉积物更易受到侵蚀冲刷，这种地形落差与差异侵蚀更加造成了峡谷下切深度的增加（图4.26；聂鑫等，2017）。

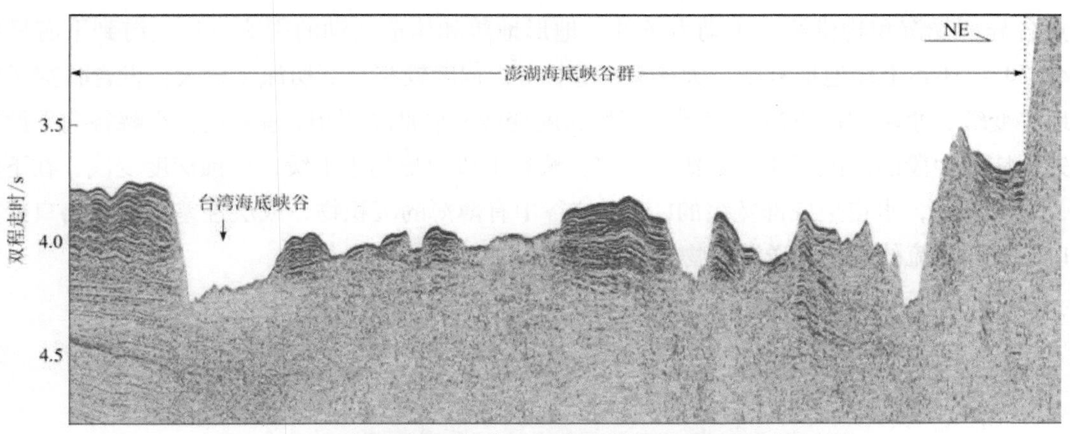

图4.25　澎湖海底峡谷群下切海底地震剖面显示特征图

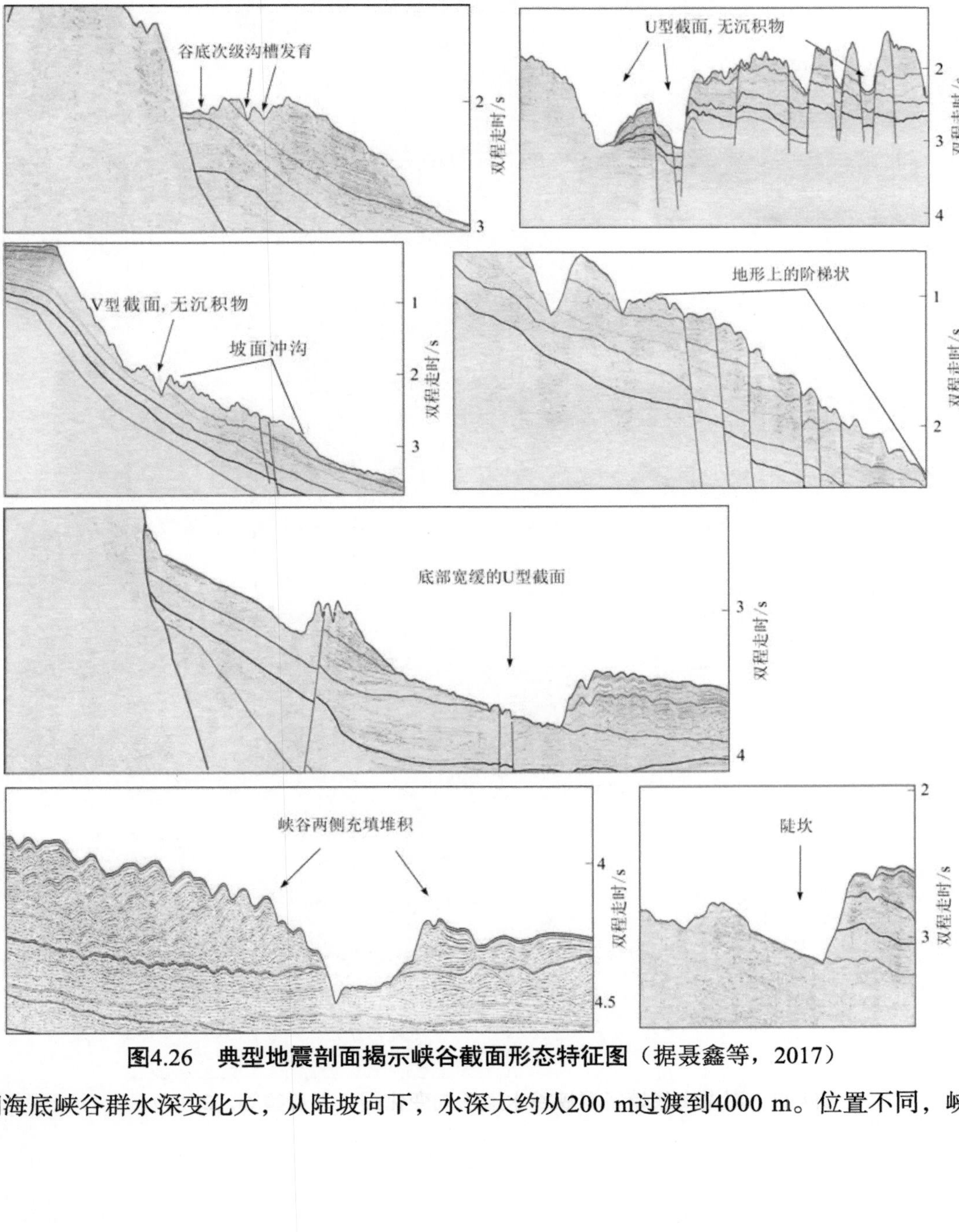

图4.26　典型地震剖面揭示峡谷截面形态特征图（据聂鑫等，2017）

澎湖海底峡谷群水深变化大，从陆坡向下，水深大约从200 m过渡到4000 m。位置不同，峡谷的形态和沉积特点各异，受沉积物供给、水动力条件、地形地貌和构造活动的影响，从上游到下游呈以下变化特点（图4.27）：峡谷上段地形复杂，大多呈V型下切，宽度较窄，下切深度较大，发育贯穿了整个第四纪；随着地势变缓，主峡谷向下游变宽缓，下切深度变浅、底部变平坦，呈U型，小峡谷向下游下切变弱并逐渐消失，峡谷中段的侵蚀下切到更新统上部；峡谷下段地形趋于平缓，侵蚀深度变浅，在下陆坡各个支谷合并，形成汇聚，水道呈底部宽缓的U型，峡谷中有薄薄的沉积物，成层性差。峡谷出口处向海盆呈喇叭形开口，多以浊流的形式输送沉积物（聂鑫等，2017）。

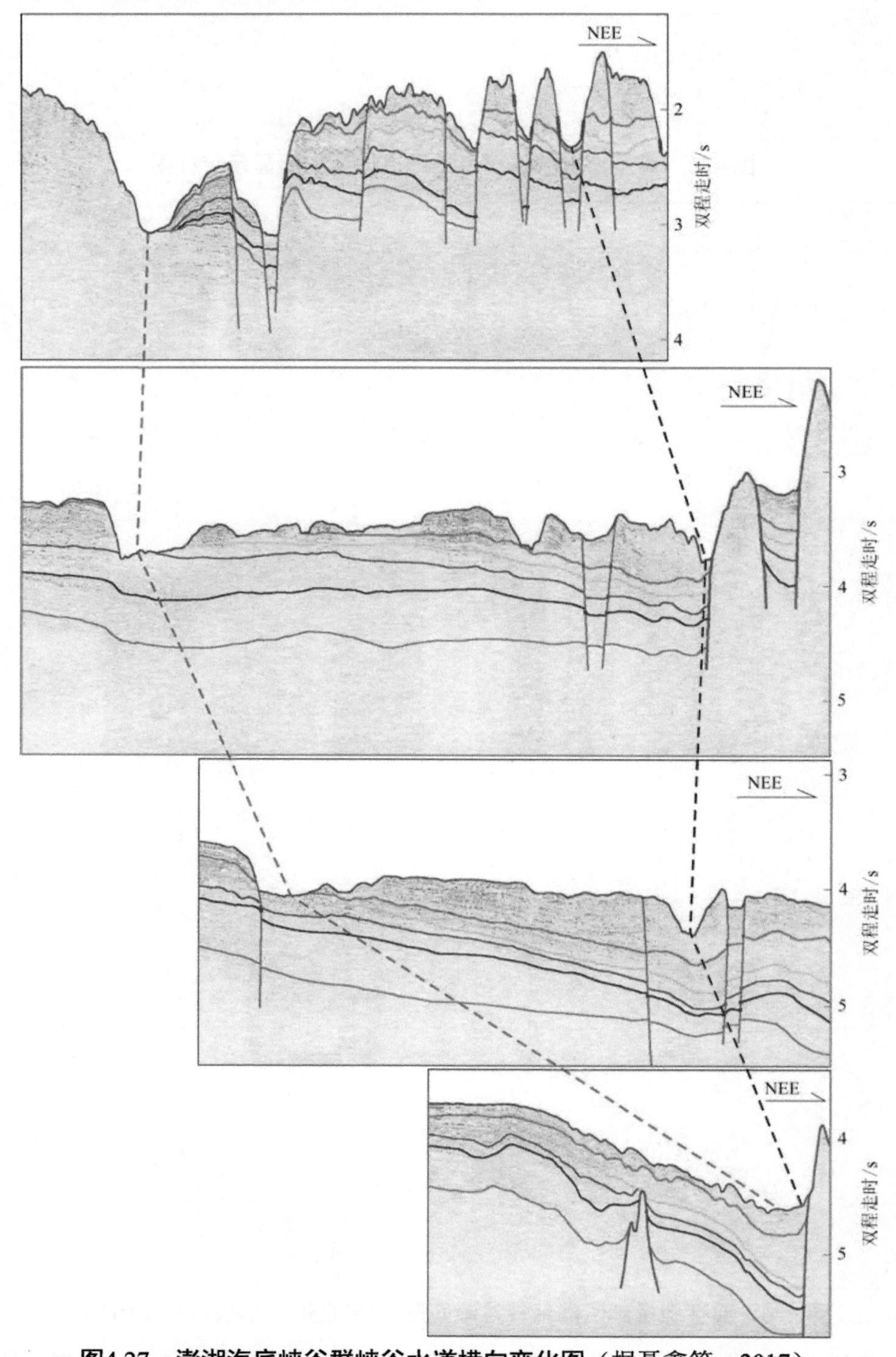

图4.27　澎湖海底峡谷群峡谷水道横向变化图（据聂鑫等，2017）

2）峡谷成因

澎湖海底峡谷群的形成主要受河流沉积物供给、沉积作用和地形条件的多因素影响。澎湖海底峡谷群上游的陆架区处于韩江三角洲河口外，它供给充足的沉积物不断向海方向堆积，可以经陆架边缘到陆坡区最后到达深水区，奠定了峡谷群发育的物质基础。同时随着陆架边缘不断向海推进，前缘沉积物的堆积超过临界角，在上陆坡会发生沉积物失稳垮塌，为峡谷的形成提供了动力源泉（Green，2011）。从陆架边缘倾泻而下的重力流对下伏地层冲蚀，形成峡谷雏形。一方面峡谷的形成可成为重力流沉积物的运输通道，另一方面沉积物搬运过程中再次侵蚀，造成峡谷底部、侧壁进一步冲刷，使得下切谷加深、变宽。同时峡谷群头部起源于上陆坡，该区属于地形陡峭、坡度较大的位置，更易于发生沉积物失稳和使得沉积物流动能变大，增强了它的冲蚀能力，因此地形条件是峡谷发育的直接控制因素。

3. 台湾海底峡谷

澎湖海底峡谷群中最西侧的峡谷规模最大，沉积特征鲜明。有人将之称为东沙东海底峡谷，又有称为台湾浅滩南峡谷（金庆焕，1989），在台湾称之为福尔摩沙峡谷。现根据广州海洋地质调查局地质调查研究的认识，将台湾海底峡谷归为澎湖海底峡谷群西边的一个最大规模分支。

1）峡谷沉积特征

台湾海底峡谷全长约200 km，从陆架边缘延伸到马尼拉海沟，水深为200～3500 m。峡谷头部分布于上陆坡区域，向下强烈深切海底地层。该峡谷主要分成三段：上段水深为1200～2500 m，表现出明显的V型，最大下切深度达1000 m以上；中段水深为2500～3000 m及下段水深分布范围是3000～3500 m，从中段到下段地形坡度逐渐变缓，主要呈U型，下切深度变浅，为200～300 m（徐尚等，2014）。

台湾海底峡谷的头部和上段以强烈的侵蚀作用为主。峡谷的上段有两个主要的分支，均呈V型下切谷，强烈的下切可能与上陆坡的地形坡度（约5.6°）密切相关（徐尚等，2014）。在地震反射剖面上，峡谷底部表现为杂乱、不连续、低振幅反射特征（图4.28），是由陆坡区重力滑动变形或峡谷充填的重力流沉积物快速堆积而成。

向下陆坡地形坡度明显变缓（约2.2°），台湾海底峡谷由上段的V型转变为中段的U型[图4.29（a）]，侵蚀作用呈减弱趋势，沉积充填作用随之增强。该峡谷中段的东侧发育内堤岸沉积体，其成层性好，地层产状与峡谷西侧不同图[4.29（b）、（c）]；峡谷西侧地层呈连续、平行结构反射特征，并以垂向加积为主；峡谷东侧内堤岸地层产状较陡，连续性较好，以侧向加积为主，与下伏呈杂乱反射的重力滑塌体有明显差异。内堤岸的外形呈透镜状，内部成层性较好，具有波状起伏的特点，底面与下伏地层呈削截接触。该内堤岸是由垂直于峡谷轴向、自西向东的底流与沿峡谷向下的重力流交互作用形成的（徐尚等，2013）。

如图4.30所示，台湾海底峡谷下段下切谷两侧发育典型的沉积物波。前人研究该沉积物波的成因，其中以重力流成因为主（Damuth，1979；王海荣等，2008；丁巍伟等，2010b；Kuang et al.，2014），亦有认为是重力流和底流交互作用形成的（Gong et al.，2012）。沿峡谷流动的重力流发生分层，底部以砂质沉积为主，顶部以悬浮的粉砂和黏土为主（Peakall et al.，2000）。在峡谷的拐点处，底部的砂质沉积物一部分继续顺着峡谷流动，另一部分从峡谷侧壁向外溢流；顶部的悬浮沉积物由于不受峡谷堤岸的限制，大部分都在峡谷外流动（徐尚等，2014）。

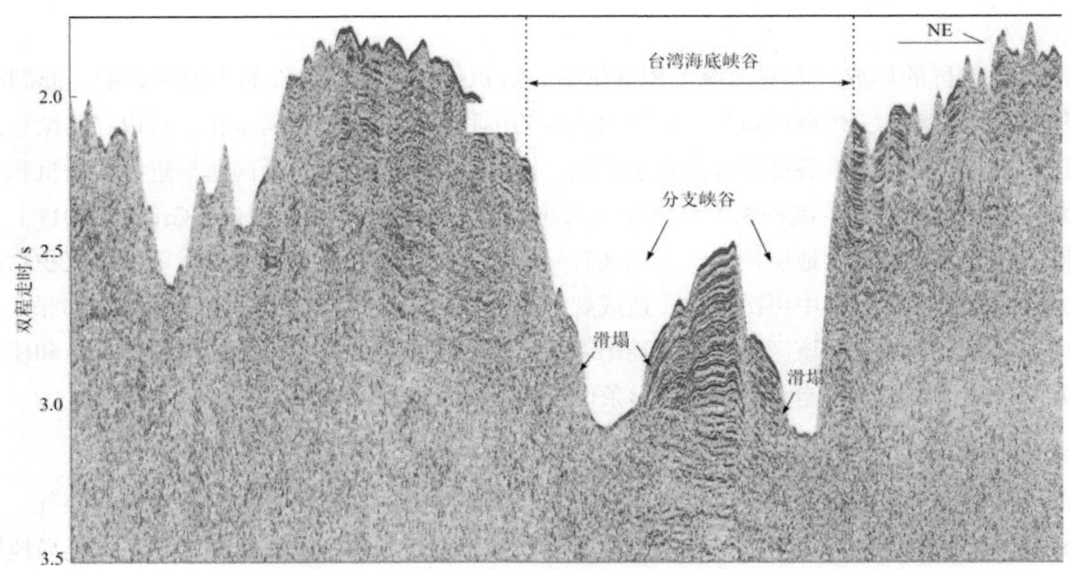

图4.28 台湾海底峡谷头部地震剖面显示特征图

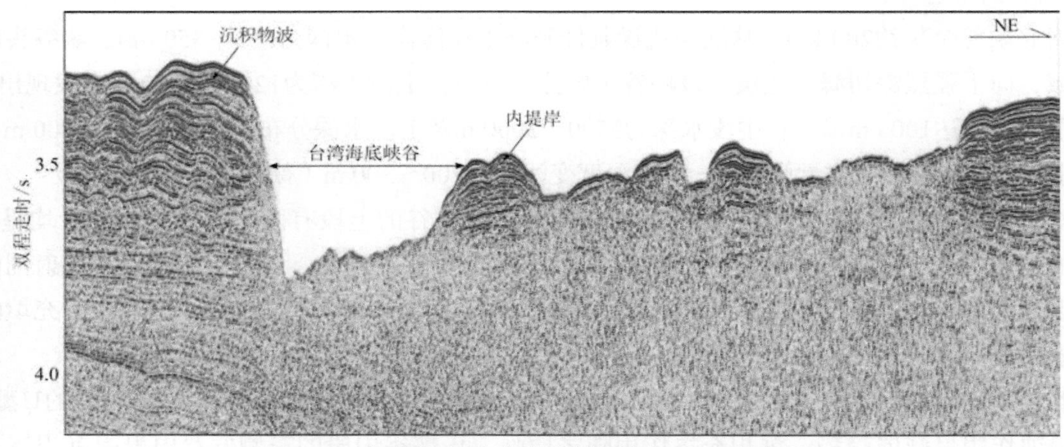

图4.29 台湾海底峡谷中段地震剖面显示特征图

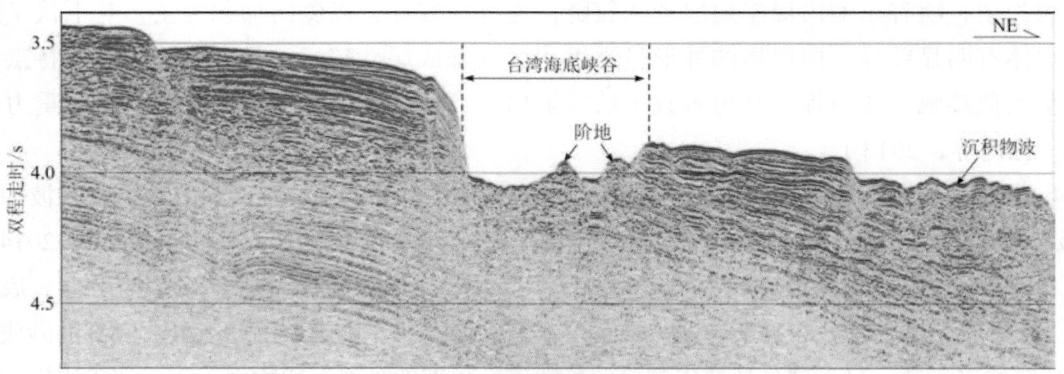

图4.30 台湾海底峡谷下段地震剖面显示特征图

2）峡谷成因

台湾海底峡谷的形成演化与沉积物供给、重力滑动（滑塌）、断裂活动和海底刺穿等密切相关（徐尚等，2014）。

台湾海底峡谷是澎湖海底峡谷群西部最大一个分支峡谷，来自韩江三角洲沉积物，不断向海方向堆积，在陆架边缘形成三角洲、滑塌等沉积体，发生沉积物失稳，为峡谷的形成提供了动力（Green，2011）。

峡谷发育区受北西向区域断裂活动的影响，韩江断裂向海域的延伸部分使地层发生破碎，重力流优先侵蚀较脆弱的地层，导致台湾海底峡谷的中段与邻区侵蚀沟壑呈近45°相交。由于出露海底的海山阻挡作用，台湾海底峡谷下段转为近东西走向；同时在拐弯处沉积物溢流出峡谷侧壁，而形成沉积物波。

4. 笔架海底峡谷群

1）峡谷沉积特征

笔架海底峡谷群是由多条分支峡谷最终汇聚到一条主峡谷上，位于南海东北部峡谷群最西边的一条陆坡限制型峡谷，它发源于东沙群岛东部上陆坡，呈南东东向汇入台湾海底峡谷，峡谷宽5～15 km、总长约200 km，其长度在南海东北部峡谷群中，小于台湾海底峡谷、高屏峡谷。发育的时间大致在中更新世0.9 Ma前后。

笔架海底峡谷群的上游在横剖面上表现为V型下凹状地震反射（图4.31；殷绍如等，2015），其下伏地层成层性差并被下凹状反射削截，峡谷内部见有少量丘状扭曲–杂乱反射，解释为残存的未剥蚀殆尽的滑坡体，表明该段峡谷一直处于侵蚀状态。

中游是笔架海底峡谷群的主体，发育有较厚的峡谷充填沉积，其厚度为264～360 m。主要发育地震相有杂乱充填和平行上超充填两类，分别解释为浊流或其他重力流沉积与半远洋沉积的交互（Schwenk et al.，2005）、滑坡或碎屑流（De Ruig and Hubbard，2006；Posamentier and Walker，2006）。自中游上段到下段，峡谷内充填方式由垂向加积为主向垂向加积伴有侧向迁移变化。中游峡谷两翼有发育堤岸沉积，在地震剖面上表现为丘状发散相和迁移波状相。在堤岸背坡一面的地震剖面上可见迁移波状相的反射同相轴呈波状起伏，中–强振幅，连续性好，垂向上这些波形的波峰或波高依次叠置并呈现有规律地迁移特征（图4.31～图4.33；殷绍如等，2015），该地震相解释为沉积物波；分析是笔架海底峡谷群中的浊流在科氏力影响下向右岸发生溢出剥离所形成（Kuang et al.，2014）；该地震相在早期峡谷出口外也可见到，分析为峡谷口外非限定型浊流所沉积的小型海底扇。

笔架海底峡谷群的下游在横剖面上亦呈V型，其下伏的波状连续地层被削截，峡谷内部未见沉积物充填，表明这一部分峡谷亦处于下切侵蚀状态（图4.34）。

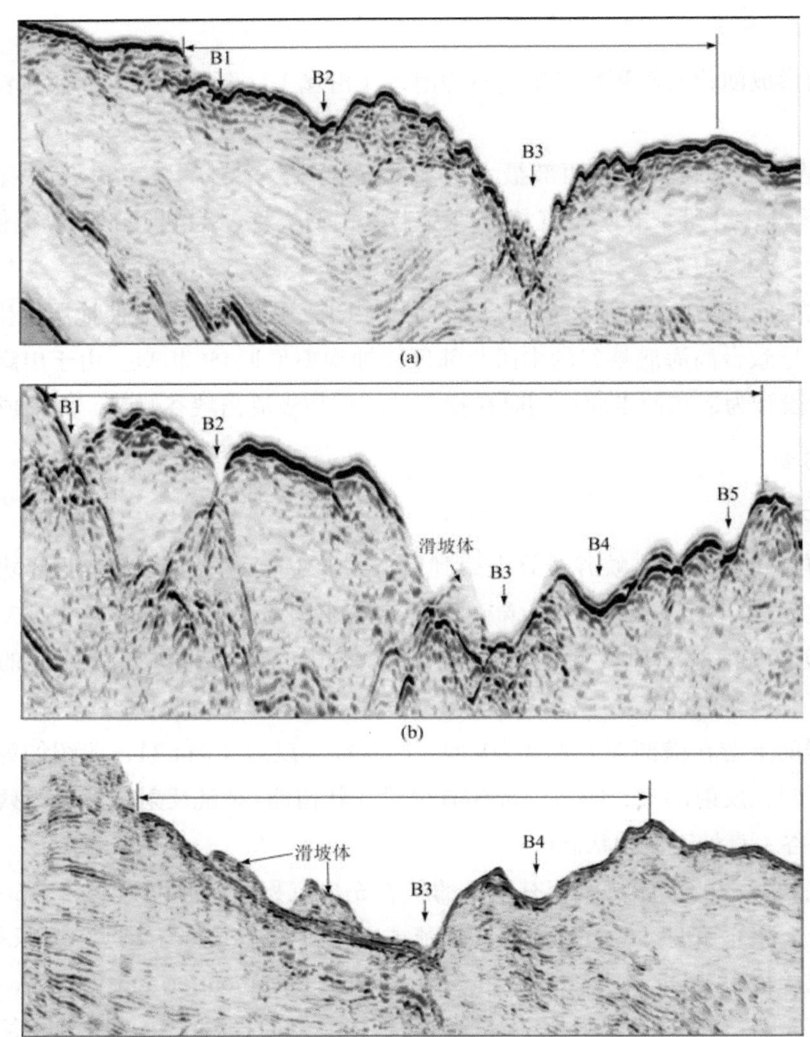

图4.31　笔架海底峡谷群头部地震剖面特征图（B1～B5是峡谷上游分支峡谷；据殷绍如等，2015）

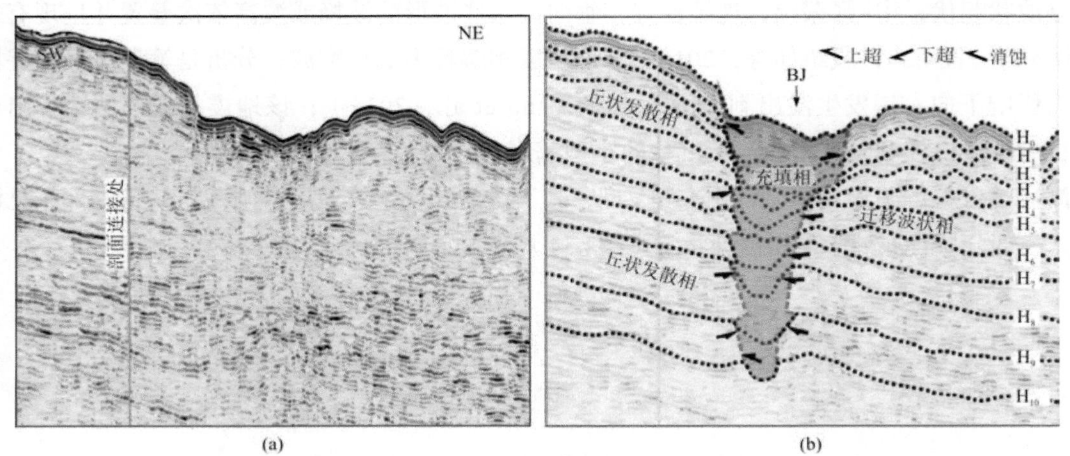

图4.32　笔架海底峡谷群中游地震剖面特征图（据殷绍如等，2015）

BJ.笔架海底峡谷群主峡谷；H_0～H_{10}.层序界面

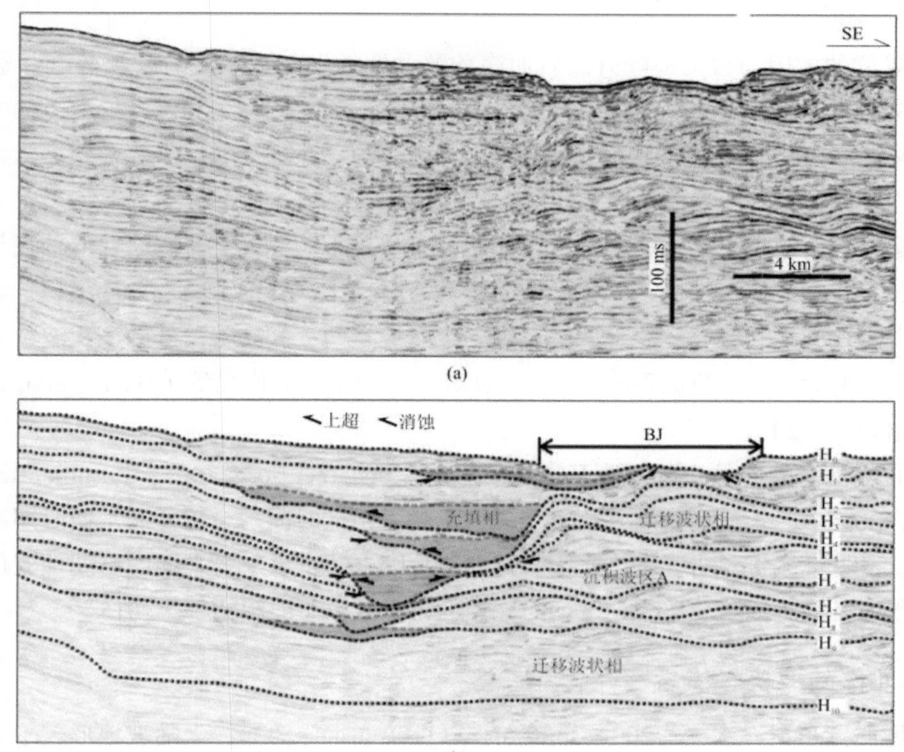

图4.33　笔架海底峡谷群中游沉积物波地震剖面特征图（据殷绍如等，2015）

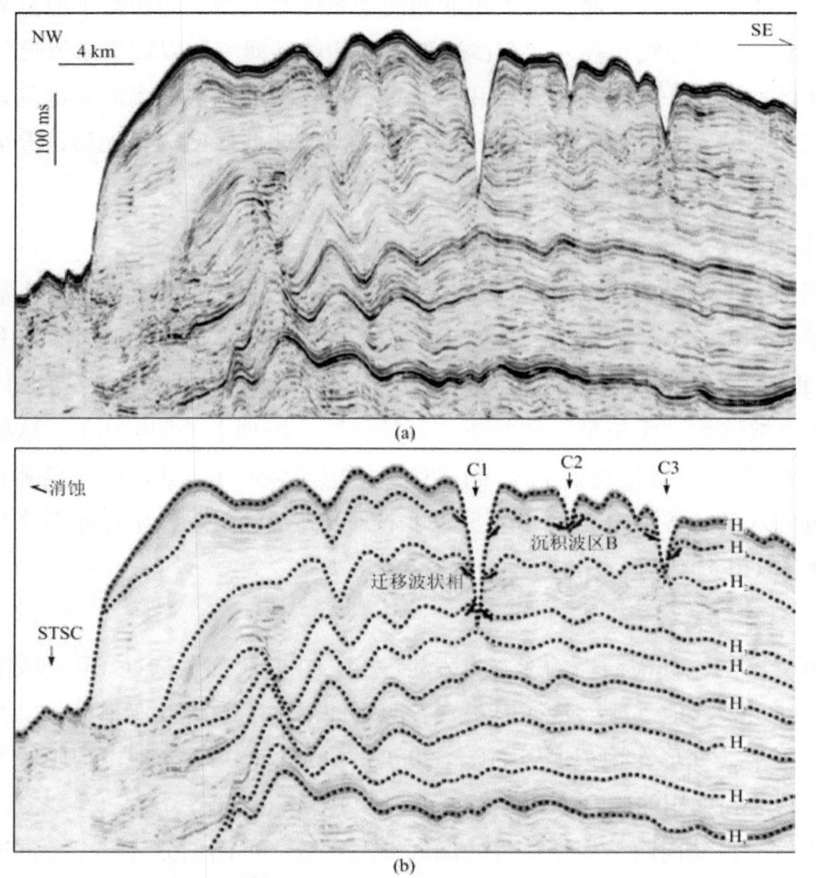

图4.34　笔架海底峡谷群下游地震剖面特征图（据殷绍如等，2015）

2）峡谷成因

笔架海底峡谷群的成因与台湾岛隆升及台西南前陆盆地的发育这一大的区域构造背景有关（殷绍如等，2015），但是在该区域未见明显的重力异常（Hsu and Sibuet，1995）和磁力异常（杜文斌，2002），没有证据表明笔架海底峡谷群的形成与大型断裂或岩浆活动等存在直接联系。综合分析认为，陆坡重力搬运是峡谷形成的主要原因，其次是海平面变化。

陆坡重力搬运过程对笔架海底峡谷群的形成演化具有重要影响。笔架海底峡谷群轴线与区域等深线垂直，表明峡谷的分布受重力作用控制；峡谷上游的滑坡体充填于峡谷中游的重力流沉积，表明块体搬运在笔架海底峡谷群发育期间活动频繁；峡谷两翼发育的天然堤及两翼和峡谷口外的沉积波，是峡谷中浊流活动的产物；峡谷之间的大片的溢流沉积波（Kuang et al.，2014）、海底扇等（Hsiung et al.，2014）的形成与浊流有关（殷绍如等，2015）。

海平面的变化对海底峡谷体系的发育具有重要影响（Posamentier，2005；Posamentier and Walker，2006；殷绍如等，2015）。笔架海底峡谷群多期侵蚀下切发生的时间与全球低海平面时期存在较好的对应关系（图4.32），表明峡谷的多期下切、充填事件可能与中更新世以来海平面的周期性变化相关，即中更新世以来全球海平面升降可能是峡谷多期下切与充填的主要原因（殷绍如等，2015）。

（三）南海北部陆坡峡谷体系

南海北部陆坡西宽东窄，水深为200～3400 m，以1100 m水深为界，上陆坡地形较平缓，下陆坡地形非常陡峭。陆坡上地貌类型多样，分布着一系列海山、海丘和海谷等。南海北部陆坡东起台湾岛西南端，西至西沙海槽东口，主要呈北东向展布，水深由北西向南东逐渐变深，与深海平原分界水深为3400～3700 m，沿海底陆坡发育了一系列海底峡谷，如东沙群岛以西的珠江海谷和以因富含天然气水合物而备受关注的神狐海底峡谷特征区，以及一统海底峡谷群和西北峡谷群，一起构成了南海北部陆坡峡谷体系。这些海底峡谷改变了南海北部陆缘地貌，在陆坡上形成了众多北西—北西西向的负地形，并成为陆源物质向下陆坡和深海平原运输的通道，其中珠江海谷最为显著（丁巍伟等，2013）。

1. 神狐海底峡谷特征区

神狐海底峡谷特征区地理上位于南海北部神狐海域，东为东沙群岛，西为西沙海槽，构造上隶属于珠江口盆地白云凹陷（图4.19）。平面上，在白云凹陷北部陆坡600～1600 m水深范围内，17条长30～50 km的海底峡谷呈北北西-南南东向近等间距线状分布（图4.35），这些峡谷并没有切穿陆架坡折（为200 m的水深线），因此也被称为“无头型”峡谷或“盲峡谷”。剖面上（图4.36），这些海底峡谷的宽度为1～8 km，峡谷两侧谷壁陡峭，坡度可达6.8°，下切最大深度约450 m。西侧的九条峡谷都直接汇入珠江海谷的主水道，而东侧的八条峡谷由于有陆坡区下部两个地形高地的阻隔，水道在两个高地间汇集，并最终汇入珠江海谷的主水道（丁巍伟等，2013）。

1）峡谷沉积特征

峡谷群随着坡度的不同，其横截面的形态也发生改变。在其头部冲沟处于强烈剥蚀状态，水道为呈V型，轴部的坡度在3°～6.8°。地震反射特征显示峡谷两侧地层均为平行或亚平行状，在峡谷处突然中断。峡谷间的脊表现比较平滑，变形作用很弱。而随着坡度的降低，峡谷呈U型，沟底较为平坦，轴部的坡度为0.5°～3°，显示了剥蚀和堆积的联合作用（Zhu et al.，2010）。

以第八条峡谷为例，自北向南，根据峡谷的剖面形态参数，可以划分为三个不同的区段，即上游段、中游段和下游段。上游段，峡谷的剖面为V型，宽度较窄，下切深度较浅，宽深比为21.1，峡谷的侵蚀基底与现今海底相重合，暗示这一区段的峡谷以侵蚀作用为主[图4.37（a）]；中游段，峡谷的剖面仍为V型，宽度和下切深度明显加大，宽深比可达14.8，峡谷的侵蚀基底位于海底之下，说明侵蚀和沉积作用在这一区段均可存在[图4.37（b）]；下游段，峡谷的剖面呈U型且继续增大，而下切深度减小，宽深比为16.8 [图4.37（c）]，至峡谷的末端为喇叭口状指向深海平原，说明峡谷在该区段以沉积作用为主（刘杰等，2016）。自北向南峡谷的侵蚀作用先增强后减弱，沉积作用逐渐增强。峡谷的内部沉积建造由浊流沉积体、滑移/滑塌块体和侧向沉积体构成（图4.38）。

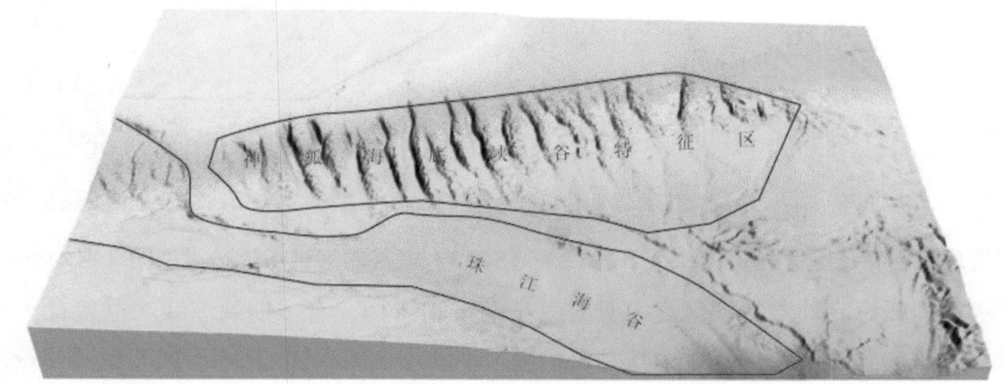

图4.35　神狐海底峡谷特征区和珠江海谷多波束海底地貌图

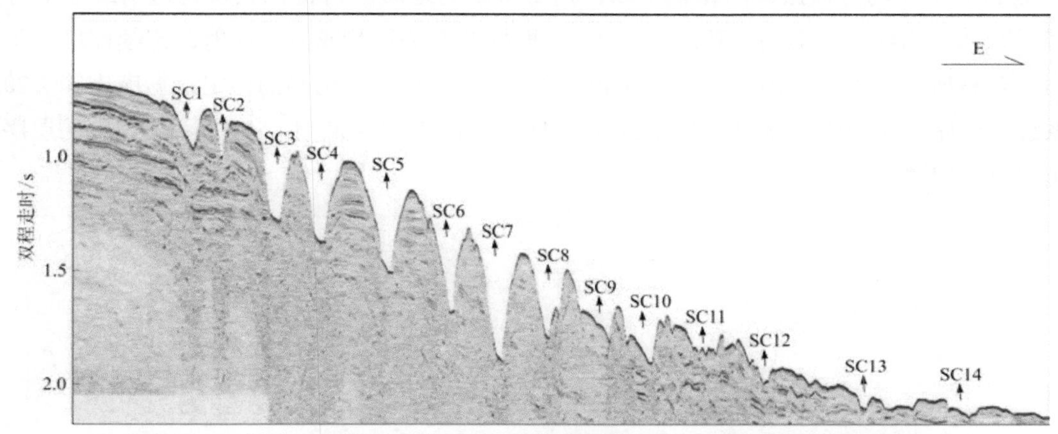

图4.36　穿过珠江海谷头部和神狐海底峡谷特征区西部的地震剖面图

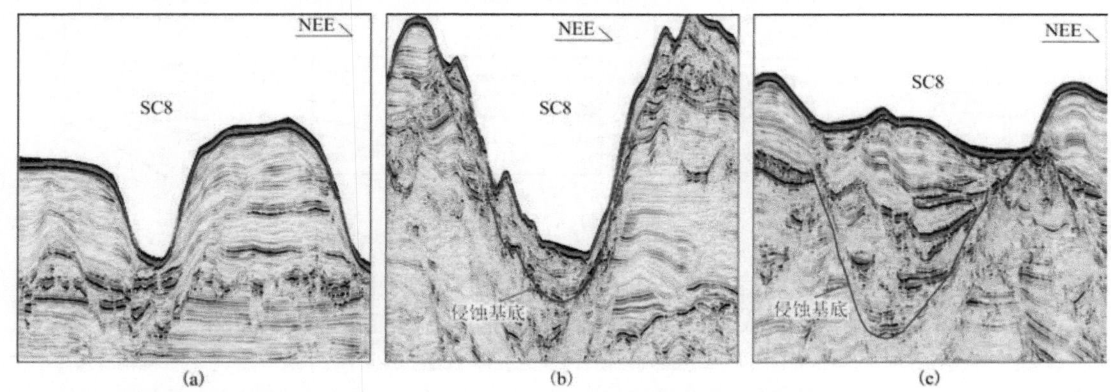

图4.37　神狐海底峡谷特征区第8条（SC8）峡谷剖面形态的空间变化特征（据刘杰等，2016）

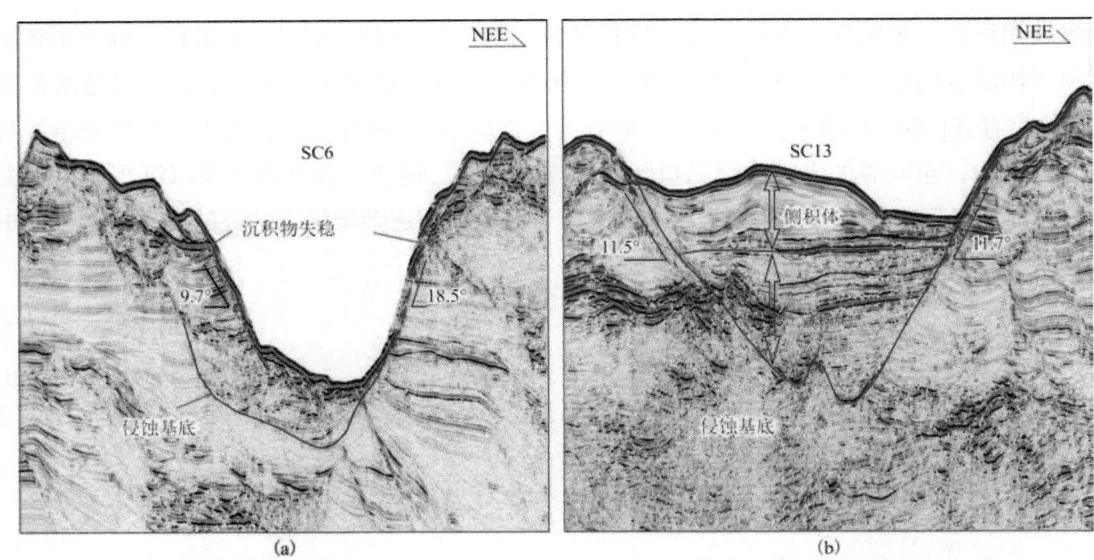

图4.38　神狐海底峡谷特征区第6条（SC6）和第13条（SC13）峡谷内部沉积建造类型图（据刘杰等，2016）

图4.39显示在神狐海底峡谷特征区之下具有复杂的沉积结构，有多期的埋藏水道发育，并具有非常显著的向东迁移和垂向叠加的特点，显示其发育经历了不断重复的剥蚀–充填→向北东迁移→再次剥蚀的循环过程。在图4.39中这些埋藏的水道主要发育于16.5 Ma界面以上，剥蚀–充填的循环期次在5～6期。埋藏水道两侧的沉积表现为强振幅同相轴中断，内部沉积的地震反射特征表现为透明或亚平行状，由底部向两侧谷壁减薄，而峡谷外侧的沉积表现为中–强振幅的亚平行状或波状反射，连续性好（丁巍伟等，2013）。由于资料所限，很难对图4.39地震剖面的埋藏水道时代进行精确的标定，据庞雄等（2017）对白云凹陷区系统的层序地层学研究表明，在16.5 Ma、15.5 Ma、13.8 Ma、12.5 Ma、10.5 Ma的层序界面上均可以识别出明显的埋藏水道。

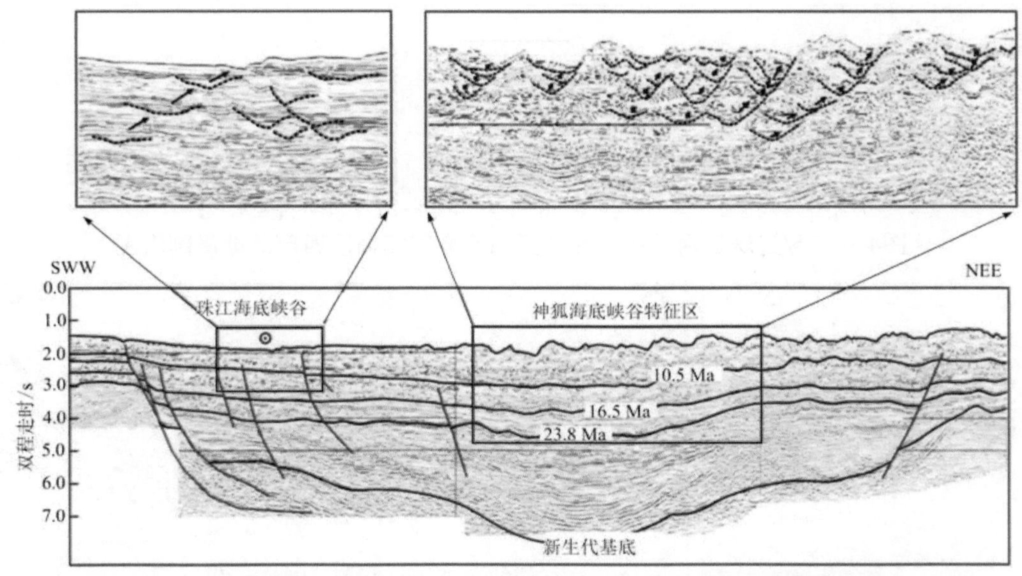

图4.39　穿越珠江海谷头部及神狐海底峡谷特征区地震剖面图

图中箭头表示水流方向，红色实线为断层；据丁巍伟等，2013，修改珠江口盆地陆坡限制型海底峡谷发育的区域，是我国2007年首个海域水合物的钻探区域。从北东东向地震剖面中可以发现，在海底峡谷的下部存在多个狭窄而陡直的地震杂乱反射带，被解释为气烟囱构造，并认为是含气流体垂向运移的主要通道，且与峡谷的发育位置存在一定的对应关系（图4.40）。这种垂向上的对应关系暗示，当含烃流体经由气烟囱构造发生垂向上的渗漏和逃逸时，可能会对上覆沉积物造成影响，使其更容易发生沉积物失稳作用，进一步凸显了海底峡谷的地貌特征（刘杰等，2016）。

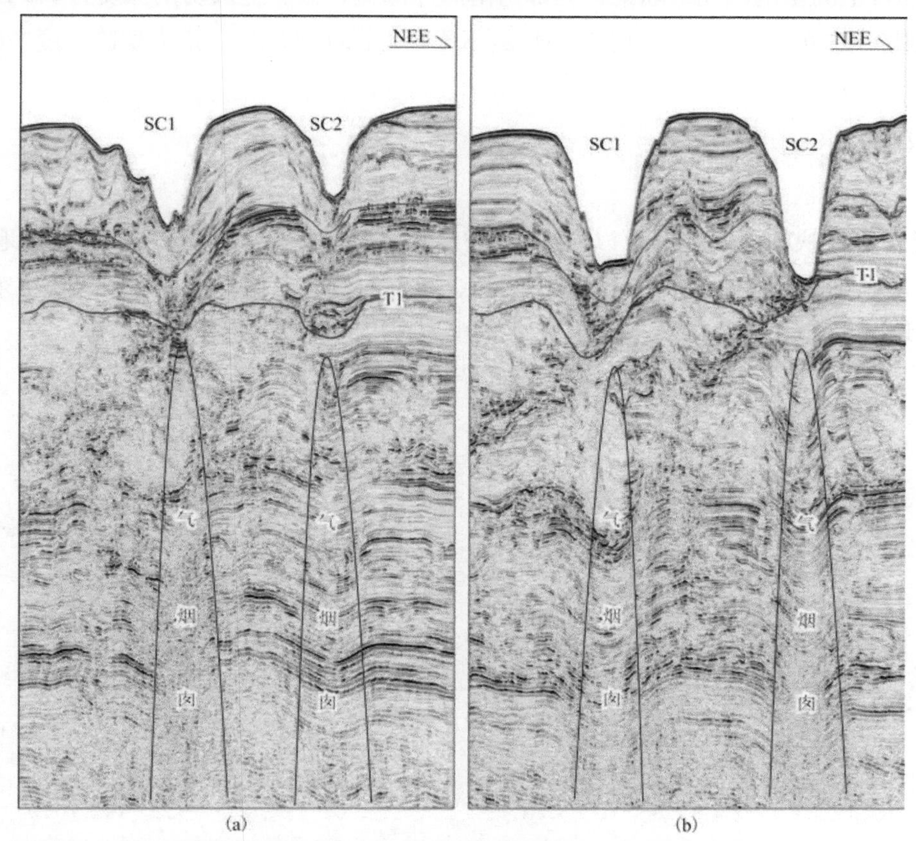

图4.40　研究区气烟囱构造与海底峡谷的垂向对应关系图（据刘杰等，2016）

2）峡谷成因

神狐海底峡谷特征区为陆坡限制型“无头型”海底峡谷，形成演化受沉积物供给、沉积物失稳作用、地貌特征和流体渗漏的影响。源自北部充足的沉积物以陆架边缘三角洲的形式进入到陆坡区域，为侵蚀性沉积物流的形成提供了物质来源。受沉积物供给和陆坡坡降的影响，沉积物失稳在研究区内广泛发育，形成了峡谷的雏形并促进了峡谷的沉积演化。高位体系域早期（HST-I）形成的一系列小型埋藏水道，为后期沉积物的注入提供了限制型的“负地形”，埋藏水道和峡谷在垂向上表现为叠置关系。区域内含烃流体沿着气烟囱构造的渗漏和逃逸可能会更加凸显海底峡谷的地形地貌特征。

地震资料揭示峡谷区浅部地层发育滑塌体，呈杂乱或波状地震相，滑塌体内部发育犁式断层，结合以往研究成果，认为研究区海底峡谷的形成与水合物分解有关。水合物分解导致浅地层沿北西向区域断裂发生塌陷，并在底流冲刷作用下形成海底峡谷及槽谷地貌，亦即海底峡谷是水合物分解及其有关的滑塌体在海底地貌上的反映。神狐海底峡谷特征区属滑塌型海底峡谷，其形成时间较晚，处于幼年期阶段推测为第四纪期间形成。

2. 海谷（珠江海底峡谷）

珠江海谷，又称珠江口外海底峡谷和珠江口外陆坡海谷，自北部大陆架边缘一直延伸到深海平原，呈北西走向，全长约340 km（图4.19）。该海底峡谷系统主体位于珠江口盆地白云凹陷处，主水道呈横“S”型，其头部可上溯至南海北缘陆架，尾部与南海深海盆相接。上段切割深度为440 m，谷坡坡度为0° 50′；中段切割深度530 m，谷坡坡度为1° 04′；下段接近深海平原处，最大切割深度770 m，谷坡坡度为1° 10′。

1）峡谷沉积特征

A.峡谷上段

从多波束资料所反映的海底地形可以看出，珠江口外海底峡谷呈西缓东陡的U型，地震剖面上可以看出峡谷内有受冲刷作用形成的规模较小的V型水道，峡谷西侧有向峡谷中心加积沉积，东侧水流冲刷较强，下部有多期埋藏水道（图4.41），而且埋藏水道也表现出同向轴向东迁移的趋势。

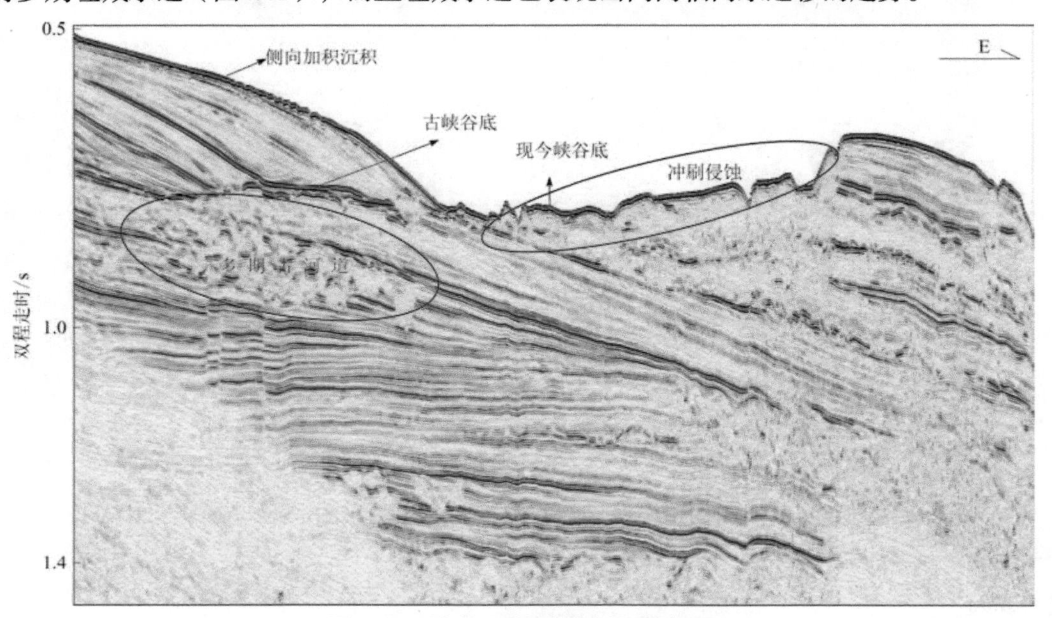

图4.41　峡谷上段地震剖面特征图

B.峡谷中下段

进入峡谷中下部后，峡谷西侧冲刷作用比东侧强，随着坡度的降低东侧冲刷剥蚀作用基本停止以沉积充填为主；西侧可见到明显重力流沉积、滑塌沉积，峡谷两侧断裂发育（图4.42）。近些年研究发现，峡谷所在的白云凹陷发育了规模巨大的南海珠江深水扇沉积系统（图4.43），并在中新世以来的地层中识别出多个纵向叠加的低位体系域，包括大型盆底扇、斜坡扇等沉积体（主要发育在21～10.5 Ma）（孙珍等，2005；彭大均等，2006；庞雄等，2007）。如在13.8 Ma的层序界面以上出现了一组具有独立的反射波组，该反射波组呈透镜体状、振幅较强、连续性好，两侧均超覆于13.8 Ma的层序界面之上，反映了盆地在相对平静的环境下接受重力流沉积的过程（图4.43）。该地区的岩性资料也表明研究区具有下粗上细的沉积序列（丁巍伟等，2013）。峡谷中部的包括盆底扇、斜坡扇在内的沉积体与其北侧陆坡区强烈发育的神狐海底峡谷特征区形成了良好的对应关系，形成了峡谷–深水扇的深水沉积系统。

在珠江海谷下段，峡谷特征不是很明显，主要集中在位置最低洼处，海底表层的沉积物没有被冲刷的现象。在地震剖面中反射特征表现为与海底近似平行的连续反射，未发现有埋藏水道，说明海底峡谷的中下段长期处于沉积充填状态（丁巍伟等，2013）。

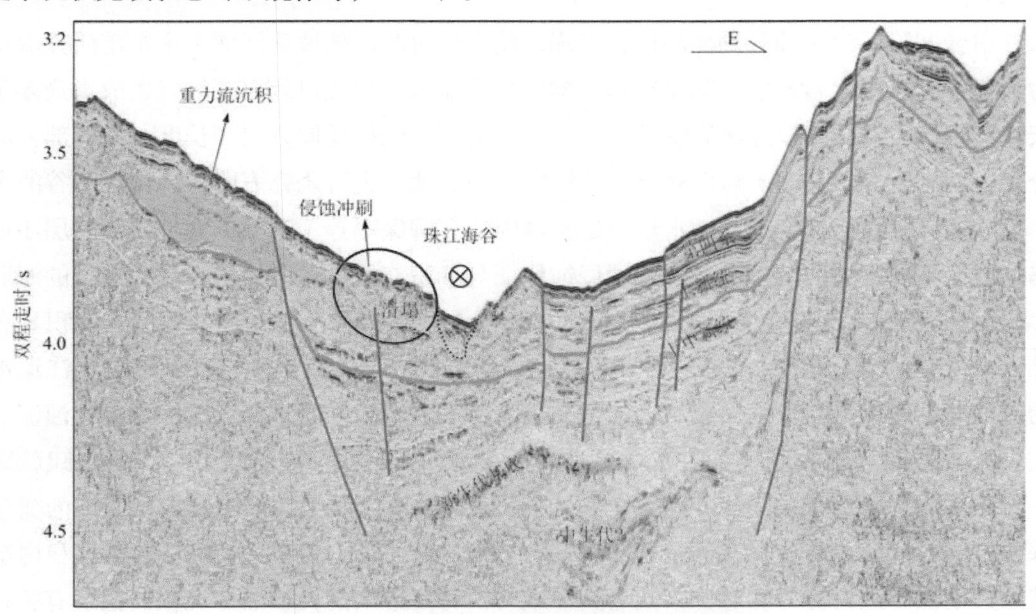

图4.42　珠江海谷中下段地震剖面特征图

红色实线为断层

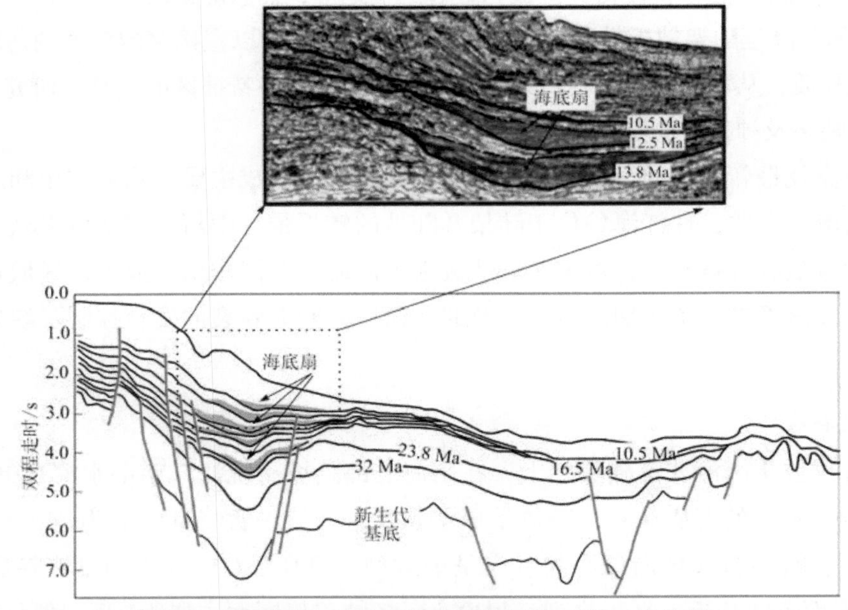

图4.43　穿越白云凹陷的反射地震剖面解释图（据丁巍伟等，2013）

剖面显示有多期垂向叠置发育的海底扇，红色实线为断层

C.峡谷尾段出口处的沉积特征

海底峡谷尾段进入南海海盆的沉积反射地层表现为层次密集，振幅低–中、中–高连续、平行状地震反射特征，反映了深水相平静的沉积环境。而在海盆区靠近陆坡坡脚一侧，有一楔形沉积体，中–高振幅，沉积由陆坡坡脚向海盆区逐步进积减薄，并最终消失。该沉积体为经由珠江海谷向海盆输送的沉积物堆积

而成，规模很小，这也进一步说明了经由峡谷/冲沟输送的陆源沉积物绝大部分被白云凹陷捕获（丁巍伟等，2013）。

2）峡谷成因

近年来在白云凹陷区深水油气勘探的巨大发现，使得南海北部陆坡珠江深水扇系统研究取得了巨大进展。而作为陆架–陆坡–深水盆地之间陆源物质传输的主要通道，珠江口外海底峡谷也成为众多学者研究的热点。金庆焕（1989）对珠江口外海底峡谷进行了形态描述，包括延伸方向和长度，并对部分区段的剖面形态进行分析；刘忠臣等（2005）对南海北部陆坡区的地形地貌进行研究表明影响珠江海谷的主要因素是构造作用，而冰期海平面变化、沉积、水动力是辅助因素；柳保军等（2006）通过详细的层序地层解释，对白云凹陷陆坡区不同区域的峡谷水道进行了侵蚀特征与沉积充填方式的比较，认为现今的海底峡谷发育13.8 Ma以来受海平面相对变化的影响相对较弱，主要受古地貌背景及其变迁的控制，沉积具有继承性；郑晓东等（2007）认为发生于13.8 Ma的强烈海退事件使得珠江口外海底峡谷和其下部珠江深水扇开始发育，浊流的剥蚀冲刷作用在陆坡区形成峡谷水道，进入深水盆地后开始堆积形成深水扇，浊流沿海底峡谷将碎屑物向凹陷内搬运，在海底峡谷内充填形成浊积水道砂体，在断裂坡折带之下快速卸载形成前积砂体；Zhu等（2010）研究了白云凹陷北侧陆坡区峡谷水道随坡度而发生的形态和沉积充填的变化，探讨了中新世以来的迁移性及其与洋流的关系；丁巍伟等（2010b）对珠江口外海底峡谷的地貌和构造特征与南海北部陆坡区其他峡谷进行分析和对比，认为其形成与古珠江带来的大量陆源沉积的搬运有关；丁巍伟等（2013）最新研究认为，珠江口外海底峡谷的形成主要受到新生代构造作用及海平面变化的控制，中新世以来白云凹陷强烈的沉降作用不仅使得该区成为显著的负地形，而且陆架坡折带也北移至白云凹陷北侧。21 Ma以来海平面的下降至陆架坡折带附近，陆架出露，古珠江可以直接穿越陆架到达坡折带，并向下陆坡及深水盆地倾泻物质，从而开始了珠江口外峡谷及神狐海底峡谷特征区的发育。研究区发育的北北西—北西向断裂控制了峡谷及神狐海底峡谷特征区的走向。

通过前人的观点及最新资料的分析总结，认为珠江海谷的形成主要与构造作用和海平面变化以及珠江大量陆源沉积的流入有关，珠江海谷位于陆架及陆坡的转折带，中新世以来该区域受到强烈的沉降作用，以及古珠江大量陆源沉积流入，对该区域造成强烈冲刷，共同作用形成了该区域负地形，冲刷作用及充填作用，对珠江海谷进行了后期改造，以及北北西—北西向断裂的发育控制了峡谷走向，形成了现今珠江海谷。

3. 一统海底峡谷群

一统海底峡谷群位于南海北部陆坡之上，在南海北部陆坡一统海丘南部水深1500～3000 m范围内分布九条规模、走向不一的海底峡谷，整体呈梳子状发育，统一暂将其命名为C1～C9峡谷（图4.44、图4.45）。九条海底峡谷自陆坡向深海盆方向呈聚敛型，其中，C1、C2、C3峡谷规模大，分布范围广，C4～C9峡谷平面形状相近，平行排列，规模小。各峡谷横断面主要为V型，偶见U型，两侧峡谷壁基本呈对称发育，坡度较陡。

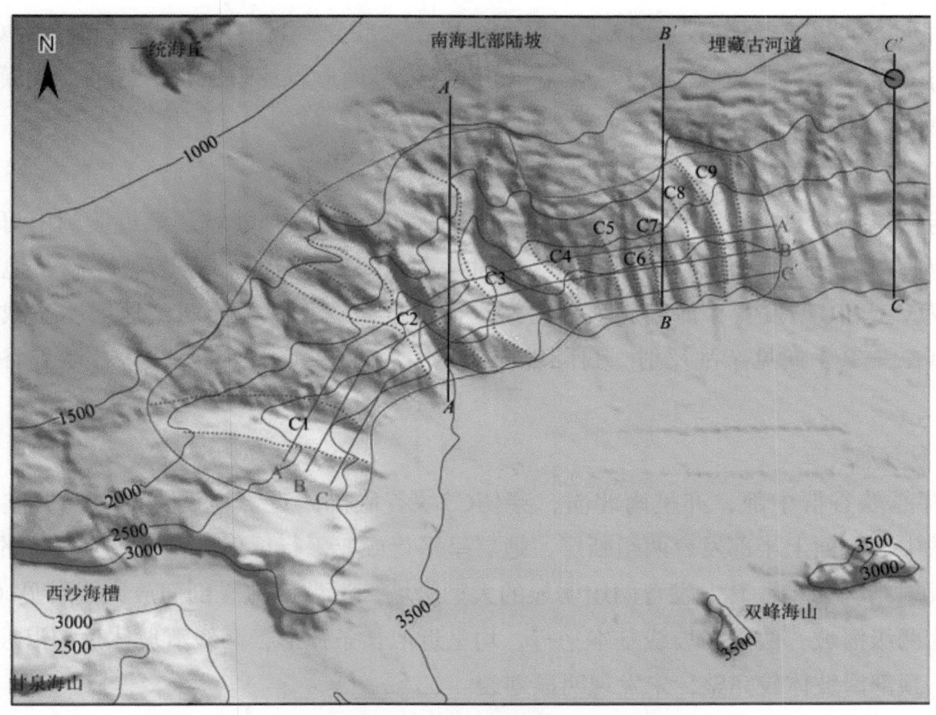

图4.44　一统海底峡谷群三维地形示意图（单位：m）

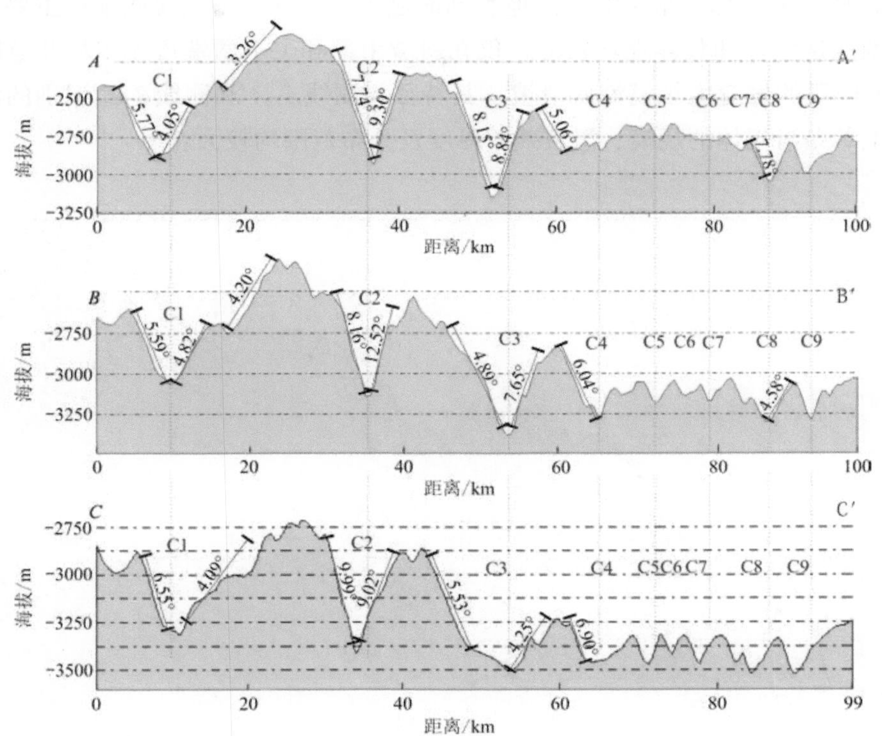

图4.45　一统海底峡谷群横切剖面对比图

1）峡谷群海底沉积特征

一统海底峡谷群自西向东分为九条规模、走向不一的海底峡谷，整体呈梳子状发育。根据各条峡谷的分布位置和发育形态，将峡谷群分为西段、中段和东段三个部分。其中，西段峡谷群包括C1～C3峡谷，发育规模大，分布范围广；中段峡谷群包括C4～C7峡谷，平面形状相近，平行排列，规模小；东段峡谷群包括C8和C9峡谷，其切割深度较中段明显增加，近平行排列。

A.峡谷群西段沉积特征

测线*A-A'*穿越峡谷群西侧，呈南北向，自北向南海底由南海北部陆坡逐渐过渡到南海海盆，中途切过C3峡谷顶部和C2峡谷底部（图4.46）。地震剖面显示，海底地层受多条断裂控制，地层呈阶梯状，在剖面上表现为V型和U型发育，海底斜坡重力滑塌面高度发育，下部第四纪地层明显减薄，但未完全缺失，上新统（T_2—T_3）偶见杂乱反射，自陆坡向海盆海底地层顺斜坡向下尖灭，峡谷谷底部分地层缺失。

B.峡谷群中段沉积特征

测线*B-B'*穿越峡谷群中部，亦呈南北向，穿切C7峡谷底部附近。地震剖面显示，整段剖面地层完整，未见明显缺失。剖面上半部发育两组断层，地层呈平行或亚平行反射结构，具有良好的连续性；剖面下半部以平行反射结构为主，其上发育两组明显的大型滑坡，滑坡体地震剖面放大图可见（图4.47），该滑塌体主要分为两级滑坡，两条滑坡线基本平行，均呈近似长条弧形，两级滑坡体顶部滑坡壁上均存在明显的滑坡残留，顶部滑坡体较完整，未发现明显划裂。

C.峡谷群东段沉积特征

测线*C-C'*穿越峡谷群东部，呈南北向。地震剖面显示，该陆坡斜坡海底地层主要以平行和亚平行反射结构为主，地层连续性和整体性均较好，仅在斜坡中部和上下两端可见零星几条断层，规模不大（图4.48）。斜坡中段的发育大规模海底滑坡，其特征与测线*A-A'*和测线*B-B'*识别的海底滑坡基本一致，但测线*C-C'*上单条滑塌体的规模、滑坡残留厚度及分布范围均较大。

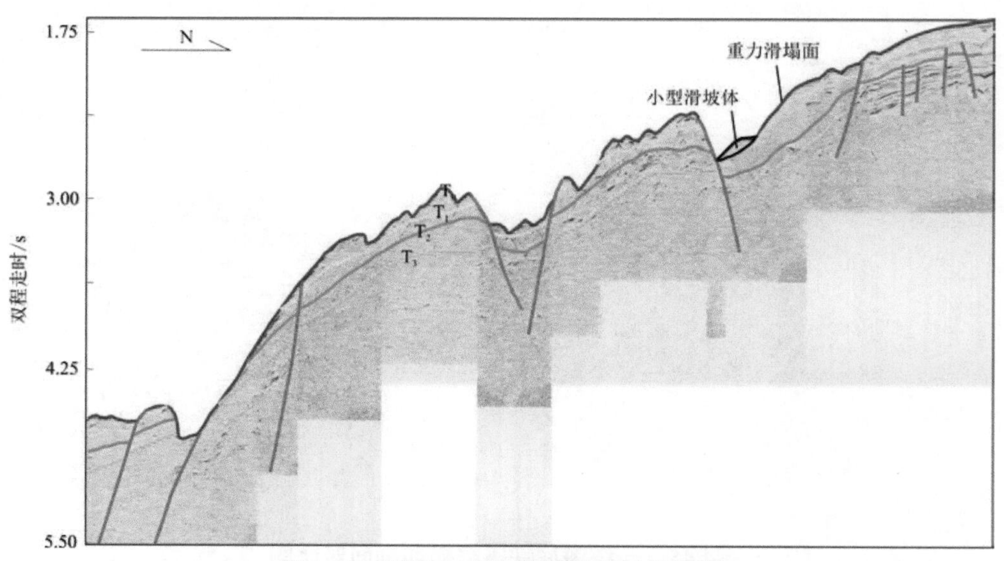

图4.46　测线*A-A'*地震剖面反射特征图

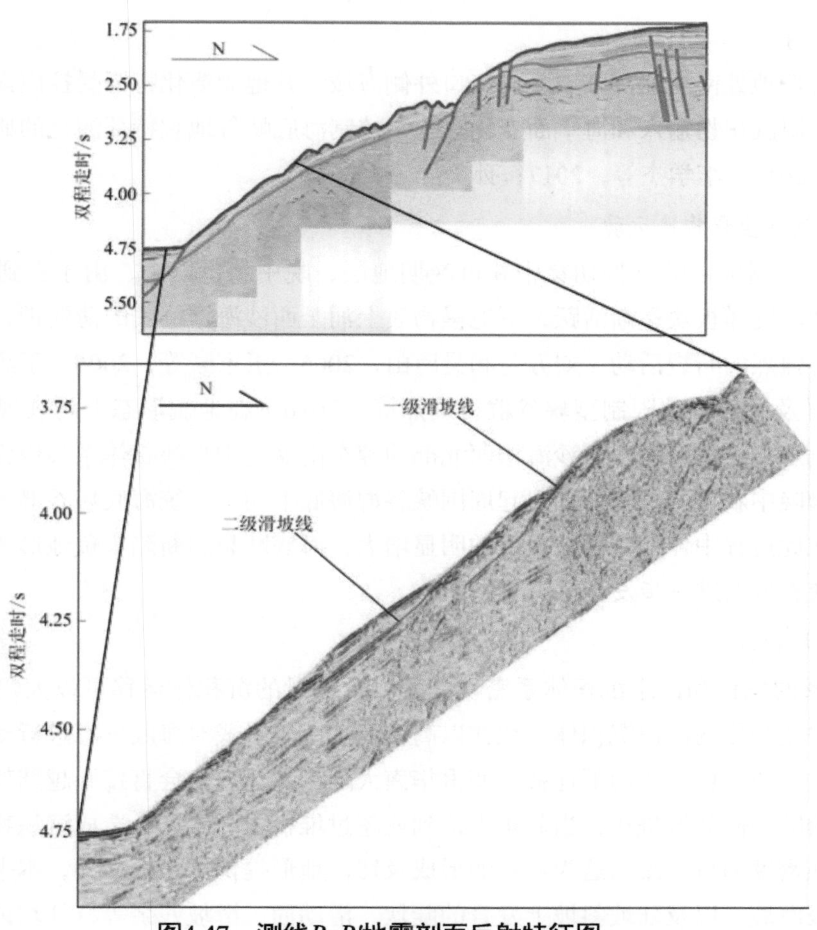

图4.47　测线$B\text{-}B'$地震剖面反射特征图

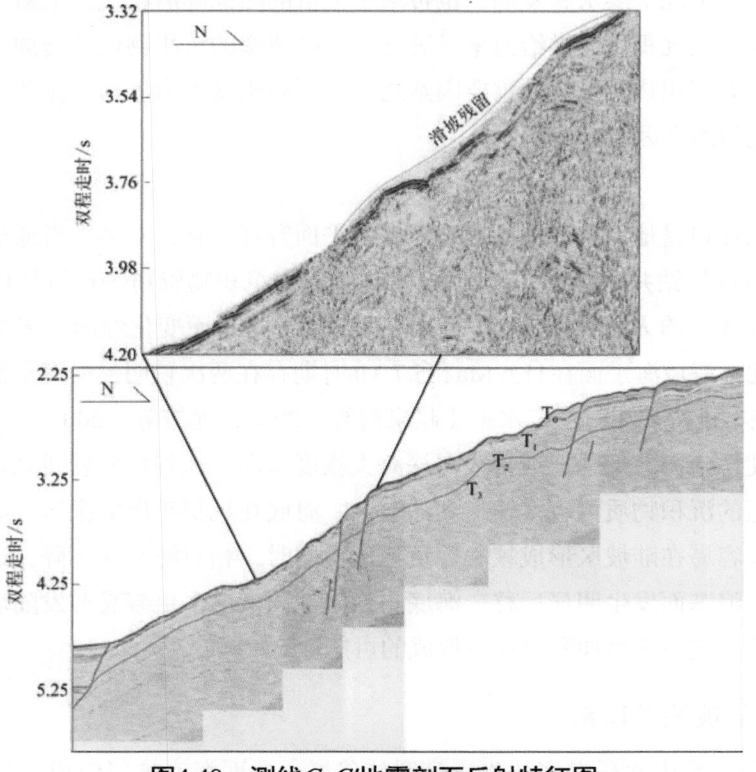

图4.48　测线$C\text{-}C'$地震剖面反射特征图

2）控制因素分析

一统海底峡谷群地处南海北部陆坡，珠江口外侧海域，其地貌演化特征受控因素存在多样性，包括新生代地质构造、陆源沉积物输入和海平面变化等均是控制海底峡谷地貌特征演化的典型因素（丁巍伟等，2014；殷绍如等，2015；李学杰等，2017；孙美静等，2018）。

A.南海北部陆坡新生代构造运动

地震剖面显示，研究区峡谷群切穿中新世晚期地层，晚中新世以来，由于受到地球深部构造机制调整，太平洋板块和印度洋板块逐渐活跃，下地幔物质上涌至西沙海槽槽底的薄弱带，造成海槽周围海底加速沉降，并伴随着强烈的断裂活动（刘方兰和吴庐山，2006；王家豪等，2006；丁巍伟等，2009），研究区一统海底峡谷群及北部陆坡限制型峡谷群（刘杰等，2016）在地貌形态上均表现为近海槽的峡谷西侧规模大于峡谷东侧规模，而发育于西沙海槽西北部的琼东南盆地中央峡谷体系表现为相反的东深西浅的特征，说明西沙海槽晚中新世的沉降活动引起周围峡谷群海底下切，一统海底峡谷群离西沙海槽较近，受拉张幅度较大，且在此过程中伴随着海底坡度的明显增大，海底断裂、断陷等负地形成为该区域海底地形的薄弱带，为海底峡谷群的进一步发育提供了可能。

B.陆源沉积物质输入

深水峡谷体系的发育和深水沉积体系密切相关，大体量的沉积体运移可以大幅度加剧海底峡谷的发育规模，特别是快速变化的高速沉积体，往往以高密度浊流等形式对海底形态进行刻画和塑造。中新世以来，南海北部陆坡（架）坡折线向下迁移，使得华南大陆古珠江有机会直接穿越陆架到达陆坡附近，随着陆缘沉积物不断由陆架向陆坡进积，当其重力达到或超过堆积阻力时，会造成沉积物失稳，碎屑自陆坡顺势滑下，形成较强密度的重力流，这为峡谷的形成及切割地形提供了初始动力，本书*A–A'*地震剖面上揭示的杂乱反射和多级滑坡，以及陆坡斜坡上发育的陡坎、滑动面、滑坡残余等特征均证明了这一点；同时，中全新世季风降雨增强，出现了洪水高发期，也带来了大量的陆源碎屑物质，上新世以来，在全球性沉积作用背景下，研究区第四纪沉积物的供给速率显著增加，高速率的沉积物供给增加了陆坡斜坡发育的不稳定性，成为诱发海底重力沉积物流发生的重要因素之一，而高密度重力沉积物流的向下运动对下伏地层的冲刷是形成海底峡谷地貌的主因。

C.海平面变化

晚中新世以来，珠江口盆地经历了多次大规模的海平面升降变化，众多学者通过对该区域深海钻井资料（如珠江口盆地60口油气钻井资料、ODP184航次连续深海沉积物资料）进行微体古生物定量分析，建立了相对海平面变化曲线。前人研究认为，21 Ma以来，南海海平面变化经历过多达16期次比较明显的海平面升降旋回，南海北部海域海平面在11.6 Ma和5.7 Ma时期存在两次较明显的海平面大幅下降活动，而自5.7 Ma始至今海平面基本维持在相对稳定水平（赵泉鸿等，2001；庞雄等，2007）。

相对海平面下降使得南海北部陆架坡折线向深海大幅度移动，峡谷群所处研究区由沉积环境转变为侵蚀环境，陆上河流搬运的沉积物质可直接输送到陆坡区，海底在沉积碎屑的搬运、磨蚀和快速堆积等重力流的强侵蚀作用下，极容易在陆坡区形成峡谷等负地形；同时，相对海平面下降，近岸波浪、潮流影响范围由陆架向陆坡过渡，浪基面发生明显后移，海底不稳定性因素增多更容易触发陆坡失稳机制，从而发生陆坡滑塌、浊流沉积等，进一步增加海底峡谷形成的可能性。

（四）南海西部陆坡峡谷体系

南海西部陆坡峡谷体系由永乐海底峡谷、日照峡谷群、盆西海底峡谷组成，该峡谷体系内峡谷较分散，日照峡谷发育西部陆坡上陆坡连接中建南海盆，水深为359～2234 m，永乐海底峡谷发育于西沙台地连接西北次海盆，水深为1750～3000 m，而盆西海底峡谷位于西部陆坡下陆坡，由中建南海盆连接西南次海盆，水深为2850～4300 m。三条峡谷的形态特征也各不相同，成因也存在差异。

1. 永乐海底峡谷

永乐海底峡谷又称三沙海底峡谷（李学杰等，2017），是连接西沙碳酸盐台地与西北次海盆的深水海底峡谷，起源于永兴岛和东岛之间的浅水区域，输送了大量碳酸盐碎屑到西北次海盆（图4.49）。整体形态表现为位于东岛台地东北侧多条峡谷分支汇聚到一条主峡谷通往西北次海盆。

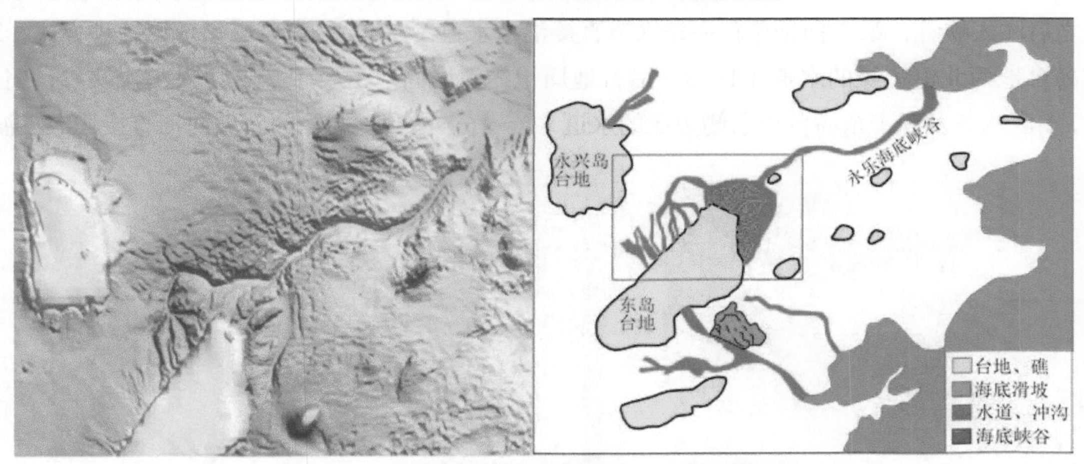

图4.49　永乐海底峡谷海底地貌及其解释分布图

1）峡谷沉积特征

海底峡谷的横断面呈V型、U型，可以分为峡谷外侧、斜坡和谷底三个部分。峡谷外侧平缓、两侧斜坡陡峭、谷底平缓。沿着峡谷走向，可以分为上游、中游和下游三个部分。上游部分主要集中在物源的供给区域，源区包括东岛台地和永兴岛台地，其中主要沉积物来自东岛台地（图4.49）。坡度较陡、坡度变化较大，环礁周边的水道和海底滑坡体系是源区碎屑物质的搬运通道；中下游部分坡度平缓、坡度变化小，以碎屑物质的搬运为主，汇入两侧斜坡上的侵蚀、坍塌形成的碎屑（图4.50），在西北次海盆形成了喇叭状的入海盆口。从图4.50也可以看出，横切峡谷中下部的地震剖面内部充填了大量沉积物，两侧发育大量的岩体，造成两侧地层抬升，形成有利峡谷形成的负向地形。

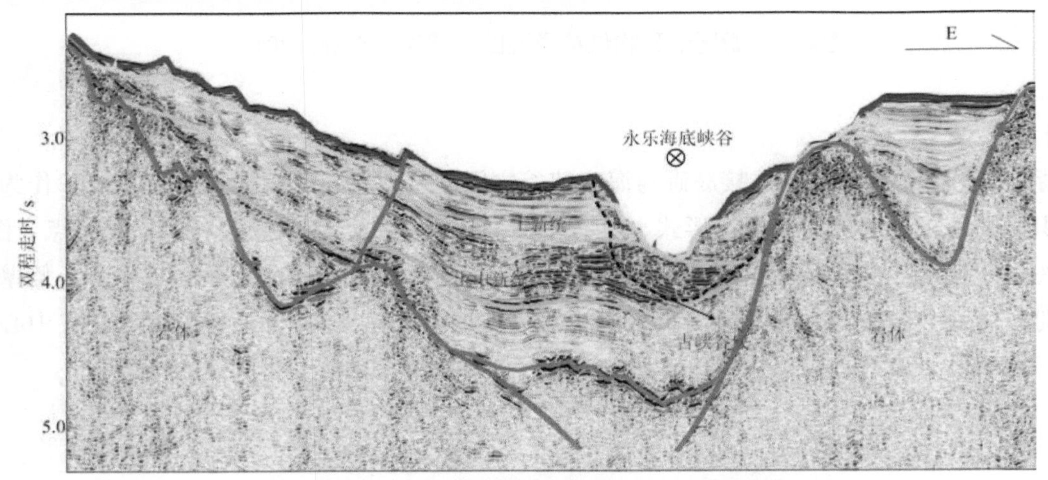

图4.50　位于永乐海底峡谷中下部地震剖面图

从地貌特征上可以识别出连接源区和三沙海底峡谷的重力流通道有两种形式（吴时国和秦蕴珊，2009）：环礁周边的水道和海底滑坡。重力流类型包括滑动、滑塌、碎屑流和浊流等，并进一步将滑动、滑塌和碎屑流统一称为块体搬运沉积体系或块体流（mass transport deposition，MTD；解习农等，2012；吴时国和秦蕴珊，2009）。西沙碳酸岩台地的碳酸盐碎屑物质以多种重力流类型输入峡谷中，最终沉积到西北次海盆中。

A.水道

水道作为连接岛礁与海底峡谷之间的重力流通道，其输送通道形成了两种方式，第一种是多条水道汇聚于一点之后注入峡谷，第二种是单独一条水道直接汇入水道（图4.51）。A区呈现第一种方式，A区八条发源于东岛台地西北侧边缘的水道（1～8）沿台地周缘的斜坡向下汇聚于一点注入三沙峡谷；B区呈现第二种方式，B区八条发源于东岛台地东侧边缘的水道（9～16）沿台地周缘的斜坡向下直接注入三沙峡谷。

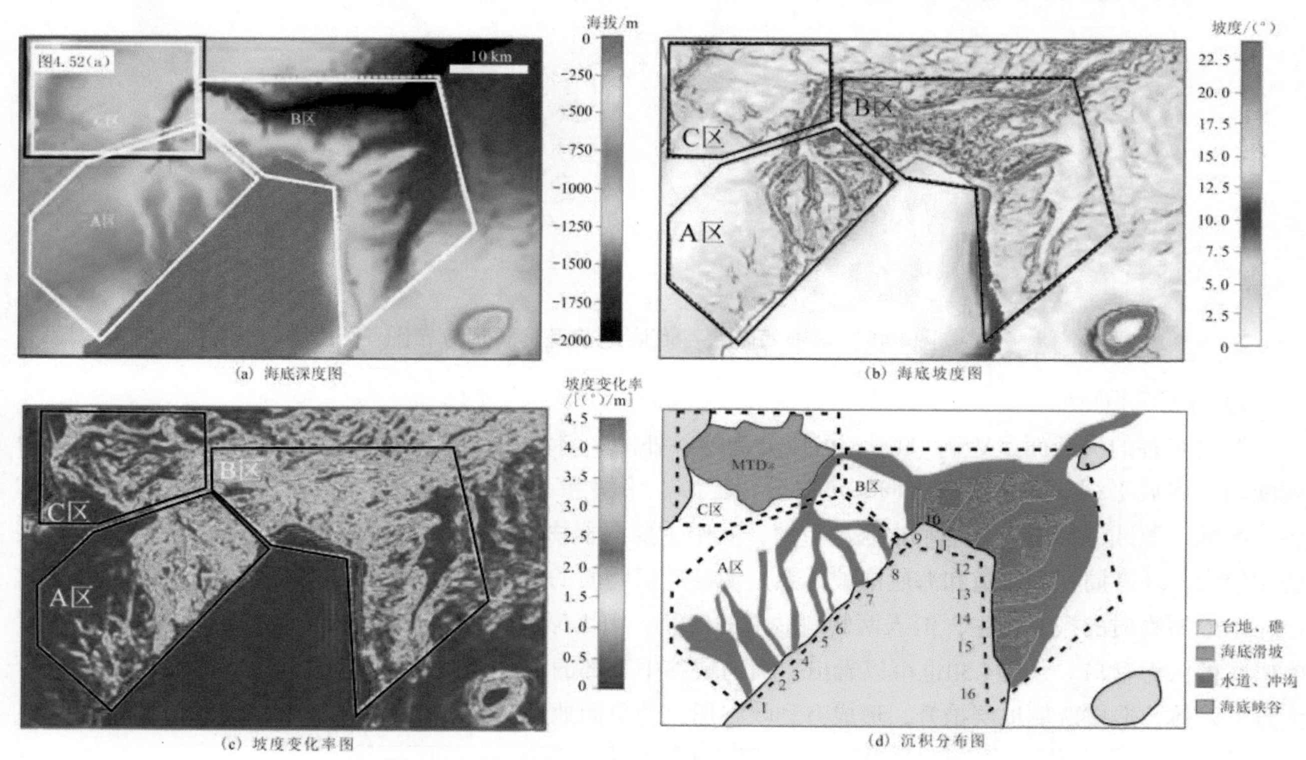

图4.51　源区沉积物供给通道图（据李学杰等，2017）

B.海底滑坡

海底滑坡是另外一种主要的连接岛礁与海底峡谷之间的重力流通道，其中形成的MTD作为台地周边不稳定沉积物失稳之后的重力流搬运形式，具有平面分布面积大、陡峭侧壁和后壁等特点（图4.51中C区）。永兴岛台地与三沙峡谷之间的海底滑坡特征明显，垂直流动方向的宽度为8.74 km，侧壁形成的陡崖高度分别为76 m、91 m。沿着流动方向的海底最大坡度可以达到26°。后壁到海底峡谷中心的距离为17.23 km（图4.52），高程差可以达到1.18 km，形成了楼梯状、两头陡、中间缓的特征。

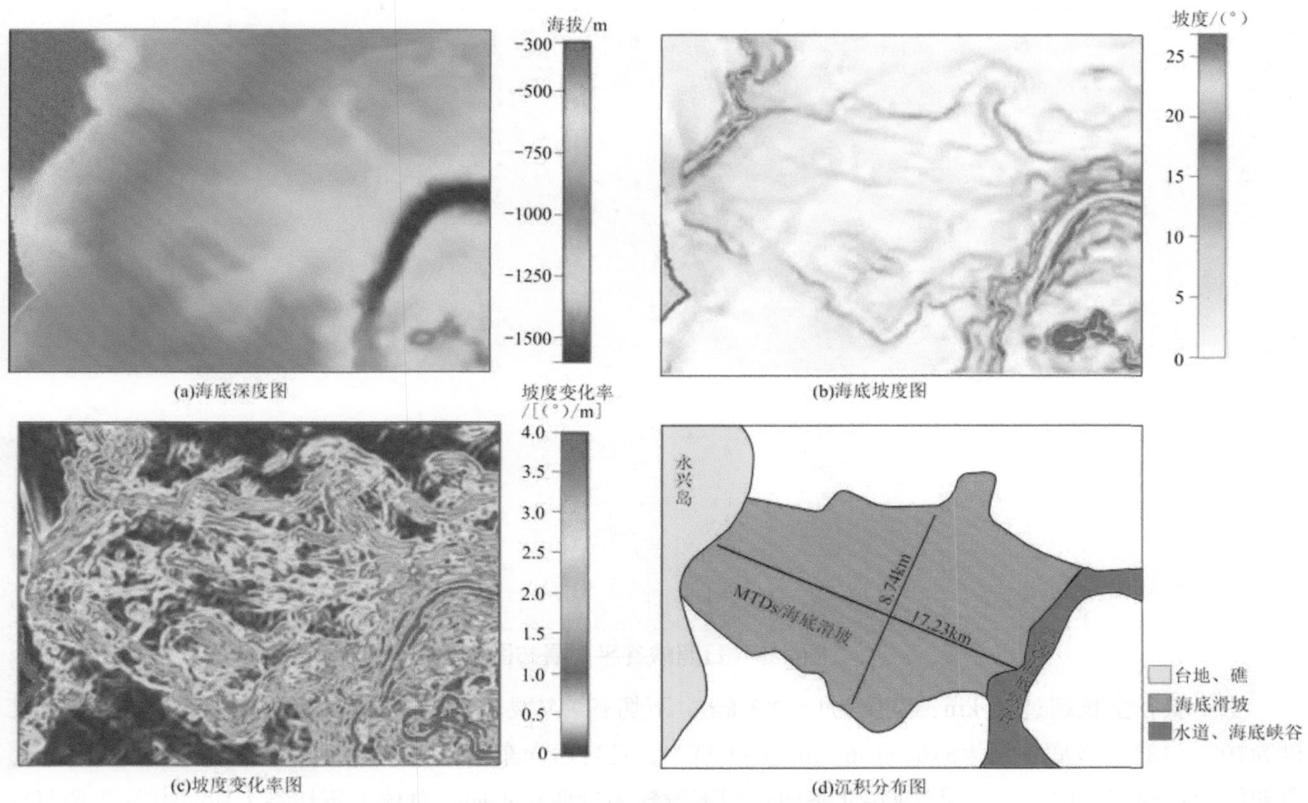

图4.52　永兴岛海底滑坡（位置见图4.51；据李学杰等，2017）

2）峡谷成因

永乐海底峡谷的起源与台地斜坡上的碳酸盐岩碎屑沉积物重力流相关，其主要证据如下：①从沉积背景上看，永乐海底峡谷位于西沙碳酸盐台地东部，与西北次海盆连接，从古近纪末期开始，西沙群岛一直是碳酸盐台地发育的地区，该海底峡谷应该以碳酸盐岩碎屑为主。②多波束数据显示，永乐海底峡谷垂直区域等深线延伸，轴向切口的形成机制是沿斜坡向下的重力流作用，表明重力作用下的轴向切口是一个重要的因素，控制峡谷形态和进化。③永乐海底峡谷是点源型输送通道，其上游的重力流通道类型包含了水道和海底滑坡，物源区包含了东岛台地和永兴岛台地，为永乐海底峡谷中的重力流活动提供了重要证据。④根据现代层序地层学理论分析认为，低水位期，碳酸盐台地大片出露，陡峭的碳酸盐台地斜坡非常容易失稳，峡谷逐渐深化导致复发性轴向切口的形成；高水位期，碳酸盐台地斜坡被淹没，台地周缘相对稳定，重力流不发育，具有类似特性的陆坡限制型峡谷在其他大陆边缘、碳酸盐台地斜坡上均有发育。基于目前的资料，还无法就碳酸盐型海底峡谷的成因进行深入讨论。

2. 日照峡谷群

南海西部日照峡谷群分布于中建南海盆西北部陆坡区，主体发育在中建南斜坡，向东、东南方向延伸进入深海盆区。峡谷群由一条近东西向的主干峡谷和向南侧坡降方向分出多条连接在主干上的“树枝状”分支峡谷组成（图4.53）。峡谷头部源于上陆坡，未与陆上河流相连，属于陆坡限制型海底峡谷。

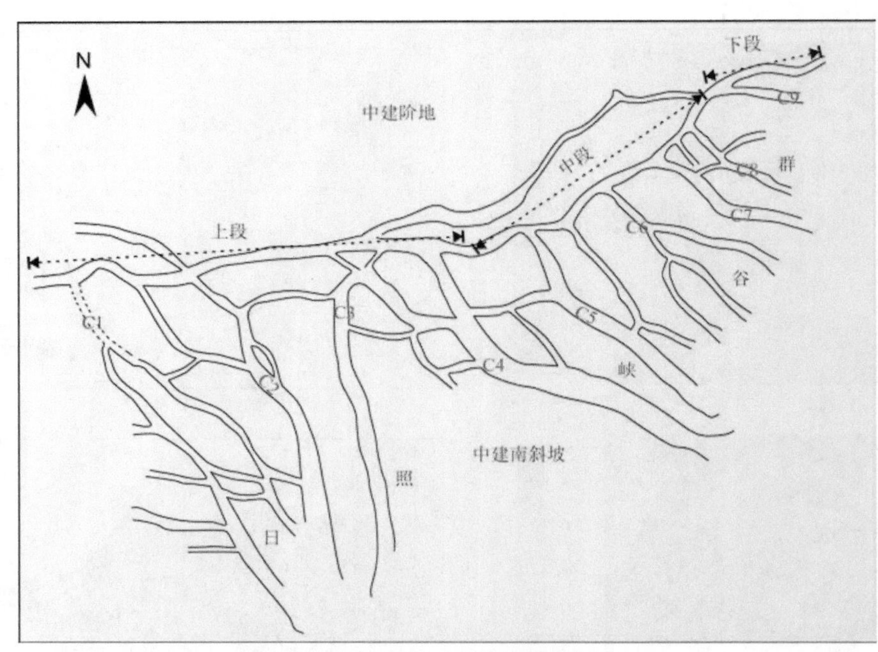

图4.53 日照峡谷平面展布图

主干峡谷全长超过70 km，宽度为1～2.3 km，下切谷为V型、U型，下切深度为40～241 m，谷壁坡度为10°～18°，谷底水深为536～1064 m（图4.51），且自西向东水体逐渐加深。其总体上分为三段：上段初始为近西东走向；中段是南西–北东向；到下段转为近西东走向。总体上下切谷上段–中段–下段呈U型—V型—V型变化，下切深度亦是呈变小趋势；谷顶宽度从最宽—中等—最小，上段向中段走向转折处达到最宽，再逐渐变窄；坡度是由大—小—大变化，最后消失于东部下陆坡深水区。主干峡谷向南侧连接多头分支峡谷，按照它们关联形式理出九条主要分支峡谷为C1～C9峡谷（图4.51）。

1）峡谷沉积特征

识别出峡谷体系的沉积特征，进行峡谷内部、周缘及峡谷出口外的沉积结构精细刻画。

A.谷底界块体流沉积

峡谷底部边界之下是平行连续反射层组，与该界面呈削截关系；界面之上在峡谷边界内为杂乱或低连续反射沉积，边界外的周缘一般为中连续反射层组，上超或下超于该界面（图4.53），此界面称为重力流侵蚀初始面。峡谷底部及周缘为一套中弱振幅、杂乱–低连续反射沉积，内部呈现褶皱、变形的二次堆积特征，具有一定的冲蚀能力，属于块体流沉积体，近旁可见原地连续反射地层，未被冲刷改造。重力流初始侵蚀大致是在晚中新世，主要为重力流裹挟沉积物运移，其能量强劲，将原地连续地层冲蚀（吴时国等，2011），进而成为薄弱带，更容易产生侵蚀谷，形成初始负地形。

B.峡谷内部充填

峡谷C4是分支峡谷中规模最大的一支，C4和C5均存在多条小水道汇入；它们横剖面下切形态早期为V型，被后期沉积物充填，现今底平呈U型（图4.54a），内部呈多期沉积充填特征。峡谷C4上段和中段的海底下切谷深333 m、319 m，下部充填厚度为1.3 s、1.26 s（双程走时）[图4.54（a）]。因峡谷内不断被冲刷侵蚀，形成多期水道叠置、伴有侧向迁移和垂向加积充填的特征，从老到新内部水道的下切宽度逐渐变小，每期水道侵蚀底部呈下凹状、强振幅反射，表明水道底部一般为粗粒滞留沉积物，内部充填以杂乱反射为主，亦有中等连续反射，中–强振幅，单向上超、双向上超反射；谷壁坡度陡峭，谷壁坡度一般在

15°～20°，侧壁发育有阶梯状断层，依断层面逐级向峡谷内坡降滑移（图4.54），谷壁被冲刷及垮塌的沉积物沿着侧壁滑移到谷底堆积，表现为强振幅、杂乱结构反射。

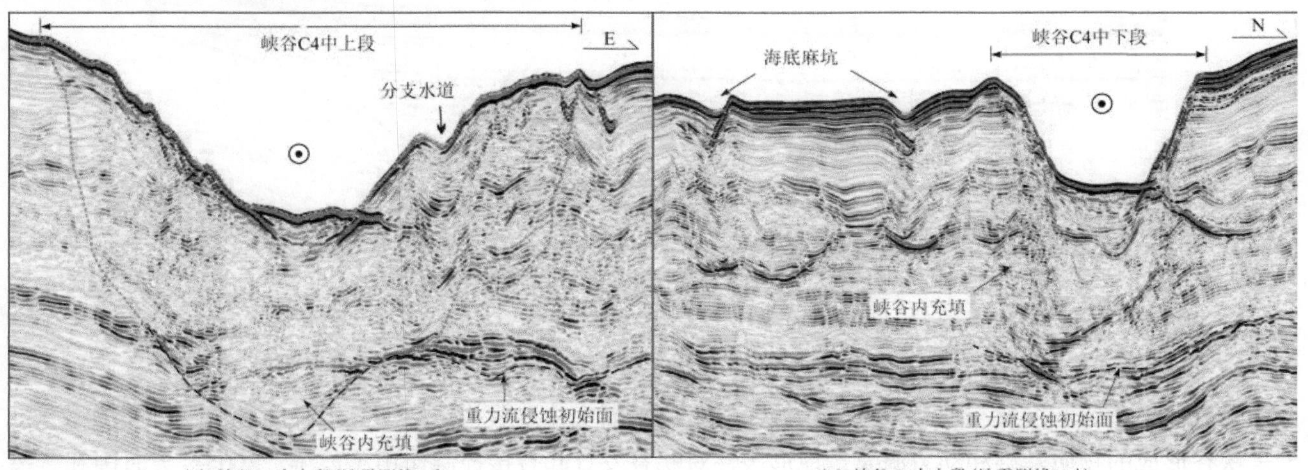

（a）峡谷C4中上段（地震测线L1）　（b）峡谷C4中上段（地震测线L1′）

图4.54　峡谷C4地震上显示的沉积特征图

单支峡谷从上段、中段到下段，水深逐渐加深，谷顶宽度减小，谷底宽度增大，海底下切深度减小，谷内充填厚度减薄。同时峡谷下段的底部充填与上段、中段的沉积特征明显不同，下段谷底未见明显的块体流侵蚀性沉积体，表明到下段沉积物供给量较上段和中段明显减少，沉积物搬运速度放缓，使得侵蚀下切能力下降，以谷壁滑塌/滑移、谷内浊流沉积充填为主；峡谷上段和中段以侵蚀下切与沉积充填作用为主，到下段主要表现为下切作用。峡谷之间对比，从峡谷C4向东到C5、C6、C7、C8，峡谷规模逐渐变小。峡谷边界多是受断层控制，侧壁因坡度和重力影响，而发生滑塌或滑移。谷内均发育多期水道下切与充填，水道主轴有迁移特征，总体经历"冲蚀—充填—再冲蚀—再充填"的沉积作用过程。

C.谷堤岸沉积

峡谷侵蚀边界两侧堤岸上，一般表现为平行-亚平行结构、中振幅、高续反射特征，但被多条水道冲刷后又充填。如峡谷C4堤岸上水道充填为平行结构、双向上超、单向上超、中-高连续反射；谷内及两侧堤岸上水道从早期至现今呈现向东、向北迁移和侧向加积特征。同时堤岸海底多发育小型下凹谷，地貌上称作"海底麻坑"，其下地层塌陷[图4.54（b）]。

D.谷口外沉积

在峡谷群下游-嘴部，水深为1584～1713 m，发育透镜状扇体，内部主要呈中-低连续反射，有逆冲断层，发生褶皱挠曲（图4.54），局部可见连续的强振幅反射，周缘地层主要为连续平行结构发射，它们呈不整合接触，此属于浊流成因的深水扇沉积；且如图4.54（a）、（b）所示扇体东部约5 km位置有出露海底的海山，可能因海山的遮挡效应，使得扇体并未向东部扩展。表明重力流裹挟沉积物以峡谷为主要运输通道，到达峡谷下游以浊流形式继续搬运，延伸到峡谷嘴部的广阔深海区摆脱峡谷侧壁束缚，发生沉积物卸载，发育了深水扇（图4.55）。

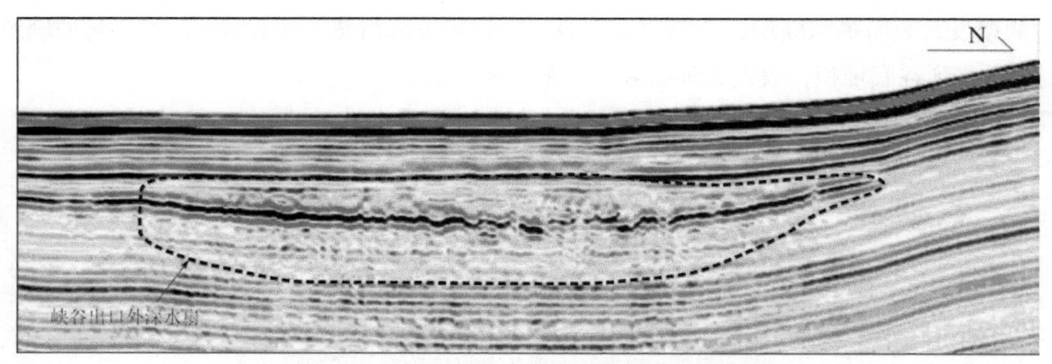

图4.55 峡谷出口外深水扇体沉积特征图

2）峡谷成因

峡谷体系形成和演化与地形条件、物源供给、海平面变化以及构造活动等多种因素相关，其中物源供给是峡谷形成的物质基础和动力源泉，地形条件对峡谷发育起直接控制作用（姜涛，2005；吴时国和秦蕴珊，2009；陈慧，2014）。

A.积物供给

在陆架–陆架边缘区的东西向地震剖面上显示，来自西部的充足沉积物，在陆架边缘发育三角洲、滑塌、块体流沉积等，具明显的进积特征，陆架坡折不断向东侧海域迁移，沉积物向东部搬运。当大量的沉积物沿着陆坡坡降方向发生输送和搬运时，会形成向下的侵蚀性沉积物流，从而对下伏地层造成冲刷（Sanchez et al.，2012）。如峡谷底界面上发育的下切谷，证实存在沉积物流的侵蚀作用；而高水位期，陆架边缘体系强烈进积会带来更多沉积物，将进一步加剧冲蚀作用，从而形成海底峡谷。伴随充足沉积物的供给，强烈的沉积物流导致峡谷地貌进一步凸显（刘杰等，2016），如一方面峡谷侵蚀能力不断增强，峡谷下切加深、变宽，如峡谷C4、C5上段和中段的下部呈V型，表明早期峡谷的冲蚀能力强；另一方面使得峡谷侧壁陡峭程度加大，发生沉积物失稳，向谷底滑移、滑塌堆积[图4.54（a）]。

B.地形条件

南海西部的日照峡谷群发育位置及走向等均受地形特征直接控制，主要体现在两方面：地形坡度和水深变化。本区表现出北高南低，西高东低、向东和东南方向水体加深的地形特征，西部是狭窄的陆架，向东为陆坡。靠近西部陆架区水深线呈近南北走向，主干峡谷头部在该区域（水深近300 m）垂直等深线东西走向发育，再向东与中建阶地和中建南斜坡的地形转换带走向一致（南西–北东向），基本沿着该转换带或紧邻它，一直向东部坡降下倾方向（坡度约0.5°）延伸到深水区（水深超1300 m）。峡谷分布区的北侧是较平缓的中建阶地（坡度约0.2°），南侧是向南部坡降的中建南斜坡（坡度约1°，南侧是向南），分支峡谷在该斜坡上展布，延伸进入南部中建南海盆深水区（水深大于1500 m）。

3. 盆西峡谷

盆西峡谷是位于南海西部陆坡的一条大型深水峡谷，起源于中建南海盆中东部，直至西南次海盆，为盆西海岭和盆西南海岭的分界线，是大型陆坡限制型峡谷，整体呈北西向，水深为2850～4300 m，全长约188 km、宽1.5～14.5 km。

1）峡谷沉积特征

盆西峡谷（图4.56）具有“分段性”特征，剖面从西北向东南依次表现为上段U型、中上段V型、中下段下V上U型和下段U型。上段以沉积作用为主，发育多期下切河道充填沉积厚度可达1200 m；中上段以侵蚀-沉积过渡作用为主，发育浊积水道砂体；中下段以冲刷作用为主，发育内堤岸和块体流沉积；下段发育块体流和滑塌体沉积。

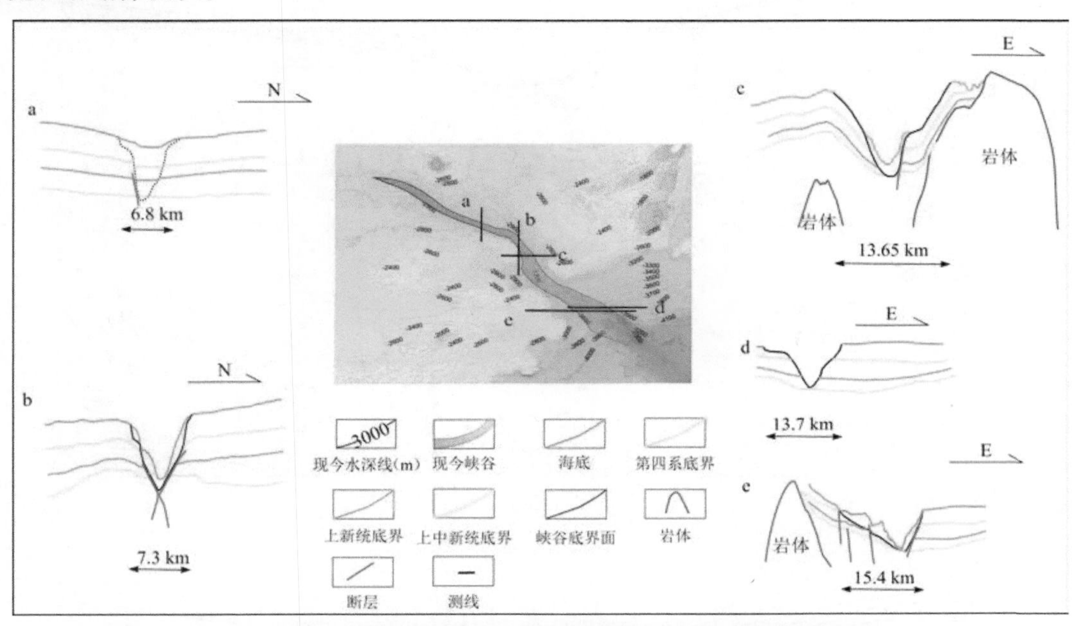

图4.56　盆西峡谷平面展布及典型地震剖面形态特征示意图

通过对盆西峡谷地貌形态特征及地震相的分析，发现峡谷由北西向东南发育存在较明显的差异，认为盆西峡谷具有明显的“分段性”特征（Su et al.，2014），可以将其分为四个区段。峡谷上段是峡谷的头部为峡谷刚发育的区域，即中建南海盆中部拗陷，从地形地貌上可以看出峡谷呈北西向为“U”型，地形坡度小，有一定牵引作用，以冲刷-沉积作用为主，发育多期下切河道充填沉积，厚度可达1200 m；图4.56中测线a中古峡谷底形态为U型，顶界面宽6.8 km，下切深度约1330 m（王衍棠等，2006），充填厚度最大，峡谷的底界面切割了第四系—上中新统，且在内部识别了T_1、T_2、T_3三个界面。从峡谷头部测线a中由下到上共识别了三种地震相（图4.57）。地震相a'表现为层状、强振幅、连续性好的地震反射特征，认为是一套高含砂率、垂向叠置的浊积水道砂体。该套反射体在峡谷头部广泛发育，可以作为浊积水道识别的标志性特征之一（图4.56和图4.57中a'）。地震相b'表现为中等反射强度、连续性差-杂乱的反射特征，内部常见一系列小型不整合界面，反映了随着水道迁移和摆动而表现的相互冲刷和切割特征（图4.57中b'）。地震相c'平行、中等-强振幅、连续性好的反射特征，反映出深海细粒沉积的特征（图4.57中c'）。而且在测线a的中中新世地层中发现了大型古河道。

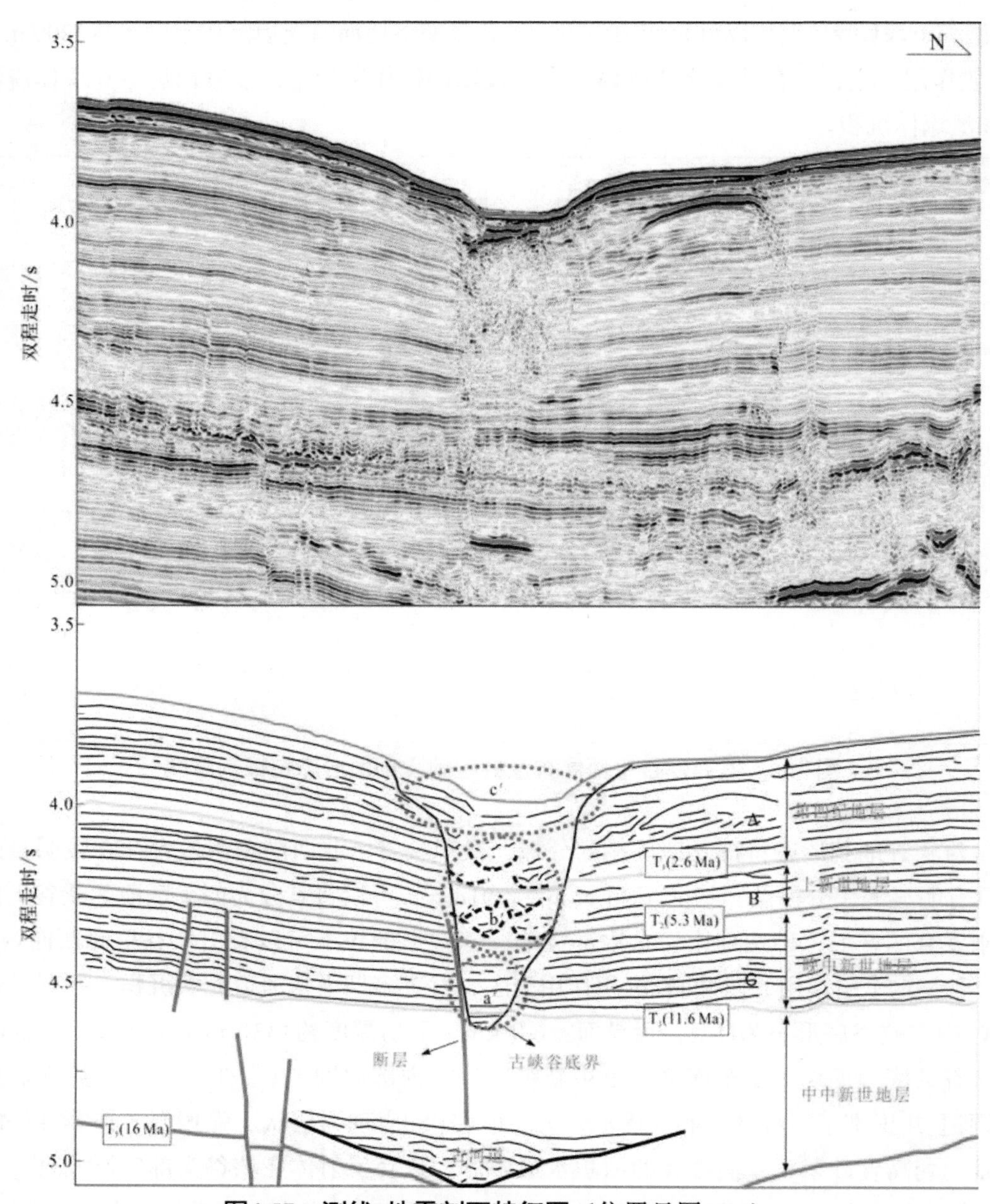

图4.57　测线a地震剖面特征图（位置见图4.56）

第二个区段是中上段，位于盆西海岭和盆西南海岭之间，峡谷走向由北西向转为北北西型，为V型，以侵蚀–沉积过渡作用为主，坡度加大，水动力增强、物源足，侵蚀作用强，沉积作用也强，主要表现为重力流快速沉积；图4.56中北南向地震测线b中峡谷底为V型，顶界面宽7.3 km，下切深度为1169 m；峡谷的底界面切穿了第四系—上中新统。从b测线中识别的地震相a′ 和d′，地震相d′ 表现为较强的振幅、亚平行–平行、连续性好的地震反射特征，具有“海鸥式”外部形态，将它解释为天然堤或溢岸流沉积体（图4.57和图4.58中d′ ）。

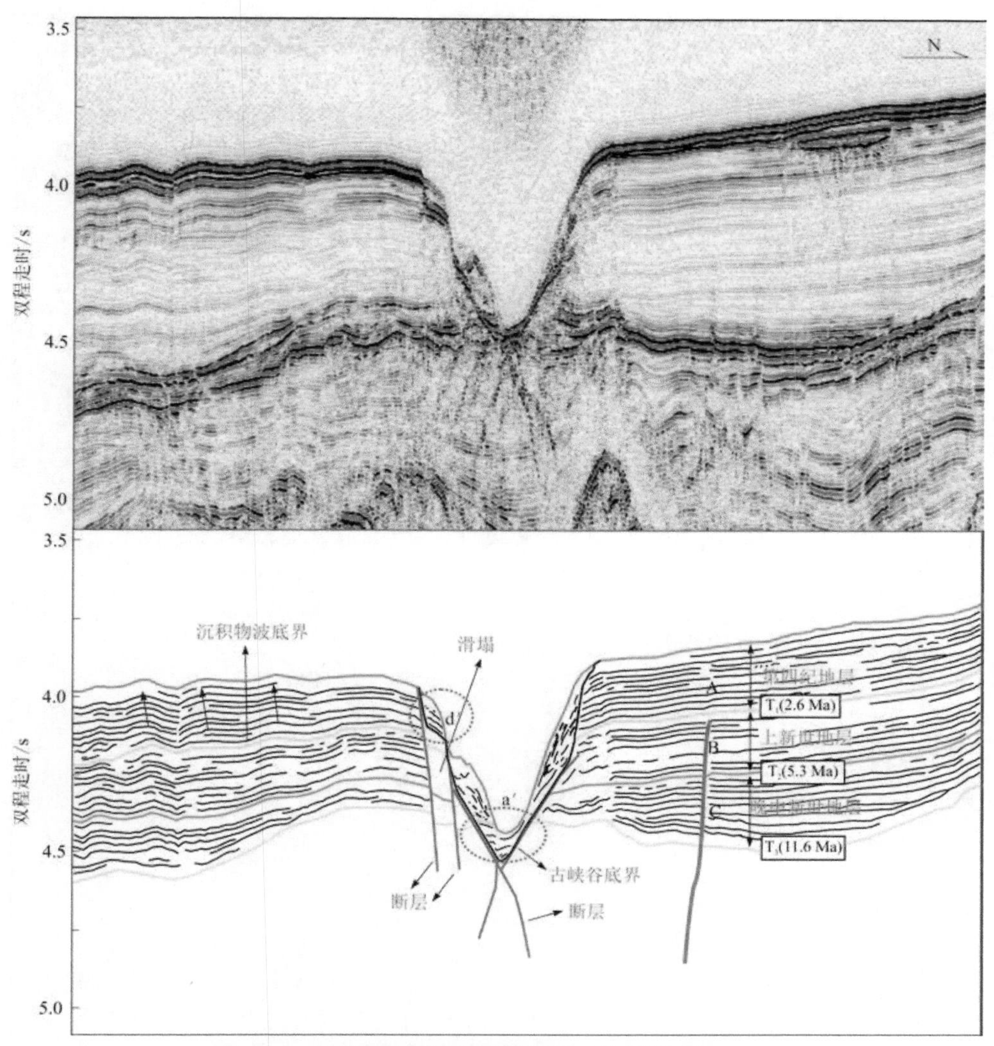

图4.58　测线b地震剖面特征图（位置见图4.56）

第三个区段是峡谷的中下段，西南次海盆的入口处，呈北西西向，呈复合型——下V上U型，V型两侧有内堤岸沉积（徐尚等，2014），以侵蚀作用为主，由于坡度变陡，下切作用强烈，部分沉积物遗留在谷底；峡谷上段图4.57中西东向地震测线c中峡谷底界形态为下V上U型，顶界面宽13.65 km，下切深度为1712 m；峡谷的底界面切穿了第四系—上中新统。从测线c中识别了地震相d′和e′，地震相e′表现为中等反射强度、连续性差–杂乱的反射特征，该套沉积在新近纪以来的沉积层广泛发育，在该处沉积物内部表现出有一定侵蚀和冲刷现象，具有典型的块体流沉积特征（mass transport complex，MTC）（Kuenen，1937；何云龙等，2011；李伟等，2013；苏明等，2013）（图4.58和图4.59中e′）。

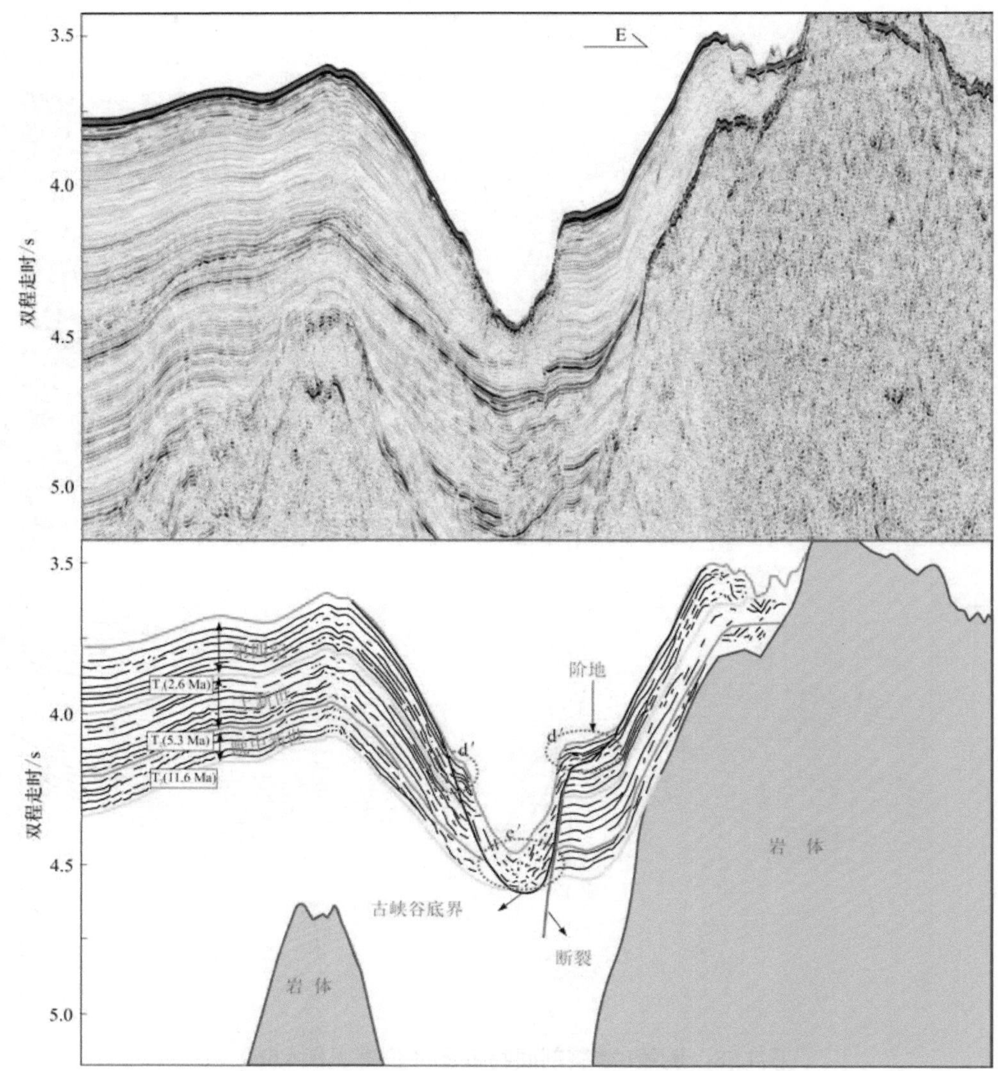

图4.59　测线c地震剖面特征图（位置见图4.56）

第四个区段是峡谷的尾端，呈喇叭状北西向伸入西南次海盆，峡谷呈U型，坡度减缓，以侵蚀-沉积作用为主，内充填的主要为滑塌体和块体流沉积。图4.58中北南向测线d中古峡谷底形态为下U型，顶界面宽15.4 km，下切深度为1130 m，峡谷的底界面仅切穿了第四系—上新统底界；从测线d中识别了地震相e′和f′，地震相f′是一套杂乱-空白的反射，通常位于峡谷较陡的侧壁上，推测为沉积物受重力驱动发生滑塌而形成的沉积体（图4.60中f′）。

盆西峡谷在不同区段表现出来的形态特征差异，可能跟构造活动、古地貌特征的差异、水动力作用、后期沉积物改造能力的差异等多因素造成的。从西北部到东南部峡谷内充填厚度减薄，且底部侵蚀冲刷特征越来越明显，推测水动力是由弱到强的变化。整个峡谷形态从西北到东南，由窄而深向宽而浅变化。且峡谷整体呈“饥饿型”样式，只有峡谷的源头内部有三个层序的充填，峡谷头部内充填沉积物由粗到细。

通过对峡谷内部充填特征的分析，发现峡谷底界面并不是沿着某个界面，是穿时的，上段-中上段切穿了第四系—上中新统，中下段-下段切穿了第四系—上新统，并且在测线a和b中可识别界面上中新统底界，测线a中中新统同一位置识别大型古河道（顶界面宽9.9 km，下切深度约362.5 m），推测该峡谷发育时间为中中新世晚期，稍早于11.6 Ma。峡谷底界面和现今海底在垂向上基本没有发生摆动，即盆西峡谷和现今负地形的深泓线基本位于同一位置，本书将这一负地形称为“现今盆西峡谷”。

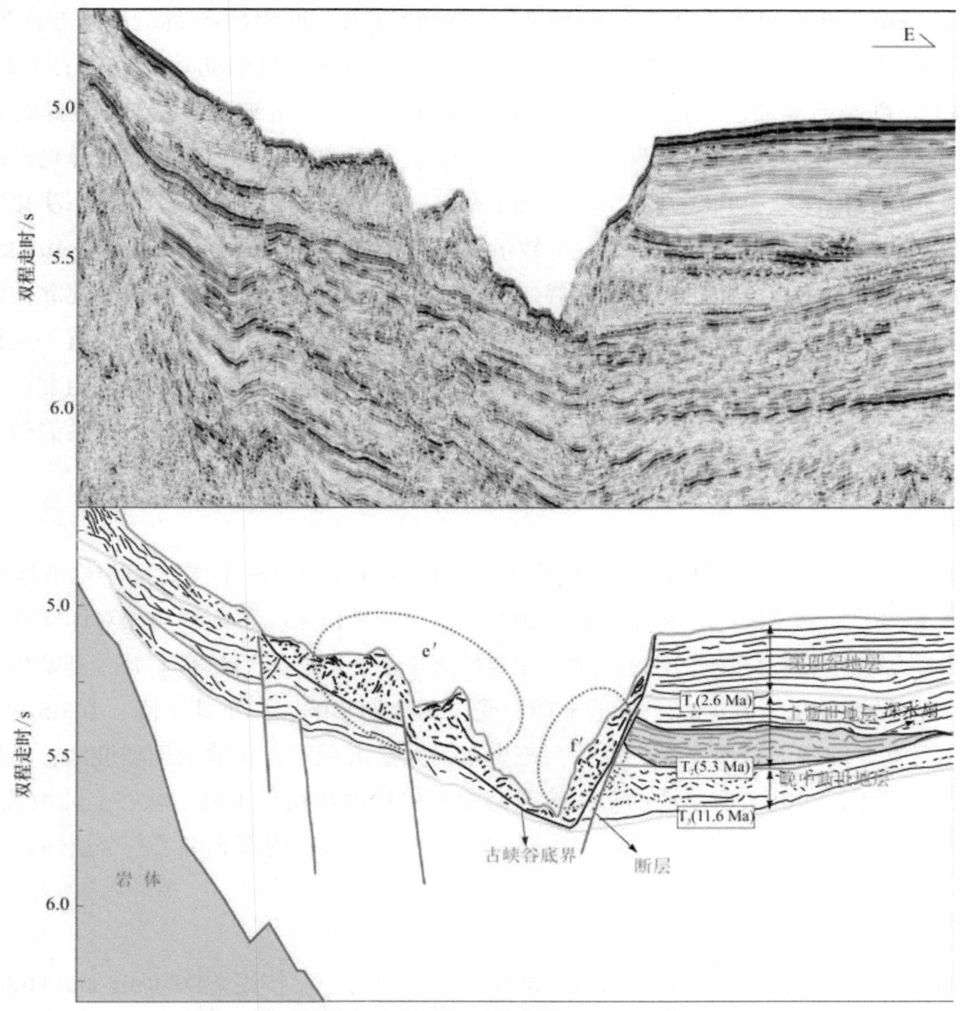

图4.60　测线 e 地震剖面特征图（位置见图4.56）

2）峡谷成因

盆西峡谷主要受到该区域古地貌特征的影响和控制，形成长条状负地形为盆西峡谷的形成提供了有利空间。盆西峡谷是受沉积物供给速率、岩浆活动、海平面变化和构造运动等多方面综合因素影响形成的，其中侵蚀下切作用、断裂活动和海平面变化为主控因素。

A.地形条件及侵蚀-沉积作用

盆西峡谷所处中建南海盆下倾入西南次海盆的陆棚与大陆斜坡附近，被盆西海岭和盆西南海岭所夹持，中间地势低，坡度由缓到陡变化，最大达1.3°，对峡谷的形成提供了发育的天然通道。水动力也因坡度变陡而增强，从地震剖面看出，该处水动力整体来说比较强烈，水道都是深切侵蚀型水道，大致呈V型，内部为强振幅反射，明显比周围地层高。上游段沉积作用为主，峡谷内充填厚度大，可达1200 m。在中建南海盆T_3（晚中新世）以来发育有大量浊流沉积，浊流也是海底峡谷形成的主导因素（Kuenen，1937；范时清，1977），它沿大陆斜坡顺坡而下，势能不断增加，它能侵蚀海底并割切出今日形态的海底峡谷。

B.断裂活动

中中新世末—晚中新世是局部构造的定型期，中中新世末，南海西缘断裂运动方向发生变化，导致了具有走滑特征的万安运动（或者南沙运动）（金庆焕，1989；姚伯初等，1999；万玲等，2003；Popescu，2004）。断裂活动加剧，扭性断裂和张性断裂均有发育，褶皱活动亦主要在此时发生，断裂运动除了对先前的构造圈闭进一步强化和改造外，还产生了众多新的断背斜、断块和断鼻构造圈闭，压扭背斜也在此时形成。广州海洋地质调查局2014～2016年在该区域调查发现，控制峡谷形态演化的主要是位于峡谷两侧北西和北北西向断裂。北西向断裂发育数量少，规模中等，平面上延伸长60～100 km。主要沿盆西峡谷方向发育，为正断层，该断层控制了峡谷的发育，对沉积作用控制强。北西和北北西向断裂切割了北东向断裂，发育时间晚，主要发育于新近纪。峡谷西侧的北西向断裂对峡谷中上段有一定控制作用，峡谷东侧北北西向断裂对峡谷中下段控制作用强。在西南次海盆扩张脊附近，也发育一组北西向断裂，为转换断层、平移断层，错断了北东向构造（姚伯初等，1994；Cande and Kent，1995；姚伯初，1997；李家彪等，2012）。

C.海平面变化

中建南海盆的新生代层序在形成时不仅受控于盆地形成过程中南海不同时期的构造运动，而且受控于全球新生代海平面的变化（钟广见和高红芳，2005）。中中新世末，华南地块相对印支地块南移，南海西缘万安走滑大断裂发生右旋挤压作用，同时，区域性海平面下降；随后海水上升，到晚中新世末，即在5.3～3.5 Ma时，海平面处于下降期；上新世末期，受全球冰期影响，海平面下降，在3.5 Ma 海平面又上升。在低海平面时期，陆架大范围遭受剥蚀，河流携带的大量沉积物直接输送到陆坡区，沿海底峡谷搬运（Antobreh and Krastel，2006）所形成的重力流具有很强的侵蚀作用，可以在峡谷上陆坡位置形成V型下切。在高海平面时期，大量沉积物在经过峡谷头部时被捕获，在峡谷内部充填了三个层序。

二、峡谷成因对比

纵观峡谷的形成，构造活动对峡谷的形成与演化具有重要的控制作用（De Ruig and Hubbard，2006；Gee and Gawthorpe，2006；Yu and Hong，2006）。先存断裂活动使得地层出现破碎或是薄弱带，遇到强劲的重力流侵蚀，该区域容易被剥蚀、冲刷，加剧海底地层被下切程度，为峡谷的形成提供了有利空间。其次有利的地形特征，即突变的地形落差，是峡谷形成最基础的地形条件。充足的沉积物供应，为峡谷的形成提供了必备的物质基础。大量沉积物的供给，堆积到地形平稳的陆架向陆坡过渡的典型区域，进而陆架边缘不断向前进积，前缘沉积物的堆积超过临界状态，会在上陆坡引发沉积物失稳、滑塌，形成侵蚀能力很强的重力流，为峡谷的形成提供了动力条件（Green，2011）。重力流沉积作用对峡谷的形成演化起到增强作用，一方面，峡谷的形成可成为重力流沉积物的运输通道；另一方面，重力流沉积物搬运过程中再次侵蚀峡谷，使得峡谷底部、侧壁遭受冲刷，进而峡谷下切加深、变宽。海平面的变化对海底峡谷体系的发育具有重要影响（Posamentier，2005；Posamentier and Walker，2006）。低水位期陆架大片出露，陆上河道供应的大量碎屑物质可以直达陆架边缘甚至上陆坡，此时浊流活跃，有利于峡谷的发育。因此低水位期是陆坡海底峡谷最发育的时期。

通过对南海峡谷沉积特征、控制因素以及上述的地形地貌特征分析，南海峡谷的成因复杂，受多种因素控制，比如沉积物供给、海平面变化、区域构造活动、盐（泥）底辟等，以及在多方面因素影响下发育活跃的重力流因素，如滑动、滑塌、碎屑流和浊流等。这些海底峡谷具有不同的成因机制，形成了各自不同的地貌特征。

构造活动对台东峡谷体系和东北部峡谷体系的形成与演化具有重要的控制作用（Kurt et al.，2000；De Ruig and Hubbard，2006；Gee and Gawthorpe，2006；Yu and Hong，2006）。在南海东北峡谷群中，澎湖海底峡谷位于台湾造山带与华南板块的交界处，其位置和走向受构造活动控制（Yu and Hong，2006）；高屏峡谷的位置和走向受与构造活动有关的泥底辟及逆冲断层的影响（Chiang and Yu，2006），自晚中新世—早上新世开始，由于南北向吕宋岛弧与北东-南西向南海东北部陆缘的斜向碰撞，台湾岛迅速隆升并逐渐向西北逆冲（Suppe，1981； Yang et al.，2014），受其影响，台西南盆地发生挠曲沉降演化为前陆盆地（Lin et al.，2008；Lester et al.，2012；Eakin et al.，2014），包括笔架海底峡谷群在内的南海东北部峡谷群，正是在这样的构造背景下逐渐发育起来的。

南海北部坡峡谷体系发育着一系列走向以北西向为主的海底峡谷，这些海底峡谷切过陆坡，形成陆架上沉积物向陆坡-深海盆移动的通道，其中最主要的有珠江海谷、台湾海底峡谷、澎湖海底峡谷群及神狐海底峡谷特征区。构造活动对北部海底峡谷（澎湖海底峡谷群、高屏峡谷和台湾海底峡谷）的形成演化有不同程度的影响。现今的澎湖海底峡谷是台湾造山带和中国克拉通板块边缘聚敛的产物（Yu and Hong，2006），在地震反射剖面上可以识别出两个上新世—更新世的古埋藏峡谷（Lee et al.，1995）。高屏陆架-陆坡区主要形成于晚上新世—全新世时期（Chiang，1998），由于台湾造山带强烈隆升，大量的沉积物供给、底辟和断裂活动使高屏峡谷出现多次转向（Chiang and Yu，2006）。由于台湾造山活动是一个由北往南逐渐迁移的过程，现今的台湾浅滩陆坡仍然处于被动大陆边缘环境。因此，台湾海底峡谷主要形成于被动大陆边缘环境，而与处于活动大陆边缘背景下的澎湖海底峡谷群和高屏峡谷存在明显差异。

珠江海谷与珠江带来的大量陆上沉积物的搬运相关，形成喇叭形的水道；台湾海底峡谷的形成受北西向断裂构造的控制，这些断裂构造形成了薄弱带，经过沉积流的侵蚀而形成狭长的水道，进入下陆坡后由于海山的阻隔作用转为近东西向；澎湖海底峡谷群的上段主要是由陆坡沉积流的下向侵蚀、崩塌和滑移形成的，而下段则主要具有沿马尼拉海沟北向延伸段发育的特征。

南海西部两个峡谷也都是陆坡限制型峡谷，永乐海底峡谷输送大量沉积物到西北次海盆，而盆西峡谷输送大量沉积物到西南次海盆，在末端形成扇形朵叶体。都发育在特殊的地形地貌间，永乐海底峡谷发育在两岛礁间，盆西峡谷发育在两海岭间，为峡谷的发育提供了先天条件，其次大量物质以重力流为主流入，在峡谷末端形成深水扇。浊流是海底峡谷中含有大量有机物质搬运的主要方式，也是海底峡谷形成的主导因素。第四纪冰期期间，海平面下降，海浪在大陆架上或河流三角洲卷起大量泥沙，使得海水密度增加，从而形成一股高密度的异重流，这就是混浊流。它沿大陆斜坡顺坡而下，势能不断增加，它能侵蚀海底并割切出今日形态的海底峡谷。浊流物质来源主要来自冰期陆架，海底峡谷也多数在冰期形成。浊流携带陆架泥沙和海底峡谷内崩塌的泥沙蜿蜒前行，在深海平原形成巨大的海底冲积扇和某些海底山丘等深海砂层。

三、意义

峡谷的成因复杂，受多种因素控制，如沉积物供给、海平面变化、区域构造活动、盐（泥）底辟等，以及在多方面因素影响下发育活跃的重力流因素，如滑动、滑塌、碎屑流和浊流等。南海北部陆缘发育着一系列走向以北西向为主的海底峡谷，它们的成因与构造活动密切相关；由于它们大部分是形成陆架上沉积物向陆坡-深海盆移动，所以与大量陆上沉积物的搬运密切相关；发育时间主要在上新世—全新世时期，海平面的升降变化对其形成的影响也不可或缺。南海西部和台湾岛以东的峡谷位于下陆坡-深海平原的位置，远离物源，其成因与特有的地形地貌特征及浊流沉积的重力作用、断裂活动紧密。

作为大陆边缘的重要地貌单元和“源–汇系统”的重要组成部分，海底峡谷控制了沉积物由陆向海的输送和聚集，记录了相邻区域的海平面升降、气候变化、构造活动等地质历史信息，同时与海底峡谷相关的沉积建造（如浊积砂体、天然堤等）也可以作为深水油气储层以及作为海域天然气水合物可能的赋存场所，海底峡谷在水合物勘探过程中，具有一定的指导性。由于海底峡谷坡度较陡，水深变化大，压力差较大，环境较恶劣，可对长期生长于峡谷内的极端海底生物基因进行研究分析，更好地服务于人类的基因库。海底峡谷还是深海作业过程中的风险地带，是保证海上作业安全的重要一环。

珠江口盆地海底峡谷群（珠江海谷、神狐海底峡谷特征区）对该区域内水合物的分布和聚集起到明显的控制作用，一方面，峡谷的强烈侵蚀会破坏原先的水合物层，使其仅在峡谷的脊部发育；另一方面，峡谷的演化过程和细粒的均质层（沉积单元Ⅱ）一起，将大部分的分解气体限制在有利沉积体之中（沉积单元Ⅰ），使其发生富集，从而在这一区域的细粒沉积物中形成高饱和度的水合物。南海东北部及台湾岛以东的台东峡谷内充填物和天然堤系统内的沉积物以及南海西部的永乐海底峡谷和盆西海底峡谷末端的深水扇可作为良好的储层，永乐海底峡谷和盆西海底峡谷给深水扇的形成提供了良好的通道。所以，分析南海峡谷的形成演化及成因对该区的油气勘探乃至水合物勘探具有重要的指导意义。

第三节　南海岛礁和海山成因分析

由于南海地处欧亚板块、印度–澳大利亚板块和太平洋板块三大板块的交汇地带，构造地质活动强烈，岛屿（岛礁）、大型海山（链）等地貌形态高度发育，是研究地球深部海底地质问题的有利区带。近年来，广州海洋地质调查局依托海洋区域地质调查工作在南海做了大量的研究工作，对南海东沙群岛、西沙群岛、中沙群岛和南沙群岛各岛礁的形成因素和演化机制进行了大量的总结分析工作，发现构造运动、海平面升降、沉积作用、生物作用和物理化学风化等作用均在岛礁发育过程中起控制作用，大型海山（链）由于在海底形成时间短，且处于不断更新之中，其发育控制因素主要为地球圈层内部的构造内力地质作用。因此，通过加强对南海海域岛礁和大型海山（链）的成因分析，能够为南海海盆构造演化研究提供构造地貌学方面的科学依据。

一、岛礁成因分析

南海岛礁发育主要受南海海盆在多次地壳运动下形成的不同构造地块控制，不同构造地块的升降支配着南海海底的隆起和凹陷，南海海底隆起带主要包括东沙隆起带、中、西沙隆起带和南沙隆起带，不同的隆起上发育多级水下台阶，东沙群岛、西沙群岛、中沙群岛和南沙群岛均是在水下台阶的基础上发育起来的，但由于不同隆起带相隔较远，构造环境、沉积环境以及珊瑚礁等发育情况均不同，本节着重对东沙群岛、西沙群岛、中沙群岛和南沙群岛的形成原因进行分析，以便进一步加深对南海演化机制的了解。

（一）东沙群岛

东沙群岛是中国南海诸岛中位置最北的一组群岛，主要形成于东沙隆起带之上。东沙隆起带在断裂作用下形成了三级水下台阶，第一级深300～400 m，第二级深1000～1500 m，第三级深2500～2800 m。因此，说明东沙群岛并非由海底火山喷发形成的火山基地发育演化而来，而是由早期附着在第一级水下台阶上的冷泉碳酸盐上发育而成，特别是第三纪和第四纪冰河期，海平面下降，冷泉碳酸岩上浅海珊瑚礁高度发育，后来，随着南海海床张裂下沉及海平面上升，冷泉碳酸岩没入水中，由于东沙区域气候环境优良，珊瑚礁在海面附近不断生长，逐渐形成了现今的东沙环礁。

（二）西沙群岛

西沙群岛属于南海西部陆坡的中央海域，发育大面积的碳酸盐台地，如永乐海台、华光海台、盘石海台、玉琢海台等，包括永乐环礁和宣德环礁等岛礁20余个。广州海洋地质调查局通过利用地震反射资料和在前人相关研究资料的基础上，对西沙碳酸盐台地的层序地层格架、发育演化特征及控制因素进行了分析，进一步认识了西沙群岛各岛礁的成因。

西沙海域碳酸盐台地（图4.61）形成于西沙隆起之上，属于陆壳向洋壳过渡带。古近纪时，西沙隆起是从南海北部裂离的地块；中新世以来，在南海两次区域性沉降作用下，西沙隆起逐渐被海水淹没，并且南海西部和北部拗陷带将西沙隆起和陆源区隔开，形成了适合碳酸盐岩和生物礁发育的清水环境，沉积了厚层碳酸盐岩和生物礁地层。早—中中新世，海平面上升速度慢，碳酸盐台地以加积为主；中中新世以来，台地发育经历三个演化阶段，分别为中中新世早期（梅山组早期）的繁盛阶段，此时期全区普遍接受沉积，碳酸盐台地广泛分布，发育完整的沉积相带；中中新世晚期（梅山组晚期）衰退阶段，该阶段西沙碳酸盐台地进入了衰退阶段，随着水体的加深，台地整体向地势高部位迁移，分布范围缩小；晚中新世晚期（黄流组晚期）至今的淹没阶段，碳酸盐台地进入淹没阶段，随着水深的快速增加，台地迅速收缩至西沙隆起的岛屿周缘，这些岛屿以北礁、永兴岛、宣德群岛等为代表，这些生物礁以大型的环礁为主，大型环礁的顶部发育潟湖。

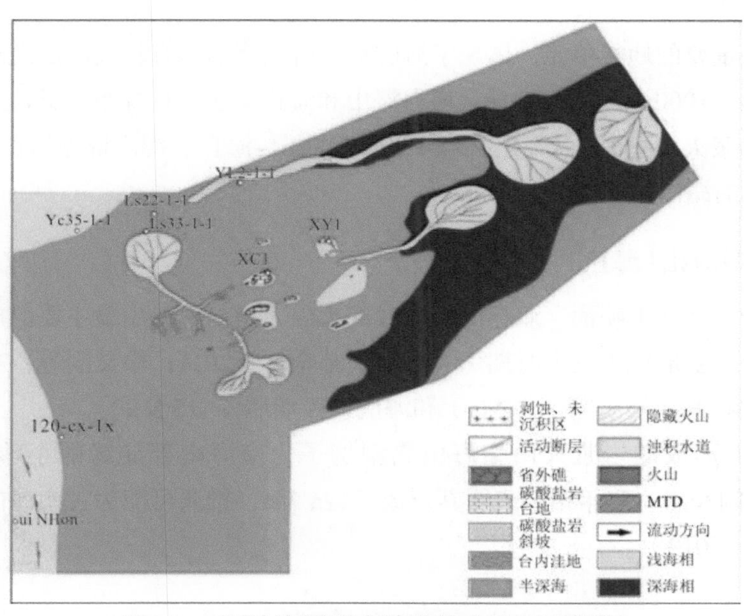

图4.61　西沙海域现今碳酸盐台地沉积相图

西沙海域的构造沉降主导了该海域构造高点的发育、相对海平面的变化等，进而控制了西沙碳酸盐台地的沉积演化过程。在持续海侵的背景之下，随着海平面的升降，研究区内碳酸盐岩发育有多期叠置的特点。随着水体的不断加深，台地逐渐从构造低部位向高部位迁移。

（三）中沙群岛

中沙群岛由中沙大环礁上26座暗沙、暗滩和中沙大环礁外的黄岩岛（民主礁）、一统暗沙和神狐暗沙等六个岛、沙、滩所组成，总共包括了30多个暗沙、暗滩和一个岛屿。中沙大环礁是在断裂的大陆坡上发育起来的，处在南海海盆下沉速度最大的地区，经历了三次下沉，每次下沉后，即形成一级阶地面；最近一次下沉使环礁被海水淹没。同时，全新世海面不断上升也加速了环礁的沉没，因此，可以认为中沙大环礁边缘至中部基本上是由三级阶地所成，即暗沙和暗滩、潟湖边缘过渡台阶、潟湖底部。

（四）南沙群岛

南沙地块内岩浆活动频繁，火成岩极为发育，并呈自西向东、自南向北逐渐增强的趋势，岩体产状有侵入型巨大岩基和岩株。有的沿断裂带侵入，向上刺穿上拱，有的刺穿海底喷发，形成众多形态各异的海丘与海山。晚中新世—第四纪的第三期岩浆活动对海区内海山与海丘地貌形成和发育起着关键作用。该时期的火成岩体大多沿断裂刺穿所有的地层出露海底形成基性喷出岩，同时形成大小和形态各异的海山和海丘，这为岛礁的形成提供了条件。

南沙群岛的岛、礁、滩一般发育在古近纪末期隆起脊上或早期形成的海山上，主要为厚达2000 m以上的晚渐新世现代礁灰岩。随着区内地壳间歇性下沉和珊瑚不断向上生长，珊瑚礁岩体不断下沉和加厚逾1000余米，各个礁盘得以不断发育并耸立在南沙台阶上。以陆坡潮下带生物礁滩为主体，如广雅滩、人骏滩、李准滩、西卫滩、万安滩等；其次为沉没环礁，如南薇滩；而出露水面的有南威岛、永暑礁、大现礁等。

二、海山成因分析

海山和海丘是海底重要的地貌单元，体现了海底平地所围绕的具有较大高度而凸起的地貌形态，相对高差1000 m以上为海山，1000 m以下为海丘。南海海山和海丘众多，且分布广泛，主要由地球内营力作用形成，但又可细分为岩浆火山型海山-海丘、岩浆底辟型海山-海丘、泥底辟型海山-海丘。本书举例分析南海以上两种作用形成的海山-海丘成因。

（一）岩浆火山型海山-海丘

岩浆火山型海山指岩浆往上喷涌，刺穿海底形成的火山，是南海海山最主要的成因。根据前人研究，南海的岩浆火山型海山主要形成于三个时期（石学法和鄢全树，2011；徐义刚等，2012）：南海海底扩张之前（>32 Ma）、海底扩张期间（32～15 Ma）和海底扩张期后（<15 Ma）。

南海海底扩张之前形成的岩浆火山型海山典型例子为南海南部陆缘的小珍珠海山（图4.62、图4.63），其成分为花岗闪长岩，定年结果表明其形成于124 Ma，推测可能为古南海向南俯冲在陆壳上形成的火山产物（Cai et al.，2019）。

图4.62　南海扩张前形成的岩浆火山型海山示例——小珍珠海山

左上角为海山拖网所获花岗闪长岩岩石样品

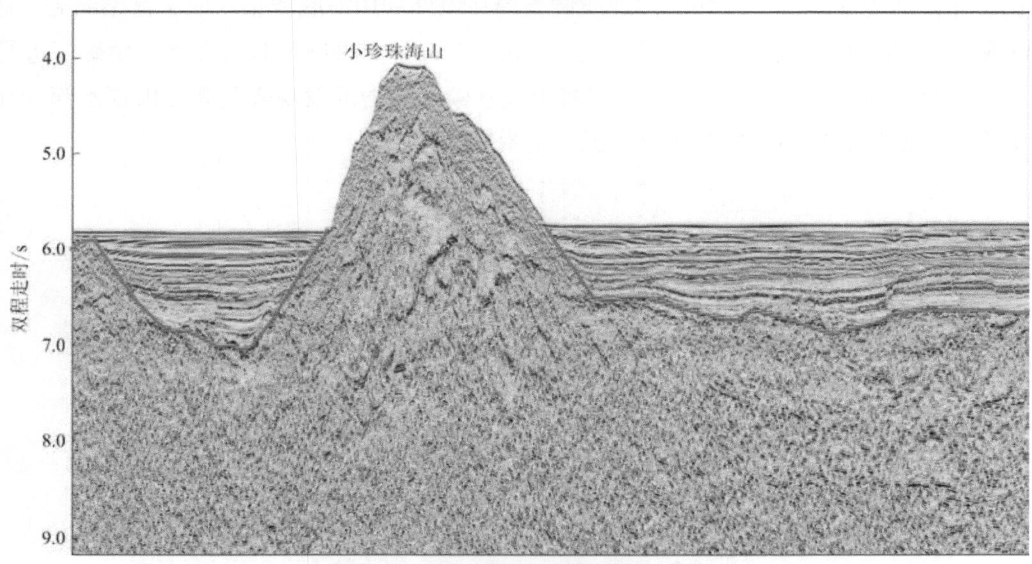

图4.63　小珍珠海山地震剖面图

南海海底扩张期间形成的岩浆火山型海山典型例子为南海海盆的管事平顶海山和玳瑁海山。管事平顶海山位于南海海盆东北部，靠近马尼拉海沟，又称蓬莱海山（图4.64），广州海洋地质调查局在该海山斜坡拖网获得花岗闪长岩，定年结果为28～32 Ma（Zhong et al.，2018）。这是全球海域首个在洋壳上发现花岗闪长岩的海山例子，Zhong等（2018）推测管事平顶海山是由于海水沿着断层渗入辉长岩层，将洋壳深部的辉长岩交代为花岗闪长岩，之后被拆离断层剥露至海底形成的海山形态。

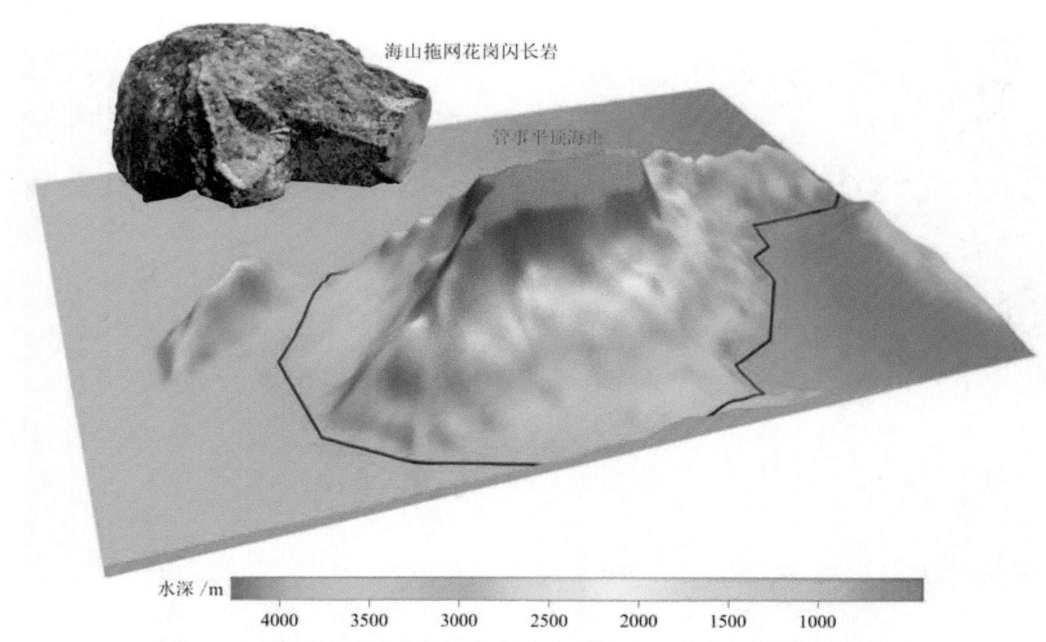

图4.64　南海扩张期形成的岩浆火山型海山示例——管事平顶海山

左上角为海山拖网所获花岗闪长岩岩石样品

玳瑁海山位于南海海盆北部，广州海洋地质调查局在该外利用海底浅钻获取了富钴结壳、碳酸盐岩、玄武质火山角砾岩样品（任江波等，2013），见图4.65。Yan等（2015）对海山火山角砾岩进行了K-Ar定年分析，结果表明玳瑁海山形成于16 Ma。玳瑁海山浅水碳酸盐岩的发现表明现在山顶水深为1680 m的玳瑁海山曾经出露于海面形成岛屿，后来快速下沉上千米成为海山。

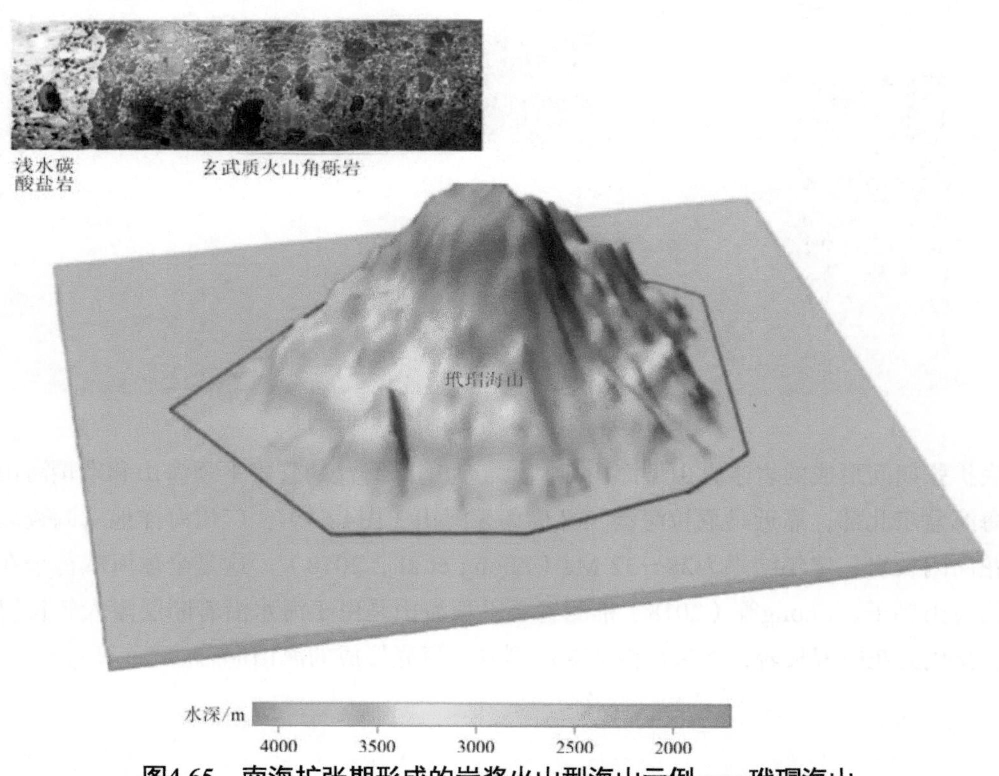

图4.65　南海扩张期形成的岩浆火山型海山示例——玳瑁海山

左上角为海山浅钻所获玄武质火山角砾岩和浅水碳酸盐岩岩石样品

在南海多个海山的拖网岩石的定年数据表明，南海停止海底扩张后，海底仍然存在大量的岩浆活动形成多个海山，不仅在东部次海盆的洋中脊位置形成了珍贝-黄岩海山链；在西南次海盆洋中脊位置形成了中南海山等，还在远离洋中脊位置形成了石星海山群、涨中海山等大型海山。形成大型海山地貌的大量岩浆活动来自何处？研究学者认为岩浆来自于海南地幔柱（鄢全树和石学法，2007；鄢全树等，2008；石学法等，2008）。南海海脊扩张脊处的海山主要是沿着扩张中心等构造薄弱带或深达岩石圈的断裂分布，是海南地幔柱直接作用的产物。最新研究通过对南海残留洋中脊中中新世MORB洋壳和黄岩岛链晚中新世OIB型海山玄武岩进行了地球化学分析，确定南海洋中脊与海南地幔柱之间存在相互作用（Yu et al.，2018）。

南海海底扩张期后形的成岩浆型海山-海丘典型例子为蛟龙海丘。蛟龙海丘顶部还保留着火山口形态特征（图4.66）。2013年6～7月，我国载人深潜器“蛟龙”号在蛟龙海丘开展了试验性应用，拍摄了海丘的岩石形态，发现了大量的锰结核和丰富多彩的生物（图4.67）。

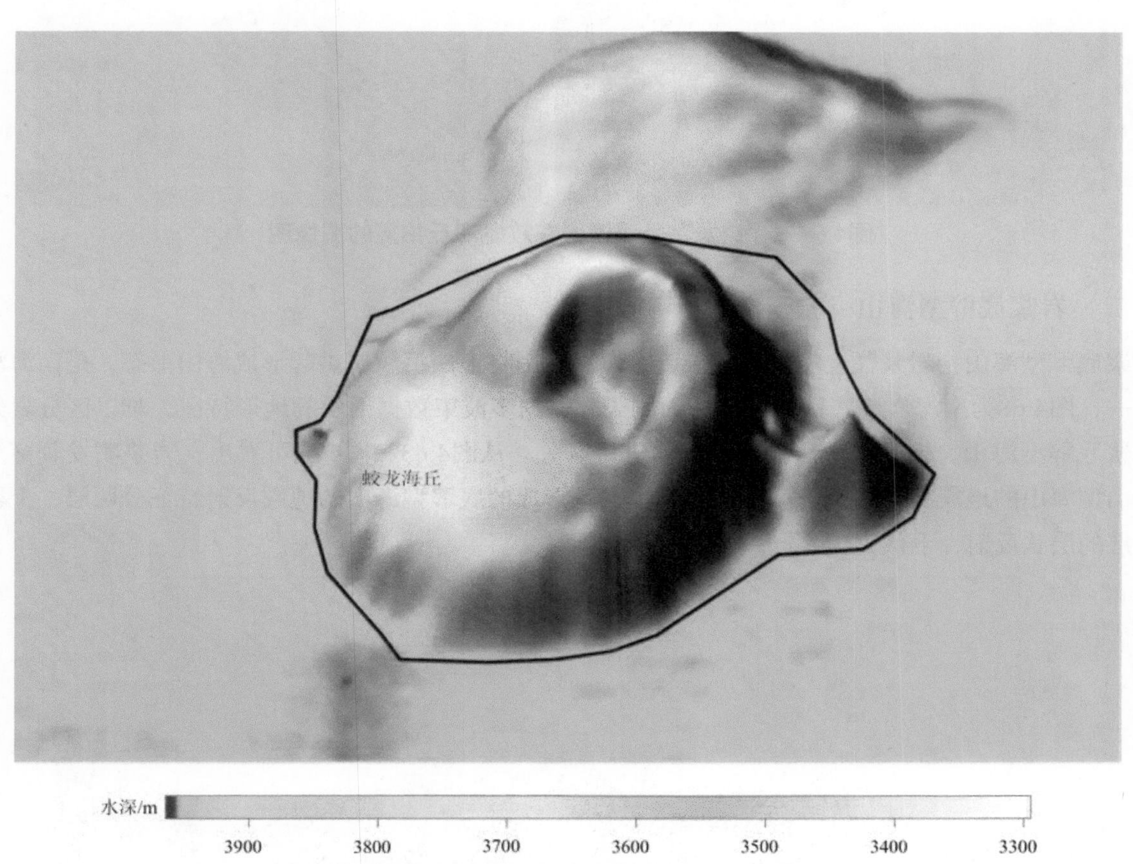

图4.66　南海扩张期后形成的岩浆火山型海山示例——蛟龙海丘

图4.67 “蛟龙”号深潜器在蛟龙海丘拍摄的图像图

（二）岩浆底辟型海山-海丘

岩浆底辟型海山指岩浆往上喷涌，但未刺穿海底，因将上层沉积层拱起形成海山形态，是南海海山的成因之一，图4.68为南海岩浆底辟形成的海山例子。根据多波束数据揭示的地形特征，难以区分岩浆火山型和岩浆底辟型海山，但根据地震剖面可快速进行区分。从图4.63和图4.68可看出，岩浆喷发刺穿海底形成的火山型海山的地震特征是杂乱反射；但岩浆侵入形成的底辟型海山的地震反射特征分两层，上覆为代表沉积层的层状反射，下伏为代表侵入岩浆的杂乱反射。

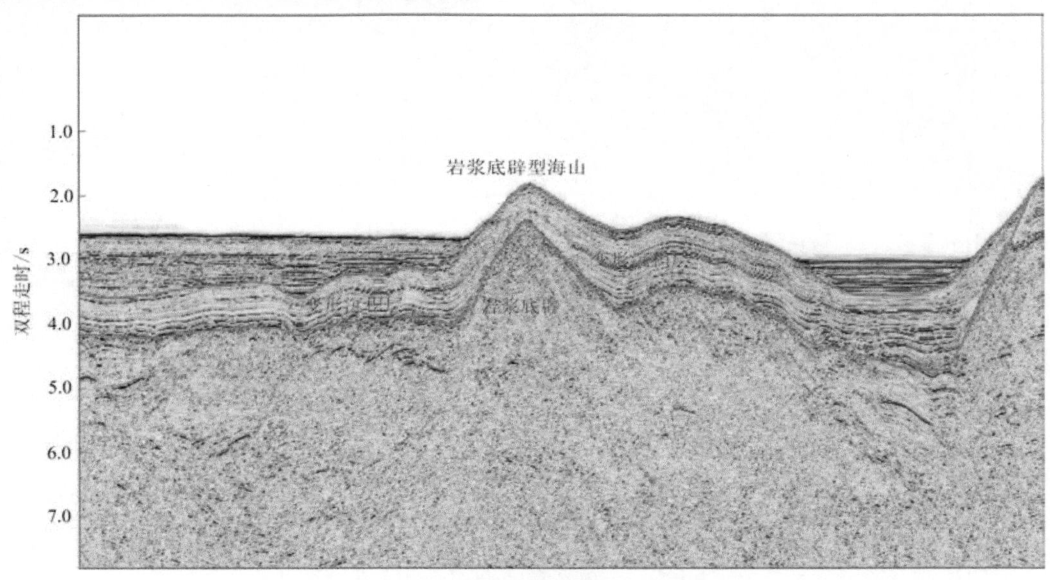

图4.68 岩浆底辟型海山示意图

（三）泥火山（泥底辟）型海山–海丘

泥火山（泥底辟）型海山是沉积盆地中的一个比较普遍的地貌现象。泥火山（泥底辟）具有强大高温起压潜能的泥源层挤入上覆地层，刺穿海底形成的海山；或未刺穿海底，有可能造成上覆地层上拱变形形成海山形态。在海底地形上，泥火山和岩浆型两种成因的海山不好区分，但是在地震剖面具有不一样的地震反射特征。泥火山具有低密度、低速度、低磁性和高温超压的地球物理特征（何家雄等，2009，2010，2012），而岩浆型海山具有高密度、高速度、高磁性的地球物理特征。地震波在穿过泥底辟或泥火山时，传播速度将明显降低，在二维地震反射剖面与速度谱剖面上产生明显的低速异常，因而地震相上呈现出同相轴下拉、不连续、杂乱反射、弱振幅或空白反射等畸形反射异常特征。泥火山成因类型的海山通常发育在大型泥底辟隆起构造脊的顶部，其巨厚泥源物质往往喷出海底之后逐渐堆积形成圆锥状或不同类型丘状泥火山的碎屑泥源物质（泥页岩及粉砂质泥岩等细粒沉积物）堆积体。

南海目前发现的泥火山（泥底辟）型海山主要位于南海北部陆坡，其中台西南海域东南部的高屏斜坡是南海泥火山最集中发育的区域。高屏斜坡属于台湾增生楔的最前端，泥底辟、泥火山型海山主要沿着断层发育（丁巍伟等，2005），见图4.69，一般高达几米至几百米。泥火山发育区通常伴随有一些滑塌构造。据Chen等（2013）统计表明，台西南海域泥火山表现出典型的锥状凸起特征，锥形泥火山一般高出海底65～345 m，泥火山平面直径为680～4100 m，见图4.70～图4.72。

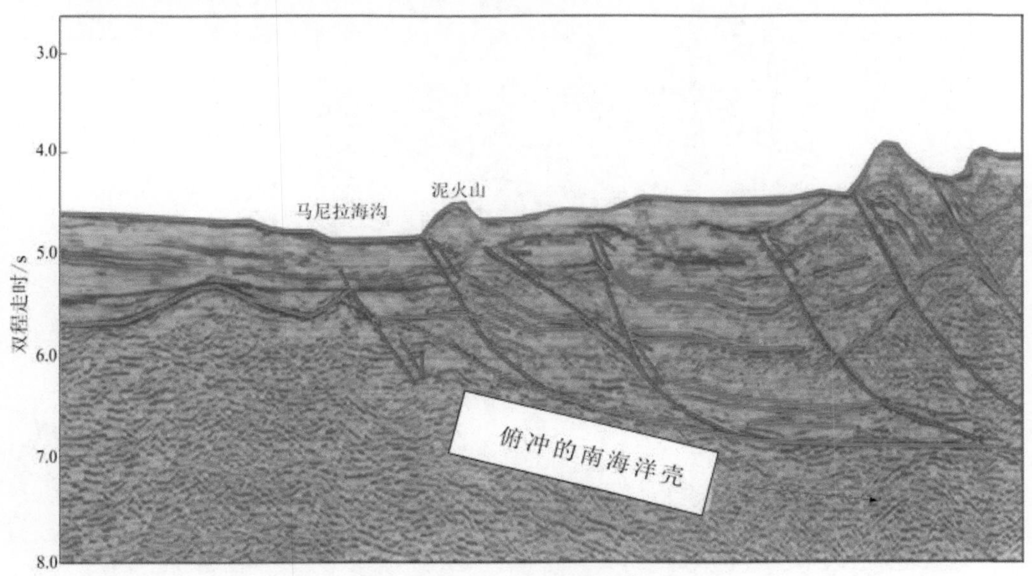

图4.69　台西南海域泥火山型海山地震剖面图（据Chen et al.，2013）

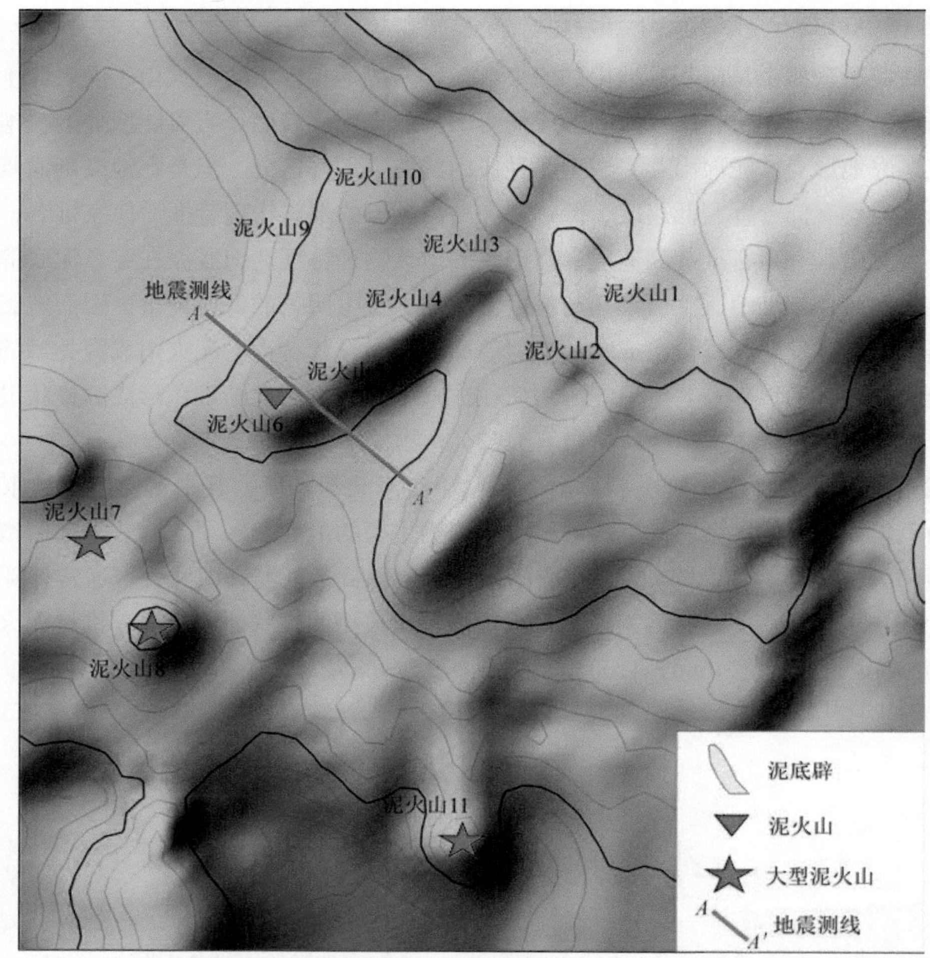

图4.70　台西南海域泥火山型海山位置图（据Chen et al.，2013，修改）

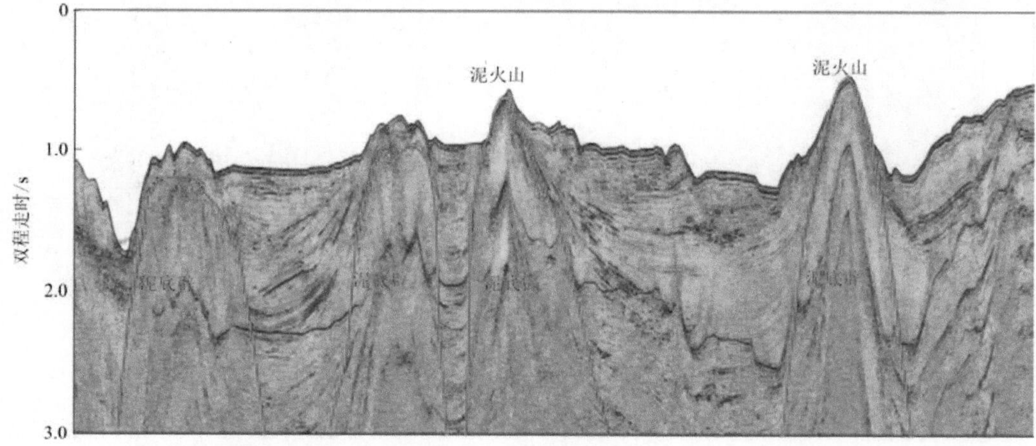

图4.71　台西南海域泥火山型火山地震剖面图（位置见图4.70*A*-*A*′；据Chen et al.，2013）

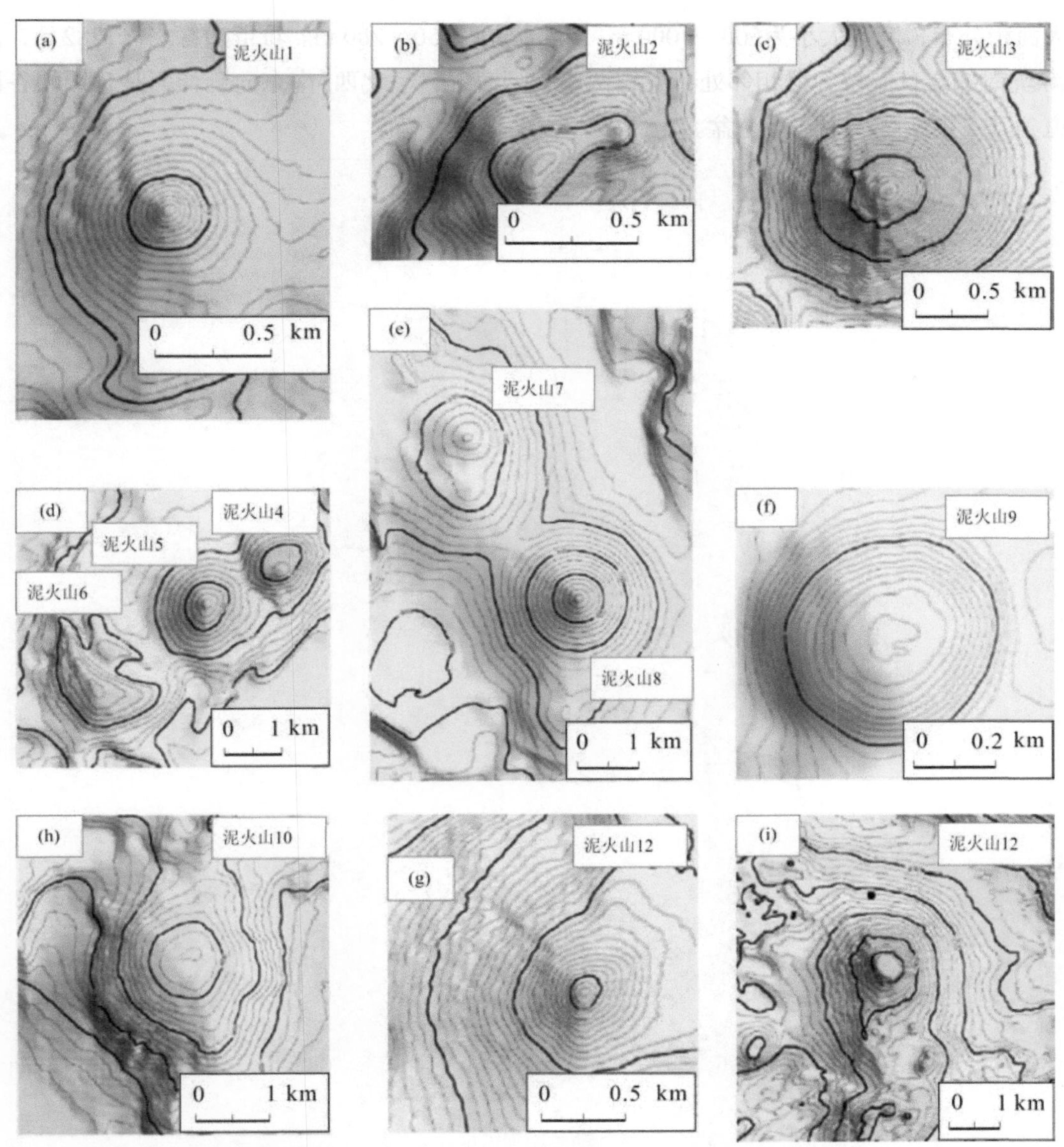

图4.72　台西南海域泥火山（泥底辟）型海山示意图（位置见图4.70；据Chen et al.，2013）

第四节　南海海底麻坑群的成因分析

一、南海麻坑群及麻坑类型分类

一般来说，麻坑在海湾、大陆架、大陆坡、深海平原中都可能出现，水深为10～5000 m（罗敏等，2012）。南海的麻坑几乎都分布在大陆坡上，水深为500～3000 m，主要分布在1000 m和2000 m处。南海有珠江口麻坑群、琼东南麻坑群、重云麻坑群、中建峡谷麻坑群、南沙海槽麻坑群、安渡海山麻坑群等多个麻坑群（图4.73）。重云麻坑群位于日照峡谷群东部、中建斜坡西南部，其南部是中建南海盆，为中建阶地往南向中建南海盆的缓坡过渡带，北东长约123 km、北西宽约56.8 km，坡度一般为1°～2°，麻坑呈片状大面积分布，麻坑大小为500～3000 m，麻坑深度在50～200 m。坑群边缘水深1282 m，最大水深2736 m。麻坑南部与日照峡谷群相邻处，发育两座大型海谷，呈北西–南东向延伸，是日照峡谷群沉积物的输送通道，其东南端融入中建南海盆。

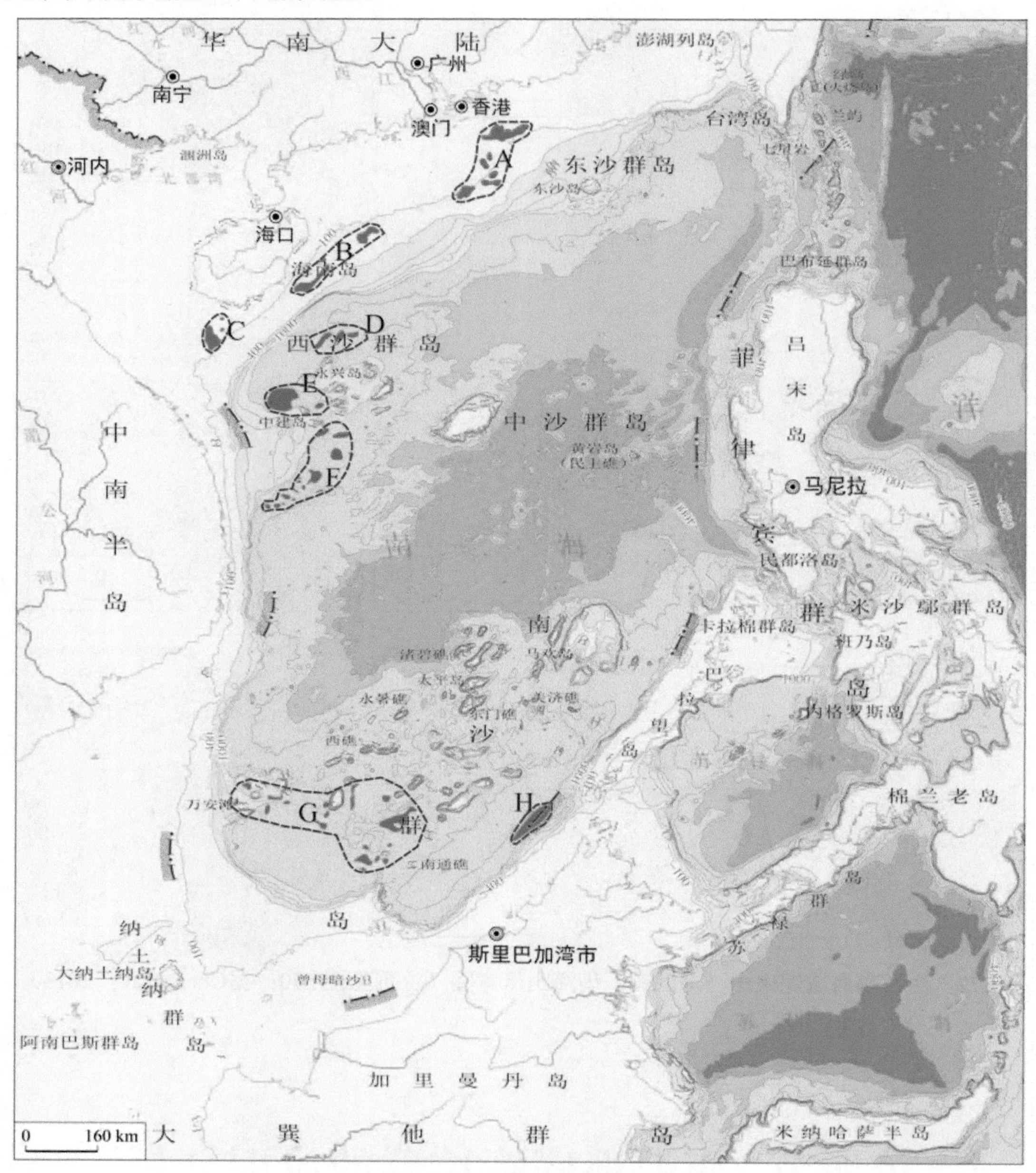

图4.73　南海麻坑群分布图

A.珠江口麻坑群；B.琼东南麻坑群；C.北部湾陆架麻坑群；D.西沙海槽南麻坑群；E.中建峡谷麻坑群；F.重云麻坑群；G.南沙海槽麻坑群；H.安渡海山麻坑群

南海麻坑有的呈孤立状（图4.74中的A），有的呈条带状（图4.74中的B），单个麻坑平面形态有新月形（图4.74中的1）、马蹄形（图4.74中的2）、环形（图4.74中的3）和圆形（图4.74中的4）。对于单个麻坑，在地震剖面上有U型、V型和W型，多为不对称状，如位于中建峡谷麻坑群里地震剖面（图4.75）中麻坑P1、P2、P3、P4、P5、P6、P9、P12和P13呈V型，P7、P8和P14呈W型，P10和P11呈U型（图4.75）。麻坑之下是气体逃逸通道，含有大量气体，地震反射速度降低，与周围海底泥质沉积物具有较大的波阻抗差异，因此在地震响应上具有振幅增强、同相轴下拉特征（李磊等，2013）。

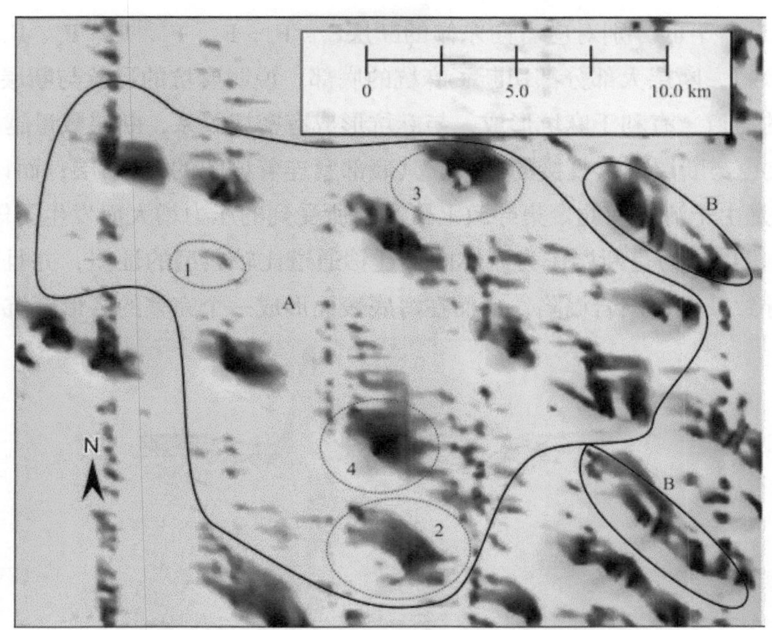

图4.74　南海中西部大陆坡中建南斜坡麻坑形状图

二、成因

一般认为麻坑是深部流体（如烃类气体、孔隙流体、地下水等）通过运移通道（如断层、不整合面或薄弱带等）向上运移到浅部地层并富集，形成超压地层，当其上覆地层的压力减小，下部超压流体突破封闭时，流体泄漏，同时伴随地层中的孔隙水从孔隙空间排出并搬运海底沉积物，使局部相对薄弱的海底沉积地层发生变形，或者说孔隙水逐渐剥蚀局部的海底地层，使其沉积物减少而形成麻坑。

典型麻坑形成原因有两种：一种是平衡模式，即由于流体经过成千上万年的缓慢渗漏形成麻坑，是缓慢渗漏过程；另一种是突变模式，即地震、海啸风暴等因素使气藏之上的盖层封闭压力降低，流体或气体突然发生强烈渗漏或喷发，伴随着大量泥质物质被搬运形成麻坑，是快速喷逸过程（罗敏等，2012）。麻坑之下含有大量气体，地震反射速度降低，与周围海底泥质沉积物具有较大的波阻抗差异，因此在地震响应上具有振幅增强、同相轴下拉特征（李磊等，2013）。南海麻坑形成因是多方面的，首先主因是构造，即断层、气烟囱、泥火山、泥底辟等与流体活动相关的构造；其次是底流活动；最后，重要的控制因素是海底表层沉积物颗粒大小。

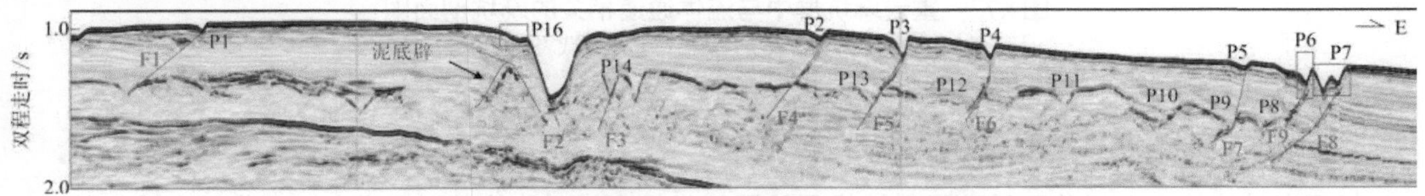

图4.75　中建峡谷麻坑群与断层相关的麻坑示意图

（一）构造

1. 断层

断层是流体垂向运移的重要通道之一，孤立麻坑的形成一般与流体渗漏有关。中建峡谷麻坑群和重云麻坑群发育大量典型的与断层相关的麻坑（图4.76、图4.77），图4.76地震剖面中界面T_0现代麻坑P1、

P2、P3、P4、P5、P6、P7下面分别对应着向东倾的断层F_1、F_4、F_5、F_6、F_7、F_8、F_9，且靠近断层一侧地形陡倾，而西面较缓倾斜，断层大部分都切断了麻坑的底部，说明麻坑的形状与断层有密切关系。因此，断层是流体垂向运移的通道，有利于麻坑形成，与麻坑形成有密切关系，断层数量越多，麻坑越发育。

图4.77的几个麻坑也与断层有着直接的关系，其底部紧连着该图的5号断层；而该图4号断层上端紧连着6号上凸构造，可能是由于流体在此聚集导致上覆围岩所受到的压力增大而发生了塑性变形；4号断层和6号上凸构造结合起来可以认为是断层作为流体向上迁移通道比较典型的证据，并且推测该处流体在泄漏出海底之后，最终会导致其上覆围岩塌陷，从而在海底表面形成一个完整的环形麻坑。

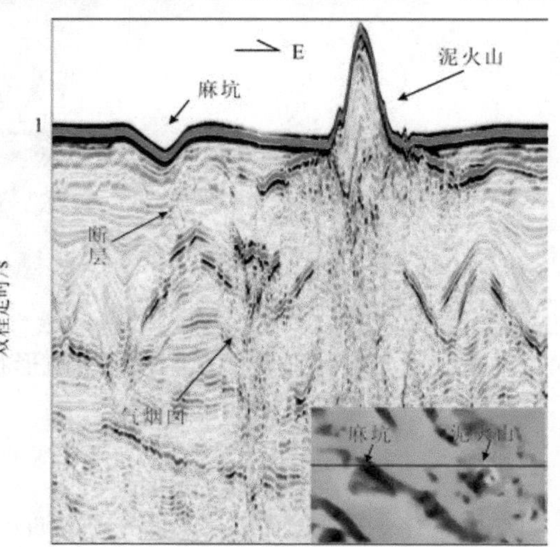

图4.76　与断层相关的麻坑示意图

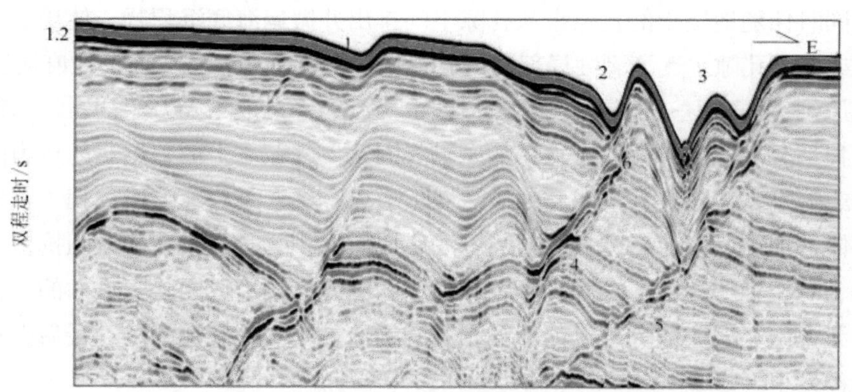

图4.77　重云麻坑群中与流体通道相关的麻坑剖面图

数字1～3代表麻坑，数字4～5代表断层，6代表上凸构造

2. 气烟囱、管状构造

气烟囱是流体向上运移而导致反射被扰乱的震相，是流体运移的重要通道之一，常具有明显的垂向柱状特征，因此有时也会被称为管状结构（管状结构范围一般要比气烟囱宽泛）。图4.78中可以发现两处气烟囱构造，其中图4.78（a）中一处，图4.78（b）中一处，并且水平距离较近，所以推测这些气烟囱在水平向上是连在一起的，形成脉状气烟囱构造。该区域的气烟囱上面发育有P1和P2麻坑。图4.79显示了三处典型的气烟囱构造，以及与之相关的被掩埋的麻坑。图4.79剖面的地理位置处在广乐隆起区。从地震剖面来看，如图4.79所示气烟囱横向尺寸为3～4 km（由于地震测线并不一定穿过气烟囱中心，所以

该尺寸也不一定能代表气烟囱直径）。气烟囱1和2的顶部紧连着被掩埋的麻坑P1和P2。气烟囱3的顶部是现代麻坑P3。图4.79气烟囱2的上部有一段震相较为混乱的强反射，可能指示了流体随着该气烟囱向上运移的顶界面。

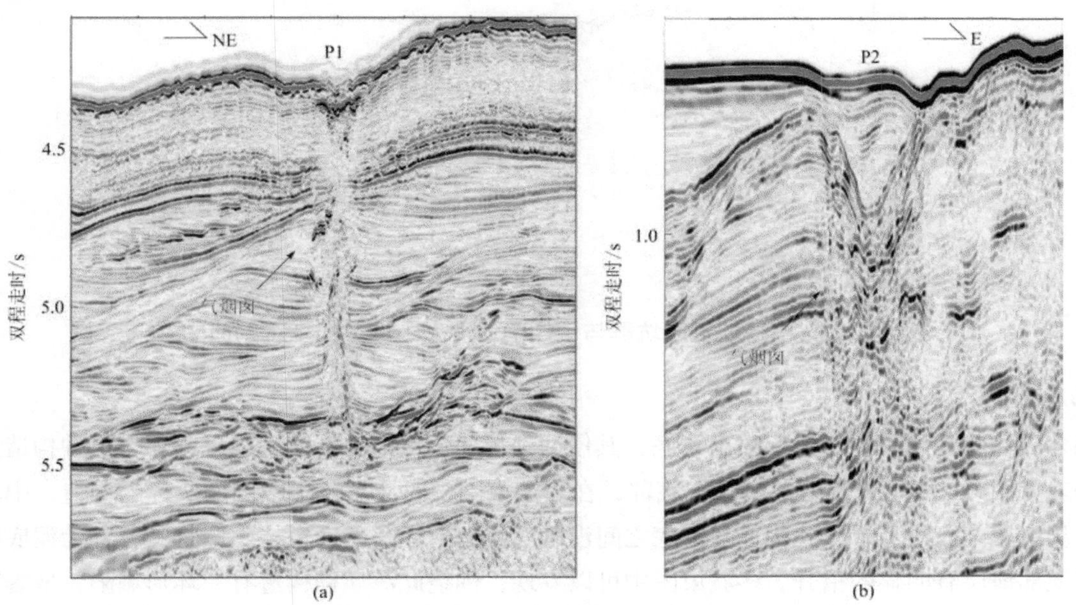

图4.78　与气烟囱相关的麻坑以及与麻坑相关的流体逸散系统示意图

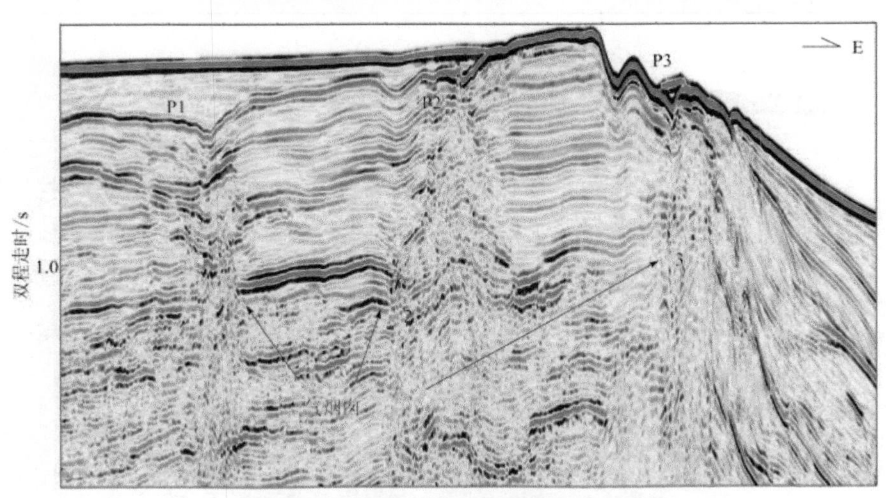

图4.79　与气烟囱相关的麻坑剖面图

图所处位置在广乐隆起，并且展现的既有被掩埋的麻坑P1和P2，也有现代麻坑P3

3. 泥火山

泥火山是携带大量流体的泥质沉积物上侵涌出海底后堆积而成的，对地层的强烈侵蚀是其发育过程中的一个重要特征。泥火山形成过程会造成大量流体渗出海底，而部分泥火山在形成之后所留下的侵蚀通道也会成为流体继续向上运移的重要通道。

地震剖面（图4.80）反映现代泥火山M1把麻坑P34侵蚀塌陷下凹，大量泥质沉积物上侵涌出海底后堆积成小山，把麻坑P35、P33和P32掩盖，导致多波束无法发现P35、P33和P32麻坑的存在，但在泥火山下方留有明显的侵蚀通道，成为流体继续向上移动的通道。因此，泥火山对麻坑有两个主要作用：一是泥火山上喷，把上面地层侵蚀塌陷下凹，促进麻坑形成；二是泥火山上喷携带的泥质沉积物掩盖附近的海底麻坑，阻止麻坑形成。

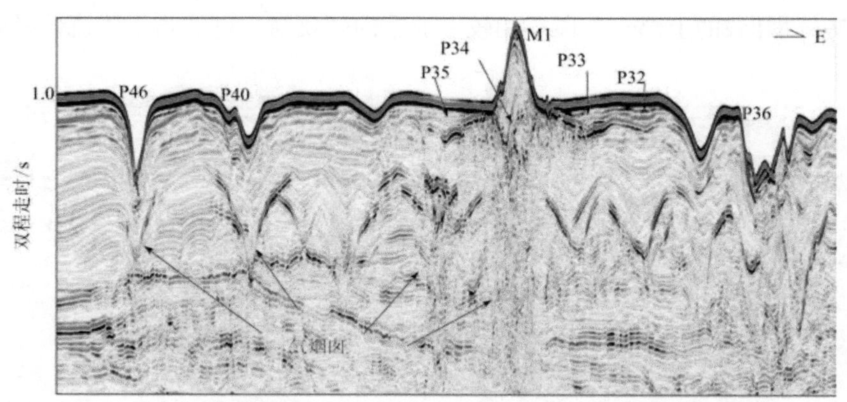

图4.80　中建峡谷麻坑群与气烟囱、泥火山相关的麻坑剖面图

4. 泥底辟

如果含流体的泥质沉积物没有喷出海底，其侵蚀顶界面仍然停留在海底以下，那么这种构造通常被称为泥底辟。如图4.81所示是一处典型的泥底辟，在多波束图中对应黑色虚线圆圈所标的构造，中心有一圆形塌陷，从地震剖面图上看，此构造与海底之间没有明显向上运移的通道，因此将其解释为泥底辟。泥底劈造成正上部地层有明显的抬升。多波束图中可以发现，围绕此泥底辟构造有一环形塌陷，地震图中对应1号构造；本图的2号和3号麻坑的剖面形态在地震图中都呈U型结构。

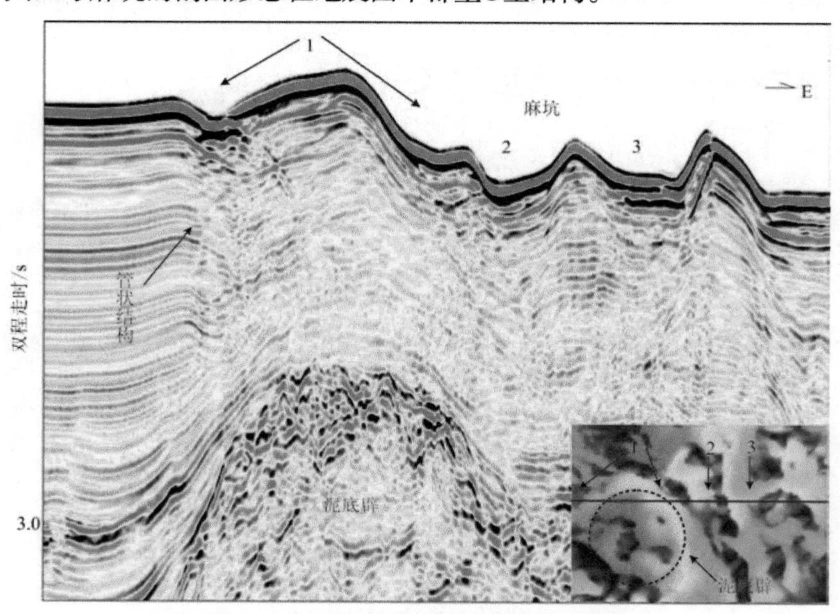

图4.81　与泥底辟相关的麻坑剖面图

1号麻坑是围绕该泥底辟构造的环状塌陷，2号和3号麻坑在地震剖面上均呈U型

（二）底流冲刷

底流的冲刷是麻坑形成的主要控制因素，其作用主要体现在三个方面。首先，海底之下的沉积物会随着流体的逸散被带出海底，若这些沉积物在逸散口堆积，则难以形成表面可见的麻坑，而底流的冲刷可以将这些沉积物带走，因此而有利于麻坑的形成。其次，底流也可以阻止其他沉积物对麻坑进行填埋，从而起到维持麻坑结构的作用。最后，底流对麻坑侧壁的冲刷也可能对麻坑的形态造成一定的改变（拜阳等，

2014）。日照峡谷群和中建峡谷群处于陆坡较陡的变化地带，底流作用强烈，形成众多的侵蚀较深的峡谷水道，其上发育密集的麻坑群；其条带状麻坑展布方向多数是北西向展布，与水道主要方向一致。因此，麻坑形成与水道方向、水道同流向的底流作用有关。

（三）海底表层沉积物颗粒大小

海底表层沉积物颗粒大小是影响麻坑大小的另一个重要控制因素。颗粒越小越有利于麻坑的形成，反之则不利。表层沉积物颗粒对于麻坑形成的影响既体现在流体逸散方面，也体现在底流冲刷方面。沉积物颗粒越小，其运移所需要的能量就小，也就更有利于其随着流体逸散被带出海底，因此除了流体的逸散以外，沉积物的带出也可以为麻坑的发育提供一定的空间，同时小颗粒的沉积物也有利于被底流带走，所以容易形成较大的麻坑；反之则相对不利于麻坑的形成和发育（拜阳等，2014）。

三、意义

对麻坑的研究具有重要的学术价值和实用价值。海底流体活动对海底地质构造、生物群落以及海洋乃至大气环境都会产生重要影响，麻坑作为海底流体活动最明显、最常见的指示之一（Judd and Hovland，2007），对研究海底流体活动有着科学意义。从海底逸散出的甲烷气体是一种重要的温室气体，其温室效应比二氧化碳强二十多倍，因此通过麻坑研究海底甲烷气体的逸散情况对于环境变化的研究具有重要的意义。麻坑通常是海底以下的流体，尤其是甲烷气体逸散活动形成的残留地貌，因此麻坑是指示石油、天然气和天然气水合物等资源存在的一个重要标志（罗敏等，2012；曹超等，2018），流体逸散所留下的通道也可能为油气运移所用，海底麻坑对油气勘探有如下指导意义（王剑等，2015）。

（1）海底麻坑可作为下伏地层油气系统的直接指示，海底麻坑多分布在有效烃源岩附近。海底麻坑所在区域存在活跃的油气系统，烃源岩生成的油气通过断层等渗漏通道直接运移至海底，油气散失的范围分布在烃源岩附近区域。

（2）海底麻坑的分布规律可指示下伏油气系统的平面展布特点，从而为油气勘探区带优选提供帮助。海底麻坑发育的区域也是油气系统活跃的区域，在进行区带优选时，根据海底麻坑的分布范围和规律可初步判断下伏油气系统的存在区域和范围。

（3）海底麻坑的展布可指示下伏地层构造活跃带，如断层和底辟运动等。南海海盆泥底辟发育，泥底辟运动进而造成区域相关构造活动，断裂系统与泥底辟伴生，导致油气泄漏，形成海底麻坑。海底麻坑的分布与泥底辟展布有一定相关性，从而可通过海底麻坑的分布规律了解泥底辟的活动特点。

（4）海底麻坑也指示区域油气泄漏的风险。因此，通过对南海海盆泥底辟活动和海底麻坑的分析，在油气勘探中应重点寻找泥底辟形成后，对应海底麻坑油气泄露较少的圈闭带。

第五节 南海北部海底沙波的成因分析

一、沙波的分类

沙波是砂质海底表面有规则的波状起伏地形，也是一种常见的微地貌类型。早在1972年，国外学者Swift就按照水流作用的方向把陆架底形分成纵向和横向两大类。1982年，Allen又系统地研究了陆架各种水下底形，并将脊线垂直主水流方向的称为横向大尺度底形（沙波或沙丘），脊线平行主水流方向的称为纵向大尺度底形（沙脊）。随后，国外学者又提出了更加细致的分类方法。

（1）1987年沉积地质专业会议上按规模大小将沙波分为小型、中型、大型和巨型沙波（表3.7）。

（2）按照形成时代将沙波分为残留沙波和现代沙波两种（Daniell and Hughes，2007），残留沙波是指末次冰期低海面时，在风动力条件下形成的沙波，冰期结束后，海平面上升，又被海水重新覆盖，由于是曾经形成并遗留下来的沙波，其成因与现代水动力条件无关，所以残留沙波大多比较稳定；现代沙波是指受现今水动力作用，并随当前水动力条件改变而不断变化的海底沙波（Todd，2005）。

（3）其他分类方法如按形状可分为直线型沙波、新月型沙波；按成因分为流成沙波、浪成沙波和混合成因沙波（Gao and Collins，1997）。

国内学者结合前人研究成果，依据本国语言习惯，也进行了分类。庄振业等（2008）按陆架水下沙丘的运动量级和发育过程可划分为强运动、弱运动、不运动（残留）和消亡（或埋藏）沙丘四种类型。叶银灿等（2004）按沙波的波长、波高和沙波指数等参数，将沙波地貌分为波痕（ripples）、大型波痕（megaripples）和沙波（sand wave）三类（表4.3）。另外，刘振夏等（1996）指出，对海相沉积物不能简单地用测年数据来判断其为残留沉积还是现代沉积，判断新老沉积的唯一依据是看沉积过程和沉积作用发生的时间，这也是对Daniell和 Hughes（2007）分类方法的进一步说明。

表4.3　沙波地貌的分类（据叶银灿等，2004）

名称	波长（L）/m	波高（H）/m	沙波指数（L/H）
波痕	＜0.6	＜0.05	8～15
大型波痕	0.6～30	0.05～1.0	15～30
沙波	＞30	＞1.0	＞30

二、沙波形成发育的环境条件

（一）水动力条件

常见潮流的底流速度在20～50 cm/s，最大为70 cm/s以上。按Simons（1965）的单向流水槽试验（水深设定0.5 m之内）（图4.82），流速为25～30 cm/s时可塑造小沙波；流速在50～75 cm/s时发育大沙波（沙垄）；流速为100～150 cm/s时，弗劳德数（Fr）进入急、缓紊流间的过渡状态，侵蚀掉已形成的沙波，槽底出现上平床；Fr>1时，进入急紊流状态，发育逆行沙波。许多学者做过陆架水下沙波区底流速的实测，刘振夏等（1996）在渤海浅滩沙波区实测流速为34～65 cm/s（涨潮）、29～59 cm/s（落潮），王文介（2000）在台湾海峡水下沙波区实测底流速为50 cm/s，夏东兴等（2001）在海南东方岸外20～50 m的水下沙波区实测底流速约68 cm/s（涨潮）和64 cm/s（落潮），庄振业等（2004）综合实验和实测资料得出陆架30～70 cm/s底流速度的水流环境是塑造水下沙波的有利动力条件。风暴潮期间波浪产生的底流，连同近岸水下逆流和风海流均可形成比潮流更强的水流，也是塑造沙波的主要动力，均可在海底塑造沙波。

Stow等在研究中指出，海底底形的形成演化受水流强度、水深及沉积物粒度等因素控制，底流是沙波形态的主要控制因素，如图4.83所示，陆架水下沙波地形的发育需要有较平坦的海底、丰富的砂源和较强的水动力条件。陆架海底塑造沙波地形的动力要素包括定时变向的潮流、定向的海流（洋流）和具有偶然性的风暴浪流，前两者对海底作用频繁，后者作用频繁。

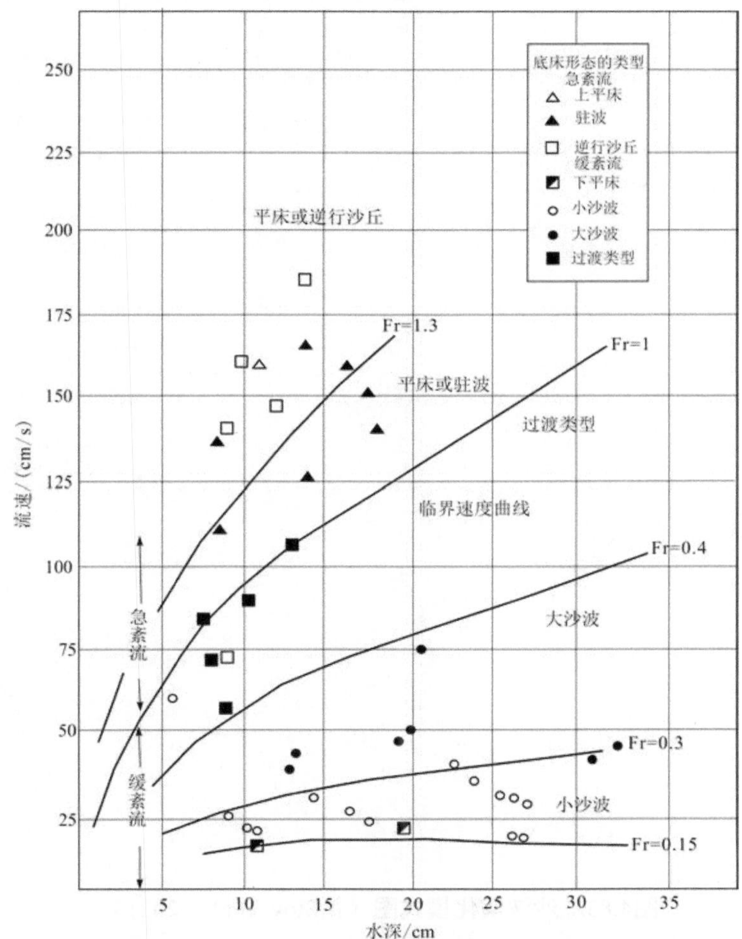

图4.82　单向流水槽试验、流态、流速和水深变化下的沙波底形图（据Simons，1965，修改）

南海的环流主要由季风和黑潮控制（Liang et al.，2003）。夏季，在西南季风的驱动下，南海暖流沿南海北部陆架坡折由西南向北东方向流动;冬季，在西北季风的驱动下，南海水团向西南流动（Shaw and Chao，1994；Wang et al.，1995）。黑潮则一年四季沿菲律宾和台湾岛的东侧由南向北流动，在途经巴士海峡时，部分由此进入南海。进入南海的黑潮又进一步分为两支，其中一支向北经台湾海峡进入东海，另一支向西进入南海，在南海形成反时针的南海环流。这样，从总体效果上，黑潮使得南海的夏季环流减弱，使冬季环流增强。

广州海洋地质调查局2003年夏季和2005年春季分别于AEM-HR站和9MK11站位进行了海底底流测量。2003年夏季海底底流测量起止时间为7月28至8月1日，共5 d，获得了288组量数据；2005年冬季底流测量起止时间为1月24日至3月9日，共43 d，获得了2101组测量数据。在AEM-HR获得的288个观测数据中，最大流速为15 cm/s，流向为东向（95°），最小流速为5cm/s，流向为北北西（336°），平均流速为10 cm/s（栾锡武等，2010）。

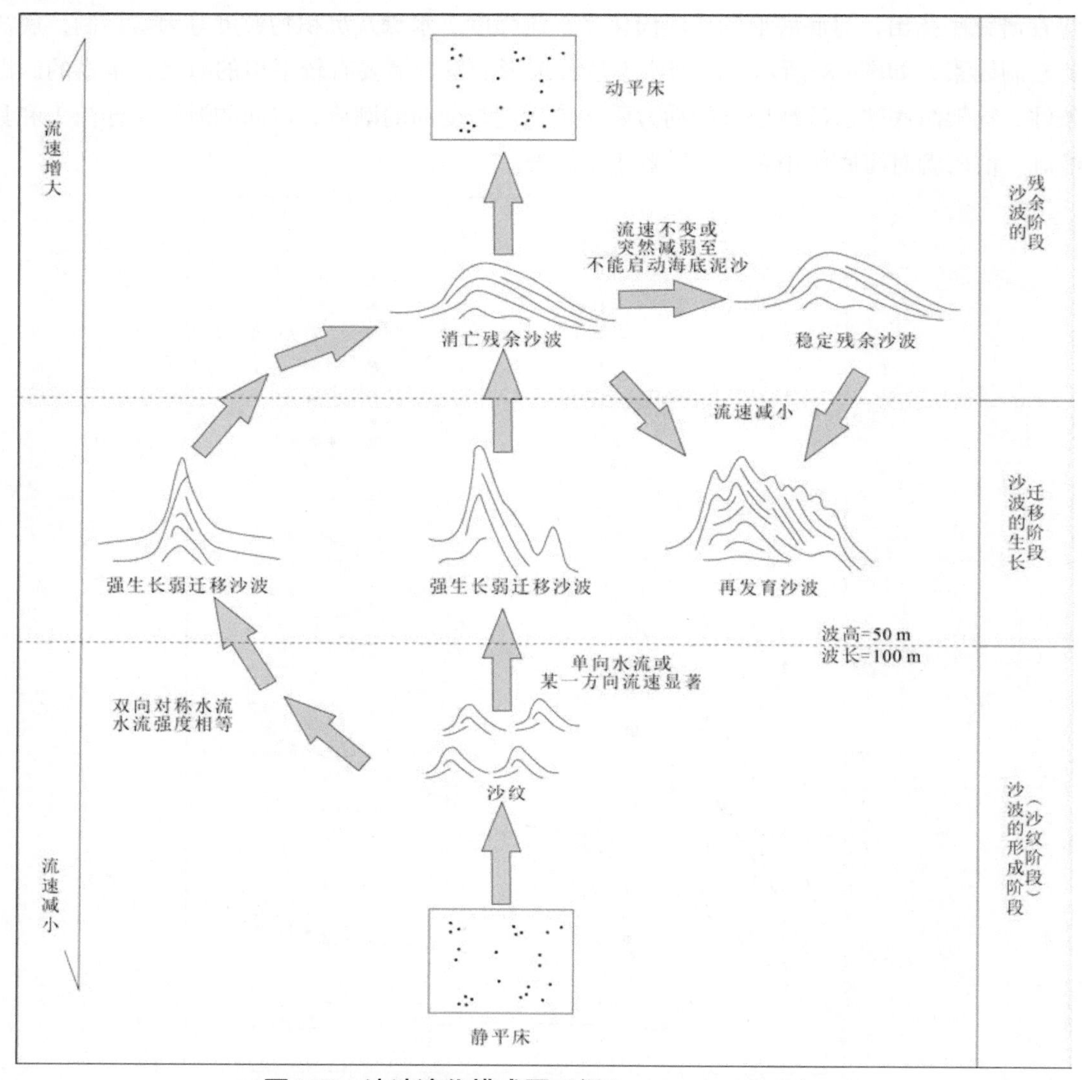

图4.83　沙波演化模式图（据Stow et al.，2021）

在9MKII站位获得的2101个测量数据中，最大的海底底流速为48 cm/s，流向偏南（190°），最小的海底底流流速为0 cm/s，流向近西南（241°），平均流速为15 cm/s，平均流向南南东向（165°～170°）。其中，465个观测数据（约占22%）流速大于20 cm/s，79个观测数据（约占4%）底流速大于30 cm/s（表4.4），并有13个观测数据（小于1%）流速大于40 cm/s。在底流流速大于30 cm/s的观测数据中，流向非常集中，大多数集中在165°～195°范围内，且向南防线的落潮流明显大于北方向的张潮流。在AEM-HR站位测量获得的288个观测数据中，最大流速为15 cm/s，流向为东向（95°），最小流速为5 cm/s，流向为北北西（336°），平均流速为10 cm/s，流速较9MKII站位明显偏低，流向也完全不同（栾锡武等，2010）。

根据理论计算和水槽实验，王尚毅和李大鸣（1994）给出了海底启动细砂（粒径<0.075 mm）、中砂

（粒径<0.163 mm)和粗砂（粒径>0.25 mm ）所需要的最小海底底流速度，分别为19.8 cm/s、29.2 cm/s、36.2 cm/s；同时给出了在海底启动细砂、中砂、粗砂和形成海底沙波的最小海底底流速度，分别为23.6 cm/s、34.7 cm/s、43.1 cm/s。很显然，9MKII海底底流观测站位观测结果显示（最大底流速度为48 cm/s），南海北部陆架的动力条件完全能够启动海底粗粒沉积物并在海底形成沙波，向前搬运。邱章和方文东（1999）在南海北部进行的长达38d的海底底流观测中获得的最大底流流速为68 cm/s，流向为170°。可以预测，在南海极端的天气条件下，如强风暴等，海底可能会引发更大的海底底流流速，这些较强的海底底流为南海北部陆架海底沉积地层的剥蚀，以及海底沉积物由陆架往陆坡方向的搬运提供了动力条件。

表4.4　MKII站观测到的大于30 cm/s的海底底流统计表

编号	日期与时间（年-月-日 时:分）	速度/(cm/ s)	方向/(°)	编号	日期与时间（年-月-日 时:分）	速度/(cm/ s)	方向/(°)
1	2005-02-11 11:00	48.10	190.22	41	2005-02-11 04:30	32.85	167.01
2	2005-02-05 14:00	47.22	153.30	42	2005-03-01 18:30	32.85	18.99
3	2005-02-20 04:30	46.93	180.37	43	2005-01-29 02:00	32.56	139.94
4	2005-02-11 13:30	46.63	202.87	44	2005-02-11 04:00	32.56	161.03
5	2005-02-05 14:30	46.34	156.11	45	2005-03-06 05:30	32.56	214.12
6	2005-02-11 12:00	44.29	190.22	46	2005-01-29 22:00	32.26	326.28
7	2005-02-20 04:00	42.53	178.26	47	2005-02-04 04:00	32.26	172.28
8	2005-02-20 05:00	41.94	182.48	48	2005-02-20 14:30	32.26	165.96
9	2005-02-05 05:30	41.65	166.31	49	2005-03-01 19:30	32.26	9.14
10	2005-02-11 12:30	41.36	197.95	50	2005-01-29 02:30	31.97	148.02
11	2005-02-06 05:30	40.48	166.66	51	2005-02-05 04:30	31.97	169.82
12	2005-02-06 05:00	40.18	162.79	52	2005-02-05 15:30	31.97	166.66
13	2005-02-11 10:30	40.18	190.22	53	2005-02-14 05:00	31.97	163.14
14	2005-02-11 13:00	39.89	201.47	54	2005-02-20 06:30	31.97	203.93
15	2005-02-20 03:30	39.30	176.15	55	2005-03-03 03:00	31.97	159.63
16	2005-02-05 05:00	38.72	168.42	56	2005-03-03 23:30	31.97	349.14
17	2005-02-20 05:30	38.42	188.81	57	2005-02-05 06:30	31.68	201.47
18	2005-02-06 06:00	37.84	174.39	58	2005-02-18 01:00	31.68	168.77
19	2005-03-04 06:00	37.54	167.36	59	2005-02-20 13:00	31.68	146.97
20	2005-03-04 06:30	37.25	174.39	60	2005-02-17 00:30	31.38	164.20
21	2005-02-18 01:30	36.96	173.34	61	2005-03-06 06:00	31.38	214.48
22	2005-02-20 16:30	36.96	184.59	62	2005-02-14 06:00	31.09	155.76
23	2005-02-18 02:00	36.66	169.12	63	2005-02-17 00:00	31.09	166.66
24	2005-02-20 16:00	36.66	177.21	64	2005-02-20 06:00	31.09	203.22
25	2005-03-04 05:30	36.08	164.55	65	2005-03-02 19:30	31.09	60.48
26	2005-02-18 03:00	35.78	182.48	66	2005-01-26 13:00	30.80	160.68
27	2005-02-05 15:00	35.20	157.52	67	2005-02-02 10:30	30.80	180.72
28	2005-02-18 03:30	35.20	183.89	68	2005-02-14 04:00	30.80	131.50
29	2005-02-05 13:30	34.90	151.54	69	2005-02-18 02:30	30.80	180.72
30	2005-02-17 01:00	34.90	172.64	70	2005-02-19 03:00	30.80	184.59
31	2005-03-04 07:00	34.61	178.96	71	2005-02-20 15:30	30.80	172.64
32	2005-02-06 04:30	34.32	162.09	72	2005-03-04 17:30	30.80	165.96
33	2005-03-04 05:00	34.32	161.38	73	2005-01-27 08:30	30.50	297.81
34	2005-02-11 03:30	34.02	158.92	74	2005-02-04 04:30	30.50	170.53
35	2005-02-11 10:00	34.02	199.36	75	2005-03-02 18:00	30.50	10.20
36	2005-02-11 11:30	34.02	193.38	76	2005-02-04 12:00	30.21	123.06
37	2005-02-04 13:00	33.73	146.62	77	2005-02-05 10:30	30.21	355.82
38	2005-02-05 16:00	33.44	174.75	78	2005-02-11 09:30	30.21	195.84
39	2005-02-20 09:30	33.14	300.27	79	2005-03-06 19:30	30.21	159.63
40	2005-03-04 04:30	33.14	152.24				

（二）底砂的作用

陆架底砂是水下沙波形成发育的物质基础，其中包含砂源多寡和砂粒成分两个参数。前者是输砂率大小的问题，输砂丰富的海区是沙波幸存的先决条件。Allen（1982）认为，高输砂量的陆架区，多发育不对称沙波，沙波尺度大，前置纹层厚，爬高的幅度大；反之，砂源不足的海区，引起床砂粗化，已形成的沙波也被降低、变疏甚至消失。南海北部陆架紧挨华南板块，有丰富的陆源物质输入，全新世海侵淹没了晚更新时期由松散碎屑组成的平缓陆架平原，在现代波浪动力簸洗下，可提供大量砂质物质。此外，珠江每年输向南海的径流量和输沙量分别为3×10^{11} m^3和9×10^7 t（张霄宇等，2003），在当今南海环流体系下，为南海北部输入了大量的沉积物。南海区域地质调查结果显示，南海北部陆架海底表层沉积物主要为砂、粉砂、砂质粉砂和粉砂质砂，台湾浅滩海底表层沉积物主要为含砾砂，总体上以砂质沉积物为主，这些都为南海北部沙波的形成提供了丰富的物质保障。

细砂（0.063～0.125 mm）到中砂（0.25～0.5 mm）是陆架水下沙波的主要组成粒级，粒级过大和过小均不发育水下沙波，这主要和颗粒的起动流速有关，只有大于砂的起动流速的浪流和潮流才能塑造水下沙波。细、中砂的起动流速均在缓紊流的流速范围之内。按Simonsd（1965）的实验，这种粒级可以发育大小不等的沙波。当然在缓紊流流速范围内，陆架沙波尺度大小与粒径有微弱的正相关（图4.82），这仍然是较大颗粒需要较大的底流速才能起动的道理。王尚毅和李大鸣（1994）研究珠江口外陆架水下沙波时观测到：中砂沙波区，近底流速为50.7 cm/s；中细砂沙波区，底流速为40.9 cm/s；细沙沙波区，底流速为27.2 cm/s。南海北部陆架区细砂到中砂沉积物均有分布，叠加足够的底流起动流速，就可塑造海底沙波。

（三）海底地形的作用

正如风成沙丘的形成需要宽阔而平坦的地形一样，陆架水下沙波的发育需要宽阔而平坦的地形。首先，海底的陡与缓影响底砂的运移效益，可以通过增高输沙率而促进水下沙波的发育；其次，海底坡度的陡缓也直接影响水下沙波的生存，从而改变沙波的两坡形态，南海北部陆架地形非常平坦，地势自西北向东南向倾斜下降，平均坡度为0.04°，非常适合沙波的发育和保存；最后，海底粗糙度也影响底砂运移和水下沙丘的迁移，而已形成沙波的海底，因沙波的存在，造成粗糙度增大而减缓底砂运移的速率。

三、沙波的成因分类

陆架不同的动力环境塑造不同的水下沙波，按照成因可将陆架水下沙波划分成浪控沙波、潮控沙波、混合控沙波和残留沙波四种类型。

最早在1993～1994年，冯文科等利用珠江口海洋工程地质调查项目的调查资料对该区海底沙波稳定性进行了研究，根据表层沉积物特征及测年资料分析，认为沙波是在晚更新世末次冰期低海平面时期的残留沉积，沙波稳定。1995年，中国海洋石油总公司南海东部公司陈鸣利用1987年10月实测的底流资料及1990年9月调查的工程地质资料对陆丰13-1平台场地的海底稳定性进行了分析与评价，其观点与冯文科等的观点十分一致，认为底流流速对细砂和中砂不能够启动，沙波为残留沉积。王尚毅和李大鸣（1994）分析了1972年在115° E、21° N点实测的底流（距海底约1.0 m，水深约100 m）资料，认为海流底流主流向为北西-南东，与该区沙波波峰走向为北东、北北东的情况吻合，底流流速对细砂和中细砂能够启动，沙波为今生。彭学超等（2006）和栾锡武等（2010）利用区内实测的底流、多波束测深和底质取样等资料对该区海底沙波稳定性进行了分析研究，均认为底流流速对细砂和中砂能够启动，海底沙波是在现今底流条件下形成的，并不是晚更新世末次冰期的残留沉积。

本书通过对前人及调查资料综合分析认为，南海北部海底沙波是在现今底流条件下形成的，并非是残留沉积，其依据如下。

（1）从单道地震剖面上（图4.84）可清晰显示，沙波发育区的海底地层遭受强烈的剥蚀。同时，珠江口海洋工程地质调查项目的调查成果证实该区海底表层普遍存在风暴沉积。可见，如果该区沙波是晚更新世末次冰期的沉积，必然遭受侵蚀破坏，不可能得到保存。

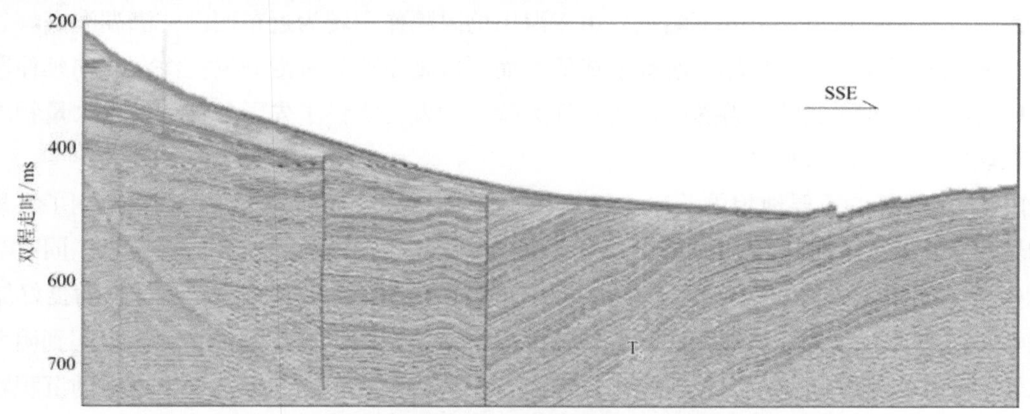

图4.84　STS280单道地震剖面显示的地层褶皱及海底侵蚀

（2）如果沙波是末次冰期的残留沉积，那么沙波区海底沉积物的年龄应与末次冰期年代一致，但海底沉积物的实际年龄却差别较大。根据珠江口海洋工程地质调查项目的^{14}C测年资料显示：114°～115° E、21° 20′～22° N范围的底质年龄为0.4万～0.9万年，115°～116° E、21° 20′～22° N范围的底质年龄为0.6万～1.2万年，116°～117° E、21° 20′～22° N范围的底质年龄为1.2万～2.9万年。

（3）在21° 20′～22° N，由西向东底质年龄逐渐增大，底质粒度由细变粗，海底地层遭受剥蚀程度由弱变强。其综合反映由西向东海底水动力由弱变强，底质年龄反映遭剥蚀海底出露地层的年龄，并非海底沉积物原始沉积年龄。

（4）海底底流测量数据显示，2005年观测到最大底流流速为48 cm/s，流向为190°，有22%的测量底流速大于20 cm/s（启动海底沙波形成的最小流速）；1999年观测到最大底流流速为68 cm/s，流向为170°。说明该区不但具有形成沙波的水动力条件，而且其底流流向也形成该区沙波走向相符合。

总之，海底沙波主要是海流对海底砂质物质搬运堆积而形成。沙波陡坡朝向与优势流运动方向一致。在浅水区，由于潮流与波浪的作用通常形成多列与海岸近似平行的周期性沙波，其发育与水动力环境、沉积物粒度以及地形有密切的关系，如沙坡S1、S2、S3、S5、S7、S8，以及S4、S6北部，其形成主要受潮流与波浪的作用。而水深大于200 m的上陆坡地的沙波区（S4与S6南部），其形成主要受重力流作用，其分布多呈扇形。

第六节 小 结

（1）峡谷的成因复杂，受多种因素控制，如沉积物供给、海平面变化、区域构造活动、盐（泥）底辟等，以及在多方面因素影响下发育活跃的重力流因素，如滑动、滑塌、碎屑流和浊流等。这些海底峡谷具有不同的成因机制，形成了各自不同的地貌特征。珠江海谷与珠江带来的大量陆上沉积物的搬运相关，形成喇叭形的水道；台湾海底峡谷的形成受北西向断裂构造的控制，这些断裂构造形成了薄弱带，经过沉积流的侵蚀而形成狭长的水道，进入下陆坡后由于海山的阻隔作用转为近东西向；澎湖海底峡谷的上段主要是由陆坡沉积流的下向侵蚀、崩塌和滑移形成的，而下段则主要具有沿马尼拉海沟北向延伸段发育的特征；永乐海底峡谷和盆西海底峡谷特殊的地貌特征为峡谷的发育提供了先天条件，其次大量物质以重力流为主流入，在峡谷末端形成深水扇。

（2）作为大陆边缘的重要地貌单元和“源–汇系统”的重要组成部分，海底峡谷控制了沉积物由陆向海的输送和聚集，记录了相邻区域的海平面升降、气候变化、构造活动等地质历史信息，同时与海底峡谷相关的沉积建造（如浊积砂体、天然堤等） 也可以作为深水油气、海域天然气水合物的良好储层。珠江口盆地海底峡谷群（珠江海谷、神狐海底峡谷特征区）对该区域内水合物的分布和聚集起到明显的控制作用；南海东北部（澎湖海底峡谷群）及台湾岛以东的台东峡谷内充填物和天然堤系统内的沉积物以及南海西部的永乐海底峡谷和盆西海底峡谷末端的深水扇可作为良好的储层，永乐海底峡谷和盆西海底峡谷给深水扇的形成提供了良好的通道。

（3）南海岛礁发育演化受构造环境、气候变化、沉积作用、生物作用等多种因素的共同影响，海平面变化能明显控制生物礁的发育，东沙环礁主要由早期附着在浅海区的冷泉碳酸盐上发育而成；西沙主要以形成于西沙隆起之上的碳酸盐台地构成，属陆壳向洋壳的过渡带，高低起伏的海底地形、不断进行的海平面变化和适宜的外部环境为生物礁的发育提供了条件；中沙大环礁是在断裂大陆坡上发育而来，自边缘至中部由南海海盆三次快速下沉形成的三级阶地组成；南沙附近海域岩浆活动频繁，不断形成的火成岩体出露海底形成形态各异的海山和海丘，在珊瑚礁作用下不断增长形成现今星罗棋布的岛、礁群等。

（4）南海中西部和西南部的大陆坡布满了大量的麻坑，如重云麻坑群、中建峡谷麻坑群、南沙海槽麻坑群、安渡海山麻坑群等。本区麻坑形成与地形、水道、断层、构造隆起、管状构造、泥火山和表层沉积物颗粒较小等因素有关。

（5）南海的沙波主要大面积发育在陆架陆坡，沙波分布于45～400 m水深中，其中在水深150～400 m沙波最发育。沙波主要是海流对海底砂质物质搬运堆积而形成，沙波陡坡朝向与优势流运动方向一致。在浅水区，由于潮流与波浪的作用通常形成多列与海岸近似平行的周期性沙波，其发育与水动力环境、沉积物粒度以及地形有密切的关系。当水深大于200 m，其形成主要受重力流作用，其分布多呈扇形。

参考文献

拜阳, 宋海斌, 关永贤, 等. 2014. 利用反射地震和多波束资料研究南海西北部麻坑的结构特征与成因. 地球物理学报, 57(7): 2208-2222.

蔡锋, 曹超, 周兴华, 等. 2013. 中国近海海洋海底地形地貌. 北京: 海洋出版社.

曹超, 潘翔, 蔡锋, 等. 2018. 天然气水合物赋存区麻坑地貌特征及其地质灾害意义. 海洋开发与管理, 7: 52-55.

陈泓君, 黄磊, 彭学超, 等. 2012. 南海西北陆坡天然气水合物调查区滑坡带特征及成因探讨. 热带海洋学报, 31(5): 18-25.

陈慧. 2014. 南海西北次海盆西北陆缘深水沉积体系及其演化研究. 武汉: 中国地质大学(武汉).

丁航航, 丁巍伟, 方银霞, 等. 2019. 南海西南次海盆基底形态特征及控制因素. 地学前缘, 136(2): 226-236.

丁巍伟, 程晓敢, 陈汉林, 等. 2005. 台湾增生楔的构造单元划分及其变形特征. 热带海洋学报, 24(5): 53-59.

丁巍伟, 李家彪, 韩喜球, 等. 2010a. 南海东北部海底沉积物波的形态、粒度特征及物源、成因分析. 海洋学报, 32(2): 96-105.

丁巍伟, 李家彪, 李军. 2010b. 南海北部陆坡海底峡谷形成机制探讨. 海洋学研究, 28: 26-31.

丁巍伟, 黎明碧, 何敏, 等. 2009. 南海中北部陆架-陆坡区新生代构造-沉积演化. 高校地质学报, 15(3): 339-350.

丁巍伟, 李家彪, 李军, 等. 2013. 南海珠江口外海底峡谷形成的控制因素及过程. 热带海洋学报, 32: 63-72.

丁巍伟, 李家彪, 李军, 等. 2014. 南海珠江口外海底峡谷形成的控制因素及过程. 热带海洋学报, 32(6): 63-72.

杜文斌. 2002. 南海最北部地磁与地形之研究. 桃园: “中央”大学.

杜晓琴, 李炎, 高抒. 2008. 台湾浅滩大型沙波、潮流结构和推移质输运特征. 海洋学报, 30(5): 124-136.

范时清. 1977. 现代海洋浊流作用理论问题. 海洋科学, 1: 44-48.

冯文科, 鲍才旺. 1982. 南海地形地貌特征. 海洋地质研究, 2(4): 80-93.

冯文科, 黎维峰. 1994. 南海北部海底沙波地貌. 热带海洋, 13(3): 39-46.

高振中, 何幼斌, 罗顺社, 等. 1996. 深水牵引流沉积-内潮汐、内波和等深流沉积研究. 北京: 科学出版社.

郭旭东, 冯文科. 1978. 据地貌声图判读研究海底地貌和底质类型. 地质科学, 4: 373-382.

韩冰, 朱本铎, 万玲, 等. 2015. 南沙海槽东南缘深水逆冲推覆构造. 地质论评, 61(5): 1061-1067.

何家雄, 陈胜红, 崔莎莎, 等. 2009. 南海北部大陆边缘深水盆地烃源岩早期评价与预测. 中国地质, 36(2): 404-415.

何家雄, 祝有海, 翁荣南, 等. 2010. 南海北部边缘盆地泥底辟及泥火山特征及其与油气运聚关系. 地球科学: 中国地质大学学报, (1): 79-90.

何家雄, 祝有海, 翁荣南, 等. 2012. 南海北部边缘盆地泥底辟、泥火山特征及油气地质意义. 科学, (2): 15-18.

何家雄, 万志峰, 张伟, 等. 2019. 南海北部泥底辟/泥火山形成演化与油气及水合物成藏. 北京: 科学出版社.

何云龙, 解习农, 陆永潮, 等. 2011. 琼东南盆地深水块体流构成及其沉积特征. 地球科学——中国地质大学学报, 36(5): 905-913.

黄企洲, 王文质, 李毓湘, 等. 1992. 南海海流和涡旋概况. 地球科学进展, 7(5): 1-9.

黄强, 景惠敏, 胡培. 2019. 中国东南沿海邻近海沟潜在海啸危险性研究. 海洋环境科学, 38(4): 594-601.

黄任意. 2006. 台湾西南海域高屏陆坡盆地及澎湖海底峡谷-水道系统的沉积作用及演化. 台北: 台湾大学海　洋研究所.

姜涛. 2005. 莺歌海——琼东南盆地区中中新世以来低位扇体形成条件和成藏模式. 武汉: 中国地质大学(武汉).

金波, 鲍才旺, 林吉胜. 1982. 琼州海峡东、西口地貌特征及其成因初探. 海洋地质研究,2(4): 94-101.

金庆焕. 1989. 南海石油地质与油气资源. 北京: 地质出版社.

匡增桂, 郭依群, 王嘹亮, 等. 2014. 西沙海域晚中新世环礁体系的发现及演化. 中国科学: 地球科学, 44(12): 2675-2688.

李家彪, 丁巍伟, 吴自银, 等. 2012. 南海西南海盆的渐进式扩张. 科学通报, 57(20): 1896-1905.

李磊, 裴都, 都鹏燕, 等. 2013. 海底麻坑的构型、特征、演化及成因——以西非木尼河盆地陆坡为例. 海相油气地质, 18(4): 53-58.

李伟, 吴时国, 王秀娟, 等. 2013. 琼东南盆地中央峡谷上新统块体搬运沉积体系地震特征及其分布. 海洋地质与第四纪地质, 33(2): 9-15.

李学杰, 王大伟, 吴时国, 等. 2017. 三沙海底峡谷识别与地貌特征分析. 海洋地质与第四纪地质, (3): 28-36.

里蒴东. 1999. 人类对海底地貌的认识和利用. 海洋测绘, (3): 51-54.

廖杰, 周蒂, 赵中贤, 等. 2011. 伸展盆地构造演化的数值模拟研究——以白云凹陷为例. 地质通报, 30(1): 71-81.

刘保华, 郑彦鹏, 吴金龙, 等. 2005. 台湾岛以东海域海底地形特征及其构造控制. 海洋学报, 27 (5): 82-91.

刘方兰, 吴庐山. 2006. 西沙海槽海域地形地貌特征及成因. 海洋地质与第四纪地质, 26(3): 7-14.

刘杰, 苏明, 乔少华, 等. 2016. 珠江口盆地白云凹陷陆坡限制型海底峡谷群成因机制探讨. 沉积学报, 34(5): 940-950.

刘杰, 孙美静, 高红芳, 等. 2019. 台湾东部海域沉积物波特征及其成因探讨. 沉积学报, 37(1): 158-165.

刘锡清, 孙家淞. 1992. 板块构造地貌分类. 见: 刘光鼎. 中国海区及邻域地质地球物理特征. 北京: 科学出版社: 12-16.

刘昭蜀, 赵焕庭, 范时清, 等. 2002. 南海地质. 北京: 科学出版社.

刘振夏, 汤毓祥, 王揆洋, 等. 1996. 渤海东部潮流动力地貌特征. 黄渤海海洋, 14(1): 7-21.

刘忠臣, 刘保华, 朱本铎, 等. 2005. 中国近海及邻近海域地形地貌. 北京: 海洋出版社.

柳保军, 袁立忠, 申俊, 等. 2006. 南海北部陆坡古地貌特征与13.8Ma以来珠江深水扇. 沉积学报, 24(4): 476-482.

栾锡武, 彭学超, 王英民, 等. 2010. 南海北部陆架海底沙波基本特征及属性. 地质学报, 84(2): 87-99.

栾锡武, 张亮, 彭学超. 2011. 南海北部东沙海底冲蚀河谷及其成因探讨. 中国科学: 地球科学, 41(11): 1636-1646.

罗敏, 吴庐山, 陈多福. 2012. 海底麻坑研究现状及进展. 海洋地质前沿, 28(5): 33-42.

罗威, 胡雯燕, 王亚辉, 等. 2018. 西沙地区XK-1井主要造礁生物特征及生物礁环境演化. 海洋地质与第四纪地质, 38(6): 78-90.

吕彩丽. 2012. 南沙海区新生代碳酸盐岩台地形成演化及油气意义. 青岛: 中国科学院研究生院(海洋研究所).

聂鑫, 罗伟东, 周娇. 2017. 南海东北部澎湖峡谷群沉积特征. 海洋地质前沿, 33(8): 18-23.

庞雄, 陈长民, 彭大钧, 等. 2007. 南海珠江深水扇系统及油气. 北京: 科学出版社.

彭大钧, 庞雄, 陈长民, 等. 2006. 南海深水扇系统的形成特征与控制因素. 沉积学报, 24(1): 10-18.

彭学超, 吴庐山, 崔兆国, 等. 2006. 南海东沙群岛以北海底沙波稳定性分析. 热带海洋学报, 25(3): 21-27.

邱燕, 彭学超, 王英民, 等. 2017. 南海北部海域第四系侵蚀过程与沉积响应. 北京: 地质出版社.

邱章, 方文东. 1999. 南海北部春季海流的垂向变化. 热带海洋, 18(4): 32-39.

裘闪文, 李风华. 1982. 试论地貌分类问题. 地理科学, 2(4): 327-335.

屈继文. 2011. 台湾岛东部海域的沉积物粒径及沉积速率初探. 台北: 台湾大学.

任江波, 王嘹亮, 鄢全树, 等. 2013. 南海玳瑁海山玄武质火山角砾岩的地球化学特征及其意义. 地球科学: 中国地质大学学报, (S1): 10-20.

石学法, 鄢全树. 2011. 南海新生代岩浆活动的地球化学特征及其构造意义. 海洋地质与第四纪地质, 31(2): 59-72.

石学法, 任向文, 刘季花, 等. 2008. 富钴铁锰结壳的控矿要素和成矿过程——以西太平洋为例. 矿物岩石地球化学通报, (3): 232-238.

苏明, 解习农, 王振峰, 等. 2013. 南海北部琼东南盆地中央峡谷体系沉积演化. 石油学报, 34 (3): 467-478.

孙美静. 2018. 台湾东部海域台东峡谷沉积特征及其成因. 地球科学, 43(10): 379-388.

孙美静, 高红芳, 李学杰, 等. 2018. 台湾东部海域台东峡谷沉积特征及其成因. 地球科学, 43(10): 3709-3718.

孙珍, 庞雄, 钟志洪, 等. 2005. 珠江口盆地白云凹陷新生代构造演化动力学. 地学前缘, 12(4): 489-498.

万玲, 姚伯初, 吴能友. 2000. 红河断裂带入海后的延伸及其构造意义. 南海地质研究, (12): 22-32.

万玲, 吴能友, 姚伯初, 等. 2003. 南沙海域新生代构造运动特征及成因探讨. 南海地质研究, (1): 8-16.

汪品先. 2017. 巽他陆架——淹没的亚马逊河盆地? 地球科学进展, 32(11): 1119-1125.

王海荣, 王英民, 邱燕, 等. 2008a. 南海东北部台湾浅滩陆坡的浊流沉积物波的发育及其成因的构造控制. 沉积学报, 26(1): 39-46.

王海荣, 王英民, 邱燕, 等. 2008b. 南海北部陆坡的地貌形态及其控制因素. 海洋学报(中文版), 30(2): 70-79.

王家豪, 庞雄, 王存武, 等. 2006. 珠江口盆地白云凹陷中央底辟带的发现及识别. 地球科学——中国地质大学学报, 31(2): 209-213.

王剑, 杜向东, 张树林, 等. 2015. 加蓬海岸盆地海底麻坑的成因机制及对油气勘探的指示. 海洋地质与第四纪地质, 35(6): 87-92.

王尚毅, 李大鸣. 1994. 南海珠江口盆地陆架斜坡及大陆坡海底沙波动态分析. 海洋学报, 16(6): 122-132.

王文介. 2000. 南海北部的潮波传播与海底沙脊和沙波发育. 热带海洋, 19(1): 1-7.

王衍棠, 陈玲, 吴大明, 等. 2006. 南海中建南盆地速度资料分析与应用. 热带海洋学报, 25(5): 48-55.

吴日升, 李立. 2003. 南海上升流研究概述. 台湾海峡, 22(2): 269-277.

吴时国, 秦蕴珊. 2009. 南海北部陆坡深水沉积体系研究. 沉积学报, 27 (5): 922-930.

吴时国, 秦志亮, 王大伟, 等. 2011. 南海北部陆坡块体搬运沉积体系的地震响应与成因机制. 地球物理学报, 54(12): 3184-3195.

夏东兴, 吴桑云, 刘振夏, 等. 2001. 海南东方岸外海底沙波活动性研究. 黄渤海海洋, 19(1): 17-24.

解习农, 陈志宏, 孙志鹏, 等. 2012. 南海西北缘深水沉积体系内部构成特征. 地球科学——中国地质大学学报, 37(4): 627-634.

徐尚, 王英民, 彭学超, 等. 2013. 台湾峡谷中段沉积特征及流体机制探讨. 地质论评, 59(5): 845-852.

徐尚, 王英民, 彭学超, 等. 2014. 台湾峡谷的成因及其对沉积的控制. 中国科学: 地球科学, 44(9): 1913-1924.

徐义刚, 魏静娴, 邱华宁, 等. 2012. 用火山岩制约南海的形成演化: 初步认识与研究设想. 科学通报, 57(20): 1863-1878.

鄢全树, 石学法. 2007. 海南地幔柱与南海形成演化. 高校地质学报, 13(2): 311-322.

鄢全树, 石学法, 王昆山, 等. 2008. 南海新生代碱性玄武岩主量、微量元素及Sr-Nd-Pb同位素研究. 中国科学, 38(1): 56-71.

杨子庚. 2004. 海洋地质学. 青岛: 山东教育出版社.

姚伯初. 1997. 南海西南次海盆海底扩张及构造意义. 南海地质研究, 9: 20-36.

姚伯初, 曾维军, Hayes D E. 1994. 中美合作调研南海地质专报. 武汉: 中国地质大学出版社.

姚伯初, 邱燕, 吴能友, 等. 1999. 南海西部海域地质构造特征和新生代沉积. 北京: 地质出版社.

叶银灿, 庄振业, 来向华, 等. 2004. 东海扬子浅滩砂质底形研究. 中国海洋大学学报, 34(6): 1057-1062.

殷绍如, 王嘹亮, 郭依群, 等. 2015. 东沙海底峡谷的地貌沉积特征及成因. 中国科学: 地球科学,45(3): 275-289.

张功成, 贾庆军, 王万银, 等. 2018. 南海构造格局及其演化. 地球物理学报, 61(10): 4194-4215.

张汉泉, 吴庐山. 2005. 南海南部海域构造地貌. 海洋地质与第四纪地质, 25(1): 63-70.

张霄宇, 张富元, 章伟艳. 2003. 南海东部海域成层沉积物锶同位素物源示踪研究. 海洋学报, 25(4): 4-49.

赵泉鸿, 翦知湣, 王吉良, 等. 2001. 南海北部晚新生代氧同位素地层学. 中国科学, (10): 800-808.

赵月霞, 刘保华, 李西双, 等. 2009. 东海陆坡不同类型海底峡谷的分布构造响应. 海洋科学进展, 27(4): 460-468.

郑崇伟, 黎鑫, 陈旋, 等. 2016. 经略21世纪海上丝路: 地理概况、气候特征. 海洋开发与管理, 33(2): 3-10.

郑晓东, 朱明, 何敏, 等. 2007. 珠江口盆地白云凹陷荔湾深水扇砂体分布预测. 石油勘探与开发, 34(5): 529-533.

中国海湾志编纂委员会. 1999. 中国海湾志: 第十分册(广东省西部海湾). 北京: 海洋出版社.

钟广见, 高红芳. 2005. 中建南盆地新生代层序地层特征. 大地构造与成矿学, 29(3): 403-409.

钟晋梁, 陈欣数, 张乔民, 等. 1996. 南沙群岛珊瑚礁地貌研究. 北京: 科学出版社.

祝嵩, 姚永坚, 罗伟东, 等. 2017. 南海中西部地貌单元划分及其特征和成因分析. 地球学报, 38(6): 897-909.

庄振业, 林振宏, 周江, 等. 2004. 陆架沙丘(波)形成发育的环境条件. 海洋地质动态, 20 (4): 5-10.

庄振业, 曹立华, 刘升发, 等. 2008. 陆架沙丘(波)活动量级和稳定性标志研究. 中国海洋大学学报(自然科学版), 38(6): 1001-1007.

卓海腾, 王英民, 徐强, 等. 2014. 南海北部陆坡分类及成因分析. 地质学报,88(3): 327-336.

Allen J R L. 1982. Developments in Sedimentology. Amsterdam: Elsevie.

Antobreh A A, Krastel S. 2006. Morphology seismic characteristics and development of Cap Timiris Canyon, offshore Mauritania: a newlydiscovered canyon preserved-off a major arid climatic region. Marine and Petroleum Geology, 23: 37-59.

Ashley G M. 1990. Classification of large-scale subaqueous bedforms: a new look at an old problem-SEPM bedforms and bedding structures. Journal of Sedimentary Research, 60(1): 160-172.

Boggs W, Wong F L, Kvitek R, et al. 2008. Sandwave migration in Monterey Submarine Canyon,Central California. Marine Geology, 248: 193-212.

Briais A, Patriat P, Tapponnier P. 1993. Updated interpretation of magnetic anomalies and seafloor spreading stages in the south China Sea: implications for the Tertiary tectonics of Southeast Asia. Journal of Geophysical Research: Solid Earth, 98(B4): 6299-6328.

Cai G Q, Wan Z F, Yao Y J, et al. 2019. Mesozoic Northward Subduction Along the SE Asian Continental Margin Inferred from Magmatic Records in the South China Sea. Minerals, 9(10): 598.

Cande S C, Kent D V. 1995. Revised calibration of the geomagnetic polarity timescale for the late cretaceous and cenozoic. Journal of Geophysical Research, 100: 6093-6095.

Chen S C, Hsu S K, Wang Y, et al. 2013. Distribution and characters of the mud diapirs and mud volcanoes off southwest Taiwan. Journal of Asian Earth Sciences, 92(5): 201-214.

Chiang C S. 1998. Tectonic features of the kaoping shelf-slope region off southwestern taiwan: wedge-top depozne. Taibei: Taiwan University, PhD Thesis.

Chiang C S, Yu H S. 2006. Morphotectoncs and incision of the Kaoping submarine canyon, SW Taiwan orogenic wedge. Geomorphology, 80: 199-213.

Chiang C S, Yu H S. 2008. Evidence of hyperpycnal flows at the head of the meandering Kaoping Canyon off SW Taiwan. Geo-Marine Letters, 28(3): 161-169.

Dadson S J, Hovius N, Chen H, et al. 2003. Links between erosion, runoff variability and seismicity in the Taiwan orogen. Nature, 426(6967): 648-651.

Damuth J E. 1979. Migrating sediment waves created by turbidity currents in the northern South China Basin. Geology, 7: 520-523.

Daniell J J, Hughes M. 2007. The morphology of barchan-shaped sand banks from western Torres Strait, northern Australia. Sedimentary Geology, 202(4): 638-652.

Darmadi Y, Willis B J, Dorobek S L. 2007. Three-dimensional seismic architecture of fluvial sequences on the low-gradient Sunda Shelf, offshore Indonesia. Journal of Sedimentary Research, 77(3): 225-238.

De Ruig M J, Hubbard S M. 2006. Seismic facies and reservoir characteristics of a deep-marine channel belt in the Molasse Foreland Basin, Puchkirchen formation, Austria. AAPG Bull, 90: 735-752.

Deschamps A, Monié P, Lallemand S, et al. 2000. Evidence for Early Cretaceous oceanic crust trapped in the Philippine Sea Plate. Earth and Planetary Science Letters, 179: 503-516.

Eakin D H, Mclntosh K D, van Avendonk H J A, et al. 2014. Crustal-scale seismic profiles across the Manila subduction zone: the transition from intraoceanic subduction to incipient collision. J Geophys Res,119:1-17.

Emery K O. 1980. Continental margins-classfication and petroleum propects. AAPG Bulletin, 64(3): 297-315.

Flemming B W. 1988. Zur Klassifikation subaquatischer, stromungstansversaler Transportkoper. Conference: Sediment 88 at Bochun, Germany Volume Bochumer geological and geotechnische Arbeient, Germany Arbeiten: 44-47.

Flemming B W, Bartholoma A. 2012. Temporal variability, migration rates and preservation potential of subaqueous dune fields generated in the Agulhas Current on the southeast African continental shelf. Sediments, Morphology and Sedimentary Processes on Continental Shelves: Advances in Technologies, Research, and Applications: 229-247.

Fyhn M B W, Boldreel L O, Nielsen L H, et al. 2013. Carbonate platform growth and demise offshore Central Vietnam: effects of Early Miocene transgression and subsequent onshore uplift. Journal of Asian Earth Sciences, 76(20): 152-168.

Gao S, Collins M B. 1997. Changes in sediment transport rates caused by wave action and tidal flow time-asymmetry. Journal of Coastal Research, 1997: 198-201.

Gee M J R, Gawthorpe R L. 2006. Submarine channels controlled by salt tectonics: examples from 3D seismic data offshore Angola. Marine and Petroleum Geology, 23(4): 443-458.

Gong C L, Wang Y M, Peng X C, et al. 2012. Sediment waves on the South China Sea slope off southwestern Taiwan: implications for the intrusion of the Northern Pacific Deep Water into the South China Sea. Marine and Petroleum Geology, 32: 95-109.

Green A. 2011. Submarine canyons associated with alternating sediment starvation and shelf-edge wedge development: northern KwaZulu-Natal continental margin, South Africa. Marine Geology, 284: 114-126.

Harris P T, Whiteway T. 2011. Global distribution of large submarine canyons: geomorphic differences between active and passive continental margins. Marine Geology, 285(1-4): 69-86.

He Y, Zhong G F, Wang L L, et al. 2014. Characteristics and occurrence of submarine canyon-associated landslides in the middle of the northern continental slope, South China Sea. Marine and Petroleum Geology, 57: 546-560.

Hedberg H D. 1970. Contiental margins from viewpoint of the petroleum geologist. AAPG Bulletin, 54(1): 3-43.

Hilde T W C, Lee C S. 1984. Origin and evolution of the West Philippine Basin: a new interpretation. Tectonophys, 102: 85-104.

Hong E. 1999. Evolution of Pliocene to sedimentary environments in an arc-continent collision zone: evidence from the analyses of lithofacies and ichnofacies in the southwestern foothills of Taiwan. Journal of Asian Earth Sciences, 15: 381-392

Hsiung K H, Yu H S, Chiang C. 2014. Seism ic characteristics, morphology and formation of the ponded Fangliao fan off southwestern Taiwan, northern South China Sea. Geo-Marine Letters, 34: 59-74.

Hsiung K H, Su C C, Yu H S, et al. 2015. Morphology, seismic characteristics and development of the sediment dispersal system along the Taiwan-Luzon convergent margin. Marine Geophysical Research, 36(4): 293-308.

Hsu S K,Sibuet J. 1995. Is Taiwan the result of arc, continent or arc-arc collision. Earth and Planetary Science Letters, 136: 315-324.

Huang C H, Xia K Y, Perte R B. 2001. Structural evolution from Paleogene extention to Latest Miocene-recent arc-continent collision offshore Taiwan: comparison with on land geology. Journal of Asian Earth Sciences, 19(5): 619-639.

Huang C Y, Wang P, Yu M, et al. 2019. Potential role of strike-slip faults in opening up the South China Sea. National Science Review, 6: 891-901.

Kennett J P. 1982. Marine Geology. New Jersey: Prentice-Hall,Englewood Cliff.

Kuang Z G, Zhong G F, Wang L L, et al. 2014. Channel-related sediment waves on the eastern slope of shore Dongsha Islands, northern South China Sea. Journal of Asian Earth Sciences, 79: 540-551.

Kuenen P H. 1937. Experiments in connection with Daly's hypothesis on the formation of submarine canyons. Leidse Geologische Mededelingen, 8: 327-351.

Le A N, Huuse M, Redfern J, et al. 2010. Seismic characterization of a bottom simulating reflection (BSR) and plumbing system of the Cameroon margin, offshore West Africa. Marine and Petroleum Geology, 69(PartA): 2653-2656.

Lee I H, Wang Y H, Liu J T, et al. 2009. Internal tidal currents in the Gaoping (Kaoping) submarine canyon. Journal of Marine Systems, 76(4): 397-404.

Lee T Y, Hsu Y Y, Tang C H. 1995. Structural geology of the deformed front between 22° N and 23° N and migration of the Penghu canyon, offshore southwestern Taiwan arc-continent collision zone. International Conference and Third Sino-French Symposium on Active Collision in Taiwan (Extended Abstract), 219-227.

Lee Y H, Byrne T, Wang W H, et al. 2015. Simultaneous mountain building in the Taiwan orogenic belt. Geology, 43(5): 451-454.

Lehu R, Lallemand S, Hsu S K, et al. 2015. Deep-sea sedimentation offshore eastern Taiwan: facies and processes characterization. Marine Geology, 369: 1-18.

Lewis S D, Hayes D E. 1984. A geophysical study of the Manila Trench, Luzon, Philippines 2. Fore arc basin structural and stratigraphic evolution. Journal of Geophysical Research: Solid Earth, 89(B11): 9196-9214.

Li C F, Xu X, Lin J, et al. 2014. Ages and magnetic structures of the South China Sea constrained by deep tow magnetic surveys and IODP Expedition 349. Geochemistry, Geophysics, Geosystems, 2014: 4958-4983.

Liang W D, Tang T Y, Yang Y J, et al. 2003. Upper-ocean currents around Taiwan. Deep-Sea Research, II50: 1085-1105.

Lin A T, Liu C S, Lin C C, et al. 2008. Tectonic features associated with the overriding of an accretionary wedge on top of a rifted continental margin: an example from Taiwan. Marine Geology, 255: 186-203.

Lofi J, Gorini C, Berné S, et al. 2005. Erosional processes and paleo-environmental changes in the Western Gulf of Lions (SW France) during the Messinian Salinity Crisis. Marine Geology, 217(1-2): 1-30.

Mougenot D, Boillot G, Rehault J P. 1983. Prograding shelfbreak types on passive continental margins: some European examples. In: Stanley D J, Moore G T (eds). The Shelfbreak: Critical Interface on Continental Margins. SEPM Sepcial Publication, 3: 61-78.

Nakajima T, Kakuwa Y, Yasudomi Y, et al. 2014. Formation of pockmarks and submarine canyons associated with dissociation of gas hydrates on the Joetsu Knoll, eastern margin of the Sea of Japan. Journal of Asian Earth Sciences, 90: 228-242.

Peakall J, Mccaffrey B, Kneller B. 2000. A process model for the evolution, morphology, and architecture of sinuous, submarine channels. Journal of Sedimentary Research, 70(3): 434-448.

Popescu I, Lericolais G, Paninc N, et al. 2004. The Danube submarine canyon (Black Sea): morphology and sedimentary processes. Marine Geology, 206: 249-265.

Posamentier H W. 2005. Application of 3D seismic visualization techniques for seismic stratigraphy, seismic geomorphology and depositional systems analysis: Examples from fluvial to deep-marine depositional environments. Petroleum Geology Conference Series, Geol Soc London, 6: 1565-1576.

Posamentier H W, Walker R G. 2006. Facies Models Revisited. SEPM 144.

Pratson L F, Coakley B J. 1996. A model for the headward erosion of submarine canyons induced by downslope-eroding sediment flows. Geological Society of America Bulletin, 108(2): 225-234.

Pratson L F, Haxby W F. 1996. What is the slope of the U. S. continental slope? Geology, 24(1): 3-6.

Ross W C, Halliwell B A, Mar J A. 1994. Slope readjustment: a new model for the development of submarine fans and aprons. Geology, 22(6): 511-514.

Sanchez C M, Fulthorpe C S, Steel R J. 2012. Miocene shelf-edge deltas and their impact on deepwater slope progradation and morphology, northwest shelf of Australia. Basin Research, 24(6): 683-698.

Schwenk T, Spie B V, Breitzke M, et al. 2005. The architecture and evolution of the Middle Bengal Fan in vicinity of the active channel-levee system imaged by high resolution seismic data. Marine and Petroleum Geology, 22: 637-656.

Shanmugam G. 2003. Deep-marine tidal bottom currents and their reworked sands in modern and ancient submarine canyons. Marine and Petroleum Geology, 20(5): 471-491.

Shaw P T, Chao S Y. 1994. Surface circulation in the South China Sea. Deep-Sea Research, I41: 1663-1683.

Simons D B, et al. 1965. Sedimentary structrues generated by flow in alluvial channels. In: Middleton G V (ed). Primary Sedimentary Structures and Their Hydrodynamic. Tulsa: SEPM Society for Sedimentary Geology: 34-52.

Stow D A V, Reading H G, Collinson J D. 1996. Deep seas. In: Reading H G (ed). Sedimentary Environments: Process, Facies and Stratigraphy, Third Edition. Blackwell Science Ltd: 395-453.

Stow D A V, Faugeres J C, Howe J A, et al. 2000. Bottom curents, coutourites and deep-sea sediment drifts: current state-of-the-art.

Stow D A V, pudsey C J, Howe J A, et al. 2002. Deep-water contourite systems: modern drifts and ancient seires, seismic and sedimentary characteristics. Geological Society, London, Memoirs, 22: 7-20.

Su M, Jiang T, Zhang C M, et al. 2014. Characteristics of morphology and infillings and the geological significances of the central canyon system in eastern Qiongdongnan Basin. Jouranl of Jilin University, Earth Science Edition, 44(6): 1805-1815.

Suppe J. 1981. Mechanics of mountain building and metamorphism in Taiwan. Mem Geol Soc China, 4: 67-89.

Swift D J P, Field M E. 1981. Evoluton of a classic sand ridge field: Maryland sector, North American inner shelf. Sedimentology, 28: 461-482.

Taylor B, Hayes D E. 1980. The tectonic evolution of the South China Sea Basin//The Tectonic and Geologic Evolution of Southeast Asian Seas and Islands. Washington: American Geophysical Union, 23: 89-104.

Taylor B, Hayes D E. 1983. Origin and history of the South China Sea Basin//The Tectonic and Geologic Evolution of Southeast Asian Seas and Islands: Part 2. Washington: American Geophysical Union, 27: 23-56.

Todd B J. 2005. Morphology and composition of submarine barchan dunes on the Scotian Shelf, Canadian Atlantic margin. Geomorphology, 67(3-4): 487-500.

USGS Tsunami Source Workshop. 2006. Great earthquake tsunami source: empiricism and beyond empiricism. Menlo Park, California, USA.

Walker R G. 2013. Facies Models Revisited. special publications, 2013: 1-17.

Wang P, Wang L, Bian Y, et al. 1995. Late Quaternary paleoceanography of the South China Sea: surface circulation and carbonate cycles. Marine Geology, 127: 145-165.

Wu J, Suppe J, Lu R, et al. 2016. Philippine Sea and East Asian plate tectonics since 52 Ma constrained by new subducted slab reconstruction methods. Journal of Geophysical Research: Solid Earth, 121(6): 4670-4741.

Wynn R B, Cronin B T, Peakall J. 2007. Sinuous deep-water channels: genesis, geometry and architecture. Marine and Petroleum Geology, 24(6-9): 341-387.

Yan Q S. 2008. K-Ar/Ar-Ar geochronology of Cenozoic alkali basalts from the South China Sea. Acta Oceanologica Sinica, 27(6): 115-123.

Yan Q S, Castillo P, Shi X F, et al. 2015. Geochemistry and petrogenesis of volcanic rocks from Daimao Seamount (South China Sea) and their tectonic implications. Lithos, 218-219: 117-126.

Yang S X, Zhang H Q, Wu N Y, et al. 2008. High concentration hydrate in disseminated forms obtained in Shenhu area, north slope of South China Sea. In: ICGH (ed). Proceedings of the 6th International Conference on Gas Hydrates. Worldoils: ICGH: 1-10.

Yeh K Y, Cheng Y N. 2001. The first finding of Early Cretaceous radiolarians from Lanyu, the Philippine Sea Plate. Bull Natl Mus Nat Sci, 13: 11-145.

Yu H S, Hong E. 2006, Shifting submarine canyons and development of a foreland basin in SW Taiwan: controls of foreland sedimentation and longitudinal sediment transport. Journal of Asian Earth Sciences, 27(6): 922-932.

Yu H S, Huang Z Y. 2006. Intraslope basin, seismic facies and sedimentary processes in the Kaoping slope, offshore southwestern Taiwan. Terrestrial Atmospheric and Oceanic Sciences, 17(4): 659-677.

Yu M, Yan Y, Huang C Y, et al. 2018. Opening of the South China Sea and upwelling of the Hainan Plume. Geophysical Research Letters, 45(6): 2600-2609.

Zhao M, Sibuet J C, Wu J. 2019. Intermingled fates of the South China Sea and Philippine Sea Plate. National Science Review, 6(5): 886-890.

Zhong L F, Cai G Q, Koppers A, et al. 2018. $^{40}Ar/^{39}Ar$ dating of oceanic plagiogranite: constraints on the initiation of seafloor spreading in the South China Sea. Lithos, 302: 421-426.

Zhu M Z, Graham S, Pang X, et al. 2010. Characteristics of migrating submarine canyons from the Middle Miocene to present: implications for paleoceanographic. Marine and Petroleum Geology, 27(1): 307-319.

附　　录

一、"1：100万海洋区域地质调查"概况

"1：100万海洋区域地质调查"是一项基础性、公益性和综合性的海洋国土资源调查项目。按国际标准分幅，我国管辖海域划分为16个图幅，其中南海及邻域划分为11个图幅（附图1.1）。1999年开始，中国地质调查局启动1：100万南海永暑礁幅海洋区域地质调查试点工作，2007年11月，"海洋地质保障工程"（729）正式起动，2008年7月29日，国务院正式批准《海洋地质保障工程总体方案》，"1：100万海洋区域地质调查"工作进度加快。2008年和2011年先后启动了南海1：100万中沙群岛幅和汕头幅海洋区域调查工作，2012～2013年，全面启动南海中建岛幅、黄岩岛幅、太平岛幅、北康暗沙幅（包括南沙海槽幅）、高雄幅和广州幅七个图幅，至2016年，完成南海及邻域共11图幅"1：100万海洋区域地质调查"的地形野外数据采集工作，获得准确、可靠、系统的地形基础数据，从而掌握了南海及邻域的海底地形、地貌的原始资料。整个海底地形调查任务，参与调查人数达300人之多，动用了八艘调查船，动用多波束测深系统八套，单波束测深仪器12台，其中多波束测线约43.25万km，单波束测线约37.05万km，覆盖面积约156.2万km^2，弥补了我国南海及邻域地形、地貌调查实测数据空白，这是目前国内最系统、精度最高、覆盖面积最大的地形数据，覆盖了南部海域陆（岛）架重点海域和南部海域陆（岛）坡及深海盆地的绝大部分区域。编制1：100万比例尺海底地形图、1：100万比例尺海底地貌图各11幅，编制1：200万比例尺南海海底地形图、1：200万比例尺南海海底地貌图。本次调查不仅取得了包括单波束测深数据和多波束测深数据在内大量的实测数据，填补了南海深海区地形资料的空白，提升了我国海洋地质调查技术水平，而且查明了南海及邻域海底地形、地貌分布特征及其变化规律，新发现了大量的特殊地形和地貌提，为本书进行海底地形、地貌研究提供了重要依据。

本书编图使用的水深（地形）数据，按照真实可靠的原则，我国管辖海域内以实测的多波束和单波束测深数据为主；没有实测数据的海区，以《1：50万南海地形图（1996）》的图形或国际海道测量组织（International Hydrographic Organization，IHO）等发布的全球水深数据（间距为30″ ×30″ 和1′ ×1两种）作补充。我国管辖海域外的海区采用国际海道测量组织（IHO）等发布的全球水深数据，陆地采用美国SRTM（航天飞机雷达地形测量使命）数据（90 m分辨率）（附图1.1）。

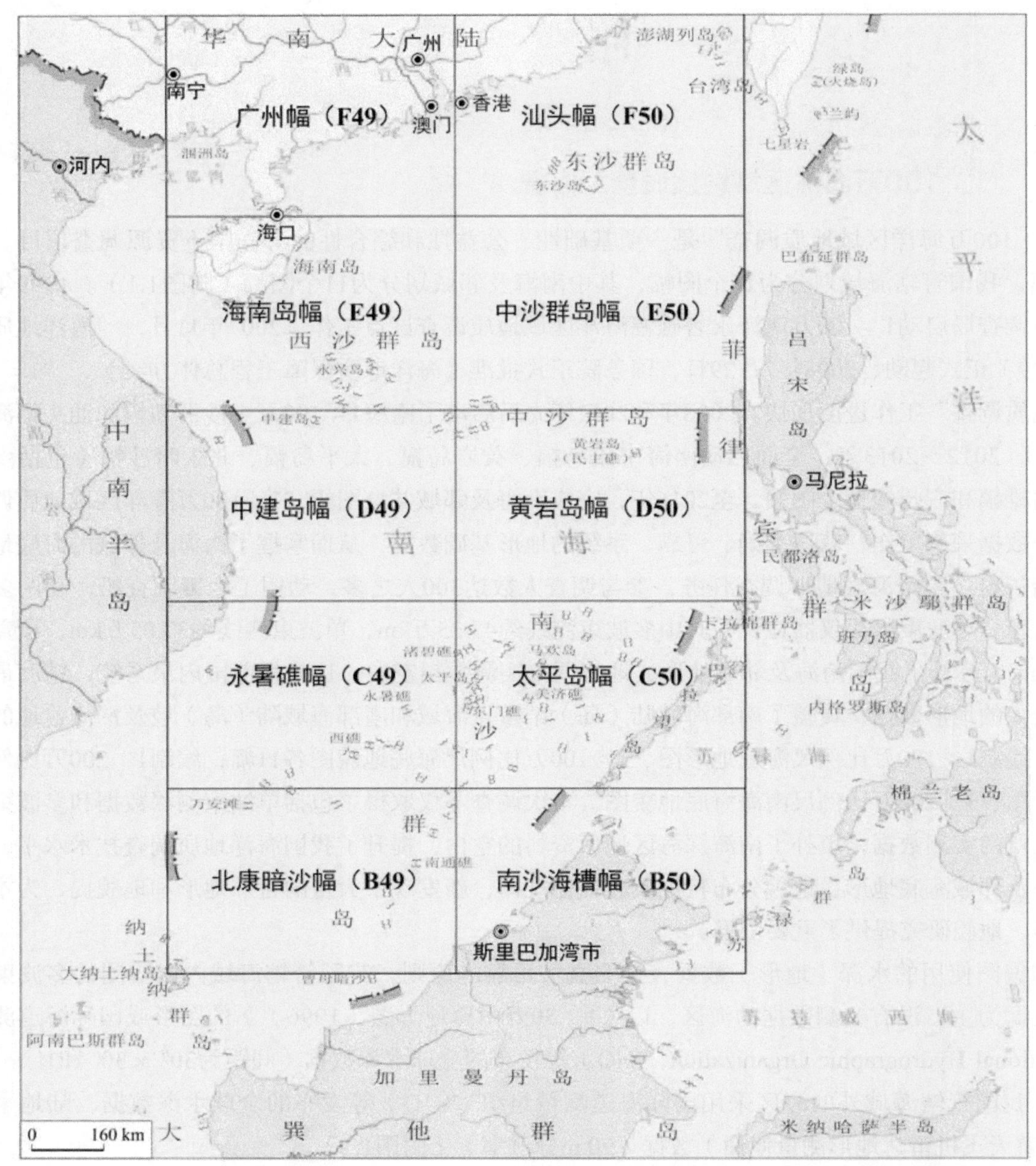

附图1.1　南海及邻域图幅调查范围

二、数据处理

1. 水深资料处理

多波束测深资料处理主要包括声速改正、水深校正（含各种参数校正）、交互除错等，在地势平坦的南海中部海盆区，以射线弯曲补偿的方式，对边缘波束做了技术处理，以防止出现伪地形。

单波束测深数据处理主要为提取多波束测深数据覆盖以外区域、且满足比例尺要求的部分数据，与多波束测深数据进行联合调平处理，以多波束测深数据为准，以交点不符值调差的方式进行系统差的调整。

图形资料的处理主要是数字化处理，即对原图等深线进行数字化采样（间隔1 mm），形成数据集，提取多波束、单波束测深数据覆盖以外区域的数据。

对上述三种数据转换到统一的高程和坐标系统以后，采用距离倒数加权的方式进行融合处理，达到大致平滑过渡的效果。

2. 数据网格化处理

采取规则网数据追踪等值线的方式进行自动成图，网格插值算法为距离倒数加权平均算法。

网格数据间距：1′×1′（约1852 m×1852 m）。

3. 数据精度评价

对编图所使用的多波束水深数据、单波束水深数据、《1：50万南海地形图（1996年）》矢量化水深数据、全球大洋水深图（GEBCO）水深数据分别进行精度评价，评价结果如下。

1）多波束水深数据精度分析

多波束水深数据主要分布于南海深水海域（>200 m），导航精度全部优于±10 m，大部分优于±3 m。经水深数据交点差计算统计，水深测量数据相对误差平均值约0.5%。

2）单波束水深数据精度分析

采用的单波束数据分布于南海北部陆架区和南沙群岛的浅滩和岛礁区域，1997年以前水深数据的定位精度为±50 m，1997年以来水深数据的定位精度为±10 m。根据主检测线的交点不符值统计，水深测量数据相对误差的平均值约0.7%。

3）1：50万南海地形图矢量化水深数据精度分析

南海缺乏多波束和单波束水深数据海域（主要为水深小于200 m局部区域）采用《1：50万南海地形图（1996年）》的矢量化数据。该图的编图说明书中并无精度评价的内容，为了了解该数据的精度，我们选取南海北部陆架区内的单波束数据与之进行比较，以重合点的水深不符值计算相对误差，其相对误差的平均值约6.6%。附图1.2是误差分布统计情况，其中相对误差优于5%的重合点占58.1%，也有少量重合点的误差达到50%，主要分布在20 m以浅的海域。

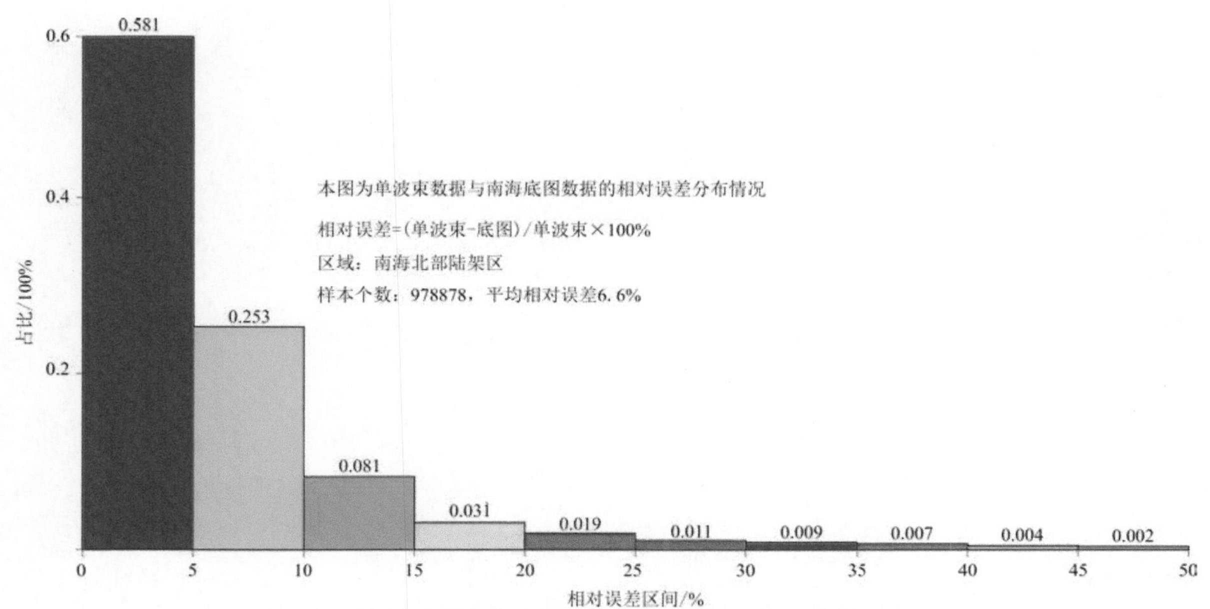

附图1.2　南海底图数据的相对误差分布区间统计图